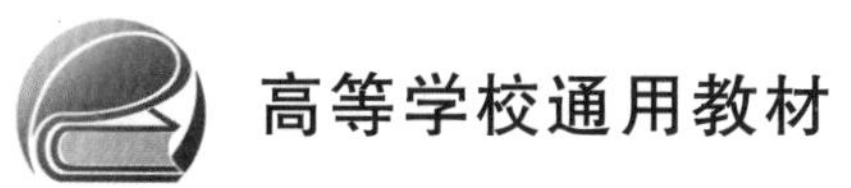

航空燃气轮机转子动力学设计理论及应用

马艳红　程荣辉　王永锋　洪　杰　著

北京航空航天大学出版社

内 容 简 介

本书围绕现代航空燃气轮机转子结构及动力学设计过程中所发现的典型问题，阐述了转子及支承结构特征、运动状态、力学特性之间的内在力学行为，对结构非连续性及其力学特性在不同载荷环境下的变化规律进行了系统分析，提出了界面连接转子结构系统共振转速分布、动力响应变化的稳健性设计方法。通过近年来国内外工程应用示例，介绍了转子界面接触状态变化对转子系统动力特性影响规律及抑制技术。

本书是关于现代航空燃气轮机转子结构动力学设计理论和方法的学术专著，也可作为航空、宇航动力专业和流体机械专业本科生和研究生的教材，并可供航空燃气轮机研究院所、使用单位及相关从事燃气轮机工作的有关人员参考。

图书在版编目(CIP)数据

航空燃气轮机转子动力学设计理论及应用 / 马艳红等著. -- 北京 ：北京航空航天大学出版社，2023.8

ISBN 978-7-5124-4138-5

Ⅰ. ①航… Ⅱ. ①马… Ⅲ. ①航空发动机－燃气轮机－转子－动力学－设计 Ⅳ. ①V235.1

中国国家版本馆 CIP 数据核字(2023)第 144582 号

航空燃气轮机转子动力学设计理论及应用

马艳红　程荣辉　王永锋　洪 杰　著

策划编辑　蔡 喆　　责任编辑　董 瑞

*

北京航空航天大学出版社出版发行

北京市海淀区学院路 37 号(邮编 100191)　http://www.buaapress.com.cn

发行部电话：(010)82317024　传真：(010)82328026

读者信箱：goodtextbook@126.com　　邮购电话：(010)82316936

北京富资园科技发展有限公司印装　各地书店经销

*

开本：787×1 092　1/16　印张：21　字数：538 千字

2023 年 8 月第 1 版　2023 年 8 月第 1 次印刷　印数：1 000 册

ISBN 978-7-5124-4138-5　定价：158.00 元

前　言

航空燃气涡轮发动机(简称航空燃气轮机)是一种具有复杂结构的高速旋转热动力机械系统,需要在高温、高压、高转速和变工况等严苛的工作条件下长期高效、稳定运转。转子系统是其气动性能、结构完整性与可靠性的核心,在转子结构设计中,需要考虑整机总体布局、气动热力性能、强度寿命以及动力学特性的综合要求,进行多维度平衡设计。其中,转子动力学设计贯穿总体布局至装配使用全过程,是影响先进航空燃气轮机设计的关键,须充分考虑其结构特性、工作载荷和环境变化的影响,完善满足自主研制需求的转子动力学设计理论与应用方法。

先进航空燃气轮机高结构效率转子系统采用不同材料、几何构形和界面连接设计,具有非连续性;随工作负荷提升,对于高转速、大长径比特征的转子系统,非连续性特征对其动力特性的影响凸显。初始装配状态和使用过程中多载荷交互影响、非连续连接结构界面接触状态变化是影响转子系统动力学特性的重要因素。在长时间、多循环工作中,界面损伤逐步累积、接触状态演化,造成高速旋转时所产生的旋转惯性载荷随转速和运动状态发生变化,产生时变性和分散性。转子旋转惯性特征变化,不仅影响转子系统共振转速分布特征,对转子变形及支点动载荷等响应特性的影响也不能忽视,使得转子结构变形及其动力学特性随工作状态变化表现出一定的非确定性。

在经典转子动力学理论基础上,本书针对航空燃气轮机研制、生产和使用过程,着重研究转子系统结构、装配特征参数与工作载荷环境特征参数等影响,揭示不同结构特征转子系统在不同运动状态下动力学特性变化规律,完善相关动力学设计理论与方法;关注连接结构界面接触状态、转子同轴度、支承同心度等参数的评估、测量与控制技术,并通过典型转子结构工程应用示例,介绍连接界面接触状态变化对转子系统动力特性的影响规律及抑制方法。

本书针对具有非连续特性的航空燃气轮机转子结构系统,着重介绍其动力学设计理论和方法,包含 10 章。第 1～5 章侧重于完善针对航空燃气轮机转子结构特征的转子动力学基础理论,阐明了其结构/力学特性,及其对运动状态、旋转惯性等的影响,并系统论述了其独特共振转速特性、旋转惯性激励下的响应特性。第 6 章和第 7 章突出现代航空燃气轮机非连续特征转子系统动力学特色,结合典型转子结构特征,系统阐述非连续性导致的附加旋转惯性载荷、质量/刚度非对称、内阻尼特性等影响,揭示其复杂非协调响应及稳定性特征。第 8～10 章关注近年来典型转子结构及动力学设计实践,总结了具有典型结构特征的转子系统动力学特性、考虑轴承约束的转子动力学特性以及转子装配控制技术。

本书作者均来自航空燃气轮机研制和科技研究的一线，在常年的基础理论和设计技术研究以及工程实践过程中相互交流、启发和总结，对现代航空燃气轮机转子结构特征、技术状态及其对转子动力学特性的影响规律进行总结和提炼，以形成共识。相关研究内容在国家重大基础研究项目、预研项目、型号研制和国家自然基金的支持下开展，将具有普适性的先进设计理念、理论方法与先进航空燃气轮机自主设计中一些典型转子结构动力学问题相结合，极具航空燃气轮机转子工程设计特色。本书可作为航空、宇航动力专业和流体机械专业本科生和研究生的教材，并可供航空燃气轮机工厂，研究院所，空军、海军和陆军航空兵部队及相关从事燃气轮机工作的人员参考。

本书内容是北京航空航天大学“航空燃气轮机整机结构系统与动力学研究团队”在多年研究基础上，将具有普适性的先进设计理念、理论方法与自主设计实践结合编写而成。第 1 章由田静、李超、杨哲夫编写，第 2 章由孙博、王维斌、刘芳铭编写，第 3 章由刘宇、李毅沣、闫琦编写，第 4 章由陈雪骑、吴元东、宋梓宇编写，第 5 章由王东、宋制宏、王晓龙编写，第 6 章由杨哲夫、张西厂、郑华强编写，第 7 章由李超、戴琦瑶、张越、边兆晴编写，第 8 章由苏志敏、蒋黎明、时成龙编写，第 9 章由王永锋、章健、韩旭东编写，第 10 章由吴法勇、丰少宝、马永波编写。最后，由程荣辉、马艳红和洪杰教授对全书各章进行修改和校对。

由于航空燃气轮机转子结构动力学的复杂性，以及参与编写的人员在科学认知和工程技术方面的局限性，书中存在的不足之处，恳请从事转子动力学及应用研究的同仁批评指正。

作　者

2022 年 11 月

目　　录

第 1 章　转子系统结构特征

航空燃气涡轮发动机(简称航空燃气轮机)是为航空器提供动力的高速旋转热机。航空燃气轮机虽然有涡喷发动机、涡扇发动机、涡桨发动机和涡轴发动机四种类型,但在结构特征和载荷特征上有很多共性之处,均由转子系统和静子系统组成,如图 1-1 所示。其中由叶片、轮盘、轴及其连接结构组成的转子系统是航空燃气轮机的核心结构系统。

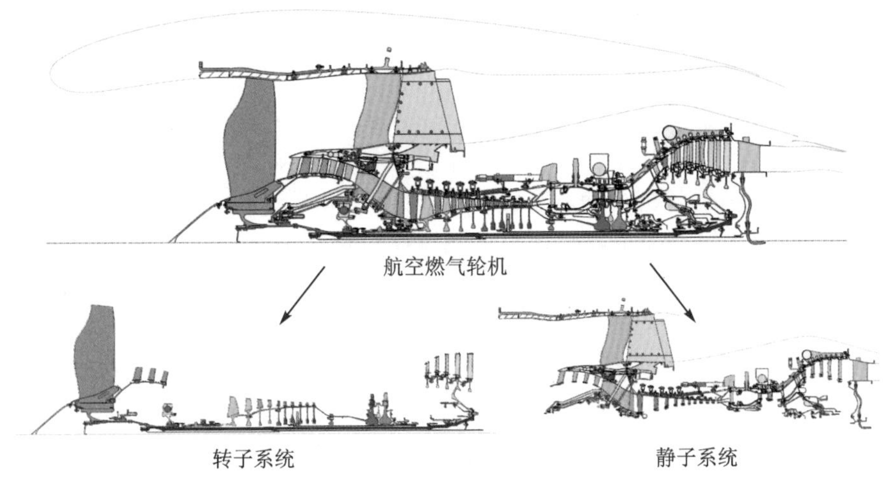

图 1-1　航空燃气轮机整机结构系统组成

转子系统的动力学特性不仅取决于转子的几何构形、材料性能,还取决于转子支承方案,即支点的数量、类型、位置和支承刚度,而且支承刚度不仅跟轴承有关,还受由支承结构、承力框架、承力机匣和安装节组成的发动机承力系统的影响。转子通过轴承安装在发动机承力系统上,并将转子的各种载荷(如气体轴向力、重力、惯性力及惯性力矩等)通过安装节传至飞机。随着航空燃气轮机向轻质、高效、大功率、长寿命方向发展,承力系统相对越来越"薄弱",对转子系统动力学特性的影响越来越大,必须充分考虑。此外,转子系统结构复杂、连接面众多,由于高速旋转且工况和工作环境复杂多变,如果连接结构的构形或界面配合状态设计不合理,连接界面摩擦磨损很容易出现损伤累积,导致转子系统的动力学特性变化,影响转子系统乃至整机的力学性能稳健性。

综上可见,转子-支承系统的结构设计是航空燃气轮机总体结构设计的核心,是通过对转子结构几何构形、材料、连接结构及其界面配合状态、支承方案等结构设计参数的选取,调整其结构特征,即刚度、质量、阻尼分布,进而达到满足整机总体布局、气动热力性能、强度寿命、动力学特性以及安全性等结构完整性和可靠性的综合要求。

本章以航空燃气轮机转子-支承系统为对象,重点介绍显著影响其力学特性的转子结构、支承结构和连接结构的典型构形及其关键结构设计参数、结构特征及其表征参数(简称结构特征参数),介绍结构单元划分和结构特征参数提取、转子系统结构特征等效建模与分析方法,为后续章节分析转子系统结构特征和力学特性间的关联性奠定基础。

1.1 转子结构

不同类型的航空燃气轮机，在总体结构设计上具有不同的构形特点。例如，涡扇发动机空气流量大，径向、轴向尺寸均较大并且直接产生推力；而涡轴、涡桨发动机具有空气流量小、径向尺寸小、转速高的特点，并采用功率输出轴为旋翼或螺桨提供轴功率。因此，二者在转子结构特征和设计要求上有所不同，但其结构设计的目的都是控制转子变形，并提供足够的承载能力和环境适应能力。

转子系统的结构特征是指叶片、轮盘、轴及其连接结构组成的转子系统自身的质量分布、抗弯刚度分布以及刚度与质量分布的协调性等。本节主要分析与总结不同类型航空燃气轮机的转子构形和结构特征。

1.1.1 涡扇发动机

不同用途的飞机具有不同的动力装置需求，现代涡扇发动机主要分为高推重比涡扇发动机和高涵道比涡扇发动机。前者配装于追求敏捷性和隐身性的战斗机，要求推力大、质量轻、迎风面积小等；而后者配装于追求经济性和安全性的民用客机与运输机，要求耗油率低、噪声低、污染少、安全可靠等。

现代航空燃气轮机研制以发展高性能核心机为基础，并根据整机性能要求再匹配不同的低压部件，形成不同推力量级和用途的高性能发动机。因此，涡扇发动机的核心机转子系统结构特征相似，而低压转子系统在几何构形、尺寸、支承方案等方面差异性较大，须分别介绍其结构特征。

1. 核心机转子

核心机转子由压气机转子和涡轮转子组成，如图 1-2 所示。根据转子温度分布，前端压气机及轴颈多采用钛合金，后端涡轮及轴颈多采用高温合金。对于现代高负荷压气机，出口气流温度高于钛合金最佳性能温度，常在末几级采用高温合金。

压气机中气流是逆压梯度流动的，为保证叶轮机气动效率，避免压气机喘振和气流失速，单级压气机增压比和负荷系数较小，因此常采用多级串联结构形式来达到高增压比性能目标。多级压气机间常通过大直径鼓筒和双层环腔连接，如图 1-2(a)、(d)所示，使得压气机质量高的同时局部刚度大、相对变形小，因此多级压气机可视为局部刚体，且直径转动惯量 I_d 一般大于极转动惯量 I_p，具有转子动力学中“厚盘”转子特征。

涡轮中气流是顺压梯度流动的，单级涡轮膨胀比和负荷系数大，因此采用较少级数涡轮带动多级压气机。高涵道比涡扇发动机，为降低耗油率需要更高的增压比，这使得压气机级数多、轴向尺寸长，一般采用单级或双级高压涡轮为其提供驱动功率，如图 1-2(b)、(d)所示。涡轮级数虽少，但由于轮盘材料、厚度和质量与压气机的相当，且由于轴向尺寸小，局部刚度也较高，因此高压涡轮可视为局部刚体，且极转动惯量 I_p 明显大于直径转动惯量 I_d，具有转子动力学中“薄盘”转子的特征。

转子的鼓筒、锥壳等轴段用于压气机、涡轮和轴承间连接，传递轴向力、扭矩、剪力、弯矩等载荷，决定着转子的刚度与变形。一般地，轴承处受 DN 值限制，轴段半径较小。考虑到结构

加工、装配和不同材料，核心机转子常采用法兰-螺栓连接和套齿连接，特殊情况下采用端齿-螺栓连接和止口-中心拉杆连接。

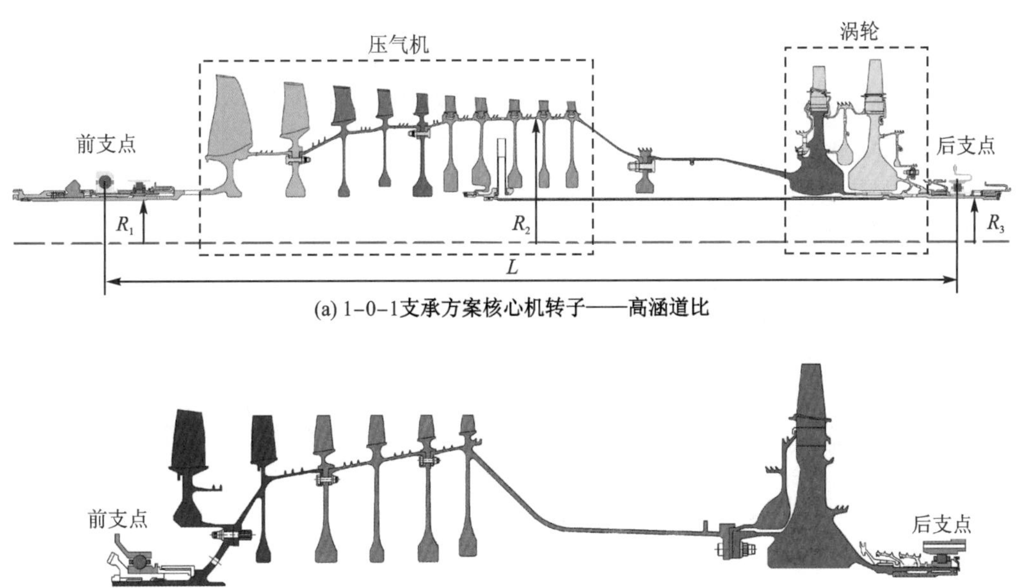

(a) 1-0-1支承方案核心机转子——高涵道比

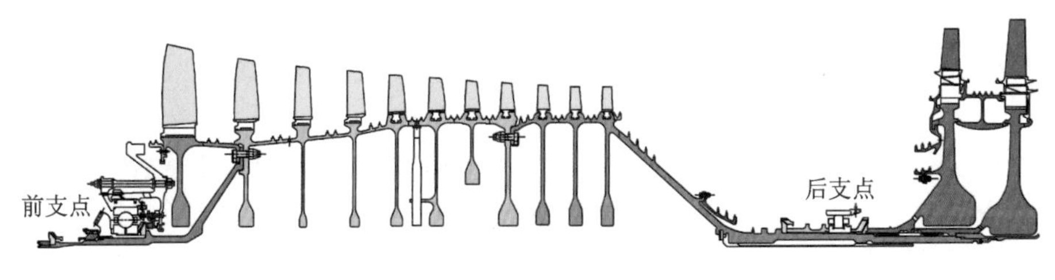

(b) 1-0-1支承方案核心机转子——高涵道比

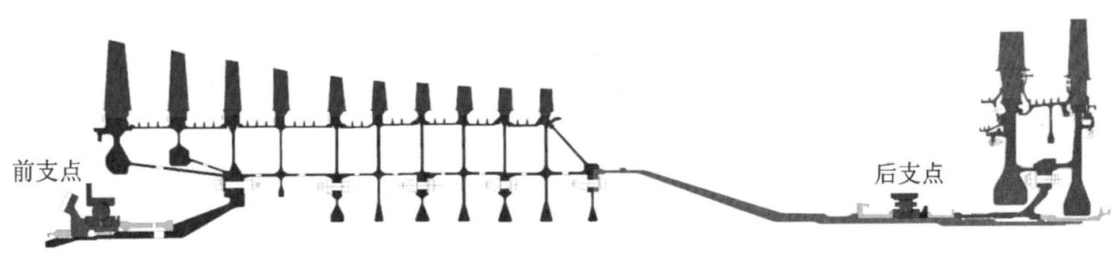

(c) 1-1-0支承方案核心机转子——高涵道比

(d) 1-1-0支承方案核心机转子——高推重比

图 1-2　涡扇发动机典型核心机转子结构示意图

为追求高气动性能和结构效率，核心机转子具有高转速、高刚度、少支承的特点。

高转速——提高转子工作转速可使压气机和涡轮具有更高的做功能力和气动效率，但也使转子的旋转惯性效应增加，对转子系统动力学特性影响更加显著。核心机转子工作转速一般位于弯曲临界转速以下，但随着工作转速的提高和减重要求，转子在最大工作转速附近可能出现不可忽略的弯曲变形。

高刚度——发动机总体结构布局的客观条件决定了核心机转子可能实现整体高刚度设计，这有利于控制核心机转子在高转速和复杂载荷激励下叶尖间隙变化，降低叶轮机气动性能损失。可通过优化转子构形和支点约束特性，并采用结构旋转惯性等措施，进一步提高转子刚度和抗变形能力。

少支承——核心机转子一般采用两支点的 1-0-1 和 1-1-0 支承方案，以减少承力框架数目来降低整机结构质量，提高发动机结构效率，但同时也增加了转子变形控制的难度，须根据支承方案，合理设计转子结构几何构形，调整结构质量、刚度和旋转惯性，实现转子刚度、临界转速、支点载荷等多目标的平衡设计。

采用 1-0-1 支承方案的核心机转子一般是"拱形"构形，如图 1-2(a)、(b)所示，其典型特征是将前支点设计在压气机前轴颈上，后支点设计在涡轮后轴颈上，转子支承跨度大。采用 3 个尺寸参数定量描述"拱形"转子的几何构形：拱形跨度 L，支承处径向尺寸 R_1、R_3，以及拱形最大径向尺寸 R_2。采用转子长径比 L/R_2 反映转子整体抗变形能力。

1-0-1 支承方案的支点跨度一般大于 1-1-0 支承方案，转子长径比高，整体弯曲刚度较低，随着发动机转子工作负荷越来越高，转子在高转速下会发生一定的弯曲变形，不利于转静件结构变形协调性控制和部件效率保持。为保证核心机转子具有较高的刚性，须在设计上充分利用结构的旋转惯性，控制转子在高转速下的弯曲变形，保证转子工作转速区间位于弯曲临界转速以下，并具有足够的安全裕度。

采用 1-1-0 支承方案的核心机转子一般采用"拱形＋悬臂"构形，如图 1-2(c)、(d)所示，其典型特征是将前支点设计在压气机前轴颈上，后支点设计在涡轮前鼓筒轴上，涡轮转子处于悬臂状态。

1-1-0 支承方案转子支点跨度小，缩短支点跨度可有效提高整体刚度、减小压气机部件变形和控制叶尖间隙。虽然涡轮转子处于悬臂状态，但由于压气机转子与涡轮转子质量相当，且后支点位于两者间鼓筒轴上，因此在横向过载时，压气机转子与涡轮转子产生的惯性载荷使得转轴具有相反的变形趋势，二者变形相互抑制，有利于提高转子抗横向惯性载荷能力。

当转子以高转速旋转时，由于悬臂涡轮转子更易发生角向变形，具有更大的陀螺力矩效应，能明显增加转子的抗弯曲变形能力，保证转子在高速旋转时的稳定运转；因此，从转子动力学设计上，1-1-0 支承方案转子系统具有良好的动力学特性，适合高速旋转。

由于后支点处有燃烧室环绕，环境温度高，因此对支点的冷却、封严和润滑提出了极高要求，恶劣的工作环境不利于轴承长寿命工作。同时，由于压气机与涡轮连接鼓筒轴直径较大，后支点轴承必须具有大 DN 值，提高了轴承设计难度。此外，1-1-0 支承方案限制了转子间中介支点和涡轮级间共用承力结构的使用，不利于发动机质量控制，因此在现代高推重比涡扇发动机总体结构设计中，1-1-0 支承方案较少使用。

2. 高涵道比发动机低压转子

高涵道比涡扇发动机低压转子一般由单级风扇、多级增压级、多级低压涡轮和低压涡轮轴组成，如图 1-3 所示。风扇叶片长且宽，为降低其离心负荷，使叶根应力满足强度要求，常采用空心叶片或复合材料，风扇轮盘和增压级采用钛合金，低压涡轮采用高温合金，低压涡轮轴采用高温合金或合金钢。

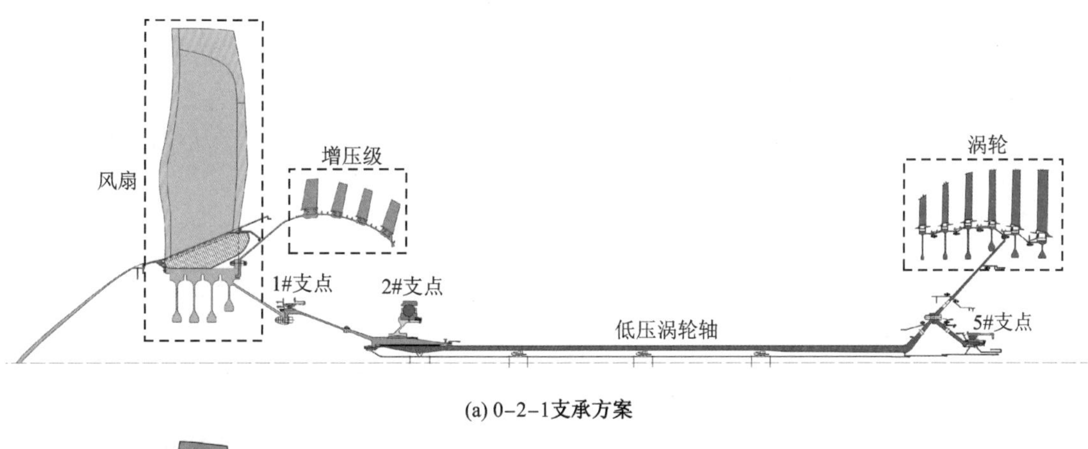

(a) 0-2-1支承方案

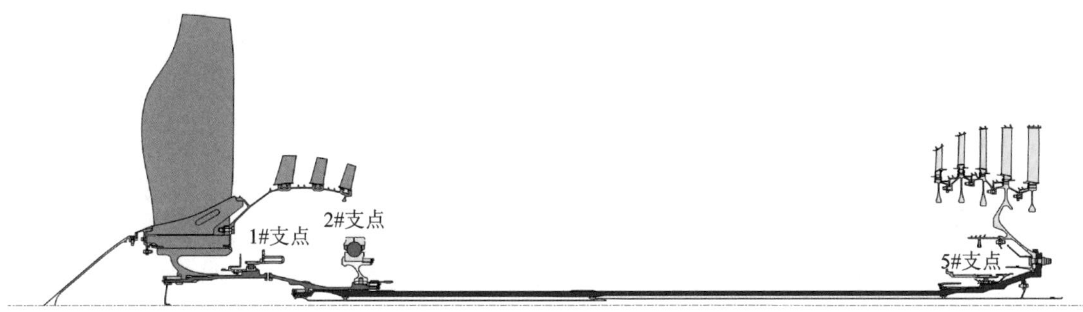

(b) 0-3-0支承方案

图 1-3　典型高涵道比发动机三支点低压转子

低压转子通过大尺寸风扇对大流量空气做功以产生巨大推力，降低发动机的排气损失并提高推进效率，从而降低了发动机的耗油率，因此高涵道比涡扇发动机适合民航客机和运输机等飞行器使用。为保证低压转子的气动效率并满足双转子布局和发动机安全性要求，低压转子具有低转速、多支点、质量集中于两端的特点。

低转速——受大直径风扇叶尖切向速度的限制，低压转子转速较低。如 LEAP-1B 发动机低压转子最大工作转速约为 4 500 rpm。为保证低压涡轮产生足够的轴功率驱动风扇对空气做功，采用多级低压涡轮，并提高叶片径向位置以增加轮缘功。

多支点——低压转子一般采用三支点支承方案，前两个支点位于风扇转子后，风扇为悬臂支承，后支点位于涡轮转子质心附近，风扇转子后轴颈和低压涡轮轴间采用套齿联轴器连接。

质量集中于两端——由于双转子总体结构布局限制，低压转子一般都采用“杠铃”构形，单级风扇和多级大直径低压涡轮位于转子两端，低压涡轮轴从高压转子内部穿过，此布局特点使低压转子质量集中于两端，且风扇和涡轮转子的极转动惯量都大于直径转动惯量，具有转子动力学中“薄盘”转子的特征。

为了保证叶轮机气动效率，必须提高风扇和涡轮端的抗变形能力，即提高局部弯曲刚度。无论是采用 0-2-1 还是 0-3-0 支承方案，都在前端风扇转子处采用两支点支承，在后端低压涡轮转子处则采用大直径鼓筒和锥壳结构，以提高局部刚度。由于低压转子不同结构间质量、刚度差异较大，转子局部模态特性较为明显。

低压转子发生弯曲时，变形集中在刚度较弱的低压涡轮轴上，且风扇和涡轮处会产生大角向位移，旋转惯性使二者产生陀螺力矩，且随着转速增加迅速提高。为使低压转子两端陀螺力矩能作用于低压涡轮轴上，以抑制其弯曲变形，须保证两端盘-轴连接具有较大角向刚度，防止轮盘局部“掰正”而减小陀螺力矩效应。对于悬臂支承风扇转子，利用两支点并优化轴颈锥壳角度，以提高角向刚度；对于涡轮转子，对盘-轴连接角向刚度影响最大的是涡轮轴颈几何构形，如图 1-4 所示，图上标注参数是轴颈构形设计关键参数。可通过采用“人”形、反“匚”形几何构形，并优化设计后支点位置，提高低压涡轮盘-轴连接处的角向刚度。

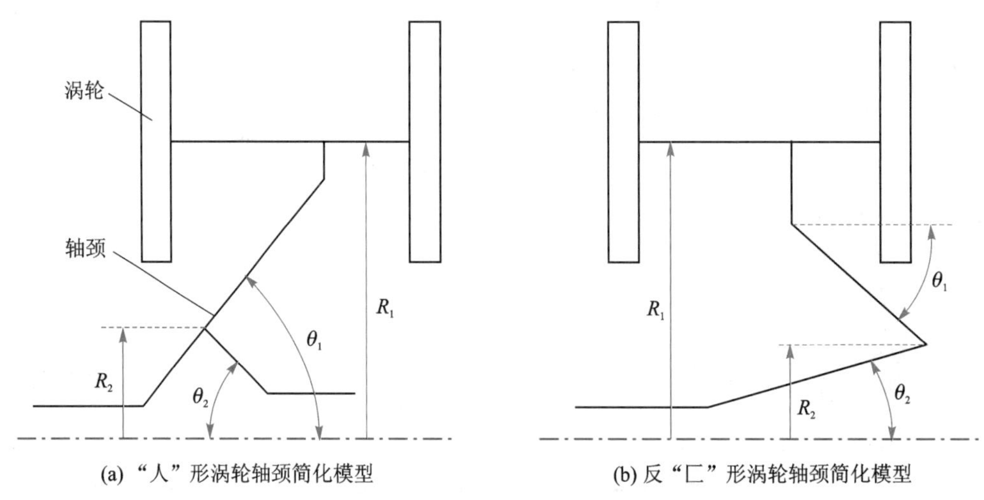

图 1-4　高涵道比涡扇发动机低压涡轮轴颈构形

3. 小涵道比发动机低压转子

小涵道比(也称高推重比)涡扇发动机低压转子由多级风扇、低压涡轮、低压涡轮轴组成，如图 1-5 所示。小涵道比发动机低压转子的材料和连接方式都类似于高涵道比发动机低压转子，就不再赘述。

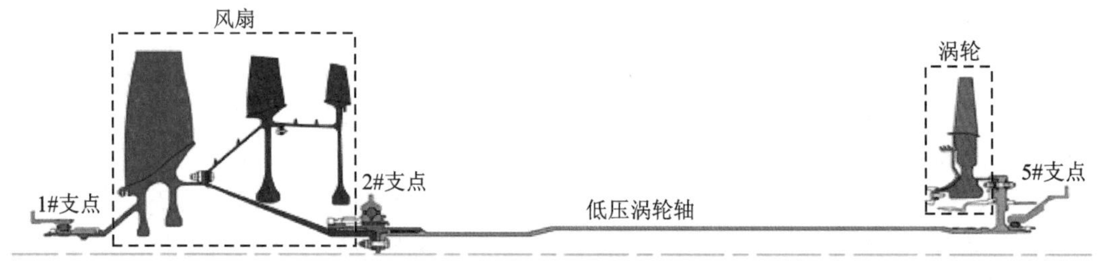

(a) 1-1-1支承方案

(b) 1-2-0支承方案

图 1-5　典型小涵道比发动机三支点低压转子

由于双转子结构布局和风扇叶尖切线速度限制，低压转子具有高转速、多支点、质量集中于两端的特点。

高转速——根据低压转子风扇进口径向尺寸，小涵道比发动机低压转子工作转速约为高涵道比发动机的 2 倍，因此可通过单级或双级低压涡轮带动多级风扇。高工作转速要求低压转子弯曲临界转速更高，使得需要提高转子抗弯刚度、更充分发挥转子旋转惯性。

多支点——低压转子一般采用三支点支承方案，但与高涵道比发动机不同，一般在风扇前后两端各设置一个支点。这是因为多级风扇转子轴向尺寸较大，若采用悬臂支承，风扇转子的悬臂长度过大，在飞机机动飞行时，难以控制风扇转子局部变形，为此需要采用两支点前后支承设计，提高风扇转子的局部刚性，控制其角向变形。

后支点位于低压涡轮质心附近，具体位置取决于高压转子后支点支承方式。若高压转子采用中介支点，则低压转子后支点位于涡轮后，支承方案为 1-1-1，如图 1-5(a)所示；若高压转子后支点支承在涡轮级间共用承力框架，则低压转子后支点位于涡轮前，支承方案为 1-2-0，如图 1-5(b)所示。一般现代先进的小涵道比涡扇发动机，在涡轮处仅使用一个承力框架，以控制整机质量。

质量集中于两端——与高涵道比发动机相似，小涵道比发动机低压转子也采用“杠铃”构形，具有两端重、中间柔的质量和刚度分布特征。区别在于，小涵道比发动机多级风扇径向尺寸相对较小，其极转动惯量接近直径转动惯量。同样地，小涵道比发动机低压转子须合理设计结构局部模态特性和涡轮轴颈角向刚度。

1.1.2　涡轴/涡桨发动机

涡轴发动机是直升机的主要动力装置，高功重比、低油耗是先进直升机对动力装置提出的主要技术指标。涡桨发动机由于其具有推进效率高、耗油率低、起飞和低空性能好的特点，在航空飞行器动力中一直处于不可或缺的地位。

涡轴/涡桨发动机主要通过输出轴功率驱动螺旋桨或旋翼产生向前或向上的拉力，而通过尾喷口排出燃气产生的推力较小。由于空气流量低于涡扇发动机，为保证叶片气动效率和便于加工制造，涡轴/涡桨发动机整体径向尺寸较小。涡轴/涡桨发动机转子可分为产生高温、高压燃气的燃气发生器转子和通过减速器输出轴功率的动力涡轮转子，二者具有不同的结构特征。

1. 燃气发生器转子

燃气发生器转子由压气机、涡轮和轴颈组成，用来产生高温、高压燃气，驱动动力涡轮输出轴功率，如图 1-6 所示。转子材料和连接结构的选用类似于涡扇发动机高压转子，但更多地使用止口和端齿连接。转子质量和刚度分布类似于 1-1-0 支承方案的涡扇发动机高压转子。

为追求高气动性能和结构效率，燃气发生器转子具有高转速、大长径比、少支承的特点。受转子径向尺寸限制，为提高气动部件轮缘功，燃气发生器转子工作转速很高。例如，T700 发动机燃气发生器转子转速高达 44 600 rpm，这使得燃气发生器转子工作转速区间相对临界转速分布有别于涡扇发动机高、低压转子。由于转子连接鼓筒径向尺寸较小，增大了转子的长径比，降低了截面抗弯刚度，为提高转子弯曲刚度，须缩短转子轴向尺寸和支点跨度，因此，燃气发生器转子常使用级增压比较高的离心压气机和更有利于发挥涡轮陀螺力矩效应的 1-1-0 支承方案。

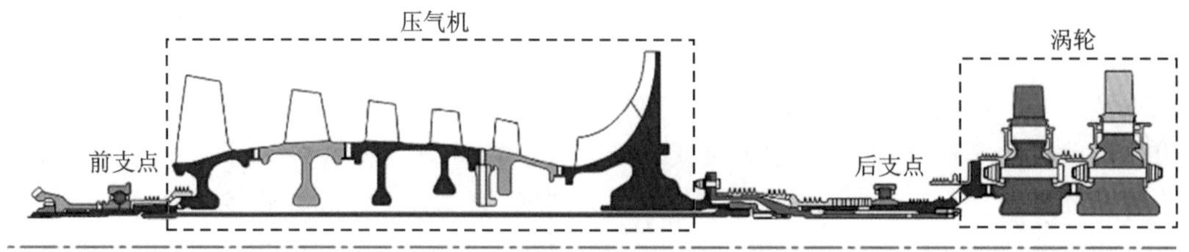

图 1-6　典型涡轴/涡桨发动机燃气发生器转子

1-1-0 支承方案可缩短支点跨度和控制压气机转子变形。后支点位于燃烧室内部高温环境中，通过燃烧室机匣承力框架支承轴承，为降低支点负荷，提高轴承寿命，其轴向位置一般设计在转子弯曲模态的后节点附近。涡轮转子为悬臂结构，通过多层套齿轴提高与压气机转子连接刚度，在转子整体弯曲模态下易发生角向变形，可利用其陀螺力矩效应提高转子的弯曲临界转速。正是充分利用了涡轮转子的旋转惯性力矩，使得高转速燃气发生器转子工作转速位于弯曲临界转速以下。前文介绍过，由于涡轮转子在高转速下的自动定心效应，1-1-0 支承方案特别适合高速旋转，但后支点需要配套高温环境封严、冷却与润滑技术，同时由于承力框架不可省去，限制了发动机的减重。

现代大功率涡轴/涡桨发动机燃气发生器转子也可设计为双转子，如图 1-7 所示，其流量更大、气动效率更高，但转子动力学特性也更复杂。同时由于支点更多，为减轻承力结构重量，提高发动机功重比，多采用共用承力框架结构，如何避免承力框架与双转子系统耦合振动是设计的关键与难点。

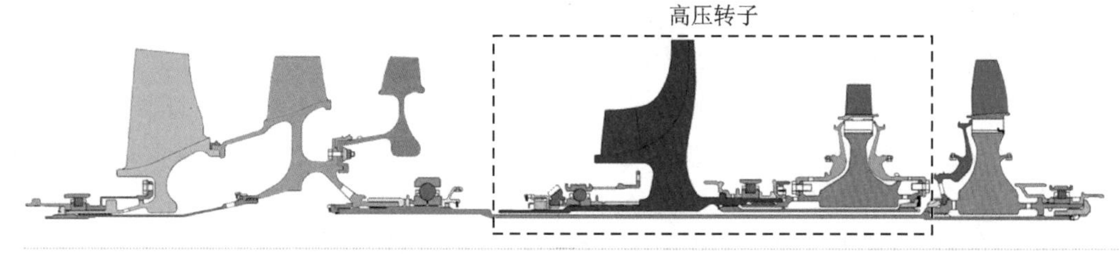

图 1-7　典型双转子燃气发生器

2. 动力涡轮转子

动力涡轮转子由涡轮和涡轮轴组成，通过减速器输出轴功率，如图 1-8 所示。转子材料和连接结构的选取类似于涡扇发动机低压转子。转子质量和刚度分布类似于涡扇发动机低压转子后部分，因此动力涡轮转子也具有明显的局部模态特性。

由于涡轴/涡桨发动机多为前功率输出，涡轮轴穿过燃气发生器转子，结构细长，刚度较低，一般工作转速高于转子弯曲临界转速。为支承转子并控制局部变形，常在动力涡轮转子两端各设置支点，以增加局部角向刚度，控制功率输出轴同轴度和涡轮部件局部变形。多支点支承不同心会引起转子系统振动问题，可通过联轴器和支承结构设计进行调整。在转子支承刚度设计上，根据位置及对转子共振转速影响敏感度不同，分为主支点和辅助支点。主支点支承刚度较大，用于转子位移约束和共振转速分布控制，辅助支点主要提供角向约束和阻尼结构，消耗转子振动能量。

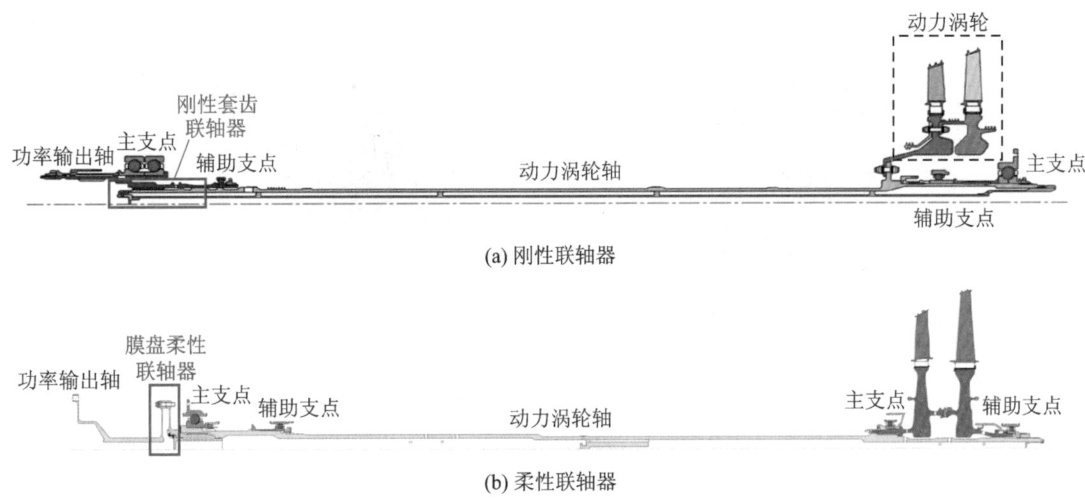

(a) 刚性联轴器

(b) 柔性联轴器

图 1-8 典型涡轴/涡桨发动机动力涡轮转子

1.2 支承结构

航空燃气轮机的支承结构特征是指由转子支承方案和支承结构共同决定的刚度和阻尼分布。支承结构主要包括支点(也称主轴承)、弹支结构和阻尼器。转子支承方案是指支点的数量、类型、位置和刚度。支点刚度不仅与主轴承有关,还受由支承结构、承力框架、承力机匣和安装节组成的发动机承力系统的影响。其中,轴承类型和位置决定了转子约束方式和位置,弹性支承和阻尼器决定了支点刚度和阻尼,以上都会影响转子的力学特性。

1.2.1 主轴承

航空燃气轮机转子支点(主轴承)的结构形式主要有滚珠轴承(又称止推轴承)、短圆柱滚棒轴承、滚珠-滚棒轴承并用、双滚珠轴承并用等。其中滚珠轴承为止推轴承,用于转子相对于机匣的轴向定位和径向定心,将转子的轴向力和径向力传递到承力结构上,而滚棒轴承只能承受径向载荷。

主轴承是指支承发动机主机转子的轴承,其结构完整性对发动机结构可靠性和安全性具有重要影响。综合考虑航空燃气轮机的功能、性能、可靠性、安全性等设计要求,提出发动机对主轴承的需求牵引为:① 最大限度地减少质量、体积和成本;② 减少摩擦与功率损失;③ 减少冷却需求量与滑油流量;④ 具有一定的滑油中断承受能力与冷起动能力;⑤ 具有短时大过载承受能力,如机动飞行、硬着陆及叶片丢失引起的极限载荷。

1. 滚珠轴承

航空燃气轮机转子系统滚珠轴承结构组成如图 1-9 所示。为了增加接触角与滚珠数目,同时保持架能做成整体式,从而提高承受轴向载荷的能力,一般采用内圈分开的滚珠轴承(极少采用外圈分半),为使内圈分开不会影响滚珠的工作,大多数发动机滚珠轴承均做成内圈分半的三点接触式轴承,如图 1-10 所示。在设计这种轴承时要合理选择滚珠半径 r 与滚道曲率半径 R 之比。

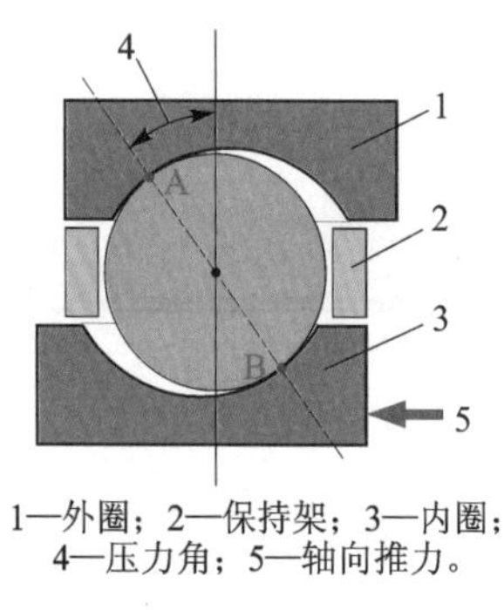

1—外圈；2—保持架；3—内圈；
4—压力角；5—轴向推力。

图 1-9 滚珠轴承

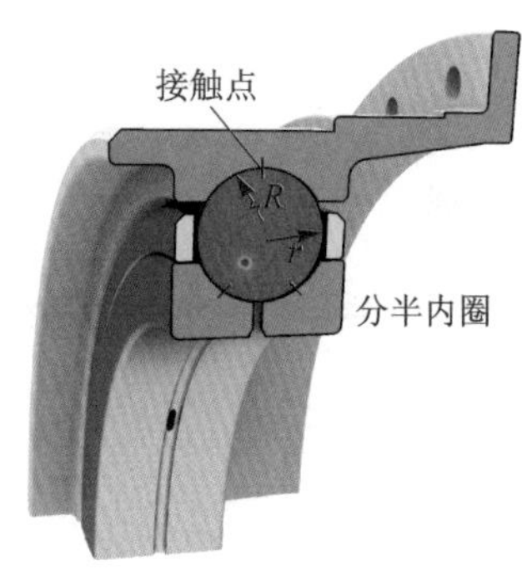

图 1-10 内圈分半滚珠轴承

根据发动机安装、配合和滑油冷却等情况的不同，轴承结构也可根据需要进行特殊设计，如外圈带安装边、内圈上有油孔、油槽等；保持架也有各种不同的结构，如兜子形状、兜子锁口、加宽或带翅等，保持架的定位方式也有外圈定位和内圈定位的不同，如图 1-11 和图 1-12 所示。

为提高轴承使用寿命，现代航空燃气轮机主轴承一般工作在 150 ℃以下，不可避免地使用滑油润滑，以减少摩擦生热并降低轴承温度。图 1-11 所示为航空燃气轮机滚珠轴承的典型喷油冷却结构。需要注意，在喷油嘴喷射滑油时，必须将滑油喷射到保持架和内圈之间，在离心效应下滑油可以很好地对滚子进行冷却润滑。

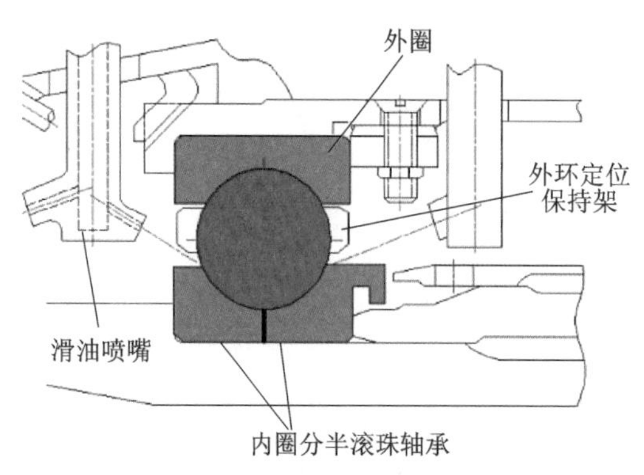

图 1-11 滚珠轴承滑油喷射冷却

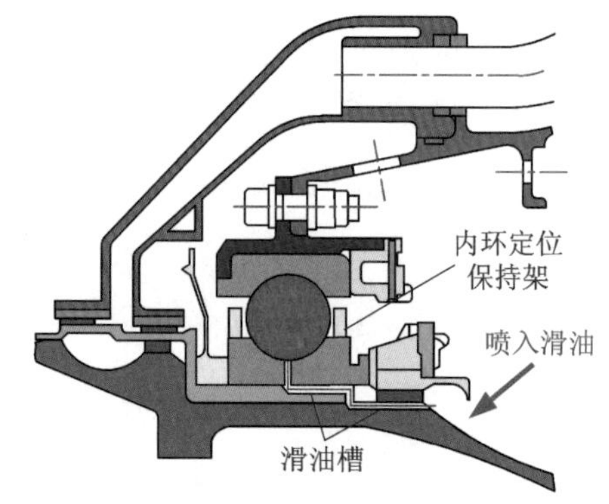

图 1-12 滚珠轴承环下供油冷却

随着现代航空燃气轮机轴承载荷和 DN 值的不断提高，轴承的冷却效率需要进一步提高。现代的发动机大多对轴承采用环下供油冷却，如图 1-12 所示，滑油喷射到轴承内圈下面，通过相应的沟槽流到滚珠轴承的内圈分半处，在离心载荷下通过其间隙甩向滚珠进行冷却。试验证明其冷却效果优于内圈喷射冷却。

2. 滚棒轴承

航空燃气轮机转子系统短圆柱滚棒轴承结构组成如图 1-13 所示。设计滚棒轴承，主要是精细地设计滚子尺寸，如滚子平直段长度、滚子冠半径、冠落差等，这些尺寸的优化与组合对滚棒轴承工作品质有重要影响。性能方面除与滚珠轴承相同外，控制滚子歪斜对高速滚子特

别关键。图 1－14 所示为滚棒轴承应力分布，一般圆柱形滚棒轴承在轴线偏斜时，会造成在滚棒两端的载荷过大以致引起滚道剥落、滚棒端面磨损、保持架过度磨损等损伤。采用两端直径较小的腰鼓形滚棒，可减小轴线偏移时滚棒两端的载荷，提高滚棒寿命。

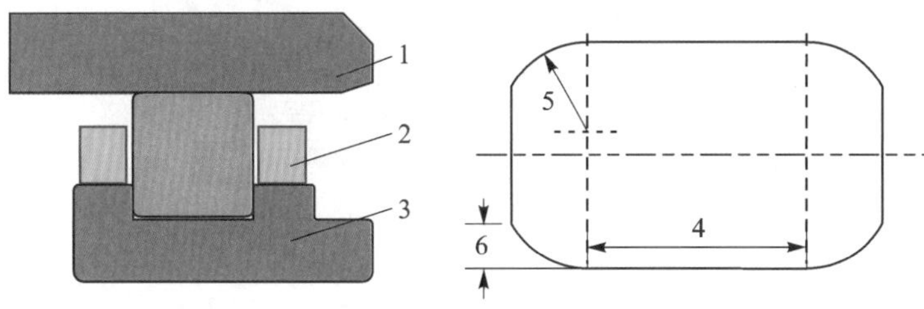

1—外圈；2—保持架；3—内圈；4—滚子平直段；5—冠半径；6—冠落差。

图 1－13　短圆柱滚棒轴承

对于滚棒轴承也设计有环下供油结构，如图 1－15 所示，即在轴承内圈上开有油孔，滑油通过轴向槽道流向轴承内圈两端的径向油孔，在离心载荷下甩向上方的保持架并反射到滚子上进行冷却。

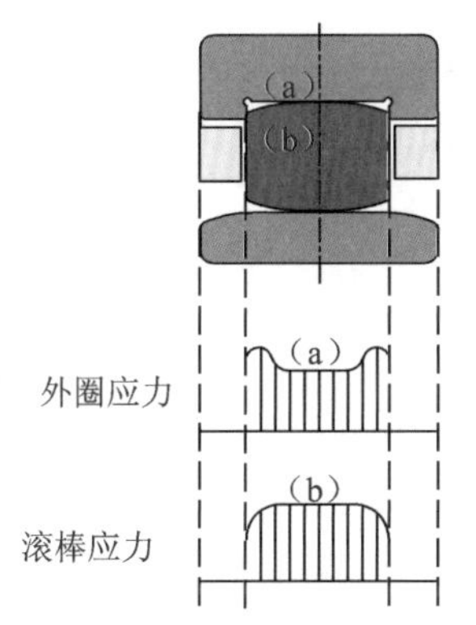

图 1－14　滚棒轴承应力分布

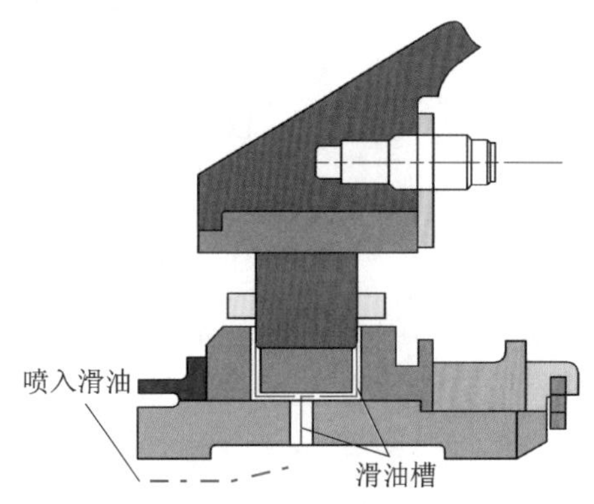

图 1－15　滚棒轴承环下供油

在一些航空燃气轮机中，通过轴承将一个转子支承于另一个转子上，称此轴承为中介轴承。中介轴承一般采用滚棒轴承，但在复杂的三转子发动机中也有采用滚珠轴承作为中介轴承的。为了控制好工作时的轴承内部间隙变化，中介轴承内圈最好定位于转速相对较高的高压转子上。当高低压转子同向旋转时，轴承保持架转速高，滚子所受离心载荷也大，外圈所受载荷提高。当高低压转子反向旋转时，虽然保持架转速低，但滚动体自转转速极高，应最大限度地提高加工精度以确保工作稳定。

双转子发动机涡轮端典型支承结构如图 1－16 所示，其中高压转子后支点为中介轴承。高压转子的外传力路线为，通过高压转子后轴颈传至中介轴承，经过带有限幅环的支承组件传至低压涡轮转子。低压涡轮后支点为滚棒轴承，其内圈安装在低压转子上，以轴承外圈与支承结构连接，轴承外圈与外侧限位环结构间有一间隙，形成挤压油膜阻尼器。低压转子的外传力路线是，通过低压转子后轴颈传至滚棒轴承，再经轴承外圈、挤压油膜阻尼器传至支承结构上。

3. 滚珠-滚棒轴承并用

航空燃气轮机转子系统也可采用滚珠-滚棒轴承并用支承，结构组成如图 1－17 所示。独

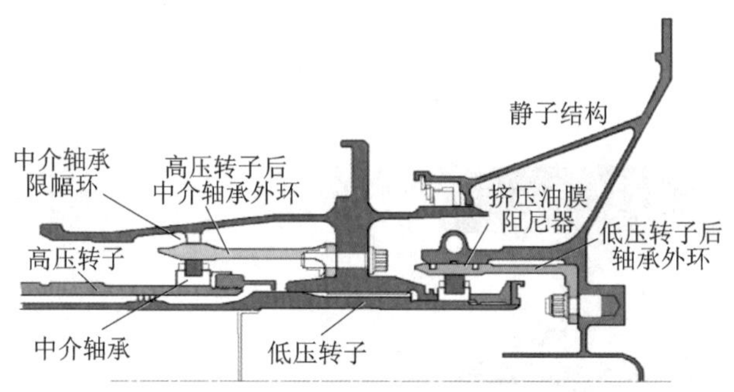

图 1-16　带中介轴承双转子涡轮端支承结构

特的支承设计使滚珠、滚棒轴承分别承受轴向和径向载荷，提高了轴承的使用寿命、可靠性和安全性。

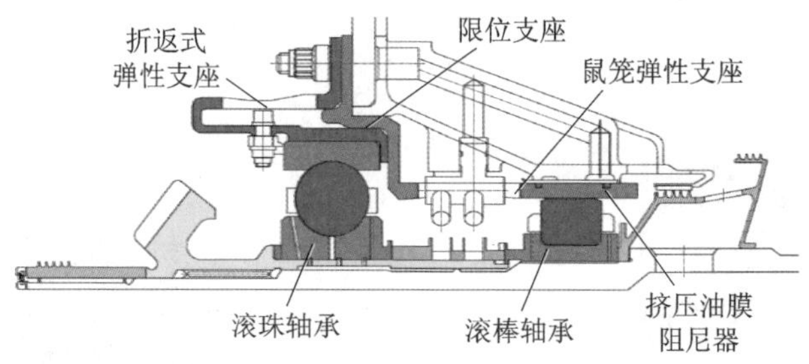

图 1-17　滚珠-滚棒轴承并用支承结构

滚珠轴承外圈间隙装配于刚性较弱的折返式弹性支座中，滚棒轴承则支承于刚性较强的鼠笼弹性支座中。通过弹性支承降低滚珠轴承的径向支承刚度，使得在工作过程中该滚珠轴承只承受很小的径向载荷，仅承受轴向力。而滚棒轴承只承受径向载荷，在其外圈处装有挤压油膜阻尼器，用于控制轴的径向振动。同时滚珠轴承外圈设计径向限位支座，保证支点在大载荷作用下，两轴承同时承受径向载荷，避免滚棒轴承严重超载导致的损伤失效。

随着先进航空燃气轮机的发展，轴承工作条件变得日益苛刻。主轴承结构设计的关键是确定转子在工作过程中作用在轴承上的载荷。在不同工作状态下支点载荷大小和来源会发生较大的变化，需要通过发动机及转子的运动对作用在轴承上的径向和轴向载荷进行准确预测和分析。

航空燃气轮机主轴承在制造工艺上也有更高的技术要求，以保证在常规载荷作用下具有高可靠性和长寿命，在极端恶劣状态下可以短时承受巨大冲击载荷，如叶片断裂甩出时或滑油中断供油时，也要保持一定的运转能力和不产生二次破坏等。

由于航空燃气轮机结构与功能要求，用于不同类型发动机和不同位置的轴承具有不同的设计侧重点。例如，风扇转子的支承轴承着重于静/动载荷和抗冲击载荷的承受能力，而高压涡轮转子的支承轴承主要要求高速运转及抗磨损能力。目前先进航空燃气轮机转子主轴承结构设计是对几何构形、承载能力、冷却润滑、安装固定等方面的侧重、优化与平衡。

1.2.2　弹性支承与阻尼器

航空燃气轮机转子系统工作转速一般高于第一、二阶临界转速，甚至趋近或超过弯曲临界

转速。因此,在起动过程中通过临界转速时,转子及整机均会产生较大的振动。为了保证转子-支承结构系统在工作过程中"不产生有害振动"且疲劳损伤可控,须合理设计弹性支承与阻尼结构的动力学特性。

支点支承刚度由传力路线上的支承结构、承力框架、承力机匣和安装节共同组成,根据弹簧刚度串联原理,弹性支承对支点刚度影响最显著。在航空燃气轮机转子系统动力学设计中,为满足临界转速安全裕度要求,可通过采用弹性支承结构调整支承刚度。弹性支承是相对于转子弯曲刚度而言的,即当支承刚度值远大于转子弯曲刚度时,转子系统在支点处的振动位移相对于转轴变形可以忽略,支点约束可以视为刚性支承;相反,支点约束刚度小于或接近转轴的弯曲刚度时,转子系统首先出现的共振转速是以支点位移为主的振型(刚体振型),这时的支点约束即为弹性支承。对于现代涡扇发动机转子系统,高压刚性转子弹支刚度一般在 10^7 N/m 量级,而低压柔性转子弹支刚度一般在 10^6 N/m 量级。在航空燃气轮机中典型的弹性支承结构形式有鼠笼式和弹性环式,如图 1-18 所示。

(a) 鼠笼式

(b) 弹性环

图 1-18　典型弹性支承结构

发动机工作时,转子的不平衡激励通过轴承及支承结构传给机匣,使发动机在外部产生振动响应。支承结构可在阻尼器、连接界面、材料内部等位置产生多种类型阻尼,其中阻尼器所产生的阻尼占比最大,常通过在轴承外圈与支座间设置阻尼器来吸收振动能量,这样既可以抑制转子振动幅值,也可以衰减外传振动载荷,降低发动机整机振动水平。挤压油膜阻尼器(Squeezed Film Damper,SFD)就是其中一种常用的阻尼结构。

如图 1-19 所示,挤压油膜阻尼器的工作原理是在限位环和弹性支承座之间充以滑油,形成油膜,油膜厚度一般为 0.08~0.11 mm,个别高的达到 0.25 mm 左右。轴承外圈与轴承座的进动会挤压油膜,油膜的挤压、流动会消耗一定的振动能量,但是同时也会产生一定的油膜刚度。需要注意,采用挤压油膜时,一定要采取防止轴承外圈在轴承座中角向倾斜的措施,因为油膜内外圈相对倾斜后,容易破坏油膜,使得油膜内外圈发生碰撞,对转子形成冲击载荷,直接影响转子动力学响应。

挤压油膜阻尼器可以产生阻尼力的必要条件为:① 油膜轴颈产生一定径向偏移并发生进动;② 油膜被挤压并产生合适的油压分布。因此挤压油膜阻尼器需要配合弹性支承共同使用,常用的弹支阻尼结构有笼条式(包括鼠笼式和拉杆式)和弹性环式两类。

笼条式弹支阻尼结构如图 1-20 和图 1-21 所示,支点主轴承为滚珠轴承,笼条式弹支结构由辐条或拉杆的长度和个数调整支承刚度,挤压油膜阻尼器由轴承座和限位环之间的间隙构成,并设计有涨圈封油,轴承采用内圈分半和环下供油结构,油腔的封严采用典型端面石墨封严。

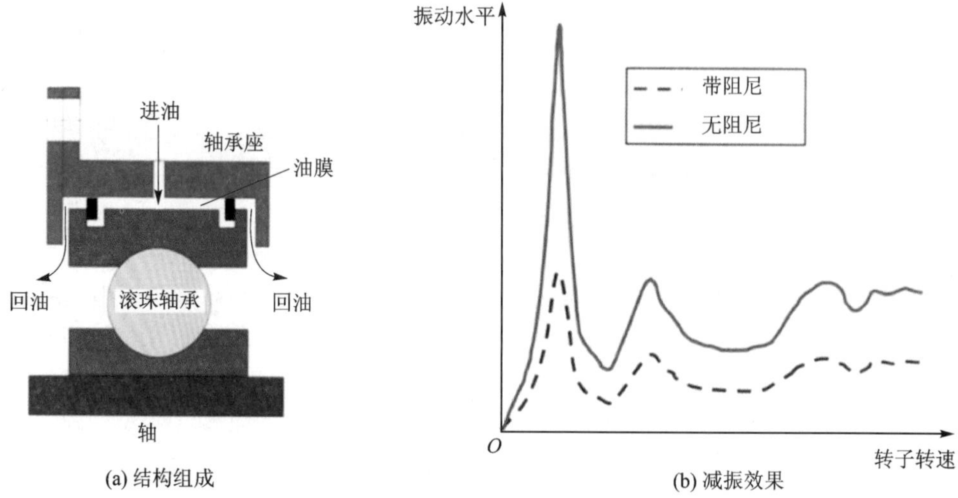

图 1-19　挤压油膜阻尼器工作原理

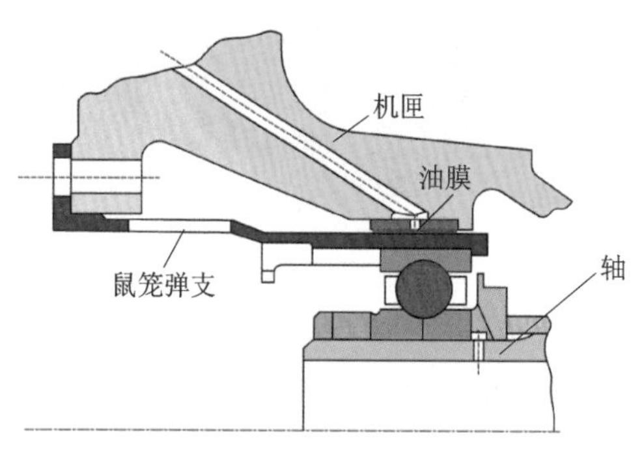

图 1-20　鼠笼式弹支阻尼结构

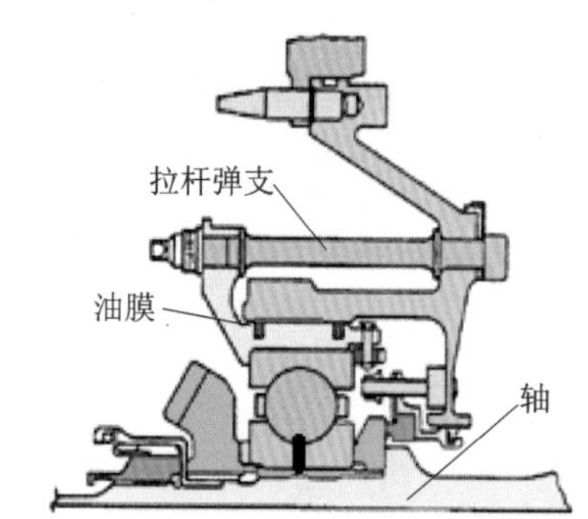

图 1-21　拉杆式弹支阻尼结构

弹性环式挤压油膜阻尼器位于轴承外圈和轴承座之间，弹性环通过内、外凸台与二者形成油腔，弹性环上打有通油孔，如图 1-22(a)所示；当转子轴颈带动弹性环发生横向位移时，滑油通过弹性环上的渗油孔在内外腔间快速流动，形成油膜压力场起到阻尼效果，如图 1-22(b)所示。弹性环为径向弹性支承结构，可改善油膜刚度的非线性影响，但对于支承刚度调整幅度有限，阻尼效果相对较差。

挤压油膜阻尼器因具有结构简单、体积小、重量轻、成本低廉、减振效果显著等优点，已广泛应用于航空燃气轮机等高速旋转机械中。但挤压油膜阻尼器良好的减振作用，一是需要降低支承刚度使轴承支承位置产生一定的横向位移；二是需要控制转子不平衡激励及外部激励响应范围，如果转子系统在工作过程中不平衡激励或外部激励增大过大，其油膜刚度随油膜轴颈偏心率的增大呈高度非线性增长，可能会使转子系统出现“双稳态”“非协调进动”“锁死”和“失稳”等现象，以致给整机会带来严重危害。

转子支承结构的阻尼可来自挤压油膜阻尼器，也可以来自高阻尼材料，如金属橡胶、泡沫材料等。金属橡胶(Metal Rubber，MR)是一种多孔的功能性阻尼材料，是通过绕丝、拉丝、编织以及模压成形的具有高阻尼、环境适应性强的功能结构件。金属橡胶材料的减振机理为：在振动环境中，其内部的金属丝间会产生相对滑移，提供干摩擦阻尼，将振动能量转化为内能耗

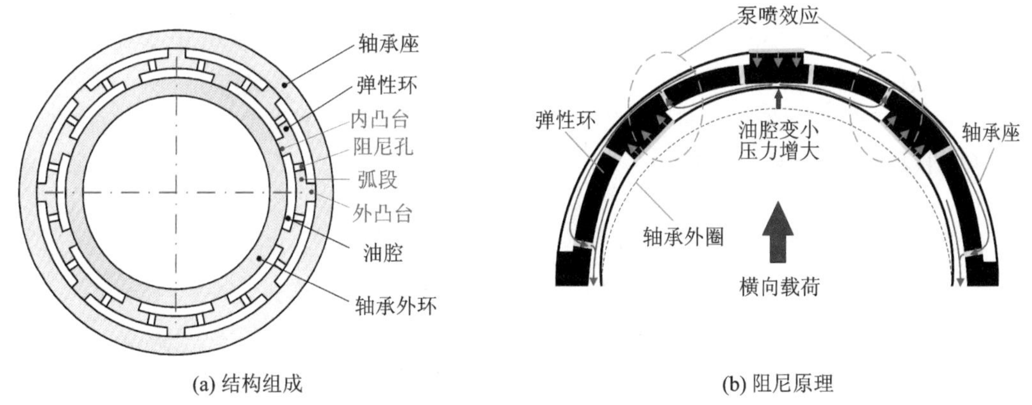

(a) 结构组成　　(b) 阻尼原理

图 1-22　弹性环式挤压油膜阻尼器结构组成与阻尼原理示意图

散，实现结构的阻尼减振。

由于 MR 具有质量轻、阻尼高、刚度可设计以及环境适应性好的优点，因此，其被广泛应用于隔振器设计。利用金属橡胶代替挤压油膜可以有效改善油膜刚度高度非线性的缺点，同时保证高阻尼、结构简单、体积小、质量轻及拆装方便。图 1-23 所示为带有金属橡胶外圈的挤压油膜阻尼器工作原理与实体结构图。

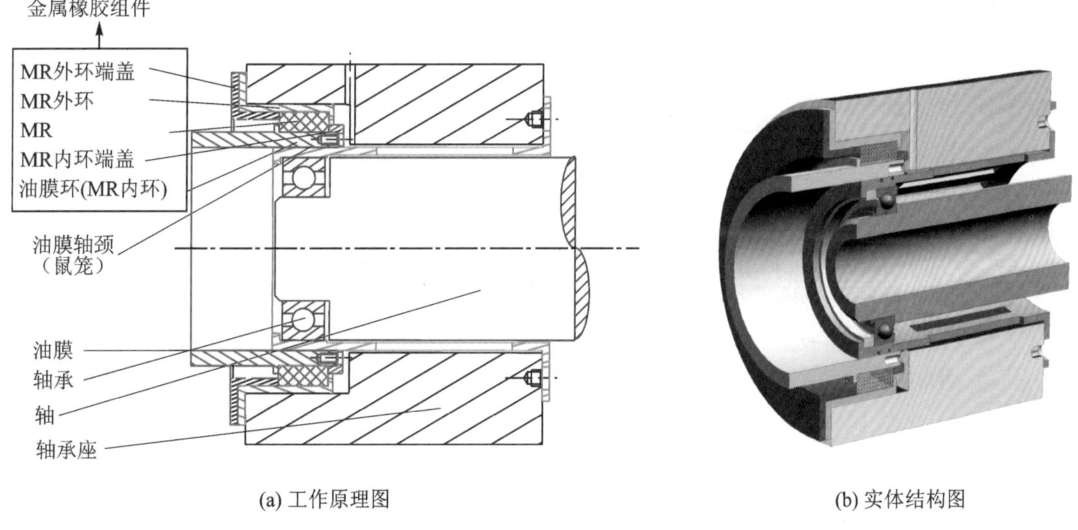

(a) 工作原理图　　(b) 实体结构图

图 1-23　MR-SFD 的工作原理与实体结构

带金属橡胶外圈的挤压油膜阻尼器（MR-SFD）的减振机理是：在转子系统运转的过程中，当不平衡量较小或转速较低时，不平衡激振力较小，油膜轴颈对油膜略有挤压，产生的油膜力较小，不足以使金属橡胶变形或变形很小，油膜环基本保持不动，此时可近似为挤压油膜阻尼器；当不平衡量较大或转速较高时，不平衡力急剧增大，油膜轴颈挤压油膜产生的油膜力迅速增大，油膜环在其作用下挤压金属橡胶，金属橡胶产生弹性压缩变形，使油膜厚度相应增大，油膜力减小，直至达到某一个平衡状态，其实质是油膜力和油膜环弹支复杂的流-固耦合作用的结果。

采用 MR－SFD 后，油膜厚度取决于油膜轴颈和油膜环的位移之差，在适当选取金属橡胶刚度的情况下，油膜刚度不会随轴颈偏心率变化产生高度非线性，避免了转子系统出现“双稳态”“非协调进动”“锁死”和“失稳”等现象。此外，金属橡胶为高阻尼材料，相较于传统 SFD，MR－SFD 增大了转子系统的阻尼，能在更大的不平衡量范围和更高的转速下有效减振。同时，通过设计金属橡胶的刚度，可以在一定程度上改变支承刚度，实现调整转子系统临界转速的功能。

1.3 连接结构

航空燃气轮机是一个复杂的机械系统，由于功能、材料、加工装配等原因，由众多构件通过多种连接结构组成。以转子系统为对象，按照结构特征和承载特点，连接结构可分为螺栓、套齿、止口、端齿等形式，如图 1－24 所示。

航空燃气轮机的连接结构特征是指由结构非连续、连接结构装配、接触界面损伤失效导致的转子质量非对称、弯曲刚度损失、激励变化等特征，进而影响转子力学特性，并使其产生分散性。

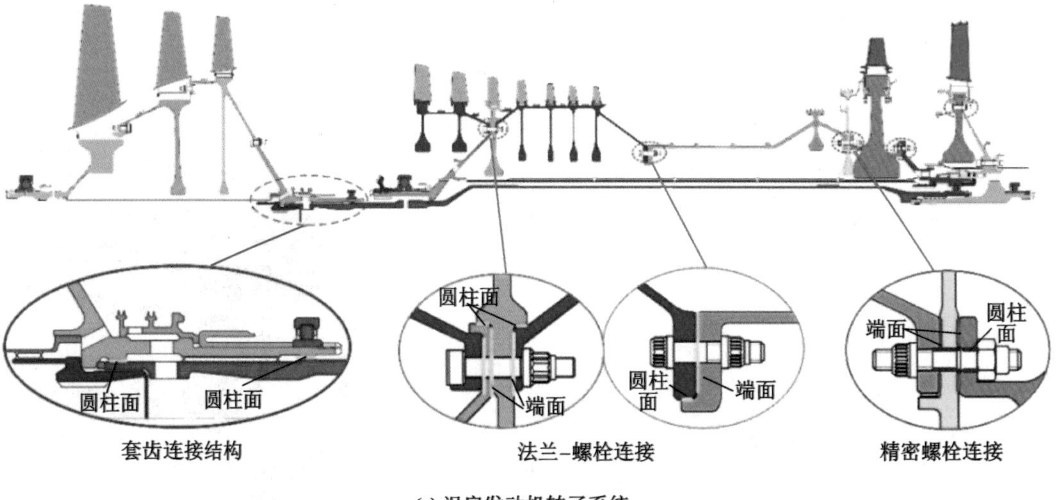

圆柱面
圆柱面
套齿连接结构
圆柱面
端面
圆柱面
端面
法兰－螺栓连接
端面
圆柱面
精密螺栓连接

(a) 涡扇发动机转子系统

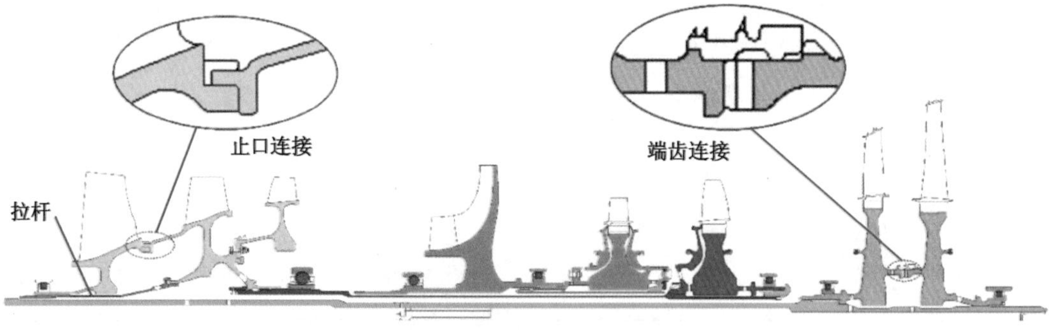

止口连接
端齿连接
拉杆

(b) 涡轴/涡桨发动机转子系统

图 1－24 航空燃气轮机转子系统连接结构示意图

1.3.1 法兰-螺栓连接

在航空燃气轮机转子系统中，法兰-螺栓连接是最常用的连接结构，一般用于径向尺寸较大的连接位置，典型结构如图1-25所示。法兰-螺栓连接一般由法兰边、轮盘和螺栓组成。其中，法兰边是转子系统中鼓筒、锥壳、轮盘之间相互对接并传递载荷的主要结构；轮盘为连接法兰的定位基准，约束法兰边的径向变形，保证连接结构径向变形协调，并承受高转速下螺栓的离心载荷，如图1-24中的压气机位置法兰-螺栓连接，该级轮盘盘辐更厚，盘心孔径更小。法兰-螺栓连接依靠螺栓预紧轴向压紧、圆柱面定心、端面摩擦传扭，螺栓一般不承受剪切载荷。

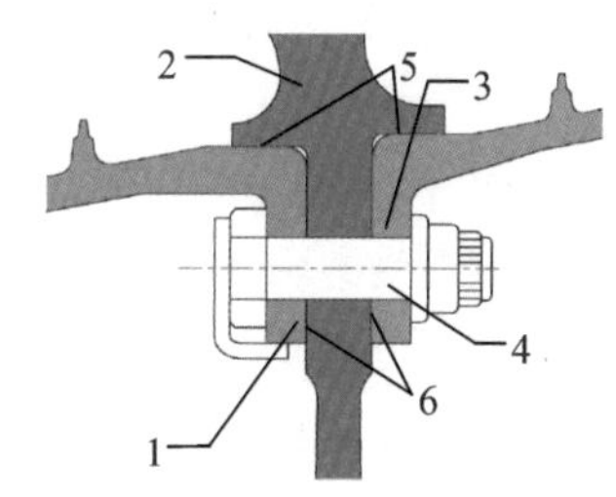

1、3—法兰边；2—轮盘；4—螺栓；5—圆柱定心面；6—端面。

图1-25 典型法兰-螺栓连接结构

法兰-螺栓连接需要保证连接界面螺栓数量，以提高预紧载荷的均匀性。由于拉压载荷传递路径和接触状态存在差异，因此会在连接处产生附加角向位移，可等效为弯曲刚度损失。由于法兰之间存在相对径向变形不协调、螺栓预紧不均匀、圆柱定心面滑移等情况，因此相互连接的构件可能产生不对中，进而影响转子平衡状态。为控制转子法兰-螺栓连接结构力学特性随工作载荷的变化，提高转子系统力学特性的稳健性，通常采取对法兰局部加强、连接鼓筒或锥壳局部削弱等措施，使弯曲应变能远离连接结构，分布到连续结构处。

1.3.2 套齿连接

套齿连接结构广泛应用在航空燃气轮机转子系统中，以实现小径向尺寸下大扭矩/轴功率与轴向力的传递，典型结构如图1-26所示。航空燃气轮机中的套齿连接结构大致可分为两种类型，即轴-轴套齿连接结构与盘-轴套齿连接结构，虽然二者连接对象不同，但具有相同的载荷和约束特征。

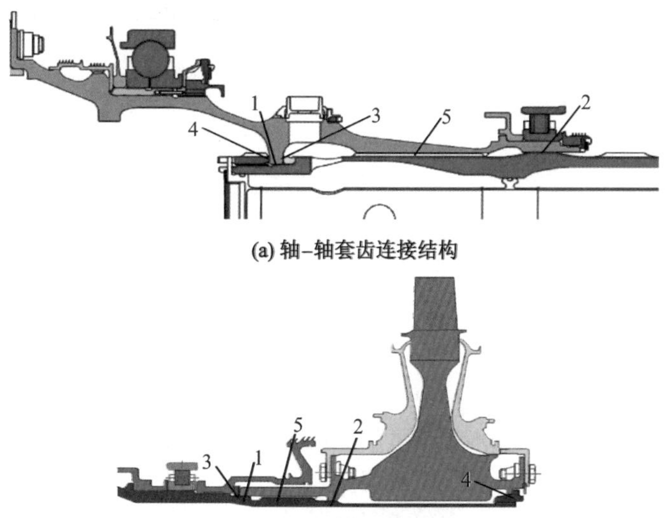

1—前定心面；2—后定心面；3—定位面；4—压紧面；5—套齿。

图1-26 两种典型套齿连接结构

套齿连接通过齿面传扭，前后两圆柱面定心，大螺母将轴向端面压紧定位。圆柱定心面紧度是套齿装配的重要参数，紧度过大不便于装配，并可能产生较大的接触损伤；紧度不足则易产生轴向滑移，造成弯曲刚度损失。同时，套齿连接不同心会导致转子在旋转过程中产生倍频激励，使转子动力学特性更加复杂。为控制套齿局部变形，减小圆柱面滑移和弯曲刚度损失，并抑制倍频激励，通常在套齿连接处放置轴承，如图 1 - 26(a)所示。

对于局部受力复杂、变形较大的套齿连接，一般通过细长的轴向结构使端面压紧，如图 1 - 26(b)所示。这是因为在相同螺母预紧力下，细长轴产生的预变形更大，预紧载荷受局部变形影响较小，可保证套齿连接在发动机全工作包线范围内压紧。

1.3.3 止口连接

止口连接通过圆柱面定心，端面摩擦传扭，中心拉杆压紧，典型结构如图 1 - 27 所示。止口连接传扭大小取决于端面压紧力，而端面应力接触损伤限制了传扭上限。由于止口连接对于离心载荷不敏感，所允许的切线速度较大，因此一般用在径向尺寸较大且扭矩载荷较小位置，如涡轴/涡桨发动机燃气发生器压气机转子。

止口连接对转子动力学特性的影响机理类似于法兰-螺栓连接，可能产生附加角向位移并影响转子平衡状态。止口连接依靠细长拉杆压紧端面，由套齿连接可知，拉杆中可存储大量预变形，降低了转子变形对端面压紧的影响。

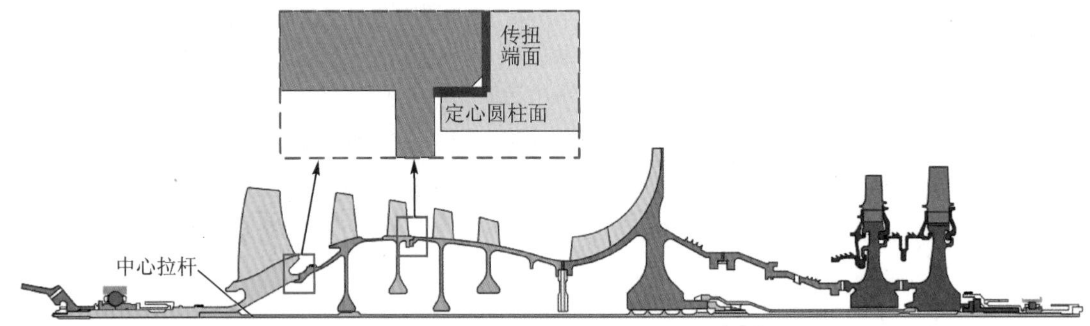

图 1 - 27　典型止口-拉杆连接结构

1.3.4 端齿连接

相比于止口结构，端齿连接能够自动定心并通过齿啮合传扭，传扭能力强，适合传扭较大的位置。但由于端齿在较大离心载荷作用下会发生径向张开变形，因此端齿连接一般用在径向尺寸较小、切线速度不高的位置。连接结构所在位置的线速度和扭矩载荷可作为止口与端齿连接结构的选择依据。

端齿连接常用的轴向压紧方式有两种，一是长拉杆压紧，常用在小尺寸高转速转子中，如图 1 - 27 中的涡轮转子；二是短螺栓压紧，常用在具有较大公称直径的转子连接结构中，如图 1 - 28 所示，因为此时中心拉杆压紧很难保证端齿上预紧力均匀。对于具有弯曲变形的转子系统，在动力学特性分析中需要考虑连接结构的影响。

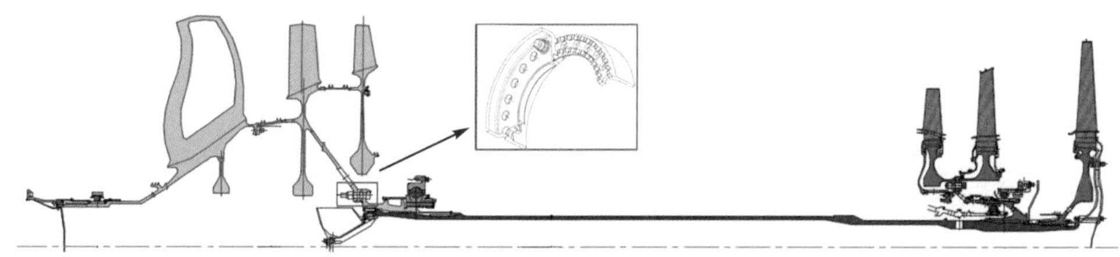

图 1-28　典型端齿-螺栓连接结构

1.4　结构特征等效

前文已经定性分析了转子、支承和连接结构的材料、构形、支承方案等结构设计参数与结构特征的关系，但为后文推导转子运动方程、揭示结构设计参数与力学特性间的关联性，还需提出转子结构特征等效方法和定量表征参数，同时建立不同复杂程度的转子系统结构特征等效模型，用于后续章节对转子运动状态及动力学特性分析，进而为解决实际复杂转子动力学问题奠定基础。

1.4.1　等效方法

转子系统结构特征等效是对转子、支承、连接结构设计参数的凝练，是基于结构功能及其与转子系统关联性分析的结构单元化，通过将结构设计参数集总为结构特征参数，实现结构系统设计参数缩减，更能直观反映结构设计与力学特性间的关联性。

1. 转子结构特征分布

根据上述对转子系统构形与结构特征的定性分析可知，转子结构特征的本质是结构质量和刚度分布特征，而支承和连接结构特征表现在结构所在位置，不具有分布特点。航空发动机转子是沿轴向分布的回转结构体，其质量和刚度沿轴向分布是定量描述转子结构特征的重要方法。

定义转子轴向质量系数为：以前轴颈单位轴向长度质量归一化的转子单位轴向长度质量。该参数用以表征转子质量沿轴向分布特征。以图 1-29(a)所示的典型涡扇发动机核心机转子为例，其轴向质量系数分布如图 1-29 所示。

由材料力学定义，截面抗弯刚度为截面处材料的弹性模量和惯性矩的乘积。定义转子抗弯刚度系数为：以前轴颈平均抗弯刚度归一化的转子截面抗弯刚度。该参数用以表征转子刚度沿轴向分布特征，反映转子仅由构形和材料产生的抵抗弯曲变形能力分布。

在计算转子刚度分布时，需要确定转子变形时主要的承载区域，即转子传力路线。以典型涡扇发动机核心机转子为例，通过对转子一端施加固定约束，另一端施加轴向力，计算应力分布，即可得到转子传力路线，如图 1-30 所示，从而得到转子刚度分布，如图 1-31 所示。

通过分析典型涡扇发动机核心机转子质量和刚度分布，可以看出，转子在轮盘与轴颈间、不同材料结构间会产生质量和刚度突变，同时轮盘位置局部质量和刚度明显高于轴颈。因此，将转子轮盘和轴颈分别划分为单元，仍以典型涡扇发动机核心机转子为例，单元划分如

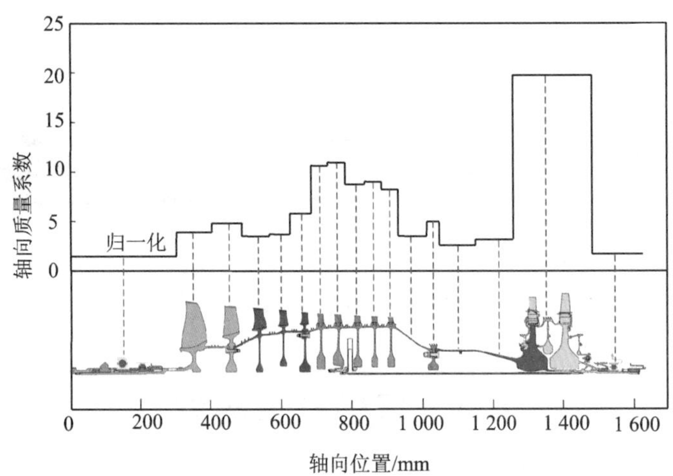

图 1-29 典型涡扇发动机核心机转子质量分布

图 1-30 典型涡扇发动机核心机转子传力路线

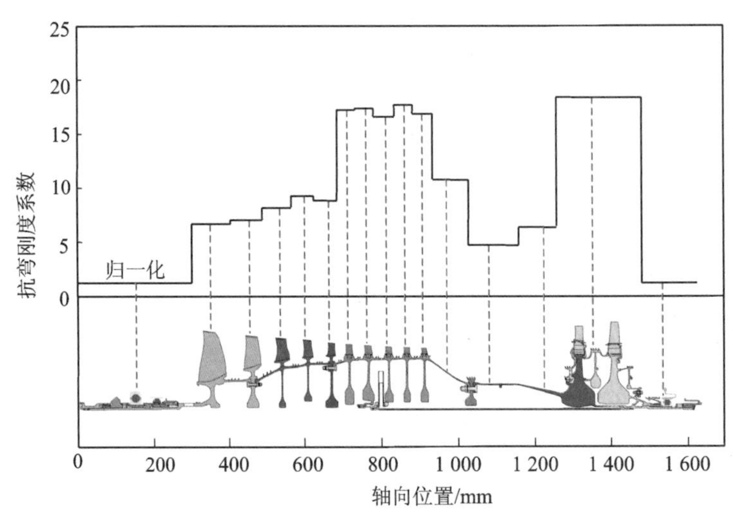

图 1-31 典型涡扇发动机核心机转子刚度分布

图 1-32 所示，依次为前轴颈、压气机、鼓筒轴、涡轮和后轴颈单元。

按照上述单元划分计算转子质量和刚度分布，同时对于转子有必要考虑单元的转动惯量特征，如图 1-33 和图 1-34 所示。可以看出，压气机和涡轮单元质量占比超过转子 80%，压气机单元惯量比 $I_p/I_d<1$，而涡轮单元惯量比 $I_p/I_d>1$；前轴颈、鼓筒轴和后轴颈单元弯曲刚度明显低于压气机和涡轮单元，因此三处轴段刚度决定了转子系统整体弯曲刚度，是转子弯

曲时变形集中处。

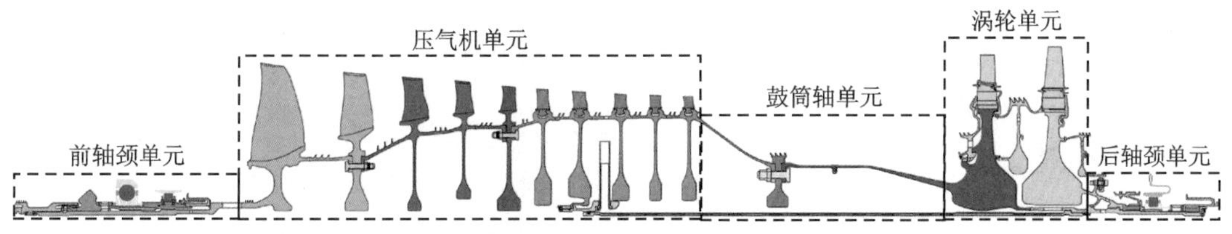

图 1-32　典型涡扇发动机核心机转子单元划分

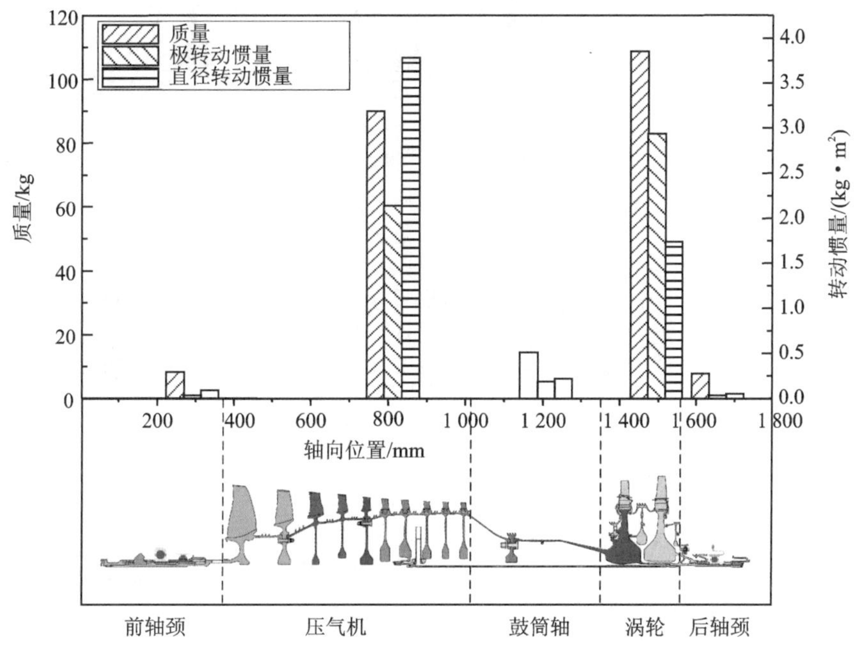

图 1-33　典型涡扇发动机核心机转子单元质量特性分布

2. 结构单元

根据航空燃气轮机转子质量和刚度分布特征，以及支承、连接结构对转子力学特性影响，将具有相似特性的三维结构体简化为结构单元，并采用结构特征参数表示其特性。由于各结构单元间的质量、刚度有着显著的差异，据此可将其分为"质量结构单元"和"弹性结构单元"两类。质量结构单元是指具有大质量和转动惯量，并且在运动中可忽略自身变形影响的结构单元，简称为质量单元，常见结构为含轮盘的风扇、压气机、涡轮等；弹性结构单元是指质量占比小、局部变形大、决定了转子系统刚度的结构单元，简称为弹性单元，常见结构为轴段、支承、非连续结构等。

以典型涡扇发动机核心机转子为例，压气机和涡轮划分为质量单元，前轴颈、鼓筒轴、后轴颈等轴段划分为弹性单元，支承结构和关键非连续位置也划分为弹性单元，如图 1-35 所示。

采用结构单元简化转子系统的关键是保证结构特征参数的等效。结构特征参数是对结构划分为单元后结构设计参数的集总，是结构特征所包含的构形、几何尺寸、材料属性、连接等结

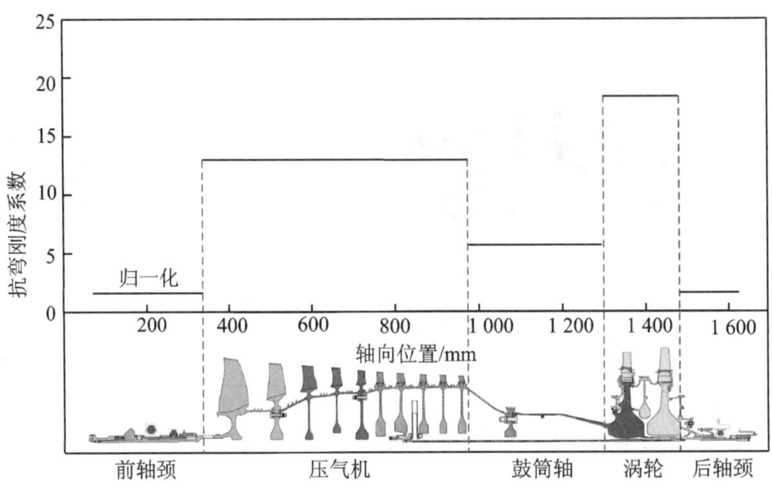

图 1-34 典型涡扇发动机核心机转子单元刚度分布

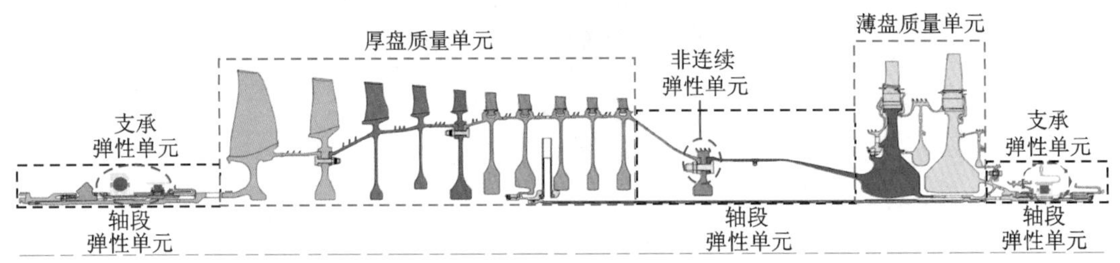

图 1-35 典型涡扇发动机核心机转子系统结构单元划分

构设计参数的高度凝练，能直观反映结构特征与力学特性的关联性。对于质量单元，结构特征参数为单元质量、极转动惯量和直径转动惯量；对于弹性单元，结构特征参数为刚度和阻尼。

(1) 质量单元

转子在旋转过程中，组成转子的各结构单元做非惯性运动，其动量和角动量始终在发生变化，从而产生旋转惯性载荷(将在第 3 章具体论述)。转子的旋转惯性载荷主要由质量单元产生，其动量由结构质量和质心速度决定，角动量由角速度和转动惯量决定。转子质量单元可视为轴对称刚体，如图 1-36 所示，惯性主轴沿质量单元的对称轴方向，相交于质心，沿形心线方向的转动惯量称为极转动惯量，记为 I_p，过质心且垂直于形心线方向的转动惯量称为直径转动惯量，记为 I_d。

根据理论力学，均质刚体相对于惯性主轴转动惯量的计算公式为

$$I=\int r^2 \mathrm{d}m \tag{1-1}$$

其中，r 为刚体结构的质量微元与惯性轴的距离。因此，质量单元的转动惯量表征了其自身的质量大小以及质量空间分布特征，从而等效了质量单元的结构特征。角动量与角速度和转动惯量的关系为

$$\begin{bmatrix} L_1 \\ L_2 \\ L_3 \end{bmatrix} = \begin{bmatrix} I_d & 0 & 0 \\ 0 & I_d & 0 \\ 0 & 0 & I_p \end{bmatrix} \begin{bmatrix} \omega_1 \\ \omega_2 \\ \omega_3 \end{bmatrix} \tag{1-2}$$

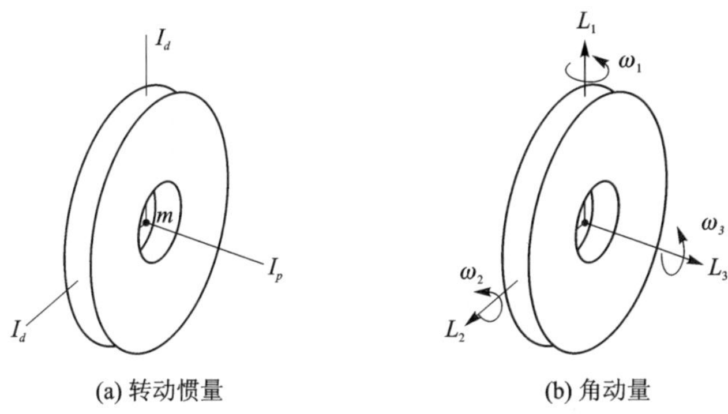

图 1-36　质量单元转动惯量与角动量示意图

因此，质量单元结构特征参数表示为$[m, I_p, I_d]$。定义质量单元惯量比 I_p/I_d 为极转动惯量和直径转动惯量之比，根据理论力学，惯量比取值范围为[0,2]。根据惯量比大小，可将质量单元分为薄盘质量单元和厚盘质量单元两类，前者惯量比大于 1，后者惯量比小于 1。

如图 1-35 所示，在实际转子结构中，薄盘质量单元一般为轴向尺寸较短的叶轮机，如高涵道比涡扇发动机的单级风扇和双级高压涡轮，小涵道比涡扇发动机的高、低压涡轮，以及涡轴/涡桨发动机的单级离心压气机、涡轮等；厚盘质量单元一般为轴向尺寸较长的叶轮机，如涡扇发动机的高压压气机、涡轴/涡桨发动机压气机等，具体单元类型还是要视惯量比而定。薄盘和厚盘质量单元惯量比不同，主要改变的是结构单元的旋转惯性，进而影响转子系统力学特性，详见第 4 和第 5 章。

(2) 弹性单元

根据原始结构不同，弹性单元可分为轴段弹性单元、支承弹性单元和非连续弹性单元三类，如图 1-35 所示。不同类型弹性单元虽都影响着转子刚度，但根据结构特征不同，弹性单元采用不同的结构特征参数表示。

轴段弹性单元：根据材料力学，梁发生弯曲变形后在各截面处产生横向和角向位移，且二者间相互影响，因此可将轴段刚度表示为两自由度刚度矩阵 K_{sft}，表达式为

$$K_{\mathrm{sft}} = \begin{bmatrix} k_{rr} & k_{r\theta} \\ k_{\theta r} & k_{\theta\theta} \end{bmatrix} \tag{1-3}$$

其中，k_{rr} 为横向刚度，$k_{\theta\theta}$ 为角向刚度，$k_{r\theta}$ 和 $k_{\theta r}$ 为横向与角向耦合刚度。根据材料力学的位移互等定理，$k_{r\theta}=k_{\theta r}$，可得轴段刚度矩阵为对称矩阵。

支承弹性单元：支承结构主要包括主轴承、弹支和阻尼结构。主轴承支承转子转动，其结构特征本身是支承弹性单元的位置和约束类型，不体现在结构特征参数中；根据弹支和阻尼结构功能，归纳出支承弹性单元结构特征参数为$[k_b, c_b]$。

非连续弹性单元：非连续结构主要指转子内界面连接、构形突变等位置，相较第 6 章内容未包含轴承间隙。转子内非连续结构很多，仅将局部变形较大且对转子力学特性影响突出的非连续结构简化为弹性单元。根据材料力学和连接结构变形特征，在转子弯曲时，界面连接和构形突变位置会产生附加角向位移(详见第 6 章)，可将此力学效果等效为局部附加角刚度，因此非连续弹性单元结构特征参数归纳为 k_θ。

1.4.2 等效模型

根据上文转子系统结构特征等效方法，建立保持转子系统结构特征等效的集总参数模型，该模型称为转子系统结构特征等效模型，用于后文定量研究转子系统结构特征与力学特性之间的内在关联性。根据复杂程度，等效模型可进一步分为单盘转子系统、两支点高速转子系统和多支点柔性转子系统，适用于后文不同转子力学特性的研究分析。对于更加复杂的多转子系统，由后续章节按照研究需要建立，本章不做进一步阐述。

1. 单盘转子系统

单盘转子系统由质量单元和无质量弹性轴组成，轴两端简支，质量单元在轴上可以是跨中的，也可是偏置的。根据质量单元惯量比不同，又分为薄盘转子系统和厚盘转子系统，等效模型如图 1－37 所示。单盘转子系统在后续章节阐释转子运动、质量单元旋转惯性载荷和简单转子动力学特性规律中发挥重要作用，是具有普适意义的机理研究模型。例如，跨中薄盘转子系统又称为 Jeffcott 转子，是转子动力学中最基础的转子模型。

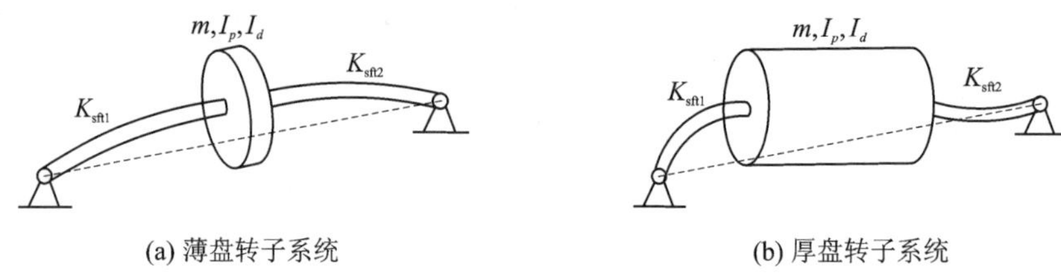

图 1－37　单盘转子系统等效模型

2. 两支点高速转子系统

两支点高速转子系统是以实际航空燃气轮机典型核心机转子和燃气发生器转子系统为简化对象，通过结构特征参数等效得到的简化模型，更符合实际转子构形，具有更强的工程应用性。根据支承方案和转子构形不同，分别建立如图 1－38 所示的等效简化模型。

上述等效模型对应图 1－2 和图 1－6 中转子系统。转子构形和刚度分布可通过改变弹性单元鼓筒与锥壳的长度、半径、角度等尺寸参数来调整，质量分布由质量单元的叶盘个数和流道尺寸决定，k_b 和 c_b 用于表示支承结构和阻尼结构对转子系统力学特性的影响，k_θ 用于表示几何突变、界面连接等非连续结构导致的角向刚度损失。

3. 多支点柔性转子系统

多支点柔性转子系统是以实际航空燃气轮机典型低压转子和动力涡轮转子系统为简化对象，通过结构特征参数等效得到的简化模型，更符合实际转子构形，具有更强的工程应用性。根据支承方案和转子构形不同，分别建立如图 1－39 所示的等效简化模型。

上述等效模型分别对应图 1－5、图 1－3 和图 1－8 中转子系统。两支点高速转子系统和多支点柔性转子系统都保留了航空燃气轮机实际转子结构特征，可用于研究转子结构特征参数对力学特性影响规律。例如，转子结构布局设计中支承方案对力学特性影响、转子力学特性对支承刚度寻优、轴段构形设计参数对力学特性影响、涡轮轴颈角刚度对陀螺力矩发挥影响、连接结构刚度损失导致的转子系统力学特性的分散性等，这些问题将在后续章节中详细阐述。

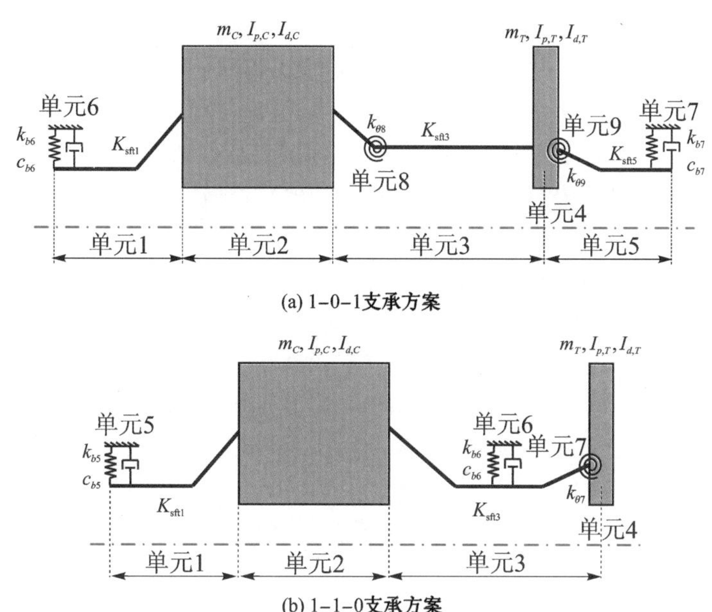

(a) 1-0-1**支承方案**

(b) 1-1-0**支承方案**

图 1-38 两支点高速转子系统结构特征等效模型

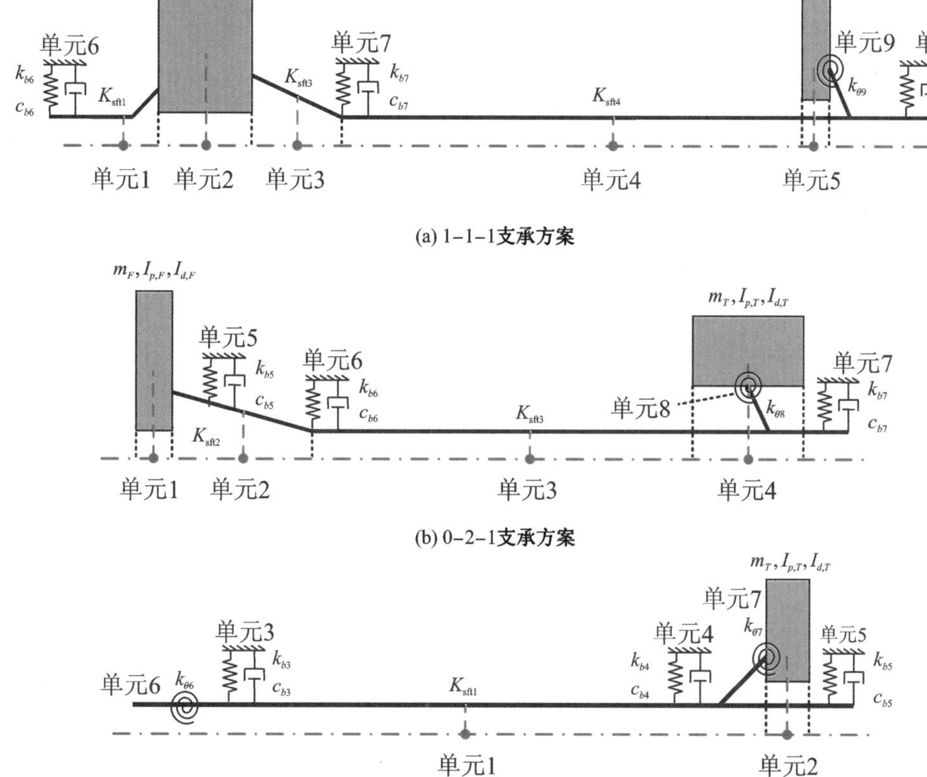

(a) 1-1-1**支承方案**

(b) 0-2-1**支承方案**

(c) 2-1**支承方案**

图 1-39 多支点柔性转子系统结构特征等效模型

1.5 本章小结

本章以航空燃气轮机转子-支承系统为对象，重点介绍显著影响其力学特性的转子结构、支承结构和连接结构的典型构形及其关键结构设计参数、结构特征及其表征参数，介绍结构单元划分和结构特征参数提取、转子系统结构特征等效建模与分析方法，为后续章节分析转子系统结构特征和力学特性间的关联性奠定了基础。

本章根据总体结构和性能不同，将航空燃气轮机分为涡扇和涡轴/涡桨发动机两类，重点介绍了不同支承方案的高速核心机转子和多支点柔性转子，定性分析了转子构形与结构特征关联性，明确了转子结构特征的本质是转子质量、刚度沿轴向分布特征。其次，本章介绍了主轴承、弹性支承及阻尼器的结构组成、构形与作用机理，提炼出影响转子系统力学特性的支承结构特征，即刚度和阻尼特征。随着航空燃气轮机转子向轻质重载方向发展，连接结构对转子系统力学特性的影响不可忽略，本章介绍了转子内典型连接结构形式、传载及可能产生的失效模式，将影响转子系统力学特性的连接结构特征归纳为：质量非对称、弯曲刚度损失和激励变化。

根据对转子、支承和连接结构特征的定性归纳，针对不同结构分别定义结构特征参数，结合转子质量和刚度分布表征，划分质量和弹性结构单元，并采用集总参数法，将结构单元设计参数凝练为结构特征参数。根据研究需要，分别建立单盘、两支点高速和多支点柔性转子系统结构特征等效模型，用于后续章节转子运动、力学机理和参数关联性研究。

第 2 章　转子及支承结构力学特性

结构力学特性是指结构工作载荷环境下的抗变形能力的表现，表达了结构特征与载荷环境的平衡。航空燃气轮机转子及支承结构的力学特性，由转子及支承结构特征所决定的质量、刚度和阻尼分布，及其工作载荷环境确定。转子及支承结构具有不同的结构特征与工作载荷环境，从而表现出不同的力学特性。本章主要介绍转子及支承结构的基本力学特性及其表征参数(简称力学特性参数)，为后续章节转子结构动力学设计理论研究奠定基础。

2.1　转子结构力学特性

航空燃气轮机转子结构的力学特性主要表现为刚度特性、模态特性和动力学特性。其中，刚度特性反映转子结构在静载荷作用下的抗变形能力；模态特性反映转子自身质量和刚度分布决定的固有振动特性；动力学特性反映转子系统考虑陀螺力矩效后的固有振动特性，及在工作载荷环境下的转子动力响应。因此，对于不同结构特征与工作载荷环境的转子结构，可通过刚度特性、模态特性和动力学特性等参数，对转子结构的力学特性进行定量描述。

2.1.1　刚度特性

航空燃气轮机转子结构的基本工作状态是高速旋转，同时其还会随飞行器的横向过载或机动飞行进行非惯性运动。转子高速旋转会受到不平衡激励而发生弯曲变形，故为评估转子结构在离心惯性载荷环境下的抗弯曲变形能力，可采用转子结构在横向静载荷作用下表现出的等效刚度进行定量描述；转子结构在横向过载或机动飞行过程中，会因受到额外的惯性力与惯性力矩发生弯曲变形，故为评估转子结构在上述载荷环境下的抗变形能力，可分别采用横向惯性刚度与角向惯性刚度进行定量描述。

在实际航空燃气轮机转子结构设计中，对转子抗变形能力的基本要求是：① 转子结构整体具有良好的横向弯曲刚度；② 轮盘与转轴连接处具有可接受的角向刚度。因此，在转子结构设计中须合理设计转子构形及支承方案，使转子结构的等效刚度与惯性刚度满足上述基本要求。

1. 等效刚度

等效刚度 $K_{\mathrm{eff},i}$(Effective Stiffness)是指在转子结构某一轴向位置处，横向作用力与力作用点处横向变形之比，等效刚度反映转子结构在该轴向位置处的抗弯曲变形能力。转子结构几何构形沿轴向变化，使各轴向位置处具有不同的等效刚度，其中的最小值称为最小等效刚度 $K_{\mathrm{eff,min}}$。值得注意的是，转子结构等效刚度一方面与其自身几何构形有关，另一方面还与转子支承方案有关。因此，为使转子结构具有优良的抗变形能力，须合理设计转子几何构形与支承方案，保证转子结构具有足够的最小等效刚度。

转子结构等效刚度 $K_{\mathrm{eff},i}$ 与最小等效刚度 $K_{\mathrm{eff,min}}$ 的定义式如下：

$$K_{\mathrm{eff},i}=\frac{F_i}{x_i},\quad i=1,2,\cdots,n \tag{2-1}$$

$$K_{\mathrm{eff,min}} = \min(K_{\mathrm{eff},1}, K_{\mathrm{eff},2}, \cdots, K_{\mathrm{eff},n}) \tag{2-2}$$

式中，F_i 和 x_i 分别为作用在转子第 i 个轴向位置的横向集中静力及力作用点处的横向变形。图 2-1 所示为典型高压转子结构等效刚度分布，可以看到转子结构的等效刚度沿轴向分布是不均匀的，而高压转子结构的最小等效刚度通常位于整个转子的质心附近。图 2-2 所示为最小等效刚度示意图，即在相同的横向静载荷作用下，转子结构横向变形最大时对应最小等效刚度。

需要说明，计算横向变形 x_i 时转子采用刚性支承，也就是说等效刚度考虑了支点位置对转子结构等效刚度的影响，但未考虑支承结构刚度的影响，即等效刚度是转子结构自身几何构形与支承方案所具有的抗变形能力的综合体现。

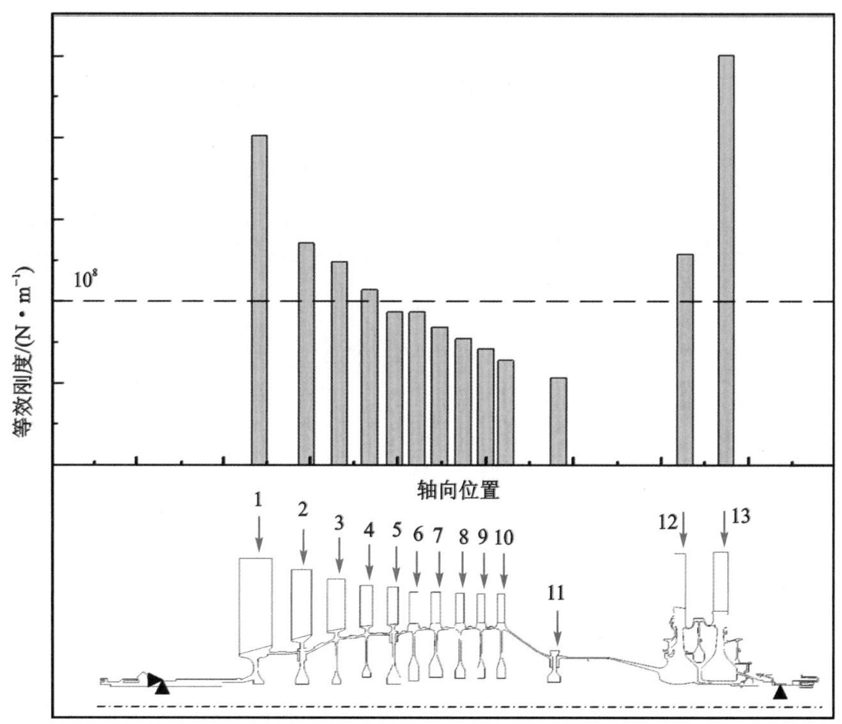

图 2-1　典型高压转子结构等效刚度分布

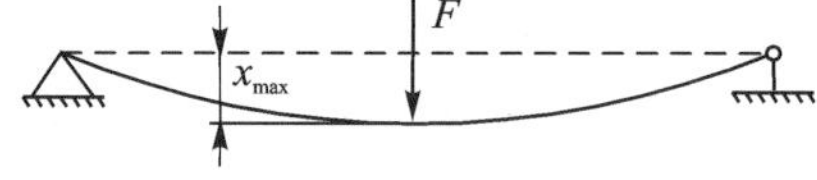

图 2-2　结构体最小等效刚度示意图

2. 惯性刚度

惯性刚度(Stiffness under Inertial Load)是指结构质量惯性载荷与其作用方向上的变形量之比，用于反映结构对自身质量惯性的抗变形能力。惯性载荷并不是集中力，是与质量分布及运动状态相关的分布载荷，故惯性刚度也反映了转子结构质量与刚度分布的协调性。

航空燃气轮机在飞行包线内会做盘旋、拉起、着陆等多种非惯性运动，此时转子系统会受到惯性载荷的作用，可将其分为横向过载惯性力和机动飞行陀螺力矩，相应的抗变形能力可分

别表示为横向惯性刚度 K_{er} 与角向惯性刚度 $K_{e\theta}$。模拟横向过载时可对转子结构施加横向过载加速度，根据计算结果确定转子最大横向变形量 δ_{max}，并与相应的惯性载荷相比，该比值即为转子结构的横向惯性刚度 K_{er}。模拟机动飞行时可对转子结构施加相应的转速与机动角速度，陀螺力矩荷作用下最大角向变形 θ_{max} 与相应作用在转子上的陀螺力矩相比，该比值即为转子角向惯性刚度 $K_{e\theta}$。

转子结构横向惯性刚度 K_{er} 与角向惯性刚度 $K_{e\theta}$ 的定义式如下：

$$K_{er}=\frac{Ma}{\delta_{max}} \tag{2-3}$$

$$K_{e\theta}=\frac{I_p\omega\Omega}{\theta_{max}} \tag{2-4}$$

式中，M 为转子质量；a 为横向加速度；δ_{max} 为转子结构在横向惯性力作用下的最大横向变形量，如图 2-3 所示。$K_{e\theta}$ 为角向惯性刚度；I_p 为转子极转动惯量；ω 为转子自转转速；Ω 为机动飞行角速度；θ_{max} 为转子结构在陀螺力矩作用下最大角向变形量。需要注意，惯性刚度的计算也采用刚性支承。

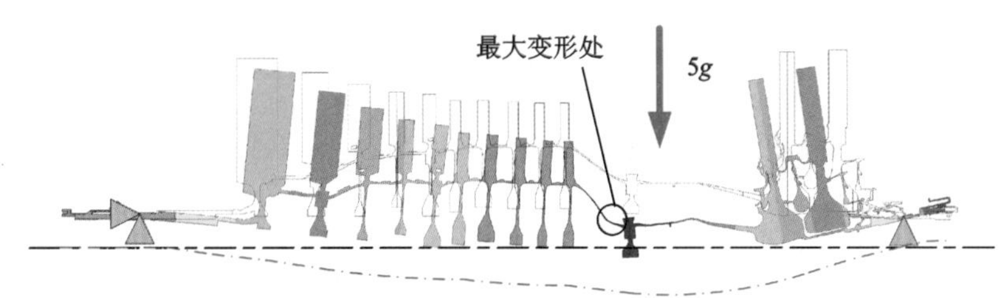

图 2-3　高压转子惯性载荷下变形云图

需要说明，不同类型的转子结构抗自身质量惯性载荷下变形的能力要求不同。例如对于高压转子，要求整体惯性刚度高且沿转子轴向分布较均匀，在工作过程中不会产生较大弯曲变形；对于低压转子，因结构布局限制，整体惯性刚度相对较低且沿轴向分布不均匀，故要求其具有协调的质量和刚度分布，以保证良好的局部惯性刚度来控制叶轮机转静件间隙，得到更高的气动部件效率。

2.1.2　模态特性

转子结构的模态特性是其固有振动特性，不考虑转子陀螺力矩效应影响时，模态特性取决于转子结构的质量、刚度分布和支承约束。模态特性包括自由模态与约束模态，在评估转子结构整体与局部模态的耦合特性时，可采用参数 M-H 因子进行定量描述。

1. 自由模态与约束模态

自由模态是转子结构不受外部约束时的固有振动特性，约束模态是考虑转子支承刚度的固有振动特性，二者的区别在于是否考虑支承的约束作用。如图 2-4 所示，以航空燃气轮机两支点高压转子为例，其第 1 阶自由模态为整体一弯，当考虑支承约束作用后，整体一弯模态两节点轴向距离较自由模态时缩短，转子的等效长度减小，模态频率提高。因此，支承约束作用会改变转子的振型及频率。

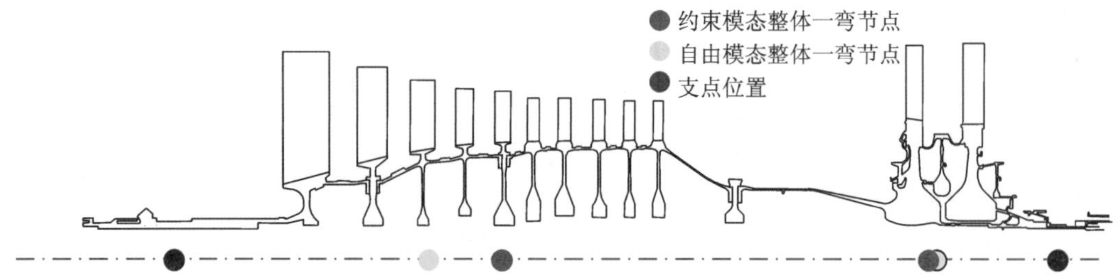

图 2-4　典型高压转子模态节点示意图

对于确定的支承方案，支承约束对转子结构模态特性的影响取决于支承约束刚度与转子结构最小等效刚度的相对大小。因此，常定义当量刚度(Equivalent Stiffness)$\overline{K}$ 为转子支承刚度与其最小等效刚度之比，用以分析二者相对关系及其对转子结构模态特性的影响规律，当量刚度 $\overline{K}$ 定义式为

$$\overline{K}=\frac{K_{\mathrm{S}}}{K_{\mathrm{eff,min}}} \tag{2-5}$$

式中，K_S 为支承刚度，$K_{\mathrm{eff,min}}$ 为转子结构最小等效刚度。现以两端简支的薄壁鼓筒梁为例，分析其模态频率随当量刚度的变化规律，以简要说明支承约束刚度对转子结构模态的影响。图 2-5 所示为支承约束刚度对两端简支薄壁鼓筒梁模态频率的影响规律，图中横坐标为当量刚度，纵坐标为无量纲模态频率，其按照薄壁鼓筒梁自由模态的第一阶弯曲频率进行归一化处理。

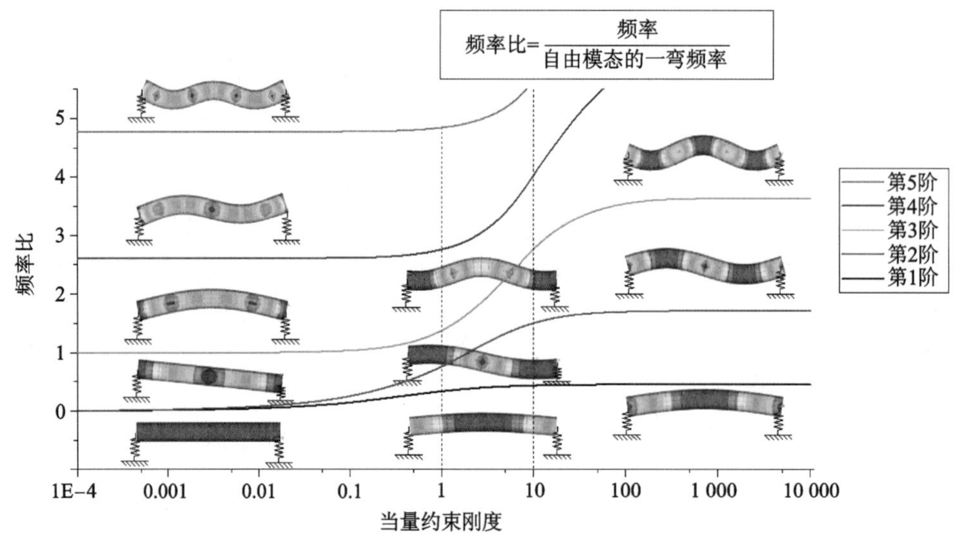

图 2-5　约束刚度对简支梁模态频率的影响

由图 2-5 可以总结出如下 3 方面的规律：

① 梁的前两阶模态是由支承约束产生的，当支承约束刚度很低或趋近于零时，前两阶模态对应频率亦趋于零；② 对于具有弹性支承的梁，其各阶模态频率随支点约束刚度的增加而增加，模态振型也随之发生变化，第 1 阶模态由平动逐步变为一弯，第 2 阶模态由俯仰逐步变为二弯，第 3 阶模态由一弯逐步变为三弯；③ 由于支承约束是局部约束，支承约束对梁弯曲模态

的影响随模态阶数的增加，敏感度在不断下降，即支承约束刚度对刚体振型模态影响最显著。

根据对模态频率影响敏感度的不同，支承刚度可分为：低刚度区、相当刚度区和高刚度区。

低刚度是指当量约束刚度小于 1，即约束刚度弱于结构体自身刚度，此时结构体模态振动分为刚体振型模态和弯曲振型模态振动。对于刚体模态，支承刚度对振型的影响十分直观，不再赘述。对于弯曲模态，由于支点约束位置位于两弯曲节点的外侧，约束刚度对一弯模态起角向约束，使得一弯频率有所提高，但由于低刚度范围内的约束刚度较小，对一弯频率的提高影响程度有限。

相当刚度区的当量刚度介于 1 和 10 之间，约束刚度虽然强于结构体自身刚度，但二者仍处于同一数量级，此时约束刚度和结构体自身刚度对弯曲模态的影响敏感度相当。主要表现为随着支承刚度的增加，相应的弯曲模态频率增加的同时，模态振型也发生了“振型转换”，第 1 阶模态的刚体平动振型逐渐转向一弯振型，第 2 阶模态的俯仰振型逐渐转向二弯振型，而第 3 阶一弯振型逐渐转向三弯振型，即在相当刚度区支承刚度变化对梁的模态变化（频率和振型）是十分敏感的。

高刚度区是指当量刚度大于 10，即约束刚度强于结构自身刚度一个数量级，两个支点相当于两个简支约束点，这时结构的模态振动特性逐步转化为类似简支梁的振动，支承刚度变化对梁振动模态的影响敏感度较低。

需要注意，从梁的弯曲模态振型上看，支承约束刚度和弯曲模态频率的关系并不是单调的，对于同一弯曲振型的模态频率，其随支承刚度的变化呈现出先增加再降低的趋势，在当量刚度介于 1 和 10 之间时，模态频率变化十分剧烈。

与约束刚度相似，约束位置同样对结构模态特性具有较大的影响。图 2 - 6 所示为简支梁约束位置示意图，约束位置位于梁中部对称布置，此处不妨只考虑刚性约束情况。图 2 - 7 所示为刚性约束处于不同位置时的结构一弯频率变化情况，纵轴表示的频率比根据自由模态的一弯频率进行归一化处理。

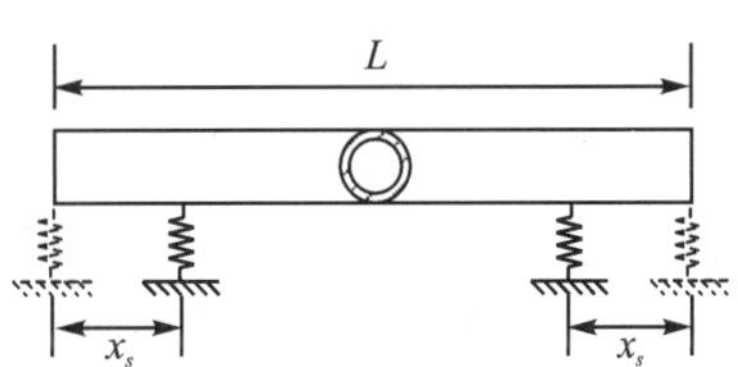

图 2 - 6　简支梁约束位置示意图

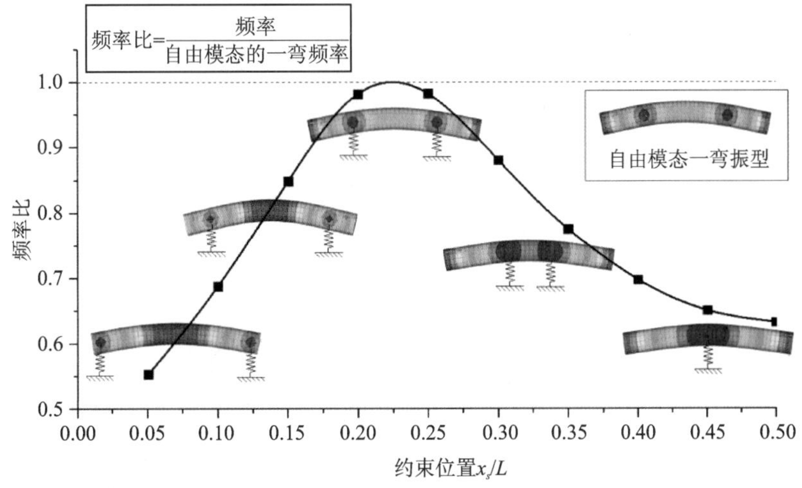

图 2 - 7　支承位置对简支梁一阶弯曲模态频率的影响

从图 2-7 可以看出，刚性约束下的一弯模态频率均未超过自由模态的一弯频率，其中当两支点位于自由模态的一弯振型节点处时，刚性约束下的一弯频率达到最大值，并等于自由模态的一弯频率。

在刚性约束下，结构系统的两个固定约束点即是一阶弯曲模态节点，因此刚性约束位置对一弯模态频率的影响是通过直接改变弯曲节点位置实现的。当刚性约束位置从结构两端逐渐向中部移动时，结构一弯频率逐渐升高，这是由于通过使支点外侧结构处于悬臂状态，缩短了弯曲节点间距，提高了弯曲模态频率，同时由于悬臂长度较小，悬臂部分依旧具有较高的等效刚度，对一弯频率的影响程度较小；当刚性约束位置处于自由模态的一弯振型节点时，一弯频率达到最大；而当刚性约束位置处于自由模态的一弯振型节点内侧时，由于悬臂长度过长，不仅使得悬臂质量增加，悬臂部分的等效刚度也急剧降低，导致一弯频率不断降低。因此，对结构的弯曲模态振动，支点位置对其模态频率的影响敏感度较大，但影响规律与支点位置和约束刚度均相关，为调整弯曲模态频率需要综合考虑各因素的影响，但要注意，采用支点约束提高弯曲模态频率所付出的代价是使支点动载荷相应增加，对轴承和支承结构具有不好的影响。

需要说明，上述分析是针对等截面梁结构的，其完全满足等刚度设计目标，但在航空燃气轮机的真实转子设计中，往往由于总体布局、气流通道等客观条件的限制，转子结构更加复杂，有时包含多个支点，具有多个沿轴向分布的大质量轮盘结构，需要考虑陀螺力矩这一重要影响因素，同时其刚度和质量分布特性的不均匀也会导致局部模态的存在。针对航空燃气轮机转子系统开展模态特性设计时，需要考虑具体结构特征的影响。

2. M-H 因子

航空燃气轮机转子结构的质量和刚度沿轴向具有显著的变化，若局部结构质量和刚度分布不协调，则可能存在局部模态振动。因此，为评估转子结构质量和刚度沿轴向分布的协调性，可定义质量刚度协调因子 f_i 进行定量描述，质量刚度协调因子 f_i 简称 M-H 因子(M-H Factor)，单位与角速度单位相同(弧度/秒)，其定义如下：

$$f_i=\sqrt{\frac{k_i}{m_i}} \tag{2-6}$$

式中，k_i 和 m_i 为第 i 个子结构的等效刚度和等效质量。将各处 M-H 因子 f_i 除以其平均值可得到量纲为 1 的 M-H 因子，其表达式为

$$\bar{f}_i=\frac{f_i}{f_{\mathrm{ave}}} \tag{2-7}$$

式中，f_{ave} 为整个转子各部分 M-H 因子平均值。可以根据不同转子结构特征采用不同方法求得 M-H 因子。对于结构相对简单的转子轴段可采用等效梁方法，将结构离散为有限个轴段梁，等效刚度可按材料力学梁模型求得。

典型大涵道比涡扇发动机低压转子 M-H 因子轴向分布如图 2-8 所示，根据转子结构特征划分子结构，并计算分析转子沿轴向 M-H 因子分布，可以准确反映转子各子结构的局部模态振动特性及相互耦合程度，评估复杂转子系统在模态振动特性上的整体性和各子结构间的耦合性，揭示整体结构与局部振动之间内在联系。例如，为降低悬臂结构局部振动对转子系统振动特性的影响，提高转子的整体性，可提高悬臂结构的等效刚度，即缩短悬臂距离或增大悬臂鼓筒半径。

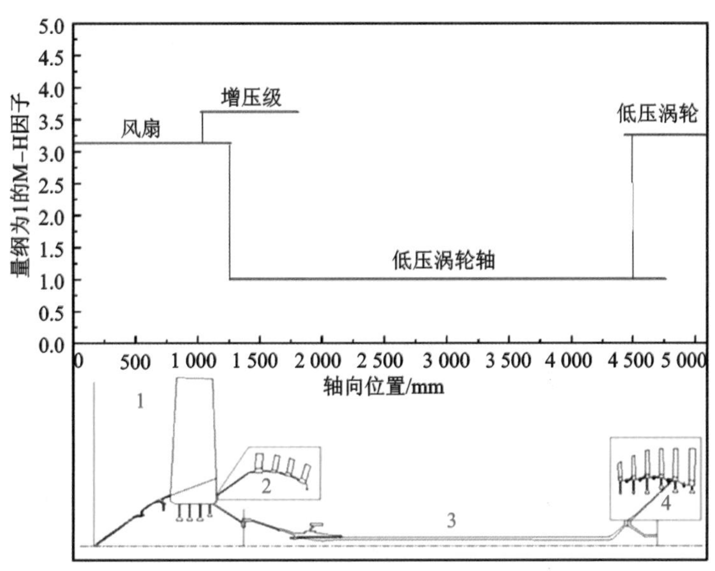

图 2-8　典型大涵道比发动机低压转子 M-H 因子轴向分布

2.1.3　动力学特性

转子动力学特性是转子系统特有的动力特性，主要包括共振转速分布、应变能分布与转子动力响应。转子在高速旋转时会受到惯性力矩作用，在不同转速下会表现出与未转动时截然不同的模态振动特性。此时，转子系统模态振动特性不同于未转动时的横向模态振动，为便于区分，常将转子在不同转速下的固有模态振动特性称为转子系统的共振转速分布特性。

转子动力响应则是指转子系统在自身初始不平衡或外部激励作用下的运动状态，反映转子结构与外部动力学环境之间载荷和能量交互影响的定量特征，可采用轴心轨迹、振动位移/速度/加速度、支点动载荷等参数定量描述。

1. 共振转速分布

具有 n 个自由度的转子系统，相应地存在 n 阶共振转速及模态振型，转子结构的质量和刚度分布特征，在频域上也表现为多阶模态振动特性，线性转子系统的振动响应可表示为各阶模态振动的线性叠加。

由于陀螺力矩的作用，转子系统模态频率随转子自转转速变化，即为共振转速特性，该特性用于表征转子系统在给定转速下的固有特性，其定义如下：

$$f_i = f_i(\omega),\quad i = 1,2,\cdots,n \tag{2-8}$$

式中，f_i 为第 i 阶共振转速，ω 为转子自转转速。当 $\omega=0$ 时，共振转速 f 表示转子系统约束模态频率。

转子系统共振转速的主要影响因素有：转子自转转速、弯曲刚度、支点约束特性、盘-轴连接结构的角向刚度等。在转子动力学分析中，常采用 Campbell 图表示转子系统共振转速分布随转速的变化规律。

一般情况下，工程中的 Campbell 图用于表示结构系统模态频率与稳态激励环境的关系。具体到转子系统的 Campbell 图，其稳态激励环境的最主要来源是转子的旋转惯性激励，因此转子 Campbell 图通常用于表示以下规律：① 转子共振转速分布随转子自转转速的变化规律，其变化的具体数值是由转子特定运动和变形下所产生的陀螺力矩决定的；② 转子各阶共振转速与转子旋转激励引起的多倍频激励的关系。

通过求解转子系统在给定的转子转速下的各阶共振转速，并按照数值大小进行排序，可得到其各阶共振转速随转子转速的变化图及转子系统的 Campbell 图，如图 2－9 所示。转子自转转速对其共振转速特性的影响规律，可依据共振转速和自转转速的方向关系进行区分，这是因为转子在模态运动过程中，是以共振转速为进动速度进行涡动的，因此可将属于同一种振型的共振转速分为正进动共振转速和反进动共振转速。

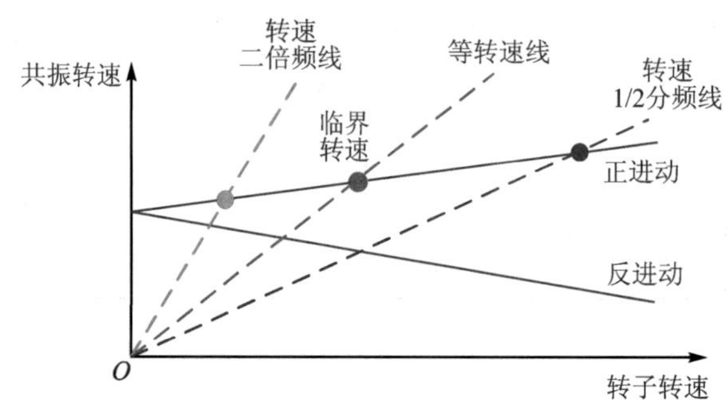

图 2－9 典型的转子 Campbell 图

当转子系统受到与自身某阶共振转速相等频率的外界激励时，系统则发生该阶共振，其中最典型的是临界转速。所谓临界转速（Critical Speed），通常意义上指由转子自身不平衡激励激起的同步正进动共振转速，不平衡激励频率与转子自转频率相等，在 Campbell 图中，正进动共振转速线与等转速线的交点值即为临界转速。

此外，航空燃气轮机转子系统的工作状态较为复杂，在转子系统处于支承不同心、转静子碰摩、多转子交互激励或气动载荷不均匀等情况时，通常会受到与转速相关的非基频激励，使转子系统发生共振频率不同于自转转速的共振，一般称为非协调共振（Non-synchoronous Resonance）。如图 2－9 所示，转子转速二倍频线与正进动共振转速线存在交点，这代表着转子系统受到自转转速二倍频的激励时，有可能发生该阶共振，这种共振也称超谐共振（Super-harmonic Resonance）；若转子转速 1/2 分频线与正进动共振转速线存在交点，这代表着转子系统受到自转转速的 1/2 频率的激励时，有可能发生该阶共振，这种共振也称亚谐共振（Sub-harmonic Resonance）。

2. 应变能分布

应变能分布是指结构在发生变形时，结构内部产生的变形能的聚集程度，是结构变形状态下内部应变和应力分布的综合体现，定义式如下：

$$\alpha = \frac{\sum_{\text{target}} \sigma\varepsilon\Delta v}{\sum_{\text{all}} \sigma\varepsilon\Delta v} \times 100\% \tag{2-9}$$

式中，α 为应变能分布比例，分子表示局部结构的应变能，分母表示结构系统的总应变能，σ、ε 和 Δv 分别为结构微元的应力、应变和体积。实际航空燃气轮机转子结构设计中，例如对于带中介支点的双转子系统，可通过计算双转子系统的模态应变能分布来评估转子系统的模态振

动耦合程度，为双转子系统振动特性优化设计指明方向。

3. 转子动力响应

转子动力响应指转子系统在自身初始不平衡或外部激励作用下的运动状态，可采用转子轴心轨迹、垂直或水平方向上的振动物理量、支点动载荷等参数进行描述。

转子系统的动力响应与悬臂梁等非旋转结构的二维振动不同，转子系统动力响应是在外载荷激励作用下的三维运动，详见第 3 章。因此，通常所说的转子振动，本质是转子三维运动在二维平面的投影，故采用转子轴心轨迹描述转子运动状态是最直观的，工程上在水平或垂直方向测量转子振动物理量方便可行，但只是从一个侧面刻画了转子动力响应。

支点动载荷是指转子运动对支承结构产生的周期性动态激励，该载荷会随转子系统的工作转速、载荷环境、运动状态等因素变化，可用于评估轴承载荷环境、寿命、安全性以及支承结构负荷等。但随着航空燃气轮机转子结构向高转速、高负荷发展，转子系统工作于多阶临界转速之上，工作中甚至可能经过或靠近弯曲临界转速，导致转子不可避免地发生显著弯曲变形，此时受轮盘陀螺力矩作用，支点动载荷会显著增加，从而使得支点动载荷过大带来的支承结构损伤失效的问题也日益严重，因此，在未来先进转子结构动力学设计中，应对支点动载荷予以充分关注。

以典型带中介支点双转子系统支点动载荷为例，如图 2－10 所示，先进高推重比涡扇发动机中广泛使用带中介支点的双转子系统，但中介支点（4＃支点）因同时受到高、低压转子的动态激励，其支点动载荷常显著高于转子系统其他支点。此外，中介轴承内滚子-保持架组件运动状态的变化，也将影响中介支点动载荷，可能导致带中介支点双转子系统出现复杂动力响应，以及相关结构损伤失效故障。因此，除了关注转子运动在垂直或水平方向上的振动物理量（振动位移/速度/加速度等）的数值，也要关注支点动载荷的数值及其控制。

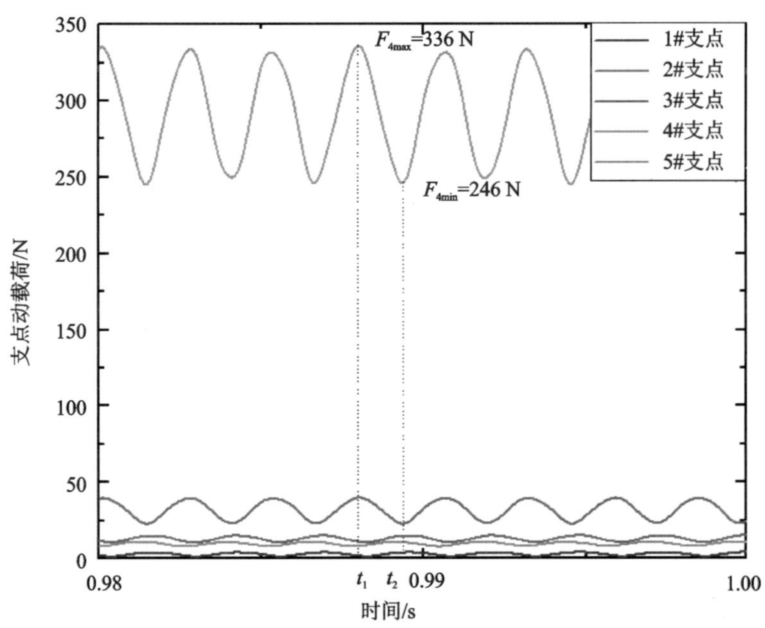

图 2－10　典型带中介支点双转子系统支点动载荷

2.2 支承结构力学特性

支承结构是转子-轴承结构系统的组成部分，主要功能是在转子工作转速范围内提供所需的约束刚度和阻尼，对转子系统力学特性有重要影响。同时，转子运动对支承结构产生的动态激励，也会引起轴承及承力结构的振动响应。因此，转子-支承结构系统的激励与响应是相互影响的，对转子系统主要表现为转子变形和支点动载荷的大小，而对支承结构则表现为不同转速下的动态刚度和承力结构的高周疲劳损伤失效。此外，由于转子转速负荷的不断提高，轴承运动对转子系统动力学特性的影响也是不可忽视的。

2.2.1 刚度特性

1. 静刚度

由于转子对支承结构刚度/阻尼特性的不同要求，根据支承结构刚度相对于转子弯曲刚度及模态振动特性，将支点约束分为刚性支承和弹性支承。当支承刚度值远大于(一个数量级以上)转子弯曲刚度时，转子系统在支点处的振动位移相对于转轴变形可以忽略，支点约束可以视为刚性支承(Rigid Support)，其刚度数值一般在 2×10^8 N/m 以上。相反，支点约束刚度小于或接近转轴的弯曲刚度时，转子系统首先出现的共振转速是以支承振动为主的振型(刚体模态振型)，此时支点约束为弹性支承(Flexible Support)。对于刚性转子系统，一般在 10^7 N/m 量级的支承刚度均可视为弹性支承，对于柔性转子系统，弹性支承刚度一般在 10^6 N/m 量级。

转子的支承刚度由轴承、支承结构、承力框架、承力机匣等结构的刚度串联组成。串联弹簧的刚度如下：

$$k=\frac{1}{\dfrac{1}{k_1}+\dfrac{1}{k_2}+\cdots+\dfrac{1}{k_n}} \tag{2-10}$$

其中，$k_1,k_2,\cdots,k_n$ 为支承传力路线上各部分的刚度。易知 $k<\min(k_1,k_2,\cdots,k_n)$，即串联结构的支承刚度主要由刚度最弱项决定。因此，在支承结构设计中，可通过串联一个具有定心功能的弹性结构，如鼠笼弹性支承，来调整各支点的支承刚度，从而优化转子系统共振转速分布，最终保证转子各阶临界转速间具有足够的安全裕度，以避免振动超限。

此外，支承滚棒轴承的承力结构，只需要考虑径向刚度，而对于支承滚珠轴承的承力结构，由于其承受轴向和径向载荷，在考虑径向刚度的同时还要关注其轴向刚度。

2. 动刚度

先进航空燃气轮机为控制整机质量，在承力结构设计中大量采用板壳类结构，这使得支承结构与转子结构具有相近的刚度，支承结构不再视为绝对的刚性支承。转子工作于不同转速时，会对支承结构产生不同频率的动态激励，支承结构也会产生不同的振动响应。因此，参与振动的支承结构不再仅仅体现出静刚度特性，而因质量及阻尼的参与体现出动态约束特性。对于转子结构而言，支承结构的刚度表现出随转子激励频率变化的特性，即动刚度。

支承结构的动刚度定义为结构振动响应与动态激励载荷之比，其表达式为

$$K(\omega)=F(\omega)/X(\omega) \tag{2-11}$$

式中，$F(\omega)$为频率为 ω 的交变载荷幅值；$X(\omega)$为在此交变载荷激励下支承结构的响应幅值；

$K(\omega)$为激励与响应幅值之比，即支承结构动刚度。

动刚度表征了振动载荷环境下结构系统抵抗变形的能力，“动”表示结构系统对不同频率的激振力有不同的抵抗能力，即不同的振动响应。图 2－11 所示为典型航空燃气轮机支承结构动刚度曲线。由图可知，支承结构动刚度随着激励频率的变化而改变，$\omega\to 0$ 时，动刚度即为静刚度。当转子激励频率接近承力结构固有频率时，支承结构的动刚度降低，将改变转子系统的动力学特性，有可能导致转子临界转速裕度不足等问题；同时，承力结构在转子激励下产生共振，也有可能造成承力支板等结构的损伤破坏。

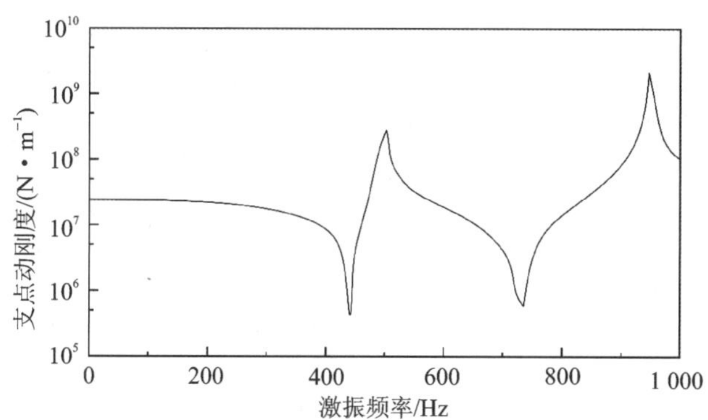

图 2－11　典型航空燃气轮机支承结构动刚度

3. 载荷传递率

载荷传递率反映了不同频率载荷在结构系统内传递所产生的增益与衰减，力学本质上也体现结构质量/刚度对振动载荷的阻抗。载荷传递率是表示为力形式的机械导纳，指激振载荷从结构作用点到另一点的变化，通常用于衡量航空燃气轮机转子承力结构中，支点动载荷在结构系统中的传递变化，载荷传递率定义如下：

$$T_F(\omega)=\frac{F(\omega)}{F_0(\omega)} \tag{2-12}$$

式中，$T_F(\omega)$为载荷力传递率，$F(\omega)$为响应点载荷大小，$F_0(\omega)$为激励点载荷大小。对于采用共用支承结构布局的双转子系统，需要对共用承力框架进行几何构形设计，且同时设计减振、隔振结构，以减小不同转子支点间的载荷传递率，尽可能减小双转子系统的振动耦合程度。

2.2.2　阻尼特性

阻尼是在结构运动过程中耗散系统能量的作用因素。结构系统在实际振动中，总存在各种各样的阻力，将结构的机械振动能量通过内部机制不可逆转地转化为其他形式的能量(通常为热能)。如两物体之间在润滑表面或干燥表面上相对滑动时的阻力、物体在磁场或流体中运动所遇到的阻力以及由于材料的黏弹性产生的内部阻力等。在振动中，这些阻力统称为阻尼。

在轴承外的支承结构上存在挤压油膜阻尼器、连接结构摩擦阻尼、材料内阻尼等阻尼类型，通过吸收并耗散振动能量，抑制转子在临界转速点处的振动响应，并衰减外传载荷，降低发动机整机振动水平。因此，明确转子-支承结构系统内的阻尼形式、机理和表示方法是研究转子动力学响应的重要内容。

1．阻尼分类及机理

根据阻尼机理可以将阻尼分为以下几种类型：黏性阻尼、结构阻尼、干摩擦阻尼以及流体阻尼。阻尼力为速度的函数，若阻尼力与速度的一次方成正比，则称为线性阻尼，否则为非线性阻尼。实际中，黏性阻尼为线性阻尼；结构阻尼、干摩擦阻尼以及流体阻尼为非线性阻尼。以下分别简述这四种阻尼的机理。

（1）黏性阻尼

黏性阻尼为在流体中低速运动或沿润滑表面滑动的物体所受到的阻尼力，如挤压油膜阻尼器产生的阻尼力。若两接触面之间有润滑剂，摩擦力则取决于润滑剂的"黏滞性"和运动速度。两个相对滑动面之间有一层连续的油膜存在时，阻力与润滑剂的黏性和速度成正比，与速度的方向相反，即黏性阻尼力为

$$F=-cv \tag{2-13}$$

式中，c 称为黏性阻尼系数，取决于运动物体的形状、尺寸及润滑剂介质的黏性。

（2）结构阻尼

结构阻尼又称为材料阻尼，由非完全弹性材料在振动过程中的内摩擦引起。该类阻尼主要是由材料的性质决定的，形成机理为材料在振动状态下内部宏观或微观粒子间产生运动摩擦，其内部各种成分之间的摩擦造成能量消耗。结构阻尼的特点是，阻尼力的相位比位移超前 $\pi/2$。

结构阻尼也可以从另一层面理解，由于材料内部有缺陷或不均匀结构存在，对结构施加一定的激励使它振动时，材料内部要发生相对的变动，由于有缺陷或不均匀结构存在，材料内部的变动就会与外部激励不同步，从而使材料的振动能量被消耗，构件的振动就会减小甚至停止。

对于线性黏弹性结构，结构上的各个质点振动的速率是产生阻尼的主要原因，即阻尼取决于应变的变化频率。这种阻尼称为黏弹阻尼，其典型模型为开尔文本构模型：

$$\sigma=E\varepsilon+E^{*}\frac{\mathrm{d}\varepsilon}{\mathrm{d}t} \tag{2-14}$$

式中，E 是弹性模量，E^{*} 是与时间无关的黏弹系数。

但实验指出，内摩擦所引起的阻尼与速度无关，对于大多数金属（如钢和铝），结构阻尼在很大一个范围内与频率 ω 无关，而在一个周期内所消耗的能量与振幅的平方成正比。对于这种不显著取决于应变振荡频率的阻尼称为迟滞阻尼，典型模型为复刚度模型：

$$\sigma=(E+\mathrm{j}\widetilde{E})\varepsilon \tag{2-15}$$

式中，实部对应弹性模量（能量储存），虚部对应迟滞损失模量（能量耗散）。

（3）干摩擦阻尼

干摩擦阻尼又称为库仑摩擦阻尼，产生于机械结构各部件之间，通过相对运动引起机械能的耗散，如连接结构接触界面相对滑动产生的阻尼力。干摩擦阻尼力与法向压力成正比，与运动速度无关，即

$$F=\mu N \tag{2-16}$$

（4）流体阻尼

当物体在流体介质中高速运动时，所遇到的阻力通常表示为与速度平方成正比，即

$$F_{d}=\pm\alpha\dot{x}^{2} \tag{2-17}$$

式中，α 为常数，正号对应于 $\dot{x}<0$，负号对应于 $\dot{x}>0$。

流体阻尼产生于一个机械系统或其构件在流体中移动时，通过阻力和关联的动态相互作用引起的机械能耗散。流体阻尼主要包括黏性阻力和压差阻力，其中黏性阻力由流体-结构界面的边界层效应产生，而压差阻力由流体分离造成的湍流效应产生。

实际中，大多数阻尼是非线性阻尼，其性质各不相同。当系统中存在非黏性阻尼时，一般将使振动系统成为非线性系统，微分方程求解就比较困难。此时通常采用能量方法将非线性阻尼简化为等效黏性阻尼，用一个等效阻尼系数 c_{eq} 来近似计算。

将非线性阻尼简化为等效黏性阻尼的等效原则为：等效黏性阻尼在一个周期内消耗的能量等于要简化的非黏性阻尼在同一周期内消耗的能量。但该等效原则的前提假设是，在简谐激振力作用下，非黏性阻尼系统的稳态响应仍然为简谐振动，而该假设只有在系统的非黏性阻尼比较小时才是合理的。

在强迫振动中，黏性阻尼每个周期消耗的能量为 $\pi c X^2\omega$，对于非黏性阻尼，先求出它每个周期耗散的能量 E，然后将 E 表示为

$$E=c_{\mathrm{eq}}\omega\pi X^2 \tag{2-18}$$

进而可得等效阻尼系数为

$$c_{\mathrm{eq}}=\frac{E}{\omega\pi X^2} \tag{2-19}$$

同理，可求出 4 种常见阻尼的等效阻尼系数，见表 2-1。

表 2-1　常见阻尼的等效阻尼系数

阻尼类型	阻尼模型	周期耗散能 E	等效阻尼系数
黏性阻尼	$F=-cv$	$\pi c X^2\omega$	c
结构阻尼	—	αX^2	$\frac{\alpha}{\pi\omega}$
干摩擦阻尼	$F=\mu N$	$4XF$	$\frac{4F}{\omega\pi X}$
流体阻尼	$F_d=\pm\alpha\dot{x}^2$	$\frac{8}{3}\alpha X^3\omega^2$	$\frac{8}{3}\frac{\alpha}{\pi}\omega X$

2. 阻尼项

在转子动力学计算分析中常使用 4 种阻尼项表达方式，即 Rayleigh 阻尼、材料阻尼、恒定阻尼和模态阻尼。根据不同阻尼项的表达形式，在转子运动或结构振动方程中构造阻尼矩阵，用于求解各类动力学问题。

(1) Rayleigh 阻尼

Rayleigh 阻尼是最常用的黏性阻尼模型，也称为比例阻尼(Proportional Damping)，即

$$[C]_{\mathrm{Rayleigh}}=\alpha[M]+\beta[K] \tag{2-20}$$

式中，质量矩阵系数 α 和刚度阻尼系数 β 可由以下两式求得：

$$\begin{cases}\alpha=\dfrac{2\omega_i\omega_j(\zeta_i\omega_j-\zeta_j\omega_i)}{\omega_j^2-\omega_i^2}\\[2ex]\beta=\dfrac{2(\zeta_j\omega_j-\zeta_i\omega_i)}{\omega_j^2-\omega_i^2}\end{cases} \tag{2-21}$$

模态阻尼比 ζ_i 和 ζ_j 可由试验确定。ω_i 和 ω_j 应该选择分析中感兴趣的频率范围。Rayleigh 阻尼成分随频率变化的曲线如图 2-12 所示。通常假定各阶模态阻尼比相同，即 $\zeta_i=\zeta_j=\zeta$，则有

$$\alpha=\frac{2\omega_i\omega_j\zeta}{\omega_i+\omega_j},\quad \beta=\frac{2\zeta}{\omega_i+\omega_j} \tag{2-22}$$

一般，结构阻尼比 ζ 在 2%～20%范围内变化。结构处于弹性阶段时，钢结构的阻尼比一般取 1%～2%；结构进入弹塑性阶段后，钢的阻尼比为 10%～15%。

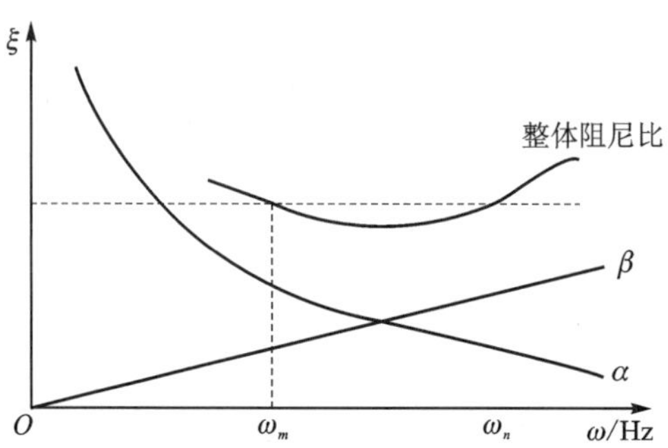

图 2-12　Rayleigh 阻尼随频率变化的阻尼比

α 阻尼在模型中引入任意大质量时会导致不理想的结果。一个常见的例子是在结构的基础上加一个任意大质量以方便施加加速度谱(用大质量可将加速度谱转化为力谱)。α 阻尼系数在乘上质量矩阵后会在这样的系统中产生非常大的阻尼力，这将导致谱输入及系统响应的不精确。

β 阻尼和材料阻尼在非线性分析中会导致不理想的结果。这两种阻尼要和刚度矩阵相乘，而刚度矩阵在非线性分析中是不断变化的。由此所引起的阻尼变化有时会和物理结构的实际阻尼变化相反。

(2) 材料阻尼

材料阻尼是指材料依存阻尼(Material-dependent Damping)。不同材料具有不同的阻尼特性。通常可测量阻尼材料的材料损耗因子，一般认为该值是阻尼比的 2 倍。

Rayleigh 阻尼为全局性的整个结构阻尼，当结构由许多不同材料部件或构件组成时，可通过应用材料阻尼来考虑各材料间的局部差异。

(3) 恒定阻尼

恒定阻尼(Constant Damping)是定义结构阻尼的最简单方法，也就是通常简称的阻尼比 ζ，即实际阻尼与临界阻尼之比。

(4) 模态阻尼

模态阻尼(Modal Damping)用于对不同的振动模态定义不同的阻尼比，也称振型阻尼。

2.2.3　轴承激励特性

航空燃气轮机使用滚动轴承支承转子系统，并传递支点载荷。根据使用环境的不同，滚动轴承可分为外圈固定轴承和中介轴承，前者将转子支承在静子承力构件上，后者则将转子支承在其他转子上。在理想状态下，滚子在内、外圈滚道间纯滚动，并推动保持架转动，轴承内部元

件的运转速度恒定，并将支点载荷稳定传出。而当出现元件局部损伤、轴承径向游隙过大或保持架剐蹭滚道挡边等情况时，轴承无法维持稳定运转，其内部元件异常接触-碰撞将产生附加激励载荷，严重时将影响转子正常运转或激起承力结构异常振动。

1. 滚子通过载荷激励

以外圈固定的轴承为例，滚子在轴承内圈拖动作用下进行转动，径向碾压外圈并向外传递支点载荷。当轴承外圈滚道的某一位置出现附着杂质或出现局部裂纹时，滚子在通过该位置时与滚道的接触压力远高于正常滚动通过的情况。假设每个滚子通过该处时所产生的接触压力值 F_{con} 相等，则在该情况下，轴承将产生幅值为 F_{con}、频率与滚子通过频率相等的异常频率，即形成滚子通过载荷激励。滚子通过频率 f_{pass} 可表示为

$$f_{pass}=N_b f_c \tag{2-23}$$

式中，N_b 为滚子数目，$f_c=\omega_c/(2\pi)$ 为滚子公转频率。

而航空燃气轮机中转子系统支点载荷更大，滚子与滚道之间的接触压力除了受滚子离心力影响外，主要取决于支点载荷，位于支点载荷方向上时滚子所承受的径向压力更大，位于另一侧的滚子则处于非承载状态，仅靠离心力贴紧在外圈滚道上。在这种情况下，滚子通过外圈损伤位置时所产生的接触压力值 F_{con} 将与滚子的承载状态相关。如图 2-13 所示，当处于承载状态的滚子通过外圈损伤位置时，通过载荷将显著高于非承载状态滚子通过的情况。此时，滚子通过载荷的激励频率中除了转子转速频率 f 和滚子通过频率 f_{pass} 外，还存在其他调制频率，如 $f_{pass}\pm\alpha f$ 等。其中，α 为频率调制系数，其值与滚子承载状态持续时间相关。

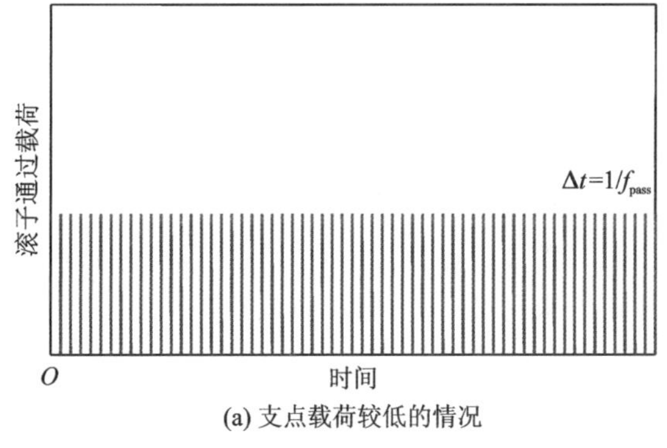

(a) 支点载荷较低的情况

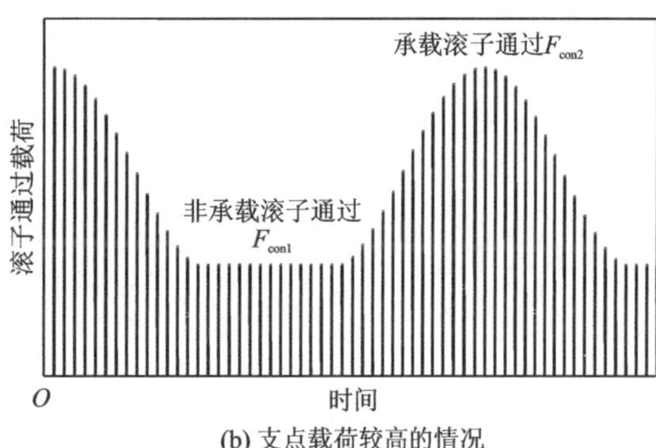

(b) 支点载荷较高的情况

图 2-13 不同支点载荷条件下的滚子通过载荷激励特征示意图

2. 滚子-滚道碰撞载荷激励

由于初始间隙过大或热变形不协调等因素，工作状态下轴承的径向游隙可能会超过设计状态，造成滚子不能完全压紧滚道，甚至部分滚子脱离滚道。在这种情况下，轴承无法对转子提供稳定的刚度约束作用，转子一旦出现非协调涡动，滚子和保持架组合体将在轴承内部剧烈跳动，并撞击轴承外圈滚道，由此产生滚子-滚道间的碰撞载荷激励。

这种碰撞激励可能是短时的单次碰撞，也有可能是可长期存在的持续碰撞。如果转子受到扰动发生非协调涡动，就会导致支点轴承产生碰撞激励，而该激励又可反过来干扰转子运动，并再次激起转子的非协调涡动，形成轴承-转子系统的自激振动，造成滚子与滚道之间产生持续的碰撞激励。单次碰撞载荷主要激起的是转子与承力构件的低阶模态振动；而持续碰撞

产生的轴承附加激励则具有强迫激励特征，并向外传递激起承力构件的强迫振动，如果碰撞频率接近结构的某阶固有频率，振动水平将显著提高。

3. 保持架激励

轴承工作过程中受碾压滚子推动保持架转动，未受载滚子由保持架带转。平衡精度较高的保持架在运转过程中主要发生自转，而当平衡精度较差时保持架将发生进动，尤其在航空燃气轮机滚动轴承中，保持架高速运转产生的不平衡力更大，更容易出现偏心和进动。当进动半径过大时，保持架将与其他元件发生接触和剐蹭，产生附加接触力。这种附加接触力主要有两种，第一种是保持架与内、外滚道之间的接触摩擦力沿相对运动方向，即为切向力，不易向外传递，一般对转子系统的振动响应影响较小，但长期作用将造成保持架磨损；第二种是保持架与滚子之间运动不协调所产生的相互约束力，并将传入拖动滚子的轴承内圈元件，影响转子的运动状态和惯性激励，对转子系统振动响应的影响更大。在这种情况下，转子系统振动响应中除了存在保持架转动频率外，还会存在保持架频率与转子基频相关的“调制频率”，这是轴承-转子系统交互激励耦合的结果。

2.3 本章小结

对于转子结构，其力学特性由自身的质量和刚度分布决定，并受支承约束的影响。转子力学特性主要包括刚度特性、模态特性和转子动力学特性。其中刚度特性可采用等效刚度与惯性刚度进行定量描述；模态特性可以采用自由模态与约束模态进行描述，并可通过 M－H 因子评估结构系统模态振动的耦合特性；转子动力学特性则包括转子系统共振转速分布、应变能分布与动力响应，共振转速分布特性考虑了转子陀螺力矩对其固有模态振动的影响，应变能分布反映结构相对变形程度并为结构优化设计指明方向，转子系统动力响应可采用轴向轨迹、垂直或水平方向上的振动物理量、支点动载荷等参数进行描述。

对于支承结构，其为转子提供外部约束，同时耗散转子振动能量，起到阻尼耗能的作用。在特殊情况下，支承结构中的轴承也能成为转子系统的激励源，使得转子系统运动频率发生调制，动力学特性更加复杂多变。因此，支承结构的力学特性主要包括刚度特性和阻尼特性，并且需要考虑轴承激励对转子和支承结构的影响。

转子-支承结构系统由转子与支承结构共同组成，二者结构上直接接触，力学特性上相互影响，产生耦合，共同形成了复杂的转子系统力学特性。

第3章　转子运动及旋转惯性

航空燃气轮机为典型旋转机械，其转子结构在高速旋转工作中产生的旋转惯性载荷会对转子系统动力学特性造成影响。合理利用旋转惯性可以使转子系统具有优良的动力学特性，从而在全工作转速下平稳运行，然而若不能控制转子结构在工作中产生的旋转惯性载荷，则旋转惯性载荷会引起较大的振动，严重影响航空燃气轮机的寿命，甚至引发故障。旋转惯性载荷的产生和变化规律与转子的运动密切相关，准确清晰地认识转子运动以及旋转惯性是对复杂转子结构系统进行分析和设计的基础。

3.1　坐标系与转子运动

运动是指物体在某个坐标系中的位置随时间改变，而在不同坐标系中对同样的运动会有不同的描述。为了保证对转子结构单元运动描述的准确性和统一性，需要建立绝对坐标系和多种相对坐标系，并对不同坐标系间的变换公式进行推导。

3.1.1　坐标系

为了准确描述转子的运动，首先需要对以下概念进行定义：

① 旋转中心线：由转子支承中心连线所确定的轴线，是转子所受约束的基准。

② 形心：轮盘、转轴等结构或指定截面的几何中心，理想情况下，轮盘与转轴在盘-轴连接处截面的形心是重合的。

③ 形心线：转子各截面处形心连成的空间曲线。质量结构单元可以近似为刚性回转体，形心线与结构单元几何回转对称轴重合，本书中利用形心线描述结构单元的空间位置。

④ 质心：结构体的质量中心。若对该点施力，结构体会沿着力的方向运动而不会旋转。通过对组成结构体的所有质点坐标按质量加权平均，可得质心位置。

⑤ 惯性主轴：结构体的惯性主轴是一组穿过结构体质心的假想轴，与结构体的质量分布有关。任意物体至少有三条相互正交惯性主轴。当且仅当在以三个相互正交的惯性主轴建立的参考系中，物体惯性矩阵为对角阵，即物体只有绕惯性主轴旋转时角动量方向与角速度方向相同。因此，物体无约束旋转时一定会绕惯性主轴旋转。此概念在下文有更详细的讲解。

依据上述概念，下文介绍描述转子运动状态所需的各类坐标系。

1. 原点坐标系

以旋转中心线作为基准可建立绝对坐标系和旋转坐标系，下面分别进行介绍。

(1) 绝对坐标系

绝对坐标系即在空间中固定静止的坐标系 $O-xyz$。三个坐标轴为 Ox、Oy、Oz，其中 Oz 轴沿转子系统的旋转中心线方向，如图 3-1 所示。此坐标系的建立是为了描述转子上的点在空间中的绝对位置。对于一个自由质点，可使用 x、y、z 三个坐标完全确定其空间位置。对于转子系统，轴向位移很小，可以忽略，因此只需要 x、y 来描述结构单元形心 M 的空间位置，z

一般为恒定值。

(2) 旋转坐标系

旋转坐标系 $O-x_r y_r z_r$ 由绝对坐标系 $O-xyz$ 绕 Oz 旋转角度 α 得到，如图 3-2 所示，二者原点坐标相同，Oz_r 轴与 Oz 轴重合，都沿转子系统旋转中心线方向。此坐标系的建立是为了便于分析转子运动，选取以适当角速率变化的转角 α 可保证形心 M 始终位于 $x_r O z_r$ 平面上。

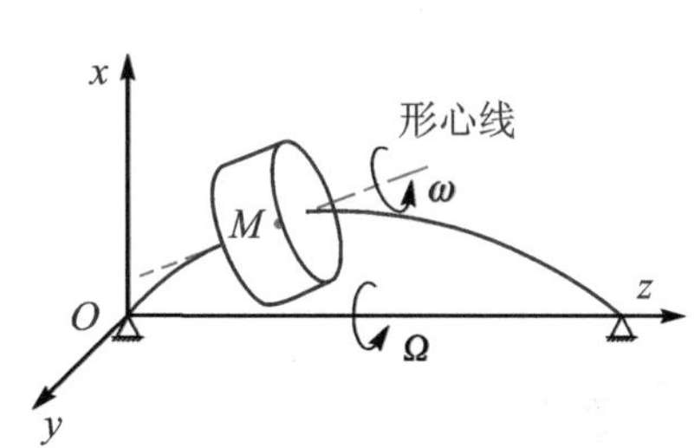

图 3-1 转子系统绝对坐标系示意图

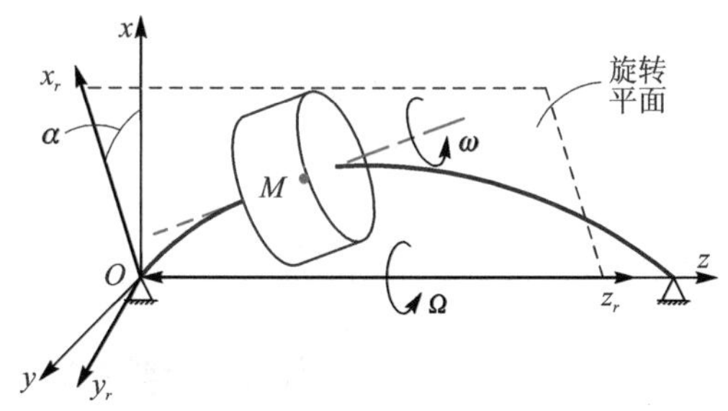

图 3-2 转子系统旋转坐标系示意图

2. 形心坐标系

以形心-形心线作为基准可建立随体平动坐标系和随体转动坐标系，下面分别进行介绍。

(1) 随体平动坐标系

以结构单元形心 M 为原点建立随体平动坐标系 $M-x'y'z'$（简称平动坐标系），如图 3-3 所示，此坐标系随结构单元形心平动而不发生转动，三个坐标轴 Mx'、My'、Mz' 分别与 Ox、Oy、Oz 平行。此坐标系的建立是为了将结构单元的平动与转动分离，$M-x'y'z'$ 与 $O-xyz$ 的相对位置描述了结构单元的平移运动。

(2) 随体转动坐标系

以结构单元形心 M 为原点，形心线为 Mz_1 方向，建立随体转动坐标系 $M-x_1y_1z_1$（简称转动坐标系），如图 3-4 所示。此坐标系固连在结构单元上，与结构单元同步旋转，可由随体平动坐标系 $M-x'y'z'$ 绕形心 M 进行空间旋转得到。$M-x_1y_1z_1$ 与 $M-x'y'z'$ 相对位置关系描述了结构单元绕形心 M 的转动。

因此，结构单元的空间位置可由 $M-x_1y_1z_1$、$M-x'y'z'$、$O-xyz$ 三者的相对位置来确定。

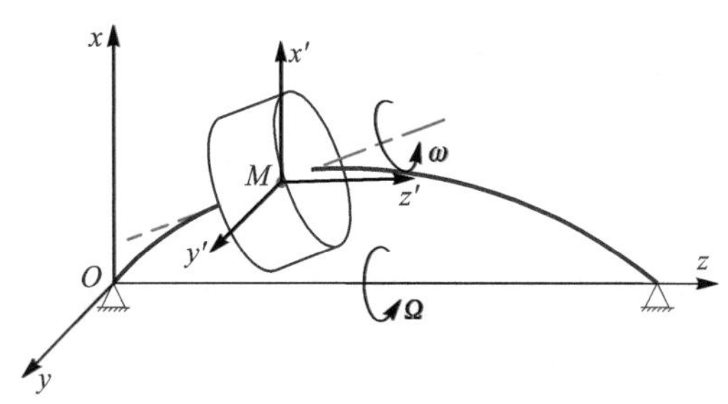

图 3-3 转子系统随体平动坐标系示意图

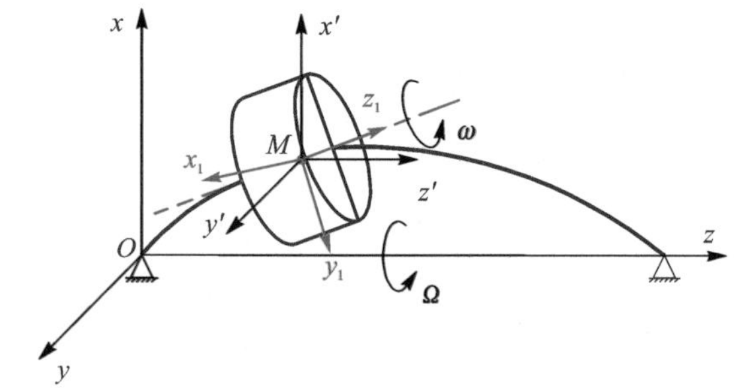

图 3-4 转子系统随体转动坐标系示意图

3. 惯性主轴坐标系

对于做空间一般运动的结构体，角动量为各质点动量对参考轴的主矩之和，可写为

$$\begin{aligned}\boldsymbol{L} &= \int \boldsymbol{r} \times \boldsymbol{v}\,\mathrm{d}m = \int \boldsymbol{r} \times (\boldsymbol{\omega} \times \boldsymbol{r})\,\mathrm{d}m = \\ &\int [r^2 \boldsymbol{\omega} - \boldsymbol{r}(\boldsymbol{r} \cdot \boldsymbol{\omega})]\,\mathrm{d}m = \boldsymbol{I\omega}\end{aligned} \tag{3-1}$$

式中，$\boldsymbol{r}$ 是质量微元的位置矢量，$\boldsymbol{v}$ 是质量微元线速度矢量，$\mathrm{d}m$ 是微元质量，$\boldsymbol{\omega}$ 为结构体的角速度矢量。$\boldsymbol{I}$ 为转动惯量矩阵，一般定义式如下：

$$\boldsymbol{I} = \begin{bmatrix} \int (x^2 + y^2)\,\mathrm{d}m & -\int xz\,\mathrm{d}m & -\int yz\,\mathrm{d}m \\ -\int xz\,\mathrm{d}m & \int (y^2 + z^2)\,\mathrm{d}m & -\int xy\,\mathrm{d}m \\ -\int yz\,\mathrm{d}m & -\int xy\,\mathrm{d}m & \int (x^2 + z^2)\,\mathrm{d}m \end{bmatrix} \tag{3-2}$$

转动惯量矩阵是实对称矩阵，由矩阵理论可知，存在正交矩阵 $\boldsymbol{Q}$，使得转动惯量矩阵实现对角化，即

$$\boldsymbol{Q}^{\mathrm{T}}\boldsymbol{IQ} = \begin{bmatrix} I_p & 0 & 0 \\ 0 & I_d & 0 \\ 0 & 0 & I_d \end{bmatrix} \tag{3-3}$$

由此可根据变换矩阵 $\boldsymbol{Q}$ 建立转子的惯性主轴坐标系，如图 3-5 所示，在此坐标系中转动惯量矩阵为对角阵，惯性主轴坐标系三个坐标轴均为惯性主轴。其中，沿转子旋转中心线同方向的惯性主轴称为极惯性主轴，也称作旋转惯性轴，对应极转动惯量 I_p；与极惯性轴垂直的另两个惯性主轴则称作直径惯性主轴，对应直径转动惯量 I_d。

需要说明的是，由于转子具有旋转对称性，因此其惯性主轴坐标系不唯一，任意惯性主轴坐标系绕极惯性主轴旋转后仍然是惯性主轴坐标系。

当转子质量分布相对于自身形心线完全对称时，转动惯量矩阵（式(3-2)）中非对角项显然为 0，则前文通过形心线定义的随体转动坐标系 $M-x_1y_1z_1$ 就属于惯性主轴坐标系，即极惯性主轴与形心线重合。而当转子质量分布不对称时，可能导致质心 G 偏离形心 M，记偏心距为 e，极惯性主轴也不再和形心线平行，记倾斜角为 τ，如图 3-6(a)所示。需要说明的是，在本书中若未进行特殊说明，则认为质量分布不对称仅影响质心和惯性主轴的空间位置，而不改变质量和转动惯量的大小。

为了便于描述结构单元的质量分布、旋转惯性，以质心 G 为原点，极惯性主轴为 Gz_0 轴方向，节线为 Gx_0 轴方向，建立坐标系 $G-x_0y_0z_0$ 惯性主轴坐标系，如图 3-6(b)所示。

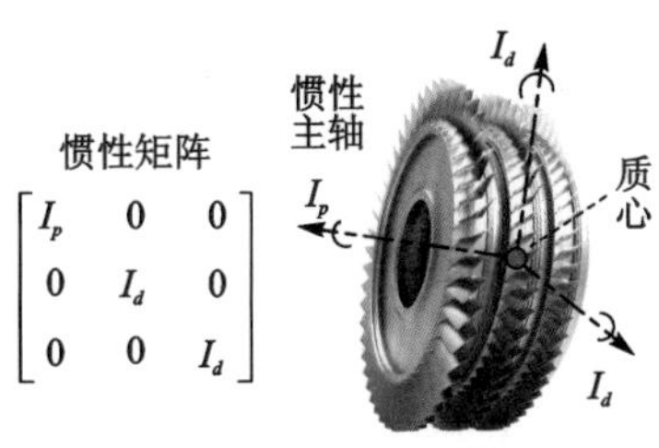

图 3-5　惯性主轴坐标系示意图

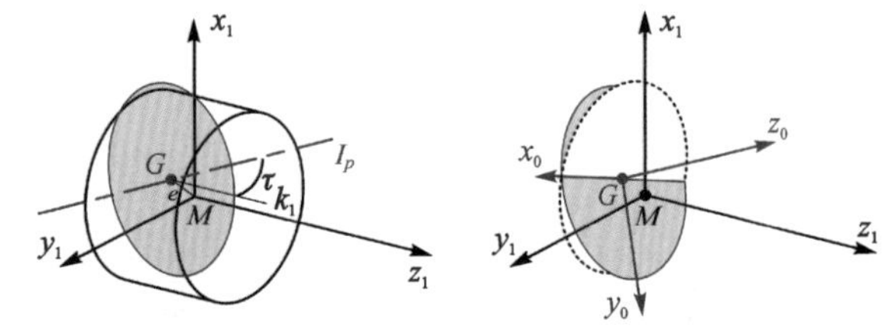

图 3-6　结构单元惯性主轴坐标系示意图

3.1.2 坐标变换

前文建立了多种坐标系，下面推导各坐标系间的坐标变换式。

1. 坐标系平动

随体平动坐标系 $M-x'y'z'$可由绝对坐标系 $O-xyz$ 平移得到，坐标变换关系如下：

$$\begin{pmatrix} x \\ y \\ z \end{pmatrix} = \begin{pmatrix} x_M \\ y_M \\ z_M \end{pmatrix} + \begin{pmatrix} x' \\ y' \\ z' \end{pmatrix} \tag{3-4}$$

其中，x_M、y_M、z_M 为形心 M 在绝对坐标系下的位移分量，其中 z_M 为常值，表示结构单元形心的轴向位置。

2. 坐标系定轴旋转

旋转坐标系 $O-x_ry_rz_r$ 可由绝对坐标系 $O-xyz$ 绕 Oz 轴旋转 α 得到，坐标变换关系如下：

$$\begin{pmatrix} x \\ y \\ z \end{pmatrix} = \begin{pmatrix} \cos\alpha & -\sin\alpha & 0 \\ \sin\alpha & \cos\alpha & 0 \\ 0 & 0 & 1 \end{pmatrix} \begin{pmatrix} x_r \\ y_r \\ z_r \end{pmatrix} \tag{3-5}$$

3. 坐标系空间转动——欧拉角

随体转动坐标系 $M-x_1y_1z_1$ 可由随体平动坐标系 $M-x'y'z'$绕结构单元形心 M 做定点转动得到，如图 3-7 所示，其中截面 A 与平面 $x'My'$重合，截面 A_1 与 x_1My_1 平面重合，两截面的交线 MN 称为“节线”，Mz'垂直于截面 A，Mz_1 垂直于截面 A_1。该转动具有三个自由度，可通过三个相互独立的广义坐标描述其角位移。广义坐标的选取有很多种，此处选择常用的欧拉角 θ、ψ、φ，Mz_1 与 Mz'夹角为θ，节线 MN 与 Mx'夹角为ψ，Mx_1 与节线 MN 夹角为φ。

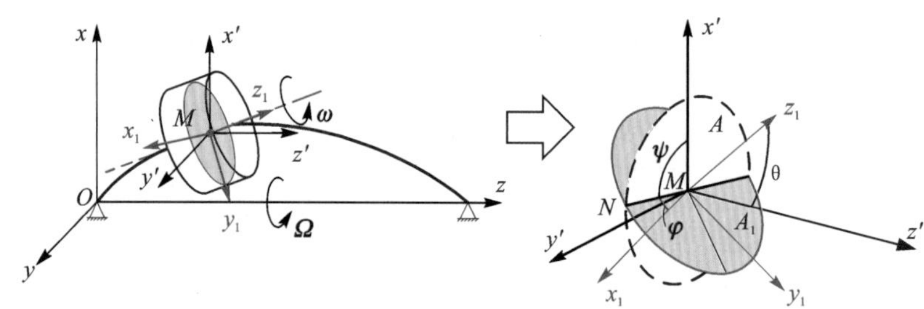

图 3-7 角向自由度——欧拉角

三个欧拉角是完全独立的，改变其中任意一个角度都不会引起其他两个角度的变化。三个欧拉角可以唯一确定转动坐标系 $M-x_1y_1z_1$ 相对平动坐标系 $M-x'y'z'$的位置，前者可由后者依顺序得到，即先绕 Mz_1 轴旋转 ψ，然后绕 Mx_1 轴旋转 θ，最后绕 Mz_1 轴旋转 φ，如图 3-8(a)～(d)所示过程。

由上述坐标系角向位置关系可得从转动坐标系 $M-x_1y_1z_1$ 到平动坐标系 $M-x'y'z'$的坐标变换式，其由三个旋转矩阵连乘获得：

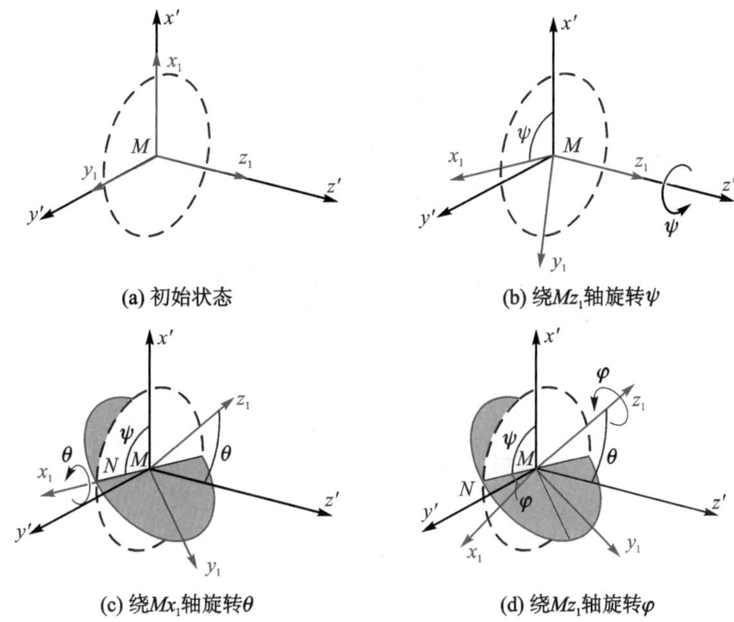

图 3－8　欧拉角与坐标系角向位置关系

$$\begin{pmatrix} x' \\ y' \\ z' \end{pmatrix} = \begin{pmatrix} \cos\psi & -\sin\psi & 0 \\ \sin\psi & \cos\psi & 0 \\ 0 & 0 & 1 \end{pmatrix} \begin{pmatrix} 1 & 0 & 0 \\ 0 & \cos\theta & -\sin\theta \\ 0 & \sin\theta & \cos\theta \end{pmatrix} \begin{pmatrix} \cos\varphi & -\sin\varphi & 0 \\ \sin\varphi & \cos\varphi & 0 \\ 0 & 0 & 1 \end{pmatrix} \begin{pmatrix} x_1 \\ y_1 \\ z_1 \end{pmatrix} \tag{3-6}$$

整理得

$$\begin{pmatrix} x' \\ y' \\ z' \end{pmatrix} = \boldsymbol{A}(\psi,\theta,\varphi) \begin{pmatrix} x_1 \\ y_1 \\ z_1 \end{pmatrix} \tag{3-7}$$

其中

$$\boldsymbol{A}(\psi,\theta,\varphi) = \begin{pmatrix} \cos\psi\cos\varphi - \sin\psi\sin\varphi\cos\theta & -\cos\psi\sin\varphi - \sin\psi\cos\theta\cos\varphi & \sin\theta\sin\psi \\ \cos\varphi\sin\psi + \sin\varphi\cos\psi\cos\theta & -\sin\varphi\sin\psi + \cos\varphi\cos\theta\cos\psi & -\sin\theta\cos\psi \\ \sin\theta\sin\varphi & \cos\varphi\sin\theta & \cos\theta \end{pmatrix} \tag{3-8}$$

结构单元绕形心 M 的转动角速度可分解为各欧拉角速度分量(由右手螺旋定则确定),如图 3－9 中蓝色箭头所示,欧拉角 ψ,φ,θ 的角速度方向为 $\boldsymbol{k}',\boldsymbol{k}_1,\boldsymbol{n}$,其中 $\boldsymbol{k}',\boldsymbol{k}_1,\boldsymbol{n}$ 分别表示沿 Mz',Mz_1,MN 方向的单位向量。

将各角速度向量在转动坐标系 $M-x_1y_1z_1$ 各坐标轴上投影(投影见表 3－1),并将同一轴上的投影相加,可得如下在转动坐标系下由欧拉角表示的角速度分量式:

$$\begin{cases} \omega_{x_1} = \dot{\psi}\sin\theta\sin\varphi + \dot{\theta}\cos\varphi \\ \omega_{y_1} = \dot{\psi}\sin\theta\cos\varphi - \dot{\theta}\sin\varphi \\ \omega_{z_1} = \dot{\psi}\cos\theta + \dot{\varphi} \end{cases} \tag{3-9}$$

该式为刚体定点运动的欧拉运动学方程。

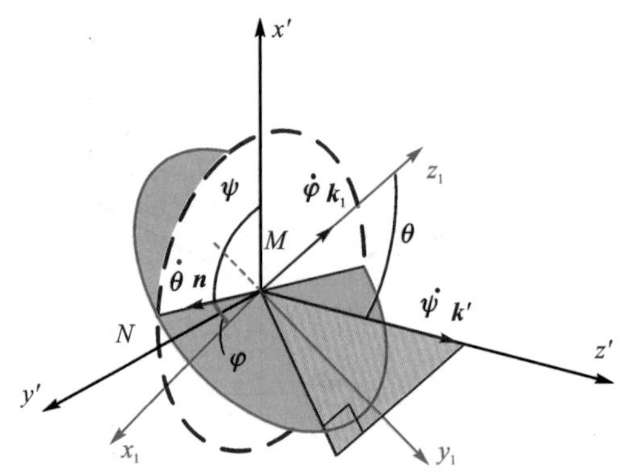

图 3-9　用欧拉角表示角速度

对于航空燃气轮机转子，形心线倾斜角很小，可对 θ 做小量近似（$\sin\theta\approx\theta$，$\cos\theta\approx1$），式(3-8)简化为

$$\boldsymbol{A}(\psi,\theta,\varphi)=\begin{pmatrix}\cos(\psi+\varphi) & -\sin(\psi+\varphi) & \theta\sin\psi \\ \sin(\psi+\varphi) & \cos(\psi+\varphi) & -\theta\cos\psi \\ \theta\sin\varphi & \theta\cos\varphi & 1\end{pmatrix} \tag{3-10}$$

方程(3-9)简化为

$$\begin{cases}\omega_{x_1}=\dot{\psi}\theta\sin\varphi+\dot{\theta}\cos\varphi \\ \omega_{y_1}=\dot{\psi}\theta\cos\varphi-\dot{\theta}\sin\varphi \\ \omega_{z_1}=\dot{\psi}+\dot{\varphi}\end{cases} \tag{3-11}$$

至此已完成描述转子运动的坐标系定义、坐标变换矩阵和角速度表达式的推导。

表 3-1　角速度向量在转动坐标系坐标轴上的投影

	Mx_1	My_1	Mz_1
$\dot{\psi}\boldsymbol{k}'$	$\dot{\psi}\sin\theta\sin\varphi$	$\dot{\psi}\sin\theta\cos\varphi$	$\dot{\psi}\cos\theta$
$\dot{\theta}\boldsymbol{n}$	$\dot{\theta}\cos\varphi$	$-\dot{\theta}\sin\varphi$	0
$\dot{\varphi}\boldsymbol{k}_1$	0	0	$\dot{\varphi}$

注：$\dot{\psi}\boldsymbol{k}'$ 向 Mx_1 和 My_1 上投影时，需要先乘 $\sin\theta$ 投影到 x_1My_1 平面上，再向坐标轴投影，因此需要乘两个三角函数。

3.1.3　转子运动

前文建立了多种坐标系，并给出各坐标系间的变换关系，下面将利用这些坐标系描述转子的运动。

1. 转子涡动

涡动是转子的基本运动形式，同时也是转子动力学研究的基础。

简单讲，转子涡动是指转子既绕其形心线自转，同时形心线又绕旋转中心线进动的一种复杂周期性运动，图 3-10 所示为转子一般涡动模型。

转子自转(Rotation)是转子绕其形心线转动，可表示为质心绕形心线的旋转运动，其角速

度称为自转角速度，记为 ω。转子进动(Precession)是转子形心线绕旋转中心线转动，其角速度称为进动角速度或公转角速度，记为 Ω。转子自转与进动的组合即为转子涡动(Whirl)。从运动学的角度讲，自转为相对运动，公转为牵连运动，涡动为二者叠加，是绝对运动。转子进动方向与自转方向相同的运动称为正进动(Forward Procession)，转子进动方向与自转方向相反的运动称为反进动(Backward Procession)，转子自转速度与进动速度的大小与方向相等的运动称为同步正进动(Synchronous Forward Procession)，否则称为非协调进动(Non-synchronous Procession)。

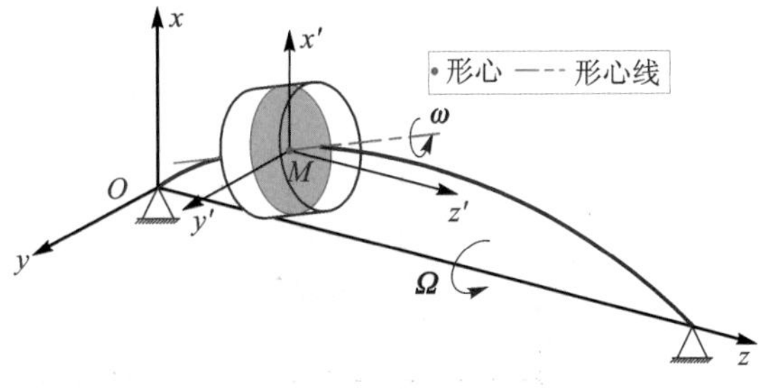

图 3-10　转子结构单元涡动模型

根据理论力学可知，当一个结构体可忽略自身变形时，其运动缩减为 6 个自由度。而对于转子结构单元，由于其绕形心线旋转角速度(自转)为转子转速是确定值，且不发生轴向位移，因此，其运动进一步减少为 4 个自由度，可通过质心横向位移 x_M、y_M，以及形心线倾斜 θ_x、θ_y 完全描述，如图 3-11 所示。

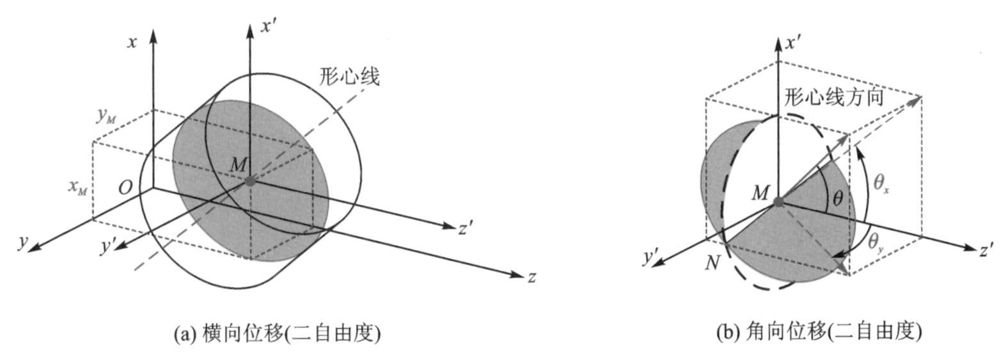

图 3-11　结构单元四自由度位移

需要注意，一般采用 2 个横向位移自由度(挠度)描述转轴的运动，而结构单元的运动需要通过横向和角向位移 4 个自由度共同描述。

2. 转子涡动与欧拉角关系

转子稳定工作时，以恒定角速度 ω 自转，转子进动角速度为 Ω，令旋转坐标系 $O_r-x_ry_rz_r$ 的 $\alpha=\Omega t$，则转子结构单元形心位于 x_rOz_r 平面上，如图 3-12 所示。

由于旋转坐标系 $O-x_ry_rz_r$ 随转子进动同步旋转，在此参考系中观察转子，其形心和形心线保持静止，因此，转子形心所在横截面的节线 MN 也保持静止，也就是说，再回到绝对坐标系来看，节线 MN 跟随旋转平面进行角速度为 Ω 的转动，又由于将 MN 与 Mx' 轴的夹角定义为欧拉角 ψ，可得到其随时间的变化律满足关系：

$$\dot{\psi}=\Omega \tag{3-12}$$

另外，前文中定义随体坐标系 Mx_1 轴与节线 MN 的夹角为欧拉角 φ，由于在 $O-x_ry_rz_r$ 参考系中看，节线 MN 保持静止，因此，转子在此坐标系下的转速即欧拉角 φ 随时间的变化律

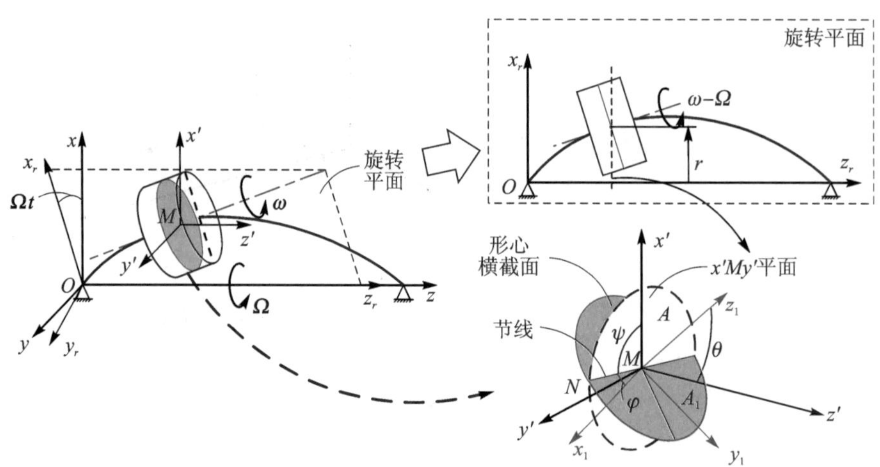

图 3-12　转子涡动与欧拉角的关系示意图

$\dot{\varphi}$。易得在 $O-x_r y_r z_r$ 坐标系下：

$$\dot{\varphi}=\omega-\Omega\cos\theta \xrightarrow{\text{倾斜角}\ \theta\ \text{为小角度}} \dot{\varphi}=\omega-\Omega \tag{3-13}$$

其中，$\dot{\varphi}$ 表示转子在旋转坐标系中的转动速度，同时这也是转轴内部交变应力的频率。

结合式(3-12)和式(3-13)可得欧拉角与自转角速度的关系式：

$$\dot{\psi}+\dot{\varphi}=\Omega+(\omega-\Omega)=\omega \tag{3-14}$$

转子形心线倾斜角 θ 很小，可近似作为角位移矢量 $\boldsymbol{\theta}=\theta\boldsymbol{n}$ 处理(需注意，角位移不是矢量，只有角度很小时才可近似作为矢量处理)，从而可以将倾斜角分解为 $x'O'z'$ 平面内的转角 θ_x 和 $y'O'z'$ 平面内的转角 θ_y，如图 3-13 所示。θ_x，θ_y 与欧拉角满足如下关系：

$$\begin{cases}\theta_x=\theta\sin\psi=\theta\cos(\psi-\pi/2)\\ \theta_y=-\theta\cos\psi=\theta\sin(\psi-\pi/2)\end{cases} \tag{3-15}$$

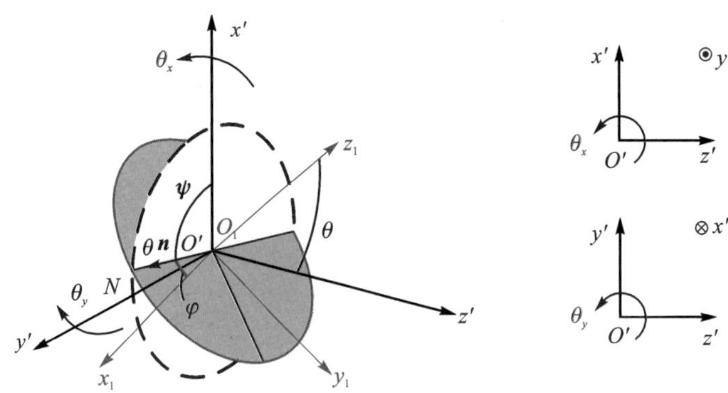

图 3-13　倾斜角 $\boldsymbol{\theta}$ 的分解

因此，可以通过 θ_x，θ_y 描述结构单元两个角向自由度的运动。记形心横向位移大小为 r，形心线倾斜角为 θ，并考虑横向位移和角向位移的初相位，可得转子结构单元四自由度涡动的位移表达式：

$$\begin{cases} x = r\cos(\Omega t + \beta_r) \\ y = r\sin(\Omega t + \beta_r) \\ \theta_x = \theta\cos(\Omega t + \beta_\theta) \\ \theta_y = \theta\sin(\Omega t + \beta_\theta) \end{cases} \tag{3-16}$$

在一般的情况下，β_r 与 β_θ 无特定关系，因此，形心线与 Oz 轴可能不共面，二者为空间直线关系。

需要说明，转子系统的涡动与梁的振动在数学形式上是相似的，但从力学角度分析运动和能量的变化，却有本质的不同。通常情况下，转子的进动转速与自转转速相同($\Omega=\omega$)，即处于同步正进动状态，此种运动被形象地称为“回转涡动”。如图 3-14(a)所示，红色纤维在一个回转周期里保持伸长，黑色纤维保持压缩，其内部并不产生拉压交变应力，转子动能、势能分别保持不变，二者并不相互转换。而梁的横向振动，如图 3-14(b)所示，红色和黑色纤维在一个振动周期里交替伸长和压缩，势能和动能周期性变化。总之，转子在同步正进动状态下，没有动能、势能交互转换，以及交变应力的产生，只是绕形心线的自转和绕旋转中心线的进动。因此，如果把振动理解为围绕平衡点的往复运动，转子可以说是振动；如果把振动理解为动能与势能相互转换，则转子是运动而不是振动。

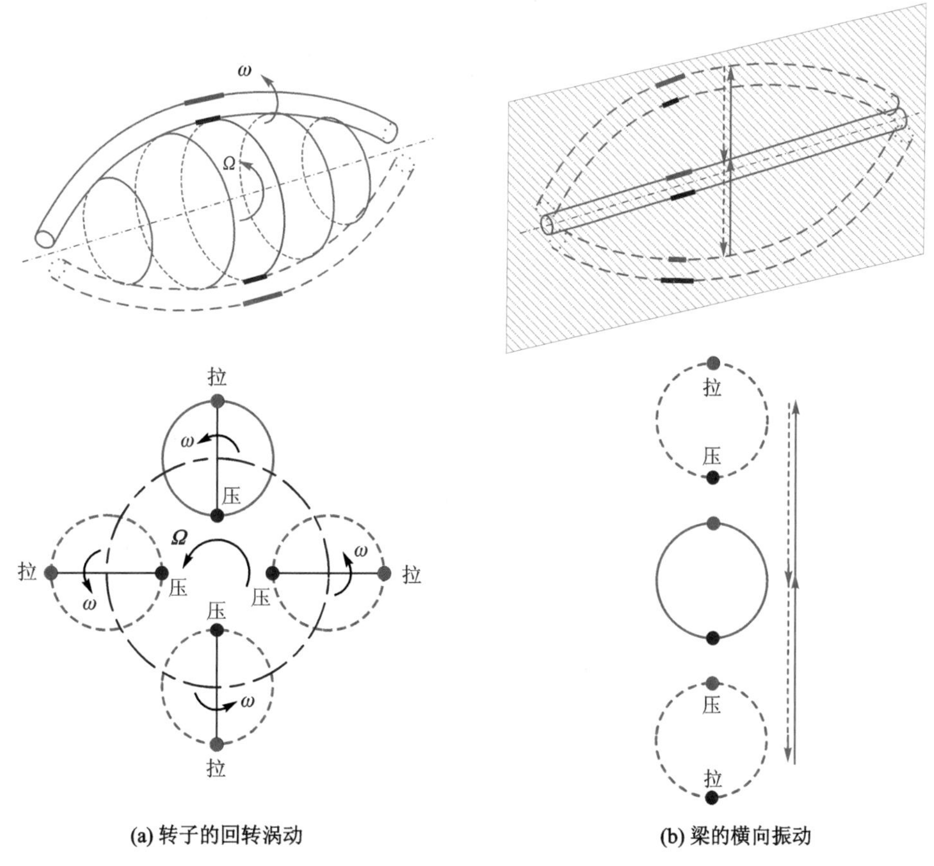

图 3-14　回转涡动与横向振动对比示意图

3.2 旋转惯性

惯性是物体抵抗其运动状态改变的性质，是一切有质量物体的固有属性。当物体在外力作用下运动状态发生改变时，惯性的力学效果表现为在物体上产生惯性载荷，阻碍物体运动状态的改变。物体在旋转状态下由于质量惯性表现出的性质称为旋转惯性。

3.2.1 旋转惯性的力学效果

在绝对坐标系下，质量为 m 的质点受外力 $\boldsymbol{F}$ 时，运动状态会发生改变，质点产生加速度 $\boldsymbol{a}$，并且有 $\boldsymbol{F}=m\boldsymbol{a}$。此时若以质点为参考系建立随体坐标系，在此参考系下质点处于静止状态，仿佛在质点上作用有一个力 $\boldsymbol{F}'$，$\boldsymbol{F}'$ 的方向与加速度 $\boldsymbol{a}$ 的方向相反，大小等于 ma，即

$$\boldsymbol{F}'=m(-\boldsymbol{a}) \tag{3-17}$$

称 $\boldsymbol{F}'$ 为惯性力。严格来讲，惯性力不是真实的力，而是物体运动状态改变时表现出的力学效果。转子结构单元为具有三维构形的结构体，质量具有空间分布的特征，转子在旋转过程中其上所有质点均产生惯性力。若结构体处于无约束的自由旋转状态，则会绕自身惯性主轴旋转，各质点产生的惯性力在结构内部相互抵消，为结构内力，不会影响转子的运动状态和支点动载荷。对于转子系统，支承中心连线确定了旋转中心线，当转子结构质量分布相对于旋转中心线不对称导致惯性主轴与旋转中心线不重合时，结构上各质点产生的惯性力组成的惯性力系可等效为过结构体质心的惯性力 $\boldsymbol{F}_{\mathrm{I}}$ 以及惯性力矩 $\boldsymbol{M}_{\mathrm{I}}$。这种由于转子质量分布不对称，在旋转中产生的惯性力 $\boldsymbol{F}_{\mathrm{I}}$ 或力矩 $\boldsymbol{M}_{\mathrm{I}}$，称为旋转惯性载荷。需要注意，旋转惯性载荷并不是真正的力或力矩，其本质是结构质量非惯性运动产生的力学效果，在转子上表现为静载荷，使得转子变形发生改变；在支承结构上表现为旋转交变激励载荷，即支点动载荷。

旋转惯性力和力矩的大小分别等于结构单元动量、角动量（相对质心）随时间的变化率，方向与动量、角动量的变化量方向相反，推导如下。

旋转惯性力为结构体上各微元惯性力的矢量和：

$$\boldsymbol{F}_{\mathrm{I}}=\iiint\rho(-\boldsymbol{a})\mathrm{d}V=-\iiint\rho\frac{\mathrm{d}\boldsymbol{v}}{\mathrm{d}t}\mathrm{d}V=-\frac{\mathrm{d}\left(\iiint\rho\boldsymbol{v}\mathrm{d}V\right)}{\mathrm{d}t}=-\frac{\mathrm{d}\boldsymbol{P}}{\mathrm{d}t} \tag{3-18}$$

旋转惯性力矩为结构体上各微元惯性力对质心取矩并求和：

$$\boldsymbol{M}_{\mathrm{I}}=\iiint\rho\boldsymbol{r}'\times(-\boldsymbol{a})\mathrm{d}V=-\iiint\rho\boldsymbol{r}'\times\frac{\mathrm{d}\boldsymbol{v}}{\mathrm{d}t}\mathrm{d}V=\iiint\rho\frac{\mathrm{d}\boldsymbol{r}'}{\mathrm{d}t}\times\boldsymbol{v}\mathrm{d}V-\iiint\rho\frac{\mathrm{d}(\boldsymbol{r}'\times\boldsymbol{v})}{\mathrm{d}t}\mathrm{d}V \tag{3-19}$$

由于矢量与自身叉乘为 0，以及各微元相对质心速度对结构体积分为 0，因此有如下表达式：

$$\iiint\rho\frac{\mathrm{d}\boldsymbol{r}'}{\mathrm{d}t}\times\boldsymbol{v}\mathrm{d}V=\iiint\rho\frac{\mathrm{d}\boldsymbol{r}'}{\mathrm{d}t}\times\left(\frac{\mathrm{d}\boldsymbol{r}'}{\mathrm{d}t}+\boldsymbol{v}_c\right)\mathrm{d}V=\underbrace{\iiint\rho\frac{\mathrm{d}\boldsymbol{r}'}{\mathrm{d}t}\times\frac{\mathrm{d}\boldsymbol{r}'}{\mathrm{d}t}\mathrm{d}V}_{=0}+\underbrace{\left(\iiint\rho\frac{\mathrm{d}\boldsymbol{r}'}{\mathrm{d}t}\mathrm{d}V\right)}_{=0}\times\boldsymbol{v}_c=0 \tag{3-20}$$

将式(3-20)代入式(3-19)得

$$\boldsymbol{M}_{\mathrm{I}}=-\frac{\mathrm{d}\left(\iiint\rho\boldsymbol{r}'\times\boldsymbol{v}\mathrm{d}V\right)}{\mathrm{d}t}=-\frac{\mathrm{d}\boldsymbol{L}}{\mathrm{d}t} \tag{3-21}$$

因此整理式(3-18)～式(3-20)得

$$\begin{cases}\boldsymbol{F}_{\mathrm{I}}=-\dfrac{\mathrm{d}\boldsymbol{P}}{\mathrm{d}t}\\[2ex]\boldsymbol{M}_{\mathrm{I}}=-\dfrac{\mathrm{d}\boldsymbol{L}}{\mathrm{d}t}\end{cases} \tag{3-22}$$

其中，$\boldsymbol{v}$ 和 $\boldsymbol{a}$ 为质量微元的速度和加速度，$\boldsymbol{v}_c$ 为结构质心的速度，$\boldsymbol{r}'$为质量微元相对结构质心的位移矢量。

转子运动(涡动)可视为转子绕形心线自转与形心线进动的叠加。由于转子质量分布相对形心线的不对称，转子在自转时会产生旋转惯性载荷。若转子发生进动，由于形心线偏离了旋转中心线，会进一步改变质量分布，影响其产生的旋转惯性载荷。若转子还发生弯曲变形，转子上不同结构单元进动不同，也会对旋转惯性载荷造成影响。

3.2.2　旋转惯性载荷的描述

本小节首先考虑转子只进行自转而无进动的情况，在该情况中形心线始终与旋转中心线重合。

理想状态下，转子结构单元质量分布相对其形心线完全对称，极惯性主轴、形心线、旋转中心线三者完全重合。由于加工、装配、使用等原因，结构单元质量分布不对称，其综合效果可通过质心相对于形心的横向偏移、极惯性主轴相对于形心线的倾斜来表征。

在由形心和形心线确定的随体转动坐标系 $M-x_1y_1z_1$ 中，如图 3-15(a)所示，质心和惯性主轴偏离坐标轴 Mz_1，质心 G 与形心 M 的距离称为偏心距，记为 e；质心与形心连线与 Mx_1 轴方向夹角称为偏心相位角，记为 β_e。在惯性主轴坐标系 $G-x_0y_0z_0$ 中，如图 3-15(b)所示，极惯性主轴 Gz_0 与 $\boldsymbol{k}_1$ 方向的夹角称为倾斜角，记为 τ；节线 Gx_0 与 $\boldsymbol{i}_1$ 方向的夹角减 $-\pi/2$ 定义为倾斜相位角 $\beta_\tau=\beta_\tau'-\pi/2$(这种初相位定义下，当 $\beta_\tau=\beta_e$ 或 $\beta_\tau=\beta_e+\pi$ 时，惯性主轴在质心与旋转中心线确定的平面内，方便进行理论分析和公式推导)。

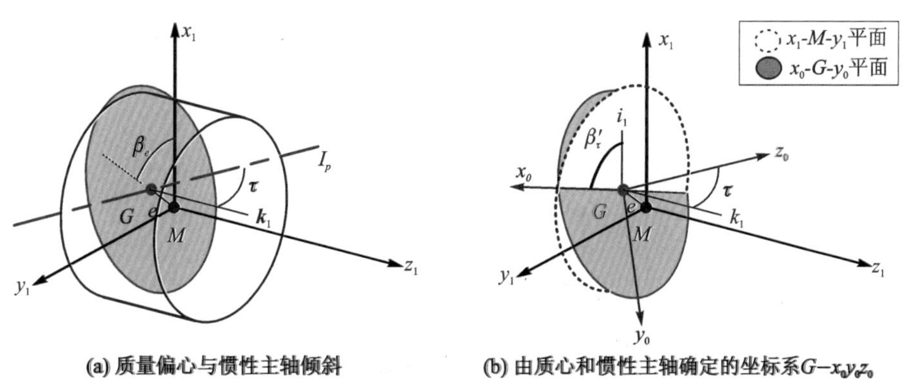

图 3-15　质量分布不对称的定量表述

从图 3-15 可以看出，惯性主轴坐标系 $G-x_0y_0z_0$ 可由形心坐标系 $M-x_1y_1z_1$ 经原点平移后再通过空间旋转得到，因此可参照式(3-8)的欧拉角坐标变换矩阵，推导两坐标系之间的坐标变换矩阵。转子的偏心距 e 与偏置角 τ 很小，均可作为小量处理，则有 $\sin\tau\approx\tau$，$\cos\tau\approx 1$。令式(3-8)中 $\psi=\beta'_\tau$，$\theta=\tau$，$\varphi=0$，即可得到 $G-x_0y_0z_0$ 到 $M-x_1y_1z_1$ 的变换矩阵：

$$\boldsymbol{B}=\boldsymbol{A}(\beta'_\tau,\tau,0)=\begin{pmatrix}\cos\beta'_\tau & -\sin\beta'_\tau & \tau\sin\beta'_\tau\\ \sin\beta'_\tau & \cos\beta'_\tau & -\tau\cos\beta'_\tau\\ 0 & \tau & 1\end{pmatrix} \tag{3-23}$$

$$\begin{pmatrix}x_1\\ y_1\\ z_1\end{pmatrix}=\begin{pmatrix}e\cos\beta_e\\ e\sin\beta_e\\ 0\end{pmatrix}+\boldsymbol{B}\begin{pmatrix}x_0\\ y_0\\ z_0\end{pmatrix} \tag{3-24}$$

综上，单个结构单元质量分布不对称可通过质心偏移(e，β_e)和惯性主轴倾斜(τ，β_τ)描述。在由结构单元形心与形心线确定的随体转动坐标系 $M-x_1y_1z_1$ 中，结构单元保持静止，因此质心和惯性主轴的位置在此坐标系中存在确定位置，不随结构单元运动而改变。

需要说明，由于质量分布不对称具有随机性，β_e、β_τ 无特定关系，也就是说结构单元的惯性主轴并不一定处于质心与形心线确定的平面内(仅当 $\beta_\tau=\beta_e$ 或 $\beta_\tau=\beta_e+\pi$ 时惯性主轴与形心线共面)，而是与形心线呈空间直线关系。当转子中包括多个质量结构单元时，各个结构单元的质心偏移相位 β_e、惯性主轴倾斜相位 β_τ 可能都不相同，此时转子受多个不同方向的旋转惯性力/力矩作用，旋转惯性载荷处于复杂的空间分布状态。

转子结构单元的旋转惯性载荷由两部分组成：由质心偏移产生的旋转惯性力和由惯性主轴倾斜产生的旋转惯性力矩。首先推导由结构单元质心偏移产生的旋转惯性力。

不考虑转子进动，平动坐标系 Mz_1 轴始终与绝对坐标系 Oz 轴重合，即形心坐标为$(0,0,z_M)^{\mathrm{T}}$，结构单元始终绕 Oz 轴以恒定角速度 ω 自转，如图 3-16 所示。由坐标变换式(3-4)和式(3-5)可给出结构单元质心在绝对坐标系中的位置$(x_G,y_G,z_G)^{\mathrm{T}}$：

$$\begin{pmatrix}x_G\\ y_G\\ z_G\end{pmatrix}=\begin{pmatrix}0\\ 0\\ z_M\end{pmatrix}+\boldsymbol{A}(\psi,\theta,\varphi)\begin{pmatrix}e\cos\beta_e\\ e\sin\beta_e\\ 0\end{pmatrix}=\begin{pmatrix}e\cos(\beta_e+\psi+\varphi)\\ e\sin(\beta_e+\psi+\varphi)\\ z_M\end{pmatrix} \tag{3-25}$$

式(3-14)中给出了欧拉角与自转角速度的关系$\dfrac{\mathrm{d}(\psi+\varphi)}{\mathrm{d}t}=\omega$，不妨令初相位为 0，则 $\psi+\varphi=\omega t$，代入式(3-25)，可得结构单元质心在绝对参考系 $O-xyz$ 中的坐标：

$$\begin{cases}x_G=e\cos(\omega t+\beta_e)\\ y_G=e\sin(\omega t+\beta_e)\\ z_G=z_M=\text{const}\end{cases} \tag{3-26}$$

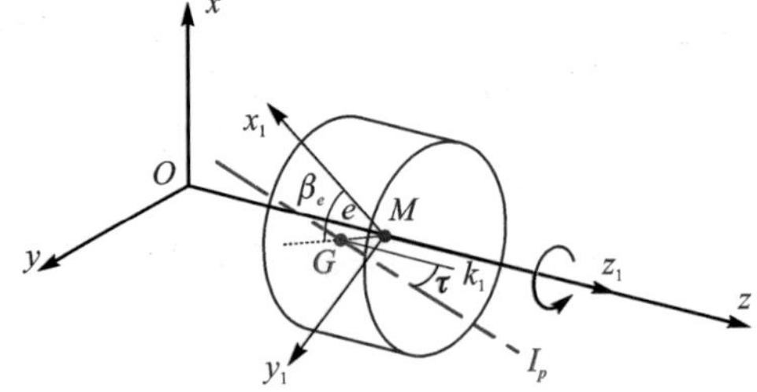

图 3-16　结构单元自转

将结构单元质心位移表达式(3-26)代入式(3-22),可得旋转惯性力表达式:

$$\begin{cases} F_{Ic,x}=-\dfrac{\mathrm{d}P_x}{\mathrm{d}t}=-m\ddot{x}_G=me\omega^2\cos(\omega t+\beta_e) \\ F_{Ic,y}=-\dfrac{\mathrm{d}P_y}{\mathrm{d}t}=-m\ddot{y}_G=me\omega^2\sin(\omega t+\beta_e) \end{cases} \tag{3-27}$$

下面进行旋转惯性力矩的推导。

观察图 3-17 易知,由于 Mz_1 轴与旋转中心线重合,转动坐标系 $M-x_1y_1z_1$ 中角速度分量为$(0,0,\omega)^{\mathrm{T}}$,利用变换矩阵 $\boldsymbol{B}^{\mathrm{T}}$ 可获得惯性主轴坐标系 $G-x_0y_0z_0$ 下的角速度分量:

$$\begin{pmatrix}\omega_{x0}\\ \omega_{y0}\\ \omega_{z0}\end{pmatrix}=\boldsymbol{B}^{\mathrm{T}}\begin{pmatrix}\omega_{x1}\\ \omega_{y1}\\ \omega_{z1}\end{pmatrix}=\begin{pmatrix}\cos\beta'_\tau & \sin\beta'_\tau & 0\\ -\sin\beta'_\tau & \cos\beta'_\tau & \tau\\ \tau\sin\beta'_\tau & -\tau\cos\beta'_\tau & 1\end{pmatrix}\begin{pmatrix}0\\ 0\\ \omega\end{pmatrix}=\begin{pmatrix}0\\ \tau\omega\\ \omega\end{pmatrix} \tag{3-28}$$

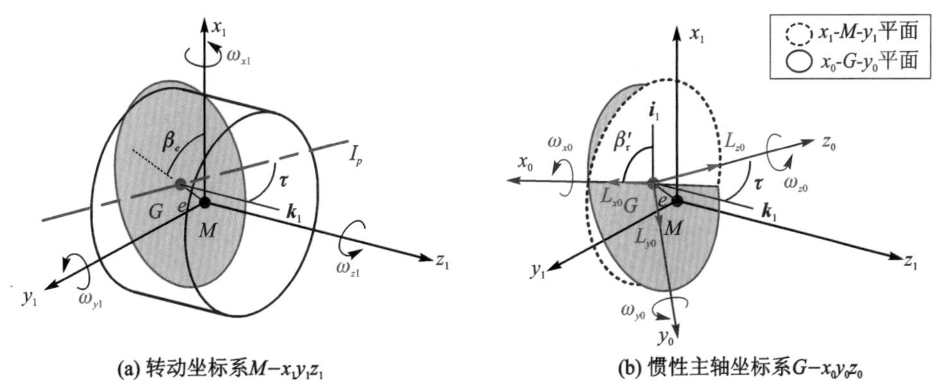

(a) 转动坐标系$M-x_1y_1z_1$　　(b) 惯性主轴坐标系$G-x_0y_0z_0$

图 3-17　结构单元在各坐标系中角速度关系

坐标系 $G-x_0y_0z_0$ 各坐标轴均沿结构单元惯性主轴方向,因此易得此坐标系下的角动量:

$$\begin{pmatrix}L_{x0}\\ L_{y0}\\ L_{z0}\end{pmatrix}=\begin{pmatrix}I_d & 0 & 0\\ 0 & I_d & 0\\ 0 & 0 & I_p\end{pmatrix}\begin{pmatrix}\omega_{x0}\\ \omega_{y0}\\ \omega_{z0}\end{pmatrix}=\begin{pmatrix}0\\ \tau I_d\omega\\ I_p\omega\end{pmatrix} \tag{3-29}$$

其中,I_d 为直径转动惯量,I_p 为极转动惯量。再利用矩阵 $\boldsymbol{B}$ 可得转动坐标系 $M-x_1y_1z_1$ 下角动量分量:

$$\begin{pmatrix}L_{x1}\\ L_{y1}\\ L_{z1}\end{pmatrix}=\boldsymbol{B}\begin{pmatrix}L_{x0}\\ L_{y0}\\ L_{z0}\end{pmatrix}=\begin{pmatrix}\cos\beta_\tau & -\sin\beta'_\tau & \tau\sin\beta'_\tau\\ \sin\beta_\tau & \cos\beta'_\tau & -\tau\cos\beta'_\tau\\ 0 & \tau & 1\end{pmatrix}\begin{pmatrix}0\\ \tau I_d\omega\\ I_p\omega\end{pmatrix}=\begin{pmatrix}-(I_d-I_p)\tau\omega\sin\beta'_\tau\\ (I_d-I_p)\tau\omega\cos\beta'_\tau\\ \tau^2 I_d\omega+I_p\omega\end{pmatrix} \tag{3-30}$$

注:红色项为高阶小量,可以忽略。

将$(L_{x1},L_{y1},L_{z1})^{\mathrm{T}}$ 再前乘坐标变换矩阵 $\mathbf{A}(\psi,\theta,\varphi)$,可得到最终的在绝对系中的结构单元角动量表达式。由于欧拉角满足关系 $\psi+\varphi=\omega t$,且在结构单元仅发生自转,不考虑进动时,$\theta=0$,因此坐标变换矩阵由式(3-10)简化为

$$\boldsymbol{A}(\psi,\theta,\varphi)=\begin{pmatrix}\cos\omega t & -\sin\omega t & 0\\ \sin\omega t & \cos\omega t & 0\\ 0 & 0 & 1\end{pmatrix}\tag{3-31}$$

因此角动量表达式为

$$\begin{pmatrix}L_x\\ L_y\\ L_z\end{pmatrix}=\boldsymbol{A}(\psi,\theta,\varphi)\begin{pmatrix}L_{x1}\\ L_{y1}\\ L_{z1}\end{pmatrix}=\begin{pmatrix}\cos\omega t & -\sin\omega t & 0\\ \sin\omega t & \cos\omega t & 0\\ 0 & 0 & 1\end{pmatrix}\begin{pmatrix}-(I_d-I_p)\tau\omega\sin\beta'_\tau\\ (I_d-I_p)\tau\omega\cos\beta'_\tau\\ I_p\omega\end{pmatrix}\tag{3-32}$$

$$\begin{cases}L_x=-(I_d-I_p)\tau\omega\sin(\omega t+\beta'_\tau)\\ L_y=(I_d-I_p)\tau\omega\cos(\omega t+\beta'_\tau)\\ L_z=I_p\omega\end{cases}\tag{3-33}$$

由旋转惯性力矩定义可得

$$\begin{cases}M_{Ic,x}=-\dfrac{\mathrm{d}L_x}{\mathrm{d}t}=(I_d-I_p)\tau\omega^2\cos(\omega t+\beta'_\tau)\\ M_{Ic,y}=-\dfrac{\mathrm{d}L_y}{\mathrm{d}t}=(I_d-I_p)\tau\omega^2\sin(\omega t+\beta'_\tau)\end{cases}\tag{3-34}$$

因此旋转惯性载荷完整表达为

$$\begin{cases}\boldsymbol{F}_{Ic}=[me\omega^2\cos(\omega t+\beta_e)]\,\boldsymbol{e}_x+[me\omega^2\sin(\omega t+\beta_e)]\,\boldsymbol{e}_y\\ \boldsymbol{M}_{Ic}=[(I_d-I_p)\tau\omega^2\cos(\omega t+\beta'_\tau)]\,\boldsymbol{e}_x+[(I_d-I_p)\tau\omega^2\sin(\omega t+\beta'_\tau)]\,\boldsymbol{e}_y\end{cases}\tag{3-35}$$

将作用在广义坐标 x,θ_x 上的力 $F_{Ic,x},M_{Ic,y}$ 作为实部，作用在广义坐标 y,θ_y 上的力 $F_{Ic,y},-M_{Ic,x}$ 作为虚部（$M_{Ic,x}$ 与 θ_y 正方向相反），并有 $\beta_\tau=\beta'_\tau-\pi/2$，将式(3-35)转换为复数形式：

$$\begin{cases}\widetilde{F}_{Ic}=me\omega^2\cdot\mathrm{e}^{\mathrm{i}(\omega t+\beta_e)}\\ \widetilde{M}_{Ic}=(I_d-I_p)\tau\omega^2\cdot\mathrm{e}^{\mathrm{i}(\omega t+\beta_\tau)}\end{cases}\tag{3-36}$$

可以看到，在仅考虑自转的条件下，旋转惯性载荷仅与结构单元相对于自身形心线的质量分布以及转速相关，因此转子自转产生的旋转惯性载荷又可称为初始旋转惯性载荷。同时值得注意的是，旋转惯性力矩的方向与 I_p、I_d 的相对大小有关，当 $I_p>I_d$ 时，惯性力矩使极惯性主轴趋于靠近旋转中心线；当 $I_p<I_d$ 时，惯性力矩使极惯性主轴趋于继续远离旋转中心线。因此，薄盘转子与厚盘转子在旋转中会表现出不同的动力学特性，在第 4 章和第 5 章中会具体阐述。

3.2.3 转子运动对旋转惯性载荷的影响

1. 转子进动影响

转子由于质量分布不对称，在自转时会产生旋转惯性载荷。转子系统的进动会导致形心轴偏离旋转中心轴，使得结构单元的质心和惯性主轴相对旋转中心轴的位置发生进一步的变化，影响旋转惯性载荷。

取一种特殊的情况，假设在静止状态下转子沿轴向各截面的质心相对于形心线没有偏移（不考虑结构单元质量分布不对称），若转子系统在运动过程中发生变形，各结构单元质心和惯性主轴相对于旋转中心线发生偏移和倾斜，如图 3-18 所示，此时结构单元也会产生旋转惯性

载荷，此时的旋转惯性载荷受转子系统自转、进动、变形和质量分布的共同影响。

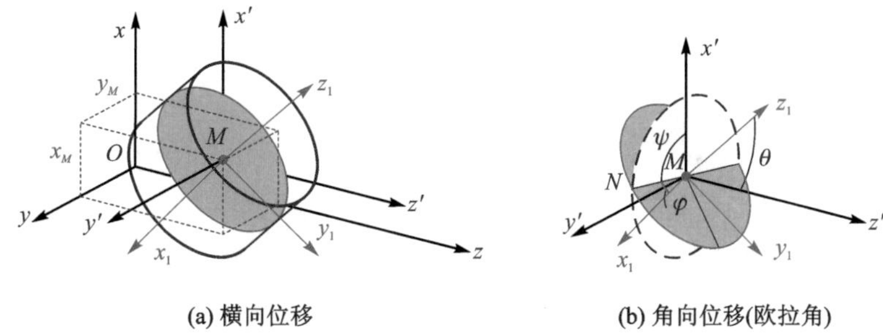

图 3-18　当转子发生弯曲变形时，结构单元的一般位移

转子工作过程中，结构单元的一般位移如图 3-18 所示。$O-xyz$ 为绝对坐标系，Oz 为旋转中心线，$M-x'y'z'$为随体平动坐标系，$M-x_1y_1z_1$ 为随体转动坐标系，Mz_1 沿形心线方向。由于不考虑结构单元相对自身轴线质量分布不对称，质心与形心重合，极惯性主轴与形心线重合，因此转动坐标系 $M-x_1y_1z_1$ 的三个坐标轴 Mx_1、My_1、Mz_1 均沿结构单元惯性主轴方向。

设结构单元的形心位移为(x_M,y_M)，则易得旋转惯性力，即

$$\begin{cases} F_{If,x}=-\dfrac{\mathrm{d}P_x}{\mathrm{d}t}=-m\ddot{x}_M \\ F_{If,y}=-\dfrac{\mathrm{d}P_y}{\mathrm{d}t}=-m\ddot{y}_M \end{cases} \tag{3-37}$$

由欧拉运动学方程式(3-11)可得当结构单元发生角向位移时转动坐标系 $M-x_1y_1z_1$ 下的角速度分量，进而获得沿各坐标轴方向的角动量：

$$\begin{cases} L_{x1}=I_d\omega_{x_1}=I_d(\dot{\psi}\sin\theta\sin\varphi+\dot{\theta}\cos\varphi) \\ L_{y1}=I_d\omega_{y_1}=I_d(\dot{\psi}\sin\theta\cos\varphi-\dot{\theta}\sin\varphi) \\ L_{z1}=I_p\omega_{z_1}=I_p(\dot{\psi}\cos\theta+\dot{\varphi}) \end{cases} \tag{3-38}$$

将$(L_{x1},L_{y1},L_{z1})^{\mathrm{T}}$ 前乘坐标变换矩阵 $\mathbf{A}(\psi,\theta,\varphi)$，即可得到绝对坐标系中角动量分量：

$$\begin{cases} L_x=I_p\theta\sin\psi(\dot{\psi}+\dot{\varphi})-I_d\theta\sin\psi\dot{\psi}+I_d\cos\psi\dot{\theta}= \\ \qquad I_p\theta\sin\psi(\dot{\psi}+\dot{\varphi})+I_d\dfrac{\mathrm{d}(\theta\cos\psi)}{\mathrm{d}t} \\ L_y=-I_p\theta\cos\psi(\dot{\psi}+\dot{\varphi})+I_d\theta\cos\psi\dot{\psi}+I_d\sin\psi\dot{\theta}= \\ \qquad -I_p\theta\cos\psi(\dot{\psi}+\dot{\varphi})+I_d\dfrac{\mathrm{d}(\theta\sin\psi)}{\mathrm{d}t} \\ L_z=I_p(\dot{\psi}+\dot{\varphi})+I_d\theta^2\dot{\psi}= \\ \qquad I_p(\dot{\psi}+\dot{\varphi}) \end{cases} \tag{3-39}$$

式(3-15)给出了形心线倾斜角与欧拉角的关系$\begin{cases} \theta_x=\theta\sin\psi \\ \theta_y=-\theta\cos\psi \end{cases}$，将其代入式(3-39)，并令 $\dot{\psi}+\dot{\varphi}=\omega=\mathrm{const}$，$\psi+\varphi=\omega t$，忽略高阶小量，获得最终的在绝对坐标系中结构单元角动量表达式：

$$\begin{cases} L_x = I_p\theta_x\omega - I_d\dot{\theta}_y \\ L_y = I_p\theta_y\omega + I_d\dot{\theta}_x \\ L_z = I_p\omega = \text{const} \end{cases} \tag{3-40}$$

由旋转惯性力矩定义可得：

$$\begin{cases} M_{If,x} = -\dfrac{\mathrm{d}L_x}{\mathrm{d}t} = I_d\ddot{\theta}_y - I_p\omega\dot{\theta}_x \\ M_{If,y} = -\dfrac{\mathrm{d}L_y}{\mathrm{d}t} = -I_d\ddot{\theta}_x - I_p\omega\dot{\theta}_y \end{cases} \tag{3-41}$$

整理式(3－37)和式(3－41)得到旋转惯性载荷的完整表达式，即

$$\begin{cases} \boldsymbol{F}_{If} = [-m\ddot{x}]\boldsymbol{e}_x + [-m\ddot{y}]\boldsymbol{e}_y \\ \boldsymbol{M}_{If} = [I_d\ddot{\theta}_y - I_p\omega\dot{\theta}_x]\boldsymbol{e}_x + [-I_d\ddot{\theta}_x - I_p\omega\dot{\theta}_y]\boldsymbol{e}_y \end{cases} \tag{3-42}$$

根据3.1.3小节对转子涡动的分析可知，结构单元形心和形心线绕旋转中心线做进动，记进动角速度为Ω，则结构单元位移(x,y,θ_x,θ_y)满足如下关系：

$$\begin{cases} x = r\cos(\Omega t + \varphi_r) \\ y = r\sin(\Omega t + \varphi_r) \\ \theta_x = \theta\cos(\Omega t + \varphi_\theta) \\ \theta_y = \theta\sin(\Omega t + \varphi_\theta) \end{cases} \tag{3-43}$$

其中，r表示形心相对旋转中心线的偏移量，即进动半径，θ表示形心线的倾斜角。将式(3－43)代入式(3－42)，可以将旋转惯性载荷表示为复数形式：

$$\begin{cases} F_{If} = m\Omega^2 r \cdot \mathrm{e}^{\mathrm{i}\Omega t + \varphi_r} \\ M_{If} = -(I_p\omega - I_d\Omega)\Omega\theta \cdot \mathrm{e}^{\mathrm{i}\Omega t + \varphi_\theta} \end{cases} \tag{3-44}$$

可以看到在此条件下，旋转惯性载荷所受到的影响因素较多，与3.2.2小节相比，旋转惯性载荷(尤其是旋转惯性力矩)不仅与质量分布特征和自转角速度有关，还与进动角速度的大小、方向以及转子变形形式有关。

在此推导了结构单元在进动中产生的旋转惯性载荷，由于该载荷是因转子系统变形所产生的额外载荷，因此又称为附加旋转惯性载荷。一个转子结构单元在涡动中产生的旋转惯性载荷，为初始旋转惯性载荷(自转产生)与附加旋转惯性载荷(进动产生)的矢量和。

2. 转子弯曲变形影响

实际转子由几个不同的结构单元轴向串联而成，若转子发生弯曲变形，会使各轴向位置处的结构单元进动发生不同变化，从而影响旋转惯性载荷沿轴向的分布。受转子质量/刚度分布、转子转速、支承等因素的影响，不同的转子具有不同的弯曲变形形式，对旋转惯性载荷的影响也不同。

第一种变形形式如图3－19所示，当转子系统变形集中于前后轴颈以及支承结构时，两个质量结构单元以及中间鼓筒轴几乎不发生相对位移，具有相同的倾斜角，因此可将三者视为一个整体，成为一个结构单元组件，其质量为M_{all}，极转动惯量为$I_{p,\text{all}}$，直径转动惯量为$I_{d,\text{all}}$。旋转惯性载荷可等效为作用在结构单元组件的质心位置。由于结构单元组件轴向尺寸较大，且质量集中于两端，导致其直径转动惯量$I_{d,\text{all}}$很大，可能为$I_{p,\text{all}}$的几倍，此时的旋转惯性力矩与倾斜方向相同。

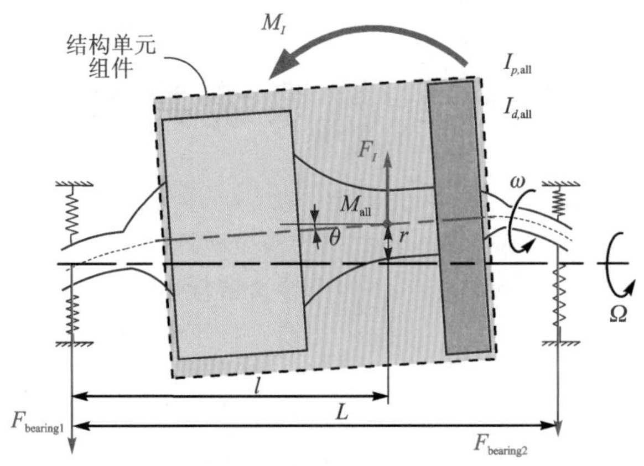

图 3-19 两端弯曲转子受力分析图

第二种变形形式为中间鼓筒轴发生弯曲，如图3-20所示，由于两个质量结构单元角向变形不再相同，不能再将其作为一个整体，应分别考虑。记两个质量结构单元的质量、极转动惯量、直径转动惯量分别为$M_1,I_{p1},I_{d1},M_2,I_{p2},I_{d2}$。相对于第一种变形形式，转子中部发生弯曲时旋转惯性载荷分布有所变化，此时各有一组力和力矩分别作用于两个质量结构单元的质心位置。

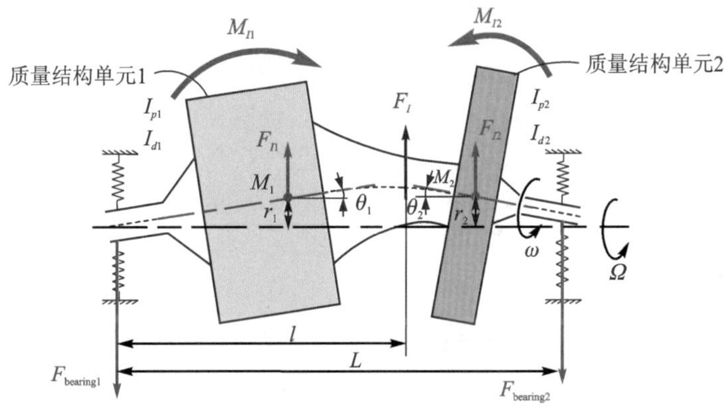

图 3-20 中间弯曲转子受力分析图

两种变形形式中的参数应满足关系：$M_1+M_2=M_{\text{all}}$，$I_{p1}+I_{p2}=I_{p,\text{all}}$，而直径转动惯量发生了较大变化，根据平行轴定理可知，参考轴位置的改变将产生额外的转动惯量，因此有$I_{d1}+I_{d2}<I_{d,\text{all}}$。第二种变形相对于第一种变形时直径转动惯量“大幅减小”，通常情况可等效为由一个厚盘“变为”两个薄盘，这时作用在各结构单元上的旋转惯性力矩与倾斜方向相反。

3.3 本章小结

本章通过建立坐标系定量描述了转子的运动，并在此基础上对旋转惯性载荷进行定义和推导。旋转惯性载荷是由于结构质量分布不对称产生的，同时受转子系统质量分布、自转、进动以及转子弯曲变形的影响。需要注意，旋转惯性载荷并不是真正的力或力矩，其本质是结构质量非惯性运动产生的力学效果，在转子上表现为静载荷，使得转子变形发生改变；在支承结构上表现为旋转交变激励载荷，即支点动载荷。

第 4 章　转子结构系统共振转速特性

本章对典型航空燃气轮机中转子结构系统的共振转速特性进行了介绍。为便于读者学习和理解，本章先介绍了简单的单盘转子系统共振转速特性，再对航空燃气轮机中典型的两支点高速转子系统、三支点柔性转子系统共振转速特性进行了介绍，最后对典型的双转子系统共振转速特性进行了介绍。

4.1　单盘转子系统

单盘转子系统是转子动力学分析中常用的简单模型，复杂转子结构系统大多可以视为由单盘转子系统演变而来。本节通过建立单盘转子系统力学模型，介绍转子系统共振转速特性的数学求解方法及陀螺力矩效应对转子系统共振转速特性的影响。

4.1.1　力学模型

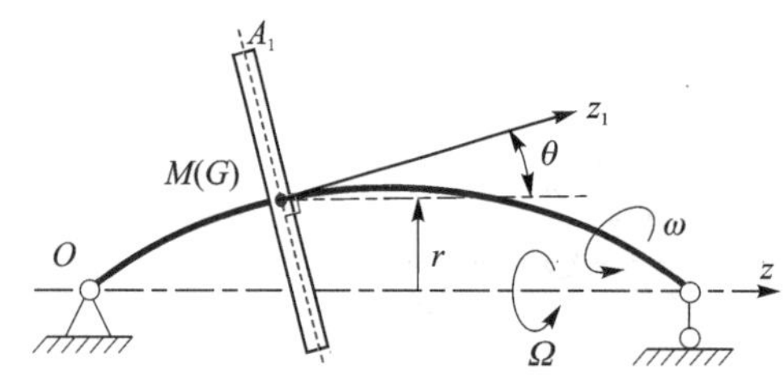

图 4-1　偏置单盘转子系统模型

单盘转子系统力学模型如图 4-1 所示，该模型由刚性轮盘和无质量转轴组成，轮盘偏中放置，转子系统两端简支，忽略轮盘重力、系统阻尼对转子系统运动的影响。假设轮盘的形心为 M，当转子静止时($\omega=0$)，点 M 位于转子系统的旋转中心线 Oz 上；当转子系统由于外部扰动发生挠曲变形时，形心 M 始终位于转子弹性线上。基于上述单盘转子系统力学模型，建立运动微分方程，求解转子系统共振转速特性。

在建立转子系统运动微分方程的过程中，涉及多个坐标系内物理量的转换，这些坐标系包括：绝对坐标系 $O-xyz$，随体平动坐标系 $M-x'y'z'$，随体转动坐标系 $M-x_1y_1z_1$，惯性主坐标系 $G-x_0y_0z_0$。各个坐标系的具体定义详见 3.1 节。在分析转子系统共振转速特性时，忽略轮盘的初始质心偏移与惯性主轴倾斜，认为轮盘质心 G 与形心 M 重合，轮盘极惯性主轴始终与轮盘形心线重合，因此，惯性主坐标系 $G-x_0y_0z_0$ 与随体转动坐标系 $M-x_1y_1z_1$ 重合。

当转子系统运动时，刚性轮盘既能进行横向运动，也能进行偏摆运动，通常情况下，轮盘具有 6 个方向的自由度(包括 $x,y,z,\theta_x,\theta_y,\theta_z$)。然而，由于轮盘以定转速 ω 绕轴旋转，且转子沿 z 方向的平动远小于横向(x,y 方向)的平动，在描述转子运动时可以忽略轮盘绕 z 轴转动和沿 z 轴平动的影响。因此，在单盘转子系统中，可用 x,y,θ_x,θ_y 这 4 个自由度来描述轮盘的运动。

利用拉格朗日方程建立转子系统运动微分方程。首先推导动能表达式。转子系统的总动能 T(轮盘的总动能)由轮盘横向运动的动能 T_1 和轮盘绕各惯性主轴的旋转动能 T_2 组成。由于轮盘质心 G 与形心 M 重合，假定两心在绝对坐标系下的坐标为(x,y,z)，则转子横向运动的动能表达式为

$$T_1=\frac{1}{2}m(\dot{x}^2+\dot{y}^2) \tag{4-1}$$

设轮盘的极转动惯量和直径转动惯量分别为 I_p、I_d，轮盘在随体转动坐标系 $M-x_1y_1z_1$ 的三个坐标轴上的角速度分量分别为 ω_{x1}、ω_{y1}、ω_{z1}，由于轮盘随体转动坐标系 $M-x_1y_1z_1$ 与惯性主坐标系 $G-x_0y_0z_0$ 重合，因此，轮盘沿惯性主轴旋转的动能表达式为

$$T_2=\frac{1}{2}(I_p\omega_{z1}^2+I_d\omega_{y1}^2+I_d\omega_{x1}^2) \tag{4-2}$$

将第 3 章中的欧拉运动学方程(3-9)代入式(4-2)中，得到用欧拉角(ψ,φ,θ)表示的轮盘的旋转动能表达式：

$$T_2=\frac{1}{2}\left[I_p(\dot{\psi}\cos\theta+\dot{\varphi})^2+I_d(\dot{\theta}^2+\dot{\psi}^2\sin^2\theta)\right] \tag{4-3}$$

欧拉角表示的角速度如图 4-2 所示，其中欧拉变化过程及各个欧拉角的定义详见 3.1.2 小节。

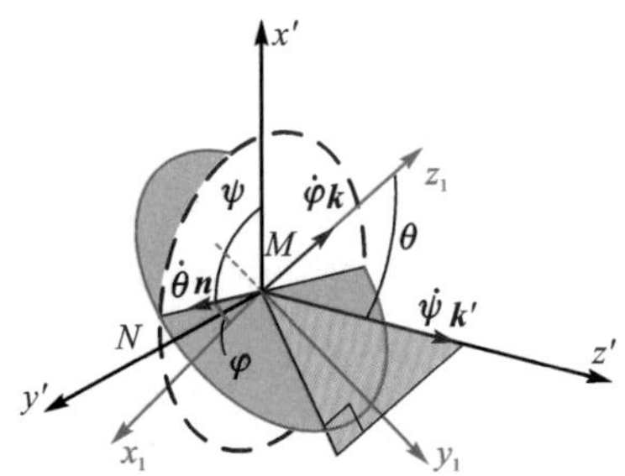

图 4-2 用欧拉角表示角速度

由于 $\dot{\boldsymbol{\theta}}$ 的方向垂直于转子的旋转中心线方向，对于绕轴旋转的转子，转子自转转速 $\boldsymbol{\omega}$ 在 $\dot{\boldsymbol{\theta}}$ 方向的分量很小，欧拉角 θ 也很小，因此有

$$\begin{cases}\sin\theta\approx\theta\\ \cos\theta\approx 1-\dfrac{\theta^2}{2}\\ \omega=\sqrt{\dot{\psi}^2+\dot{\varphi}^2+\dot{\theta}^2}\approx\dot{\psi}+\dot{\varphi}\end{cases} \tag{4-4}$$

将式(4-4)代入式(4-3)，并忽略高阶小量，可得

$$\begin{aligned}T_2&\approx\frac{1}{2}\{I_p[(\dot{\psi}+\dot{\varphi})^2-(\dot{\psi}+\dot{\varphi})\dot{\psi}\theta^2]+I_d(\dot{\theta}^2+\dot{\psi}^2\theta^2)\}=\\&\frac{1}{2}\{I_p[\omega^2-\omega\dot{\psi}\theta^2]+I_d(\dot{\theta}^2+\dot{\psi}^2\theta^2)\}\end{aligned} \tag{4-5}$$

将欧拉角表示的角速度分量($\dot{\psi},\dot{\varphi},\dot{\theta}$)向随体平动坐标系 $M-x'y'z'$ 坐标变换，得到轮盘绕 Mx'、My' 和 Mz' 三轴旋转的角速度分量表达式，即

$$\begin{cases}\dot{\theta}_{x'}=\dot{\theta}\cos\psi+\dot{\varphi}\sin\theta\sin\psi\approx\dot{\theta}\cos\psi+\dot{\varphi}\theta\sin\psi\\ \dot{\theta}_{y'}=\dot{\theta}\sin\psi-\dot{\varphi}\sin\theta\cos\psi\approx\dot{\theta}\sin\psi-\dot{\varphi}\theta\cos\psi\\ \dot{\theta}_{z'}=\dot{\psi}+\dot{\varphi}\cos\theta\end{cases} \tag{4-6}$$

整理得

$$\begin{cases}\dot{\psi}\theta^2=\theta_{x'}\dot{\theta}_{y'}-\dot{\theta}_{x'}\theta_{y'}\\ \dot{\theta}^2+\dot{\psi}^2\theta^2=\dot{\theta}_{x'}^2+\dot{\theta}_{y'}^2\end{cases} \tag{4-7}$$

将式(4-7)代入式(4-5)，得到轮盘绕轴旋转动能 T_2 在随体平动坐标系 $M-x'y'z'$ 内的表达式：

$$T_2\approx\frac{1}{2}\left[I_p\omega^2-I_p\omega(\theta_{x'}\dot{\theta}_{y'}-\dot{\theta}_{x'}\theta_{y'})+I_d(\dot{\theta}_{x'}^2+\dot{\theta}_{y'}^2)\right] \tag{4-8}$$

考虑随体平动坐标系 $M-x'y'z'$ 与绝对坐标系 $O-xyz$ 之间的坐标变化关系，得到 T_2 在绝对坐标系下的表达式：

$$T_2\approx\frac{1}{2}\left[I_p\omega^2-I_p\omega(\theta_x\dot{\theta}_y-\dot{\theta}_x\theta_y)+I_d(\dot{\theta}_x^2+\dot{\theta}_y^2)\right] \tag{4-9}$$

因此，转子在绝对坐标系下总动能的表达式为

$$T=T_1+T_2\approx\frac{1}{2}\left[m(\dot{x}^2+\dot{y}^2)+I_p\omega^2-I_p\omega(\theta_x\dot{\theta}_y-\dot{\theta}_x\theta_y)+I_d(\dot{\theta}_x^2+\dot{\theta}_y^2)\right] \tag{4-10}$$

下面计算转子系统的势能。对于线性结构，须满足变形方程：

$$\begin{bmatrix}\alpha & 0 & \gamma & 0\\ 0 & \alpha & 0 & \gamma\\ \gamma & 0 & \delta & 0\\ 0 & \gamma & 0 & \delta\end{bmatrix}\begin{Bmatrix}x\\ y\\ \theta_x\\ \theta_y\end{Bmatrix}=\begin{Bmatrix}F_x\\ F_y\\ M_x\\ M_y\end{Bmatrix} \tag{4-11}$$

式(4-11)中各项的意义如下：

α、γ、δ：转子系统的轮盘处的横向刚度、横向-角向耦合刚度和角向刚度系数，与转子的构形和材料有关；

x、θ_x、y、θ_y：轮盘沿 x、y 方向的位移和角位移；

F_x、M_x、F_y、M_y：当轮盘发生位移时，转轴在轮盘处产生的沿 x、y 轴的弹性恢复力和力矩。

因此，由材料力学可知，转子系统的势能表达式为

$$V=\frac{1}{2}(\alpha r^2+2\gamma r\theta+\delta\theta^2)=\frac{1}{2}\left[\alpha(x^2+y^2)+2\gamma(x\theta_x+y\theta_y)+\delta(\theta_x^2+\theta_y^2)\right] \tag{4-12}$$

将动能和势能的表达式代入拉格朗日方程(4-13)中，可得

$$\frac{\mathrm{d}}{\mathrm{d}t}\left(\frac{\partial T}{\partial\dot{q}}\right)-\frac{\partial T}{\partial q}+\frac{\partial V}{\partial q}=0 \tag{4-13}$$

其中，q 为广义坐标。从而得到单盘转子系统在无外界激励下的运动微分方程为

$$\begin{cases}m\ddot{x}+\alpha x+\gamma\theta_x=0\\ m\ddot{y}+\alpha y+\gamma\theta_y=0\\ I_d\ddot{\theta}_x+I_p\omega\dot{\theta}_y+\gamma x+\delta\theta_x=0\\ I_d\ddot{\theta}_y-I_p\omega\dot{\theta}_x+\gamma y+\delta\theta_y=0\end{cases} \tag{4-14}$$

其矩阵形式为

$$\begin{bmatrix} m & & & \\ & m & & \\ & & I_d & \\ & & & I_d \end{bmatrix}\begin{Bmatrix} \ddot{x} \\ \ddot{y} \\ \ddot{\theta}_x \\ \ddot{\theta}_y \end{Bmatrix}+\begin{bmatrix} 0 & & & \\ & 0 & & \\ & & 0 & I_p\omega \\ & & -I_p\omega & 0 \end{bmatrix}\begin{Bmatrix} \dot{x} \\ \dot{y} \\ \dot{\theta}_x \\ \dot{\theta}_y \end{Bmatrix}+\begin{bmatrix} \alpha & & \gamma & \\ & \alpha & & \gamma \\ \gamma & & \delta & \\ & \gamma & & \delta \end{bmatrix}\begin{Bmatrix} x \\ y \\ \theta_x \\ \theta_y \end{Bmatrix}=\begin{Bmatrix} 0 \\ 0 \\ 0 \\ 0 \end{Bmatrix} \tag{4-15}$$

4.1.2　共振转速特性

求解单盘转子运动微分方程(4-14)，对转子系统的共振转速特性进行分析。观察运动微分方程可知，角向运动方程中出现陀螺力矩项 $I_p\omega\dot{\theta}_y$ 和 $-I_p\omega\dot{\theta}_x$，陀螺力矩项与转子自转速度 ω 相关，且会影响转子系统的角向运动。此外，转子的横向运动(x，y)和角向运动(θ_x，θ_y)并不是相互独立的，两者通过耦合刚度项 $\gamma\theta_x$，$\gamma\theta_y$ 和 γx，γy 相互耦合，因此，陀螺力矩也会影响转子系统的横向运动。

通过假设转子的运动轨迹解，求解运动微分方程组(4-14)。从运动微分方程中可以看出，x 和 θ_x 相位相同，y 和 θ_y 相位相同，x 和 y 相位相差$\frac{\pi}{2}$，θ_x 和 θ_y 相位相差$\frac{\pi}{2}$。同时，对于无外界激励、且轴对称的转子系统，x 和 y，θ_x 和 θ_y 分别具有相同的振幅。因此，可以假设转子的运动轨迹解为

$$\begin{aligned} x&=A\cos(\Omega t+\beta'), \quad \theta_x=B\cos(\Omega t+\beta') \\ y&=A\sin(\Omega t+\beta'), \quad \theta_y=B\sin(\Omega t+\beta') \end{aligned} \tag{4-16}$$

观察单盘转子系统运动微分方程(4-14)可知，转子系统在无外界激励下的运动微分方程与振动力学中(无阻尼)梁的自由振动微分方程在形式上非常相似，但必须注意转子系统运动与梁的振动在物理本质上的区别，其对比如图 4-3 所示。

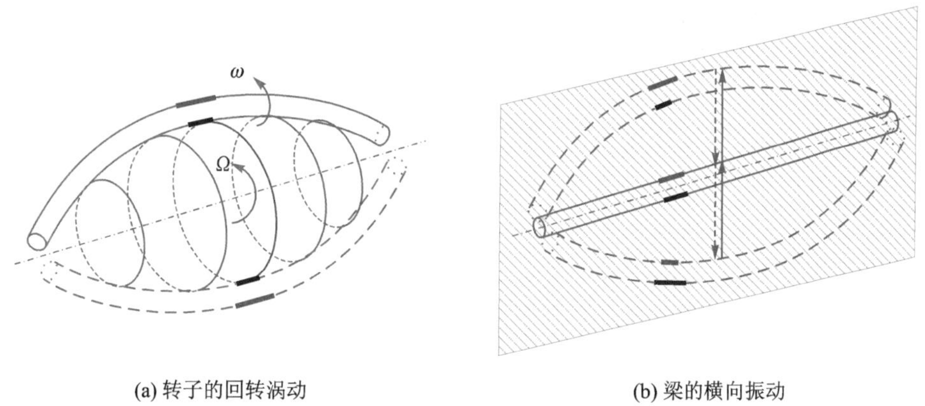

(a) 转子的回转涡动　　(b) 梁的横向振动

图 4-3　回转涡动与横向振动对比示意图

转子系统的运动是一种回转涡动，转子既沿其形心轴自转，也沿旋转中心线公转。将转子运动轨迹解(4-16)代入动能表达式(4-10)和势能表达式(4-12)中，可得到转子系统在无外部激励作用下的动能和势能表达式(4-17)。从表达式(4-17)可以看出，在转子系统稳态运

动时，其动能和势能均为常数，两者之间不存在相互转换。而振动力学中定义的梁的自由振动，其动能和势能之和为常数，动能和势能时刻处于相互转换的状态，从系统能量转换的角度来看，两者存在本质的区别。为与振动力学中梁的自由振动相区分，在后文的描述中，将无激励作用下转子系统的公转转速 Ω 称为共振转速。

$$\begin{cases} T = \frac{1}{2}(mA^2\Omega^2 + I_p\omega^2 - I_pB^2\Omega\omega + I_dB^2\Omega^2) = \text{const}_1 \\ V = \frac{1}{2}(\alpha A^2 + 2\gamma AB + \delta B^2) = \text{const}_2 \end{cases} \tag{4-17}$$

将表达式(4-16)代入运动微分方程(4-14)中，消去振幅 A、B，得到共振转速方程为

$$f(\Omega) \equiv (\alpha - m\Omega^2)(\delta + I_p\omega\Omega - I_d\Omega^2) - \gamma^2 = 0 \tag{4-18}$$

通常一元四次方程难以直接得到共振转速的解析解表达式，一般采用数值计算方法对方程进行求解，得到如图 4-4 所示的单盘转子系统 Campbell 图。

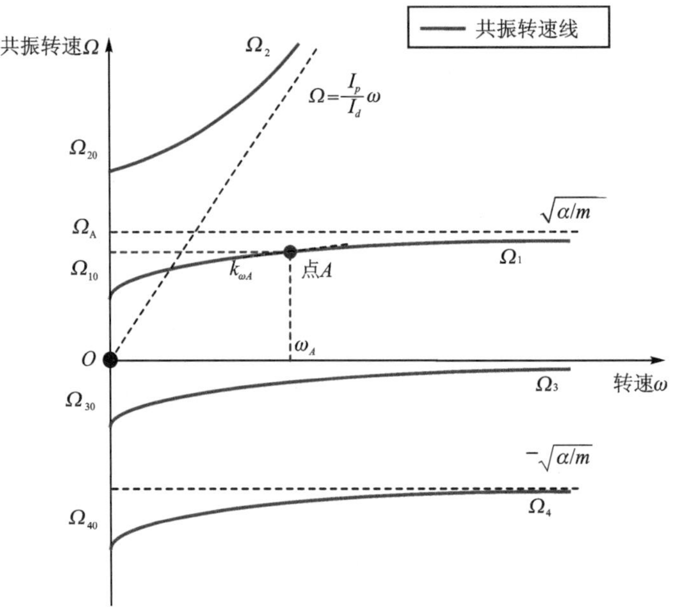

图 4-4　单盘转子系统 Campbell 图

图 4-4 中红线表示转子系统各阶共振转速线，其中，Ω_1 和 Ω_2 表示转子系统两阶正进动的共振转速线，Ω_3 和 Ω_4 表示转子系统两阶反进动的共振转速线。以图中点 A 为例说明共振转速线上各点的物理含义：当转子转速为 ω_A 时，此时转子系统第一阶正进动振型的共振转速为 Ω_A，若转子恰承受激振频率为 Ω_A 的横向或角向激振力，将引起转子系统共振。

从图 4-4 中可以看出，随着转速增加，转子系统正进动共振转速逐渐增加，反进动共振转速逐渐降低，这是由轮盘陀螺力矩效应导致。可见，转子的共振转速分布受 0 转速时转子的共振频率及旋转时陀螺力矩效应的共同影响。

在一般转速 ω 下特征值方程(4-18)难以直接求得解析解，但在某些特殊转速下，可以得到共振转速 Ω 的解析表达式，进而更直观地表示转子系统结构特征参数对共振转速特性的影响。

1. 转速 $\omega=0$ 时

当转速 $\omega=0$ 时，特征值方程(4-18)的解对应转子系统在静止状态下的共振转速。此时转子的共振状态与梁的共振状态相同，存在动能和势能的相互转换。此时方程(4-18)可化简为

$$f(\Omega)=(\alpha-m\Omega^2)(\delta-I_d\Omega^2)-\gamma^2=0 \tag{4-19}$$

求解方程(4-19)，得到共振转速表达式为

$$\begin{cases}\Omega_{10}=\sqrt{\dfrac{1}{2}\left(\dfrac{\alpha}{m}+\dfrac{\delta}{I_d}\right)-\dfrac{1}{2}\sqrt{\left(\dfrac{\delta}{I_d}-\dfrac{\alpha}{m}\right)^2+\dfrac{4\gamma^2}{mI_d}}}\\ \Omega_{20}=\sqrt{\dfrac{1}{2}\left(\dfrac{\alpha}{m}+\dfrac{\delta}{I_d}\right)+\dfrac{1}{2}\sqrt{\left(\dfrac{\delta}{I_d}-\dfrac{\alpha}{m}\right)^2+\dfrac{4\gamma^2}{mI_d}}}\end{cases} \tag{4-20}$$

利用特征值求解特征向量，得到 Ω_{10} 对应的振型(ϕ_1,ϕ_2)和 Ω_{20} 对应的振型(ϕ_3,ϕ_4)，分别为

$$\phi_1=\begin{Bmatrix}1\\0\\q_1\\0\end{Bmatrix},\quad \phi_2=\begin{Bmatrix}0\\1\\0\\q_1\end{Bmatrix},\quad \phi_3=\begin{Bmatrix}1\\0\\q_2\\0\end{Bmatrix},\quad \phi_4=\begin{Bmatrix}0\\1\\0\\q_2\end{Bmatrix} \tag{4-21}$$

其中，q_1、q_2 分别为

$$\begin{cases}q_1=\dfrac{m}{2\gamma}\left(\sqrt{\left(\dfrac{\delta}{I_d}-\dfrac{\alpha}{m}\right)^2+\dfrac{4\gamma^2}{mI_d}}-\left(\dfrac{\delta}{I_d}-\dfrac{\alpha}{m}\right)\right)\\ q_2=\dfrac{m}{2\gamma}\left(\sqrt{\left(\dfrac{\delta}{I_d}-\dfrac{\alpha}{m}\right)^2+\dfrac{4\gamma^2}{mI_d}}+\left(\dfrac{\delta}{I_d}-\dfrac{\alpha}{m}\right)\right)\end{cases} \tag{4-22}$$

由振型表达式(4-21)和共振转速表达式(4-22)可以看出，转子的四阶模态振型均为横向和角向的耦合运动，其共振转速受横向刚度、角向刚度和惯性的影响，共振转速均随着横向刚度与质量之比(α/m)和角向刚度与直径转动惯量之比(δ/I_d)的增大而增大。通过调整转子的刚度和刚度惯性比，可以使转子 0 转速时共振转速发生改变，进而调整转子系统的共振转速分布。

对一般的单盘转子系统而言，角向刚度/惯性比 δ/I_d 通常明显大于横向刚度/惯性比 α/m，因此 $|q_1|<1$，$|q_2|>1$，即第 1、第 2 阶模态振型以轮盘横向运动为主，第 3、4 阶模态振型以轮盘角向运动为主。各阶模态振型如图 4-5 所示。

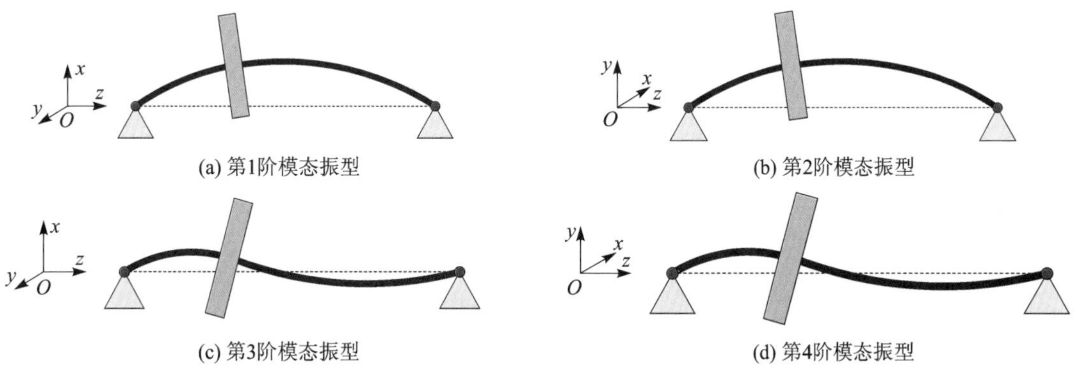

图 4-5 四自由度转子系统模态振型示意图

2. 转速 $\omega=\Omega$ 时

当转子转速 ω 等于转子共振转速 Ω 时，转子的转速称为临界转速，将临界转速记为 ω_{cr}，其对应的共振转速记为 Ω_{cr}。此时方程(4-18)可化简为

$$f(\Omega)=(\alpha-m\Omega^2)\left[\delta-(I_d-I_p)\Omega^2\right]-\gamma^2=0 \tag{4-23}$$

求解方程(4-23)，即得到转子系统的临界转速。

转子的临界转速与转子惯量比 I_p/I_d 存在较大关联。本书中将惯量比 $I_p/I_d>1$ 的转子定义为薄盘转子，将惯量比 $I_p/I_d<1$ 的转子定义为厚盘转子(薄盘转子和厚盘转子的具体定义见 1.4.2 小节)。其示意图如图 4-6 所示。

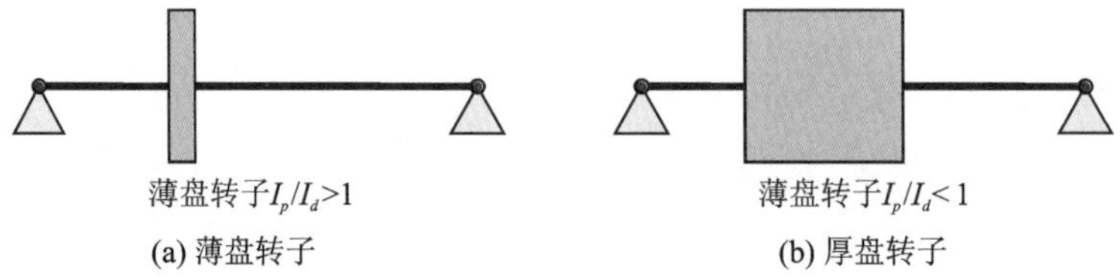

图 4-6　薄盘转子与厚盘转子示意图

对于薄盘转子，方程(4-23)仅存在一个实数根，即薄盘转子仅存在一阶临界转速，其临界转速与对应的振型为

$$\begin{cases}\Omega_{cr}=\sqrt{\dfrac{1}{2}\left(\dfrac{\alpha}{m}+\dfrac{\delta}{I}\right)+\dfrac{1}{2}\sqrt{\left(\dfrac{\delta}{I}-\dfrac{\alpha}{m}\right)^2+\dfrac{4\gamma^2}{mI}}}\\ \phi=\begin{bmatrix}1 & -1 & q_{cr} & -q_{cr}\end{bmatrix}^{\mathrm{T}}\\ I=I_d-I_p\\ q_{cr}=\dfrac{m}{2\gamma}\left(\sqrt{\left(\dfrac{\delta}{I}-\dfrac{\alpha}{m}\right)^2+\dfrac{4\gamma^2}{mI}}-\left(\dfrac{\delta}{I}-\dfrac{\alpha}{m}\right)\right)\end{cases} \tag{4-24}$$

对于厚盘转子，方程(4-23)存在两个实数根，即厚盘转子存在两阶临界转速，其临界转速与对应的振型为

$$\begin{cases}\Omega_{cr,1}=\sqrt{\dfrac{1}{2}\left(\dfrac{\alpha}{m}+\dfrac{\delta}{I}\right)-\dfrac{1}{2}\sqrt{\left(\dfrac{\delta}{I}-\dfrac{\alpha}{m}\right)^2+\dfrac{4\gamma^2}{mI}}}\\ \Omega_{cr,2}=\sqrt{\dfrac{1}{2}\left(\dfrac{\alpha}{m}+\dfrac{\delta}{I}\right)+\dfrac{1}{2}\sqrt{\left(\dfrac{\delta}{I}-\dfrac{\alpha}{m}\right)^2+\dfrac{4\gamma^2}{mI}}}\\ \boldsymbol{\phi}_1=\begin{bmatrix}1 & -1 & q_{cr,1} & -q_{cr,1}\end{bmatrix}^{\mathrm{T}}\\ \boldsymbol{\phi}_2=\begin{bmatrix}1 & -1 & q_{cr,2} & -q_{cr,2}\end{bmatrix}^{\mathrm{T}}\\ I=I_d-I_p\\ q_{cr,1}=\dfrac{m}{2\gamma}\left(\sqrt{\left(\dfrac{\delta}{I}-\dfrac{\alpha}{m}\right)^2+\dfrac{4\gamma^2}{mI}}-\left(\dfrac{\delta}{I}-\dfrac{\alpha}{m}\right)\right)\\ q_{cr,2}=\dfrac{m}{2\gamma}\left(\sqrt{\left(\dfrac{\delta}{I}-\dfrac{\alpha}{m}\right)^2+\dfrac{4\gamma^2}{mI}}+\left(\dfrac{\delta}{I}-\dfrac{\alpha}{m}\right)\right)\end{cases} \tag{4-25}$$

3. 转速 $\omega \to +\infty$ 时

当转子转速 ω 趋于无穷时，求解方程(4-18)，得到转子共振转速及其对应的振型为

$$\begin{cases} \Omega_1 \to \sqrt{\alpha/m} \\ \boldsymbol{\phi}_1 \to [1 \quad -1 \quad 0 \quad 0]^{\mathrm{T}} \\ \Omega_2 \to \dfrac{I_p}{I_d}\omega \\ \boldsymbol{\phi}_2 \to [0 \quad 0 \quad 1 \quad -1]^{\mathrm{T}} \end{cases} \tag{4-26}$$

两阶振型示意图如图 4-7 所示。与图 4-5 对比可知，随着转子转速的增大，第 1 阶主振型的角向运动分量逐渐减小，当转速 $\omega \to +\infty$ 时，轮盘完全摆正，只发生横向运动；第 2 阶主振型的横向运动分量逐渐减小，当转速 $\omega \to +\infty$ 时，轮盘质心与旋转中心线重合，只发生角向运动。

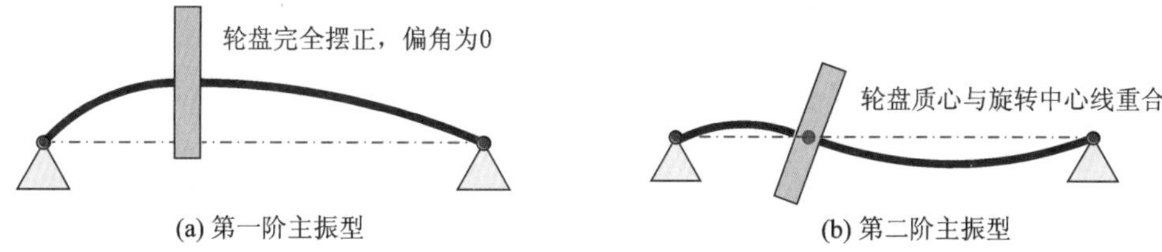

图 4-7　单盘转子主振型($\omega \to +\infty$)

4.1.3　陀螺力矩效应

当转子系统旋转运动时，若轮盘发生角向变形，轮盘上将产生陀螺力矩，影响转子系统的运动特征，导致转子的共振转速随自转转速变化，称这种影响为陀螺力矩效应。图 4-8 所示为陀螺力矩对转子运动的影响机理示意图。当转子转速 $\omega \neq 0$ 时，若轮盘发生角向变形 θ，则会产生陀螺力矩 $-I_p\Omega\omega\theta$。若转子系统做正进动，陀螺力矩与轮盘角向变形方向相反，其力学效果等效于加强轮盘的角向刚度，使得正进动共振转速增大；若转子系统做反进动，陀螺力矩与轮盘角向变形方向相同，其力学效果等效于削弱轮盘的角向刚度，使得反进动共振转速降低。

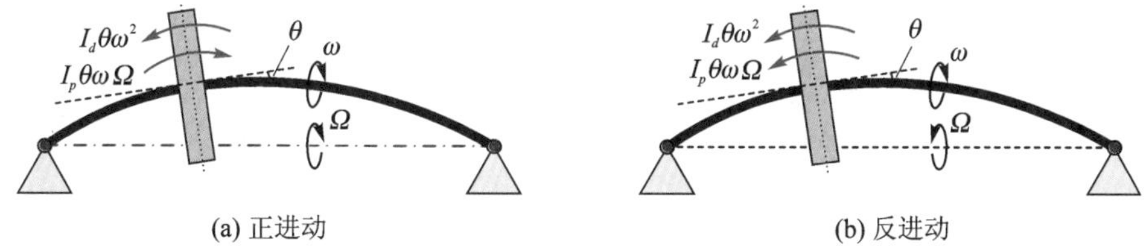

图 4-8　轮盘角向受力分析

在进行转子共振转速分析时，本书以 Campbell 图中共振转速线的斜率来定量表征陀螺力矩效应，用符号 k_ω 表示。以图 4-4 中点 A 为例，转子第 1 阶正进动模态共振转速线上点 A 处切线的斜率 k_{ω_A}，其斜率能够定量表征该阶模态在转速 ω_A 处的陀螺力矩效应。

以单盘转子正进动共振转速为例分析陀螺力矩效应的影响参数。由图 4-4 可知，对于

第 1 阶正进动共振转速，当 $\omega\in[0,+\infty)$，$\Omega\in[\Omega_{10},\sqrt{\alpha/m})$ 时，共振转速 Ω 是转速 ω 的单调递增函数，因此存在单调递增的反函数：

$$\omega=f^{-1}(\Omega)=\frac{\gamma^2}{I_p(\alpha-m\Omega^2)\Omega}+\frac{I_d}{I_p}\Omega+\frac{\delta}{I_p\Omega} \tag{4-27}$$

可得到共振转速线的斜率为

$$k_\omega=\frac{\mathrm{d}\Omega}{\mathrm{d}\omega}=\frac{1}{\dfrac{\mathrm{d}\omega}{\mathrm{d}\Omega}} \tag{4-28a}$$

$$\frac{\mathrm{d}\omega}{\mathrm{d}\Omega}=\frac{I_d}{I_p}+\frac{\delta}{I_p\Omega^2}+\frac{\gamma^2(3m\Omega^2-\alpha)}{I_p\Omega^2(\alpha-m\Omega^2)} \tag{4-28b}$$

易知，对于第 1 阶正进动共振转速，轮盘的惯量比 I_p/I_d 越大、转轴在轮盘处的角向刚度系数 δ 越小、耦合刚度系数 γ 越大，则 k_ω 越大，陀螺力矩效应越强。同理可求转子系统第 2 阶共振转速的陀螺力矩效应，由于 $\omega\in[0,+\infty)$，$\Omega_1\in[\Omega_{20},+\infty)$，随着转速增加，$k_\omega$ 将逐渐趋于 $\dfrac{I_p}{I_d}$。因此，通过合理设计轮盘的惯量比与转轴的刚度分布，可以调整陀螺力矩效应，满足转子系统共振转速设计的要求。

根据上述分析，陀螺力矩效应对轮盘-转子系统共振转速的影响与轮盘的惯量比 I_p/I_d 有关。对于具有复杂结构特征的转子系统，其几何构形不同，惯性单元的惯性比不同，共振转速特性也会表现出较大的不同。下文分别对薄盘转子系统和厚盘转子系统共振转速进行分析。

薄盘转子系统 Campbell 图如图 4-9 所示，须注意，图中未考虑转子发生反进动时的情况。等转速线与共振转速线的交点，称为临界转速点。临界转速点对应的转子转速 ω_{cr}，即为临界转速。若转速靠近临界转速，转子动力学响应幅值会显著增大。

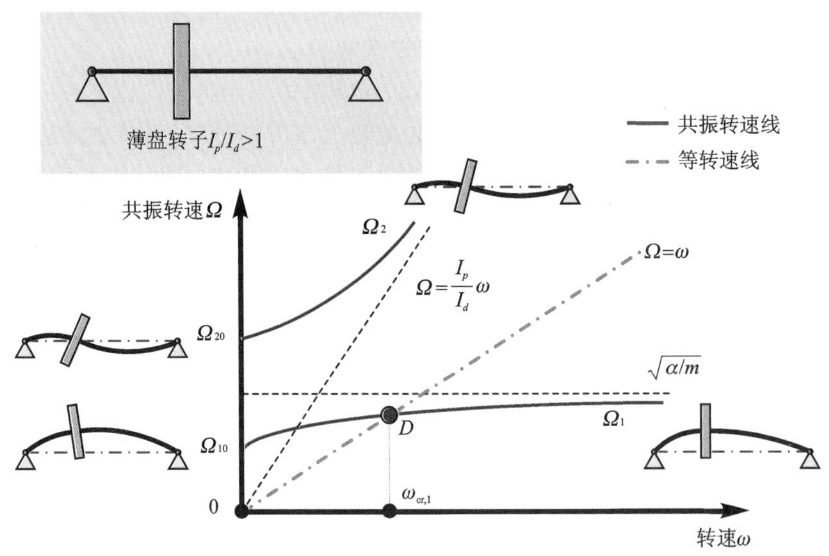

图 4-9　四自由度薄盘转子系统 Campbell 图

从趋势上看，前两阶共振转速均会随转速增加而增加，但是具体变化规律存在区别：

第 1 阶共振转速振型为以轮盘横向运动为主的转子一阶弯曲，随着转速提高，轮盘陀螺力

矩逐渐增加，轮盘等效角向刚度逐渐增大，从而带来共振转速的提高，但是随着转速增大，转轴在轮盘处的等效角向刚度逐渐增大，表现为主振型中轮盘角向变形越来越小，陀螺力矩效应逐渐降低，共振转速的提升越来越缓慢。

第 2 阶共振转速振型为轮盘角向变形引起的轮盘角向“摆动”，共振转速线逐渐趋于渐进线 $\Omega=(I_p/I_d)\omega$，与等转速线没有交点，该阶振型不存在临界转速。

厚盘转轴系统的 Campbell 图如图 4-10 所示。可以看到，厚盘转子系统各阶共振转速和模态振型随转速的变化规律与薄盘转子系统趋势相同，但由于轮盘惯量比 I_p/I_d 较小，陀螺力矩效应较低，因此各阶共振转速提升缓慢，其中第 2 阶共振转速曲线增长慢于等转速线，导致二者相交于点 G，转子系统出现二阶弯曲模态临界转速。

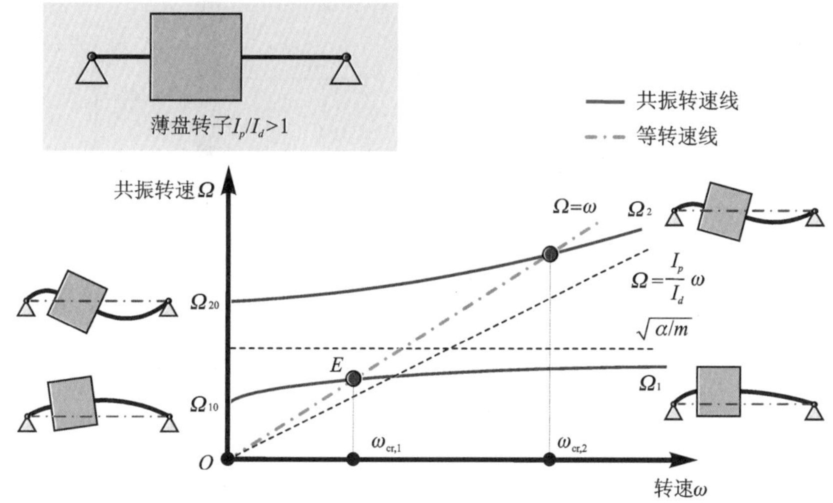

图 4-10　四自由度厚盘转子系统 Campbell 图

综上，对于单盘转子系统而言，在转子正进动时，轮盘产生的陀螺力矩能抑制轮盘的角向变形，等效于加强了转轴在轮盘处的角向刚度。轮盘的惯量比越大，其陀螺力矩效应越强，各阶模态共振转速随转速的变化速度也越快。对于具有不同几何构形的复杂转子系统，不同结构单元在不同模态振型时的变形特征不同，导致产生的陀螺力矩效应的差异，造成共振转速分布特性的变化。

4.2　两支点高速转子系统

两支点高速转子系统是以实际燃气涡轮发动机典型核心机转子和燃气发生器转子系统为对象，通过结构特征参数等效得到转子系统简化模型。通过研究其共振转速特性，有助于读者理解航空燃气轮机中高速转子的结构与动力学设计。本节主要介绍两支点高速转子系统的共振转速特性。

4.2.1　力学模型

航空燃气涡轮发动机中的核心机转子和燃气发生器转子普遍采用“拱形环壳”构形，且多为两支点支承方案，具有高刚度、少支承、高转速的结构载荷特征。通过归纳这类转子的一般结构特征，考虑转子几何构形及其质量、刚度分布的特点，对转子系统结构特征进行合理简化，形成两支点高速转子系统结构特征简化模型，如图 4-11 所示。

该简化模型为集总参数模型，包括压气机、涡轮两个质量结构单元（单元 2、4），前轴颈、鼓筒轴、后轴颈三个弹性结构单元（单元 1、3、5）和转子系统前后两个支点。由于质量单元结构的质量和局部刚度远大于弹性结构单元，因此，将质量单元简化为刚性盘结构，将弹性结构单元简化为无质量轴结构，将前后支点简化为弹簧单元。考虑前后支点处横向自由度（x、y 方向）和两质量单元质心处的横向、角向自由度（x、y、θ_x、θ_y 方向），建立 4 节点 12 自由度转子系统简化模型。本节将基于该简化模型，对转子系统共振转速特性进行分析。

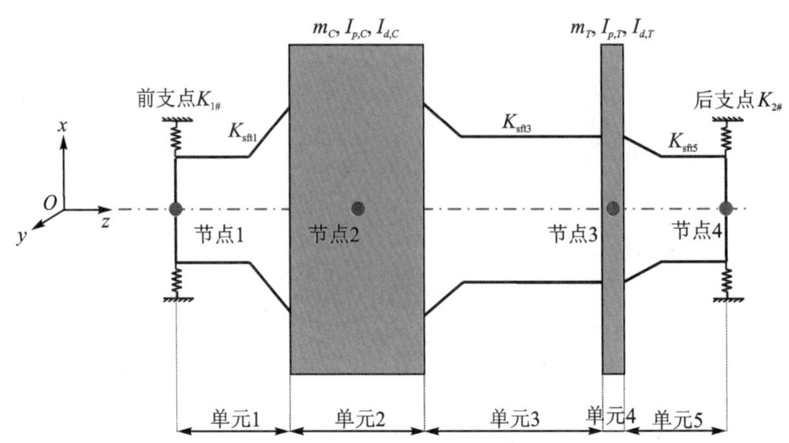

图 4-11 两支点高速转子系统结构特征简化模型

参考 4.1.1 小节单盘转子系统动力学方程的推导过程，通过推导绝对坐标系下质量结构单元的动能表达式（参考式（4-10））和弹性结构单元、支点的势能表达式（参考式（4-12）），利用拉格朗日方程（4-13），即可得到两支点高速转子系统动力学方程（4-13）。由于动能和势能的推导过程与 4.1.1 小节非常类似，且因模型结构单元众多导致推导过程过于繁琐，本书直接给出该模型的动力学方程，读者可参考 4.1.1 小节自行推导。动力学方程为

$$
\left\{
\begin{aligned}
& K_{r1}x_1 + K_{r1,r2}x_2 + K_{r1,\theta2}\theta_{x,2} = 0 \\
& K_{r1}y_1 + K_{r1,r2}y_2 + K_{r1,\theta2}\theta_{y,2} = 0 \\
& m_C\ddot{x}_2 + K_{r1,r2}x_1 + K_{r2}x_2 + K_{r2,\theta2}\theta_{x,2} + K_{r2,r3}x_3 + K_{r2,\theta3}\theta_{x,3} = 0 \\
& m_C\ddot{y}_2 + K_{r1,r2}y_1 + K_{r2}y_2 + K_{r2,\theta2}\theta_{y,2} + K_{r2,r3}y_3 + K_{r2,\theta3}\theta_{y,3} = 0 \\
& I_{d,C}\ddot{\theta}_{x,2} + I_{p,C}\omega\dot{\theta}_{y,2} + K_{r1,\theta2}x_1 + K_{r2,\theta2}x_2 + K_{\theta2}\theta_{x,2} + K_{r3,\theta2}x_3 + K_{\theta2,\theta3}\theta_{x,3} = 0 \\
& I_{d,C}\ddot{\theta}_{y,2} - I_{p,C}\omega\dot{\theta}_{,,2} + K_{r1,\theta2}y_1 + K_{r2,\theta2}y_2 + K_{\theta2}\theta_{y,2} + K_{r3,\theta2}y_3 + K_{\theta2,\theta3}\theta_{y,3} = 0 \\
& m_T\ddot{x}_3 + K_{r2,r3}x_2 + K_{r3,\theta2}\theta_{x,2} + K_{r3}x_3 + K_{r3,\theta3}\theta_{x,3} + K_{r3,r4}x_4 = 0 \\
& m_T\ddot{y}_3 + K_{r2,r3}y_2 + K_{r3,\theta2}\theta_{y,2} + K_{r3}y_3 + K_{r3,\theta3}\theta_{y,3} + K_{r3,r4}y_4 = 0 \\
& I_{d,T}\ddot{\theta}_{x,3} + I_{p,T}\omega\dot{\theta}_{y,3} + K_{r2,\theta3}x_2 + K_{\theta2,\theta3}\theta_{x,2} + K_{r3,\theta3}x_3 + K_{\theta3}\theta_{x,3} + K_{r4,\theta3}x_4 = 0 \\
& I_{d,T}\ddot{\theta}_{y,3} - I_{p,T}\omega\dot{\theta}_{x,3} + K_{r2,\theta3}y_2 + K_{\theta2,\theta3}\theta_{y,2} + K_{r3,\theta3}y_3 + K_{\theta3}\theta_{y,3} + K_{r4,\theta3}y_4 = 0 \\
& K_{r3,r4}x_3 + K_{r4,\theta3}\theta_{x,3} + K_{r4}x_4 = 0 \\
& K_{r3,r4}y_3 + K_{r4,\theta3}\theta_{y,3} + K_{r4}y_4 = 0
\end{aligned}
\right.
\tag{4-29}
$$

方程(4－29)中各项的物理意义为：

K_{ri}、$K_{\theta i}$($i=1,2,3,4$)分别表示转子在节点 i 处的横向刚度系数和角向刚度系数；$K_{ri,rj}$、$K_{ri,\theta j}$、$K_{\theta i,\theta j}$($i=1,2,3,4$；$j=i=1,2,3,4$)分别表示节点 i 和节点 j 之间横向耦合刚度系数、横向-角向耦合刚度系数和角向耦合刚度系数，各刚度系数取决于弹性结构单元的构形、材料与支承结构刚度。

m_C、$I_{d,C}$、$I_{p,C}$ 分别表示压气机结构单元的质量、直径转动惯量和极转动惯量；同理，m_T、$I_{d,T}$、$I_{p,T}$ 分别表示压气机结构单元的质量、直径转动惯量和极转动惯量；ω 表示转子自转转速。

x、y、θ_x、θ_y 分别表示沿 x 轴平动自由度、沿 y 轴平动自由度、绕 x 轴转动自由度、绕 y 轴转动自由度，数字下标表示节点编号。

将方程(4－29)写成矩阵形式，即

$$\boldsymbol{M}\ddot{\boldsymbol{q}}+\boldsymbol{G}\dot{\boldsymbol{q}}+\boldsymbol{K}\boldsymbol{q}=0 \tag{4-30}$$

其中，$\boldsymbol{M}$ 为质量矩阵，$\boldsymbol{G}$ 为陀螺矩阵，$\boldsymbol{K}$ 为刚度矩阵，$\boldsymbol{q}$ 为节点自由度位移列阵，$\ddot{\boldsymbol{q}}$ 为节点自由度加速度阵列，$\dot{\boldsymbol{q}}$ 为节点自由度速度阵列。求解方程(4－30)的特征值和特征向量，即可得到双支点高速转子系统的共振转速特性及其各阶共振转速振型。

从方程组(4－29)的表达式可以看出，即使将高速转子系统简化为 4 节点模型，其动力学方程的形式仍过于复杂，难以直接求得解析解，因此，在航空燃气轮机转子动力学设计时，通常采用有限元方法或其他数值分析方法，求解复杂转子系统的动力学特性。然而，对于两支点高速转子系统，在某些特殊运动状态下，该模型还能进一步简化，得到部分解析表达式，有助于读者理解转子系统的共振转速特性。

4.2.2　共振转速特性

两支点高速转子系统在工作转速范围附近，通常存在三阶共振转速，其振型分别为整体平动、整体俯仰和整体弯曲振型，振型示意图如图 4－12 所示。其中整体平动、俯仰两阶振型共振转速较低，且这两阶振型中转子结构几乎不发生弯曲变形，而在支承结构上发生较大变形，通常称这两阶振型为刚体振型。整体弯曲振型共振转速通常较高，且在该振型中转子结构发生较大的弯曲变形。若转子系统工作转速与整体弯曲共振转速接近，转子会发生不可忽略的弯曲变形，造成动力响应的明显增大，影响转子系统的正常工作。

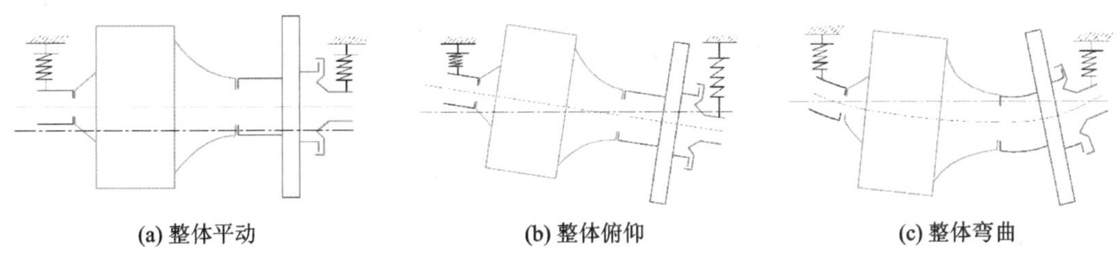

(a) 整体平动　　(b) 整体俯仰　　(c) 整体弯曲

图 4－12　两支点高速转子系统共振转速振型示意图

1. 刚体振型

刚体振型中，转子弯曲变形极小，但在支承结构上发生较大的变形，因此可对转子系统模型进行进一步简化，将转子简化为刚体结构，采用转子质心处的横向和角向 4 个自由度描述转子系统的运动。通过上述模型简化方法,可实现自由度的缩减,简化转子系统运动微分方程,分析刚体振型共振转速特性。转子系统在刚体振型共振状态时的运动示意图如图 4-13 所示,该简化模型考虑了转子质心的横向与角向运动共 4 个自由度(x,y,θ_x,θ_y),而根据结构和载荷对旋转中心轴的对称性,可将其简化为仅包含 1 个横向自由度 r、1 个角向自由度 θ 的 2 自由度系统来求解。

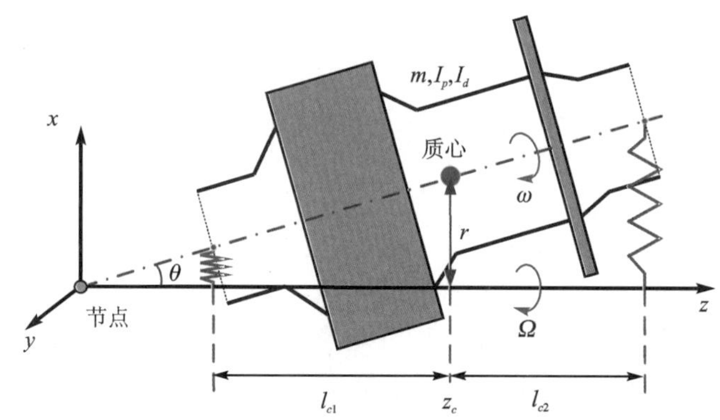

图 4-13　转子系统在刚体振型共振状态的运动示意图

设转子在刚体振型下的转动角速度为 ω,进动角速度为 Ω。转子质心距离振型节点(设振型节点与原点重合)距离为 z_c,转子质量为 m,直径转动惯量为 I_d,极转动惯量为 I_p,质心距前、后支承的轴向距离分别为 l_{c1}、l_{c2},转子质心相较于旋转中心线的横向偏移量为 r,形心轴与旋转中心线间的夹角为 θ,且有 $r=\theta z_c$,前后支点的支承刚度分别为 $K_{3\#}$ 和 $K_{4\#}$。

以坐标原点为参考点,列出力和力矩平衡方程组为

$$\begin{aligned} m\Omega^2 \cdot \theta z_c &= K_{3\#} \cdot \theta(z_c - l_{c1}) + K_{4\#} \cdot \theta(z_c + l_{c2}) \\ (I_d + m z_c^2)\Omega^2\theta - I_p\omega\Omega\theta &= K_{3\#} \cdot \theta(z_c - l_{c1})^2 + K_{4\#} \cdot \theta(z_c + l_{c2})^2 \end{aligned} \tag{4-31}$$

展开可得

$$\begin{aligned} m\Omega^2 \cdot \theta z_c &= (K_{3\#} + K_{4\#})\theta z_c + (K_{3\#} l_{c1} - K_{4\#} l_{c2})\theta \\ (I_d + m z_c^2)\Omega^2\theta - I_p\omega\Omega\theta &= (K_{3\#} + K_{4\#})\theta z_c^2 + (K_{3\#} l_{c1} - K_{4\#} l_{c2})\theta z_c + (K_{3\#} l_{c1}^2 + K_{4\#} l_{c2}^2)\theta \end{aligned} \tag{4-32}$$

方程组两个等号左端项分别为转子的横向运动与角向运动惯性项,右端项对应转子的弹性恢复力项,即转子系统处于旋转惯性与弹性恢复力的动态平衡状态。

可用方程组(4-31)求解不同转速下的刚体振型共振转速与振型,其中,令

$$\begin{cases} A = z_c\theta \\ B = \theta \end{cases}, \qquad \begin{cases} \alpha = K_{3\#} + K_{4\#} \\ \delta = K_{3\#} \cdot l_{c1}^2 + K_{4\#} \cdot l_{c2}^2 \\ \gamma = -K_{3\#} \cdot l_{c1} + K_{4\#} \cdot l_{c2} \end{cases} \tag{4-33}$$

将式(4-33)代入式(4-31),得到

$$\begin{cases} (\alpha - m\Omega^2)A + \gamma B = 0 \\ \gamma A + (\delta + I_p\omega\Omega - I_d\Omega^2)B = 0 \end{cases} \tag{4-34}$$

消去 A、B 得到共振转速方程为

$$f(\Omega) \equiv (\alpha - m\Omega^2)(\delta + I_p\omega\Omega - I_d\Omega^2) - \gamma^2 = 0 \tag{4-35}$$

观察方程可知，两支点高速转子系统的刚体振型共振转速方程(4-35)与单盘转子共振转速方程(4-18)形式完全相同。代入转速 ω，求解可得共振转速和振型。图 4-14 所示为两支点高速转子系统刚体振型共振转速分布图。由于该转子系统 $I_p/I_d<1$，因此，其与单盘的“厚盘”转子系统共振转速特性(见图 4-10)非常相似。

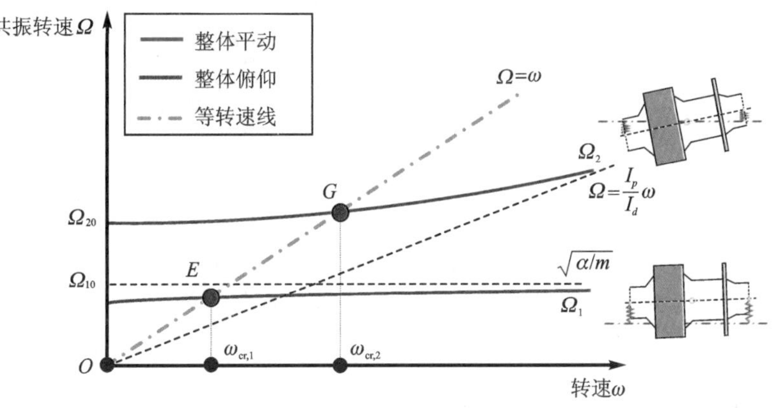

图 4-14　刚体模态共振转速分布图

其中，转子第 1 阶刚体振型为整体平动振型，第 2 阶为整体俯仰模态，且在 0 转速时的共振频率为

$$
\begin{cases}
\Omega_{10}=\sqrt{\dfrac{1}{2}\left(\dfrac{\alpha}{m}+\dfrac{\delta}{I_d}\right)-\dfrac{1}{2}\sqrt{\left(\dfrac{\delta}{I_d}-\dfrac{\alpha}{m}\right)^2+\dfrac{4\gamma^2}{mI_d}}} \\
\Omega_{20}=\sqrt{\dfrac{1}{2}\left(\dfrac{\alpha}{m}+\dfrac{\delta}{I_d}\right)+\dfrac{1}{2}\sqrt{\left(\dfrac{\delta}{I_d}-\dfrac{\alpha}{m}\right)^2+\dfrac{4\gamma^2}{mI_d}}}
\end{cases}
\tag{4-36}
$$

由于在航空发动机转子系统中，前后支点的支承刚度 $K_{3\#}$、$K_{4\#}$ 数值相近，且两支点到转子质心的距离 l_{c1}、l_{c2} 大致相等，因此耦合刚度系数 γ 远小于横向和角向刚度系数 α、δ。表达式可写为

$$
\begin{cases}
\Omega_{10}\approx\sqrt{\alpha/m} \\
\Omega_{20}\approx\sqrt{\delta/I_d}
\end{cases}
\tag{4-37}
$$

且两阶刚体振型的陀螺力矩效应系数分别为

$$
\begin{cases}
k_{\Omega 1}=\dfrac{\mathrm{d}\Omega_1}{\mathrm{d}\omega}=\dfrac{1}{\dfrac{I_d}{I_p}+\dfrac{\delta}{I_p\Omega_1^2}+\dfrac{\gamma^2(3m\Omega_1^2-\alpha)}{I_p\Omega_1^2(\alpha-m\Omega_1^2)}}\approx 0 \\
k_{\Omega 2}=\dfrac{\mathrm{d}\Omega_2}{\mathrm{d}\omega}=\dfrac{1}{\dfrac{I_d}{I_p}+\dfrac{\delta}{I_p\Omega_2^2}+\dfrac{\gamma^2(3m\Omega_2^2-\alpha)}{I_p\Omega_2^2(\alpha-m\Omega_2^2)}}\approx\dfrac{1}{\dfrac{I_d}{I_p}+\dfrac{\delta}{I_p\Omega_2^2}}
\end{cases}
\tag{4-38}
$$

因此，能够得到双支点高速转子系统两阶刚体振型共振转速的近似表达式：

$$
\Omega_1\approx\sqrt{\alpha/m},\quad \Omega_2\approx\begin{cases}
\sqrt{\delta/I_d}+\dfrac{I_p}{2I_d}\omega, & \text{转速 }\omega\text{ 较低时} \\
\dfrac{I_p}{I_d}\omega, & \text{转速 }\omega\text{ 较高时}
\end{cases}
\tag{4-39}
$$

综上，对两支点高速转子系统刚体振型共振转速总结如下：

① 两支点高速转子系统刚体振型主要包括整体平动和整体俯仰振型；由于转子自身刚度高于支承刚度，所以刚体振型以支承结构变形为主，其共振转速主要取决于转子质量分布和支承特性。质量分布是指转子整体的质心位置和质量、转动惯量的大小；支承特性是指支承刚度和支点跨度。

② 刚体振型共振转速与支承刚度呈正相关，随支承刚度增大，刚体振型共振转速提高。

③ 刚体振型共振转速与转子质量、转动惯量呈负相关变化，随转子质量、转动惯量增大，刚体振型共振转速降低。

④ 由于转子惯量比 I_p/I_d 很小，当转子转速较低时，陀螺力矩对刚体振型共振转速的影响很小。

在航空燃气轮机高速转子动力学设计时，通常希望两阶刚体振型临界转速较低，且相互靠近，便于在发动机开车时能快速通过，因此，两支点高速转子系统通常采用支承刚度较低的柔性支承结构。

2. 弯曲振型

两支点高速转子系统第 3 阶振型通常为整体弯曲振型，在该阶振型下，转子将发生弯曲变形，弯曲变形能主要集中在前后轴颈、鼓筒轴等弹性结构单元上；压气机、涡轮等质量结构单元既发生横向变形，也发生角向变形，整体弯曲振型示意图如图 4－15 所示。

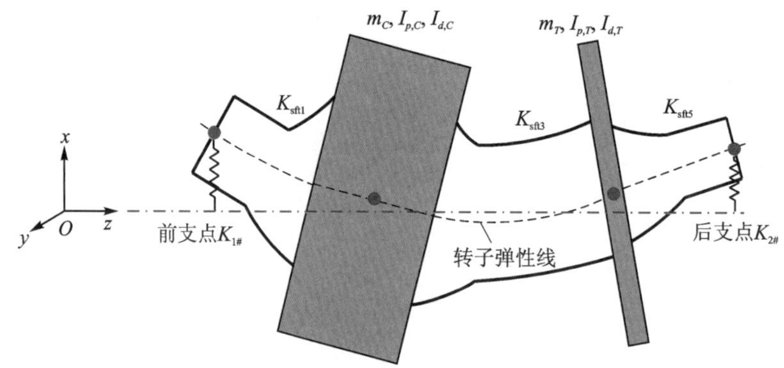

图 4－15　整体弯曲振型示意图

由转子运动微分方程(4－30)可知，转子系统的弯曲振型共振转速主要由转子质量分布、刚度分布、支承特性和陀螺力矩决定。在该阶共振转速振型中，压气机质量单元和涡轮质量单元一般发生相反的角向变形，当转子系统处于正进动状态时，两质量单元会产生一对方向相反的陀螺力矩，且这对陀螺力矩与转子弯曲变形方向相反，能够抑制转子结构弯曲变形，等效于增强了转子系统的弯曲刚度，陀螺力矩示意图如图 4－16 所示。在航空燃气涡轮发动机中，一般要求转子系统具有较高的整体弯曲振型临界转速，使其高于转子系统最大工作转速，并具有足够的安全裕度，因此，须通过合理的结构设计，提高转子结构的弯曲刚度和陀螺力矩效应，保证转子系统具有较高的整体弯曲共振转速。

4.2.3　结构特征参数影响

本小节基于某型涡扇发动机的核心机转子系统建立其简化的有限元模型，采用有限元方

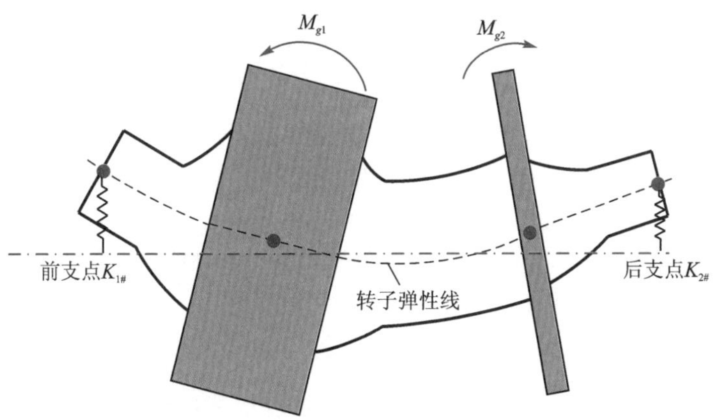

图 4-16　陀螺力矩作用示意图

法对其共振转速特性进行计算，介绍两支点高速转子系统共振转速分布的特点。此外，本小节还将分析部分结构特征参数对转子系统共振转速特性的影响，便于读者理解转子系统结构特征与共振转速特性之间的关联性。

1. 转子系统共振转速

基于某型涡扇发动机的核心机转子系统，建立其简化的有限元模型，采用有限元法求解其共振转速特性，其 Campbell 图如图 4-17 所示。

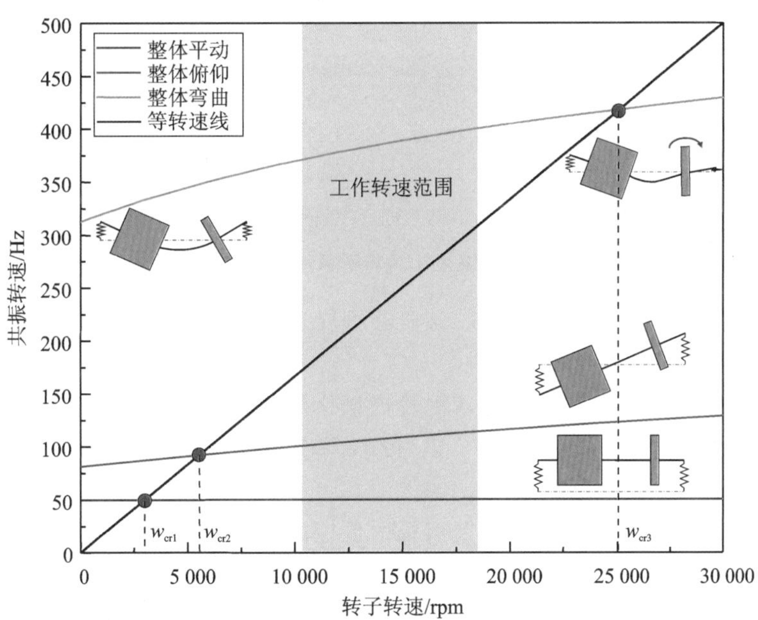

图 4-17　两支点高速转子系统 Campbell 图

转子系统第 1 阶共振转速振型为整体平动振型，该阶振型中转子发生整体的横向平动，结构应变能主要集中在前后支承结构上，转子结构几乎不发生弯曲变形。该阶振型中，转子的角向位移分量很小，陀螺力矩效应很低，共振转速几乎不随转子转速变化。

转子系统第 2 阶共振转速振型为整体俯仰振型，该阶振型以转子整体的角向俯仰变形为主，变形应变能也集中在支承结构上，转子结构几乎不发生弯曲变形。由于转子结构整体的惯量比 I_p/I_d 很小（接近 1/6），因此，该阶共振转速的陀螺力矩效应也很低，共振转速随转子转速缓慢增长。

转子系统第 3 阶共振转速振型为整体弯曲振型，该阶振型以转子结构的弯曲变形为主，结构应变能主要集中在压气机-涡轮连接的鼓筒轴弹性单元上。压气机和涡轮质量单元均具有较大的角向变形分量，且角向变形方向相反，在转子系统高速旋转时会产生一对抑制转子弯曲变形的陀螺力矩，增强转子结构的等效弯曲刚度。因此，该阶共振转速具有较强的陀螺力矩效应，共振转速随转子转速快速增加。

2. 质量单元惯量比的影响

质量单元惯量比是影响陀螺力矩效应的重要参数，本节将介绍质量单元惯性比对转子系统共振转速特性的影响。基于建立的有限元模型，采用控制变量法，保证其余模型参数不变，通过改变涡轮结构单元的极转动惯量，调整其惯量比，对比分析在不同惯量比下转子系统的共振转速特性。计算结果如图 4-18 所示。从图 4-18 可以看出，质量单元的惯性比几乎不影响 0 转速时的共振转速，但其对陀螺力矩效应有较大影响，进而影响转子系统在高转速下的共振转速特性，且对于不同振型共振转速，其影响的敏感度不同。

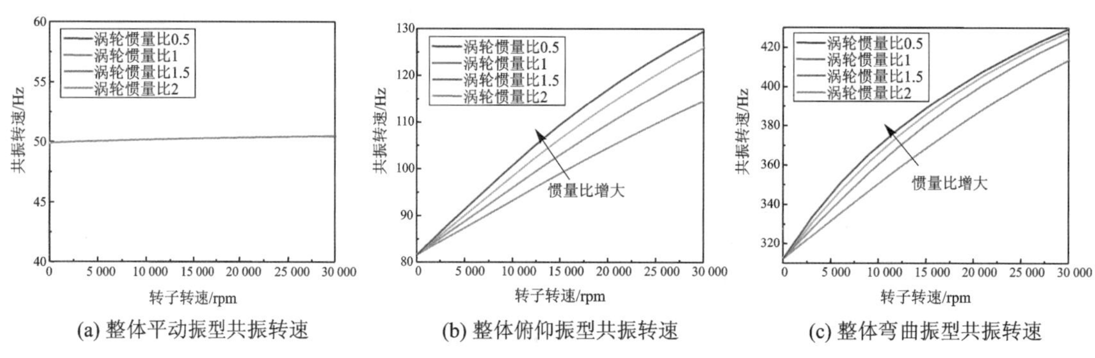

(a) 整体平动振型共振转速　(b) 整体俯仰振型共振转速　(c) 整体弯曲振型共振转速

图 4-18　涡轮惯量比对转子系统共振转速的影响

对于第 1 阶整体平动振型共振转速，该阶共振转速几乎不受陀螺力矩影响，因此，仅改变质量单元惯性比对共振转速几乎无影响。

对于第 2 阶整体俯仰共振转速，随着涡轮惯量比的增大，陀螺力矩效应越强，该阶振型共振转速增大。但由于转子整体惯量比 I_p/I_d 较小，其陀螺力矩效应很小，因此，仅改变涡轮惯量比对该阶共振转速的影响并不明显。

对于第 3 阶整体弯曲共振转速，随着涡轮惯量比的增大，陀螺力矩效应越强，该阶振型共振转速增大。若涡轮结构单元为厚盘结构（$I_p/I_d<1$），该阶振型陀螺力矩效应对惯量比较为敏感，共振转速将明显降低；但当涡轮结构单元为薄盘结构（$I_p/I_d>1$）时，惯量比对共振转速的影响敏感度将明显降低，此时涡轮结构单元惯量比对该阶共振转速的影响较小。

3. 弹性单元弯曲刚度的影响

转子系统的弯曲刚度是影响其第 3 阶整体弯曲振型共振转速的重要参数，其主要由各弹性单元的弯曲刚度决定。本节将介绍质量弹性单元弯曲刚度对转子系统共振转速特性的影响。基于建立的有限元模型，采用控制变量法，保证其余模型参数不变，通过分别调整前轴颈、

鼓筒轴、后轴颈三个弹性结构单元材料的弹性模量 E，模拟其弯曲刚度的变化，对比分析不同弹性单元弯曲刚度变化对转子系统整体弯曲振型共振转速特性的影响，计算结果如图 4-19 所示。

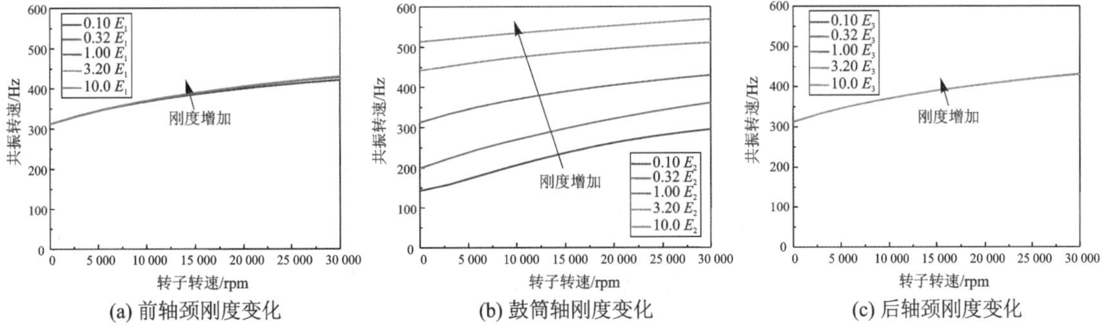

(a) 前轴颈刚度变化　(b) 鼓筒轴刚度变化　(c) 后轴颈刚度变化

图 4-19　弹性单元弯曲刚度变化对转子系统共振转速的影响

从图 4-19 中可以看出，不同弹性单元刚度变化对转子系统整体弯曲振型共振转速的影响是不同的。对于前、后轴颈弹性单元，当其材料弹性模型从 $0.1E \sim 10E$ 变化时，转子系统整体弯曲振型共振转速几乎无变化，即转子系统整体弯曲振型共振转速对前、后轴颈刚度的变化不敏感。对于鼓筒轴弹性单元，当其材料弹性模型从 $0.1E \sim 10E$ 变化时，转子系统整体弯曲振型共振转速发生显著变化，即转子系统整体弯曲振型共振转速对鼓筒轴刚度的变化非常敏感，其与鼓筒轴刚度呈正相关变化，随着鼓筒轴刚度的增加，转子系统整体弯曲振型共振转速将显著增大。

4. 支承刚度的影响

支承刚度也是影响转子系统共振转速特性的重要参数。本节将介绍支承刚度对转子系统共振转速特性的影响。基于建立的梁单元模型，采用控制变量法，保证其余模型参数不变，通过调整前、后支点的支承刚度，对比分析在不同支承刚度下转子系统共振转速的变化，计算结果如图 4-20 所示。

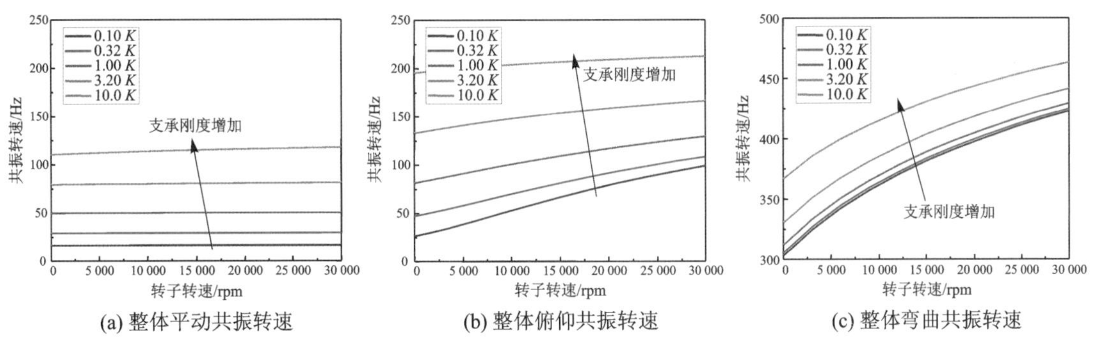

(a) 整体平动共振转速　(b) 整体俯仰共振转速　(c) 整体弯曲共振转速

注：原模型中前、后支点支承刚度设定值 $K=2.5\times10^7$ N/m

图 4-20　支承刚度变化对转子系统共振转速的影响

从图 4-20 可以看出，当前后支点支承刚度在一定范围内变化时（算例中为 $0.1K \sim 10K$），转子系统三阶共振转速均有一定程度的变化，但不同振型的共振转速对支承刚度变化的敏感度不同。对于前两阶刚体振型共振转速，其对支点支承刚度的变化非常敏感，随支承刚度增加，刚体振型共振转速显著增大，在本文算例中，支承刚度从 0.1K 增长到 10K，两阶刚体振型在 0 转速时的共振转速均增长约 6 倍；而对于整体弯曲振型共振转速，支承刚度在一定范围内变化时，其也与支承刚度呈正相关变化，但对支承刚度变化的敏感度较低，在本文算例中，支承刚度从 0.1K 增长到 10K，整体弯曲振型在 0 转速时的共振转速仅增长约 20%。

综上所述，结构特征参数对不同振型共振转速的影响是不同，对于刚体振型共振转速，对其影响较为敏感的参数通常是支点的支承刚度，可通过调整弹性支承结构（如鼠笼弹支结构等）的支承刚度改变刚体振型共振转速的分布；而对于整体弯曲振型共振转速，对其影响较为敏感的参数通常是鼓筒轴的弯曲刚度，可通过对鼓筒轴几何构形的调整（如调整压气机后轴颈锥角、鼓筒轴直径、长度等），改变鼓筒轴的弯曲刚度，进而调整整体弯曲振型共振转速的分布。

4.3 三支点柔性转子系统

三支点柔性转子系统是以实际燃气涡轮发动机典型低压转子系统为简化对象，通过结构特征参数等效得到简化模型。该类转子主体构形多为“杠铃形”，转子结构质量主要集中于前端的风扇与后端的涡轮，中间的涡轮轴质量较小，同时刚度较弱，这类转子质量、刚度分布极不均匀，易发生局部结构变形。为了保证叶轮机具有良好的气动性能和效率，须保证叶轮端其具有良好的抗变形能力，实现对叶尖间隙的控制，因此，这类转子一般采用三支点支承方案，保证风扇与涡轮转子具有较高的局部刚度。

4.3.1 力学模型

航空燃气涡轮发动机中的低压转子普遍采用细长“杠铃形”构形，质量、刚度分布极不均匀，具有柔性转子结构特征，且通常采用三支点支承方案。通过归纳这类转子的一般结构特征，考虑转子几何构形及其质量、刚度分布的特点，对转子系统结构特征进行合理简化，建立三支点柔性转子系统结构特征简化模型，如图 4-21 所示。

该简化模型为集总参数模型，包括风扇、低压涡轮两个质量结构单元，风扇前后轴颈、低压轴、低压涡轮后轴颈四个弹性结构单元和转子系统三个支点。由于质量单元结构质量和局部刚度远大于弹性结构单元，因此，将质量单元简化为刚性盘结构，将弹性结构单元简化为无质量轴结构，将支点简化为弹簧单元。考虑支点处横向自由度（x、y 方向）和质量单元质心处的横向、角向自由度（x、y、θ_x、θ_y 方向），建立 5 节点 14 自由度转子系统简化模型。

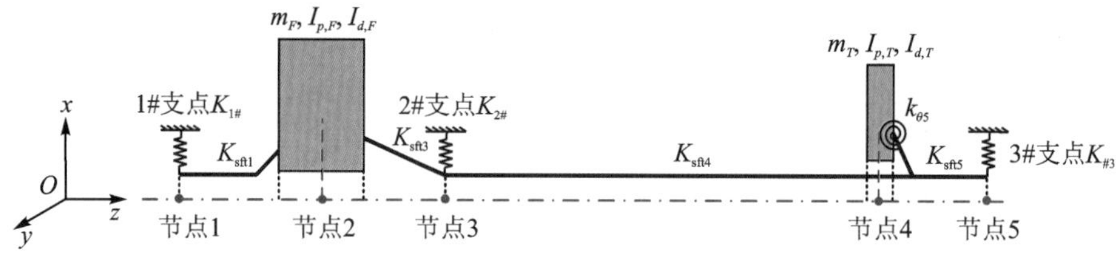

图 4-21 三支点柔性转子-支承系统等效模型

转子系统的运动微分方程为

$$\boldsymbol{M}\ddot{\boldsymbol{q}}+\boldsymbol{G}\dot{\boldsymbol{q}}+\boldsymbol{K}\boldsymbol{q}=0 \tag{4-40}$$

其中，$\boldsymbol{M}$ 为质量矩阵，$\boldsymbol{G}$ 为陀螺矩阵，$\boldsymbol{K}$ 为刚度矩阵，$\boldsymbol{q}$ 为节点自由度位移列阵，$\ddot{\boldsymbol{q}}$ 为节点自由

度加速度阵列，$\dot{q}$ 为节点自由度速度阵列。通常采用数值分析方法求解方程(4－40)的特征值和特征向量，即可得到转子系统的共振转速特性及其各阶共振转速振型。

4.3.2　共振转速特性

三支点柔性转子系统质量、刚度分布极不均匀，并具有多个支点局部约束，因此，柔性转子系统在工作过程中往往存在一些局部振动振型；此外，由于柔性转子弯曲刚度较低，其弯曲共振转速一般较低，在工作过程中转子系统易发生弯曲变形。因此，须对柔性转子系统的局部振型共振转速和弯曲振型共振转速特性进行研究。

1．局部振型

三支点柔性转子系统中最为典型局部振型是涡轮的局部平动振型和风扇的局部平动振型。涡轮平动振型示意图如图 4－22 所示。在该阶振型中，后端低压涡轮质心和 3＃支点处横向位移较大，而前端风扇质心和 1＃、2＃支点处横向位移较小。该阶振型以低压涡轮横向平动为主，且转子系统应变能主要集中在 3＃支点上，其共振转速主要取决于涡轮转子质量和 3＃支点的支承刚度、位置。

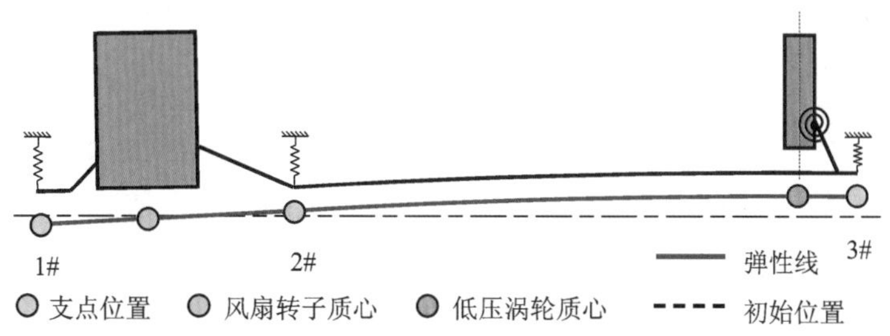

图 4－22　三支点柔性转子系统涡轮平动振型

风扇平动振型示意图如图 4－23 所示。在该阶振型中，前端风扇质心和 1＃、2＃支点的横向位移较大，后端涡轮质心和 5＃支点的横向位移较小。该阶模态振型以风扇转子的横向平动为主，且转子系统应变能主要集中在 1＃、2＃支点上，其共振转速主要取决于风扇转子质量和 1＃、2＃支点的支承刚度、位置。

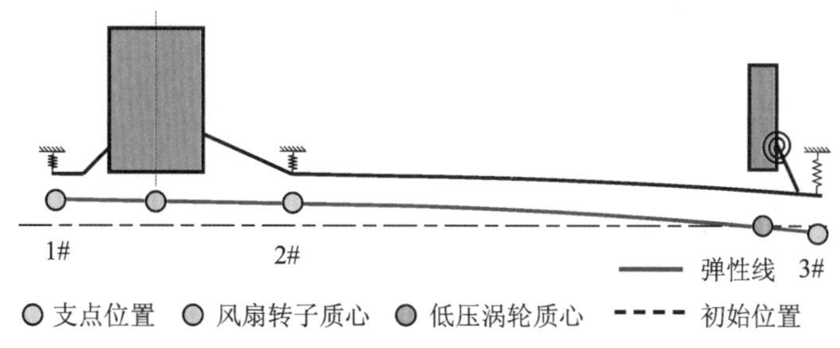

图 4－23　三支点柔性转子系统风扇平动模态振型

综上所述，三支点柔性转子系统的局部振型主要包括涡轮局部平动振型和风扇局部平动振型，两阶局部振型主要以各自质量单元及其支承的横向运动为主，其关键影响参数是质量单元质量与支承结构的支承刚度和位置。

2. 弯曲振型

三支点柔性转子整体一弯振型如图 4－24 所示，该阶模态振型以低压轴弯曲变形为主。由于低压轴的刚度很弱，导致在 0 转速时转子系统整体一弯共振转速较低；但当转子系统旋转时，低压轴的弯曲变形会导致两端质量单元风扇和涡轮产生角向变形，形成较大的陀螺力矩，能够大幅度地增强低压轴的等效刚度，使得整体一弯振型共振转速快速提高。

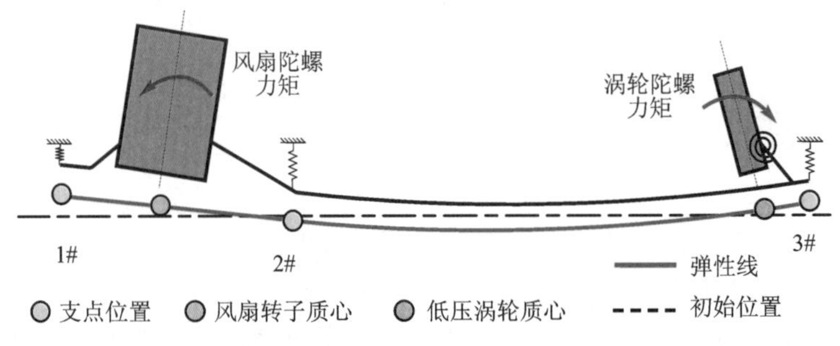

图 4－24　三支点柔性转子系统整体一阶弯曲模态振型

柔性转子系统的陀螺力矩效应与质量单元处的盘-轴连接角向刚度有关，须研究其结构特征对共振转速特性的影响。

4.3.3　结构特征参数影响

柔性转子系统各阶振型的共振转速与转子结构特征密切相关，其中不同结构特征对各阶振型的影响规律不同。本节基于某型涡扇发动机的低压转子系统，建立其简化的有限元模型，采用有限元方法对其共振转速特性进行计算，介绍三支点柔性转子系统共振转速分布的特点，并分析支承刚度、盘-轴连接刚度等结构参数对共振转速特性的影响。

1. 转子系统共振转速

基于某型涡扇发动机的低压转子系统，建立其简化的有限元模型，采用有限元法求解其共振转速特性，其 Campbell 图如图 4－25 所示。

转子系统前两阶共振转速振型分别为涡轮局部平动振型和风扇局部平动振型。两阶局部振型均以质量单元的横向位移和支承结构的横向变形为主，质量单元几乎不发生角向变形，陀螺力矩效应很低，共振转速几乎不随转子转速变化。

转子系统第 3 阶共振转速振型为整体一弯振型，该阶振型以低压轴的弯曲变形为主，风扇和涡轮质量单元既发生横向变形，也发生角向变形，因此，该阶共振转速具有较大的陀螺力矩效应，共振转速随转子转速快速提高。

2. 支承刚度影响

柔性转子系统的弯曲刚度通常较低，仅依靠其结构自身的抗变形能力一般不能达到转子系统变形控制的要求，须借助支点的支承约束能力控制转子变形，因此，支点的支承刚度是影响柔性转子系统共振转速特性的重要结构参数。本节将介绍支承刚度对柔性转子系统共振转速特性的影响。基于建立的有限元模型，采用控制变量法，保证其余模型参数不变，通过依次调整三个支点的支承刚度，对比分析在不同支承刚度下转子系统共振转速的变化。图 4－26～图 4－28 反映了支承刚度变化对转子系统三阶共振转速的影响。

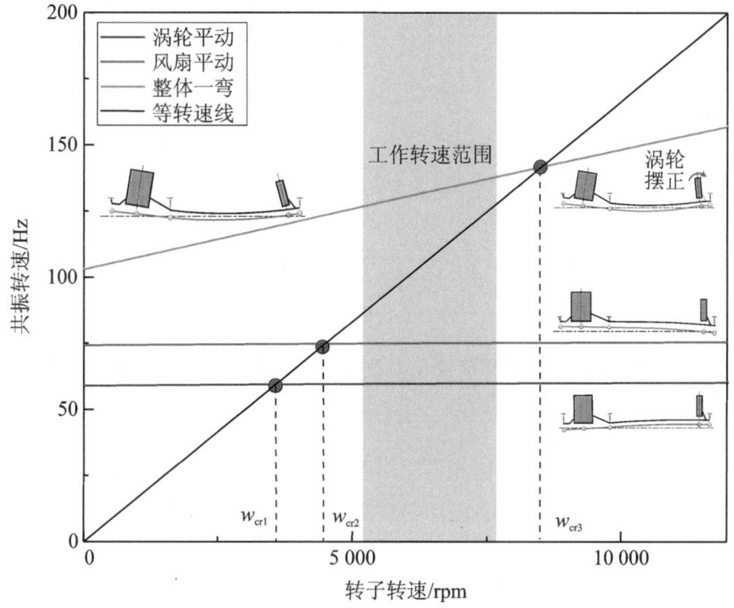

图 4-25　三支点柔性转子系统 Campbell 图

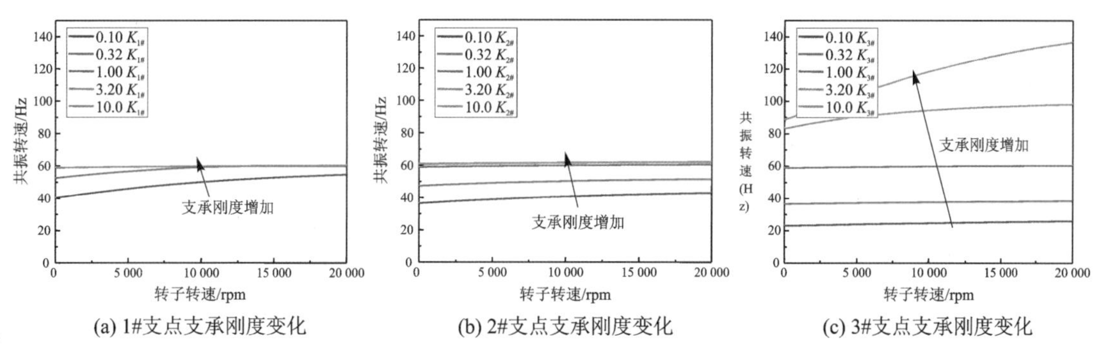

(a) 1#支点支承刚度变化　(b) 2#支点支承刚度变化　(c) 3#支点支承刚度变化

注：原模型中支承刚度设定值：$K_{1\#}=1.6\times10^7$ N/m，$K_{2\#}=3.3\times10^7$ N/m，$K_{3\#}=1.25\times10^7$ N/m

图 4-26　支承刚度变化对涡轮平动振型共振转速的影响

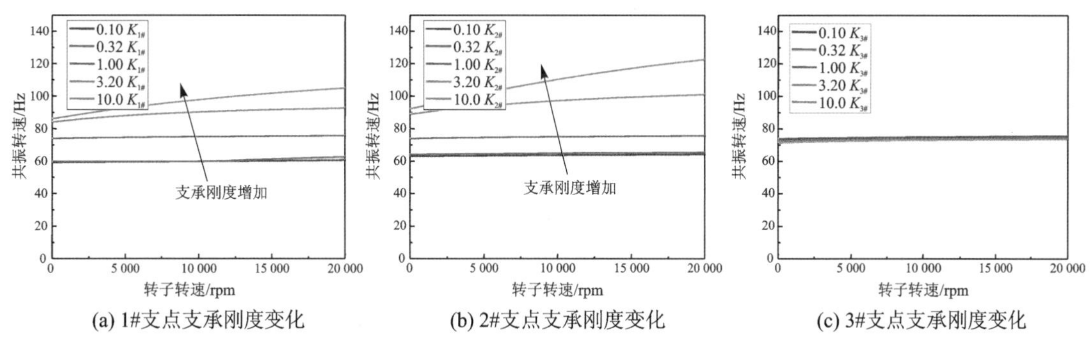

(a) 1#支点支承刚度变化　(b) 2#支点支承刚度变化　(c) 3#支点支承刚度变化

图 4-27　支承刚度变化对风扇平动振型共振转速的影响

从上述计算结果可以得到如下结论：

① 涡轮平动振型共振转速对涡轮后的 3＃支点支承刚度变化最敏感，随 3＃支点支承刚

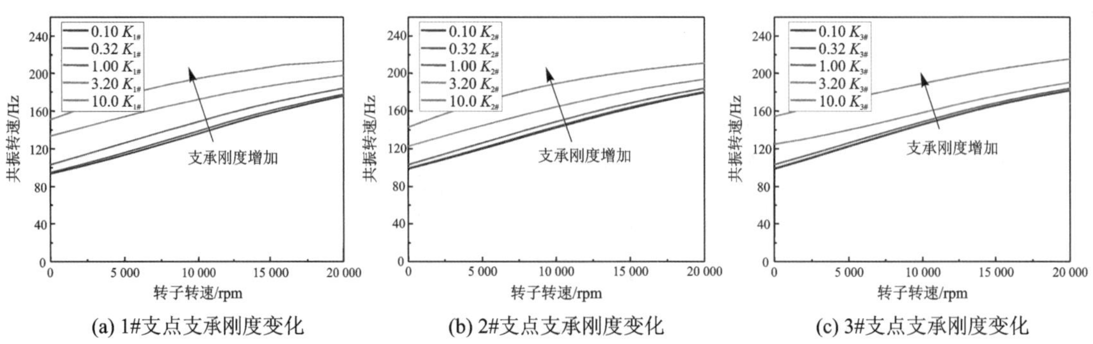

(a) 1#支点支承刚度变化　(b) 2#支点支承刚度变化　(c) 3#支点支承刚度变化

图 4-28　支承刚度变化对整体一弯振型共振转速的影响

度增加，该阶共振转速明显增加。

② 风扇平动振型共振转速对风扇转子前后的 1＃、2＃ 支点支承刚度变化较为敏感，随两支点支承刚度增加，该阶共振转速明显增大；该阶共振转速对涡轮后的 3＃ 支点支承刚度极不敏感，几乎不随 3＃ 支点支承刚度变化。

③ 转子系统整体一弯共振转速对 3 个支点的支承刚度变化的敏感度基本相同，随支承刚度的增加，该阶共振转速增大。

3. 盘-轴连接角向刚度的影响

质量单元的盘-轴连接角向刚度是影响柔性转子系统陀螺力矩效应的重要参数。基于建立的梁单元模型，通过改变低压涡轮与其后轴颈之间的角向刚度(如图 4-21 等效模型中涡轮后角向扭簧的刚度 $k_{\theta 5}$)，模拟低压涡轮盘-轴连接角向刚度的变化，分析其对转子系统共振转速的影响。计算结果如图 4-29 所示。

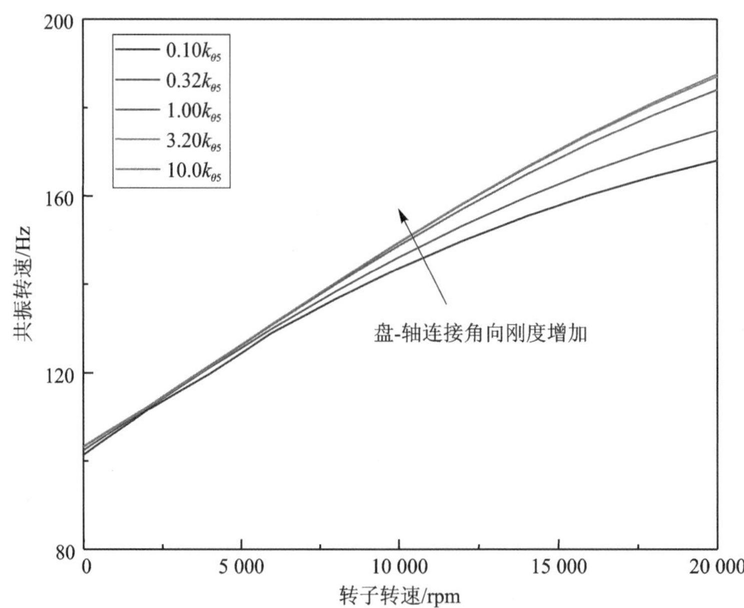

注：原模型中角向刚度设定值：$k_{\theta 5}=2.5\times10^{7}$ N·m/rad

图 4-29　涡轮盘-轴连接角向刚度变化对整体一弯振型共振转速的影响

从图 4-29 可以看出，改变涡轮盘-轴连接角向刚度对转子系统在 0 转速时的整体一弯共振转速影响较小，但会影响该阶共振转速陀螺力矩效应，进而影响高转速下的共振转速。当盘-轴连接角向刚度较低时，陀螺力矩效应较低，随着盘-轴角向刚度增加，陀螺力矩效应也随之提高，但当角向刚度达到一定量级时，此时陀螺力矩效应对盘-轴连接角向刚度的敏感度下降，继续提高盘-轴连接角向刚度，陀螺力矩效应几乎不再发生变化。

从转子变形与陀螺力矩效应之间的关系对上述现象进行解释，如图 4-30 所示，对于正进动的柔性转子系统，当转子发生弯曲变形时，涡轮产生较大的角向变形，此时涡轮会产生陀螺力矩效应，抵抗转子的弯曲变形。当涡轮盘-轴连接角向刚度较高时，涡轮与低压轴的角向变形具有较好的连续性，主振型中涡轮的角向变形分量较大，能够产生较大的陀螺力矩效应；而当涡轮盘-轴角向刚度较低时，涡轮易与低压轴之间产生相对角向变形，在陀螺力矩作用下，涡轮易被"扳正"，主振型中涡轮的角向分量较小，陀螺力矩效应降低。

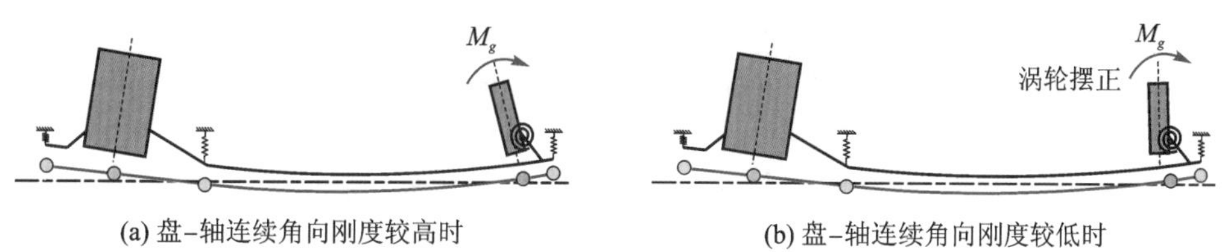

图 4-30　涡轮盘-轴连接角向刚度对转子变形及陀螺力矩效应的影响示意图

4.4　带中介轴承的双转子系统

本章前三节介绍了典型航空燃气轮机中单转子系统共振转速特性。但对于现代先进战斗机，为保证其具有高机动性和敏捷性，要求其动力装置(以高推重比涡扇发动机为主)具有大推力、轻质和小迎风面积等特性。在这类发动机总体布局设计中，通常采用带中介支点的双转子结构布局，减少承力框架数目，实现整机减重。

高推重比涡扇发动机的高压转子通常采用 1-0-1 两支点支承方案，低压转子通常采用 1-1-1 的支承方案，其中，高压转子的后支点为中介支点，支承在低压轴上，如图 4-31 所示，为典型高推重比涡扇发动机双转子结构系统简图。

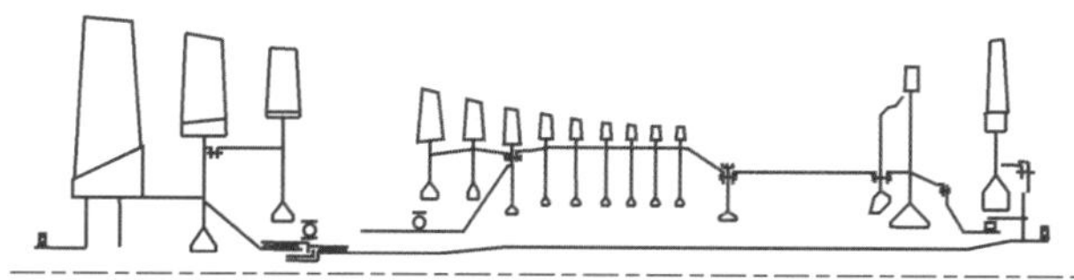

图 4-31　典型高推重比涡扇发动机双转子结构系统简图

由于中介轴承会传递转子间的相互作用力，高、低压转子在中介轴承处可能发生振动耦合，因此在对高、低压转子进行动力学特性分析时，要考虑转子之间交互激励的影响，即高压转子的激励可能影响低压转子的进动，而低压转子的激励也可能影响高压转子的进动。这使得双转子系统的运动状态较为复杂，其共振转速的求解难度也大大增加。本节将对带中介轴承的双转子系统共振转速进行介绍。

4.4.1 力学模型

为了便于分析带中介轴承双转子系统共振转速分布特性，根据高推重比发动机双转子(见图 4-31)的结构特征，建立带中介轴承的双转子系统力学模型，如图 4-32 所示。

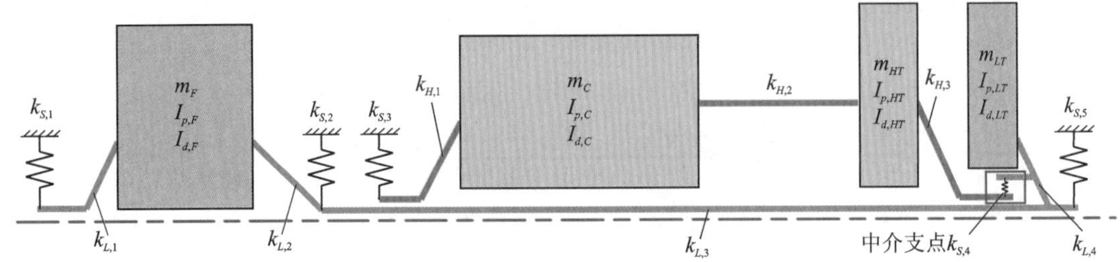

图 4-32 带中介轴承的双转子系统力学模型

对于带中介轴承的双转子结构系统，高、低压转子转动角速度分别为 ω_{H}，ω_{L}。两个转子运动微分方程为

$$\boldsymbol{M}^{\mathrm{H}}\ddot{\boldsymbol{q}}_{\mathrm{H}}-\mathrm{i}\omega_{\mathrm{H}}(\boldsymbol{G}^{\mathrm{H}}+\boldsymbol{C}^{\mathrm{H}})\dot{\boldsymbol{q}}_{\mathrm{H}}+\boldsymbol{K}^{\mathrm{H}}\boldsymbol{q}_{\mathrm{H}}=\boldsymbol{F}^{\mathrm{BH}} \tag{4-41}$$

$$\boldsymbol{M}^{\mathrm{L}}\ddot{\boldsymbol{q}}_{\mathrm{L}}-\mathrm{i}\omega_{\mathrm{L}}(\boldsymbol{G}^{\mathrm{L}}+\boldsymbol{C}^{\mathrm{L}})\dot{\boldsymbol{q}}_{\mathrm{L}}+\boldsymbol{K}^{\mathrm{L}}\boldsymbol{q}_{\mathrm{L}}=\boldsymbol{F}^{\mathrm{BL}} \tag{4-42}$$

式中，$\boldsymbol{F}^{\mathrm{B}}$ 为中介轴承动载荷向量，$\boldsymbol{M}$ 为质量矩阵，$\boldsymbol{G}$ 为陀螺矩阵，$\boldsymbol{C}$ 为阻尼矩阵，$\boldsymbol{K}$ 为刚度矩阵，$\boldsymbol{q}$ 为转子广义坐标，角标 H 代表高压转子参数，L 代表低压转子参数。

其中，中介轴承动载荷向量可以表示为

$$-\boldsymbol{K}^{\mathrm{B}}\boldsymbol{q}_{\mathrm{B}}=\boldsymbol{F}^{\mathrm{B}} \tag{4-43}$$

设支承刚度为 k_{in} 的中介轴承连接了高压转子节点 i 和低压转子节点 j，则有

$$\boldsymbol{K}^{\mathrm{B}}=\begin{array}{c}\begin{matrix}\scriptstyle 2i-1 & \scriptstyle 2j-1\end{matrix}\\ \left[\begin{array}{c|c}k_{\mathrm{in}} & -k_{\mathrm{in}}\\ \hline -k_{\mathrm{in}} & k_{\mathrm{in}}\end{array}\right]\end{array}\begin{matrix}\scriptstyle 2i-1\\ \scriptstyle 2j-1\end{matrix} \tag{4-44}$$

合并方程式(4-41)～式(4-44)，可得双转子系统运动微分方程为

$$\left[\begin{array}{c|c}\boldsymbol{M}^{\mathrm{H}} & 0\\ \hline 0 & \boldsymbol{M}^{\mathrm{L}}\end{array}\right]\ddot{\boldsymbol{q}}+\left[\begin{array}{c|c}\omega_{\mathrm{H}}(\boldsymbol{G}^{\mathrm{H}}+\boldsymbol{C}^{\mathrm{H}}) & 0\\ \hline 0 & \omega_{\mathrm{L}}(\boldsymbol{G}^{\mathrm{L}}+\boldsymbol{C}^{\mathrm{L}})\end{array}\right]\dot{\boldsymbol{q}}+$$

$$\left[\begin{array}{c|c}\boldsymbol{K}^{\mathrm{H}} & 0\\ \hline 0 & \boldsymbol{K}^{\mathrm{L}}\end{array}\right]\boldsymbol{q}+\begin{array}{c}\begin{matrix}\scriptstyle 2i-1 & \scriptstyle 2j-1\end{matrix}\\ \left[\begin{array}{c|c}k_{\mathrm{in}} & -k_{\mathrm{in}}\\ \hline -k_{\mathrm{in}} & k_{\mathrm{in}}\end{array}\right]\end{array}\begin{matrix}\scriptstyle 2i-1\\ \scriptstyle 2j-1\end{matrix}\begin{Bmatrix}\boldsymbol{q}_{2i-1}\\ \boldsymbol{q}_{2j-1}\end{Bmatrix}=\boldsymbol{0} \tag{4-45}$$

可将运动微分方程表示为以下矩阵形式：

$$\boldsymbol{M}\ddot{\boldsymbol{r}}+(\boldsymbol{G}+\boldsymbol{C})\dot{\boldsymbol{r}}+\boldsymbol{K}\boldsymbol{r}=\boldsymbol{0} \tag{4-46}$$

其中，$\boldsymbol{M}$，$\boldsymbol{G}$，$\boldsymbol{C}$，$\boldsymbol{K}$ 分别为系统的质量、陀螺、阻尼、刚度矩阵，$\boldsymbol{r}$ 为转子系统的位移向量。

4.4.2 共振转速求解

通过对双转子系统复杂的运动状态进行模态解耦，给出双转子系统共振转速的求解方法。

1. 运动状态

由于高、低压转子上均存在一定的不平衡，双转子系统始终同时承受两个转频(高、低压转频)激励的作用。根据线性系统振动理论，双转子系统的动力学响应可认为是高压激起的动力

学响应与低压激起的动力学响应的叠加。因此，在非共振状态(也是绝大多数情况下转子系统所处的运动状态)下，转子系统的振动信号中同时包含低压转频成分和高压转频成分。

而对于共振状态而言，为便于计算分析，可将其分为低压激起的转子系统共振和高压激起的转子系统共振。当转子系统处于低压激起的共振状态时，低压激起的动力学响应成分远高于高压激起的动力学响应成分，双转子系统的进动速度与低压转速相等，即

$$\Omega=\Omega_{\mathrm{L}}=\Omega_{\mathrm{H}}=\omega_{\mathrm{L}} \tag{4-47}$$

此时低压转子作同步正进动，并通过中介轴承将振动载荷传递给高压转子，强迫其作非同步涡动。转子系统的振动信号中仅包含低压转频成分。

类似的，当转子系统处于高压激起的共振状态时，高压激起的动力学响应成分远高于低压激起的动力学响应成分，双转子系统的进动速度与高压转速相等，即

$$\Omega=\Omega_{\mathrm{H}}=\Omega_{\mathrm{L}}=\omega_{\mathrm{H}} \tag{4-48}$$

这种状态下高压转子作同步正进动，同时强迫低压转子作非同步涡动。转子系统的振动信号中仅包含高压转频成分。

2. 计算流程

求解式(4-46)的特征值问题，得到系统的特征方程为

$$f(\omega_{\mathrm{L}},\omega_{\mathrm{H}},\Omega_{\mathrm{L}},\Omega_{\mathrm{H}})=0 \tag{4-49}$$

可以看到，特征方程只有 1 个，而未知量却有 4 个，无法求解。

上文将双转子系统的共振分为低压激起的转子系统共振和高压激起的转子系统共振，相对应的，可以将共振转速分为低压激起共振转速和高压激起共振转速。

对于低压激起的共振转速，由于该共振状态下双转子系统的进动速度与低压转速相等，即式(4-47)成立，则式(4-49)可写作

$$f(\Omega,\omega_{\mathrm{H}})=0 \tag{4-50}$$

特征方程中未知量减少为 2 个。任意给定高压转速 ω_{H}，可求得转子系统发生共振时系统的进动速度 Ω(此值亦为低压转子转速 ω_{L})，(ω_{L}，ω_{H})即为低压激起共振转速。改变 ω_{H}，分别得到不同的 ω_{L}，即可求得 ω_{L} 随 ω_{H} 的变化曲线，即为低压激起共振转速分布。

详细的低压激起共振转速求解流程如图 4-33 所示。

由图 4-33 可知，低压激起共振转速分布的求解分为以下 7 个步骤：

① 给定高压转速 ω_{H}。

② 给定低压转速 ω_{L}，有限元法求解双转子系统各阶模态的模态频率。

③ 改变低压转速 ω_{L}，重复步骤②。

④ 获得高压转速为 ω_{H} 时，双转子系统正反进动共振频率随低压转速的变化曲线，如图 4-34 所示。需要说明的是，根据高低压转子振幅相对大小，双转子系统模态振型分为以低压转子振动为主的模态与以高压转子振动为主的模态，而“正进动模态”与“反进动模态”则分别代表模态振型中振幅相对较大转子的进动速度与其转速方向相同与相反时的模态。

⑤ 筛选出系统的动频曲线(指转子系统能真实发生共振的模态所对应的频率曲线。例如，对于顺转双转子系统而言，当转子系统发生共振时，高、低压转子均作正向涡动，转子系统只能发生正进动模态共振，其动频曲线也只包括各阶正进动模态的频率曲线)。对于顺转双转子系统，动频曲线均选取各阶正进动模态的模态频率曲线。对于反转双转子系统，当处于低压激起的共振状态时，低压转子作同步正进动，高压转子作反向涡动，因此，以低压转子振动为主

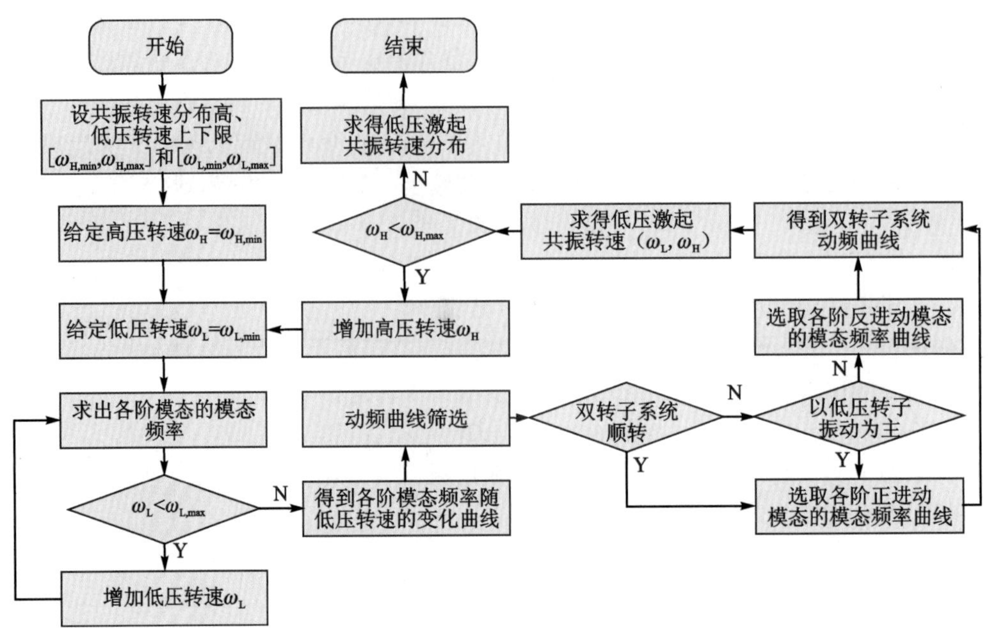

图 4-33　低压激起共振转速分布求解流程

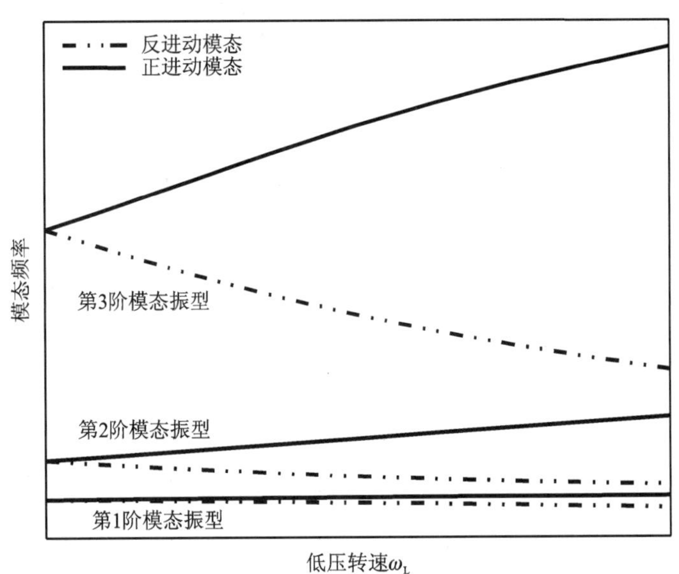

图 4-34　各阶模态频率随低压转子转速变化曲线(给定高压转速 ω_H)

的模态取其正进动模态频率曲线，以高压转子振动为主的模态取其反进动模态频率曲线。

假设图 4-34 所示的模态频率曲线所对应的转子系统为反转双转子系统，第 1、第 2 阶模态为以低压转子振动为主的模态，第 3 阶模态为以高压转子振动为主的模态。在筛选系统动频曲线时，应选取第 1、第 2 阶正进动模态频率曲线与第 3 阶反进动模态频率曲线，如图 4-35 所示。

⑥ 在动频曲线图中绘制等转速线，等转速线与动频曲线的交点为低压激起的共振转速

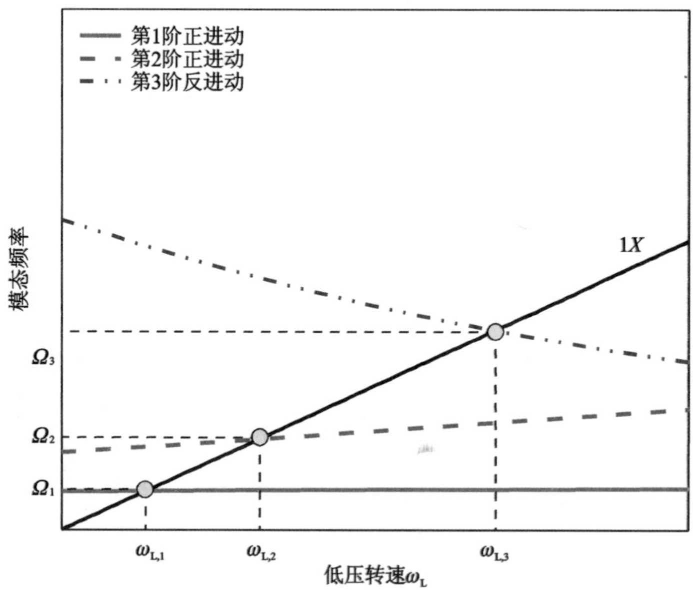

图 4-35　双转子系统动频曲线图

点，交点的横、纵坐标分别为共振时低压转子转速与高、低压转子的进动速度，双转子系统低压激起的共振转速为（ω_L，ω_H）。

⑦ 改变高压转速，重复步骤②～⑥，获得低压激起的共振转速分布曲线，如图 4-36 所示。

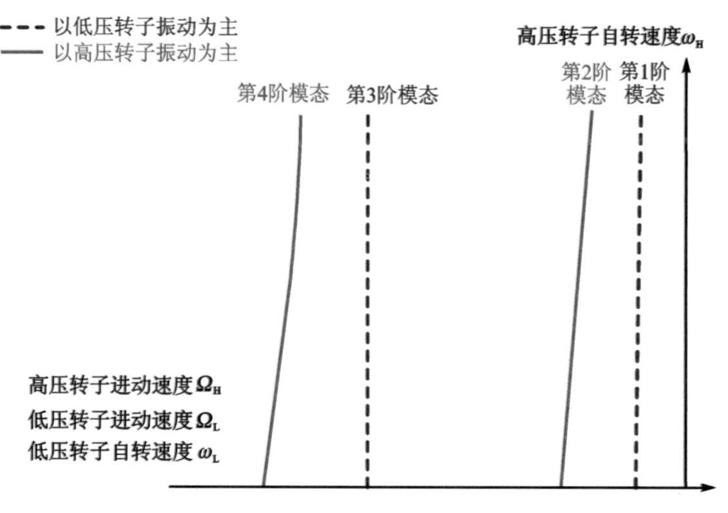

图 4-36　低压激起共振转速分布

高压激起共振转速的求解方法、流程与之类似，这里不予赘述。

3. 临界转速

需要注意，采用上述求解流程所计算出的共振转速分布由双转子系统可能发生模态共振的所有高、低压转速组成，如图 4-36 所示，图中共振转速曲线上任意一点表示，当高、低压转子转速与该点纵、横坐标相同时，双转子系统作模态振动。而在实际工作过程中，为保证空气流量的连续性，高、低压转子转速存在一定的对应关系，即转子的工作转速是在一定范围内，并且高、低压转子转速之间存在相应的函数关系（高/低压转子共同工作线），可设为 $\omega_H = f(\omega_L)$。将共同工作线绘制于共振转速分布图中，其与共振转速曲线的交点即为双转子系统在工作过程中的临界转速点。

以低压激起的临界转速为例，假设高、低压转子反转，其转速满足 $\omega_H = f(\omega_L)$，将其绘制于图 4-36 所示的低压激起的共振转速分布中，该转速关系线与各阶模态共振转速曲线的交点即为低压激起的临界转速点。如图 4-37 所示，P_{L1}，P_{L2}，P_{L3}，P_{L4} 为双转子系统低压激起的临界转速点。

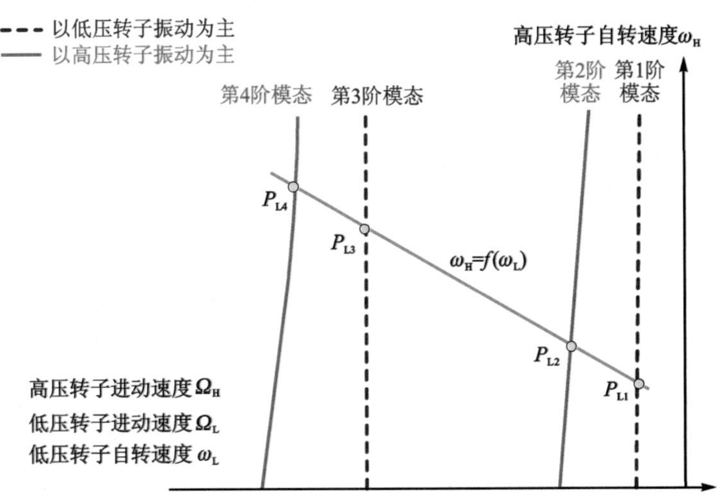

图 4-37　低压激起临界转速点的确定

4.4.3　转动方向对共振转速分布的影响

在双转子系统中，根据高、低压转子转动方向的差异，可将双转子系统分为同向转动双转子系统与反向转动双转子系统（下文简称同转双转子系统与反转双转子系统）。陀螺力矩效应与转子进动速度和转动速度方向密切相关：当转子进动速度与转动速度方向相同时，陀螺力矩效应增强转子刚性；当进动速度与转动方向相反时，陀螺力矩效应削弱转子刚性。而在双转子系统处于共振转速时，高、低压转子系统进动速度相等，并与某一转子转动速度相等，因此，高、低压转子转动方向是否相同，共振转速随转速的变化规律也会有所不同。本小节将分别分析同转、反转双转子的共振转速分布特点，并通过对比体现双转子系统转子方向对共振转速分布的影响。

1. 同向转动

在同向转动双转子系统中，无论是低压激起的转子系统共振，还是高压激起的转子系统共振，由于两个转子的转动速度与进动速度方向相同，因此，由转子系统弯曲变形产生的陀螺力矩效应均有助于提高转子系统等效刚度。对于图 4-32 所示的转子力学模型，假设高、低压转子同向转动，可求得其共振转速分布，如图 4-38 所示。

由于双转子系统的模态可以分为两种——以低压转子振动为主的模态和以高压转子振动为主的模态，相对应的，陀螺力矩效应也以低压或高压转子为主，所以不同模态共振转速的变化趋势也不同。

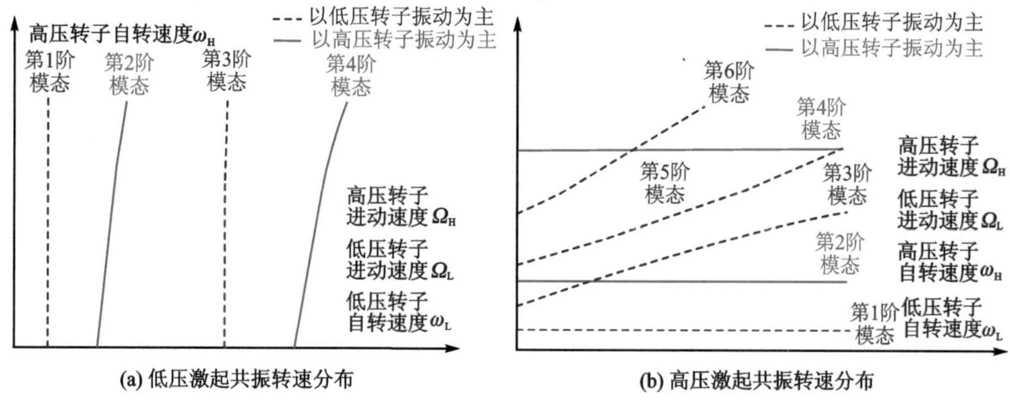

图 4－38　同转双转子系统共振转速分布

以高压激起的转子系统模态共振为例，高压转子作同步正进动，而低压转子作非同步正进动。对于以高压转子振动为主的振动模态，陀螺力矩效应主要来自于高压转子，只会随着高压转子的转速 ω_H 的变化而变化，因此随着低压转子转速 ω_L 提高，高压转子产生的陀螺力矩效应基本不变，双转子系统的共振转速也几乎不变(如图 4－38(b)中第 2 阶模态共振转速曲线所示)。而对于以低压转子振动为主的振动模态，陀螺力矩效应来自低压转子，且有助于提高双转子系统的等效刚度，因此随着低压转子转速 ω_L 的提高，低压转子产生的陀螺力矩效应大幅提高，并引起双转子系统共振转速迅速增加(如图 4－38(b)中第 3 阶模态共振转速曲线所示)。

2. 反向转动

对于反向转动双转子系统而言，转子系统共振时高、低压转子的进动速度相等，方向相同，但由于其转动方向不同，因此，高、低压转子产生的陀螺力矩效应对转子系统等效刚度及共振转速的影响也不同。对于图 4－32 所示转子力学模型，假设高、低压转子反向转动，可求得其共振转速分布，如图 4－39 所示。

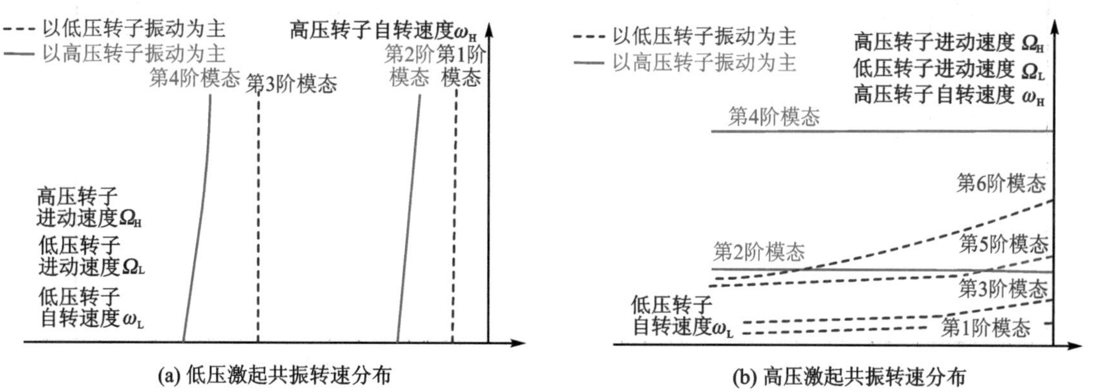

注：以高压转速方向为正。

图 4－39　反转双转子系统共振转速分布

假设双转子系统作某阶以高压转子振动为主的模态共振，转子系统陀螺力矩效应主要由高压转子产生，陀螺力矩效应的强弱取决于高压转子转动速度与进动速度。当该阶模态共振由低压激起时，高、低压转子进动速度均与低压转子转动速度相同，此时低压转子做同步正进动，而高压转子作非同步反向涡动，来自高压转子的陀螺力矩效应将会削弱双转子系统的等效刚度，因此随高压转子转速 ω_H 提高，双转子系统的共振转速降低（如图 4－39(a)中第 2 阶模态共振转速曲线所示）。而当该阶模态共振由高压激起时，高、低压转子进动速度与高压转子转动速度相同，陀螺力矩效应主要由高压转子产生、只随着高压转子工作转速提高而提高，因此仅仅是低压转子转速 ω_L 提高时，陀螺力矩效应几乎不变，共振转速也不发生改变（如图 4－39(b)中第 2 阶模态共振转速曲线所示）。

3. 对比分析

对比图 4－38 与图 4－39，二者最大的区别在于，在高压激起的共振转速分布中，同转双转子系统在高转速区域均匀分布着多阶以低压转子振动为主模态（模态 1,3,5,6）的共振转速曲线，而这些模态的共振转速曲线在反向转动双转子系统中，则主要分布于低转速区。产生上述现象的原因主要有：① 低压转子为柔性转子，在一定转速范围内，相较高压转子而言有更多阶次模态。② 当转子系统作以低压转子振动为主的模态共振时，低压转子作非协调涡动（涡动方向由高、低压转子转动方向决定）。陀螺力矩效应主要由低压转子弯曲变形产生，并取决于低压转子转动速度、进动速度和高、低压转子的转动方向。当高、低压转子同向转动时，陀螺力矩效应增强转子系统等效刚度，这些模态的共振转速随转速提高而增加，导致共振转速曲线均匀分布于高转速区；相反，当高、低压转子反向转动时，陀螺力矩效应削弱转子系统等效刚度，这些模态的共振转速随转速提高而降低，共振转速曲线因此聚集于低转速区。

将低压激起与高压激起共振转速分布图表示于同一坐标轴中进行对比，如图 4－40 所示，可以发现，由于高压激起的共振转速分布具有如上特点，反向转动双转子系统共振转速分布图上存在一个范围较大的“无共振转速区”——当高、低压转子转速位于该范围内时，双转子系统不会发生共振。该转速区域越大，转子工作转速的可选范围越大，在工作过程中双转子系统也就越不容易发生共振。因此，采用高、低压转子反转设计，有助于优化双转子系统共振转速分布，抑制其共振。

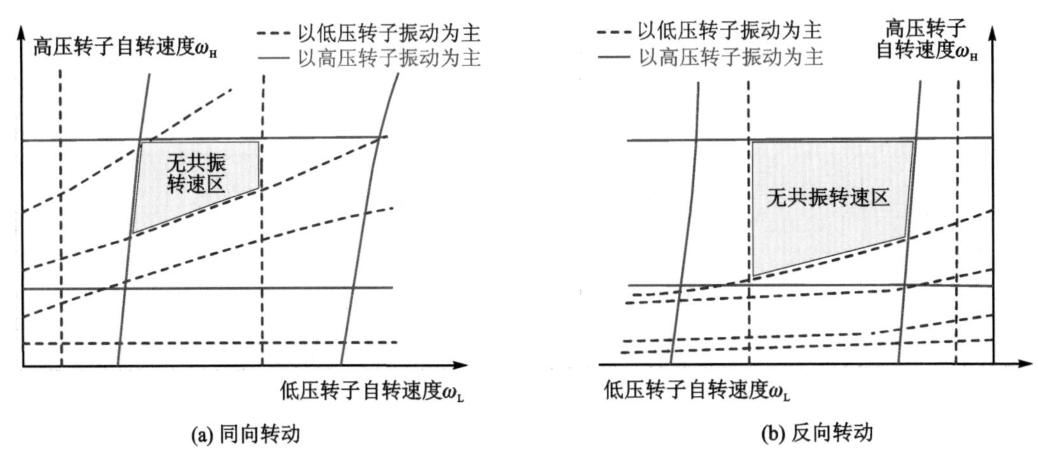

图 4－40 不同转动方向的双转子系统共振转速分布对比

4.4.4 典型双转子系统共振转速分布

现代高推重比涡扇发动机中多采用带有中介支点、反向转动的双转子系统，下面以典型双

转子系统为例，对共振转速分布规律进行分析。

1. 高压激起共振转速

图 4-41 所示为高压激起各阶模态共振转速分布图，所对应各阶模态的模态振型如图 4-42 所示。可以看到，对于不同阶次的振动模态，由于模态振型中高、低压转子的弯曲变形不同，产生陀螺力矩效应对转子系统等效刚度的影响不同，共振转速的变化规律也不同。

对于高压转子振动为主的模态，转子系统陀螺力矩效应主要由高压转子产生，与高压转子转速 ω_H 与进动速度 Ω_H 有关，而高压激起的共振中转子系统进动速度 Ω 取决于高压转子转速 ω_H，与低压转子转速 ω_L 无关，因此，改变低压转子转速 ω_L 不影响这类模态的共振转速。例如，在图 4-41 中点 A 位置，转子系统作高压激起的高压俯仰与低压涡轮耦合模态共振（共振时转子系统弯曲变形与其模态振型相似，如图 4-42(f)所示），高压转子作同步正进动，低压转子作非同步正向涡动。尽管高压转子产生的陀螺力矩效应较高，但不随低压转子转速 ω_L 提高而改变，所以低压转子转速 ω_L 变化时，双转子系统的共振转速不变。

对于低压转子局部横向振动为主的模态（如涡轮平动、风扇平动），由于涡轮部件、风扇部件处的角向位移较小，因此，低压转子产生的陀螺力矩效应相对较小，其对转子系统等效刚度几乎没有影响，随着低压转子转速 ω_L 提高，共振转速近似保持不变。例如，图 4-41 中的点 B，转子系统作高压激起的风扇平动模态共振（共振时转子系统弯曲变形如图 4-42(c)所示），高压转子作同步正进动，低压转子作非同步正向涡动。由于低压转子产生的陀螺力矩效应极小，因此随低压转子转速 ω_L 提高，共振转速几乎不变。

对于低压转子弯曲振动为主的模态，涡轮和风扇部件均发生了较大的角向位移，惯性主轴倾斜产生了较强的陀螺力矩效应，增强（或削弱）了转子系统等效刚度，低压转子转速 ω_L 提高，共振转速也会大幅提高（或降低）。例如，图 4-41 中的点 C，转子系统作高压激起的低压一弯模态共振（共振时转子系统弯曲变形如图 4-42(b)所示），高压转子作同步正进动，低压转子作非同步反向涡动。低压转子产生的陀螺力矩效应极高，且随低压转子转速 ω_L 的提高，陀螺力矩效应增强，并导致双转子系统共振转速大幅提高。

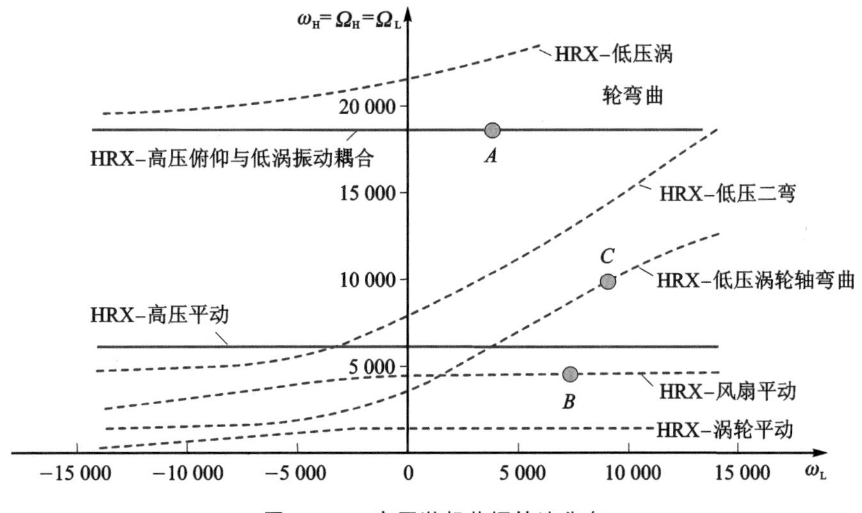

图 4-41　高压激起共振转速分布

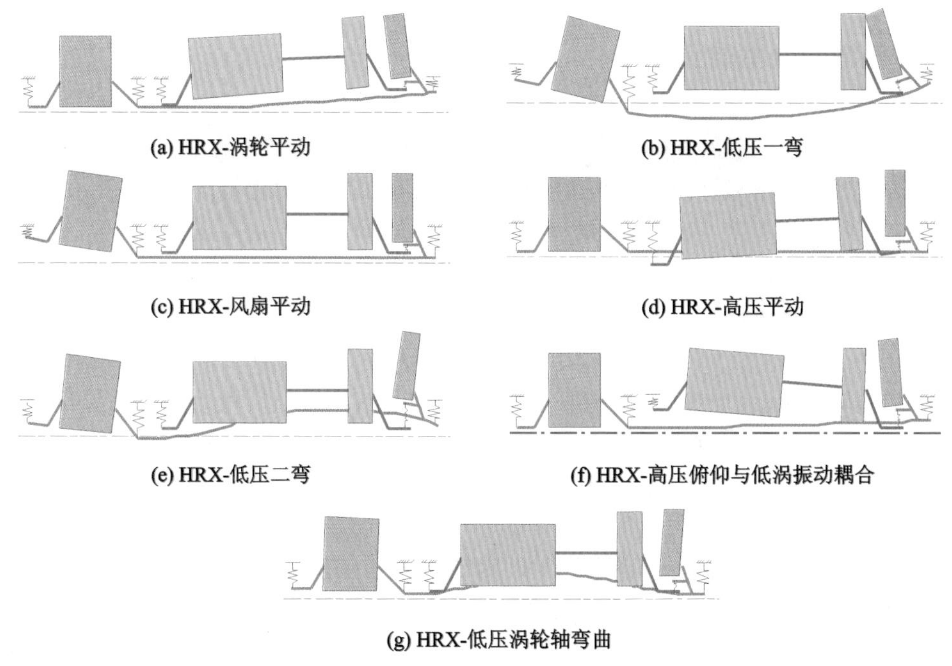

图 4-42　高压激起共振模态振型

2. 低压激起共振转速

图 4-43 所示为低压激起各阶模态共振转速分布图，对应各阶模态的模态振型如图 4-44 所示。

同一阶振动模态，转子弯曲变形相同，但由于高、低压转子的运动状态不同，产生陀螺力矩效应对转子系统等效刚度的影响不同，共振转速的变化规律也不同。

以高压俯仰与低压涡轮耦合模态为例，转子系统振动以高压转子为主，所以双转子系统的陀螺力矩效应也主要由高压转子产生，与高压转子转速 ω_H 和进动速度 Ω_H 有关。当该阶模态共振由高压激起时，转子系统进动速度 Ω 取决于高压转子转速 ω_H，与低压转子转速 ω_L 无关，因此，改变低压转子转速 ω_L 不影响双转子系统共振转速。但当该阶模态共振由低压激起时，随高压转子转速 ω_H 增加，转子系统陀螺力矩效应增强，等效刚度增加(或降低)，共振转速也随之提高(或降低)。例如，图 4-43 中的点 A，转子系统作低压激起的高压俯仰与低压涡轮耦合模态振动，其中，高压转子作非同步反向涡动，会产生较强的陀螺力矩效应，削弱转子系统等效刚度，随高压转子转速 ω_H 提高，共振转速出现了明显的降低。

3. 双转子系统共振转速

设高压转子转速为正，低压转子转速为负，将图 4-41 和图 4-43 的第二象限拼合，可得双转子系统共振转速分布图，如图 4-45 所示。

由图 4-45 可知，转子系统在工作过程中不可避免地通过多阶临界转速点，而发动机实际工作过程中对不同转速区域内的临界转速点分布有着不同要求，下面将分别对其进行介绍。

(1) 地面慢车转速以下

尽管地面慢车转速以下可能存在多个临界转速点，但由于这些临界转速点通常是在发动

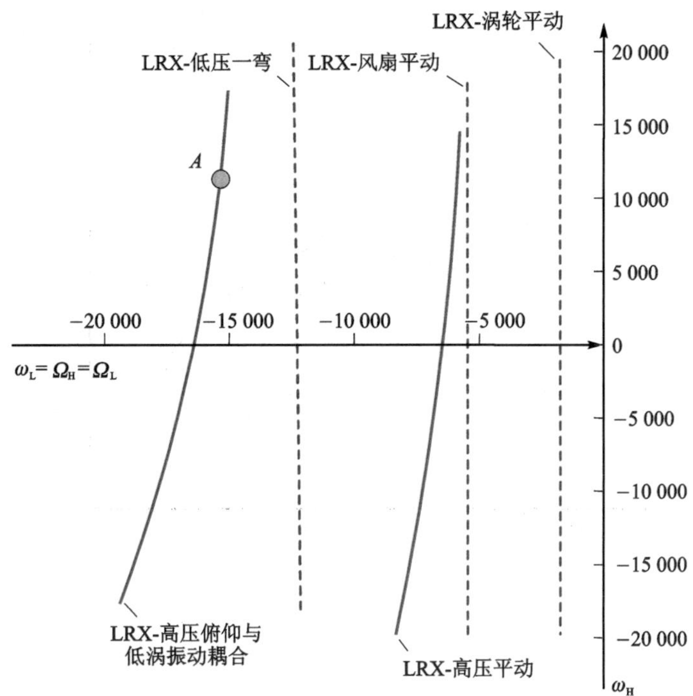

图 4-43　低压激起模态共振转速分布

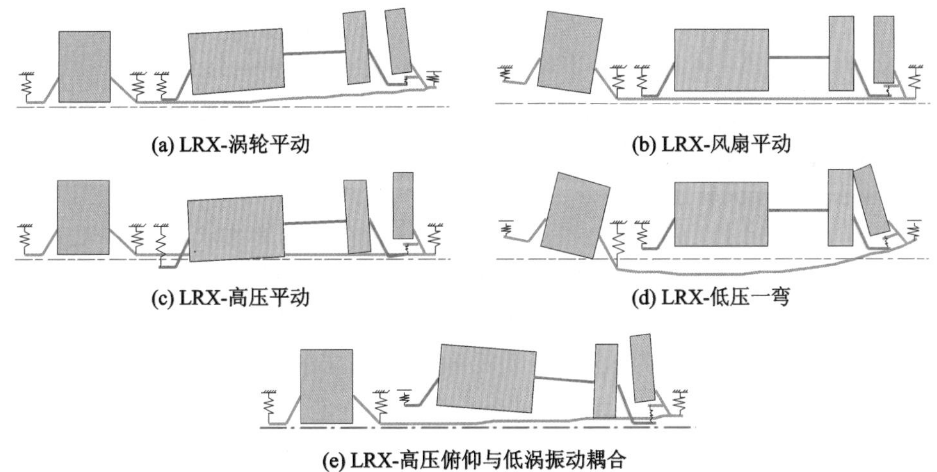

图 4-44　低压激起共振模态振型

机起动或停车时快速经过，发动机在单个临界转速点停留时间很短，而且不同临界转速点下转子系统共振时的弯曲变形不同，彼此相互抑制，转子整体表现出的动力学响应幅值并不大，因此，发动机允许双转子系统在地面慢车转速以下存在多个临界转速点。

(2) 慢车状态(地面慢车与空中慢车之间)

慢车转速状态是飞机起飞时发动机加速至最大转速过程中所经历的一个转速状态，也是飞机下降过程中发动机常常采用的转速状态，即一次飞行中只在加减速过程经历，并非主要的工作状态，因此，允许其存在少量临界转速点，但须保证两点：临界转速点所对应的转子弯曲变

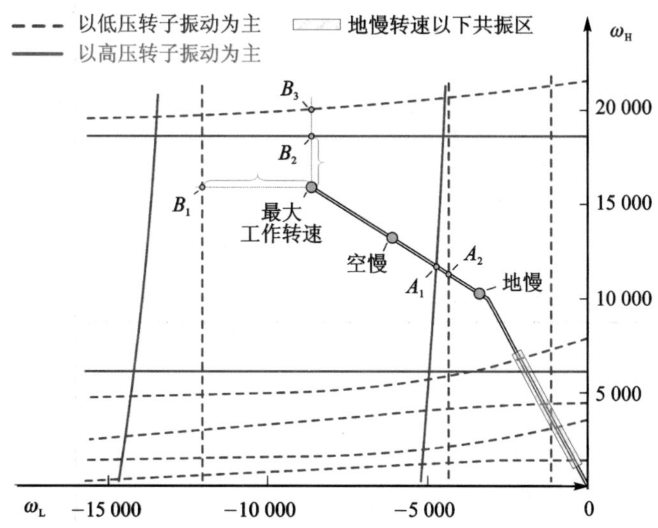

图 4-45 典型双转子系统共振转速曲线

形应变能不能集中于危险部件(高、低压转轴与 4# 支点中介轴承);与常用工作转速(高于慢车状态、低于最大工作转速)之间保证一定的安全裕度,安全裕度 S_m 计算公式如下:

$$S_m = \min\left\{\left|\frac{\omega_{H,\min}-\omega_{H,r}}{\omega_{H,\min}}\right|, \left|\frac{\omega_{L,\min}-\omega_{L,r}}{\omega_{L,\min}}\right|\right\}\times 100\% \tag{4-51}$$

式中,$(\omega_{L,\min},\omega_{H,\min})$ 和 $(\omega_{L,r},\omega_{H,r})$ 表示常用的最小工作转速和临界转速。

如图 4-45 所示,A_1,A_2 为双转子系统在地面慢车与空中慢车转速之间存在的两阶临界转速点,但两阶临界转速点相距较近,且与常用工作转速之间具有足够的安全裕度,对转子系统的正常工作的影响很小。

(3) 空中慢车与最大转速之间

空中慢车与最大转速之间是发动机运行过程中最常使用的转速状态,要降低转子系统的动力学响应幅值,避免共振,就必须避免此转速范围内存在临界转速点。

如图 4-45 所示,由于高、低压转子反向转动,高压激起的共振转速曲线中以低压转子振动为主的模态的共振转速曲线主要分布于低转速区,使得空中慢车与最大转速之间不存在临界转速点。

(4) 最大转速以上

高于最大工作转速、与最大工作转速相距较近的共振转速被称为危险的共振转速,一般要求保证其与最大工作转速之间的安全裕度,以避免共振,降低最大工作转速下转子系统的动力学响应幅值。

需要说明的是,危险共振转速的安全裕度计算方法是:对于低压激起的危险共振转速,共振时双转子进动速度与低压转速相等,安全裕度 S_m 的计算公式为

$$S_m = \left|\frac{\omega_{L,\max}-\omega_{L,r}}{\omega_{L,\max}}\right|\times 100\% \tag{4-52}$$

式中,$(\omega_{L,\max},\omega_{H,\max})$ 和 $(\omega_{L,r},\omega_{H,\max})$ 表示最大工作转速与危险共振转速点(共振转速曲线上高压转速等于最大工作转速时的转速点)。

对于高压激起的危险共振转速，共振时双转子进动速度与高压转速相等，安全裕度 S_m 的计算公式为

$$S_m = \left| \frac{\omega_{H,max} - \omega_{H,r}}{\omega_{H,max}} \right| \times 100\% \tag{4-53}$$

式中，$(\omega_{L,max}, \omega_{H,max})$ 和 $(\omega_{L,max}, \omega_{H,r})$ 表示最大工作转速与危险共振转速点（共振转速曲线上低压转速等于最大工作转速时的转速点）。

如图 4-45 所示，B_1，B_2，B_3 为双转子系统在最大工作转速以上的三个危险共振转速点，且两个高压激起的危险共振转速点与最大工作转速之间的安全裕度不足 20%，可能会对转子动力响应特性造成影响。在实际工程设计时，须根据危险共振转速的振型特点，参考单转子结构特征参数对共振转速分布的影响，对双转子系统结构特征进行优化，避免出现危险共振转速点。

4.5　本章小结

本章先以简单的单盘转子系统，阐述转子系统的共振转速特性；其次，分别对两支点高速转子和三支点柔性转子系统结构特征与共振转速特性之间的内在联系和影响规律进行分析；最后针对带中介轴承双转子系统的共振转速特性，给出适用于工程实践的双转子系统共振转速分布及其临界转速的分析流程。主要结论如下：

① 单盘转子系统通常具有两阶（正进动）共振转速，第 1 阶共振转速振型以轮盘的横向运动为主，且陀螺力矩效应相对较低；第 2 阶共振转速转振型以轮盘的角向运动为主，且陀螺力矩效应相对较强。转子系统的共振转速主要取决于转子系统质量、刚度分布和陀螺力矩效应，轮盘质量、直径转动惯量越小、转子刚度越高，则共振转速越大，而轮盘惯量比越大，陀螺力矩效应越大，共振转速随转子转速变化越快。

② 对于双支点高速转子系统，其在工作转速范围内通常会出现 3 阶正进动共振转速，前两阶振型分别为整体平动和俯仰（刚体）振型，其共振转速一般较低，对其影响较为敏感的结构参数通常是支点的支承刚度。第 3 阶为整体弯曲振型，对其影响较为敏感的参数通常是鼓筒轴的弯曲刚度，可通过对鼓筒轴几何构形的调整（如调整压气机后轴颈锥角、鼓筒轴直径、长度等）改变鼓筒轴的弯曲刚度，调整整体弯曲振型共振转速的分布。

③ 对于多支点柔性转子系统，由于其质量/刚度分布极不均匀，并具有多个支点局部约束，因此在工作转速范围附近，可能出现多阶局部共振振型和转子的弯曲振型。最常见的局部共振振型为风扇或涡轮的局部平动振型，两阶共振转速对支承特性较为敏感。而弯曲模态受转子质量分布、刚度分布、支承特性和陀螺力矩效应的综合影响，须综合考虑各参数的影响进行设计。

④ 对于带中介轴承的双转子系统，由于高、低压转子在中介轴承处的振动相互耦合，可能出现耦合振动模态，共振转速分布较为复杂。在双转子系统动力学设计时，可以利用高低压转子转动方向的不同，调整双转子系统共振转速分布，在高转速工作区域扩大“无共振转速区”，保证在工作转速附近不出现高、低压转子耦合振动模态。

第5章　旋转惯性激励转子系统响应特性

受设计、生产和装配过程中存在的缺陷和误差影响，在高速旋转工作过程中，航空燃气轮机转子结构单元质心偏移和惯性主轴倾斜均会产生旋转惯性激励载荷，对由不同几何构形结构单元组成的各类转子系统，旋转惯性激励对转子变形和支点动载荷等响应特性的影响具有不同的变化规律。本章主要对旋转惯性载荷激励下，不同类型转子系统的动力响应特性进行阐述。

5.1　单盘转子系统

单盘转子系统是表现转子系统动力特性的基本单元，而轮盘产生的旋转惯性载荷效应则主要受轮盘直径转动惯量与极转动惯量之比影响，即取决于轮盘长径比。为更为清晰地阐述旋转惯性激励影响，根据轮盘直径/极转动惯量间的大小关系，将轮盘—轴转子系统划分为薄盘与厚盘转子系统。

5.1.1　薄盘转子系统

薄盘结构单元轴向尺寸小，但仍为空间结构体，同时具备质量偏心与惯性主轴倾斜。通常Jeffcot转子模型仅考虑质量偏心对转子系统振幅影响，而未进一步推导支点动载荷。本节将分别建立存在质量偏心和极惯性主轴初始偏斜的轮盘转子模型，并对其振幅与支点动载荷等动力响应特性进行分析。

1. 质心偏移

建立两端简支的薄盘对称转子模型，如图5-1所示，其具有质量偏心的轮盘位于两个刚性支点中间。在该模型中，轮盘安装在转轴跨中，忽略由于轴的弯曲变形引起的各横截面的轴向位移，因此，轮盘始终在原有平面中运动。不考虑陀螺力矩和支承刚度对支点动载荷的影响，仅考虑转子不平衡对支点动载荷的影响。设转子的转速为ω，转轴在轮盘处的等效刚度为k(由转轴的结构特征参数决定，即长度L、截面惯性矩I和弹性模量E)，轮盘质量为m，偏心距为$\boldsymbol{e}$(注：质量偏心距e是轮盘质心与轮盘形心之间的径向距离，用矢量符号表示质心偏移的方向)，转子的横向位移记为$\boldsymbol{r}$，假设系统无阻尼。

轮盘在t时刻所在位置如图5-2所示，O为转子进动的旋转中心，S为转子形心，其在xOy平面内的坐标为(x,y)，OS即为轮盘动挠度$\boldsymbol{r}$，OS方向与y轴之间的夹角ψ即为轮盘进动相位角，进动角速度为Ω。G为轮盘质心，SG的长度即为偏心距e。轮盘自转转速为ω，SG的方向与y'轴之间的夹角即为轮盘自转相位角$\Phi=\omega t$。

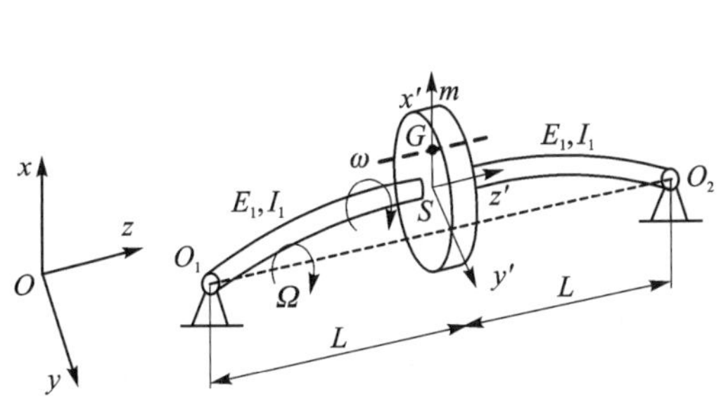

图 5-1　质心偏移薄盘转子力学模型

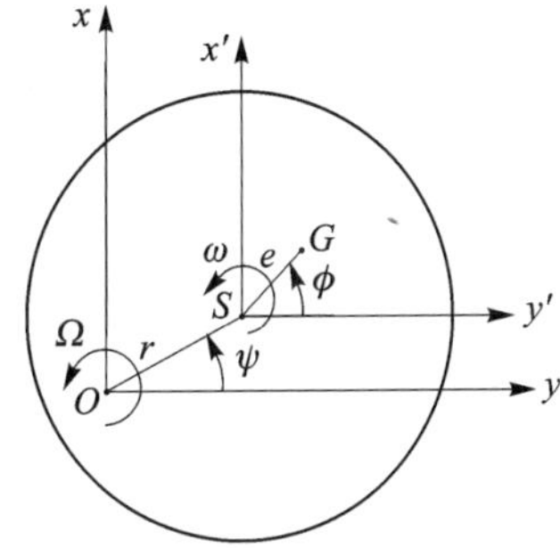

图 5-2　盘质心运动瞬时位置示意图

由于弹性轴发生弯曲且具有动挠度 $\boldsymbol{r}$，因此转轴对轮盘的作用力为 $\boldsymbol{F}$，将其投影到坐标轴上，具有如下表达式：

$$
\begin{aligned}
F_x &= -k_r x \\
F_y &= -k_r y
\end{aligned}
\tag{5-1}
$$

其中，k_r 为简支梁在跨中盘心处横向刚度，根据质心运动平衡方程得

$$
\begin{aligned}
m\ddot{x}_G &= F_x = -k_r x \\
m\ddot{y}_G &= F_y = -k_r y
\end{aligned}
\tag{5-2}
$$

将几何关系代入得到存在质心偏移的对称薄盘转子系统运动微分方程：

$$
\begin{aligned}
m\ddot{x} + k_r x &= me\omega^2 \cos \omega t \\
m\ddot{y} + k_r y &= me\omega^2 \sin \omega t
\end{aligned}
\tag{5-3}
$$

其中，动挠度 $\boldsymbol{r}$ 与前后支点动载荷 $\boldsymbol{F}_s$ 可表示为

$$
\begin{cases}
\boldsymbol{r} = \dfrac{e\omega^2}{\dfrac{k_r}{m} - \omega^2} \mathrm{e}^{\mathrm{i}\omega t} \\[3ex]
\boldsymbol{F}_s = -\dfrac{k_r \boldsymbol{r}}{2} = -\dfrac{k_r e\omega^2}{2\left(\dfrac{k_r}{m} - \omega^2\right)} \mathrm{e}^{\mathrm{i}\omega t}
\end{cases}
\tag{5-4}
$$

令 $\omega_{\mathrm{cr}} = \sqrt{\dfrac{k_r}{m}}$，$\lambda = \dfrac{\omega}{\omega_{\mathrm{cr}}}$，则上式可表示为

$$
\boldsymbol{F}_s = -\frac{k_r e}{2\left(\dfrac{1}{\lambda^2} - 1\right)} \mathrm{e}^{\mathrm{i}\omega t}
\tag{5-5}
$$

支点动载荷随转速的变化趋势：当 $\lambda<1$ 时，支点动载荷的幅值随转速的增大而增大，其相位与轮盘偏心距 $\boldsymbol{r}$ 相反；当 $\lambda=1$ 时，转子发生共振，理论上讲，转子运动幅值及支点动载荷为无穷大，但受阻尼影响，实际转子运动幅值为有限值，即为支点动载荷峰值点；当 $\lambda>1$ 时，支点动载荷的幅值随转速的增大而减小，其相位与偏心距相同。当 $\lambda\to\infty$ 时，即转速无穷大时，根据上述表达式，$\boldsymbol{F}_s \to \dfrac{k_r}{2}\boldsymbol{e}$。

根据转子动力学，当转子转速趋近于无穷大时，轮盘发生所谓自动定心，即此时轮盘的质

心位于旋转中心线上，转子动挠度等于偏心距 e，支点动载荷大小基本保持不变且趋近于定值$\frac{k_r e}{2}$。

由此可看出，当转子处于超临界状态时，弯曲刚度的提高会使具有同样不平衡的转子支点动载荷增加，因此，降低转子弯曲刚度是支点动载荷控制设计的重要方式。

进一步通过计算算例对转子运动状态进行分析，将表 5-1 中的各参数代入图 5-1 的计算模型中，计算并得到图 5-3 所示的转子系统盘心处的振幅及相位曲线和图 5-4 所示的临界前后，质心偏移转子的运动状态变化情况。

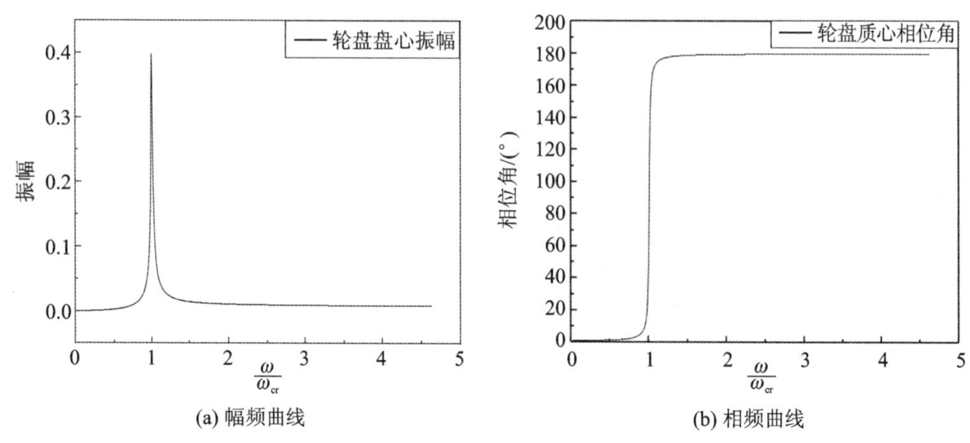

图 5-3 薄盘转子系统动挠度幅频及相频曲线

临界转速前后运动过程、弹性线及偏心距相位变化如图 5-4 所示。

从转子运动过程如图 5-4 所示，在低于临界转速时，转子形心位于旋转中心与质心之间，即所谓的“重边飞出”；当转子越过临界转速后发生“质心转向”，由图 5-3 中的相频曲线中可以看出，临界转速前后，转子动挠度的相位角从 0°迅速增加并接近 180°，转子运动形态则表现为由低于临界转速时的“重边飞出”变为“轻边飞出”，此时转子质心位于旋转中心与形心之间，并随转速的增大，逐渐向旋转中心靠近，同时，转轴弯曲具有的弹性回复力与质量偏心导致的旋转惯性激励载荷相平衡。

2. 惯性主轴偏斜

实际转子系统中，由于轮盘在转轴上的位置不同，轮盘质量分布同时具有质心偏移和惯性主轴倾斜，即所谓“偏斜”的薄盘转子系统，在高速运动中所产生的旋转惯性激励载荷及其振动响应特性具有不同的变化特征。

具有初始偏斜的薄盘转子系统如图 5-5 所示，轮盘的质量、极转动惯量及直径转动惯量分别为 m、I_p、I_d，G 为转子质心，I_1、I_2 分别为通过质心的轮盘极惯性主轴与轮盘两端面的交点。对于偏斜薄盘转子系统模型，旋转惯性激励载荷可以分解为，轮盘横向运动产生的离心力和在角向运动的陀螺力矩，即轮盘在 4 个自由度上的运动位移均会产生影响振动响应的旋转惯性激励载荷。

为了更好地描述轮盘的初始偏斜和在高速旋转中由于转轴弯曲变形所引起的轮盘倾斜，可以将轮盘极惯性主轴相对于旋转中心线的夹角，定义为轮盘偏置角(Skew Angle)，其大小

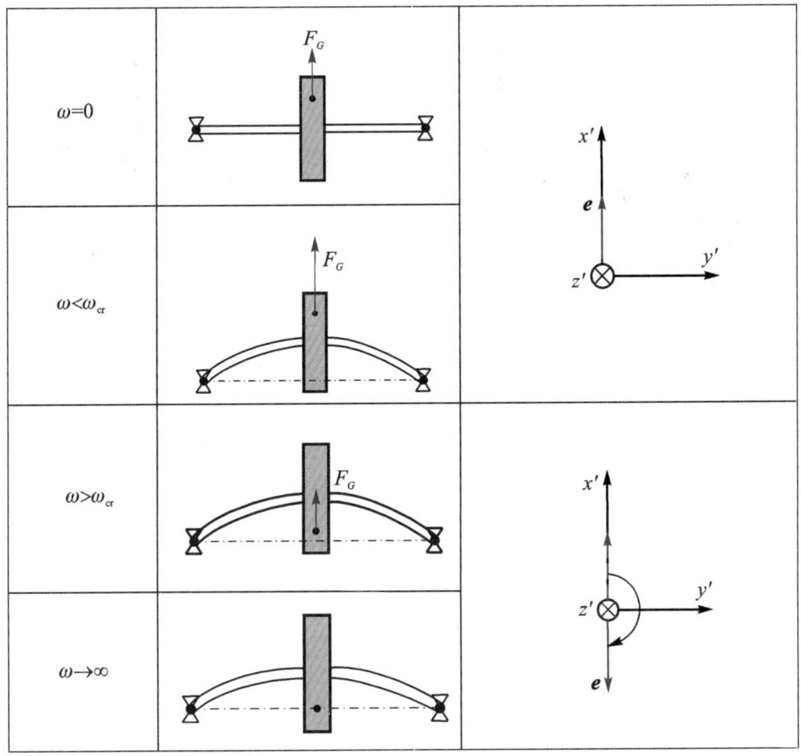

图 5-4　临界前后，质心偏移转子运动状态

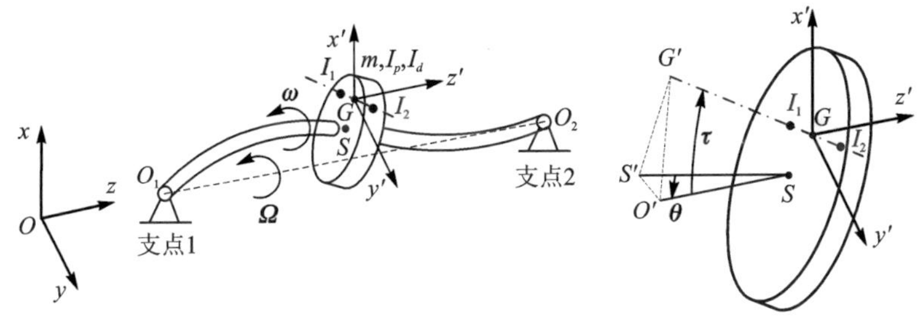

图 5-5　偏斜薄盘转子系统

为 τ，可以理解为轮盘相对于旋转中心线的初始倾斜角度；将当转子弯曲变形时，轮盘盘心处转轴弯曲的切线方向与旋转中心线的夹角定义为轮盘倾斜角(Inclination Angle)，用 θ 表示，可以理解为转轴弯曲变形引起的轮盘倾斜。

具有初始偏斜的薄盘转子系统，轮盘具有质心偏移，且其极惯性主轴与旋转中心轴无法在质心处相交而具有空间分布特征。图 5-6 所示为具有初始偏斜的薄盘转子系统示意图，可将初始偏斜转子的旋转惯性载荷分布分为两种情况。

初始偏斜轮盘偏置角与倾斜角位置如图 5-6 所示，蓝色虚线 I_1I_2 为通过质心 G 的轮盘极惯性轴，SO' 代表轮盘形心 S 处的旋转中心线方向(与实际旋转中心线 O_1O_2 平行)，SS' 代表轮盘形心处转轴的切线方向。图 5-6(a)所示为具有初始偏斜的轮盘转子中的一种旋转惯性激励的特殊分布情况，即轮盘极惯性主轴 I_1I_2 与旋转中心轴 SO'、盘心处转轴的切线方向

SS'位于同一平面(xOz 平面)内。

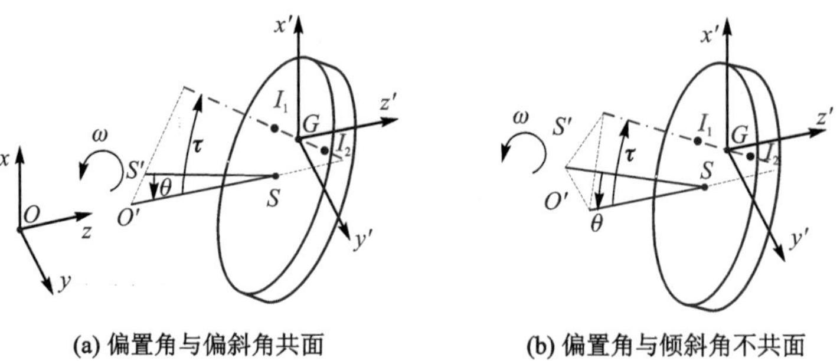

图 5-6　初始偏斜轮盘偏置角与倾斜角位置示意图

轮盘惯性主轴、旋转中心轴及盘心处转轴切线，三轴共面情况如图 5-6 (a)所示，随转子转速增加，轮盘发生质心转向，轮盘极惯性轴也随之转向 180°。轮盘运动过程中，偏置角 τ 与倾斜角 θ 的相对大小始终在 xOz 平面内发生变化，当转速趋于无穷大时，转子质心位于旋转中心轴上，且轮盘偏置角为 0，即惯性主轴与旋转中心轴重合。从支点动载荷相位变化上来看，轮盘的“掰正”过程仅发生在 xOz 内，前后支点动载荷也具有相同的相位变化过程，转向后动载荷的相位不再发生变化。

偏置角与倾斜角位于同一平面内是一种较为特殊分布状态，一般情况下轮盘偏斜为任意倾角，如图 5-6(b)所示，轮盘惯性主轴、旋转中心轴与盘心处转轴的切线方向，三者不在同一平面内。在这种状态中，也就是说质心偏移产生的离心力载荷与惯性主轴倾斜产生的陀螺力矩作用不在一个平面内，使得其对轮盘运动与支点动载荷的影响需要进行矢量合成。

转子系统角位移如图 5-7 所示，轮盘处转子弹性线的切线与 xOz、yOz 平面的夹角分别为 α 和 β。为描述转子系统角位移，定义转子角位移在 $O'-y'z'$ 和 $O'-x'z'$ 平面的分量分别为 α，β。由质量偏心引起的旋转惯性力载荷，根据力学平衡方程，轮盘对转轴的作用力为

$$\left.\begin{aligned} F_x &= k_r x + k_{r\theta}\alpha \\ F_y &= k_r y + k_{r\theta}\beta \end{aligned}\right\} \tag{5-6}$$

其中，k_r 为轮盘处横向变形弹性系数，$k_{r\theta}$ 为横向和角向耦合变形弹性系数。根据质心运动定理，即可得到轮盘的横向运动微分方程，即

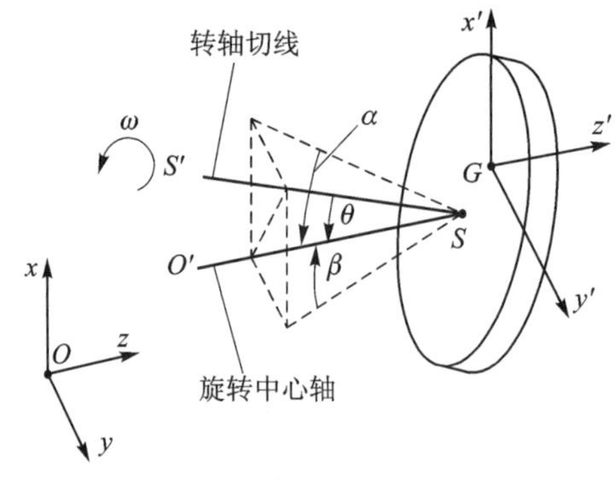

图 5-7　转子系统角位移

$$\left.\begin{aligned} m\ddot{x}+k_{r}x+k_{r\theta}\alpha=me\omega^{2}\cos\omega t \\ m\ddot{y}+k_{r}y+k_{r\theta}\beta=me\omega^{2}\sin\omega t \end{aligned}\right\} \tag{5-7}$$

轮盘绕质心作定轴转动时，极转动惯量与直径转动惯量会产生角动量的变化。将轮盘绕质心转动的角动量各分量向坐标系 $G-x'y'z'$ 投影，得到 $x'Gz'$ 和 $y'Gz'$ 平面内角动量投影的表达式，即

$$\left.\begin{aligned} L_{x'}=I_{p}\omega\alpha-I_{d}\dot{\beta} \\ L_{y'}=I_{p}\omega\beta+I_{d}\dot{\alpha} \end{aligned}\right\} \tag{5-8}$$

由理论力学可知，刚体在绝对坐标系 $O-xyz$ 中对其质心的角动量等于刚体在平动坐标系 $G-x'y'z'$ 中对其质心的角动量。因此，由角动量定理可得

$$\left.\begin{aligned} \frac{\mathrm{d}L_{x'}}{\mathrm{d}t}=I_{p}\omega\dot{\alpha}-I_{d}\ddot{\beta}=-M_{x} \\ \frac{\mathrm{d}L_{y'}}{\mathrm{d}t}=I_{p}\omega\dot{\beta}+I_{d}\ddot{\alpha}=-M_{y} \end{aligned}\right\} \tag{5-9}$$

惯性载荷激励项可将 3.2 节中惯性力矩载荷的表达式代入式(5－9)中，得到轮盘偏摆运动的微分方程，即

$$\left.\begin{aligned} I_{d}\ddot{\alpha}+I_{p}\omega\dot{\beta}+k_{r\theta}x+k_{\theta}\alpha=-(I_{p}-I_{d})\tau\omega^{2}\cos(\omega t+\beta'_{\tau}) \\ I_{d}\ddot{\beta}-I_{p}\omega\dot{\alpha}+k_{r\theta}y+k_{\theta}\beta=-(I_{p}-I_{d})\tau\omega^{2}\sin(\omega t+\beta'_{\tau}) \end{aligned}\right\} \tag{5-10}$$

至此，将式(5－7)与式(5－10)联立得到如图 5－5 所示偏斜薄盘转子系统的运动微分方程：

$$\left.\begin{aligned} &m\ddot{x}+k_{r}x+k_{r\theta}\alpha=me\omega^{2}\cos\omega t \\ &m\ddot{y}+k_{r}y+k_{r\theta}\beta=me\omega^{2}\sin\omega t \\ &I_{d}\ddot{\alpha}+I_{p}\omega\dot{\beta}+k_{r\theta}x+k_{\theta}\alpha=-(I_{p}-I_{d})\tau\omega^{2}\cos(\omega t+\beta'_{\tau}) \\ &I_{d}\ddot{\beta}-I_{p}\omega\dot{\alpha}+k_{r\theta}y+k_{\theta}\beta=-(I_{p}-I_{d})\tau\omega^{2}\sin(\omega t+\beta'_{\tau}) \end{aligned}\right\} \tag{5-11}$$

如图 5－8 所示，转子旋转过程中转轴所受的旋转惯性激励载荷与支点动载荷相互平衡，采用复数形式表示前后支点的动载荷：

$$\left.\begin{aligned} F_{1}=\frac{m(r+e)\omega^{2}l/2-(I_{d}-I_{p})\theta\omega^{2}}{l}\mathrm{e}^{\mathrm{i}\omega t}=\frac{(F_{I}+me\omega^{2})l/2-M_{I}}{l}\mathrm{e}^{\mathrm{i}\omega t} \\ F_{2}=\frac{m(r+e)\omega^{2}l/2+(I_{d}-I_{p})\theta\omega^{2}}{l}\mathrm{e}^{\mathrm{i}\omega t}=\frac{(F_{I}+me\omega^{2})l/2+M_{I}}{l}\mathrm{e}^{\mathrm{i}\omega t} \end{aligned}\right\} \tag{5-12}$$

其中，$F_{I}=m\omega^{2}r$，$M_{I}=(I_{d}-I_{p})\omega^{2}\theta$ 分别为由单元质心偏移与惯性主轴倾斜产生的惯性力和惯性力矩的幅值。由式(5－12)可知，支点动载荷由两部分组成，一部分为质心偏移产生的惯性力载荷，另一部分为由于惯性主轴倾斜产生的惯性力矩载荷。因此，对于实际转子系统振动响应特性，除考虑质心偏移的影响外，还需要考虑由于惯性轴倾斜产生的惯性力矩载荷作用。

采用表 5－1 中的计算参数对轮盘惯性主轴偏斜转子进行动力特性计算，设置轮盘具有初始质量偏心与初始偏置角，其中初始的质量偏心通过不平衡量来表示，其大小为 50 g·mm。设置轮盘初始偏置角为 1×10^{-5} rad，将其换算成力矩形式为

$$M_{\tau}=(I_{p}-I_{d})\tau=(5.25-2.70)\times10^{9}\ \mathrm{g\cdot mm^{2}}\times1\times10^{-5}\ \mathrm{rad}=2.55\times10^{4}\ \mathrm{g\cdot mm^{2}}$$

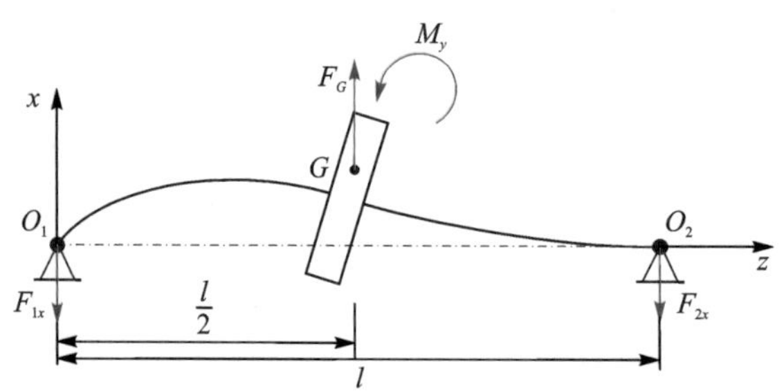

图 5-8 薄盘转子系统 xOz 平面内受力分析图

表 5-1 薄盘转子系统计算参数表

参 数	取 值	参 数	取 值	参 数	取 值
轮盘直径/mm	160	轮盘厚度 t/mm	40	质心轴向位置/mm	320
轮盘质量 m/kg	115.27	极转动惯量 $I_p/(\mathrm{kg \cdot m^2})$	5.25	直径转动惯量 $I_d/(\mathrm{kg \cdot m^2})$	2.70
极/直径转动惯量比	1.94	轴颈长度 L/mm	300	弹性模量 E_1/GPa	181
截面惯性矩 $I_1/\mathrm{m^4}$	2.2×10^{-5}	弹性模量 E_2/GPa	181	截面惯性矩 $I_2/\mathrm{m^4}$	2.2×10^{-5}

注：前后支点刚度为 5×10^7 N/m。

其中，轮盘初始偏斜导致的旋转惯性力 $\boldsymbol{F}_e$ 与惯性主轴倾斜产生的旋转惯性力矩 $\boldsymbol{M}_\tau$ 的主矢方向一致，计算结果如图 5-9 和图 5-10 所示。

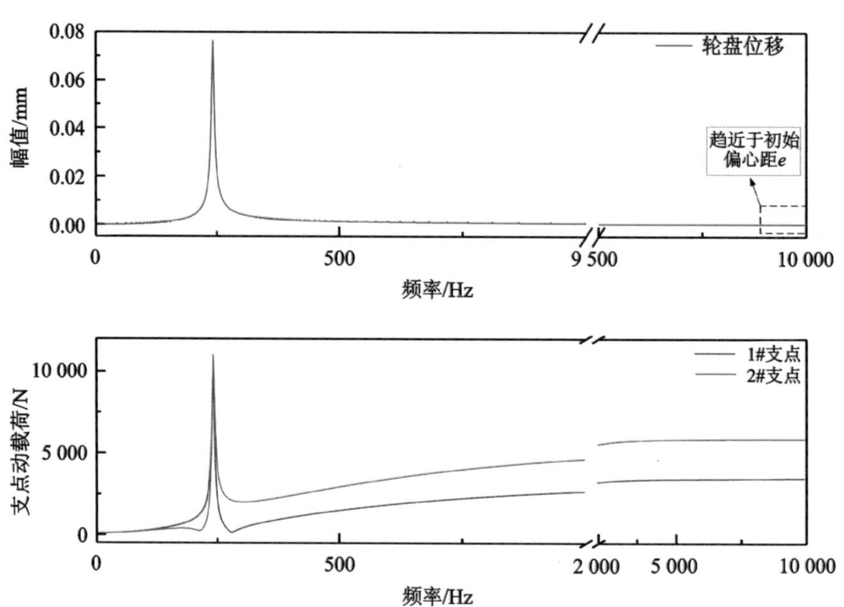

图 5-9 初始偏斜轮盘质心处位移及支点动载荷幅频曲线

对于具有初始偏斜的轮盘转子系统，超过一阶临界转速后，转子会发生与“质心偏移”转子特性一致的“质心转向”，即随转速增加，轮盘幅值会逐渐接近偏心距，轮盘形心处转轴的回复力与轮盘离心力载荷相平衡，位移幅值逐渐趋近于初始偏心距 e。

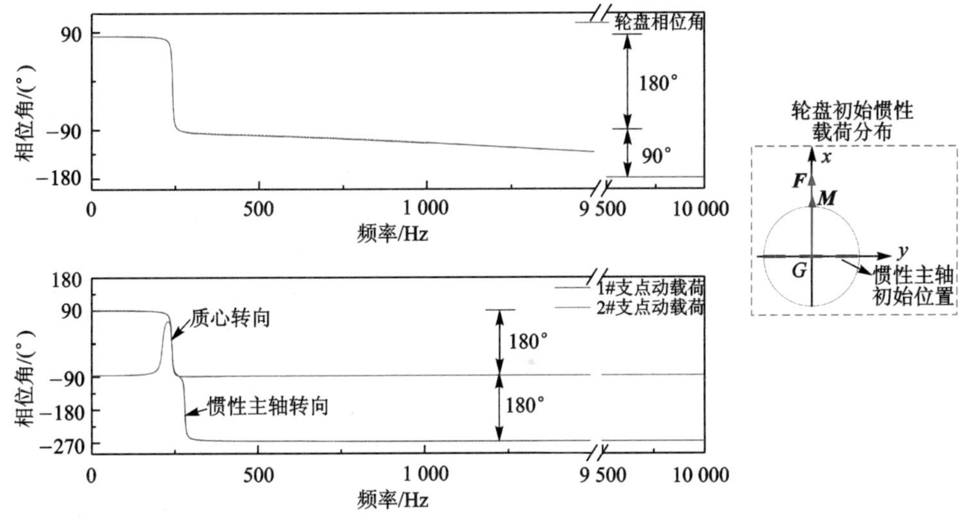

图 5-10　偏斜薄盘位移及支点动载荷相频曲线

而从支点动载荷幅频曲线中可以看出，超过临界转速后，前后支点动载荷仍会随转速持续增加，当转速逐渐趋近于无穷大时，动载荷的幅值变化趋于平缓，最终接近稳定值。支点动载荷的变化主要受轮盘运动形式及其产生的惯性载荷影响，弹性线变化可反映偏斜转子的运动过程，根据图 5-9 和图 5-10 的计算结果，绘制的转子弹性线示意图如图 5-11 所示。

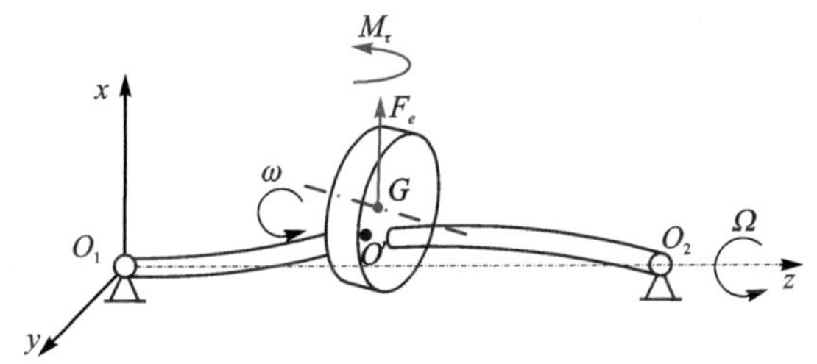

(a) 阶段1：亚临界状态-质心转向前

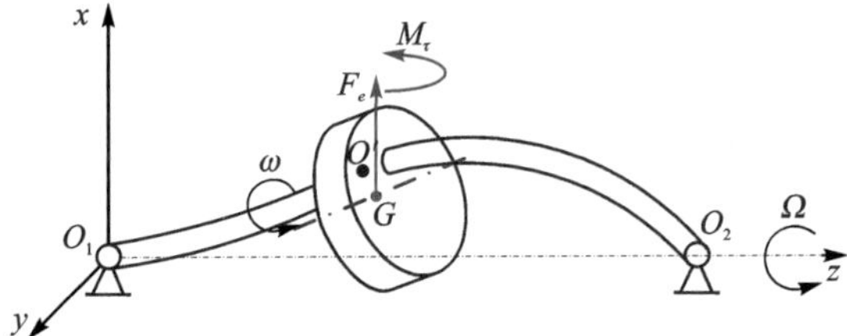

(b) 阶段2：超临界状态-质心转向后

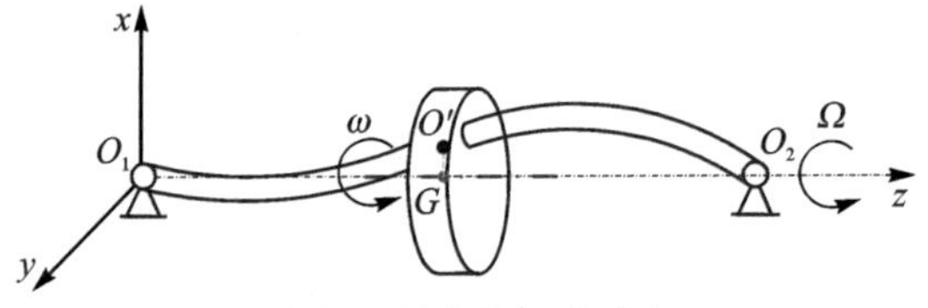

(c) 阶段3：转速升高-自动定心

图 5-11　不同转速下轮盘转子变形弹性线

不同转速下轮盘转子变形弹性线如图 5－11 所示，轮盘以 O' 为自转中心，以角速度 ω 自转，轮盘质心为 G，通过质心的蓝色虚线为轮盘惯性主轴，可将转子运动分为 3 个阶段：

阶段 1：如图 5－11(a)所示，在亚临界状态，其质心相位与惯性力方向保持一致，即轮盘相位角及支点动载荷的相位角与初始状态相比并未发生显著变化。

阶段 2：如图 5－11(b)所示，转子通过临界转速时发生质心转向，相位角变化 180°，即质心 G 从亚临界位于轮盘外侧转移到轮盘内侧，与旋转中心 O' 位置互换，逐渐与转子系统旋转中心轴重合，惯性力显著减小。

阶段 3：如图 5－11(c)和图 5－12(极惯性主轴与旋转中心轴的共面表示)所示，该过程主要受旋转惯性力矩主导。轮盘的相位曲线呈缓慢变化趋势；随转速持续增大，轮盘响应相位趋近于进一步变化 90°。此时，轮盘惯性主轴与旋转中心轴趋近于重合，轮盘被陀螺力矩"掰正"，转子系统处于稳定转动状态。

进一步对偏斜薄盘转子弹性线进行分析可知，临界转速后支点动载荷持续增加的主要原因为，尽管超临界下惯性力引起动载荷会随之迅速减小，但轮盘惯性主轴"掰正"的过程中所存在的旋转惯性力矩会进一步作用于两支点之上，并加大动载荷。

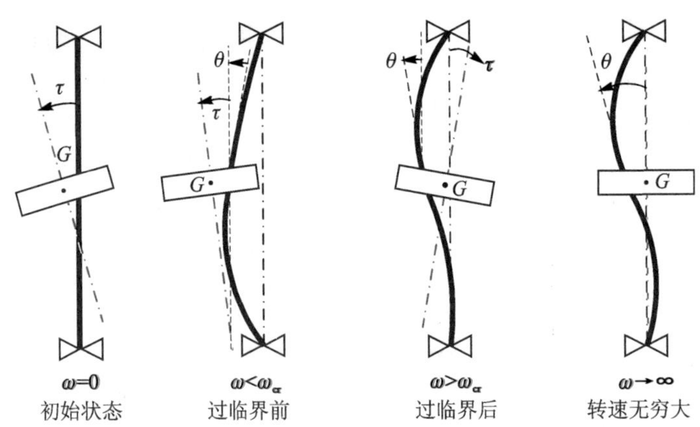

图 5－12　薄盘转子系统 θ 和 τ 之间的相对关系($I_p > I_d$)

5.1.2　厚盘转子系统

轴向长度较长、径向尺寸较大、刚度较高的厚盘转子系统如图 5－13 所示，其在高速旋转时所产生的旋转惯性激励载荷大小及变化规律不同于薄盘转子系统。最重要的是，厚盘转子系统的旋转惯性力矩的方向可加轮盘倾斜角度，形成"局部俯仰"，并且产生"惯性主轴转向"现象。

一般厚盘转子系统的运动可分为 2 两种运动的组合——与极惯性主轴平行的横向回转运动和与旋转中心轴有一定夹角的倾斜回转运动，也称之为圆柱回转运动和圆锥回转运动。横向回转运动如图 5－14(a)所示，转子形心线与旋转中心线平行，形心与旋转中心位移向量为 $\boldsymbol{r}$，转子整体绕旋转中心线以角速度 Ω 进动并绕自身形心线以角速度 ω 转动；倾斜回转运动如图 5－14(b)所示，转子质心位于旋转中心线上，转子形心线与旋转中心线存在角位移 θ，转子整体绕旋转中心线以角速度 Ω 进动并绕自身形心线以角速度 ω 转动。在厚盘结构同时具有质心偏移和惯性主轴倾斜时，转子的运动为两者的叠加，如图 5－14(c)所示，即同时存在位移

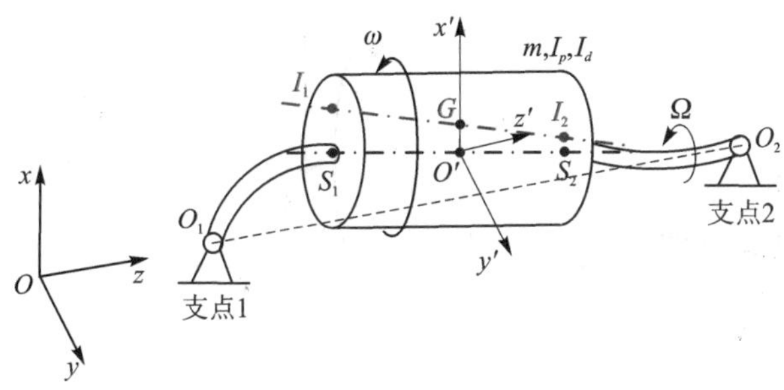

图 5-13　厚盘转子系统

向量 **r** 和角位移 θ，称之为偏斜回转运动。需要说明的是，如果惯性主轴与旋转中心线不在一个平面内时，转子各截面上的振动响应会产生一定的相位变化。厚盘转子系统转速进一步提升后的变形和运动如图 5-14(d)所示，厚盘发生弯曲变形，进行弯曲回转（也称之为弓形回转）运动，此时转子关于旋转中心线的质量将发生重新分布，可以视为两个“厚盘结构单元”进行研究。

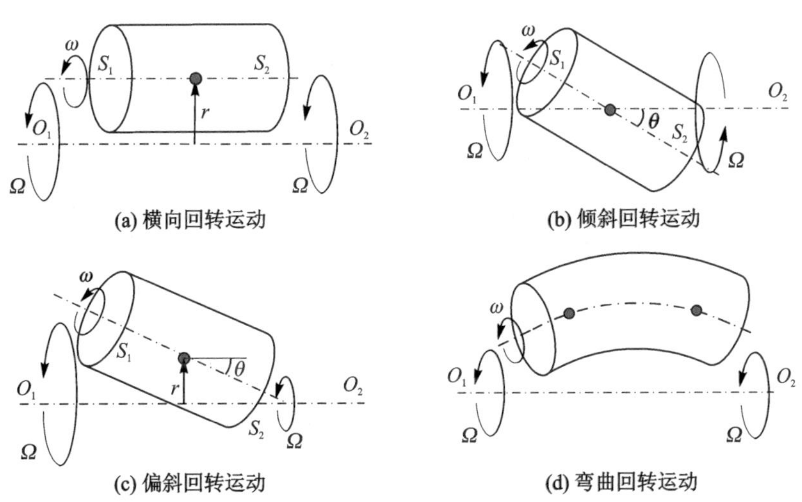

图 5-14　厚盘转子系统变形及涡动

1. 惯性主轴倾斜

与薄盘转子系统相比，厚盘转子系统极转动惯量与直径转动惯量之比接近或小于 1，陀螺效应弱并且方向可能发生变化，从而在高速旋转时厚盘易产生“俯仰运动”。因此，角向运动是描述厚盘转子系统响应特性的关键，先对仅存在偏置角的跨中厚盘转子系统进行分析，如图 5-15 所示。

厚盘位于转轴跨中，前后轴弯曲刚度相同，不考虑弹性支承和阻尼，此时，转子横向运动与角向运动相互独立，无交叉刚度项。厚盘质心 G 与形心 S 重合，极惯性主轴 I_1I_2 与形心线 S_1S_2 间的偏置角为 τ，即厚盘转子系统存在偶不平衡。厚盘转子以角速度 ω 绕转轴转动，在自身旋转惯性力矩作用下，转子进行同步正向涡动，位于跨中的厚盘仅产生角向俯仰运动，角位移为 θ，角向等效刚度为 k_θ。

根据式(5-11)中的后两式，厚盘列力矩平衡方程：

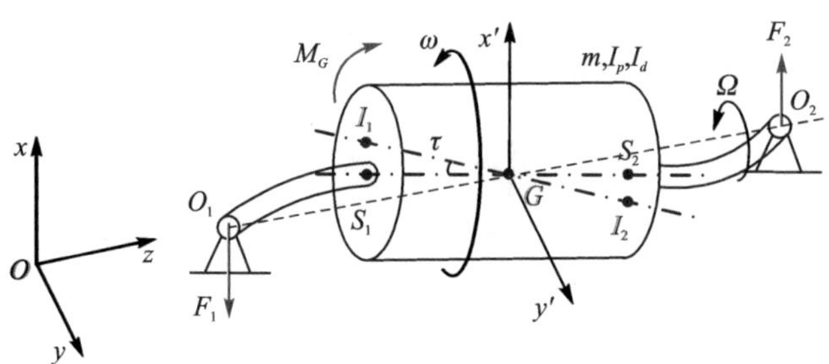

图 5-15　厚盘位于跨中的转子系统

$$-(I_p\omega - I_d\Omega)\Omega\theta - (I_p - I_d)\omega^2\tau + (-k_\theta\theta) = 0 \tag{5-13}$$

由力矩平衡方程(5-13)可求得角位移，即

$$\theta = -\frac{(I_p - I_d)\omega^2\tau}{I_p\omega\Omega - I_d\Omega^2 + k_\theta} \tag{5-14}$$

在旋转惯性激励作用下，厚盘转子进行同步正向涡动，将 $\Omega=\omega$ 代入式(5-14)可知

$$\theta = \frac{(I_d - I_p)\omega^2\tau}{k_\theta - (I_d - I_p)\omega^2} \tag{5-15}$$

由角位移计算式(5-16)，可知厚盘转子系统在旋转惯性激励载荷作用下的转子转速逐渐增大过程中的运动特征：

① 若 $I_p > I_d$，则式(5-16)的分母恒为正值，因此，厚盘倾斜变形的角位移 θ 与初始偏置角方向相反，随转速提高，陀螺力矩效应加大，且当 $\omega\to\infty$ 时，$\theta\approx-\tau$，即极惯性主轴初始倾斜角由角位移抵消，极惯性主轴与旋转中心线重合。这与轮盘-轴转子系统类似，只不过陀螺力矩效应在低转速时较小，只有在高转速时才能显现其力学效果。

② 对于长厚盘转子，其 $I_p < I_d$，可将其写为如下形式：

$$\theta = \frac{\tau}{\left(\frac{\omega_{cr}}{\omega}\right)^2 - 1} \tag{5-16}$$

其中，$\omega_{cr} = \sqrt{\dfrac{k_\theta}{I_d - I_p}}$。

由式(5-16)可知厚盘转子具有运动特征，如图 5-16 所示。

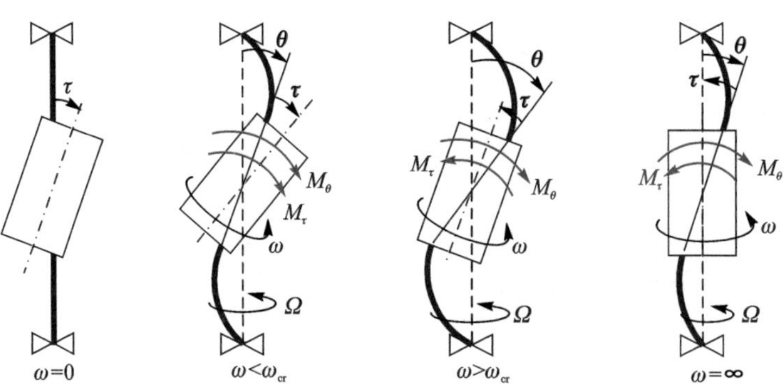

图 5-16　惯性主轴倾斜旋转惯性激励下厚盘转子系统运动特征

当 $\omega<\omega_{cr}$，$\theta>0$，且角位移 θ 关于 ω 单调递增，陀螺力矩不断增大；

当 $\omega=\omega_{cr}$，转子处于共振状态，角位移出现峰值，发生相位突变，可称为“惯性主轴转向”；

当 $\omega>\omega_{cr}$，$\theta<0$，即偏置角 τ 与角位移 θ 由同向变为反向，旋转惯性力矩 $M_\tau=-(I_p-I_d)\omega^2\tau$ 由使角位移增大变为使角位移减小，角位移大小 $|\theta|$ 关于 λ 单调递减；

当 $\omega\to\infty$，角位移 $\theta\to-\tau$，角位移 θ 与偏置角 τ 大小相同，方向相反，因此，相互抵消，厚盘极惯性主轴与其旋转中心线重合。

对厚盘转子运动平衡方程组，厚盘转子受到厚盘自身陀螺力矩和支反力作用：

$$\begin{cases}F_1+F_2=0\\M_G+F_1l_1-F_2l_2=0\end{cases}\tag{5-17}$$

其中，$F_{1,2}$ 为支反力，$l_1=l_2=l/2$ 为支点到厚盘质心距离。

由平衡方程组(5-17)可得

$$F_1=-F_2=-\frac{M_G}{l}=\frac{(I_p-I_d)\omega^2(\theta+\tau)}{l}=\left(\frac{1}{1-(\omega_{cr}/\omega)^2}\right)\frac{k_\theta\tau}{l}\tag{5-18}$$

由支反力计算式(5-18)，结合转子运动状态可知厚盘转子系统在旋转惯性激励载荷作用下的转子转速逐渐增大过程中的支点动载荷响应：

① 随转速增大，转子弯曲变形越来越大，支点动载荷随角向变形增加而不断增大，前后支点动载荷相位相反，在临界点处发生“惯性主轴转向”，后逐渐减小。

② 当 $\omega\to\infty$，支点动载荷 $|F_{1,2}|\to\frac{k_\theta\tau}{l}$。这是由于支点动载荷提供的力矩与转轴的弹性恢复力矩平衡，当 $\omega\to\infty$ 时，角位移与偏置角大小相等，弹性恢复力矩为 $-k_\theta\tau$，转子跨度为 l，因此支点动载荷大小为 $\frac{k_\theta\tau}{l}$。易知，转轴角向刚度 k_θ 增大将使高转速下的支点动载荷增大。

2. 惯性主轴偏斜

实际转子系统中，与薄盘转子系统相同的是，厚盘转子系统也会同时具有质心偏移和惯性主轴倾斜的“偏斜”问题，其力学模型如图 5-17 所示。

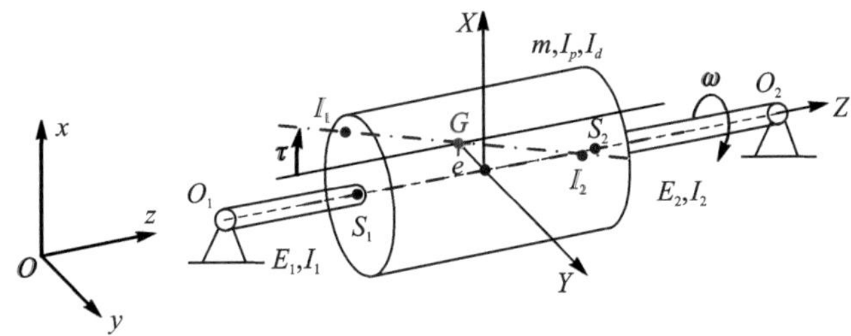

图 5-17　偏斜厚盘转子系统

动力学方程形式与式(5-11)一致，由于在旋转惯性激励载荷作用下，转子系统仅发生同步正向涡动，可假设为

$$\left.\begin{aligned} x &= R_e\cos\omega t + R_\tau\cos(\omega t + \beta'_\tau) \\ y &= R_e\sin\omega t + R_\tau sin(\omega t + \beta'_\tau) \\ \alpha &= \Theta_e\cos\omega t + \Theta_\tau\cos(\omega t + \beta'_\tau) \\ \beta &= \Theta_e\sin\omega t + \Theta_\tau sin(\omega t + \beta'_\tau) \end{aligned}\right\} \tag{5-19}$$

其中，R_e 为初始旋转惯性力产生的横向运动幅值，R_τ 为初始旋转惯性力矩产生的横向运动幅值，Θ_e 为附加旋转惯性力产生的角向运动幅值，Θ_τ 为附加旋转惯性力矩产生的角向运动幅值。

将稳态解(5-19)代入方程组(5-11)，可解得

$$\left.\begin{aligned} R_e &= \frac{[k_{22}-(I_d-I_p)\omega^2]me\omega^2}{(k_{11}-m\omega^2)[k_{22}+(I_p-I_d)\omega^2]-k_{12}^2}, \quad R_\tau = \frac{-k_{12}(I_d-I_p)\tau\omega^2}{(k_{11}-m\omega^2)[k_{22}+(I_p-I_d)\omega^2]-k_{12}^2} \\ \Theta_e &= \frac{-k_{12}me\omega^2}{(k_{11}-m\omega^2)[k_{22}+(I_p-I_d)\omega^2]-k_{12}^2}, \quad \Theta_\tau = \frac{(k_{11}-m\omega^2)(I_d-I_p)\tau\omega^2}{(k_{11}-m\omega^2)[k_{22}+(I_p-I_d)\omega^2]-k_{12}^2} \end{aligned}\right\} \tag{5-20}$$

将式(5-20)中的分母记为 $f(\omega)=(k_{11}-m\omega^2)[k_{22}+(I_p-I_d)\omega^2]-{k_{12}}^2$，由 $f(\omega)=0$ 可得厚盘转子系统临界转速计算公式为

$$\omega^2 = \frac{[k_{11}(I_d-I_p)+k_{22}m] \pm \sqrt{[k_{11}(I_d-I_p)+k_{22}m]^2-4m(I_d-I_p)(k_{11}k_{22}-k_{12}^2)}}{2m(I_d-I_p)} \tag{5-21}$$

一般情况下，有 $k_{11}k_{22}-k_{12}^2>0$，对于厚盘转子，有 $I_p<I_d$，则共振转速计算式(5-21)有两个根，即厚盘转子系统存在两阶共振转速，一阶为横向模态，一阶为角向模态。需要说明的是，对于一般转子系统角向刚度较大，因此，角向模态共振转速处于高转速区域，一般可以忽略，但角向变形所引起的旋转惯性对转子振动响应的影响需要考虑。

当转速远高于共振转速时，可得转子运动幅值为

$$\left.\begin{aligned} \lim_{\omega\to+\infty} R_e &= \lim_{\omega\to+\infty}\frac{[k_{22}-(I_d-I_p)\omega^2]me\omega^2}{(k_{11}-m\omega^2)[k_{22}+(I_p-I_d)\omega^2]-k_{12}^2} = -e \\ \lim_{\omega\to+\infty} R_\tau &= \lim_{\omega\to+\infty}\frac{-k_{12}(I_d-I_p)\tau\omega^2}{(k_{11}-m\omega^2)[k_{22}+(I_p-I_d)\omega^2]-k_{12}^2} = 0 \\ \lim_{\omega\to+\infty} \Theta_e &= \lim_{\omega\to+\infty}\frac{-k_{12}me\omega^2}{(k_{11}-m\omega^2)[k_{22}+(I_p-I_d)\omega^2]-k_{12}^2} = 0 \\ \lim_{\omega\to+\infty} \Theta_\tau &= \lim_{\omega\to+\infty}\frac{[k_{11}-m\omega^2](I_d-I_p)\tau\omega^2}{(k_{11}-m\omega^2)[k_{22}+(I_p-I_d)\omega^2]-{k_{12}}^2} = -\tau \end{aligned}\right\} \tag{5-22}$$

即当转速远大于两阶共振转速时，转子位移 $\lim\limits_{\omega\to+\infty}|\boldsymbol{r}| = \lim\limits_{\omega\to+\infty}\sqrt{x^2+y^2}=e$，转子角位移 $\lim\limits_{\omega\to+\infty}|\boldsymbol{\theta}| = \lim\limits_{\omega\to+\infty}\sqrt{\alpha^2+\beta^2}=\tau$，由式(5-22)可知，位移与偏心距 e、角位移与偏置角 τ 相位相反相互抵消，极惯性主轴回到旋转中心线上，因此，具有初始极惯性主轴偏斜的厚盘转子系统在高转速下会“自动定心”，如图 5-18 所示。

下面通过一个算例说明厚盘转子系统在转速升高过程中转子运动及位移变化的力学过程。材料与结构参数见表 5-2，假设厚盘转子极惯性主轴存在偏心距 e($e=7.54\times10^{-4}$ mm)和偏置角 τ($\tau=6.25\times10^{-5}$ rad)，且其矢量方向初始相位相同，极惯性主轴与形心线异面，即在

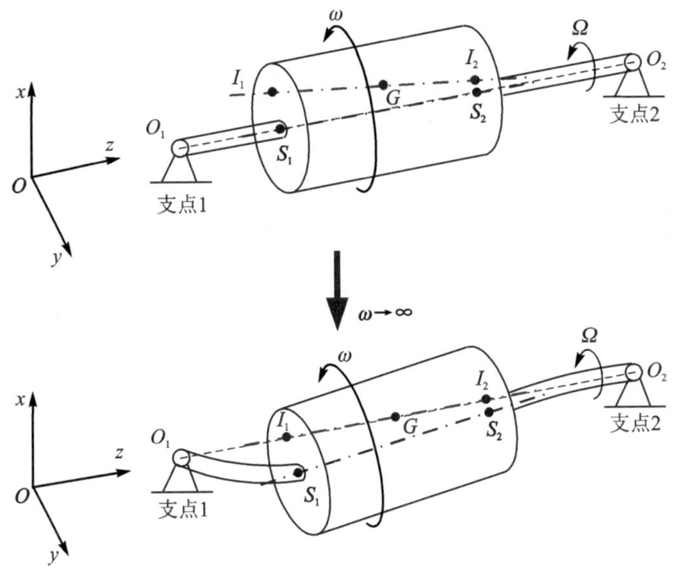

图 5-18　厚盘转子系统自动定心

正交平面上分别作用有初始旋转惯性力($O-YZ$ 平面)和初始旋转惯性力矩($O-XZ$ 平面)。

表 5-2　厚盘转子系统模型参数

参　数	取　值	参　数	取　值
厚盘直径 D/mm	250	厚盘长度 L/mm	300
质心位置 l_1/mm	150	厚盘质量/kg	66.27
极转动惯量 I_p/(kg·m^2)	0.52	直径转动惯量 I_d/(kg·m^2)	0.76
极/直径转动惯量比	0.68	前轴颈长 a/mm	200
弹性模量 E_1/GPa	110	截面惯性矩 I_1/m^4	5.4×10^{-7}
弹性模量 E_2/GPa	110	截面惯性矩 I_2/m^4	5.4×10^{-7}

注:表中截面惯性矩代表外半径 40 mm、厚度 3 mm 的空心厚盘。

可以将偏心距和偏置角按照下式换算为不平衡量:

$$me=66.27\times10^3\ \text{g}\times7.54\times10^{-4}\ \text{mm}=50\ \text{g}\cdot\text{mm}$$

$$(I_d-I_p)\tau=(0.76-0.52)\times10^9\ \text{g}\cdot\text{mm}^2\times6.25\times10^{-5}\ \text{rad}=1.5\times10^4\ \text{g}\cdot\text{mm}^2 \tag{5-23}$$

图 5-19 所示为厚盘的振动幅值情况。

厚盘转子运动位移幅值随转速变化的曲线如图 5-19 所示,转子存在两阶峰值,分别为厚盘平动和厚盘俯仰振型,这与理论分析结果一致,进一步结合图 5-20 所示的弹性线结果对厚盘转子运动状态进行分析,厚盘转子在转速升高过程中的运动可大致分为以下 4 个阶段:

阶段 1:低转速下,转子在初始旋转惯性载荷 F_e 和 M_τ 作用下,沿该载荷方向发生变形,其形式与转子第 1 阶模态平动振型相近,并存在一定角向倾斜。

阶段 2:经过转子平动共振转速后,转子发生质心转向,转子质心逐渐靠近旋转中心线;随转速进一步增大并靠近转子俯仰共振转速,旋转惯性力矩的影响不断增强。

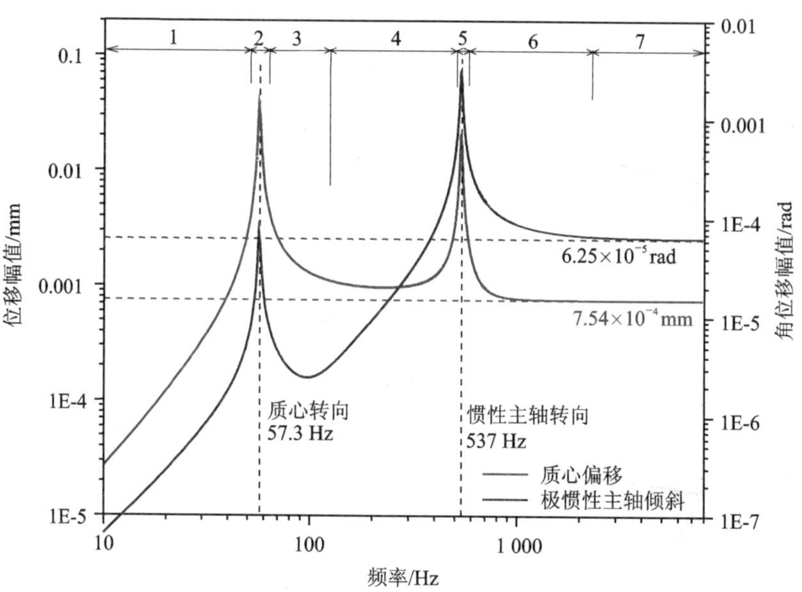

图 5-19　厚盘转子运动位移幅值随转速变化情况

阶段 3:经过转子俯仰共振转速后,转子发生惯性主轴转向,转子角向变形不断减小,极惯性主轴逐渐和旋转中心线靠近。

阶段 4:在远高于两阶共振转速时,转子发生自动定心,转子横向位移幅值$|\boldsymbol{r}|\approx e=7.54\times 10^{-4}$ mm,转子角位移幅值$|\boldsymbol{\theta}|\approx\tau=6.25\times 10^{-5}$ rad,即转子形心平移量趋于偏心距($r\rightarrow e$),转子角位移趋于偏置角($\theta\rightarrow\tau$),此时,转子支点动载荷由转子自动定心所需的转轴弹性恢复力决定。

厚盘转子系统 1#、2# 支点动载荷及其相位随转速变化规律如图 5-21 和图 5-22 所示,第一阶临界前,支点动载荷由初始旋转惯性激励主导,支点动载荷呈线性增长,由于转子受到 $O-YZ$ 平面的初始惯性力和 $O-XZ$ 平面的初始惯性力矩,1#、2# 支点动载荷相位角分布于 0°左右。靠近转子平动模态共振转速时,转子附加惯性载荷突增,并形成第一阶共振峰(57.3 Hz),转子发生质心转向,支点动载荷随之变化约 180°。经过转子平动共振转速后,转子平动模态振型成分减小,转子俯仰模态振型成分逐渐增大,旋转惯性力矩成分增加。旋转惯性力矩在 1#、2# 支点处引起的动载荷相位相反,因此 1#、2# 支点动载荷幅值之差逐渐增大,且相位逐渐趋于 180°。靠近转子俯仰模态共振转速时,转子附加旋转惯性载荷突增并形成第二阶共振峰(537 Hz),转子发生惯性主轴转向,支点动载荷随之变化 180°。经过两阶共振转速后,转子发生自动定心,支点动载荷也趋于定值。

下面分析不同旋转惯性载荷对支点动载荷的影响规律。按照旋转惯性载荷来源于惯性主轴初始偏斜或转速下变形,惯性载荷影响系统可分为初始惯性载荷影响系数 C_i 和附加惯性载荷影响系数 C_a;按照旋转惯性载荷来源于惯性主轴偏移或倾斜,旋转惯性影响系数可分为旋转惯性力影响系数 C_F 和旋转惯性力矩影响系数 C_M。各影响系数定义如下:

$$\begin{cases} C_{i,j}=\dfrac{|Q_{i,j}|}{|Q_{i,j}|+|Q_{a,j}|}\times 100\% \\ C_{a,j}=\dfrac{|Q_{a,j}|}{|Q_{i,j}|+|Q_{a,j}|}\times 100\% \end{cases} \tag{5-24}$$

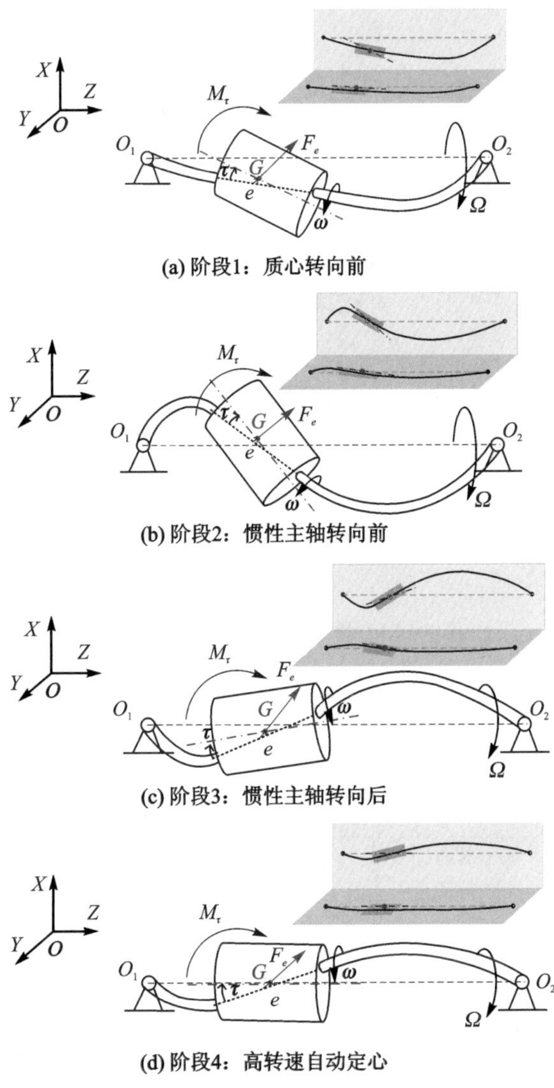

图 5-20　厚盘转子系统弹性线随转速变化

$$\begin{cases} C_{F,j}=\dfrac{|F_j|}{|F_j|+|M_j|}\times 100\% \\ C_{M,j}=\dfrac{|M_j|}{|F_j|+|M_j|}\times 100\% \end{cases} \tag{5-25}$$

其中，$j=1,2$ 代表 1# 支点或 2# 支点，$|Q_{i,j}|$ 代表 j 号支点动载荷中的初始惯性载荷成分，$|Q_{a,j}|$ 代表 j 号支点动载荷中的附加惯性载荷成分，$|F_j|$ 代表 j 号支点动载荷中的旋转惯性力成分(包括初始旋转惯性力和附加旋转惯性力)，$|M_j|$ 代表 j 号支点动载荷中的旋转惯性力矩成分。

由以上定义可知，各影响系数变化范围为 0～100%。由于各力和力矩矢量分布于不同平面，故分别计算 $O-XZ$ 平面和 $O-YZ$ 平面的影响系数，并将两平面的影响系数根据分母大小加权平均计算得到最终的影响系数。

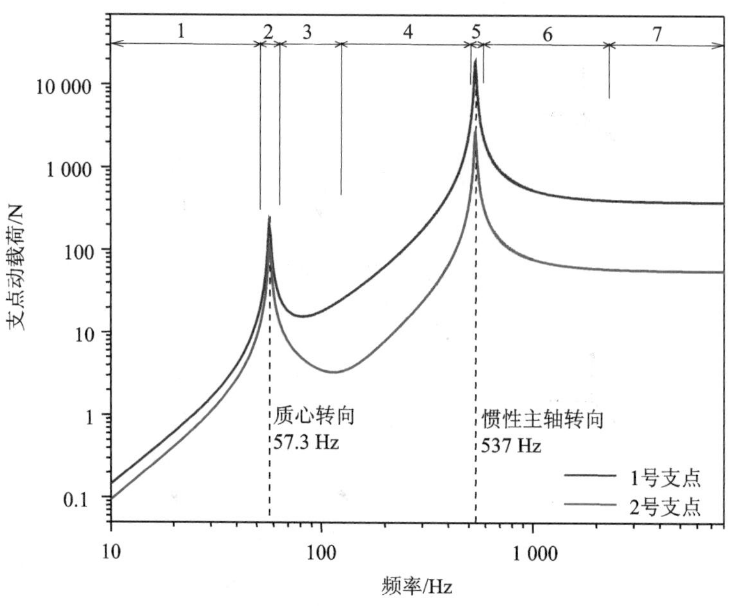

图 5-21　厚盘转子系统支点动载荷

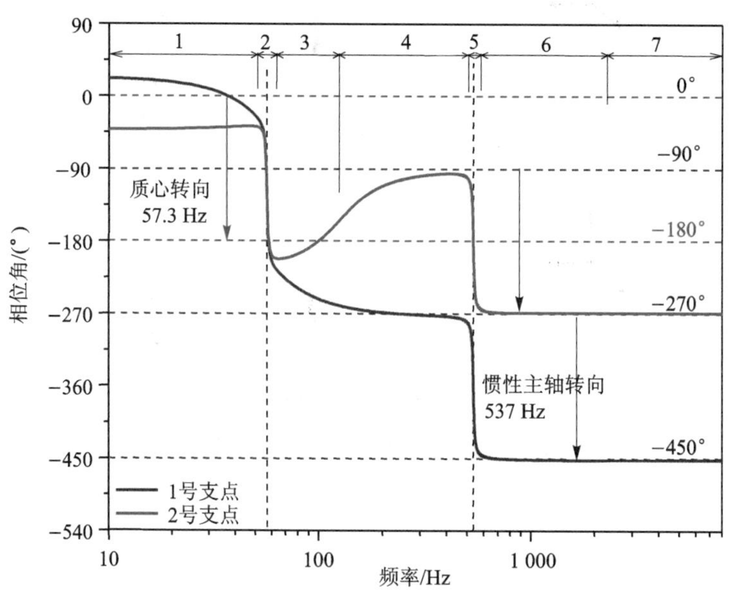

图 5-22　厚盘转子系统支点动载荷相位

1#支点动载荷受不同类型旋转惯性载荷的影响程度如图 5-23 所示，图 5-23(a)中，在低转速区，转子弯曲变形很小，初始惯性载荷(不平衡)对支点动载荷起主导作用；在共振转速时附加惯性载荷影响系数约为 100%；靠近并经过共振转速后，附加惯性载荷影响系数保持较高水平，不低于 50%。由图 5-23(b)可知，在低转速区，初始惯性载荷主导，惯性力和惯性力矩的影响占比由初始质心偏移和极惯性主轴倾斜角的相对大小决定；转子转速靠近第一阶转子平动共振转速，支点动载荷由质心偏移产生的旋转惯性力主导。在转子平动共振转速时接近 100%；经过转子平动共振转速并靠近转子俯仰共振转速后，转子运动中转子俯仰模态成分

明显增高，旋转惯性力矩影响系数相对增大，并趋于稳定，这与转轴的刚度特性有关。

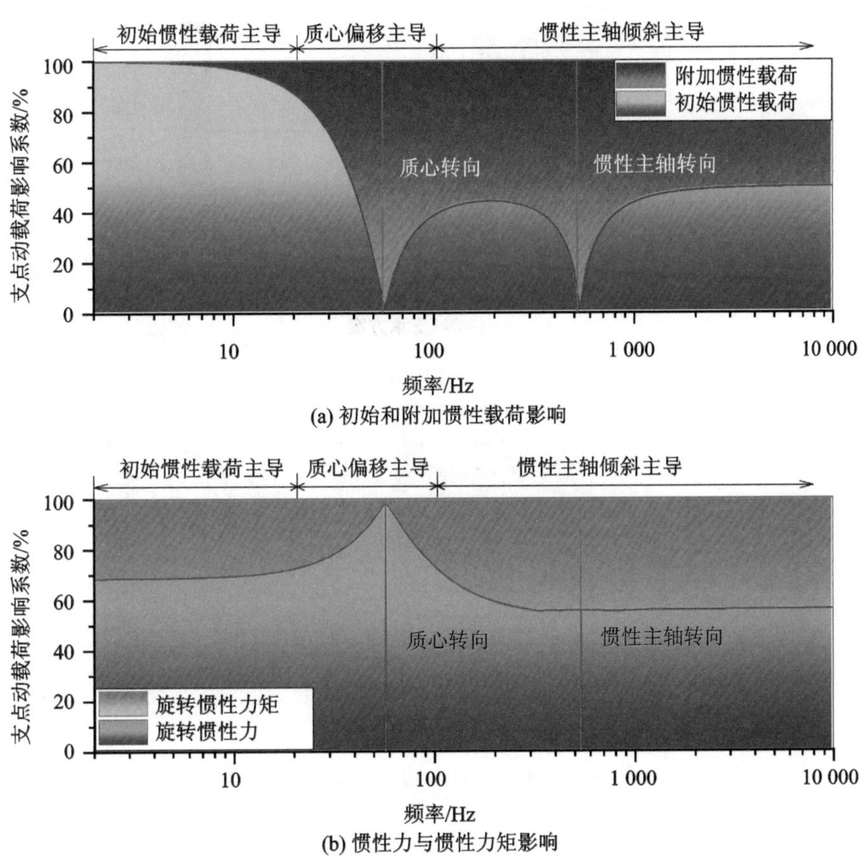

图 5-23　1#支点动载荷各成分影响系数

5.2　多盘转子系统

航空燃气轮机转子一般由轮盘，柱壳，鼓筒，锥壳和轴等组成，是薄盘转子系统和厚盘转子系统的复杂组合，本节以航空发动机两支点高压转子系统主要为对象，建立了两支点多盘转子系统动力学模型，分析旋转惯性载荷和支承方案对转子系统横向位移(弹性线)与支点动载荷等动力响应特性的影响规律。

5.2.1　动力学模型

本节仍采用节 1.4.2 中的两支点高速转子系统模型，如图 5-24 所示，该模型将转子系统离散为压气机厚盘转子单元、涡轮薄盘转子单元、转轴单元和支承单元，建立转子动力学方程。

转子系统动力学方程为

$$\boldsymbol{M}\ddot{\boldsymbol{U}}+\boldsymbol{G}\dot{\boldsymbol{U}}+\boldsymbol{K}\boldsymbol{U}=\boldsymbol{Q} \tag{5-26}$$

其中，$\boldsymbol{M}$，$\boldsymbol{G}$，$\boldsymbol{K}$ 矩阵的推导详见 4.2.1 小节。

各节点广义力 $\boldsymbol{Q}_{d,j}$ 表示方法为

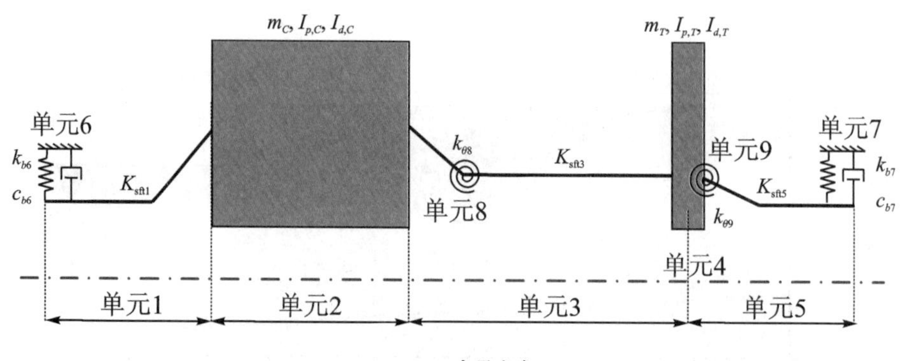

(a) 1-0-1支承方案

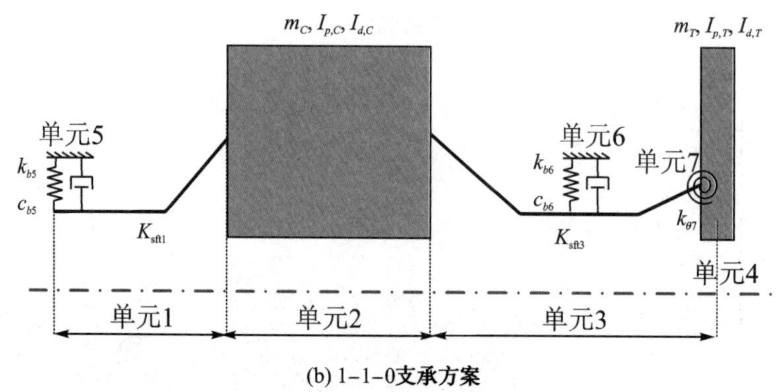

(b) 1-1-0支承方案

图 5-24 两支点多盘转子系统动力学模型

$$Q_{d,j}=\begin{Bmatrix} me\omega^2\cos\omega t \\ me\omega^2\sin\omega t \\ -(I_p-I_d)\omega^2\tau\cos(\omega t+\beta'_\tau) \\ -(I_p-I_d)\omega^2\tau\sin(\omega t+\beta'_\tau) \end{Bmatrix} \tag{5-27}$$

上式表示该节点既存在旋转惯性力，又存在旋转惯性力矩，总体载荷向量为 $\boldsymbol{Q}=[\cdots,Q_{id}+Q_{ib},\cdots]^{\mathrm{T}}$。

对式(5-26)进行适当变形可得

$$\begin{cases} \underbrace{\boldsymbol{K}_s\boldsymbol{U}^{-b}}_{\text{转轴弹性恢复力}} = \underbrace{\left(-\sum\boldsymbol{M}'_{d,j}\ddot{\boldsymbol{U}}^{-b}\right)}_{\text{旋转惯性力}} + \underbrace{\left(-\sum\boldsymbol{G}'_{d,j}\dot{\boldsymbol{U}}^{-b}\right)}_{\text{旋转惯性力矩}} + \underbrace{\boldsymbol{Q}^{-b}}_{\text{旋转惯性激励}} & (5-28\text{a}) \\ \underbrace{\boldsymbol{K}_b\boldsymbol{u}_b}_{\text{支点动载荷}} = -\underbrace{\boldsymbol{K}_s\boldsymbol{u}_b}_{\text{转轴弹性恢复力}} & (5-28\text{b}) \end{cases}$$

在式中，式(5-28a)代表不包括轴承单元自由度的等式，由该式可知，对于高速转子结构系统，当考虑转轴弯曲变形的影响时，转轴弹性恢复力要与轮盘初始存在的旋转惯性激励与高速运转过程中产生的旋转惯性载荷进行平衡；而支点动载荷则起到了约束转轴变形的作用，即轮盘旋转惯性载荷通过转轴传递至轴承支点处。

5.2.2 多盘转子系统动力响应

如图 5-25 所示，多盘转子系统共有三阶临界转速，第一阶为整体平动振型，各结构单元

几乎不产生角向变形；第二阶为整体俯仰振型；第三阶为弯曲振型，鼓筒轴发生弯曲变形，由于倾斜角度方向不同，厚盘和薄盘转子所产生的旋转惯性力矩方向相反，抑制转轴弯曲变形。

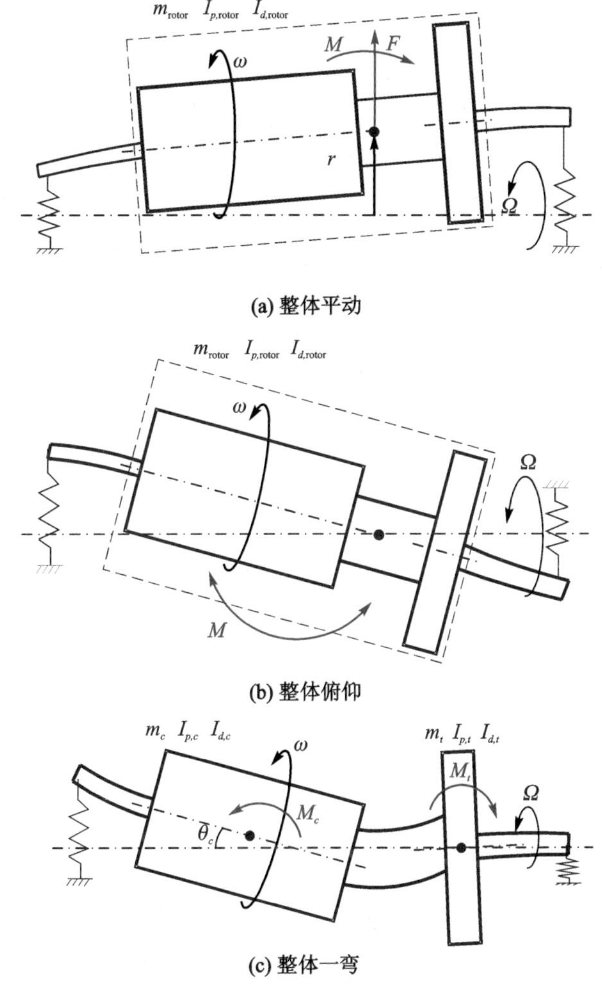

图 5-25　多盘转子系统各阶临界转速转子变形

多盘转子系统在转速增大过程中前、后支点动载荷及其相位如图 5-26 所示，第一阶临界转速，支点动载荷由质心平动产生的旋转惯性力主导，故前、后支点动载荷相位相同，由于转子质心靠近后支点，故后支点动载荷较大。第二阶临界转速，支点动载荷由惯性主轴倾斜产生的旋转惯性力矩引起，前、后支点动载荷相位相反，前支点对转子整体角向约束作用较强，故前支点动载荷相对较高。第三阶转子弯曲临界转速，压气机转子发生俯仰运动，前支点动载荷较高，随转速增加陀螺力矩效应强的涡轮盘逐渐"掰正"，后支点动载荷逐渐趋于定值。

综上所述，多盘转子系统在不同转速下转子变形特征不同，因此各支点动载荷大小及相位不同。低转速区的刚体模态振型取决于转子整体质心偏移和惯性主轴倾斜，高转速的弯曲模态振动则取决于各结构单元角向变形及其转动惯性。

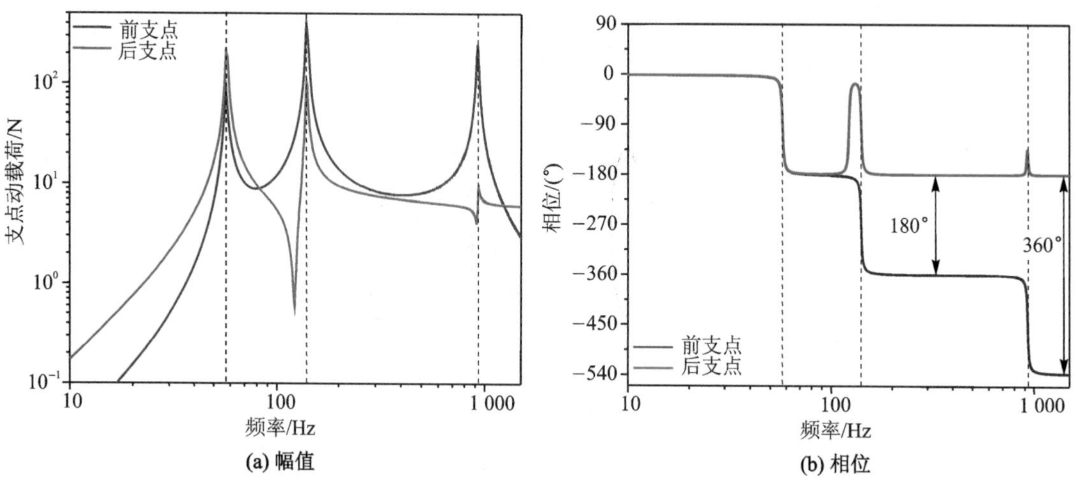

图 5-26　多盘转子系统支点动载荷

5.2.3　轮盘倾斜影响

航空燃气轮机转子各级轮盘在装配或工作过程中可能发生倾斜，涡轮盘为大质量薄盘结构组件，其转动惯量大，发生倾斜对转子系统动力响应影响大。

涡轮盘倾斜下的多盘转子系统如图 5-27 所示，当薄盘存在一定初始倾斜角时，转子支点动载荷随转速的变化规律如图 5-28 所示。假设转子薄盘极转动惯量为 2.5 kg·m^2，则其倾斜 $\tau_1=1'$产生的偶不平衡量可按照下式计算：

$$(I_p-I_d)\tau=1.25\ \text{kg}\cdot\text{m}^2\times2.9\times10^{-4}\ \text{rad}=3.6\times10^{-4}\ \text{kg}\cdot\text{m}^2=3.6\times10^5\ \text{g}\cdot\text{mm}^2 \tag{5-29}$$

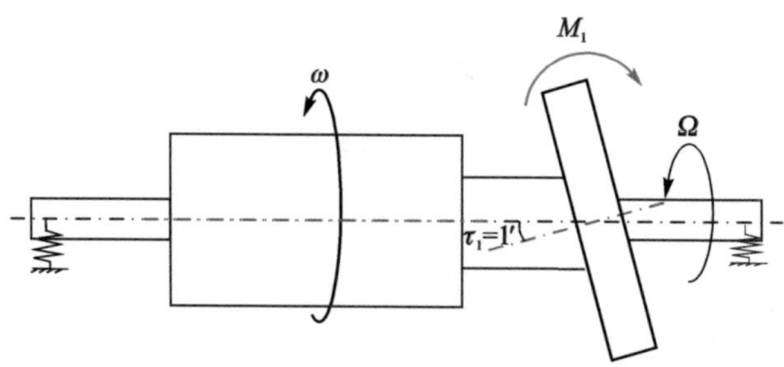

图 5-27　涡轮盘倾斜多盘转子系统

如图 5-28(a)所示，薄盘倾斜旋转惯性激励下，前支点动载荷存在两个峰值，其原因是前支点动载荷由薄盘旋转惯性力矩与转子质心偏移旋转惯性力的叠加组成，且相位不同，作用效果相互抵消。

如图 5-28(b)所示，靠近薄盘的后支点动载荷，经过前两阶刚体模态临界转速后，在薄盘初始倾斜所产生的旋转惯性激励下，随转速逐渐增大，最终趋于稳定。其原因是，在高转速下，薄盘在旋转惯性力矩作用下惯性主轴逐渐“掰正”，使后支点动载荷显著增大，如图 5-29 所示。

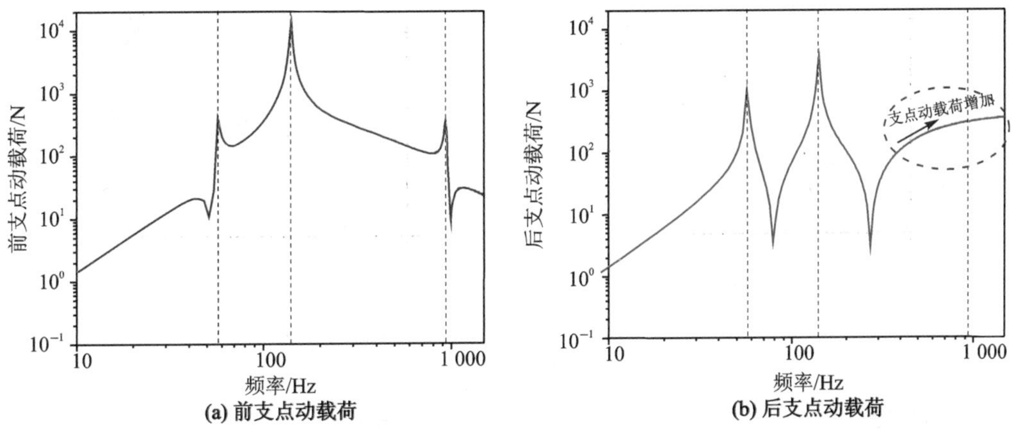

图 5-28　涡轮盘倾斜激励下转子系统支点动载荷

在高转速下，支点动载荷与轮盘自动定心时转轴弯曲内力平衡，倾斜轮盘转子在高转速下支点动载荷与转轴弯曲刚度呈正比。因此，可通过减小轮盘后轴颈角向刚度，使轮盘在较小旋转惯性力矩下即可“掰正”，以降低后支点动载荷。

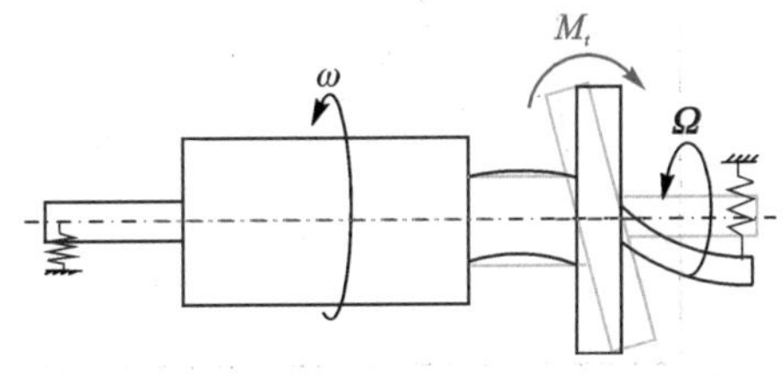

图 5-29　高转速多盘转子系统自动定心

5.2.4　支承方案影响

高压转子一般工作转速较高，并且具有大跨度两支点支承的特点，随着工作转速的提升，转子会产生一定的弯曲变形，在转子结构及动力学设计中，需要考虑支承方案及支承刚度的优化设计，两支点支承方案一般为 1-0-1、1-1-0，如图 5-30 所示。

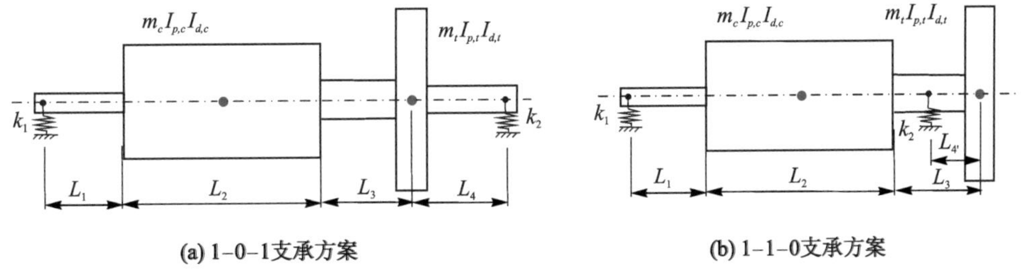

图 5-30　不同转子支承方案示意图

不同支承方案转子系统共振转速分布如图 5-31 所示，前两阶刚体模态共振转速分布主要取决于支承刚度，弯曲临界与转子长径比及陀螺力矩效应存在显著相关性。对于 1-0-1 支承转子系统，后支点靠近涡轮盘，其对涡轮盘角向变形约束能力较强，使得涡轮盘的陀螺力矩效应较小，弯曲临界转速相对较低。对于 1-1-0 支承方案转子系统，涡轮盘处的悬臂结构设计使其局部初始弯曲变形较大，陀螺力矩较强，使得固有频率随转速的上升速率较快，弯曲临界转速相对较高，即 1-1-0 支承方案转子系统更适合高工作转速转子使用。

图 5-32 所示为分别计算采用 1-0-1、1-1-0 支承方案计算得到的转子系统支点动载荷响应。

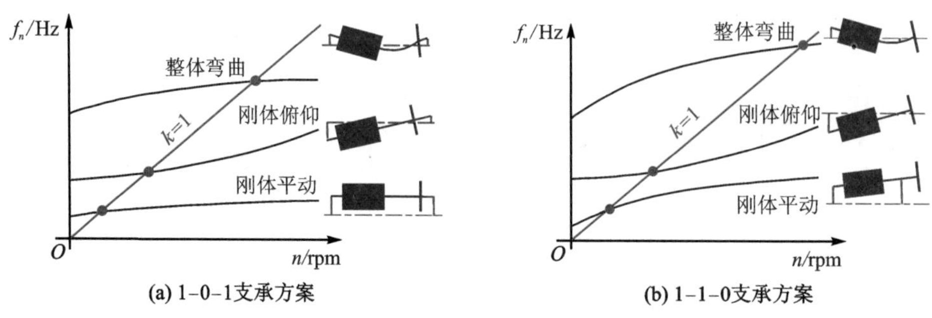

图 5-31　不同支承方案对转子共振转速分布

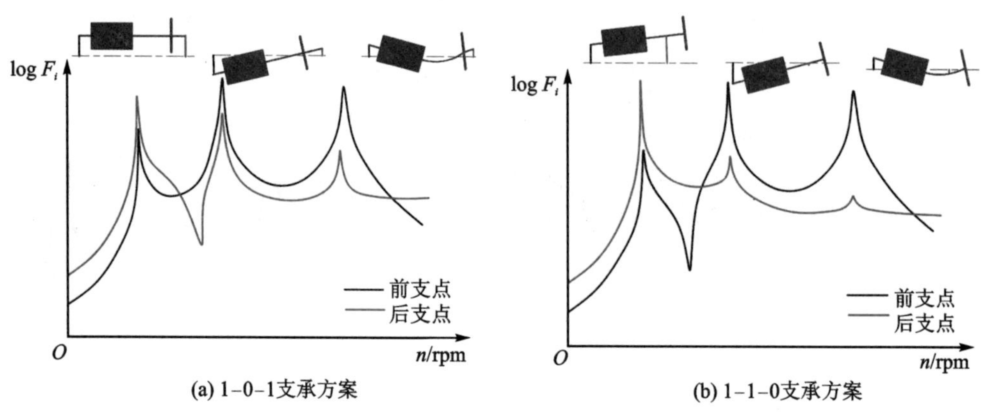

图 5-32　不同支承方案对转子支点动载荷影响

值得注意的是，相比于 1-0-1 支承方案，1-1-0 支承转子系统，后支点位于转子弯曲节点附近，因此在高转速下转子弯曲变形及其所产生的陀螺力矩对后支点动载荷影响较小。这对于处于高温环境下的后支点轴承是一个有利的设计。

前两阶刚体模态共振转速的支点动载荷主要取决于支承刚度，第三阶为转子弯曲模态共振转速，图 5-33 所示为转子刚体模态共振转速时转子运动及受力分析，转子离心惯性力与横向支反力平衡下的转子旋转运动，若前、后支点共同提供约束力且相位相同，可列出平衡方程如下：

$$\begin{cases} \sum F = 0, F_1 + F_2 = F_I \\ \sum M = 0, F_1 l_1 + M_I = F_2 l_2 \end{cases} \tag{5-30}$$

其中，F_1，F_2 为支点动载荷，F_I 为旋转惯性力，M_I 为旋转惯性力矩，l_1，l_2 为两支点与质心距离。

力矩等式(5-30)可改写为力矩不等式方程 $F_1 l_1 < F_2 l_2$，并可进一步写为

$$\frac{F_1}{F_2} < \frac{l_2}{l_1} \tag{5-31}$$

转子在刚体模态共振转速下，旋转惯性力矩 M_I 很小，式(5-31)可近似看作等式，若旋转惯性载荷一定，前、后支点动载荷分配与其到质心的距离成反比，即后支点靠近质心将使前支点动载荷降低，后支点动载荷升高。

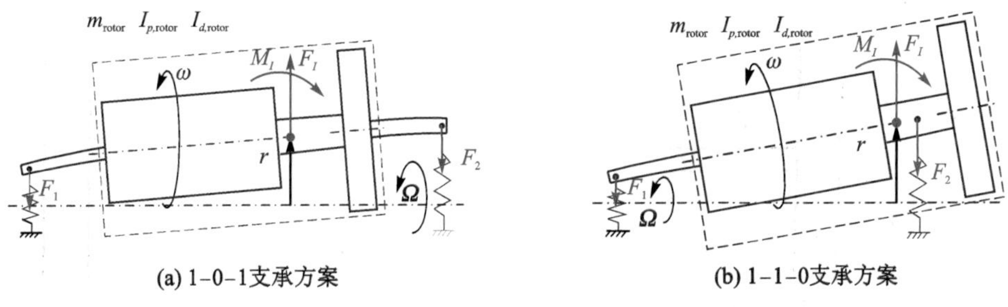

图 5-33　刚体平动临界转速转子系统振型

需要说明，转子刚体模态振型与前、后支点支承刚度及其至支点距离有关($k_2l_2-k_1l_1$)，若采用 1-1-0 支承方案，两支点约束刚度相对于质心不对称，刚度模态振型均同时存在一定质心平动成分与惯性主轴俯仰成分，俯仰模态振型节点位置也会相对质心产生少量偏离，但基本不会影响上述规律。

转子弯曲共振转速的模态振型如图 5-34 所示，转轴弯曲变形使得压气机与涡轮发生反向倾斜，大质量部件的陀螺效应可有效提高弯曲振型共振转速，同时也会加大轴承支点动载荷，影响轴承使用寿命，因此，需要优化设计支点位置和约束刚度。

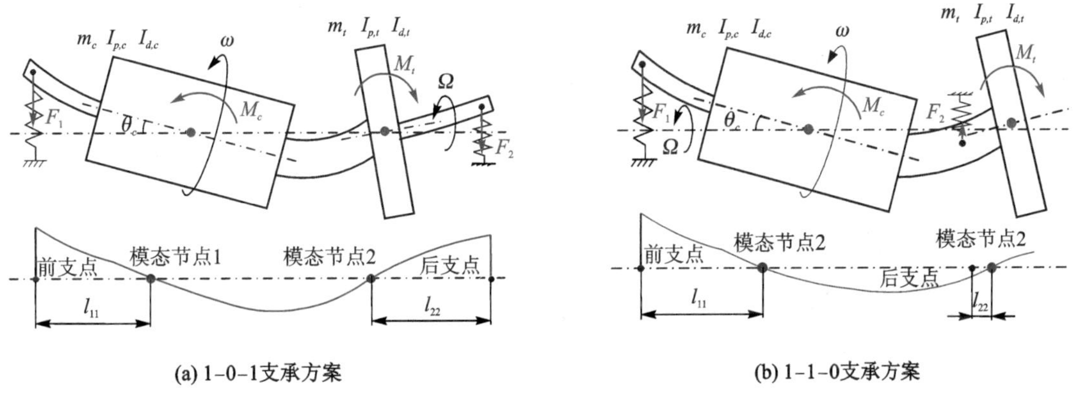

图 5-34　转子弯曲临界转速转子系统振型

采用 1-0-1 支承方案，转子弯曲节点位于前后支点内侧，支点处会承受较大的动载荷，尤其是靠近具有大陀螺效应的涡轮盘，后支点动载荷会大幅度提高；采用 1-1-0 支承方案，后支点位于转子弯曲变形节点附近，支点动载荷小，转子陀螺力矩主要作用在温度较低的前支点处。此外，转子结构特征对高速转子支点动载荷具有一定影响。对于前端的厚盘转子，陀螺力矩下，支点动载荷小，对于后面的薄盘转子，则会对支点动载荷产生较大影响。

如图 5-35 所示，采用 1-0-1 支承方案，后支点动载荷由于主要受涡轮旋转惯性载荷影响，载荷较大；采用 1-1-0 支承方案，位于涡轮与压气机之间的支点受到两质量体旋转惯性载荷的共同影响，由于两质量体旋转惯性载荷相互抵消，支点动载荷相对较低。

由以上分析可知，支承方案对转子系统振动响应具有显著影响，采用 1-1-0 支承方案的转子系统，即涡轮转子悬臂支承，可充分利用陀螺力矩，在保证转子具有较高角向刚度的同时，降低转子系统支点动载荷，因此，1-1-0 支承方案更适用于高速转子，但需要将后支点设置于涡轮前，工作环境十分恶劣，对轴承冷却、热防护设计技术具有较高的要求。

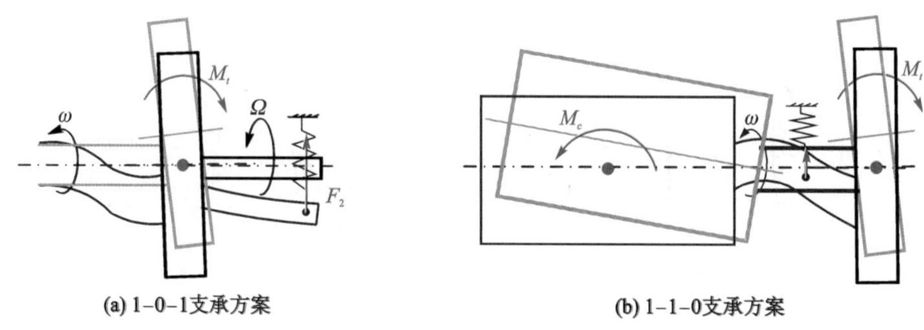

图 5-35 涡轮自动定心对不同支承方案支点动载荷的影响

5.3 双转子系统

对于带有中介轴承的航空燃气轮机双转子系统而言，由于中介轴承的存在，高、低压转子之间易出现不同频率旋转惯性激励导致的振动耦合，从而对中介轴承处的动载荷以及高、低压转子系统的动力响应特性产生影响。本节对带有中介轴承的双转子系统在旋转惯性激励载荷影响下的动力响应特性进行阐述，并对影响中介轴承动载荷的关键影响因素进行分析。

5.3.1 动力学模型

在 1.4.2 小节高/低压多盘转子系统模型基础上，4.4.1 小节中发展了图 5-36 中的双转子系统动力学模型，本节继续沿用该模型对双转子系统的响应特性进行分析与阐述。

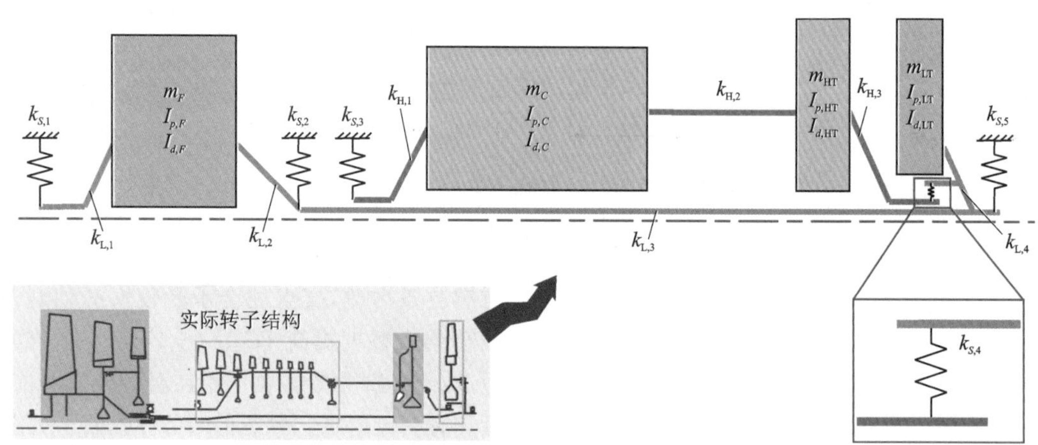

图 5-36 带中介轴承双转子系统动力学模型

在 4.4.1 小节式(4-45)的基础上，将旋转惯性激励项添加在等式右侧，双转子系统动力学方程表示为

$$\underbrace{\begin{bmatrix} \boldsymbol{M}^{\mathrm{H}} & 0 \\ 0 & \boldsymbol{M}^{\mathrm{L}} \end{bmatrix}\ddot{\boldsymbol{q}} + \begin{bmatrix} \omega_{\mathrm{H}}\boldsymbol{G}^{\mathrm{H}} & 0 \\ 0 & \omega_{\mathrm{L}}\boldsymbol{G}^{\mathrm{L}} \end{bmatrix}\dot{\boldsymbol{q}}}_{\text{旋转惯性载荷}} + \underbrace{\begin{bmatrix} \boldsymbol{K}^{\mathrm{H}} & 0 \\ 0 & \boldsymbol{K}^{\mathrm{L}} \end{bmatrix}\boldsymbol{q}}_{\text{转轴弹性回复力}} + \underbrace{\begin{array}{c} \begin{matrix} \scriptstyle 2i-1 & \scriptstyle 2j-1 \end{matrix} \\ \begin{bmatrix} k_{\mathrm{in}} & -k_{\mathrm{in}} \\ -k_{\mathrm{in}} & k_{\mathrm{in}} \end{bmatrix} \end{array} \begin{matrix} \scriptstyle 2i-1 \\ \scriptstyle 2j-1 \end{matrix} \begin{Bmatrix} \boldsymbol{q}_{2i-1} \\ \boldsymbol{q}_{2j-1} \end{Bmatrix}}_{\text{中介轴承动载荷}} = \underbrace{\begin{bmatrix} \boldsymbol{Q}^{\mathrm{H}} \\ \boldsymbol{Q}^{\mathrm{L}} \end{bmatrix}}_{\text{旋转惯性激励}} \tag{5-32}$$

高/低压旋转惯性激励向量$[\boldsymbol{Q}^{\mathrm{H}}|\boldsymbol{Q}^{\mathrm{L}}]$的表达方法与 5.2.1 小节一致，从上式可以看出，带有中介轴承的双转子系统运动方程中，除了惯性激励载荷与转轴的弹性回复力及系统的外部激励平衡外，中介轴承的动载荷也会对高/低压转子产生激励。

5.3.2　响应特性分析

本节基于双转子系统轴心轨迹、弹性线和支点动载荷等振动响应特性，对高/低压转子旋转惯性激励载荷下，中介轴承载荷传递机理及其引起的双转子系统振动耦合影响进行分析与阐述。

1. 轴心轨迹

从转子不同截面处轴心的轨迹中可以分析转子的运动形态，并判断高低压转子旋转惯性载荷交互激励的成分占比，以及中支点动载荷的变化。当转子系统达到稳态时，提取高低压转子同时受涡轮质心偏移产生的旋转惯性激励作用时，质心随时间的运动轨迹，将其绘制到同一张图中，如图 5－37 所示。图中，高压转子质心运动轨迹呈花瓣形，高压转子的进动受到低压转子旋转惯性激励作用，进动方向与转速相反，因此其轴心运动轨迹呈现花瓣形。而低压转子质心运动轨迹呈环状，主要受自身旋转惯性激励的影响，低压转子处于同步正进动运动状态。

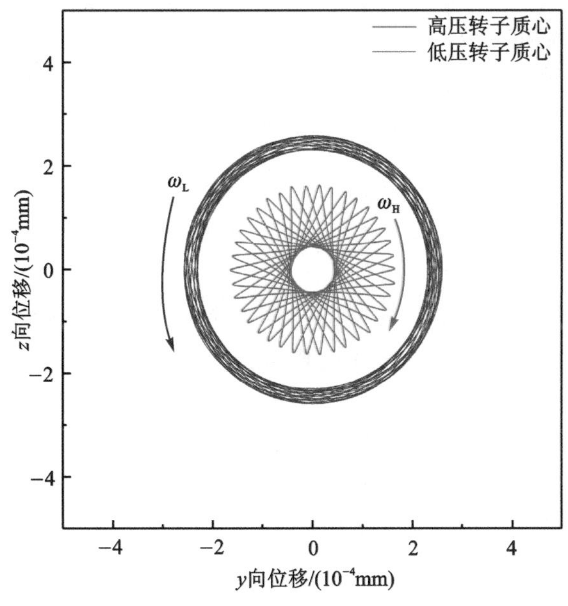

图 5－37　高低压转子质心轨迹

为了更好地分析高低压转子系统在不同支点截面位置转子的进动形式，提取转子系统不同支点处高、低压转子轴心的运动轨迹，如图 5－38 所示。图 5－38(a)所示为低压转子各支点截面处低压转子轴心的进动轨迹。由于计算模型中只考虑了高低压涡轮处的旋转惯性激励，因此低压转子的 1＃与 2＃ 支点截面的进动轨迹分布半径较小，而靠近涡轮的低压转子 5＃ 支点处轴心轨迹分布半径较大。此外可以看出低压转子上各支点截面轴心轨迹都呈花瓣形，说明低压转子在该设计转速下同时还受高压转子旋转惯性激励的影响，高低压转子存在振动耦合，在低压转子的进动中同时包含高低压转速基频的频率成分。

图 5－38(b)为高压转子在 3＃和 4＃中介轴承截面处的转子进动轨迹，与低压转子 4＃和 5＃支点处轴心进动轨迹类似，都呈花瓣形，说明高压转子也受到与其进动方向相反的低压转子的旋转惯性激励影响。而 3＃支点处轴心轨迹半径相比于 4＃支点更大，这与其在该转速下的振型有关。

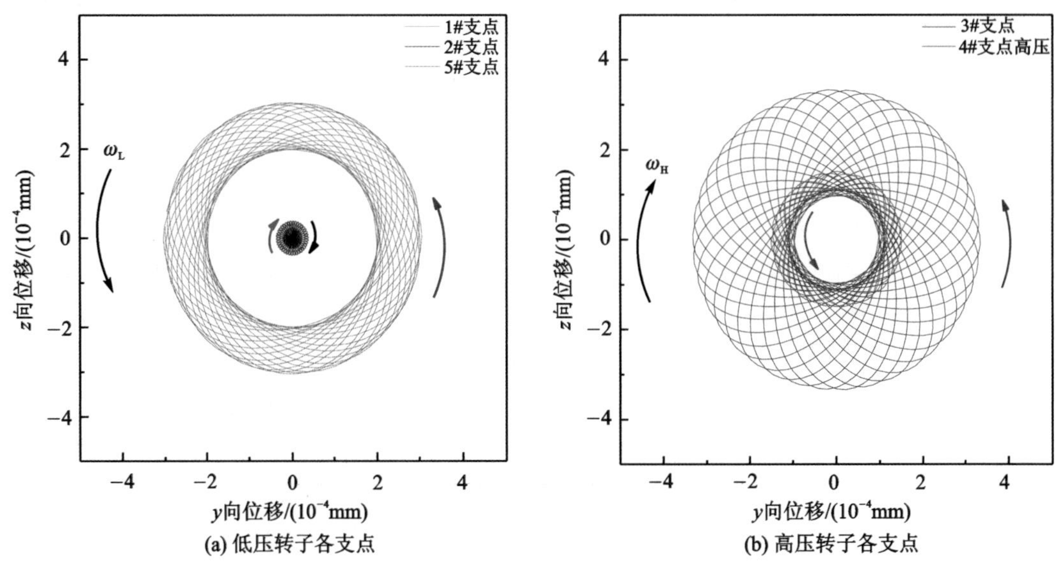

(a) 低压转子各支点　(b) 高压转子各支点

图 5－38　各支点截面转子轴心轨迹

2. 弹性线

弹性线能够清晰地反映在某一转速下或某一时刻转子做稳态涡动时的形心线的变形情况。

提取双转子系统在设计转速下达到稳态时的弹性线(见图 5－39)，结合转子系统在该转速附近的部分模态振型(见图 5－40)，分别为低压转子二弯模态、高压转子俯仰与低压涡轮轴弯曲耦合模态。对比两图可以发现，转子系统弹性线可以看作是上述两种模态振型的叠加。因此，根据线性系统的叠加原理，转子系统在该转速下的运动特征主要由低压转子二弯振动与高压转子俯仰和低压涡轮轴弯曲耦合振动模态组合而成，并以该种耦合模态为主(弹性线更加相似)。此外，弹性线的计算结果也与轴心轨迹相对应，从弹性线中可以看出 1＃、2＃支点处低压转子径向变形较小，其余支点处径向变形较大，因此支点所在截面处的轴心轨迹分布半径也较大，且呈现出较强的双转子交互激励作用。

综上，在响应特性分析中，根据转子不同轴向位置(尤其是各支点所在截面)处的轴心轨迹和转子弹性线可以较好地反映转子的进动轨迹及变形情况。而对不同支点处的动载荷则可以通过时域和频域分析方法进一步分析支点动载荷的水平和频率组成。

3. 支点动载荷

由于高低压转子的结构质量分布差异以及在不同转速下旋转惯性激励载荷轴向分布差异，在不同支点位置支点动载荷的大小及频域成分占比具有一定的差异。

如图 5－41 所示为转子系统不同支点位置的动载荷频域结果。不同支点处高低压转子转频成分占比不同，1＃支点处转子系统振动响应主要受低压转子及其风扇轮盘产生的惯性激励

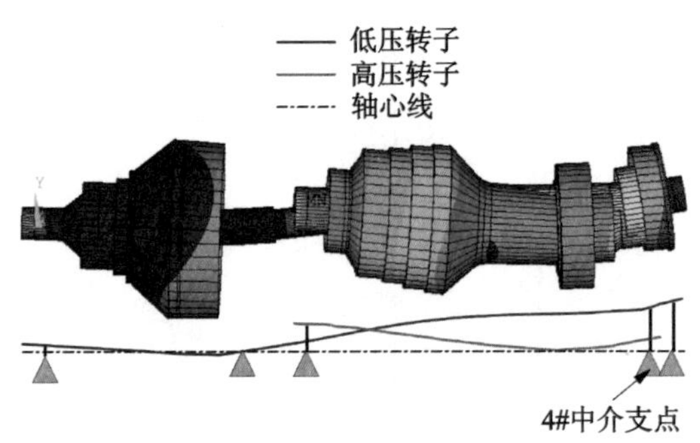

图 5-39　转子系统弹性线

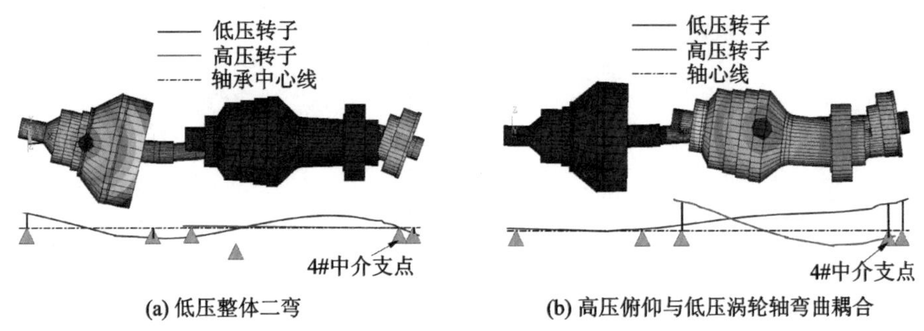

(a) 低压整体二弯　　(b) 高压俯仰与低压涡轮轴弯曲耦合

图 5-40　转子系统部分模态

载荷的影响，振动响应中以低压转频成分 f_L 为主，高压转频成分占比较小；3＃支点与此同理，受高压压气机惯性载荷影响较大，因此频率成分中以高压转子转频为主；4＃支点为中介支点，在该支点处振动响应受高低压转子惯性激励载荷共同影响，在支点动载荷成分中高低压转子转速基频都各自占有较高比重。

根据前面推导的中介轴承动载荷计算公式，选取计算中转子达到稳态后一段时间内的时域响应结果，对中介轴承动载荷的时域分析如图 5-42 所示。从图中可以看出，4＃中介轴承动载荷幅值明显高于其他轴承处，并且幅值变化范围较大。这主要是因为：① 在实际航空燃气轮机中，中介轴承通常具有较高的刚度，相比其他位置轴承刚度甚至可高出一个量级，在具有高约束能力的同时，也伴随着较大的支点动载荷。② 中介轴承处受到高低压转子涡轮盘旋转惯性载荷的共同激励作用，在高转速下高低压转子具有不同的弯曲变形效果，惯性载荷的作用效果也不同，在高低压转子的共同影响下，中介轴承动载荷具有复杂的交变特性，其幅值变化范围也较大。

与转子弹性线计算结果对比可以发现，图 5-42 中动载荷时域分析结果表明 1＃、2＃支点动载荷较小，而其余三个支点处动载荷水平都较高，这与弹性线中 3＃、4＃和 5＃支点处转子径向变形较大的现象相对应，而 4＃中介支点由于轴承刚度较高及双转子的交互激励作用而具有较大幅值且波动范围大。

4＃轴承频域分析结果如图 5-43 所示，从图中可以看出中介轴承动载荷同时受到高低压转子惯性激励载荷的影响。

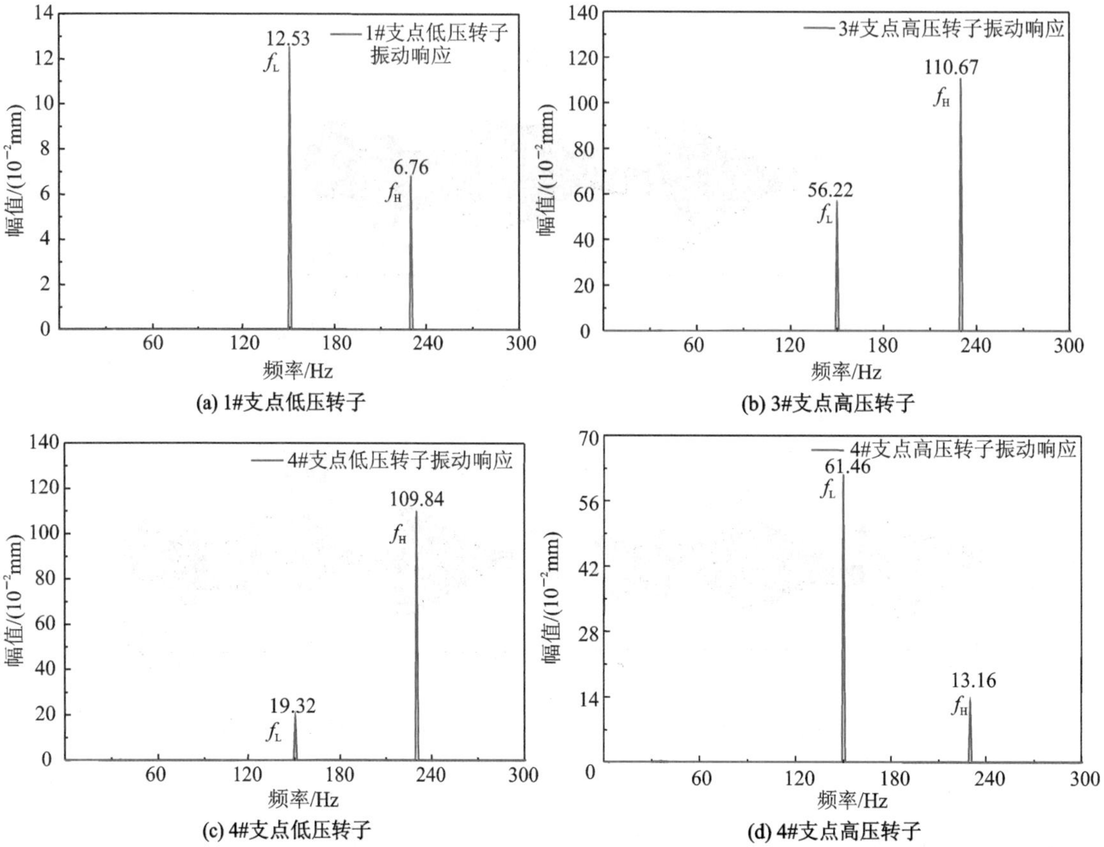

(a) 1#支点低压转子

(b) 3#支点高压转子

(c) 4#支点低压转子

(d) 4#支点高压转子

注：低压转子在1#、2#支点处的振动响应接近，在4#、5#支点处的振动响应同样接近，因此未给出低压转子在2#、5#支点处振动响应的频域分析。

图 5-41　各支点处振幅频域响应

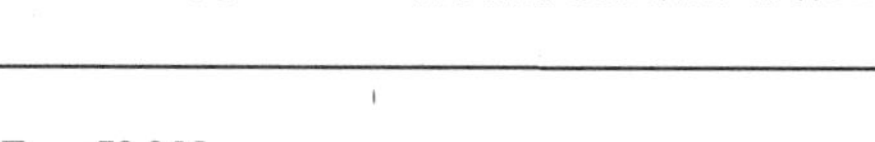

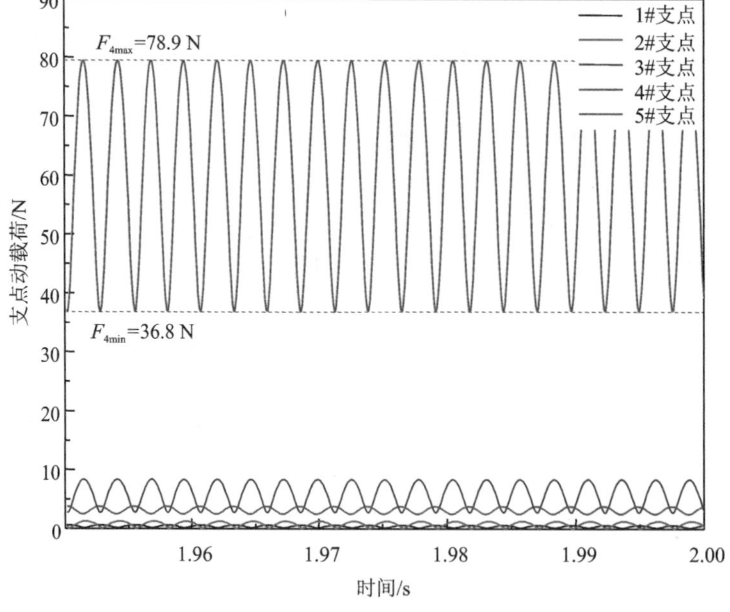

图 5-42　各支点动载荷时域响应

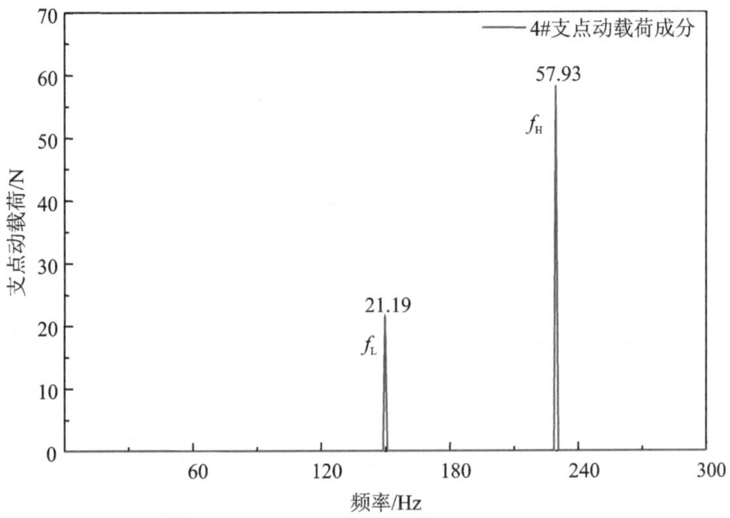

图 5-43　4♯中介轴承动载荷频域分析

综上所述，带有中介轴承的双转子系统支点动载荷同时受到高低压转子惯性激励载荷的影响，而在不同支点位置，受双转子系统在工作转速下弯曲变形不同以及惯性激励载荷的轴向分布特征的影响，高低压转子惯性激励对各支点动载荷的影响程度不同(具体内容参见第 4 章)。在 1♯、2♯支点处动载荷幅值相对较小，且主要受到低压转子惯性载荷的作用；而在靠近涡轮盘的 4♯、5♯支点处，动载荷幅值相对较大，且受高压转子影响更大。而对于 4♯中介轴承，由于存在高低压转子的交互激励作用，其动载荷幅值变化范围大，并且高低压转子对其影响更为复杂。此外，由于航空燃气轮机中介轴承通常具有较高刚度，因此其动载荷相比于其他轴承位置也更大。考虑到中介轴承内外环同时转动且需要承受高压涡轮盘附近较高的温度负荷，因此中介轴承的设计及其动载荷的控制是双转子系统动力学设计中需要考虑的一个重要问题。

5.3.3　关键影响因素

从双转子系统的运动方程分析中介轴承动载荷及其影响因素。为了便于分析，将双转子系统的运动方程式(5-32)改写为如下形式：

$$\underbrace{\begin{bmatrix} \boldsymbol{M}^{\mathrm{h}} & 0 \\ 0 & \boldsymbol{M}^{\mathrm{l}} \end{bmatrix} \begin{Bmatrix} \ddot{q}_{\mathrm{h}} \\ \ddot{q}_{\mathrm{l}} \end{Bmatrix}}_{\text{质量惯性载荷项}} + \underbrace{\begin{bmatrix} \omega_{\mathrm{h}} \boldsymbol{I}_p^{\mathrm{h}} & 0 \\ 0 & \omega_l \boldsymbol{I}_p^{\mathrm{l}} \end{bmatrix} \begin{Bmatrix} \dot{q}_{\mathrm{h}} \\ \dot{q}_{\mathrm{l}} \end{Bmatrix}}_{\text{陀螺力矩项}} + \underbrace{\begin{bmatrix} \boldsymbol{K}^{\mathrm{h}} & 0 \\ 0 & \boldsymbol{K}^{\mathrm{l}} \end{bmatrix} \begin{Bmatrix} q_{\mathrm{h}} \\ q_{\mathrm{l}} \end{Bmatrix}}_{\text{转轴弹性回复力}} + \underbrace{\begin{bmatrix} K_{\mathrm{in}}^{\mathrm{h}} & 0 \\ 0 & K_{\mathrm{in}}^{\mathrm{l}} \end{bmatrix} \begin{Bmatrix} \boldsymbol{q}_{\mathrm{h}}^{\mathrm{in}} \\ \boldsymbol{q}_{\mathrm{l}}^{\mathrm{in}} \end{Bmatrix}}_{\text{中介轴承动载荷}} = \underbrace{\begin{Bmatrix} \boldsymbol{Q}_I^{\mathrm{h}} \\ \boldsymbol{Q}_I^{\mathrm{l}} \end{Bmatrix}}_{\text{外部激励}} \tag{5-33}$$

与式(5-32)的主要区别在于，式(5-33)将旋转惯性载荷项进一步拆分为由转子质量结构单元产生的质量惯性载荷项以及在高转速下的质量单元产生的陀螺力矩项。其中，中介轴承位置、涡轮盘处的初始偏斜以及转子弯曲变形是影响支点动载荷的最主要的影响因素。

对带有中介轴承的双转子系统，中介轴承轴向位置对转子系统运动特性及中介轴承动载荷的影响尤为重要。通常采用一定的结构设计方法，将 4♯、5♯支点放置于高(低)压涡轮盘心截面处，从而达到缩短支点间跨度、提高转轴刚度的目的。

由第 4 章中对柔性转子系统临界转速分布特性的分析可知，低压转子的弯曲模态节点通常位于多级风扇、涡轮盘等大质量结构质心处，因此将中介轴承设置在转子的节点处可有效降低中介轴承内外环的径向位移，从而达到控制支点动载荷的目标。

事实证明，这种设计方法对控制中介轴承动载荷有较好的效果。如图 5－44 所示，某先进航空发动机的双转子系统将高压涡轮后支点放置于低压涡轮盘质心处，并将 4＃和 5＃轴承放置在相同的轴向位置上，实现了对低压转子的变形进行抑制，避免了低压转子产生的振动通过 4＃中介轴承传递至高压转子，从而减小了高、低压转子之间的振动耦合。目前带有中介轴承的双转子航空燃气轮机在进行中介支点轴向位置的设计时基本都遵循此原则。图 5－45 所示为典型双转子系统中介轴承轴向位置对动载荷的影响规律。

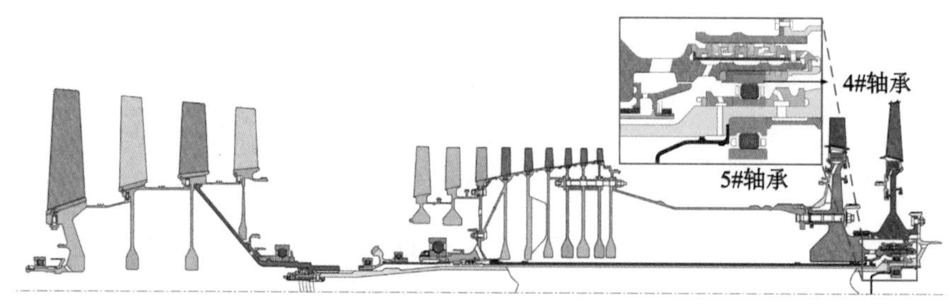

图 5－44　某先进航空发动机双转子系统结构简图

中介轴承轴向位置对动载荷的影响如图 5－45 所示，在不同振型下，当中介轴承位于模态节点时，其支点动载荷均为最小。中介轴承位置靠近高(低)压转子弯曲模态节点，起到了减小由惯性激励载荷激起的双转子系统动力响应的目的，有效降低了中介轴承的动载荷(尤其是转子变形接近弯曲模态振型时)。

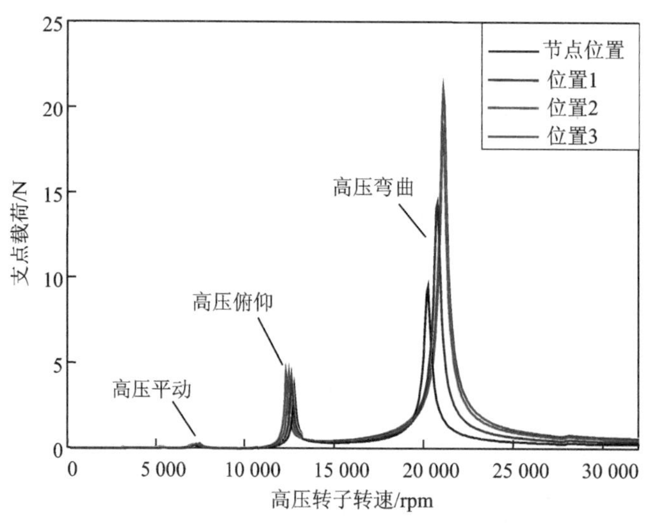

图 5－45　中介轴承轴向位置对其动载荷的影响

涡轮盘初始旋转惯性激励影响也是导致中介支点动载荷较大的主要原因之一。当涡轮盘存在较大初始倾斜时，在旋转激励载荷作用下，由于转轴产生一定的弯曲变形，导致涡轮盘等大质量结构惯性主轴位置进一步改变，产生附加旋转惯性激励。同时，低压转子系统为多支点

柔性转子，压气机与涡轮大质量结构位于转子前后端，并通过细长且刚性较低的涡轮轴相连，整体构形呈现“哑铃形”，由于转子质量/刚度分布极不均匀，且通过多个支点进行局部约束，使得转子存在局部振动模态，涡轮盘处动力响应较大。

此外，涡轮盘旋转惯性载荷还会导致局部弯曲变形集中于连接结构之上，并造成界面接触状态发生变化，会进一步加大惯性主轴与旋转中心线间的偏移，产生更为显著的附加惯性载荷。而这部分附加惯性激励载荷反过来又会对转子产生激励作用，改变中介轴承截面处的径向位移情况，从而导致支点动载荷增大。因此，应对涡轮盘初始倾斜量进行控制，以此降低附加惯性激励对中介支点动载荷的影响。

而低压转子一般工作在多阶(局部)弯曲临界转速之上，在高速旋转中转轴弯曲刚度对转子弯曲变形有显著影响。若降低低压转子转轴的弯曲刚度，会导致转子弯曲变形程度增加，改变转子弯曲的节点位置，导致中介轴承处径向位移增大，中介轴承动载荷随之增加。反之，对低压转子刚度特性进行合理设计，可有效控制中介轴承的支点动载荷。

综上所述，无论高低压转子，对于中介轴承而言，影响其动载荷的主要因素及解决方法如下：① 改变中介轴承轴向位置，使其靠近弯曲模态节点，这样可以有效地降低中介轴承截面的径向位移大小，进而减小动载荷。② 控制涡轮盘等大质量单元的初始倾斜量，以降低转子变形和界面接触变化所产生附加惯性激励载荷，及转子工作时由初始惯性激励载荷造成的高、低压转子的弯曲变形。高转速下，转子的弯曲变形会产生附加惯性激励载荷，进一步影响中介轴承动载荷。③ 对于低压转子，转子弯曲变形程度对转轴的刚度变化更加敏感，应通过合理设计转轴等结构的刚度降低旋转惯性力矩效应，避免低压转子弯曲变形对中介轴承动载荷产生较大影响。

5.4　本章小结

本章主要对具有不同结构特征的高速转子系统在自身旋转惯性激励下的动力响应特性进行理论和变化规律分析。从典型航空燃气轮机旋转部件中抽象出两种质量结构单元——薄盘转子、厚盘转子，描述其旋转运动过程及其产生的不同旋转惯性激励，从而分析不同转子质量结构特征对转子系统振动响应的影响规律。基于此建立更为复杂的多盘转子系统和双转子系统力学模型，并进一步分析了旋转激励载荷与转子系统运动状态和动力学响应间的关联性。

薄盘转子在高转速下陀螺效应强、角向运动稳定，仅存在“质心转向”过程；而厚盘转子陀螺效应较弱，旋转惯性力矩的方向可加大厚盘局部倾斜角度，形成“俯仰运动”，并且产生“惯性主轴转向”现象。

多盘转子系统力学模型为薄盘转子和厚盘转子共同组成的多质量结构单元转子系统。多个转子结构单元同相位运动形成刚体振型；转轴弯曲引起的反相位运动则形成了弯曲振型，需要对不同结构单元的旋转惯性激励作用进行单独分析。转子系统支点动载荷主要受到转轴弯曲刚度、支承刚度及支点位置影响，而这些参数也是调节旋转惯性激励、优化转子系统振动响及降低轴承结构损伤的关键设计参数。

通过典型航空燃气轮机双转子系统有限元模型分析可知，双转子系统在高低压转子旋转惯性激励作用下，中介轴承会对载荷进行传递，不仅使轴承负担过大，还会引起双转子系统振动耦合，从而造成支点动载荷的进一步增大。将中介轴承靠近弯曲振动节点、降低涡轮盘的初始倾斜以及优化转轴刚度可达到抑制支点动载荷与振动耦合的双转子系统动力特性设计目的。

第 6 章　转子结构非连续性及动力响应

航空燃气轮机转子系统具有材料组织多样、几何构形复杂、连接结构众多等结构特点，承受气动、温度和机械载荷交互作用的载荷特点，这些特点导致转子结构变形具有非连续性。转子结构的非连续性主要源于界面连接、几何构形突变和支承间隙，非连续性将导致结构内部的应力及变形存在阶跃特征，这些特征使得复杂载荷环境下转子力学特性表现出一定的分散性，分散性主要表现为弯曲刚度非对称性、转动惯量非对称性和结构内阻尼，并对转子系统动力响应、稳定性产生相应的影响。

6.1　转子结构非连续性

按照产生原因分类，现代航空燃气轮机转子系统的非连续性可以分为以下三类，如图 6－1 所示。

① 界面连接结构非连续性：螺栓、套齿等连接结构的连接界面只能承受压应力，而不能承受拉应力，连接界面的存在会导致结构系统内部的应力及变形具有突变或阶跃特征。

② 几何构形突变非连续性：对于具有几何构形突变的一体结构，如大尺寸轮盘与小尺寸轴颈交界处，由于结构尺寸变化梯度过大，在弯曲变形时，角向变形具有突变，导致局部应力集中。

③ 支承约束非连续性：轴承可视为一种特殊的连接结构，用于连接转子与静子支承结构，从而支承转子实现旋转运动。轴承内部的滚子、保持架与内外环之间始终存在一定的间隙（称为游隙），此外，支承结构各构件之间的接触、滚动、滑动与摩擦，在一定载荷作用下也将导致变形的阶跃。

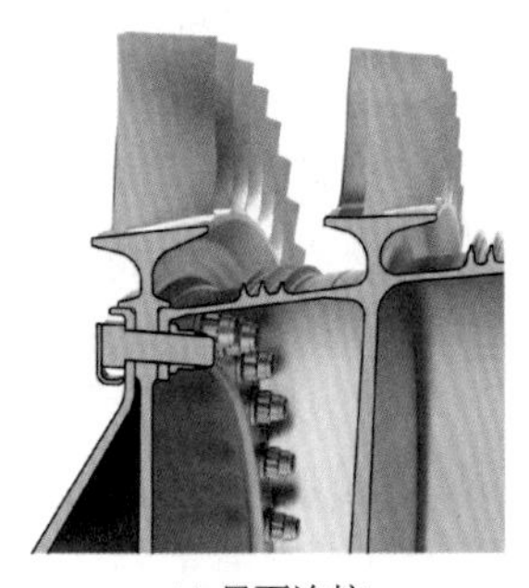
(a) 界面连接

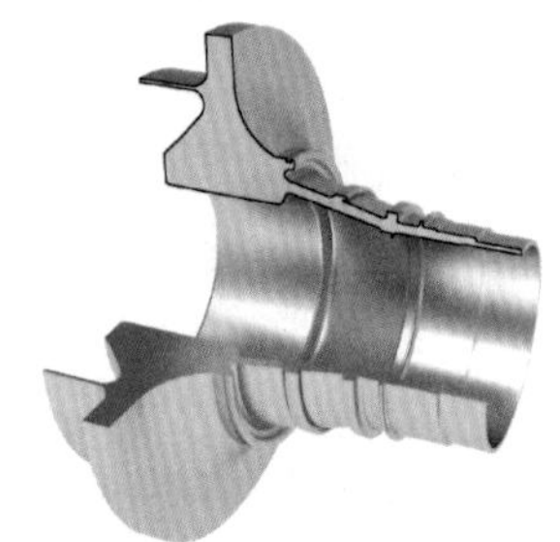
(b) 几何构形突变

(c) 轴　承

图 6－1　转子系统结构非连续性的分类

按照力学表现分类，转子结构非连续性主要体现在三个层面：一是表现在转子几何构形、尺寸、材料性能等具有突变、阶跃特性；二是在工作载荷作用下，转子结构局部变形表现出阶跃性、弹性线沿轴向变化非光滑；三是转子结构内部应力分布的阶跃、突变特征。

在复杂多变载荷的交互作用下，转子系统在界面连接、几何构形突变与轴承处的变形及应

力会产生非连续性变化，并将影响转子系统的动力响应，主要体现为在频域和时域上力学性能的波动，即工作载荷环境下，具有非连续结构的转子系统动力学特性具有一定的分散性。

6.1.1　界面连接

转子结构系统的力学特性是由各组成构件的力学特性与连接结构的力学特性共同决定的，在现代航空燃气轮机的高负荷工况下，必须考虑结构连接界面对结构系统力学特性的影响，如图 6－2 所示。

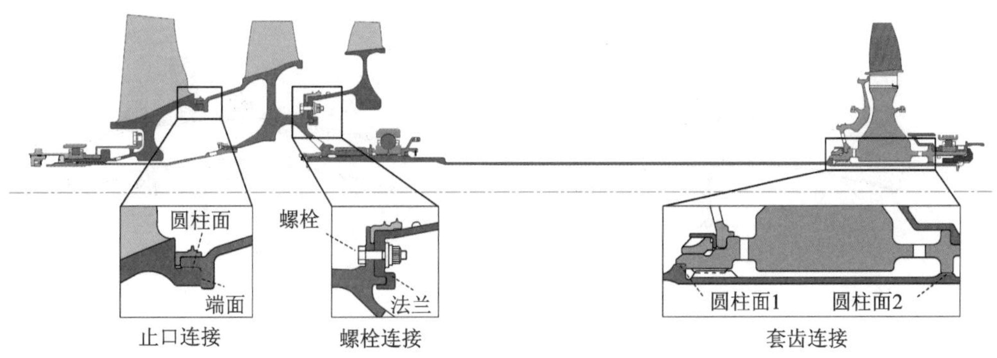

图 6－2　典型转子结构系统连接结构示意图

界面连接将引起结构内部变形及应力分布呈现非连续性，主要表现为：① 连接界面在法向上只能承受压应力，而不能承受拉应力，在外载荷作用下可能发生约束失效、弯曲刚度损失与弯曲刚度非对称；② 在外界载荷作用下，连接界面会产生相对运动或运动趋势，从而造成界面上的滑移、磨损和疲劳等损伤；③ 随着工作循环的积累，连接结构界面接触损伤不断积累，引起界面连接转子结构系统力学特性分散性，造成转子非协调涡动甚至失稳。

界面连接转子弯曲时角向变形具有非连续性。以法兰－螺栓连接结构为例，图 6－3 所示为弯矩载荷作用下的结构变形、界面接触状态及应力示意图。法兰端面依靠螺栓预紧力实现压紧，由于螺栓压紧力的作用范围有限，使得弯矩载荷作用下，界面局部接触状态由黏滞变为滑移或准接触。法向接触状态的恶化将导致法兰-螺栓连接结构产生位移约束功能的失效，导致转子弯曲弹性线出现非连续性特征。

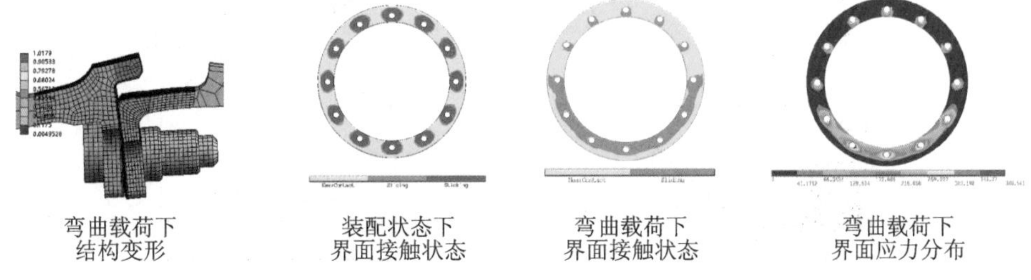

图 6－3　典型法兰-螺栓连接结构受力及变形示意

界面连接转子与连续转子的角向位移分布对比如图 6－4 所示，图中转轴弹性线的斜率即是角向位移。连续转子由一体化的轮盘、轴段结构组成，盘轴之间刚性连接（轮盘角向位移等于转轴该处的角向变形）；界面连接转子中，轮盘通过两侧的法兰-螺栓连接结构与轴段相连。

从图中可知，对于连续转子而言，角向位移曲线具有较好的连续性，由于盘轴之间的连接刚度较强，可以保证角向位移的连续性；而对于界面连接转子，在较大的弯矩载荷作用下，连接界面接触状态的恶化，可能导致位移约束功能的失效，从而产生局部的角向位移差，导致角向位移曲线存在非连续点。

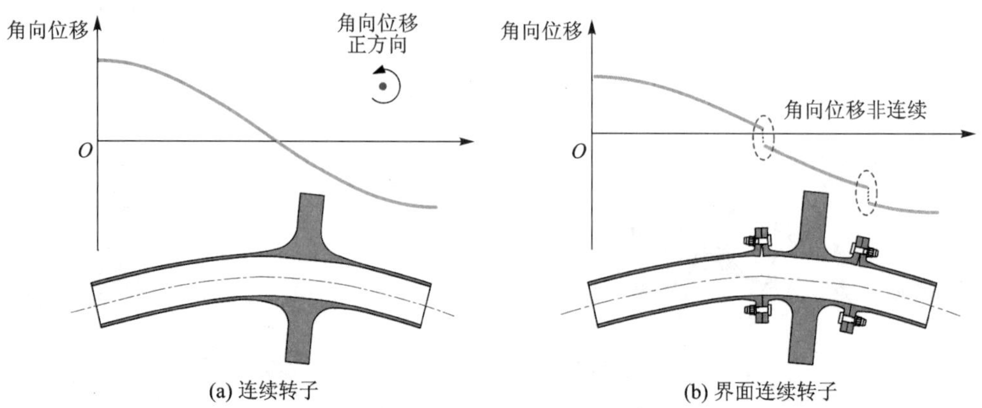

图 6-4　界面连接引起的转子角向位移非连续

6.1.2　构形突变

航空燃气轮机向轻质化设计发展，常采用薄壁鼓筒、锥壳等多种形式的结构，在现代航空燃气轮机转子系统中，几何构形突变十分常见。在不同几何构形构件的交界处，存在外形轮廓的非光滑点，例如鼓筒与锥壳、轴颈与轮盘的交界处，几何构形突变处的角向弯曲刚度通常较低，如图 6-5 所示。在工作载荷作用下（尤其是弯矩载荷），几何构形突变点附近会产生局部应力集中现象。更主要的是，几何突变点处的角向位移梯度过大，虽然其内部组织结构仍保持连续性，但从两侧结构的宏观位移来看，几何突变处的角向位移具有非连续性，即该处的角向位移存在突变与阶跃特征。

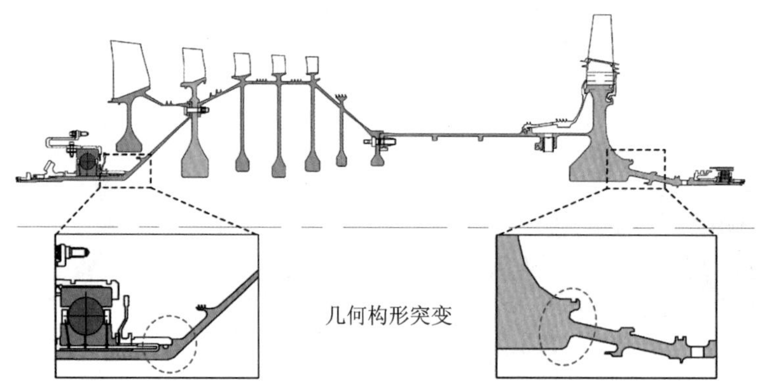

图 6-5　航空燃气轮机转子典型几何构形突变示意图

典型盘-轴结构及变形示意图如图 6-6 所示，图中转子结构均为一体化结构，不存在界面连接，分为几何构形缓变和突变的情况。当轴段缓慢过渡至轮盘时，几何构形突变程度较小，局部弯曲刚度较高，转子具有较好的角向位移连续性；而当转轴与轮盘交界处的构形突变程度

较大时，局部弯曲刚度较低，盘轴连接局部产生较大的角向变形，导致轮盘整体存在较大的角向位移，在角向自由度上看，轮盘角向位移与转轴角向变形存在突变与阶跃特征，此即几何构形突变引起的非连续性。

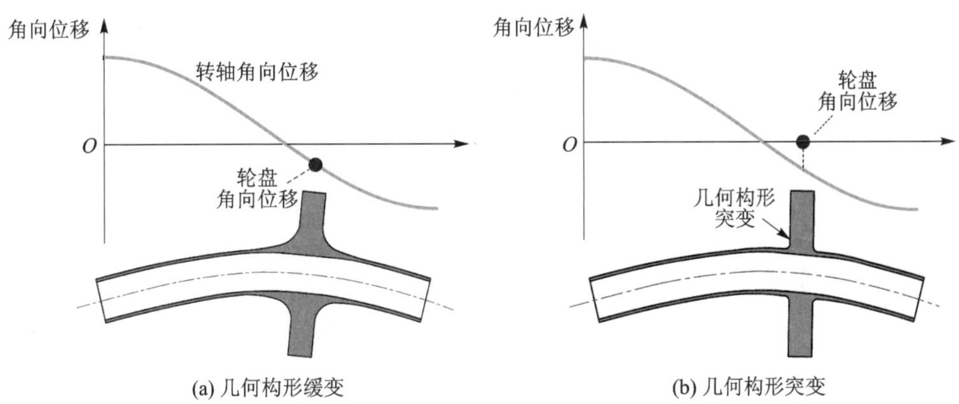

图 6-6　几何构形突变引起的角向位移非连续性

对于存在几何构形突变的转子结构，应通过局部加强等结构设计，以减小弯矩载荷下突变处的应力集中及角向位移非连续性，降低结构变形非连续性对工作载荷的敏感度。

6.1.3　轴承间隙

轴承作为转子与支承结构之间的连接件，为转子提供支承，实现转子的旋转运动。如图 6-7 所示，轴承间隙包括轴承内部的工作游隙、轴承外圈与轴承座之间的装配间隙，它们均是为保证发动机在最大转速状态下轴承不发生磨损或卡滞。轴承的理想运动状态为，内外环与相连的转子一同自转，滚子组件在内外环之间进行纯滚动。在实际工作状态下，由于结构热变形、滚子离心变形、装配游隙的影响，轴承内部的滚子与内外滚道之间存在一定的间隙，各构件之间会产生接触/脱离、滑动/滚动、摩擦；轴承外圈存在装配间隙时，轴承与轴承座之间会存在碰撞、冲击效应。由于间隙的存在，轴承的接触状态不是全周压紧，而是在某一周向范围内的局部接触，并且接触位置不断改变，由此会导致转子的支承约束特性存在非连续性。

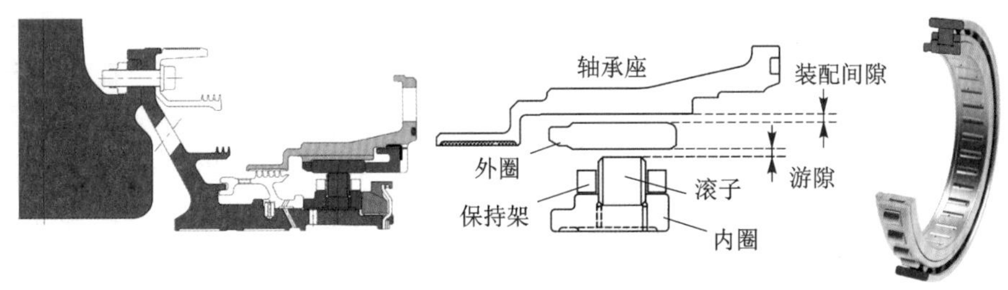

图 6-7　轴承-转子系统结构示意图

轴承间隙引起的支承约束非连续性表现出的力学效果为支承刚度阶跃和轴承附加载荷。由于外环装配间隙的存在，转子在进动过程中带动轴承与轴承座发生周期性碰撞运动，如图 6-8 所示，使得转子支承刚度存在阶跃特征，也对转子施加瞬态冲击载荷，可能激起转子模态振动，使转子进入非协调涡动状态。如图 6-9 所示，由于轴承内部工作游隙的存在，滚子-保持架组件在转轴上进行“呼啦圈”形的运动，在此过程中对转子施加附加载荷作用，尤其是在超临界状态下，转子进动幅度较小，更易受到滚子–保持架附加载荷的影响，从而改变转子的进动状态。

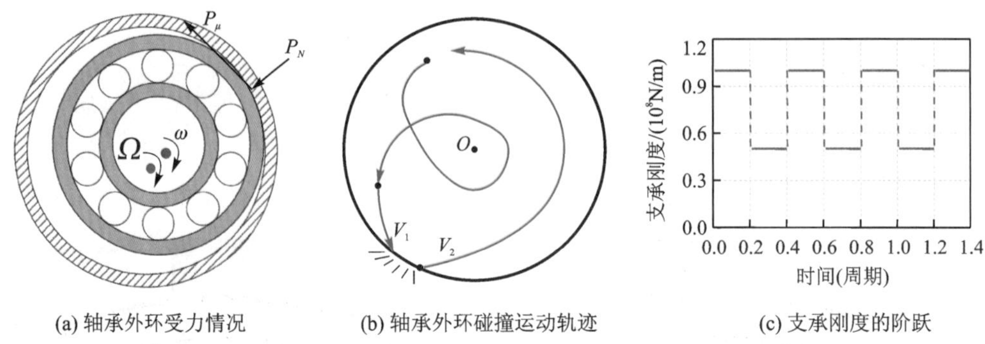

图 6-8　外环存在间隙时轴承运动及受力

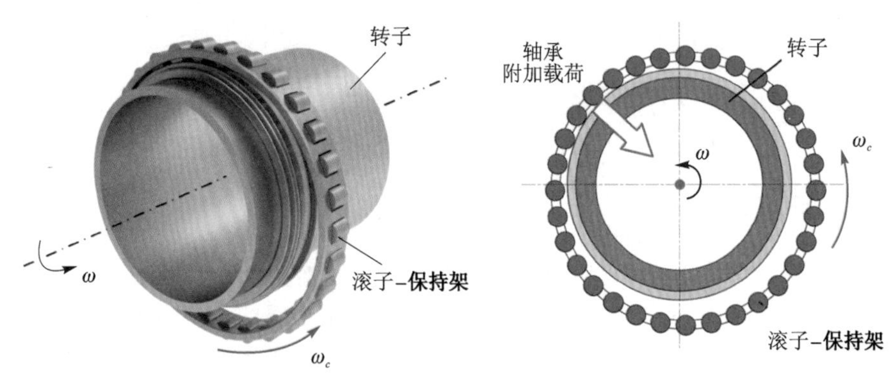

图 6-9　存在工作游隙时滚子–保持架组件的运动状态及附加载荷

6.2　界面连接对力学特性影响

界面连接转子结构系统，在工作载荷环境、初始装配载荷的共同作用下，配合界面接触状态、应力及变形分布会产生非均匀性，由此导致连接结构及转子力学特性发生变化，如图 6-10 所示，力学特性的变化主要体现在三个方面：① 靠近大质量轮盘的连接结构产生弯曲变形时，将导致轮盘的中性轴发生偏移和倾斜，引起盘–轴转子结构惯性主轴产生移动，直径转动惯量产生非对称性；② 连接界面接触应力沿周向分布不均匀性导致连接结构弯曲刚度相对于形心轴产生非对称，对于套齿连接转子结构系统的弯曲刚性及模态特性分析，需要考虑弯曲刚度非对称特性的影响；③ 当转子处于非协调涡动状态时，转轴弯曲变形具有交变性，各配合界面间存在相对运动(趋势)，转子将受到结构内阻尼力作用。当转子系统处于超临界高转速区域时，转子结构内阻尼力的作用方向可能与转子进动方向相同，使得转子进入自激振动甚至失稳状态。

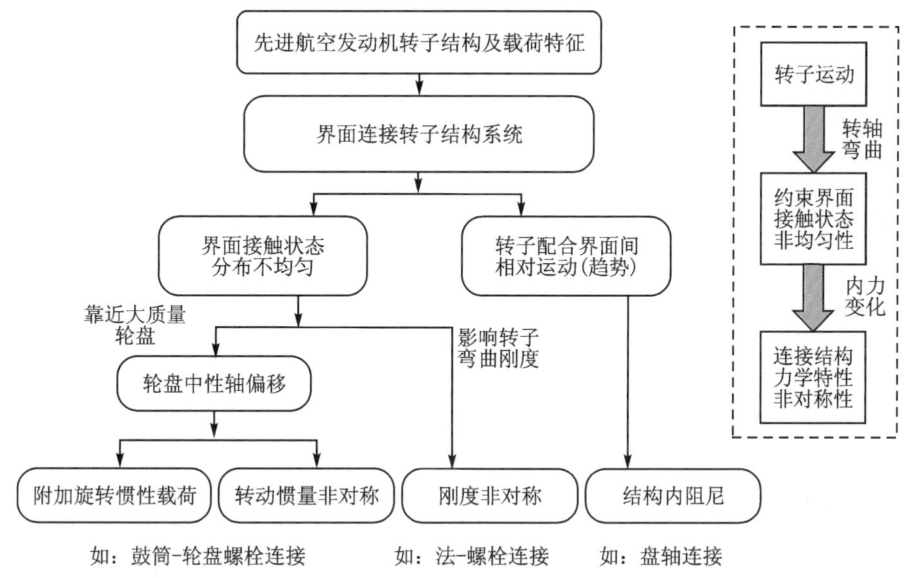

图 6-10　界面连接对转子力学特性的影响

6.2.1　附加旋转惯性载荷

对于复杂转子结构系统，例如，多级压气机轮盘转子组件，为准确描述其质量分布特征，必须采用质心和惯性主轴的空间位置进行表征，如图 6-11 所示。转子质心偏离旋转中心线时，转子将会受到旋转惯性力作用，转子惯性主轴与旋转中心线存在倾斜角时，转子将受到旋转惯性力矩作用，合称旋转惯性载荷。

图 6-11　复杂结构转子的质量分布特性描述方法

转子结构在弯矩载荷作用下，内部纤维会发生长度变化，受拉应力的纤维伸长，受压应力的纤维缩短，纤维长度不发生改变的区域称为中性面，中性面与横截面的交线称为中性轴，如图 6-12 所示。

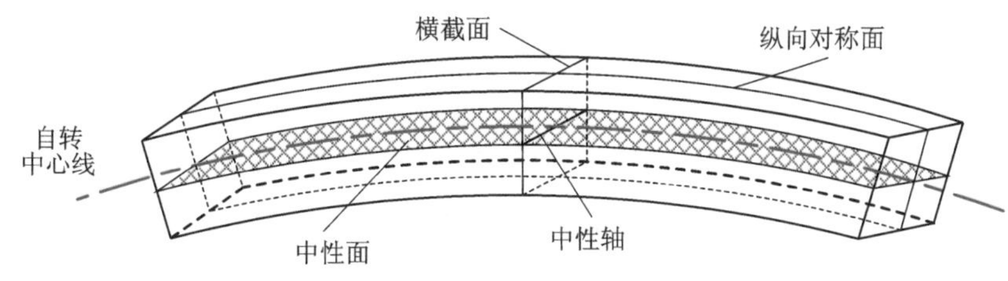

图 6-12　弯曲变形中性面示意图

转子的自转中心线一般位于中性面内，这是由于，转子在转动过程中，尤其是在非协调进动时，转子结构内存在交变应力，对应着转子结构内“纤维”状态始终在拉伸和缩短之间转换。转子如果是绕长度不停变化的“纤维”自转，必不能实现稳定自转，只有中性面的中心线处“纤维”保持长度不变，转子只有绕中心线才能实现稳定自转运动，连续结构转子中性面的中心线也称作弹性线。

对于界面连接转子系统,除加工误差引起的单个构件的质量分布不均匀性,还会由于连接界面接触特性变化引起中性面偏移,以及附加的质量分布不均匀性,使转子受到附加旋转惯性载荷作用。附加旋转惯性载荷主要可分为两类:① 在多个构件的装配过程中,由于配合界面同轴度、垂直度、接触状态及装配工艺的局限性等原因,各构件的惯性主轴并不完全与旋转中心线重合,造成附加的质心偏移和惯性主轴倾斜;② 转子发生弯曲变形时,连接界面接触状态分布的不均匀性使转子中性面中心线(转子自转时的中心线)发生偏移,产生附加旋转惯性载荷。

1. 连接结构初始装配影响

典型涡扇发动机高压转子结构系统示意图如图 6-13 所示,转子结构系统由 8 个组件通过 4 组法兰-螺栓连接而成,在理想情况下,配合界面的粗糙度为零、装配误差为零,各个构件惯性主轴与旋转中心线均保持重合,此时未产生附加的质量分布不均匀性。而在实际装配过程中,由于界面不平整度或装配残余变形的影响,界面装配存在一定的误差,主要体现为不同轴度,进而导致轮盘的惯性主轴相对旋转中心线产生偏斜,如图 6-14 所示。

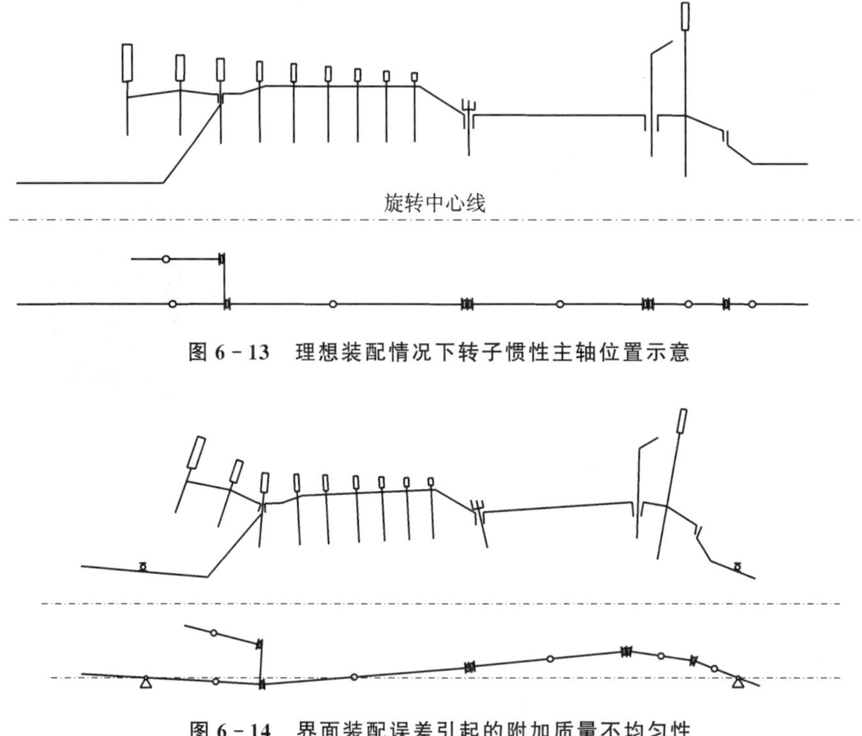

图 6-13　理想装配情况下转子惯性主轴位置示意

图 6-14　界面装配误差引起的附加质量不均匀性

由于加工误差,构件端面均存在一定程度的加工缺陷,如界面粗糙度和跳动量,这就会导致配合界面的接触状态不佳,构件形心线不重合,如图 6-15 所示。

此外,对于采用过盈装配设计的构件而言,通常会通过冷装和热装工艺进行装配,如图 6-16 所示,为实现轴颈与法兰盘止口的过盈配合,先用液氮对轴颈进行预冷处理,待轴颈冷缩至一定尺寸后,对轴颈和法兰盘进行装配,待轴颈恢复至室温即可,如图 6-16(a)、(b)所示。而在实际操作过程中,往往会由于装配工艺不达标等原因,轴颈无法完全恢复其冷态收缩量,产生不均匀

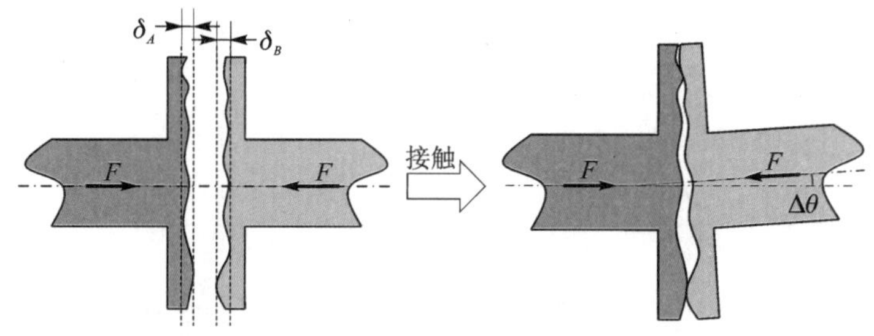

图 6－15　配合界面缺陷对同轴度的影响

的残余变形，如图 6－16(c)所示，使得轴颈出现初始倾斜，影响其附近轮盘质量相对旋转中心线的分布均匀性。

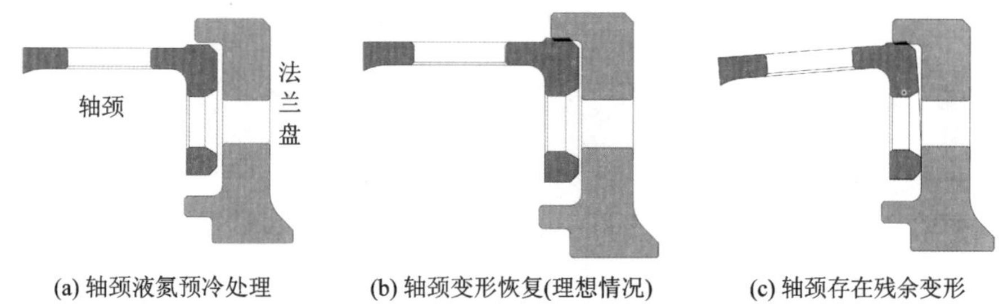

图 6－16　装配残余变形对附加质量不均匀性的影响

转子结构系统由于装配误差，各构件都存在一定的质心偏移和惯性主轴倾斜，如图 6－17 所示，在旋转状态下，各构件会受到不同幅值、不同方向与不同相位的附加旋转惯性载荷作用。

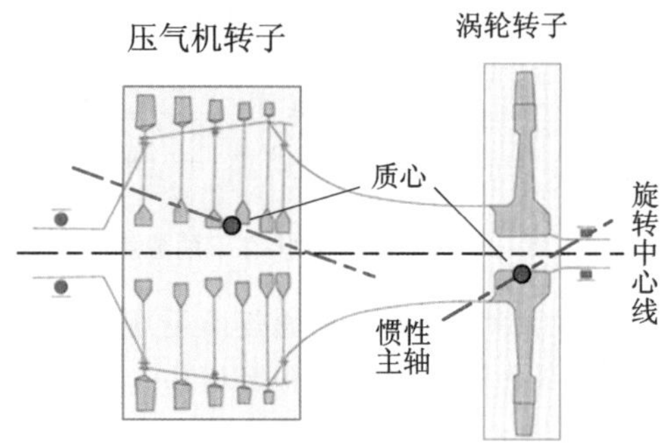

图 6－17　装配误差引起的附加旋转惯性载荷示意图

2. 弯曲载荷影响

连续结构与界面连接结构的弯曲应力分布对比如图 6－18 所示，纯弯载荷作用下，连续结构的应力是关于截面形心对称分布的，因此中性面通过截面形心。而对于界面连接转子而言，由于接触界面只能承受压应力而不能承受拉应力，当界面承受较大弯矩载荷时，局部界面处于分离状态，进而导致界面应力分布不再具有对称性，弯曲中性面不再通过转子各截面形心，即中性面产生一定的偏移量 δ。

航空燃气轮机转子连接界面通常承受初始装配预紧载荷，以保证工作状态下连接界面的稳定承载。图 6－19 所示为不同幅值的弯矩载荷下界面接触状态及应力的变化。

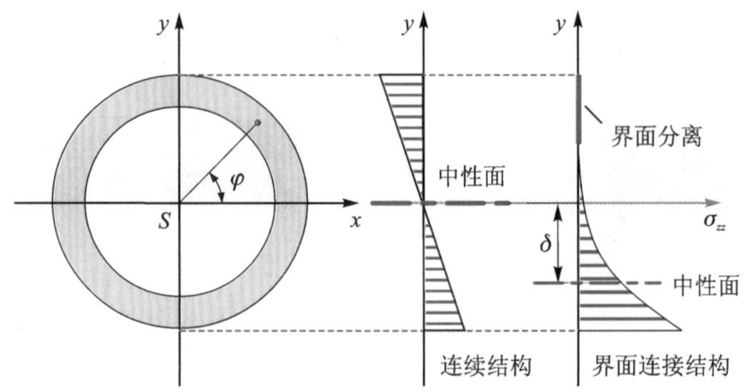

图 6-18　连续结构与界面连接结构的弯曲应力分布对比

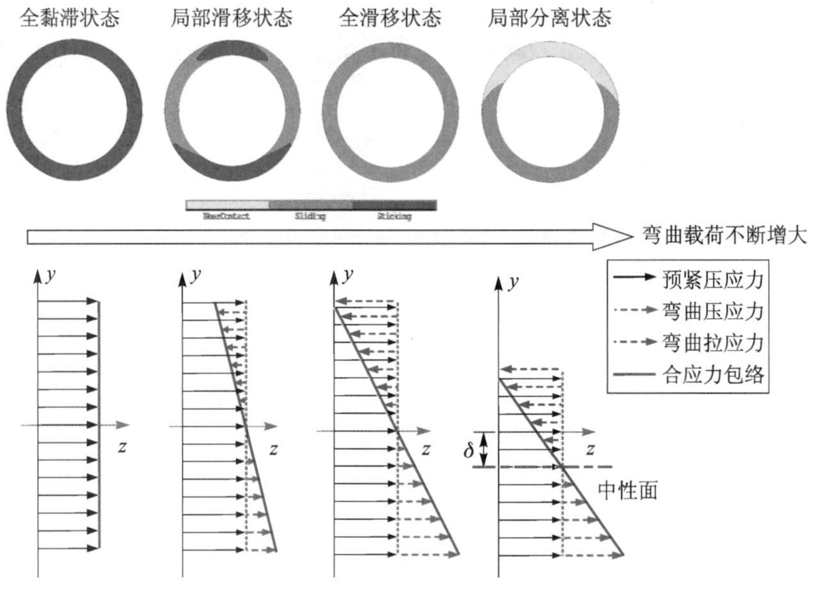

图 6-19　不同界面接触状态下的应力分布

弯矩载荷为零时，结构仅受预紧载荷作用，界面仅承受压应力，处于全黏滞状态；弯矩载荷较小时，界面出现局部滑移，由于弯曲拉应力小于预紧压应力，界面各处的合应力仍为压应力，因此中性面未发生偏移；当界面处于全滑移状态时，弯曲拉应力最大处恰巧等于预紧压应力，此状态是中性面发生偏移的临界状态；当弯矩载荷超过临界值时，界面局部发生分离，分离区域内的应力为零，由此导致中性面发生偏移。

航空燃气轮机转子系统的旋转惯性主要来自于大质量/转动惯量轮盘。因此，轮盘附近连接结构中性面的偏移将改变轮盘自转中心线的位置，如图 6-20 所示，轮盘两侧连接结构均存在中性面偏移，一般情况下，两侧的中性面偏移量不相等，将导致轮盘自转中心线相对形心线出现偏移和倾斜。

中性面偏移对轮盘附加质心偏移的影响示意图如图 6-21 所示，对应图 6-20 中 $\delta_1=\delta_2$ 的情况，此时中性面平行形心线发生偏移。未发生中性面偏移时，轮盘绕形心 S 自转，偏心距为 e；当中性面偏移时，轮盘自转中心线随之偏移，由此将导致质心相对自转中心的距离由 e 变为 e'，轮盘将受到附加旋转惯性力的作用。

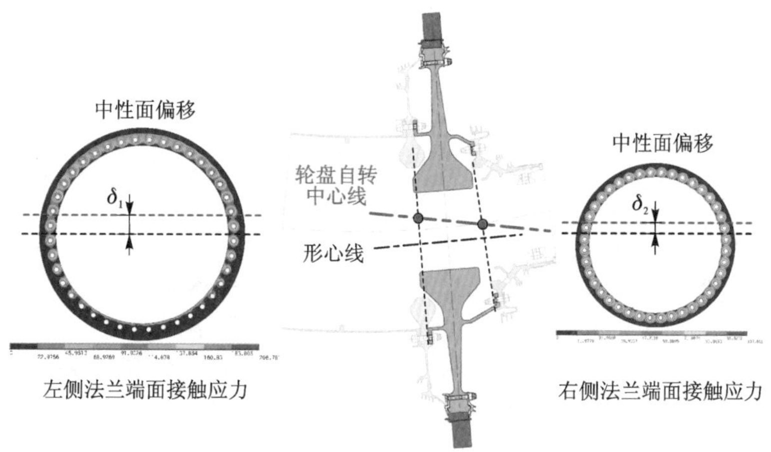

图 6-20　典型界面连接转子中性轴偏移示意图

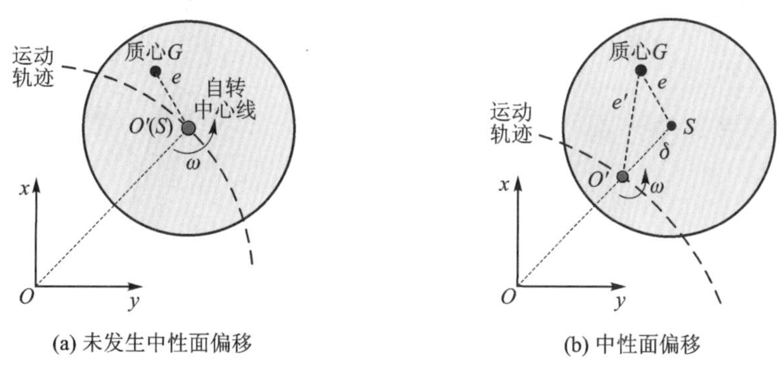

(a) 未发生中性面偏移　　(b) 中性面偏移

图 6-21　中性面偏移引起的附加质心偏移示意图

中性面偏移对轮盘附加惯性主轴倾斜的影响示意图如图 6-22 所示，对应图 6-20 中 $\delta_1=-\delta_2$ 的情况，此时中性面仍通过轮盘形心，但与形心线呈一定夹角。此时中性面偏移导致轮盘自转中心线与形心线存在一定夹角，由此将导致轮盘的惯性主轴倾斜角由 θ 变为 θ'，轮盘将受到附加惯性力矩的作用。

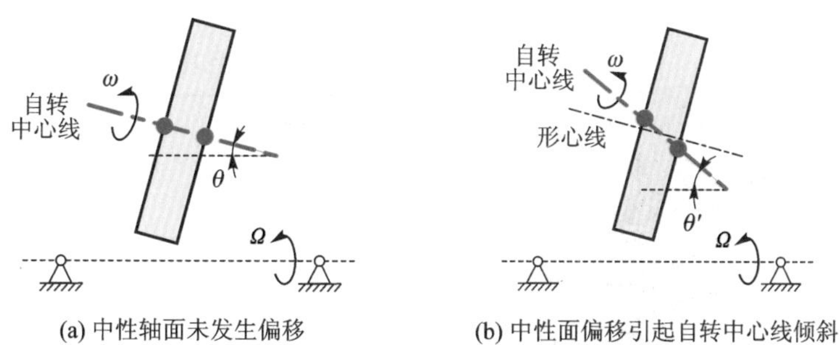

(a) 中性轴面未发生偏移　　(b) 中性面偏移引起自转中心线倾斜

图 6-22　中性面偏移引起的附加惯性主轴倾斜示意图

对于任意的 δ_1 和 δ_2，均可视作图 6-21 和图 6-22 情况的组合，因此，连接界面的中性面偏移将会影响其附近轮盘的自转中心线空间位置，从而引起附加质心偏移和惯性主轴倾斜，使转子受到附加旋转惯性激励作用。

6.2.2 质量/刚度非对称性

转子系统弯曲刚度/转动惯量非对称性来源于连接结构界面接触状态及应力分布的不均匀性，同时由转子系统的结构特征决定其主要影响形式。

以航空燃气轮机典型两支点转子结构为例，如图 6－23 所示，界面连接转子在超临界高转速下发生弯曲变形，导致各法兰－螺栓连接结构受到较大弯矩载荷作用。由于法兰螺栓连接结构的拉伸载荷由预紧螺栓承受，压缩载荷由法兰端面承受，其拉压刚度不同，导致弯矩载荷下界面接触状态及应力分布存在不均匀性，尤其是发生局部分离现象时，界面应力分布的不均匀性将进一步增大。对于压气机与涡轮间的鼓筒-轮盘螺栓连接而言，由于其对转子刚度特性影响较大，其界面接触应力的不均匀性将导致转子刚度存在非对称性。而对于涡轮盘两侧的法兰-螺栓连接结构，由于其靠近大质量轮盘，界面接触应力的不均匀性将会导致轮盘自转中心线的偏移，产生直径转动惯量的非对称性。

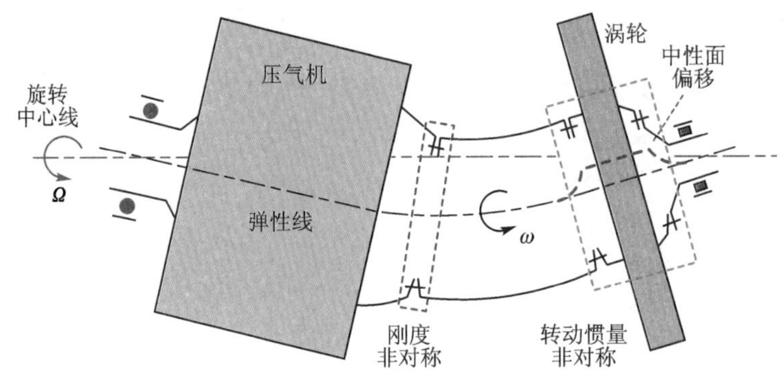

图 6－23 典型界面连接转子弯曲变形及连接界面应力分布示意图

连接结构某一方向的弯曲刚度由该方向角向变形所决定，如图 6－24 所示，连接结构主弯曲应变方向及其垂直方向上的角向变形不同，当主弯曲方向的角向变形超过某一数值，连接结构将发生该方向上的弯曲刚度损失，而另一方向上的角向变形较小，其弯曲刚度损失程度也较小，由此导致连接结构在两方向上的弯曲刚度存在非对称性。存在连接结构刚度非对称的轴段可等效为矩形截面的轴段，通过截面几何的非对称性模拟界面接触引起的刚度非对称如图 6－25 所示。

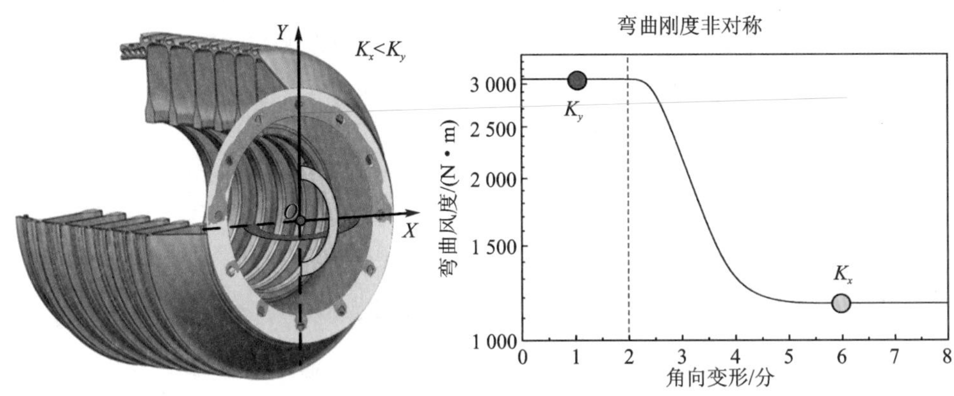

图 6－24 连接结构刚度非对称性示意图

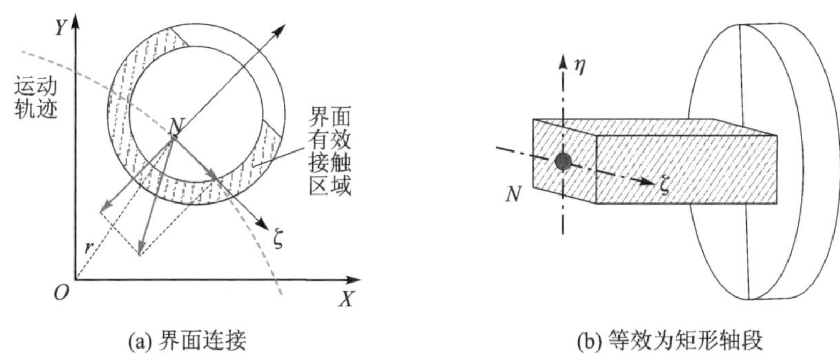

(a) 界面连接　　(b) 等效为矩形轴段

图 6-25　转子连接界面弯曲刚度非对称的等效

在航空燃气轮机转子系统的结构设计中，连接结构通常靠近大质量/转动惯量轮盘以减小连接结构变形。如图 6-26 所示，连接结构界面接触状态及应力分布的不均匀性导致界面中性轴发生偏移，进而影响轮盘旋转过程中的约束特性，也即轮盘的自转中心线偏离质心 δ，由平行轴定理可知，与中心线偏移量垂直方向上的直径转动惯量将增大 $m\delta^2$，而沿偏移量方向的转动惯量未发生改变，由此导致轮盘在两直径转动惯量的非对称性。在理论分析中可将轮盘等效为非对称形状，如图 6-27 所示，轮盘直径转动惯量的非对称性将影响轮盘在两垂直方向上的旋转惯性力矩，在一定条件下会使转子系统发生稳定性问题。

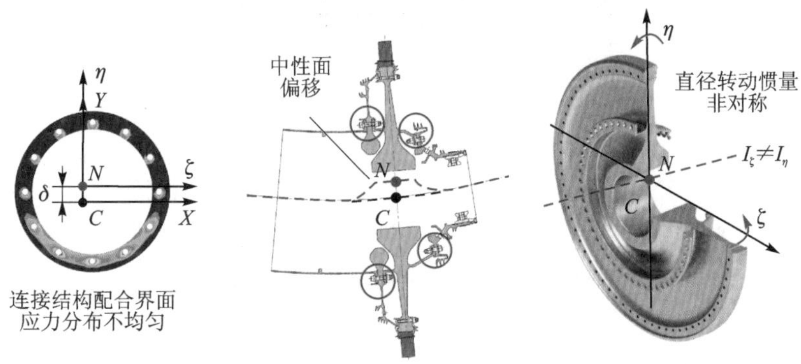

图 6-26　连接界面应力分布不均匀导致的轮盘直径转动惯量非对称

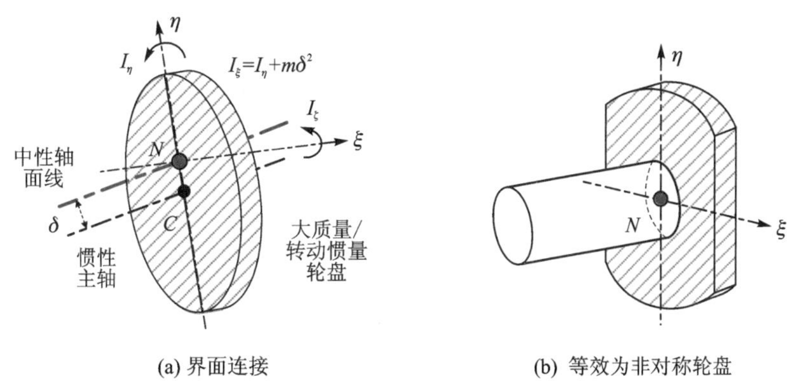

(a) 界面连接　　(b) 等效为非对称轮盘

图 6-27　界面连接引起的轮盘直径转动惯量非对称的等效

6.2.3 内阻尼特性

转子内阻尼是非协调涡动状态下，转子内部纤维或结构之间的变形处于交变状态，由之间的相对运动或运动趋势所产生的摩擦阻尼，可分为材料纤维之间的迟滞内阻尼和接触界面之间的结构内阻尼。材料的迟滞内阻尼往往较小，可以忽略，在工程中更多地关注结构内阻尼，其多发生于盘一轴连接结构处，如图 6－28 所示。轮盘和轴段的离心变形不协调程度较大，非协调涡动状态将导致配合圆柱面和端面产生相对滑移，转子系统受到结构内阻尼作用。

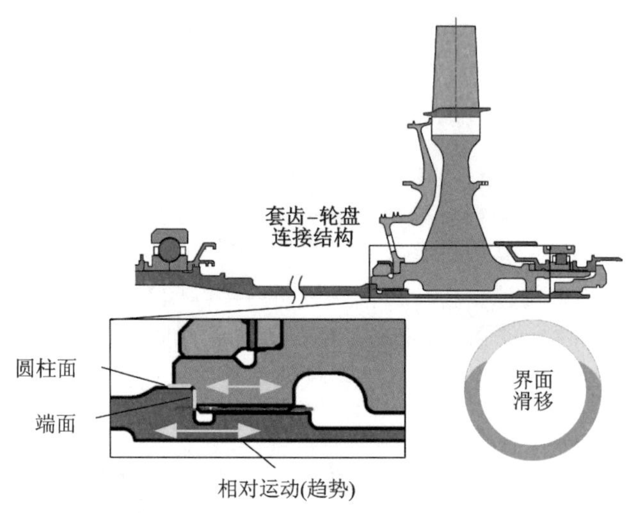

图 6－28　转子结构内阻尼产生机理示意图

结构内阻尼由于与界面接触力学特性及运动有关，一定条件下可影响转子系统运动状态，影响的关键在于结构内阻尼对转子进动能量的作用效果，如图 6－29 所示，亚临界状态下结构内阻尼可以耗散振动能量，抑制自由振动及强迫振动，使转子系统保持稳定；而超临界状态下，结构内阻尼将使转子自转动能不断注入转子进动中，转子进动速度和转轴弯曲变形不断增大，转子进入自激振动状态，这也是导致转子系统失稳的原因之一，具体介绍见下文。

6.2.4 稳定性概述

稳定性分析一般从运动微分方程出发，直接研究解的性质以判断运动性态的定性分析方法，研究的是振动系统的稳态运动在初始扰动作用下的稳定性问题，即只能给出系统在初始扰动下的性态为稳定、渐进稳定或不稳定中的某一种。此处并不给出稳定性分析的严格定义，以单自由度振动方程介绍未扰运动、受扰运动和扰动等基本概念。

分析如下单自由度振动系统，运动微分方程为

$$m\ddot{x}+c\dot{x}+kx=F\cos\omega t \tag{6-1}$$

通过位移变量 x 和速度变量 $\dot{x}$ 可以唯一确定系统的运动状态，因此称 $\boldsymbol{q}=\{x,\dot{x}\}^{\mathrm{T}}$ 为系统的状态变量。设此方程存在某一特解 $x_s(t)=A\sin\omega t$，这一特解可在实践中对应某一正常状态，如平衡状态或周期运动，将此特定的运动称为系统未受干扰的运动，简称未扰运动或稳态运动。只要状态变量的初始值满足未扰运动的要求，如 $\boldsymbol{q}(0)=\boldsymbol{q}_s(0)=\{x_s(0),\dot{x}_s(0)\}^{\mathrm{T}}=\{0,A\}^{\mathrm{T}}$，则此未扰运动必能实现为系统的实际运动。若状态变量的初始值 $\boldsymbol{q}(0)$ 偏离 $\boldsymbol{q}_s(0)$，

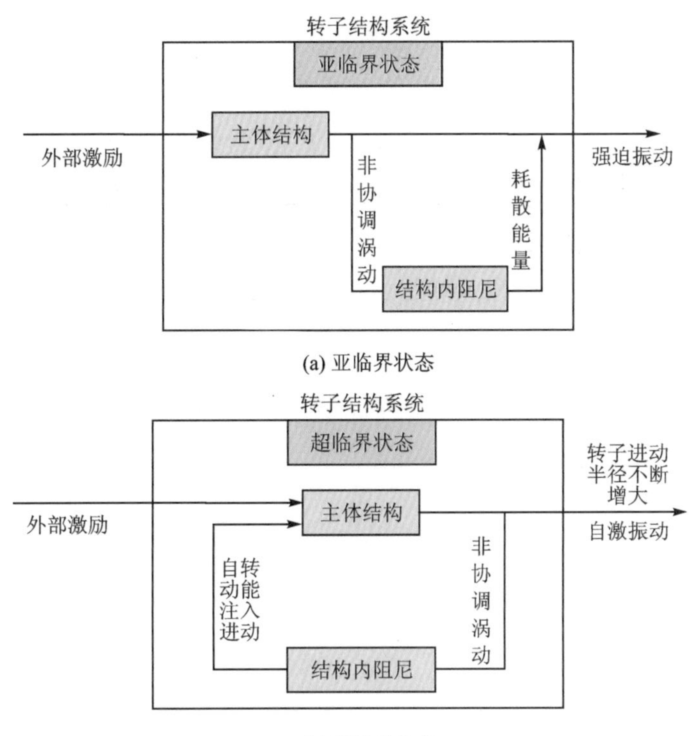

图 6-29　转子不同运动状态下结构内阻尼对进动的影响

则系统运动将偏离未扰运动 $x_p(t)$，这种运动称为未扰运动的受扰运动，如 $\boldsymbol{q}(0)=\{0,-A\}^{\mathrm{T}}$。为衡量受扰运动偏离未扰运动的程度，定义二者之差为 $X(t)=x_p(t)-x_s(t)$，称为扰动。

不妨通过给定此单自由度系统的各项参数，通过对比稳态运动和受扰运动的时域变化图像，深入理解稳态运动和受扰运动。令 $m=1, c=2, k=1, F=2$，即运动方程为

$$\ddot{x}+2\dot{x}+x=2\cos\omega t \tag{6-2}$$

在求解上述二阶常微分方程的过程中，需要经过两次积分运算，因此要唯一确定系统的运动，必须给定两个边界条件，一般选作初始时刻的位移和速度。

易得，上述微分方程存在周期性稳定解，即

$$x_s(t)=\sin\omega t \tag{6-3}$$

现给出一个初始状态变量 $\boldsymbol{q}(0)=\{0,1\}^{\mathrm{T}}$，由于 $\boldsymbol{q}(0)=\{x_s(0),\dot{x}_s(0)\}^{\mathrm{T}}=\{0,1\}^{\mathrm{T}}$，此时系统的运动为周期性运动，即为未扰运动，如图 6-30 中红色曲线所示。若给出另一初始状态变量 $\boldsymbol{q}(0)=\{-1,0\}^{\mathrm{T}}\neq\{x_s(0),\dot{x}_s(0)\}^{\mathrm{T}}$，则可求解出系统的振动方程，即

$$x_p(t)=-(1+2t)\mathrm{e}^{-t}+\sin t \tag{6-4}$$

这一振动即为受扰运动，如图 6-30 中蓝色曲线所示。定义为二者之差的扰动，如图 6-30 中墨绿色曲线所示。

可以看出，虽然受扰运动的初始状态偏离未扰运动，导致初期受扰运动与未扰运动偏离程度较大，但由于系统本身是渐进稳定的，初始状态偏离引起的扰动会逐渐衰减，直至为零，在扰动归零时，受扰运动与未扰运动完全相同。

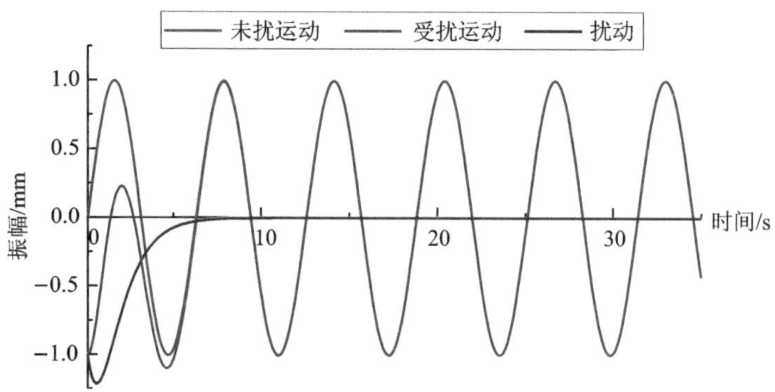

图 6-30 单自由度系统的未扰运动、受扰运动与扰动

现在对扰动这一概念继续分析，将未扰运动 $x_s(t)$ 和受扰运动 $x_p(t)$ 的解代入运动微分方程，可得

$$\begin{aligned} m\ddot{x}_s + c\dot{x}_s + kx_s &= F\cos\omega t \\ m\ddot{x}_p + c\dot{x}_p + kx_p &= F\cos\omega t \end{aligned} \tag{6-5}$$

两式相减可得

$$m(\ddot{x}_p - \ddot{x}_s) + c(\dot{x}_p - \dot{x}_s) + k(x_p - x_s) = 0 \tag{6-6}$$

代入扰动的定义式 $X(t) = x_p(t) - x_s(t)$，得到确定扰动规律的方程，称为扰动方程，即

$$m\ddot{X} + c\dot{X} + kX = 0 \tag{6-7}$$

从上式可知，决定系统稳定性的扰动方程与系统的自由振动方程相同，因此传统的稳定性理论均是基于自由振动方程开展的研究。这也说明，当外载荷不会改变系统的振动特性时，系统的稳定性只由其质量、刚度和阻尼特性所决定，与外载荷无关；也可认为，如果外载荷会使得系统发生失稳现象，则外载荷必定改变了系统的质量、刚度和阻尼特性。

振动系统做未扰运动时受到扰动后，系统经过足够长的时间，扰动逐渐衰减为零，如图 6-31(a)所示，系统能够恢复原有的未扰运动，则称此未扰运动是稳定的(严格来说，此系统至少是渐进稳定的)；若系统受到干扰后，振动并不衰减，偏离未扰运动的程度，也即扰动，反而越来越大，如图 6-31(b)所示，则称此未扰运动是非稳定的，对应的受扰运动称为失稳运动。

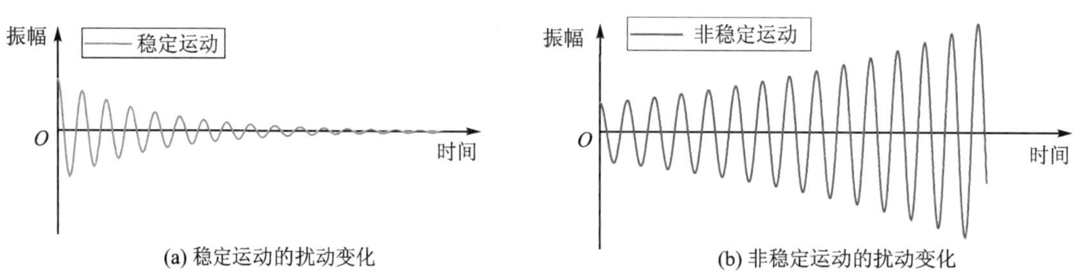

图 6-31 不同运动性态的扰动随时间的变化

转子系统运动状态可分为稳定转动和非稳定转动。前者是指随着时间推移转子系统的进动半径始终保持在一定范围以内而不会无限增大，后者则相反。图 6-32(a)、(b)、(c)所示为

转子稳定转动时的典型轴心轨迹图，其进动半径为定值或保持在一定范围内；而对于非稳定运转情况，其典型轴心轨迹如图 6-32(d)所示，随着时间推移进动半径不断增大，最终将导致转轴断裂破坏，是无法持续运转的。因此，在转子系统动力学设计中，应保证转子工作时始终处于稳定转动。

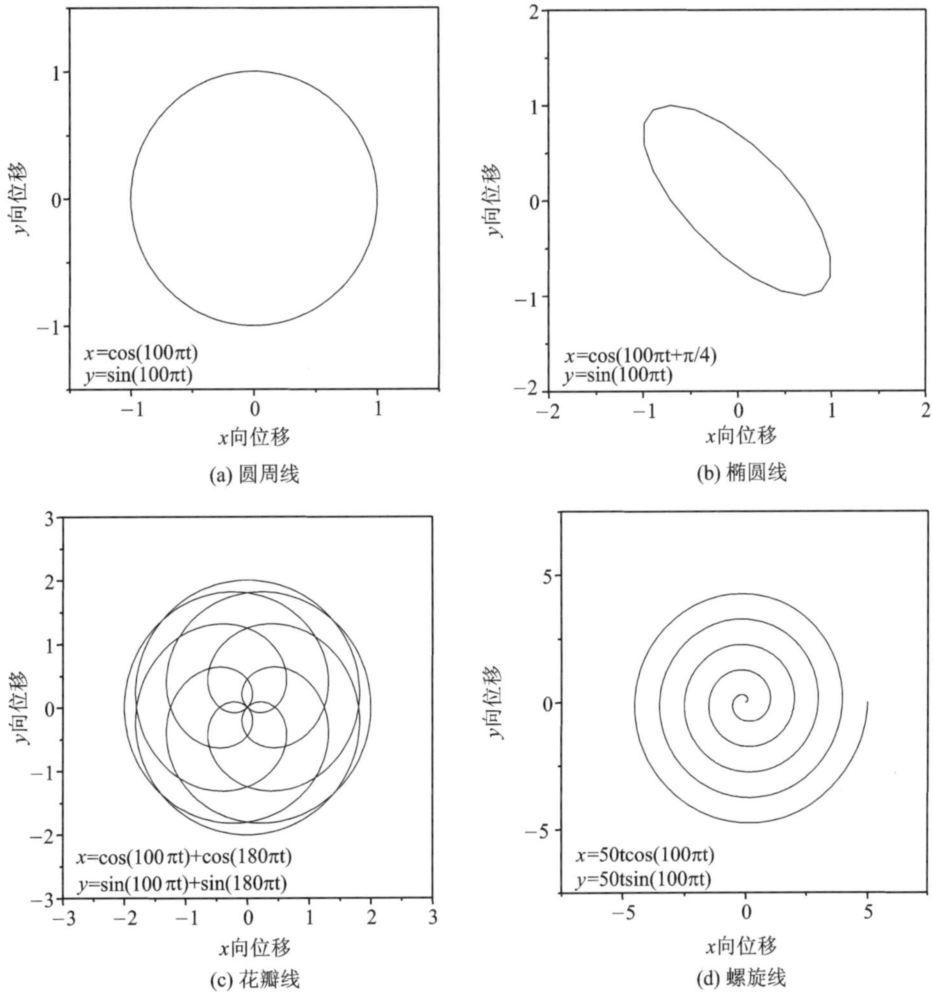

$x=\cos(100\pi t)$，$y=\sin(100\pi t)$

(a) 圆周线

$x=\cos(100\pi t+\pi/4)$，$y=\sin(100\pi t)$

(b) 椭圆线

$x=\cos(100\pi t)+\cos(180\pi t)$，$y=\sin(100\pi t)+\sin(180\pi t)$

(c) 花瓣线

$x=50t\cos(100\pi t)$，$y=50t\sin(100\pi t)$

(d) 螺旋线

图 6-32　几种典型的转子进动轴心轨迹

稳定性用于评价转子系统受扰后可否维持稳定转动的能力。对于一个转子系统，在受到外部扰动后，原有的转动状态将被破坏：

① 如果扰动小于一定数值，经过一段时间后转子运动始终有界，则此转动状态是稳定的；

② 如果系统转动状态稳定，并且理论上最终可以完全恢复到受扰前的未扰运动，则该转子系统转动状态为渐近稳定，这通常适用于有阻尼的转子系统；

③ 如果无论受到多小扰动，转子系统的运动半径都将不断增大，则该系统的转动状态不稳定。

6.3 弯曲刚度非对称转子动力响应

转子结构中存在的界面连接、开槽等，将使局部刚度特性衰退，造成转子结构拉/压刚度存在非对称，进而导致转子系统在弯曲变形时，转子在横截面内两正交方向的弯曲刚度不同。这种在转子横截面内两正交方向的弯曲刚度不同的转子系统，称为弯曲刚度非对称转子系统。

下面以 Jeffcott 转子建立弯曲刚度非对称转子系统在静止坐标系中的动力学方程，分析转子系统的动力响应及稳定性。

6.3.1 动力学方程

已知转轴截面两垂直方向弯曲刚度非对称，分别为 k_1 和 k_2，且 $k_1>k_2$，令

$$\begin{cases}\Delta k=\dfrac{k_1-k_2}{2}\\[2mm] k=\dfrac{k_1+k_2}{2}\end{cases}\tag{6-8}$$

得

$$\begin{cases}k_1=k+\Delta k\\ k_2=k-\Delta k\end{cases}\tag{6-9}$$

以 Jeffcott 转子建立弯曲刚度非对称转子力学模型，如图 6-33 所示。假设轴段刚度最大和最小的方向互相垂直，为了形象表示，便于理解，将转子轴段用矩形截面进行表示。其中图 6-33(a)表示转子某一时刻的位置，图 6-33(b)为转子横截面示意图。$O-xy$ 是固定坐标系，$O-x'y'$ 是随非对称转轴以角速度 ω 旋转的旋转坐标系。x' 轴与最小弯曲刚度 k_2 方向一致，y' 轴与最大弯曲刚度 k_1 方向一致。

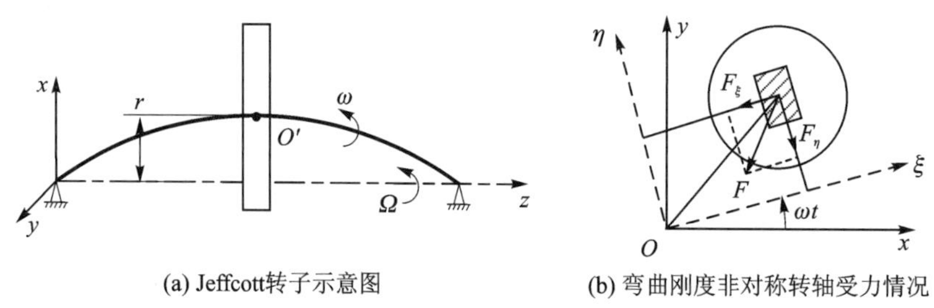

图 6-33 弯曲刚度非对称转子系统

需要说明，转子系统的运动由自转转速 ω 和公转转速 Ω（又称进动转速）组成，相对旋转坐标系的原点 O' 应该位于轮盘中心，与绝对坐标系的原点应该相差半径 r。在转子系统做同步正进动时，两个坐标系原点之间相差距离为常数 r，转子弯曲变形的幅值 r 又相对较小，所以可以将相对坐标系的原点移到绝对坐标系原点 O 处。这样可以大大简化推导过程，又不会对推导结果产生影响。

设在时刻 $t=0$ 时，x' 轴与 x 轴重合，在旋转过程中 $\angle x'Ox=\omega t$。x' 和 y' 方向上的恢复力 F'_x 和 F'_y 表示为

$$\begin{cases} F'_x = -(k - \Delta k)x' \\ F'_y = -(k + \Delta k)y' \end{cases} \tag{6-10}$$

由绝对坐标系和相对坐标系的转换惯性可知。坐标和力之间满足以下关系：

$$\begin{cases} x' = x\cos\omega t + y\sin\omega t \\ y' = -x\sin\omega t + y\cos\omega t \end{cases} \tag{6-11}$$

$$\begin{cases} F_x = F_{x'}\cos\omega t - F_{y'}\sin\omega t \\ F_y = F_{x'}\sin\omega t + F_{y'}\cos\omega t \end{cases} \tag{6-12}$$

将式(6-11)和式(6-12)代入式(6-10)得出

$$\begin{cases} F_x = -\{kx - \Delta k(x\cos 2\omega t + y\sin 2\omega t)\} \\ F_y = -\{ky - \Delta k(x\sin 2\omega t - y\cos 2\omega t)\} \end{cases} \tag{6-13}$$

因此，弯曲刚度非对称转子系统的刚度矩阵为

$$K = \begin{bmatrix} k_x & k_{xy} \\ k_{xy} & k_y \end{bmatrix} = \begin{bmatrix} k - \Delta k\cos 2\omega t & -\Delta k\sin 2\omega t \\ -\Delta k\sin 2\omega t & k + \Delta k\cos 2\omega t \end{bmatrix} \tag{6-14}$$

将刚度矩阵代入转子系统动力学方程 $M\ddot{q} + C\dot{q} + Kq = F$，得到以 Jeffcott 转子为基础的弯曲刚度非对称转子系统在静止坐标系中的动力学方程：

$$\begin{cases} m\ddot{x} + c\dot{x} + kx - \Delta k(x\cos 2\omega t + y\sin 2\omega t) = F_x \\ m\ddot{y} + c\dot{y} + ky - \Delta k(x\sin 2\omega t - y\cos 2\omega t) = F_y \end{cases} \tag{6-15}$$

将 $c_0 = \dfrac{c}{m}$，$\Omega_n = \sqrt{\dfrac{k}{m}}$ 和 $\Delta = \dfrac{\Delta k}{m}$ 代入式(6-15)得

$$\begin{cases} \ddot{x} + c_0\dot{x} + \Omega_n^2 x - \Delta(x\cos 2\omega t + y\sin 2\omega t) = \dfrac{F_x}{m} \\ \ddot{y} + c_0\dot{y} + \Omega_n^2 y - \Delta(x\sin 2\omega t - y\cos 2\omega t) = \dfrac{F_y}{m} \end{cases} \tag{6-16}$$

从式(6-15)和式(6-16)可以看出，转轴弯曲刚度非对称的转子系统在 x 和 y 方向的运动，通过非对称刚度项的 Δk 和 Δ 相互耦合。此外，由于动力学方程中刚度项系数是时间的函数，所以具有转轴弯曲刚度不对称的转子系统是具有外力的参数激励系统。时变参数激励转子系统或称时变转子系统在运动过程中可能发生失稳，需要对具有时变参数转子系统动力响应及稳定性进行分析。

6.3.2　共振转速及稳定性

具有时变参数的转子系统在本质上可以归为非线性系统，其与线性系统的模态振动是有一定差别的，但是在参数之间相互影响规律的研究中，可以采用线性振动理论，对运动微分方程的解进行线性假设。即假设，在振幅不大或在靠近共振转速运转的情况下，其运动轨迹仍然可以写成简谐或指数形式。从而可以讨论模态频率的变化规律及其稳定性。

不考虑转子系统的阻尼力和外力作用，将动力学方程(6-16)简化为

$$\begin{cases} \ddot{x} + \Omega_n^2 x - \Delta(x\cos 2\omega t + y\sin 2\omega t) = 0 \\ \ddot{y} + \Omega_n^2 y - \Delta(x\sin 2\omega t - y\cos 2\omega t) = 0 \end{cases} \tag{6-17}$$

设转子系统的自由振动频率或模态共振转速为 Ω，假设式(6-16)解的形式为

$$\begin{cases} x = A\cos(\Omega t + \beta) + B\cos[(2\omega - \Omega)t - \beta] \\ y = A\sin(\Omega t + \beta) + B\sin[(2\omega - \Omega)t - \beta] \end{cases} \tag{6-18}$$

其中，β 是相位角。如图 6－33 所示，坐标平面 $O-xy$ 与复平面重合，并定义复数 $z = x + \mathrm{i}y$。动力学方程(6－17)用复数表示为

$$\ddot{z} + \Omega_n^2 z - \Delta\tilde{z}\mathrm{e}^{\mathrm{i}2\omega t} = 0 \tag{6-19}$$

复数动力学方程解的形式假设为

$$r = a\mathrm{e}^{\mathrm{i}\Omega t} + b\mathrm{e}^{\mathrm{i}(2\omega - \tilde{\Omega})t} \tag{6-20}$$

其中，系数 $a = A\mathrm{e}^{\mathrm{i}\beta}$，$b = B\mathrm{e}^{-\mathrm{i}\beta}$，以及自由振动频率 Ω 可能是复数。将式(6－20)代入转子系统运动方程(6－19)，分别求出两边项 $\mathrm{e}^{\mathrm{i}\Omega t}$ 和 $\mathrm{e}^{\mathrm{i}(2\omega - \tilde{\Omega})t}$ 的系数，得到

$$\begin{cases} (\Omega_n^2 - \Omega^2)a - \Delta\tilde{b} = 0 \\ [\Omega_n^2 - (2\omega - \tilde{\Omega})^2]b - \Delta\tilde{a} = 0 \end{cases} \tag{6-21}$$

此外，两边取复共轭得

$$\begin{cases} (\Omega_n^2 - \tilde{\Omega}^2)\tilde{a} - \Delta b = 0 \\ [\Omega_n^2 - (2\omega - \Omega)^2]\tilde{b} - \Delta a = 0 \end{cases} \tag{6-22}$$

将式(6－21)和式(6－22)中 $\dfrac{a}{\tilde{b}}$ 项的系数对应相等，得到

$$(\Omega_n^2 - \Omega^2)[\Omega_n^2 - (2\omega - \Omega)^2] - \Delta^2 = 0 \tag{6-23}$$

同样，将 $\dfrac{\tilde{a}}{b}$ 项的系数对应相等，得到

$$(\Omega_n^2 - \tilde{\Omega}^2)[\Omega_n^2 - (2\omega - \tilde{\Omega})^2] - \Delta^2 = 0 \tag{6-24}$$

如果 Ω 是实数，式(6－23)和式(6－24)相同。如果 Ω 是复数，则 Ω 和 $\tilde{\Omega}$ 是同一方程的根。因此，只需要求解二式其中之一便可，根据式(6－23)可以得到

$$(\Omega - \omega)^4 - 2(\omega^2 + \Omega_n^2)(\Omega - \omega)^2 + [\omega^2 - (\Omega_n^2 + \Delta)][\omega^2 - (\Omega_n^2 - \Delta)] = 0 \tag{6-25}$$

式(6－25)是关于 $(\Omega - \omega)^2$ 的二次方程，可以得到固有频率 $\Omega_1, \cdots, \Omega_4$，即

$$\Omega_1 = \omega + \nu, \quad \Omega_2 = \omega - \nu, \quad \Omega_3 = \omega + \mu, \quad \Omega_4 = \omega - \mu \tag{6-26}$$

其中

$$\begin{cases} \nu = \sqrt{\omega^2 + \Omega_n^2 + \sqrt{4\Omega_n^2\omega^2 + \Delta^2}} \\ \mu = \sqrt{\omega^2 + \Omega_n^2 - \sqrt{4\Omega_n^2\omega^2 + \Delta^2}} \end{cases} \tag{6-27}$$

以转速 ω 为自变量，求得固有频率 Ω 的变化曲线，得到如图 6－34 所示的转子系统共振转速曲线(Campbell 曲线)。如果不存在弯曲刚度非对称，其共振转速曲线就是大小为 $\pm\Omega_n$ 的两条与转速无关的水平共振曲线，如图 6－34 中虚线所示。对于弯曲刚度非对称转子系统，由于转子具有两个弯曲模态，考虑到转子的正向进动和反向进动两种运动情况，因此具有 4 阶共振转速，在图 6－34 中有 4 条共振转速曲线。

在给定的转速 ω 下，一般情况下存在 4 个特征值及其所对应的特征向量，如图 6－34 所

示。其物理意义是，在给定转速下存在 4 种运动形式，即运动模态。分析转子进动，有正向和反向两种形式，弯曲刚度非对称使得轮盘在相对坐标系中绕坐标轴线转动也有 2 个运动模态，其组合可出现 4 种运动模态，并且摆动会产生较强的陀螺力矩效应，使得共振转速随转速提高而增加。当转子弯曲刚度为对称时，位于支点跨度中间的轮盘不会产生陀螺力矩效应，只有正向和反向共振转速。

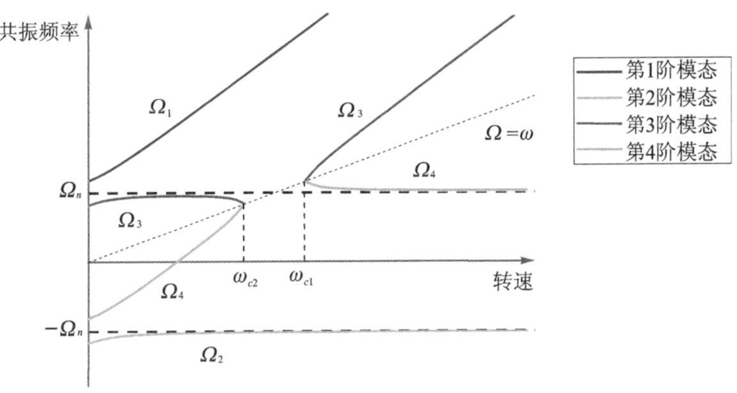

图 6-34　弯曲刚度非对称转子系统固有频率图

固有频率(共振转速)$\Omega_1,\cdots,\Omega_4$ 是转速 ω 的函数，如图 6-34 所示。因为 ν 始终是实数，所以无论 ω 为何值，Ω_1 和 Ω_2 都是实数。设 μ 为零的转速为 ω_{c1} 和 ω_{c2}。从式(6-27)得

$$\omega_{c1}=\sqrt{\Omega_n^2+\Delta}=\sqrt{\frac{k+\Delta k}{m}},\qquad \omega_{c2}=\sqrt{\Omega_n^2-\Delta}=\sqrt{\frac{k-\Delta k}{m}} \tag{6-28}$$

转速 ω_{c1} 和 ω_{c2} 的物理意义是，在这两个转速下满足 $\Omega_3=\Omega_4$，转子系统此时只有 3 个共振转速。另外，转子做同步正进动时，在此处会发生共振，即此为转子系统的临界转速。

另外，由图 6-34 可知，当 $\omega_{c2}<\omega<\omega_{c1}$ 时，转子只有两阶共振转速。下面根据转子工作转速的不同，讨论在不同转速范围内转子的运动情况。

1. 转速在 $\omega>\omega_{c1}$ 和 $\omega<\omega_{c2}$ 时

在此转速范围内，转子的 4 阶共振转速 $\Omega_1,\cdots,\Omega_4$ 都是实数。将 $\Omega_1,\cdots,\Omega_4$ 代入式(6-20)并求和，得到转子的动力响应为

$$z=(a_1+b_2)\mathrm{e}^{\mathrm{i}(\omega+\nu)t}+(a_2+b_1)\mathrm{e}^{\mathrm{i}(\omega-\nu)t}+(a_3+b_4)\mathrm{e}^{\mathrm{i}(\omega+\mu)t}+(a_4+b_3)\mathrm{e}^{\mathrm{i}(\omega-\mu)t} \tag{6-29}$$

令 $a_n=A_n\mathrm{e}^{\mathrm{i}\alpha_n}$ 和 $b_n=B_n\mathrm{e}^{\mathrm{i}\beta_n}$ $(n=1,\cdots,4)$，从式(6-21)和式(6-22)得

$$\begin{cases}\dfrac{A_1}{B_1}\mathrm{e}^{\mathrm{i}(\alpha_1+\beta_1)}=\dfrac{B_2}{A_2}\mathrm{e}^{\mathrm{i}(\alpha_2+\beta_2)}=\kappa_1\\[2ex]\dfrac{A_3}{B_3}\mathrm{e}^{\mathrm{i}(\alpha_3+\beta_3)}=\dfrac{B_4}{A_4}\mathrm{e}^{\mathrm{i}(\alpha_4+\beta_4)}=\kappa_2\end{cases} \tag{6-30}$$

其中，κ_1 和 κ_2 是实数，且有

$$\kappa_1=\frac{\Delta}{\Omega_n^2-(\omega+\nu)^2},\qquad \kappa_2=\frac{\Delta}{\Omega_n^2-(\omega+\mu)^2} \tag{6-31}$$

将由式(6-30)得到系数间的关系式，如 $A_1=\kappa_1B_1$ 和 $\alpha_1=-\beta_1$，代入式(6-29)，并用下式

变换

$$\begin{cases} A_1 e^{i\alpha_1} + \kappa_1 A_2 e^{-i\alpha_2} = P_1 e^{i\theta_1} \\ A_3 e^{i\alpha_3} + \kappa_2 A_4 e^{-i\alpha_4} = P_2 e^{i\theta_2} \end{cases} \tag{6-32}$$

最终得到转速在 $\omega > \omega_{c1}$ 和 $\omega < \omega_{c2}$ 时转子的运动轨迹为

$$z = P_1 e^{i\theta_1} e^{i(\omega+\nu)t} + \frac{1}{\kappa_1} P_1 e^{-i\theta_1} e^{i(\omega-\nu)t} + P_2 e^{i\theta_2} e^{i(\omega+\mu)t} + \frac{1}{\kappa_2} P_2 e^{-i\theta_2} e^{i(\omega-\mu)t} \tag{6-33}$$

由式(6-33)可知，当 ω 满足 $\omega > \omega_{c1}$ 或 $\omega < \omega_{c2}$ 时，P_1 和 P_2、κ_1 和 κ_2 均为有限实数。所以，在此转速范围内，弯曲刚度非对称转子的运动是由 4 个振幅有限且恒定的圆周运动组成的，因此其运动是稳定的。

2. 转速在 $\omega_{c2} < \omega < \omega_{c1}$ 时

在此转速范围内，式(6-27)中的 μ 为复数，共振转速 Ω_3 和 Ω_4 变为复数。令

$$\begin{cases} \mu = \mathrm{i}n \\ n = \sqrt{\sqrt{4\Omega_n^2\omega^2 + \Delta^2} - \omega^2 + \Omega_n^2} \end{cases} \tag{6-34}$$

其中，n 是实数。将共振转速 $\Omega_1, \cdots, \Omega_4$ 代入式(6-20)，并用 $c_1, \cdots, c_4$ 表示振幅，得

$$z = c_1 e^{i(\omega+\nu)t} + c_2 e^{i(\omega-\nu)t} + c_3 e^{(-n+i\omega)t} + c_4 e^{(n+i\omega)t} \tag{6-35}$$

其中，$c_1, \cdots, c_4$ 通常是复数。将该假设解代入转子运动方程并比较系数，得

$$\begin{cases} \dfrac{c_1}{\tilde{c}_2} = \dfrac{\Delta}{\Omega_n^2 - (\omega + \nu)^2} & \text{(6-36a)} \\ \dfrac{\tilde{c}_1}{c_2} = \dfrac{\Omega_n^2 - (\omega - \nu)^2}{\Delta} & \text{(6-36b)} \\ \dfrac{c_3}{\tilde{c}_3} = \dfrac{\Delta}{\Omega_n^2 + (-n + i\omega)^2} & \text{(6-36c)} \\ \dfrac{c_4}{\tilde{c}_4} = \dfrac{\Delta}{\Omega_n^2 + (n + i\omega)^2} & \text{(6-36d)} \end{cases}$$

以 $c_k = C_k e^{i\gamma_k}, k = 1, \cdots, 4$ 的形式表示 c_k，并将其代入式(6-36)，得

$$C_1 = \kappa_1 C_2, \quad \gamma_2 = -\gamma_1, \quad \gamma_3 = -\gamma_4 = \varphi \tag{6-37}$$

其中

$$\varphi = \frac{1}{2} \arctan \frac{-2\omega n}{\Omega_n^2 - \omega^2 + n^2} \tag{6-38}$$

式(6-36d)中，$\dfrac{\tilde{c}_4}{c_4} = e^{i(-2\gamma_4)} = \dfrac{\Omega_n^2 - \omega^2 + n^2 + 2n\omega i}{\Delta}$，虚部为正，$0 < -2\gamma_4 < \pi$，即 $-\dfrac{\pi}{2} < \varphi < 0$ 成立。根据式(6-37)，式(6-35)变为

$$z = C_1 e^{i\gamma_1} e^{i(\omega+\nu)t} + \frac{C_1}{\kappa_1} e^{-i\gamma_1} e^{i(\omega-\nu)t} + C_3 e^{-nt} e^{i(\omega t - \varphi)} + C_4 e^{+nt} e^{i(\omega t + \varphi)} \tag{6-39}$$

式(6-39)中，等号右边第一项和第二项所对应的圆周运动振幅稳定，第三项所对应的振幅会随时间逐渐下降。而第四项，其圆周运动的振幅随时间呈指数增长。当时间足够长之后，第四项的圆周运动占主导地位，转子运动可以表示为

$$\begin{cases} x = C_4 e^{+nt}\cos(\omega t + \varphi) \\ y = C_4 e^{+nt}\sin(\omega t + \varphi) \end{cases} \tag{6-40}$$

从上式中，指数项的指数>0 可知，转子在 $\omega_{c2}<\omega<\omega_{c1}$ 转速范围内，其圆周运动的振幅随时间逐渐发散，直至失稳。所以，$\omega_{c2}<\omega<\omega_{c1}$ 称为不稳定转速范围。在上述分析过程中，并未考虑阻尼作用。即便考虑阻尼作用，不稳定振动依旧是可能发生的。

下面从能量传递的角度分析弯曲刚度非对称转子的失稳力学过程。转子系统产生自激振动的根本原因是，在转子运动过程中，转子系统内有持续的能量注入以加剧转子运动，而振动能量转换的主要方式是弹性恢复力所做的功。

具有弯曲刚度非对称转子系统弹性恢复力的示意图，如图 6-35 所示。如果是弯曲刚度对称的转子系统，则弹性恢复力 $\boldsymbol{F}$ 指向原点 O，转子运行稳定。但对于弯曲刚度非对称的转子系统，其弹性恢复力 $\boldsymbol{F}$ 并不指向原点 O。而当转子转速处于两阶临界转速之间的不稳定范围 $\omega_{c2}<\omega<\omega_{c1}$ 中，弹性恢复力的相位角 φ 取值为 $0<\varphi<\pi/2$，因此，弹性恢复力 $\boldsymbol{F}$ 中存在与转子进动方向相同的切向分量 F_2，切向分量 F_2 持续对转子进动方向做功，转子的进动速度加速，进动半径不断增大，使转子系统的转动能量持续转化为振动能量，随振动能量不断增加，最终可导致转子系统的失稳。

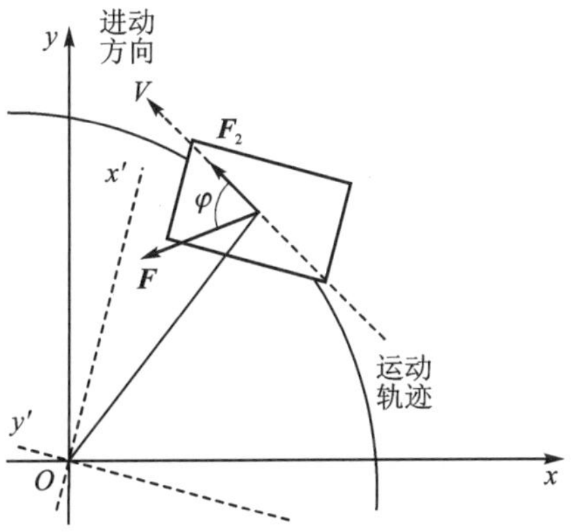

图 6-35　弯曲刚度非对称转子弹性恢复力示意图

以上对转子在运动过程中稳定性问题的分析，是基于转子系统自由振动和模态振动的分析。转子在运动过程中产生不稳定现象，是由于转动速度与进动速度的不同，转子处于非协调运动状态，在转轴上会产生交变应力，在这个力学过程中弹性恢复力对转子进动方向的持续做功使振动能量注入，最终引起转子运动失稳。在数学意义上，则是在转子运动微分方程中，刚度矩阵存在时变参数的影响。

6.3.3　动力响应及失稳力学过程

转子系统稳定性在其力学本质上是转子运动的变化，基于固有模态振动特性进行分析只能对其产生机理进行分析，而失稳的物理过程的准确描述还是需要基于动力响应分析。转子运动稳定性可以理解为：在旋转机械系统中，存在不可避免的扰动，该扰动会使转子系统略微偏离平衡位置。如果转子系统能回到平衡位置，那么转子系统是稳定的；如果转子系统更加偏离平衡位置，那么转子系统是不稳定的。

在高速旋转的转子系统中，由于轮盘的形心和质心不重合导致的不平衡激励，是对转子运动的关键影响因素。将不平衡激励 $\boldsymbol{F}_e=\begin{bmatrix}F_x\\F_y\end{bmatrix}=\begin{bmatrix}me\omega^2\cos(\omega t+\alpha)\\me\omega^2\sin(\omega t+\alpha)\end{bmatrix}$ 代入式(6-16)中，得到不平衡激励下弯曲刚度非对称转子系统的运动方程，即

$$\begin{cases}\ddot{x}+c_0\dot{x}+\Omega_n^2x-\Delta(x\cos2\omega t+y\sin2\omega t)=e\omega^2\cos(\omega t+\alpha)\\\ddot{y}+c_0\dot{y}+\Omega_n^2y-\Delta(x\sin2\omega t-y\cos2\omega t)=e\omega^2\sin(\omega t+\alpha)\end{cases}\tag{6-41}$$

其中，α 是转子重心的初始相位角。不平衡激励导致转子以频率 ω 同步正进动，假设解的形式如下：

$$\begin{cases}x=R\cos(\omega t+\beta)=R_1\cos\omega t-R_2\sin\omega t\\y=R\sin(\omega t+\beta)=R_2\cos\omega t+R_1\sin\omega t\end{cases}\tag{6-42}$$

其中，$R_1=R\cos\beta$，$R_2=R\sin\beta$，R 和 β 为常数。将假设解(6-42)代入式(6-16)，并比较两边 $\sin\omega t$ 和 $\cos\omega t$ 的系数，得

$$\begin{cases}-c_0\omega R_2+(\Omega_n^2-\Delta-\omega^2)R_1=e\omega^2\cos\alpha\\+c_0\omega R_1+(\Omega_n^2+\Delta-\omega^2)R_2=e\omega^2\sin\alpha\end{cases}\tag{6-43}$$

为了简化，忽略解得转子系统的阻尼，即 $c_0=0$。解得不平衡运动方程的稳态解

$$R_1=R_{10}=\frac{e\omega^2\cos\alpha}{\omega_{c2}^2-\omega^2}\qquad R_2=R_{20}=\frac{e\omega^2\sin\alpha}{\omega_{c1}^2-\omega^2}\tag{6-44}$$

其中，ω_{c1} 和 ω_{c2} 由式(6-28)得出。由 $R_0=\sqrt{R_{10}^2+R_{20}^2}$ 得到稳态解，此为弯曲刚度非对称转子系统在不平衡激励下稳态运动的振幅。

在弯曲刚度非对称转子系统中，稳态解的稳定性问题非常重要。为了研究弯曲刚度非对称转子系统的稳定性，可假设式(6-42)中的振幅 R_1 和 R_2 是时间的函数。再将式(6-42)代入式(6-16)，并比较两边 $\sin\omega t$ 和 $\cos\omega t$ 的系数，得

$$\begin{cases}\ddot{R}_1-2\omega\dot{R}_2+(\Omega_n^2-\Delta-\omega^2)R_1=e\omega^2\cos\alpha\\\ddot{R}_2+2\omega\dot{R}_1+(\Omega_n^2+\Delta-\omega^2)R_2=e\omega^2\sin\alpha\end{cases}\tag{6-45}$$

假设由扰动导致的偏差为 ξ_1 和 ξ_2，得

$$R_1=R_{10}+\xi_1,\qquad R_2=R_{20}+\xi_2\tag{6-46}$$

把式(6-46)代入式(6-45)得

$$\begin{cases}\ddot{\xi}_1-2\omega\dot{\xi}_2+(\omega_{c2}^2-\omega^2)\xi_1=0\\\ddot{\xi}_2+2\omega\dot{\xi}_1+(\omega_{c1}^2-\omega^2)\xi_2=0\end{cases}\tag{6-47}$$

假设解的形式为

$$\xi_1(t)=A\mathrm{e}^{st},\qquad \xi_2(t)=B\mathrm{e}^{st}\tag{6-48}$$

将式(6-48)代入式(6-47)。为了得到 A 和 B 的非零解，A 和 B 系数的特征行列式为零，即满足以下特征方程：

$$s^4+(\omega_{c1}^2+\omega_{c2}^2+2\omega^2)s^2+(\omega_{c1}^2-\omega^2)(\omega_{c2}^2-\omega^2)=0\tag{6-49}$$

由该特征方程可知，当 $\omega_{c2}<\omega<\omega_{c1}$ 时，特征方程的根 s 具有正实部。即小偏差 $\xi_1(t)$ 和 $\xi_2(t)$ 随时间增加，稳定解变得不稳定。弯曲刚度非对称转子系统在忽略阻尼的情况下，振幅随时间增加，最终导致转子系统的失稳。

对于具有矩形截面转子系统，仿真计算定量分析转子系统在不平衡激励下运动情况，如图 6－36 所示。依据表 6－1 的参数和式(6－28)的计算公式，可得到此矩形截面转子的两阶临界转速为 4 116 rpm 和 5 900 rpm。

表 6－1　算例参数表

参　数	取　值	参　数	取　值
轴跨度/mm	800	轮盘轴向位置/mm	400
轮盘质量/kg	10	轮盘不平衡量/(g·mm)	50
极转动惯量/kg·m^2	0.066	直径转动惯量/(kg·m^2)	0.033
结构阻尼比	0.02	转轴泊松比	0.3
轴截面宽/mm	43	转轴弹性模量/GPa	200
轴截面高/mm	30		

43
30
转轴
轮盘

图 6－36　转轴截面

不平衡激励下矩形截面转子的稳态动力响应如图 6－37 所示，可以看出，由于矩形截面引起的弯曲刚度是非对称性的，转子系统存在失稳转速区间，无阻尼情况下，失稳区间应是 4 116 rpm$<\omega<$5 900 rpm，但由于阻尼的存在，在转子位于失稳边界附近时，即转速靠近两阶临界转速时，外阻尼力耗散了弹性恢复力注入转子系统内的能量，此时转子仍能保持稳定运动，因此，失稳区间有所收窄，约为 4 240 rpm$<\omega<$5 786 rpm。

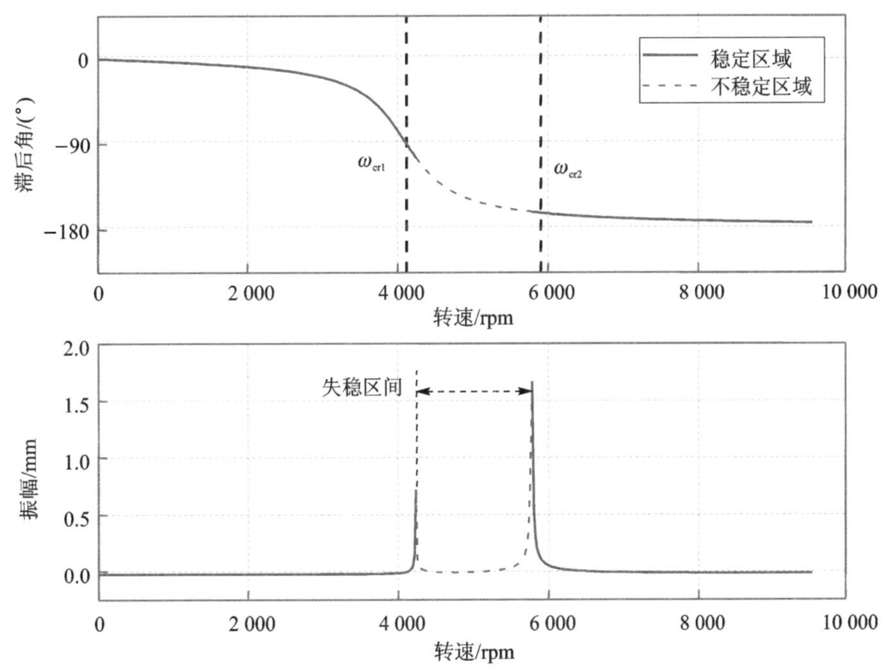

图 6－37　稳态不平衡下矩形截面转子动力响应

选取不同转速(1 rpm，2 000 rpm，4 116 rpm，5 000 rpm，20 000 rpm)，分析转子运动状态及受力分析，如表 6－2 所列，受力状态图中，红色箭头表示不平衡力，蓝色箭头表示弹性恢复力，绿色箭头表示离心力，黑色箭头表示外阻尼力。从图中可知：

① 稳态不平衡激励下，转子均做同步正进动，即便在失稳区间内，仍是仅有一倍频振动成分，做振幅不断增大的同步正进动。

② 当转子处于稳定转速区间时，受扰动后，扰动引起的振动会逐步衰减，轴心轨迹逐步恢复至扰动前的状态，如转速为 2 000 rpm 时；而当转子处于失稳转速区间内，受扰动后，扰动引起的振动将不断增大，轴心轨迹也呈现不断发散的螺旋线形状，如转速为 5 000 rpm 时。

③ 不同转速下，转轴受弯矩载荷的方向不同，弹性恢复力对转子进动的作用效果不同。转子处于稳定区间内，如转速为 2 000 rpm，转子动力响应滞后于不平衡激励方向，此时转子长边和短边方向上的刚度均会影响转子弯曲变形，由于两方向弯曲刚度的非对称性，弹性恢复力并不指向轨迹圆点，与转子进动方向相反，起阻尼耗能的作用；当转子处于失稳区间时，弹性恢复力不仅不指向轨迹圆心，且与转子进动方向相同，对转子进动起到失稳力的作用，能量不断注入转子系统，转子逐渐失稳。

④ 从不同转速下的运动状态图可以看出，随转速提高，轮盘逐步完成质心转向，轮盘质心转向也是转轴受弯方向不断变化的原因，由此导致转轴弹性恢复力方向不断变化，某些情况下可使转子失稳。

表 6-2　不同转速状态下转子运动状态及受力分析

转速/rpm	滞后角/(°)	运动状态	受力状态	扰动后的轴心轨迹
1	近似为 0	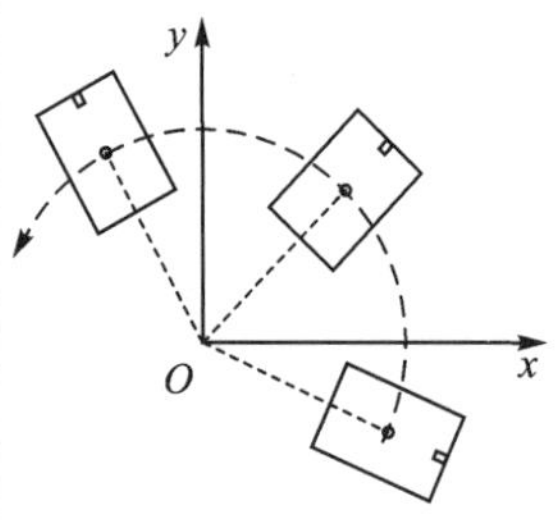	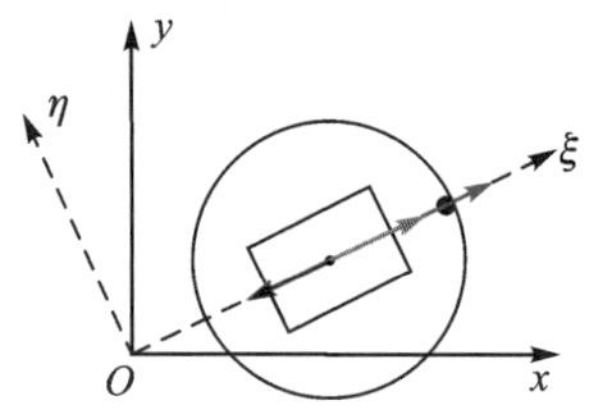	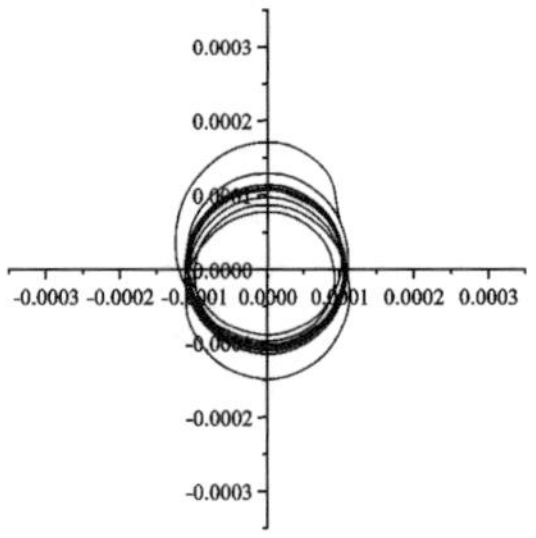
2 000	−40	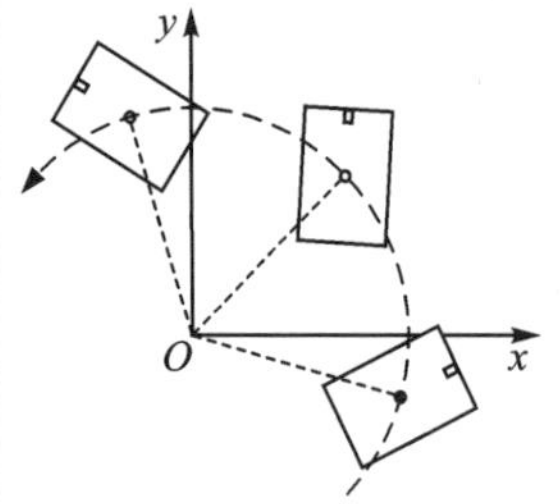	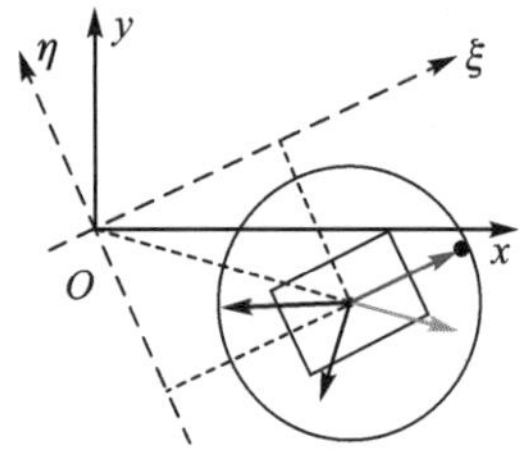	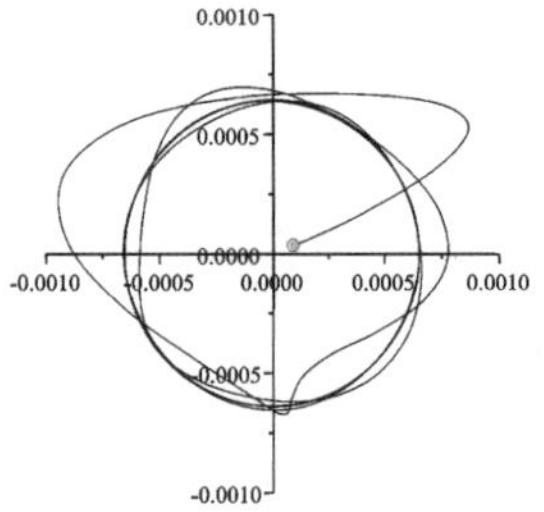
4 116	−90	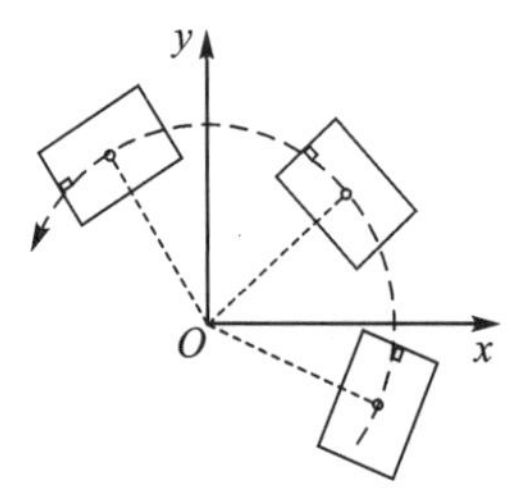	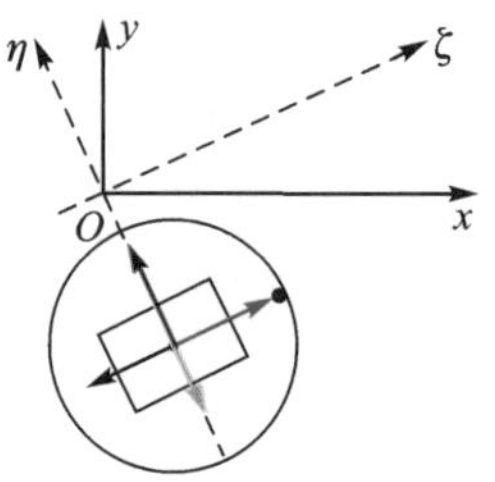	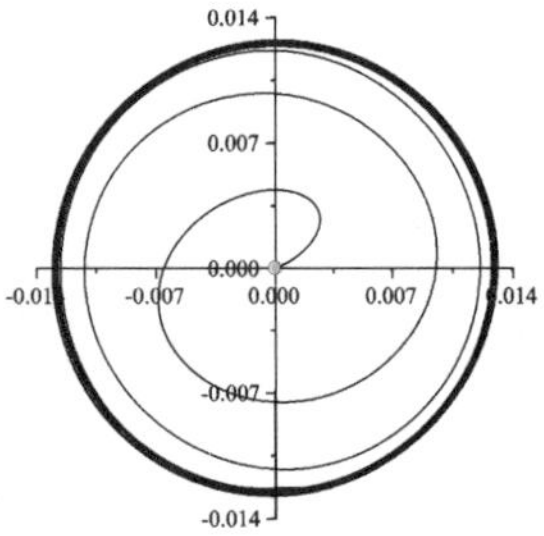

续表 6-2

转速/rpm	滞后角/(°)	运动状态	受力状态	扰动后的轴心轨迹
5 000	−150	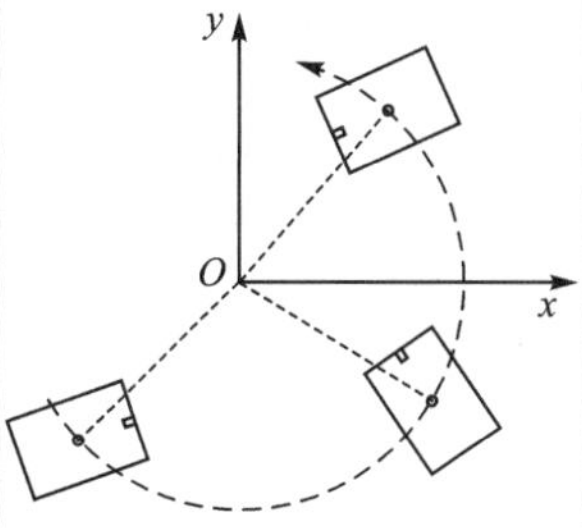	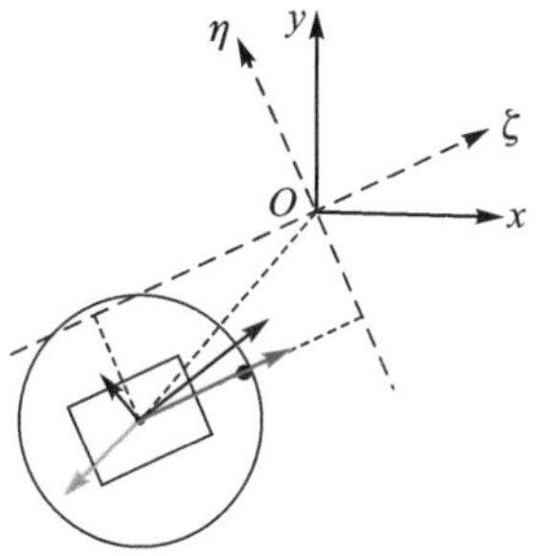	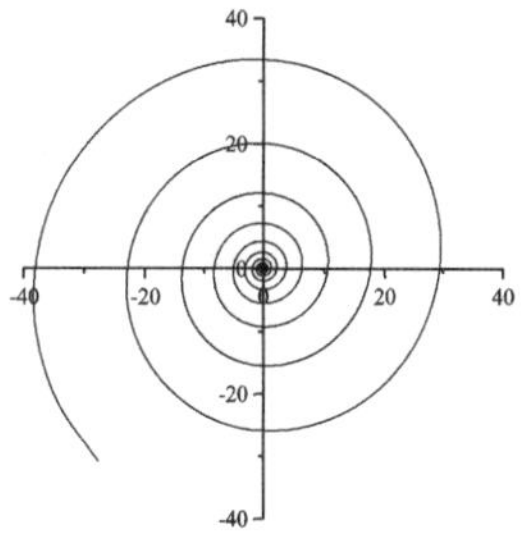
20 000	−180	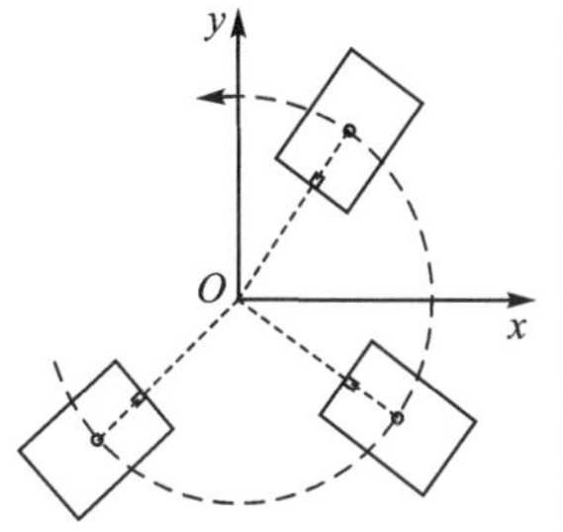	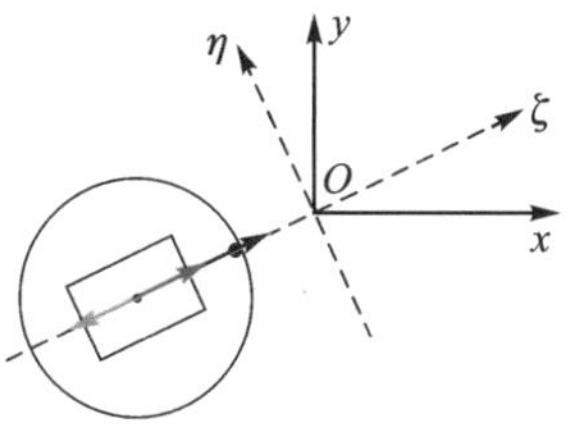	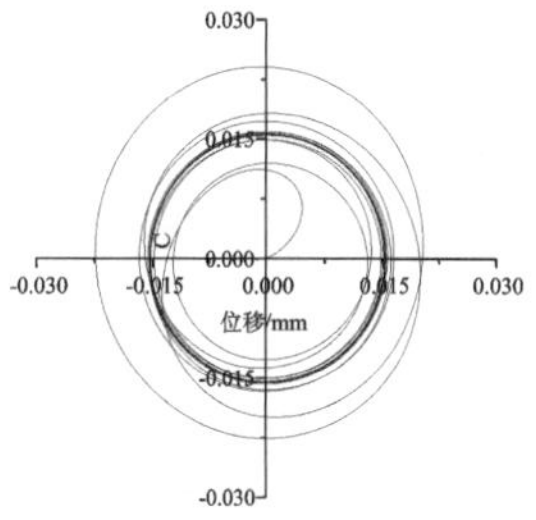

6.4 转动惯量非对称转子动力响应

由于转子叶片丢失、界面中心面偏移等原因，转子轮盘在两个正交主轴方向上直径转动惯量的不同，称为转动惯量非对称。对于转动惯量非对称的转子结构系统，在力学特性上，与对称转子的不同是：在旋转过程中，在不同方向上的角动量不同，因此在旋转过程，不同方向上的旋转惯性力矩不同，即在旋转过程中，旋转惯性激励不同。

下面对考虑轮盘转动惯量非对称的转子系统，采用拉格朗日法推导以 Jeffcott 转子为基础的转动惯量非对称转子系统在静止坐标系中的动力学方程。该转子系统的动力响应分析主要考虑自由振动和不平衡激励作用两种情况，并且采用解析方法对静止坐标系下的动力学方程进行分析。

6.4.1 动力学方程

已知轮盘截面关于两惯性主轴的转动惯量不相等，分别为 I_1 和 I_2，且 $I_1>I_2$，令

$$\begin{cases} \Delta I = \dfrac{I_1 - I_2}{2} \\ I = \dfrac{I_1 + I_2}{2} \end{cases} \tag{6-50}$$

得

$$\begin{cases} I_1 = I + \Delta I \\ I_2 = I - \Delta I \end{cases} \tag{6-51}$$

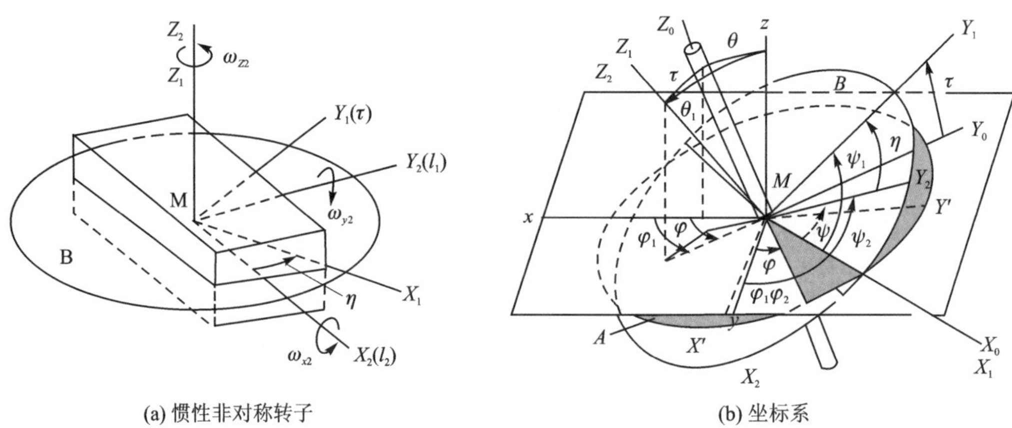

(a) 惯性非对称转子　　(b) 坐标系

图 6-38　转动惯量非对称转子系统

与上文表示弯曲刚度非对称相同，为了形象表示，便于理解，将轮盘截面用矩形截面进行表示，如图 6-38 所示。令直角坐标系 $M-X_2Y_2Z_2$ 的三个轴与轮盘的惯性主轴分别重合。直角坐标系 $M-X_1Y_1Z_1$ 由动不平衡位置确定(原点位于质心，并与转轴一起进动)，与直角坐标系 $M-X_2Y_2Z_2$ 成角度 η。

倾斜角为 θ 的轴在 $M-xy$ 平面的投影与 x 轴的夹角为 φ。用轴的倾斜角 $\theta_x=\theta\cos\varphi$ 和 $\theta_y=\theta\sin\varphi$ 来表示运动方程。

转子系统在 MX_2、MY_2 和 MZ_2 方向的角速度分量分别为 ω_{X2}、ω_{Y2} 和 ω_{Z2}，动能表达式为

$$T=\frac{1}{2}(I_p\omega_{Z2}^2+I_1\omega_{Y2}^2+I_2\omega_{X2}^2) \tag{6-52}$$

通过坐标变换，并将式(6-51)代入式(6-52)得在绝对坐标系中的动能表达式，即

$$\begin{aligned}T=&\frac{1}{2}I_p((1-\tau^2)\omega^2+\omega(\dot{\theta}_x\theta_y-\theta_x\dot{\theta}_y)-2\tau\omega(\dot{\theta}_x\sin(\omega t+\eta)-\dot{\theta}_y\cos(\omega t+\eta)))\\&+\frac{1}{2}I_d(\tau^2\omega^2+\dot{\theta}_x^2+\dot{\theta}_y^2+2\tau\omega(\dot{\theta}_x\sin(\omega t+\eta)-\dot{\theta}_y\cos(\omega t+\eta)))\\&+\frac{1}{2}\Delta I_d(\tau^2\omega^2\cos 2\eta+2\tau\omega(\dot{\theta}_x\sin(\omega t-\eta)-\dot{\theta}_y\cos(\omega t-\eta))\\&-(\dot{\theta}_x^2-\dot{\theta}_y^2)\cos 2\omega t-2\dot{\theta}_x\dot{\theta}_y\sin 2\omega t)\end{aligned} \tag{6-53}$$

其中，τ 为转轴与轮盘的初始倾斜角，η 为动不平衡量初始相位角。转子系统势能为

$$V=\frac{1}{2}\delta(\theta_x^2+\theta_y^2) \tag{6-54}$$

其中，δ 是弹性常数。耗散函数为

$$F=\frac{1}{2}c(\dot{\theta}_x^2+\dot{\theta}_y^2) \tag{6-55}$$

其中，c 是阻尼系数。拉格朗日方程为

$$\frac{\mathrm{d}}{\mathrm{d}t}\left(\frac{\partial T}{\partial\dot{q}_s}\right)-\frac{\partial T}{\partial q_s}+\frac{\partial V}{\partial q_s}+\frac{\partial F}{\partial\dot{q}_s}=Q_s,\quad s=1,2 \tag{6-56}$$

其中，q_s 是广义坐标，Q_s 是非保守广义力。将式(6-53)、式(6-54)和式(6-55)代入式(6-56)得到考虑不平衡作用的转动惯量非对称转子系统动力学方程。

$$
\begin{cases}
I_d\ddot{\theta}_x + I_p\omega\dot{\theta}_y + c\dot{\theta}_x + \delta\theta_x - \Delta I_d \dfrac{\mathrm{d}}{\mathrm{d}t}(\dot{\theta}_x\cos 2\omega t + \dot{\theta}_y \sin 2\omega t) = \\
\tau\omega^2((I_p - I_d)\cos(\omega t + \eta) - \Delta I_d\cos(\omega t - \eta)) \\
I_d\ddot{\theta}_y - I_p\omega\dot{\theta}_x + c\dot{\theta}_y + \delta\theta_y - \Delta I_d \dfrac{\mathrm{d}}{\mathrm{d}t}(\dot{\theta}_x\sin 2\omega t - \dot{\theta}_y \cos 2\omega t) = \\
\tau\omega^2((I_p - I_d)\sin(\omega t + \eta) - \Delta I_d\sin(\omega t - \eta))
\end{cases}
\tag{6-57}
$$

从上面的推导过程可以看到,为了更好地描述转动惯量非对称在转子运动过程中所产生的旋转激励和动力响应,可采用转动惯量及其角向位移来描述其运动方程,这样自由度均为角度。

从上面具有转动惯量非对称转子运动微分方程式(6－67)可知,等式左边的 $\Delta I_d \dfrac{\mathrm{d}}{\mathrm{d}t}(\dot{\theta}_x\cos 2\omega t + \dot{\theta}_y\sin 2\omega t)$ 和 $\Delta I_d \dfrac{\mathrm{d}}{\mathrm{d}t}(\dot{\theta}_x\sin 2\omega t - \dot{\theta}_y\cos 2\omega t)$ 为角动量的变化项,其交变频率是转速的 2 倍,大小与惯性主轴的转动惯量差成正比。

对于转子在旋转惯性激励作用下的动力响应,由于激励来源于结构质量分布的不均匀,可以通过每个质点的旋转惯性进行准确描述。但是对于航空燃气轮机转子结构系统,根据转子结构及运动特征,可以将质量较大的结构单元用结构单元相对于其惯性主轴的转动惯量来描述其运动和惯性特征。下面根据转子系统旋转激振力的来源,分别对惯性主轴偏斜旋转激励动力响应和质量偏心激励下的动力响应进行分析。

6.4.2 共振转速及稳定性

在求解方程时,采用与弯曲刚度非对称转子系统动力响应求解相同的方法。假设解的形式为

$$
\begin{cases}
\theta_x = A\cos(\Omega t + \beta) + B\cos(\tilde{\Omega} t - \beta) \\
\theta_y = A\sin(\Omega t + \beta) + B\sin(\tilde{\Omega} t - \beta)
\end{cases}
\tag{6-58}
$$

其中,$\tilde{\Omega} = 2\omega - \Omega$。令 $c=0$ 和 $\tau=0$,将式(6－58)代入式(6－57)并比较系数得

$$
\begin{cases}
(\delta + I_p\omega\Omega - I_d\Omega^2)A - \Delta I_d\Omega\tilde{\Omega}B = 0 \\
(\delta + I_p\omega\tilde{\Omega} - I_d\tilde{\Omega}^2)B - \Delta I_d\Omega\tilde{\Omega}A = 0
\end{cases}
\tag{6-59}
$$

特征行列式为零,得到频率方程:

$$
(\delta + I_p\omega\Omega - I_d\Omega^2)(\delta + I_p\omega\tilde{\Omega} - I_d\tilde{\Omega}^2) - (\Delta I_d\Omega\tilde{\Omega})^2 = 0 \tag{6-60}
$$

式(6－60)是关于 Ω 的四次方程,最多有 4 个根。将 $\Omega = \tilde{\Omega} = \omega$ 代入式(6－60)得

$$
\omega_{c1} = \sqrt{\frac{\delta}{(I_d - \Delta I_d) - I_p}}, \qquad \omega_{c2} = \sqrt{\frac{\delta}{(I_d + \Delta I_d) - I_p}} \tag{6-61}
$$

共振转速与转速 ω 的函数关系,与图 6－34 所示的弯曲刚度非对称转子的具有相同的特征规律,从共振转速曲线可以看出,① 转子系统具有 4 个模态,这是由于转动惯性不对称以及正、反向进动交互作用而成的。② 4 条共振转速线均随转速提高而增大,这说明位于转子跨度中间的转动惯量非对称轮盘,在旋转过程中,会有正向惯性力矩作用,使共振转速增加。这是因为,轮盘转动惯量非对称使得轮盘在旋转过程中分别绕两个正交的惯性主轴“摆动”,产生

相应的旋转惯性力矩作用。③ $\omega_{c2}<\omega<\omega_{c1}$ 是发生不稳定振动的转速范围，且当 $I_2=I_d-\Delta I_d>I_p$ 时不稳定范围才存在。

6.4.3 转动惯量非对称激励下的响应

转动惯量非对称转子系统的不平衡作用动力响应求解方法与前面弯曲刚度非对称转子系统的不平衡作用动力响应求解方法相同。假设稳态解的形式为

$$\begin{cases}\theta_x=R\cos(\omega t+\beta)=R_{10}\cos\omega t-R_{20}\sin\omega t\\ \theta_y=R\sin(\omega t+\beta)=R_{10}\sin\omega t+R_{20}\cos\omega t\end{cases}\tag{6-62}$$

令 $c=0$，将式(6－62)代入式(6－57)得稳态解，即

$$\begin{cases}R_{10}=-\dfrac{\tau\omega^2(i_p-1-\Delta)\cos\eta}{\dfrac{\delta}{I_d}+(i_p-1-\Delta)\omega^2}\\ R_{20}=-\dfrac{\tau\omega^2(i_p-1+\Delta)\sin\eta}{\dfrac{\delta}{I_d}+(i_p-1+\Delta)\omega^2}\end{cases}\tag{6-63}$$

其中，$\dfrac{\Delta I_d}{I_d}=\Delta$，$i_p=\dfrac{I_p}{I_d}$。在转子转速靠近 ω_{c1} 和 ω_{c2} 时，等式(6－63)的分母趋于零，振幅变为无穷大。这时，转子在 $\omega_{c2}<\omega<\omega_{c1}$ 转速范围的运动变得不稳定，即当不考虑阻尼时，转子系统发生失稳。

航空燃气轮机转子系统是由不同材料、不同几何构形的构件，通过界面连接组成的。转子结构系统在弯曲变形时，由于界面接触状态和内部应力分布的变化，使转子中性面轴心线产生一定变化，会使转子局部弯曲刚度和转动惯量产生一定的非对称性。转子弯曲刚度和主轴转动惯量非对称时，转子系统会在某一转速范围内发生自激振动，并当注入能量大于门槛值后转子运动会发散、失稳。

从转子运动状态及其力学过程分析，转子系统具有发生自激振动失稳的可能，但是其产生的必要条件是：转子转速须位于两个相近临界转速之间，并且注入能量大于转子结构耗散能量，因此，在航空燃气轮机的使用中发生严重自激振动失稳的故障鲜有发生。

6.5 转子内阻尼激励动力响应

航空燃气轮机转子内部分布有大量的耗能结构，在转子变形过程中会形成阻尼力，一般情况下减小转子动力响应，即阻尼力耗散能量，使转子系统保持稳定；但在某些特定条件下，阻尼力反而会使能量充入转子系统，并引起转子系统失稳，从而引起自激振动。

转子内阻尼是产生于转子结构系统内相对运动或趋势的摩擦作用。内阻尼又可以进一步分为：产生于转子材料内部的摩擦的迟滞内阻尼，和产生于转子结构系统内结构接触界面(例如轴与轴承以及齿轮等元件)的滑动或趋势的结构内阻尼。

航空燃气轮机转子系统一般处于同步正进动工作状态，在转轴内部不产生交变应力，因此结构内部相对滑动及内阻尼力可以忽略。当转子系统发生非协调涡动情况时，转子结构内部产生周期性的相对滑动，结构内阻尼力做功，在一定的条件下，可以使转子发生自激振动、失

稳，甚至结构系统损伤破坏。

转子系统自激振动的力学本质是可以从外界（转子自转中）持续得到能量，并注入到转子的进动中，使转子回转半径增大，一直到失稳、破坏失效。其中，将自转动能转换到进动中需要一定条件，一是转子的进动转速与转子系统的共振转速相等，以进行能量传递和交换；二是转子结构内部具有交变运动，这是能量转换的桥梁，转子产生交变运动的条件就是转子处于非协调涡动状态。

6.5.1　迟滞内阻尼引起自激振动

迟滞内阻尼是转子材料中的颗粒或纤维之间的摩擦作用造成的。由于其存在于材料内部，其大小相对于其他形式的阻尼非常小。试验测得普通金属的迟滞内阻尼力和弹性力之比约为 0.001 至 0.002。由于普通金属材料迟滞内阻尼非常小，当存在外阻尼时，其对转子运动的影响不大。但是，研究转子系统产生非协调涡动时，迟滞内阻尼产生的激励作用及其对转子系统运动的影响，对理解转子产生自激振动的激励是有重要意义的。

1. 产生机理

航空燃气轮机转子在自身旋转惯性载荷作用下处于同步正进动运动状态，即进动速度等于转动速度（$\Omega=\omega$）。如图 6-39(a)所示，转子做同步正进动时，转子材料中纤维的拉压状态不会发生变化，例如，图中 P 纤维就始终处于稳定的拉伸状态。当转子发生非协调涡动时，进动速度不等于转动速度（$\Omega\neq\omega$）。如图 6-39(b)所示，转子做非协调涡动时，转子材料颗粒或纤维会因位置变化而周期性地伸缩，产生交变应力，其交变频率为转子转速与进动速度的差值（$\omega-\Omega$）。此时，转子材料中的纤维之间会发生摩擦，而这种摩擦会产生迟滞内阻尼。

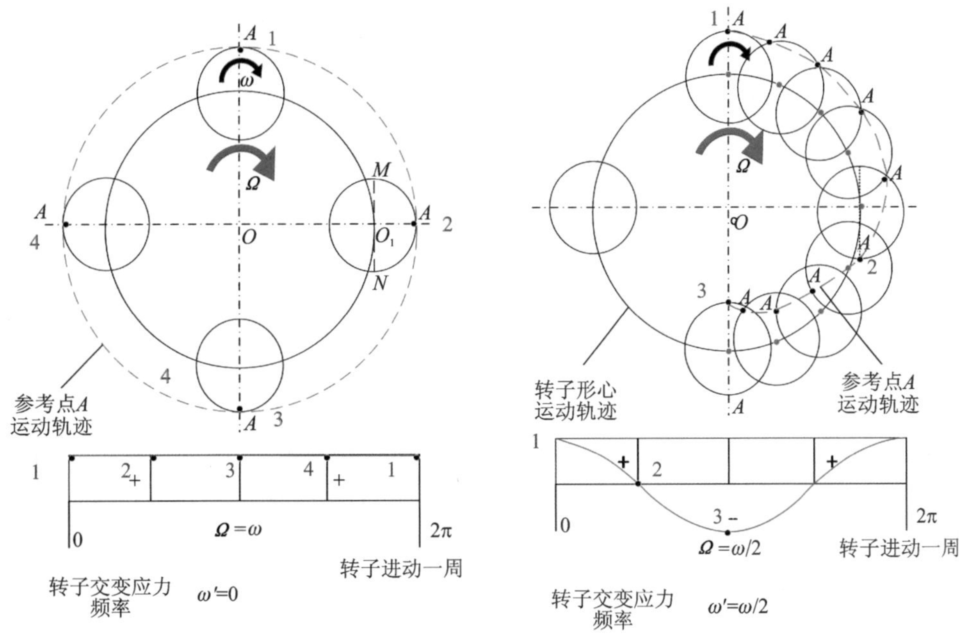

图 6-39　转子不同涡动状态下横截面运动轨迹示意图

转子做非协调涡动时，转子结构内部会产生周期性弯曲振动，应力与应变处于高速交变状态。此时的弹性转子不但具有弯曲弹性，结构内部还具有黏性滞后特性，即黏弹性转子。转子结构材料内会有弹性力和阻尼力。具体表现为，结构内部应力不仅与应变有关，还与应变速度有关。开尔文-沃伊特(Kelvin - Voigt)模型是描述黏弹性材料的典型模型。在该模型中，应力 σ、应变 ε 和应变速度 $\dot{\varepsilon}$ 之间存在以下关系：

$$\sigma = E(\varepsilon + K\dot{\varepsilon}) \tag{6-64}$$

其中，E 是杨氏模量，K 是与阻尼有关的系数。这样就给出了应力与应变及应变速度之间的关系。当转子系统进行非协调涡动时，结构的黏弹性材料受到周期性的延伸和收缩，根据前文坐标系和转子运动的描述，可得转子上交变频率为 $\omega-\Omega$。因此，可假设应变 $\varepsilon(t)=a\sin(\omega-\Omega)t$，将其代入式(6-64)，得

$$\sigma = E\varepsilon + EKa(\omega-\Omega)\cos(\omega-\Omega)t = E\varepsilon + EK(\omega-\Omega)\sqrt{a^2-\varepsilon^2} \tag{6-65}$$

经过变形，可得

$$(\sigma - E\varepsilon)^2 + [EK(\omega-\Omega)]^2\varepsilon^2 = [EK(\omega-\Omega)]^2 a^2 \tag{6-66}$$

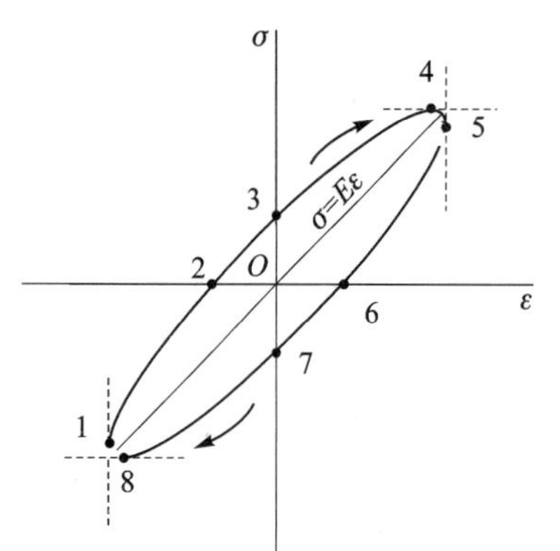

图 6-40　转子迟滞内阻尼引起的迟滞曲线

通过关系式(6-66)可以看出，应力与应变可以用一个椭圆迟滞回线表示，如图 6-40 所示(在实际材料中，迟滞内阻尼的回归曲线环很窄，为了便于表示，将纵坐标方向放大)。而恰恰是应力与应变的这种迟滞关系，相对于转子运动迟滞的内阻尼力，在一定条件下(超临界非协调涡动)会形成转子系统的激振力，导致转子系统的失稳。

转子在循环弯曲变形时，结构内力做功，将转子转动能量持续充入转子进动中，图 6-41 所示为转子转动速度为 ω，进动速度为 Ω，在运动过程中，自激力或阻尼力的变化。

当 $\omega>\Omega$ 时，点 P 处的纤维以角速度 $\omega-\Omega$ 伸展或收缩，如图 6-41(a)所示，按照 1，2，… 的顺序改变其位置。在点 1 和 5 处应变为最大值，在点 3 和 7 处应变为 0。应力最大的点(第 8 点和第 4 点)或应力为 0 的点(第 2 点和第 6 点)位于这些点之前。应力中性面 a—a 是应力为 0 的第 2、6 点的连线。应变中性面为应变为 0 的第 3、7 点的连线。其中两根中性面之间的夹角就是迟滞角 ϕ。顺着转子交变的方向，转轴截面的某一直径先与应力中性面(第 2、6 点的连线)重合，在经过迟滞角 ϕ，与应变中性面重合(第 3、7 点的连线)重合。因此，应变迟滞于应力，且迟滞角为 ϕ。同时，弹性恢复力作用方向为垂直于应力中性面 a—a 的方向，偏离轴承中心线上的点 O，与轨道相切的分量 D_i 出现。这个分量与转子进动方向相同，并将能量注入转子的进动中，这时，内阻尼是一个使转子运动不稳定的自激力。

总之，在不考虑外阻尼的情况下，当转子转速在临界转速以上时，由自激力 D_i 充入转子系统的振动能量，会“聚集”在转子系统低阶共振转速模态中，转子自转动能持续注入转子系统中，易发生自激振动。在转子运动频谱图中，除了转子转速、进动频率以外，还会出现转子共振转速模态频率。

当转子系统处于亚临界状态下运转时，转子的转动速度 ω 一般不会大于进动转速 Ω，如图 6-41(b)所示，在截面上点 P 处的纤维张力方向与进动方向相反，切向分量与转子进动方

向相反，作为阻尼力，使转子系统稳定。可以理解为，当转子转速在临界转速以下时，即使发生非协调涡动，自激力 D_i 很难“聚集”到大于转子转速 ω 的模态共振转速中（没有试验和工程案例验证），因此，并不会产生自激振动。

为了把迟滞内阻尼的影响代入转子运动方程，必须用数学函数表示阻尼力与结构内部受力状态变化的关系。下面以图 6-40 所示的迟滞回线阻尼特性及其数学表达式为基础，进行转子内部迟滞阻尼激励的影响。

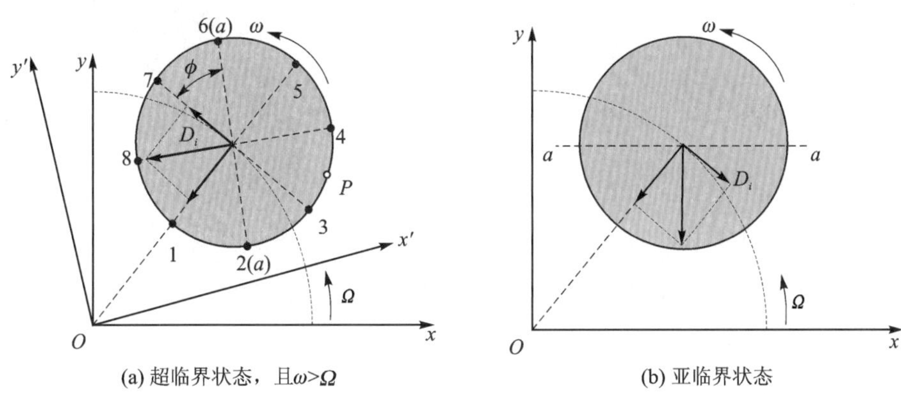

图 6-41　迟滞阻尼力在不同运转状态下所产生的失稳激振力和阻尼力

2. 力学模型及动力学响应

在对转子运动状态变化及结构力学过程分析中，结构内阻尼产生能量转换、注入作用的前提条件是，在转轴具有周期性弯曲变形，这样，转子内部阻尼，无论是材料黏滞还是界面摩擦，才会产生并对转子运动产生一定的影响。由于转子在进行非协调涡动时，转子上会产生周期性交变载荷，其频率为转动速度和进动速度之差 $\omega-\Omega$。为了简化公式推导，假设转子的运转轨迹和变形相比较小，并且在共振模态频率附近，转子进动速度等于模态共振转速 $\Omega=\omega_c=\sqrt{k/m}$。

这样，考虑滞后阻尼作用下的转子系统运动分析，可简化为 2 自由度转子系统的偏转运动。通过将外阻尼 $c\dot{x}$、$c\dot{y}$ 和内阻尼 $D_i(D_{ix},D_{iy})$ 加入转子运动微分方程，得

$$\begin{aligned}\ddot{x}+c\dot{x}+\omega_c^2x&=F\cos\omega t+D_{ix}\\ \ddot{y}+c\dot{y}+\omega_c^2y&=F\sin\omega t+D_{iy}\end{aligned}\tag{6-67}$$

其中，$\omega_c=\sqrt{k/m}$ 以及 $F=e\omega^2$。对于转子系统自激振动分析，使用复数变量 $z=x+\mathrm{i}y$ 可使分析变得容易。复数变量表达式中的运动方程是

$$\ddot{z}+c\dot{z}+\omega_c^2z=F\mathrm{e}^{\mathrm{i}\omega t}+D_i\tag{6-68}$$

将需要考虑的各种内阻尼力表达式代入转子运动方程中的 $D_i(D_{ix},D_{iy})$。如有必要，也可使用旋转坐标系表示各变化量，相应的转换为

$$z=z'\mathrm{e}^{\mathrm{i}\omega t},\qquad D_i=D'_i\mathrm{e}^{\mathrm{i}\omega t}\tag{6-69}$$

在这里分析线性阻尼力的情况，用前面所得到的内阻尼表示 $D'_i=-h\dot{z}'$，并带上式(6-69)，得到线性内阻尼力为

$$D_i=D'_i\mathrm{e}^{\mathrm{i}\omega t}=-h\dot{z}\mathrm{e}^{\mathrm{i}\omega t}=-h(\dot{z}-\mathrm{i}\omega z)\tag{6-70}$$

把这个等式代入式(6-68)，即可得到转子运动方程。在固有模态振动分析中，令 $F=0$，即

$$\ddot{z}+c\dot{z}+h(\dot{z}-\mathrm{i}\omega z)+\omega_c^2 z=0 \tag{6-71}$$

假设解为

$$z=A\mathrm{e}^{\lambda t} \tag{6-72}$$

将其代入式(6-71),得到频率方程,频率方程的两个根 λ_1 和 λ_2 是

$$\lambda_1,\lambda_2=\frac{1}{2}\left\{-(c+h)\pm\sqrt{(c+h)^2-4(\omega_c^2-\mathrm{i}\omega h)}\right\} \tag{6-73}$$

为了方便起见,使用指数函数表示转子系统模态振动随转速的变化。如果假设阻尼系数 c 和 h 在 $O(\varepsilon)$ 很小,并使用近似值 $\sqrt{1+\varepsilon}\approx 1+\varepsilon/2$,得到

$$\lambda_1=-\frac{1}{2}\left(c+h-\frac{\omega h}{\omega_c}\right)+\mathrm{i}\omega_c,\qquad \lambda_2=-\frac{1}{2}\left(c+h+\frac{\omega h}{\omega_c}\right)-\mathrm{i}\omega_c \tag{6-74}$$

因此,转子动力响应可表示为

$$z=A_1\exp\left[-\frac{1}{2}\left(c+h-\frac{\omega h}{\omega_c}\right)t\right]\mathrm{e}^{\mathrm{i}\omega_c t}+A_2\exp\left[-\frac{1}{2}\left(c+h+\frac{\omega h}{\omega_c}\right)t\right]\mathrm{e}^{-\mathrm{i}\omega_c t} \tag{6-75}$$

由于等号右边第二项括号中总是负数,所以第二项会减弱。第一个项中括号中的数量在下列情况下变为正数:

$$-\left(c+h-\frac{\omega h}{\omega_c}\right)>0\rightarrow\omega>\left(1+\frac{c}{h}\right)\omega_c \tag{6-76}$$

当满足这一条件时,转子系统会出现进动转速频率 ω_c 的自激振动。解的稳定性很容易由复系数方程的 Routh - Hurwitz 准则确定。

对于特征值的表达式 $\lambda=\mathrm{i}\mu$,将频率方程转换为 μ 的表达式,可以得到

$$\mu^2-\mathrm{i}(c+h)\mu-\omega_c^2+\mathrm{i}\omega h=0 \tag{6-77}$$

为得到 μ 的虚部为正,需要满足 $\lambda=\mathrm{i}\mu$ 的实部为负:

$$-\begin{vmatrix}1 & 0\\ 0 & -(c+h)\end{vmatrix}=c+h>0 \tag{6-78a}$$

$$\begin{vmatrix}1 & 0 & -\omega_c^2 & 0\\ 0 & -(c+h) & h\omega & 0\\ 0 & 1 & 0 & -\omega_c^2\\ 0 & 0 & -(c+h) & h\omega\end{vmatrix}=\{\omega_c(c+h)-h\omega\}\{\omega_c(c+h)+h\omega\}>0 \tag{6-78b}$$

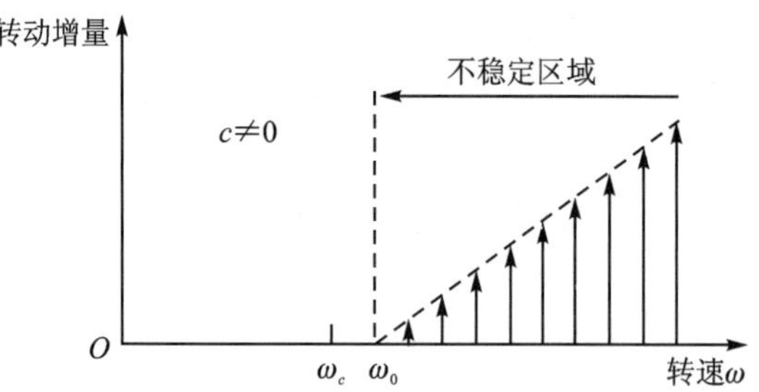

图 6-42　具有迟滞内阻尼转子系统自激振动

由于外阻尼系数 c 和内阻尼系数 h 为正值,所以条件(6-78a)始终成立。因此,根据条件(6-78b)可知,当 $\omega_c(c+h)-h\omega>0$ 时系统稳定。如图 6-42 所示,当外阻尼存在时($c\neq 0$),失稳的起始速度 $\omega_0=(1+c/h)\omega_c$,即失稳转速有所提高,当转速超过门槛值 $\omega>\omega_0$ 后,转子

系统会发生自激振动。

需要说明，在实际转子运动过程中，内阻尼的产生基础是转子结构产生周期性交变，并具有足够大的幅值，而这种条件只在发生自激振动时才会产生，两者之间互为因果，因此，在理论上，如果有第一驱动力的作用，迟滞内阻尼是可以激起转子系统的非协调自激振动的。

6.5.2 结构内阻尼引起的自激振动

在航空燃气轮机转子结构系统中，轮盘和轴承等机械元件一般安装在弹性轴上。在转轴发生弯曲变形时，采用轴向压紧装配的定位环、封严环等构件在转轴上会产生一定的滑移或趋势，如图 6-43 所示，这种由于结构界面之间相对运动趋势或滑动所产生的阻尼称为结构阻尼。

众所周知，转轴和轮盘之间摩擦力产生的内阻尼力与迟滞内阻尼对转子运动的影响相类似，但是在数值上却又有很大差异。结构内阻尼由于与接触界面力学特性及运动有关，可以产生很大作用力，足以改变转子运动，在一定条件下也可引起转子系统的自激振动，因此，开展转子结构系统连接界面阻尼对转子系统动力响应及稳定性的研究具有实际意义。

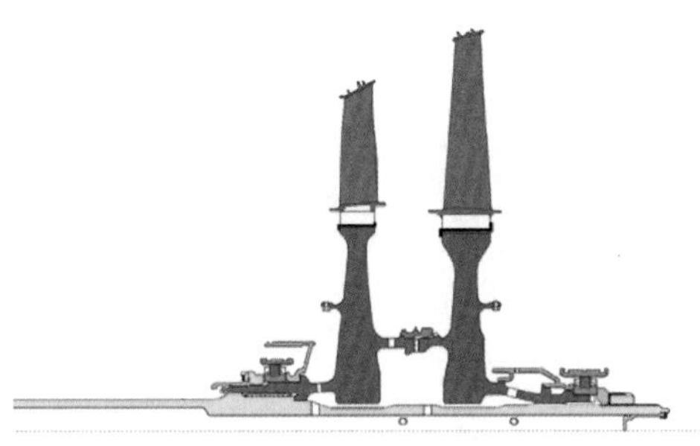

图 6-43　转子轮盘-转轴结构组件

旋转部件之间的摩擦会产生失稳力，从而引起转子自激振动的力学过程分析，可以参看图 6-44。在图 6-44(a)中，当转子非协调涡动，使转轴产生周期性弯曲变形时，如果挠度较大，轮盘与轴之间的连接界面会产生相对滑动或趋势。当弹性轴以不同于进动速度旋转时(在轴上产生交变应力)，轮盘内的轴纤维伸长或收缩，其结果是在轮盘与轴接触表面产生摩擦力。当摩擦力超过门槛值后，转子会发生自激振动。很明显，可以通过结构设计，防止轮盘和轴之间滑动来抑制这种自激振动，轮盘-轴连接结构设计中，图 6-44(b)所示结构优于图 6-44(a)所示结构。

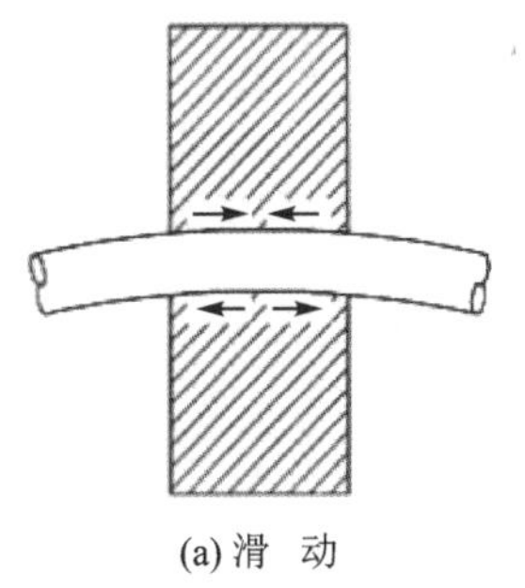

(a) 滑　动

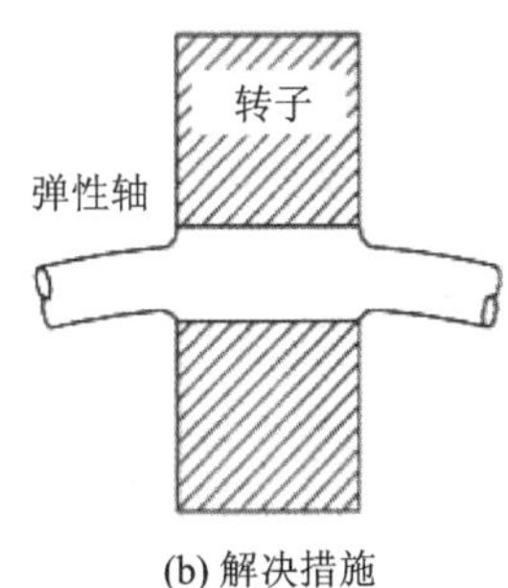

(b) 解决措施

图 6-44　轮盘与轴之间界面连接结构示意图

航空燃气轮机转子的轮盘-转轴连接结构设计中，采用局部刚度加强、轴向螺母压紧以及将连接结构置于轴承下面等措施，可以有效减小接触界面的运动趋势和结构内阻尼。随着转子转速的提高和界面连接结构载荷的加大，对于现代高性能航空燃气轮机来说，结构内阻尼及其对转子系统振动的影响，在自主设计研制高负荷转子系统也时常显现。下面就以航空燃气轮机转子结构系统为背景，建立连接界面之间产生摩擦力的数学表达式。

1. 产生机理

连接界面上的摩擦作用方向与相对速度相反，其大小与法向应力成正比，当法向应力不变时，干摩擦随相对速度的变化而变化，如图 6-45(a)所示。在数学处理中，这个特性曲线通常被近似为一个常量。这个简化模型叫做库仑摩擦，也称为库仑阻尼。库仑阻尼的迟滞回线如图 6-45(b)所示。在这种情况下，迟滞回线的宽度与应力变化的幅度无关。一个周期内消耗的能量与振幅 ε_{max} 成正比。

采用 Tondl 对于结构内阻尼力的表达式如下：

$$D_i = -h(|\omega - \Omega|)\frac{\omega - \Omega}{|\omega - \Omega|} \tag{6-79}$$

其中，h 是交变速度 $|\omega - \Omega|$ 的函数。

库伦产生的力表示为

$$D_i = -h\frac{\omega - \Omega}{|\omega - \Omega|} \tag{6-80}$$

其中，h 是常数。

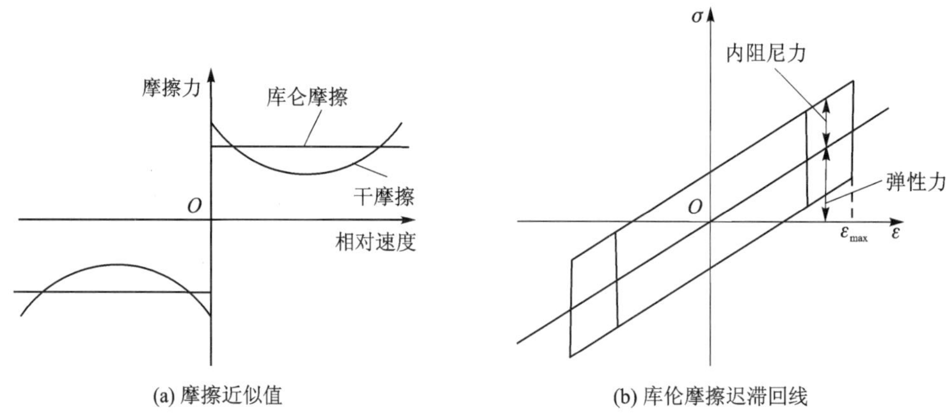

图 6-45 干摩擦和库仑摩擦

在航空燃气轮机转子系统中，结构阻尼是经常存在的，尤其是在高速转子系统中，结构内阻尼对转子系统运动的影响也是需要考虑的。航空燃气轮机转子结构系统为了减轻结构重量和装配，常采用不同材料构件通过界面连接，当转子系统在超临界高转速工作时，转子结构具有一定的弯曲变形，可用弯曲应变能表示。在双转子交互激励、转子碰摩以及转子基础振动等因素的影响下，转子系统产生非协调涡动时有发生，这为结构阻尼产生提供了重要条件。当转子旋转激励和系统固有模态之间具有一定关系条件时，转动能力通过自激力对转子进动运动的影响将能量注入转子系统并在固有模态频率下聚集是完全可能的，当运动幅值达到一定极限时，即发生自激振动失稳。

2. 力学模型及动力学响应

为了更好地说明转子弯曲变形振动对转子结构内阻尼及其转子稳定性的影响，这里采用轮盘角向俯仰和偏转 2 个自由度(轮盘摆动)的运动微分方程描述转子系统的运动。

为了更好地解释结构内阻尼引起的转子系统自激振动，此处采用带陀螺力矩效应的 2 自由度轮盘倾斜转子模型，如图 6－46 所示。运动方程如下：

$$\begin{aligned} \ddot{\theta}_x + i_p\omega\dot{\theta}_y + c\dot{\theta}_x + \theta_x &= F\cos\omega t + D_{ix} \\ \ddot{\theta}_y - i_p\omega\dot{\theta}_x + c\dot{\theta}_y + \theta_y &= F\sin\omega t + D_{iy} \end{aligned} \tag{6-81}$$

其中，$F=(1-i_p)\tau\omega^2$，采用结构特征参数值 $i_p=0.3$。

可以用一个复数变量 $z_\theta=\theta_x+\mathrm{i}\theta_y$ 来表示转子系统运动微分方程：

$$\ddot{z}_\theta - \mathrm{i}i_p\omega\dot{z}_\theta + c\dot{z}_\theta + z_\theta = F\mathrm{e}^{\mathrm{i}\omega t} + D_i \tag{6-82}$$

该项 D_i 由式(6－80)给出，表示 Coulomb 阻尼引起的内阻尼力。在静态坐标系中表示如下：

$$D_i = D'_i\mathrm{e}^{\mathrm{i}\omega t} = -h\frac{z_\theta - \mathrm{i}\omega z_\theta}{|z_\theta - \mathrm{i}\omega z_\theta|} = -h\frac{(\dot{\theta}_x+\omega\theta_y)+\mathrm{i}(\dot{\theta}_y-\omega\theta_x)}{\sqrt{(\dot{\theta}_x+\omega\theta_y)^2+(\dot{\theta}_y-\omega\theta_x)^2}} \tag{6-83}$$

由于结构阻尼力与转子运动成非线性关系，对式(6－81)和式(6－82)的分析通常是困难的。为了简化理论推导过程，假设转子轨迹是正向旋转的圆周运动，用线性表达式来近似表达结构内阻尼力。这是因为，在对转子系统振动特性及自激振动分析时，只是假设转子处于固有模态共振转速附近旋转，并且以共振转速下的模态频率及其相应的模态振型来近似分析转子系统的动力响应变化。

对转子系统进行旋转惯性激励下动力响应分析，转子轨迹由旋转惯性激励响应和谐波响应组合而成，并考虑结构的内阻尼力的非线性。首先，用 Runge－Kutta 方法对等式(6－81)进行积分来研究转子的运动轨迹变化，并以此研究分析转子运动的类型。图 6－47 显示了数值计算得到的自激振动发生的转速和模态振动频率。

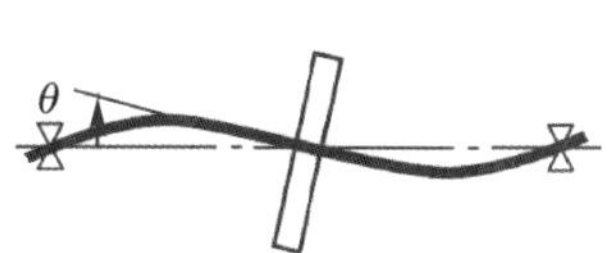

图 6－46　角向 2 自由度倾斜转子力学模型

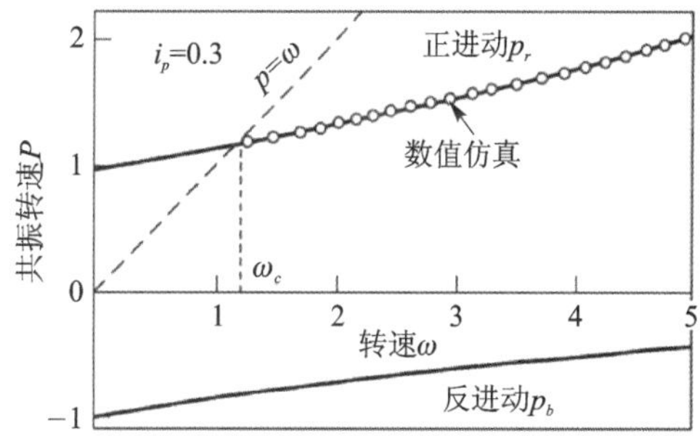

图 6－47　不同转速下转子模态振动频率分布

转子运动时间历程及其频谱如图 6－48 所示。在亚临界转速区域，如图 6－48(a)所示，只有不平衡力激励下谐波响应。在超临界转速范围内，如图 6－48(b)所示，除了转子转动速度分量外，还伴随着转子模态共振转速频率，表明转子处于正向非协调涡动的自激振动状态。在这种情况下，非协调涡动轨迹不会继续增加，而是收敛到一个恒定振幅的运动。这种运动在动力学理论中称为自持振动，在相平面上形成一个极限环。

需要说明，由于转子转速和进动速度的不同，这时在转子结构中，存在交变载荷的作用和变形，使得结构摩擦阻尼力持续吸入转子系统振动能量，所产生的干摩擦生热和界面接触损伤也会耗散一定的振动能量，因此，转子系统处于相对的极限环能量平衡状态，这对于转子系统

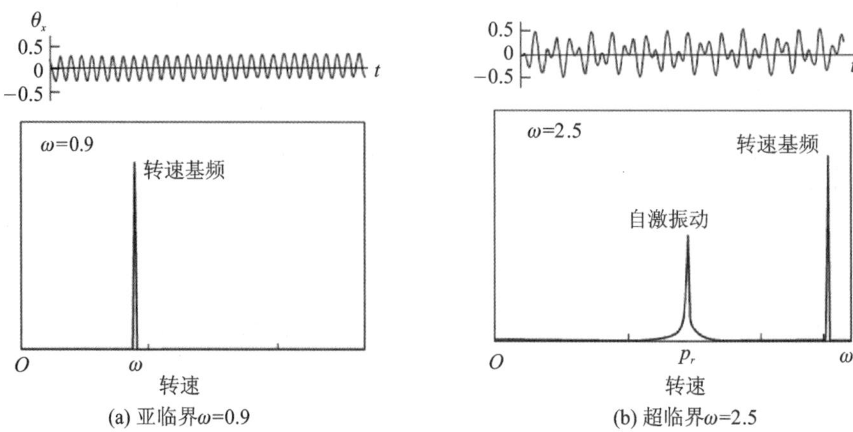

(a) 亚临界ω=0.9　(b) 超临界ω=2.5

图 6-48　内阻尼激励下转子响应时间历程及其频谱

来讲是一种不稳定状态，即失稳状态。

综上，针对航空燃气轮机转子系统中存在的两种内阻尼——迟滞内阻尼和结构内阻尼，通过分析内阻尼作用机理，建立了多种形式的内阻尼力学模型，分别为线性与非线性迟滞内阻尼模型和结构内阻尼模型，并在此基础上，研究了 2 自由度转子系统在内阻尼作用下的自激振动及其稳定性，掌握内阻尼对动力响应及稳定性的影响规律，为航空燃气轮机转子连接结构阻尼特性的研究奠定了基础。

6.5.3　算　例

某三盘转子系统结构示意图如图 6-49 所示，三个钢制轮盘通过径向螺钉固定在钢轴上，轴两端为刚性简支约束。本节通过建立此转子系统的动力学方程，并引入结构内阻尼模型，研究盘轴连接处的内阻尼力，分析结构内阻尼对转子动力响应的影响。

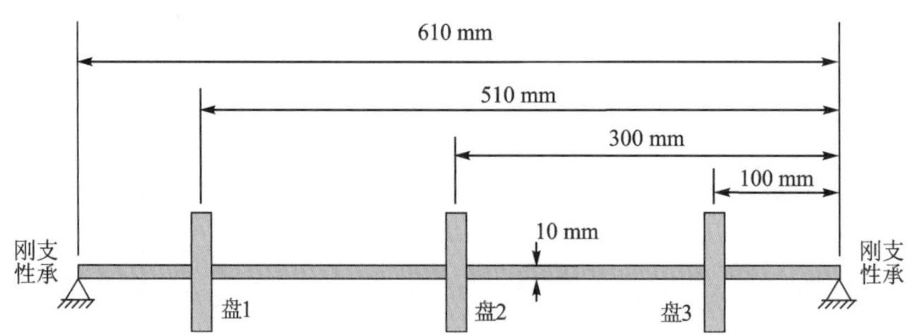

图 6-49　三盘转子系统示意图

此三盘转子系统由于结构形式较为简单，故采用铁木辛柯梁单元、质点单元和弹簧单元进行建模分析，具体仿真过程在 ANSYS 软件中进行。此外，不妨假定盘轴连接处的角向刚度较大，轮盘倾角与其所处轴段的挠角相同，以降低模型复杂度，这一假设并不会对结构内阻尼产生影响。转子参数如表 6-3 所列。

表 6-3　三盘转子系统模型参数

参　数	取　值	参　数	取　值
单个轮盘质量/kg	0.768	单个轮盘极转动惯量/(kg·mm^2)	752
单个轮盘直径转动惯量/(kg·mm^2)	376	钢轴弹性模量/GPa	200
钢轴密度/(kg·m^{-3})	7.8×10^3	钢轴泊松比	0.3
两端支承刚度/(N·m^{-1})	5×10^8	盘 2 外阻尼系数/(N·s·mm^{-1})	0.01

1. 不考虑内阻尼

首先对不考虑内阻尼的转子动力响应进行分析，为后续内阻尼激起的自激振动分析提供基础。图 6-50 所示为三盘转子系统 Campbell 图，由于转轴两端为刚性支承，此转子系统不存在刚体模态，前三阶模态依次为一阶、二阶和三阶弯曲，临界转速依次为 1 106 rpm、4 375 rpm、7 155 rpm。对于前两阶临界转速而言，虽然轮盘发生了倾斜，但由于轮盘转动惯量较小，陀螺力矩效应较弱，因此图中频率线的斜率较低；而对于第三阶临界转速，由于三个轮盘的轴向位置特殊，三个轮盘的倾角近似为 0，因此频率线的斜率也近似为 0，陀螺力矩效应可以忽略。此外，图中还标示出了 7 500 rpm 下的转子系统前三阶模态频率，依次为 19.6 Hz、74.5 Hz、119.3 Hz。

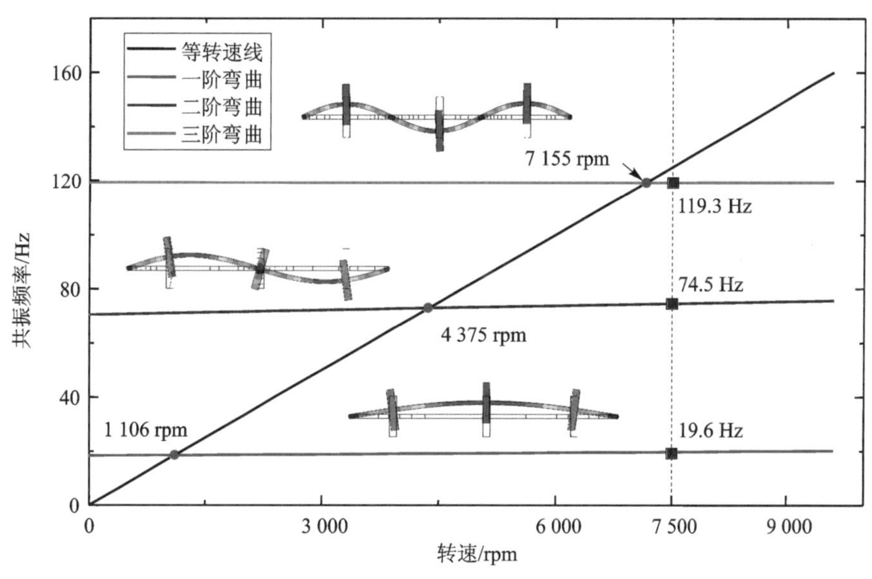

图 6-50　三盘转子系统 Campbell 图

考虑到此转子系统试验中，工作转速为 7 500 rpm，高于在第三阶临界转速，并在试验中出现了第一阶固有模态的非协调进动成分，因此计算超临界转速 7 500 rpm 下的不平衡响应计算，绘制三个轮盘的轴心轨迹图。此时仅考虑转子的外阻尼以及 50 g·mm 的不平衡量。图 6-51 所示为超临界转速 7 500 rpm 下的不平衡响应振型及轮盘轴心轨迹。从图中可以看出，对于超临界转速 7 500 rpm 时，转子振型与第 3 阶模态振型相似，但盘 2 的振幅相对另外两盘较小。

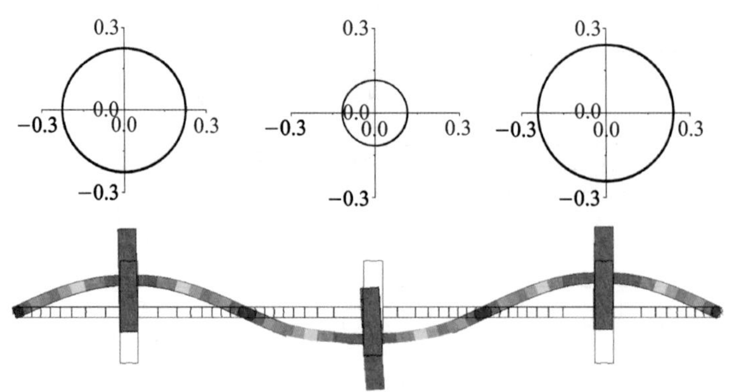

图 6-51　超临界转速 7 500 rpm 下的转子不平衡响应振型图及轴心轨迹

2. 结构内阻尼引起自激振动

给定结构内阻尼系数为 0.03,并仅施加不平衡激励载荷,不平衡量为 50 g·mm,自转转速为 7 500 rpm,处于超临界状态。

仅存在不平衡激励时,结构内阻尼对盘 2 处轴心轨迹与水平振动时域特征的影响对比如图 6-52 和图 6-53 所示。对于不考虑内阻尼的线性转子,其稳态不平衡响应呈现单一频率的简谐变化特征,轴心轨迹也呈现正圆状,这是由于线性系统的各阶模态之间存在正交性,单频激励只会引起相同频率的动力响应;对于考虑结构内阻尼的转子系统,从轨迹图与时域对比图中可以看出,即使在不平衡激励单独作用下,结构内阻尼的存在依然会导致转子发生非协调进动,包含多个频率成分,并且在相同不平衡激励下,结构内阻尼会导致转子动力响应幅值增加 23%左右。

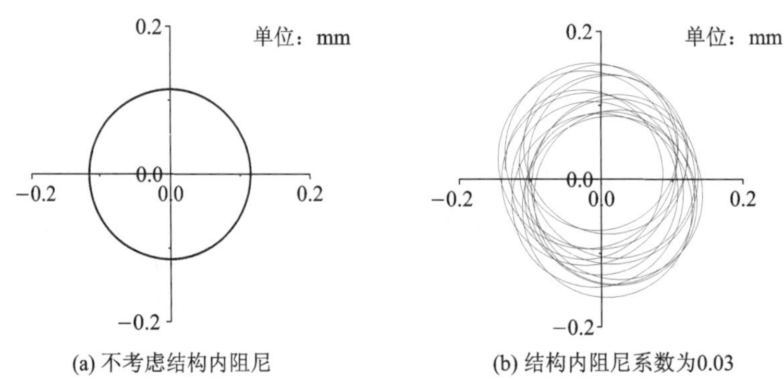

图 6-52　结构内阻尼对转子稳态不平衡激励下的轴心轨迹影响对比

结构内阻尼对转子稳态不平衡响应的频域特征影响对比如图 6-54 所示。可知,在考虑结构内阻尼之后,盘 2 处的非协调进动包含自转转速频率成分(125 Hz,7 500 rpm)和第一阶正进动模态成分(19.6 Hz,1 176 rpm),即转子系统发生了自激振动。对比存在结构内阻尼与无结构内阻尼两种情况下的自转转速频率成分,可以发现该成分幅值未发生改变,这说明稳态不平衡激励作用下,结构内阻尼会从外部引入一部分能量注入转子系统,以维持第一阶正进动模态成分的振动。

在辨别 19.6 Hz 这一频率成分的本质时,可根据同一时刻三个轮盘振动的 19.6 Hz 频率

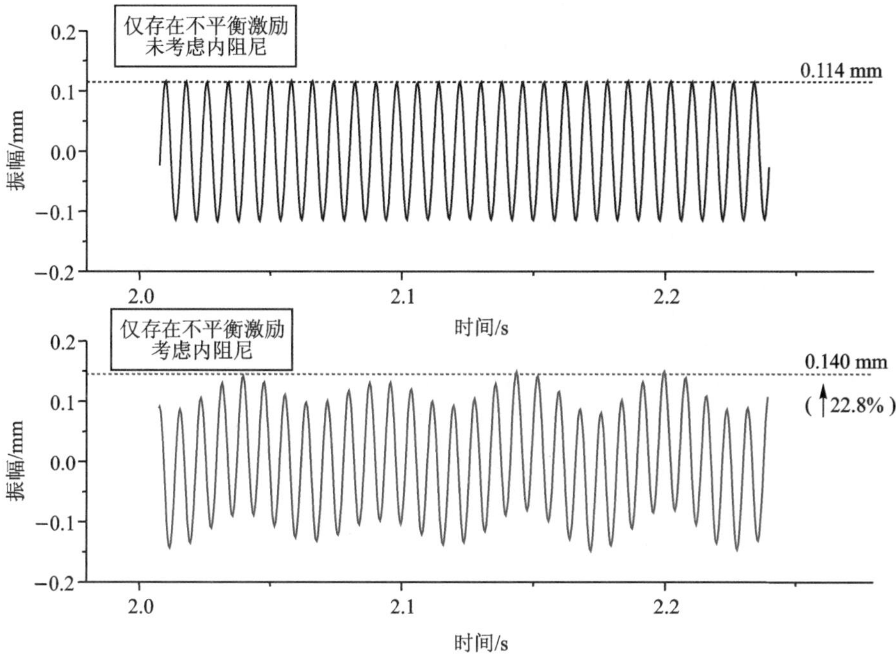

图 6-53　结构内阻尼对转子稳态不平衡响应的时域特征影响对比

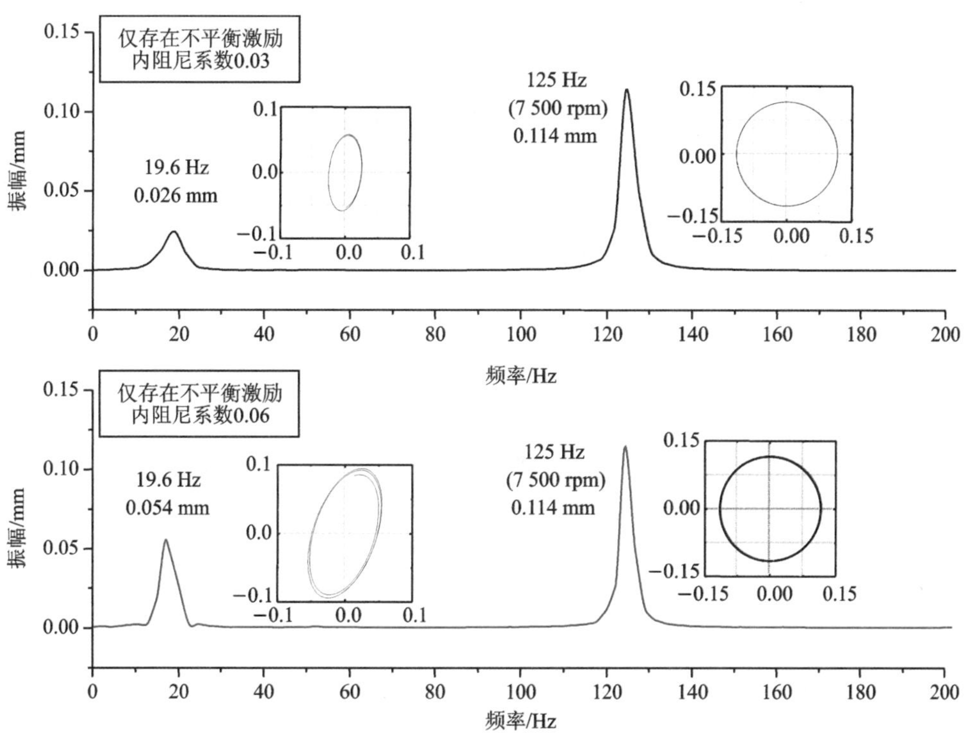

图 6-54　结构内阻尼对转子稳态不平衡响应的频域特征影响对比

分量绘制该频率成分对应的转子振型及进动轨迹，较好地区分正反进动，如图 6-55 所示。从

图 6－55(a)中可以看出，19.6 Hz 频率成分的振型为一阶弯曲，进动方向与自转速度方向(逆时针)相同，结合该转速下的模态频率，故而可以判定转子运动中的频率成分 19.6 Hz 为在转速为 7 500 rpm 下的转子系统第一阶正进动模态频率。

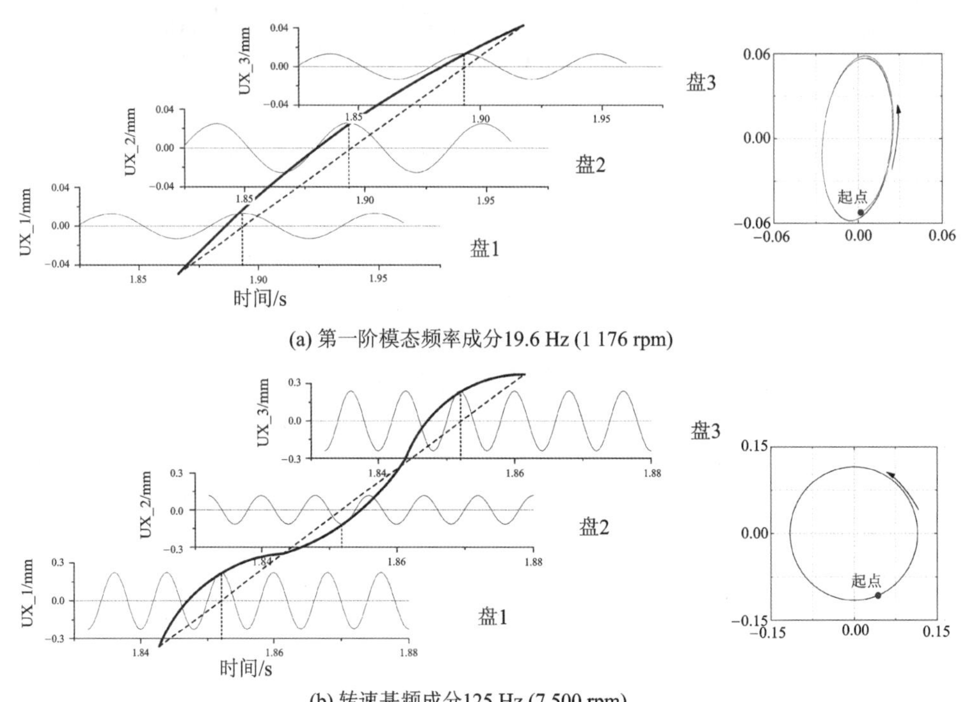

图 6－55　考虑内阻尼时轮盘水平振动的主要频率成分时域信号及转子振型

下面简单讨论结构内阻尼力大小对转子振动幅值的影响。图 6－56 和图 6－57 所示为不同结构内阻尼系数下盘 2 处水平振动时域、频域特征对比。从时域图中可以看出，在内阻尼系数由 0.03 增加至 0.06 后，相比不考虑内阻尼的情况，转子水平方向最大振幅的增幅也由 22.8％变化至 47.4％，从频域图中可以看出，内阻尼系数增大后，19.6 Hz 频率成分幅值增大了一倍。这说明由于内阻尼力随着内阻尼系数线性增大，内阻尼力将会从外界向转子系统内部注入更多能量，导致转子自激振动中模态频率成分的振幅增大，这也是导致转子自激振动幅值增大的原因。

此外，不妨从定量角度对结构内阻尼力的作用效果加深认识。不考虑结构内阻尼时，转子在 7 500 rpm 不平衡激励下做同步圆形正进动，此时转子进动半径为 0.2 mm，外阻尼系数为 0.01 N·s/mm，外阻尼力为 $|D_e| = c\Omega A = 0.01\times 7500\times 2\pi/60\times 0.2 = 1.57$ N，而结构内阻尼表达式简化为 $|D_i| = h = 0.06$ N，虽然结构内阻尼力的大小仅为外阻尼力的 4％，但绝不可将其作用效果简化为减小外阻尼系数，由于超临界状态下结构内阻尼力的作用方向与转子运动方向相同，不断向转子系统内注入能量，导致转子振动中的模态频率成分振幅增大，最终导致转子最大振幅增加 47.4％，由线性转子系统特性可知，当转子处于共振状态时，其振动幅值将远远高于其他状态，这也说明转子一旦发生自激振动，势必会导致转子动力响应的增大，危害转子系统的平稳安全运转。

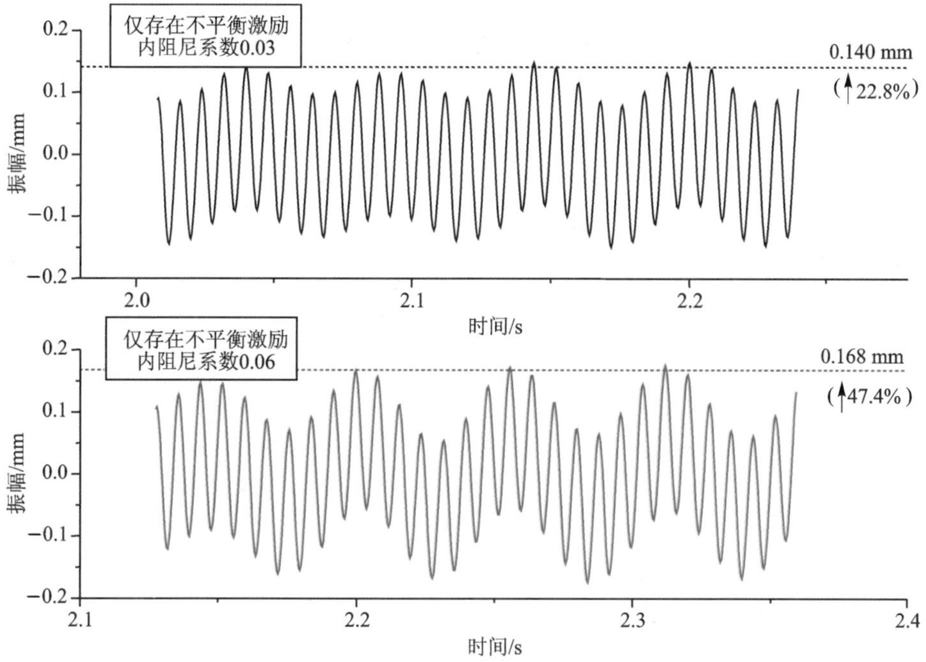

图 6－56　不同结构内阻尼系数下盘 2 处水平振动时域信号

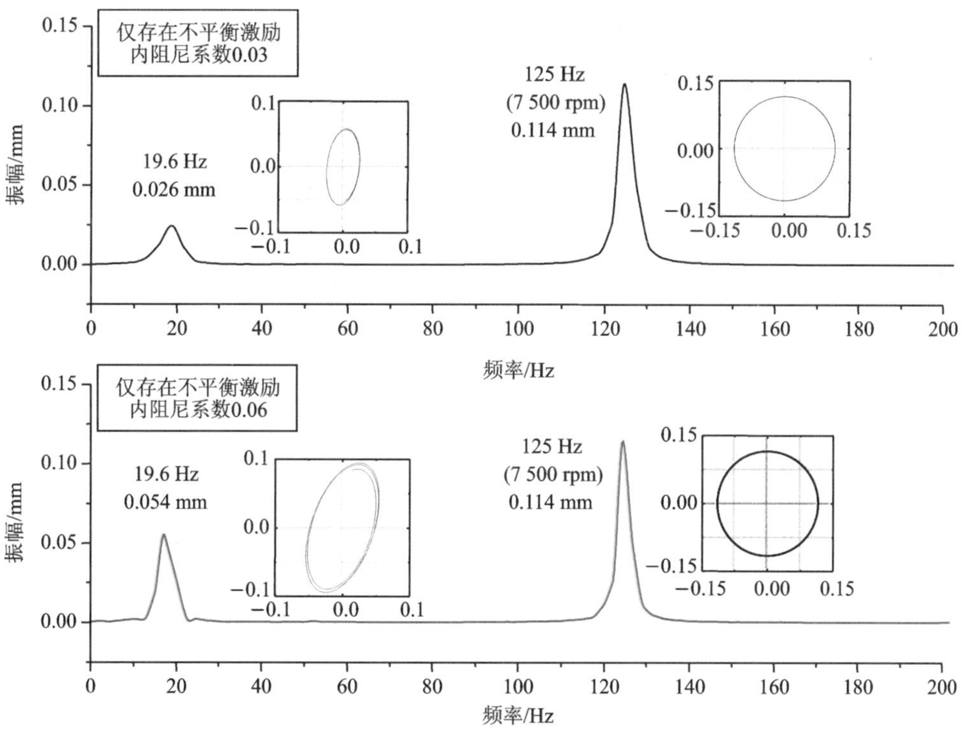

图 6－57　不同结构内阻尼系数下盘 2 处水平振动频域特征

6.6 本章小结

本章分析了航空燃气轮机转子系统中结构非连续性的三种主要来源——界面连接、几何构形突变和支承间隙,在一定工作载荷作用下结构非连续性会使转子变形及内部应力沿轴向分布产生阶跃与突变。以界面连接转子系统为研究对象,阐述了其在工作载荷环境、初始装配载荷的共同作用下,界面接触损伤对连接结构及转子力学特性的影响主要体现在三个方面:附加旋转惯性激励、质量/刚度非对称性与结构内阻尼。对于超临界高速旋转的转子系统,弯曲刚度/转动惯量非对称和结构内阻尼对转子系统动力学特性具有参数激励影响,在一定条件下可能引起转子系统失稳。

第7章　复杂转子系统的非协调涡动

在航空燃气轮机工作过程中，受转子间交互激励、转静件碰摩、流致激励等因素的影响，转子动力响应通常由多个频率成分组成，转子作非协调涡动，转轴弯曲处于交变状态（产生交变应力），连接界面间可能发生相对滑移损伤，或是引起较大支点动载荷，支承结构损伤失效。

7.1　带中介轴承双转子系统非协调涡动

高推重比涡扇发动机大多采用带有中介轴承的双转子结构布局设计，以减少承力框架数目，提高结构效率，降低结构重量，图7-1所示为典型高推重比涡扇发动机带中介轴承双转子结构系统示意图。

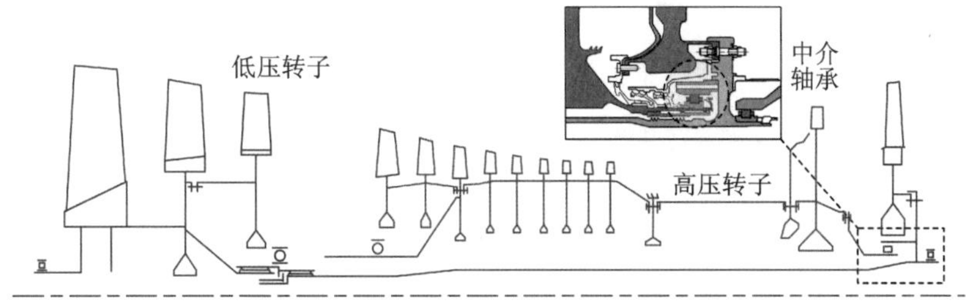

图7-1　带中介轴承双转子系统结构示意图

在带中介轴承的高-低压双转子系统中，由于中介轴承可以直接传递转子间的相互作用力，高、低压转子通过中介轴承交互激励，影响彼此的进动，双转子系统的动力学特性发生变化，在模态特性上表现为双转子耦合模态的出现，在响应特性上则表现为双转子系统处于非协调涡动状态。此外，支承松动、流致激励等因素可能引起次谐波激励，同样可能引起双转子系统作非协调涡动。

7.1.1　高低压转子交互激励

中介轴承的结构设计直接导致了高低压转子的交互激励作用，如图7-2所示。通常，中介轴承内圈固定于高压转子上，外圈固定于低压转子上，虽然内、外圈的转速不同，但在中介轴承的转动过程中，滚子-保持架组件的推动作用使得高低压转子在中介轴承处具有相同的进动轨迹。因此，高低压转子在中介轴承处的支点动载荷可改变另一转子的进动状态，产生交互激励作用。

在高低压转子交互激励下，双转子系统的动力响应不同于单转子系统。典型带中介轴承双转子系统动力响应（以低压转子后支点动载荷为例）如图7-3所示，图中，黑线表示支点动载荷总幅值随转速的变化，红、蓝线则分别表示该支点动载荷中高、低压基频成分幅值的变化。可知，低压转子动力响应由高、低压基频成分组成；随着转子转速的提高，低压转子的动力响应幅值逐渐增大，且存在多个局部峰值——与单转子系统不同的是，不同局部峰值处的激励源有

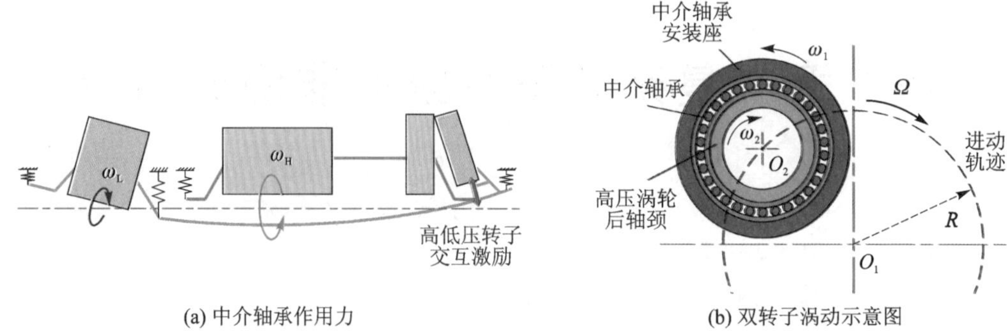

(a) 中介轴承作用力 (b) 双转子涡动示意图

图 7-2 高低压转子交互激励示意图

所不同，表现为低压转子响应峰值并非全部是由低压转子旋转惯性载荷（图中“低压激励”）引起的局部峰值，同样存在高压激励引起的局部峰值，这是因为，高压转子旋转惯性载荷通过中介轴承影响了低压转子进动，当靠近高压激起模态共振转速时，低压转子动力响应中的高压基频成分幅值大幅提高，形成局部峰值。

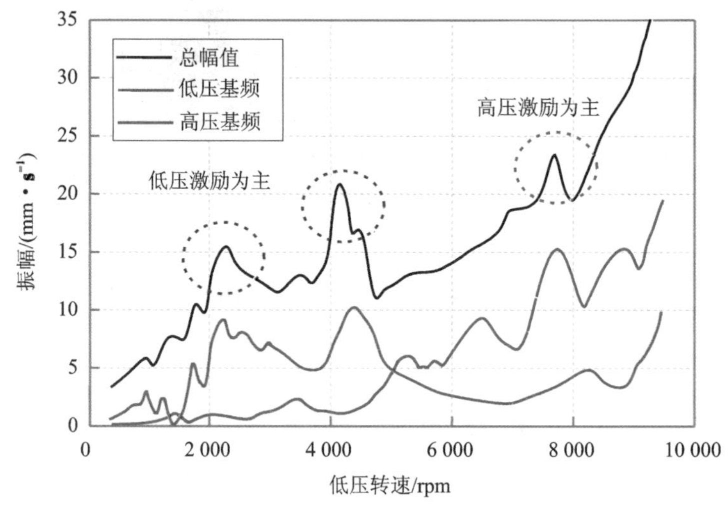

图 7-3 典型带中介轴承双转子系统动力响应（低压转子后支点动载荷）

7.1.2 次谐波激励

转子在高速转动过程中，产生次谐波激励的因素主要包括支承松动、气动载荷、漏油积液等。

在转子运转过程中，受气流扰动、失速等多方面影响，转子外侧的流场存在一定非均匀性，从而产生绕转子旋转的气动激励载荷 F_a，如图 7-4 所示。气动载荷绕转子的旋转速度与其自转速度间的比值为常系数 λ（气动载荷为周期与转子转速频率 f 呈 λ 倍数关系的周期激励），常系数的取值与流场情况存在极强的关联性，较为常见的取值范围是 0.45～0.65。而当转子漏油时，产生内部积液，滑油与腔体间存在相对运动速度，也可能产生频率低于转子转速频率 f 的次谐波。

除气动载荷与滑油泄漏外，转子支承松动也是诱发转子次谐波激励的主要原因。如图 7-5

所示，高压转子前支点轴承外圈直接伸出法兰边与鼠笼弹支通过螺栓连接，为限制支点处转子响应幅值，外圈与限位结构间布置为具有一定“厚度”的挤压油膜，并给予一定的外圈限位间隙（即为“支承松动”）。当支承承受较大载荷，尤其是前轴颈产生角向倾斜或弯曲变形时，无法形成有效的挤压油膜，轴承外圈与限位环间可能发生直接碰撞，轴承外圈与限位环间的受力情况如图 7－6(a)所示。

转子在支点处响应幅值较大，轴承外圈与限位环间发生接触碰撞时，转子同时受到法向冲击载荷与切向摩擦力，轴承碰撞后法向速度改变。旋转惯性载荷下转子作周期进动，使得碰撞运动也具有一定的周期性，其运动轨迹如图 7－6(b)所示。假设转子每运转两周(720°)，轴承外圈与限位环间便经历一次碰撞，则轴承座对转子施加了以 0.5 倍转速频率为周期(0.5f)的冲击载荷，即为转子次谐波激励。

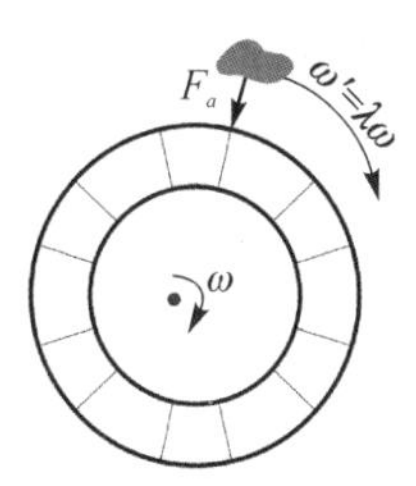

图 7－4　气动载荷对转子系统的激励

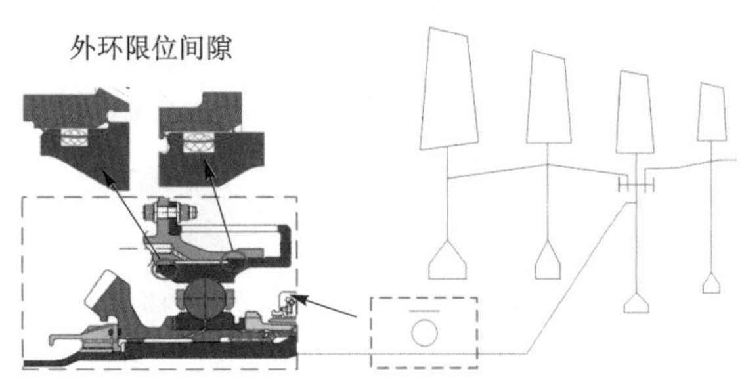

图 7－5　高压转子前支点“支承松动”

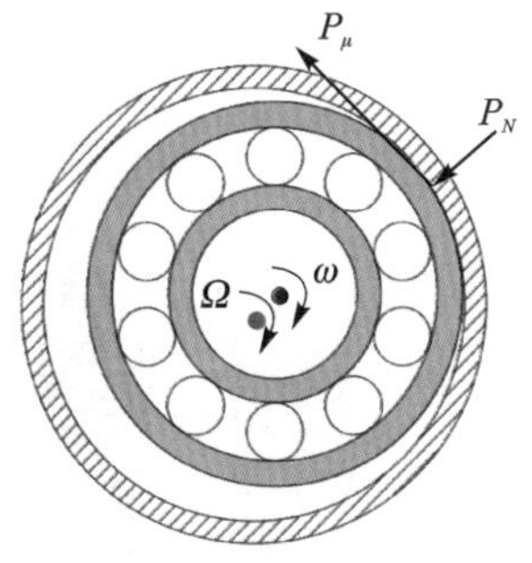

(a) 轴承外圈受力情况

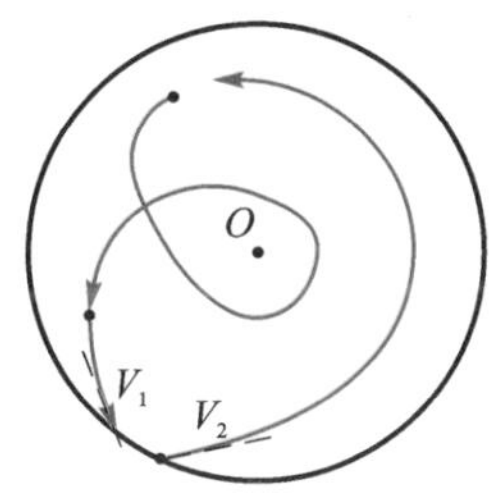

(b) 轴承外圈碰撞运动轨迹

图 7－6　轴承外圈与弹性支座接触碰撞

7.1.3　双转子耦合模态

对于带中介轴承的双转子系统，由于高低压转子可以通过中介轴承传递交互激励，其模态分为两种：一是单转子局部模态，模态共振状态通常表现为某一转子旋转惯性载荷激起其自身的同步正进动；二是双转子耦合模态，模态共振状态则通常表现为某一转子旋转惯性载荷激起其自身的同步正进动与另一转子的非协调涡动，如图 7－7 所示。

为进一步认识双转子系统不同类型模态的特点，对几种常见的双转子模态开展应变能分析，图 7－8 所示为各阶模态振型下关键部件(指高、低压转子与 4＃支点)的应变能分布，由图可知，对于刚体模态(低压转子激起高压平动与低压转子激起风扇俯仰)，高低压转子与 4＃支

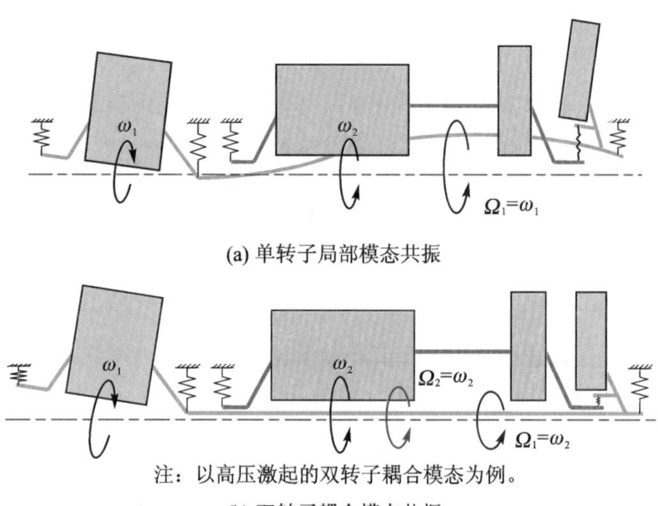

注：以高压激起的双转子耦合模态为例。

(b) 双转子耦合模态共振

图 7-7 旋转惯性载荷激起的双转子系统模态共振

点处应变能占比较小，主要为其他支点的弹性应变能；对于弯曲模态（低压转子激起低压一弯与高压转子激起低压二弯），高、低压转子上应变能占比较大，特别是对于双转子耦合模态中的弯曲模态（高压转子激起低压二弯），4＃支点同样具有较高的应变能占比，会在转轴及支承结构上产生较大的应变能，可能导致界面接触损伤与支承结构损伤失效。因此，在开展转子系统结构与动力学设计时，需要尽量避免双转子系统发生耦合模态共振。

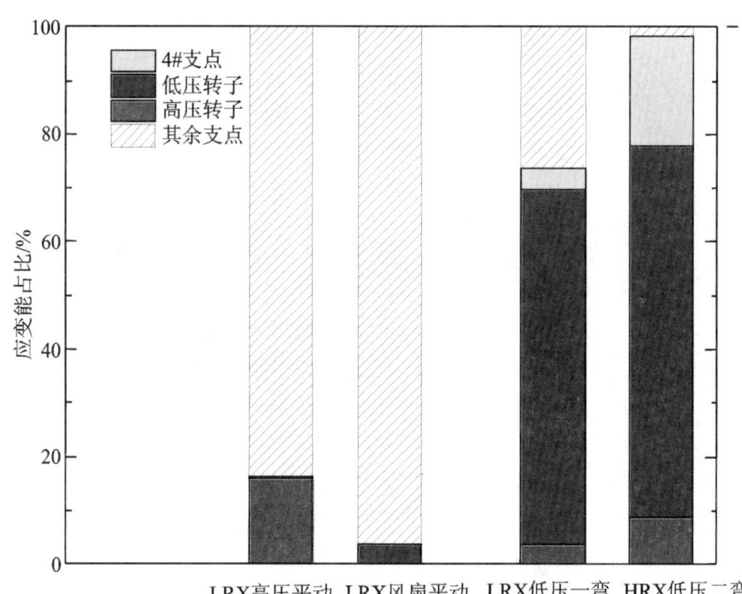

LRX—低压转子激起；HRX—高压转子激起。

图 7-8 常见双转子系统模态应变能分布

在航空燃气轮机实际工作过程中，双转子系统耦合模态共振主要有两类：① 高低压转子交互激励下的强耦合模态共振，在高低压转子自身旋转惯性载荷（不平衡）交互激励作用下，激

励转子做同步正进动涡动(处于共振状态),被激振转子做反向非协调涡动(进动转速等于激励转子转速),且具有较大的横向与角向位移。此时,转轴内存在交变载荷,连接界面接触状态交替变化,高低压转子之间在中介轴承处具有较大动载荷,并依次传递至轴承、支承结构等承力系统。② 在气动载荷、支承松动等引起的次谐波激励下,双转子耦合模态被激起,此时高低压转子均处于非协调涡动状态,高、低压转子上的交变应力均将大幅增加,并出现相应的组合频率振动,对轴承及承力系统会产生较大高频激振。

图 7-9 所示为某典型带中介轴承双转子系统共振转速分布。由图可知,在慢车转速到最大转速这段发动机常用工作转速范围内,仅存在一阶低压激起风扇俯仰模态临界转速(图中点 A),不存在双转子耦合模态临界转速点——工作转速范围内不会发生由旋转惯性载荷引起的双转子耦合模态共振。不过,由于高压前支点存在"支承松动",将产生高压次谐波激励。将高压次谐波激励线(设高压次谐波激励的频率为高压转速频率的 50%,则高压次谐波激励线为高压转速的 50%与低压转速之间的关系线)绘制于共振转速分布图中,其与各阶模态共振转速线之间存在两个交点,交点对应转速状态为 B_1,B_2,表明在 B_1,B_2 转速下,双转子系统分别作由高压次谐波引起的高压激起风扇俯仰与高压激起低压二弯耦合模态共振,其模态振型如图 7-10 所示。

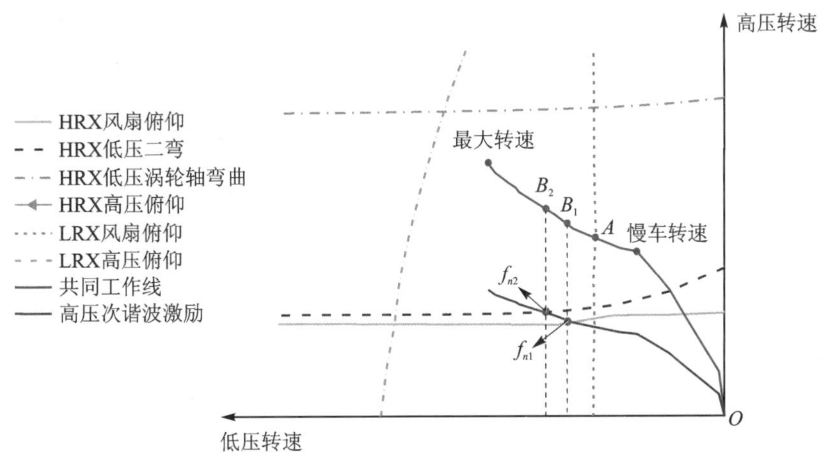

图 7-9　双转子系统共振转速分布示意图

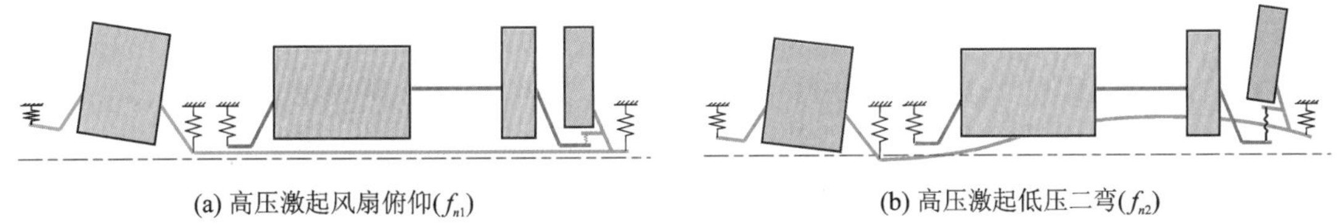

(a) 高压激起风扇俯仰(f_{n1})
(b) 高压激起低压二弯(f_{n2})

图 7-10　双转子系统共振转速振型示意图

7.1.4　双转子非协调涡动

同时考虑气流扰动、支承松动等因素与高低压转子间的交互激励,带中介轴承双转子系统的动力响应一般可分为三种类型:由高压转子旋转惯性激起的双转子涡动、由低压转子旋转惯性激起的双转子涡动以及由冲击或谐波激励引起的双转子耦合模态振动,如表 7-1 所列。

在双转子系统仅受到质量分布不均匀引起的旋转惯性激励时，双转子涡动存在由高压激起和低压激起两种模式：以高压激起为例，此时双转子涡动由高压转子旋转惯性激励主导，双转子进动转速为高压转子自转速度，高压转子做同步正进动，轨迹为正圆形，低压转子做反向涡动，轨迹为外花瓣形；低压激起的双转子涡动亦同理。

而在航空燃气轮机双转子系统的实际工况下，载荷环境复杂且多变，气动激励、碰撞冲击或谐波激励等可能会激起双转子系统某阶模态共振，此时双转子进动转速变为该阶模态的共振转速，因此一般情况下，高低压转子将同时处于非协调涡动状态，进动轨迹呈现内花瓣形或外花瓣形。

表 7-1　典型的双转子交互激励响应分类

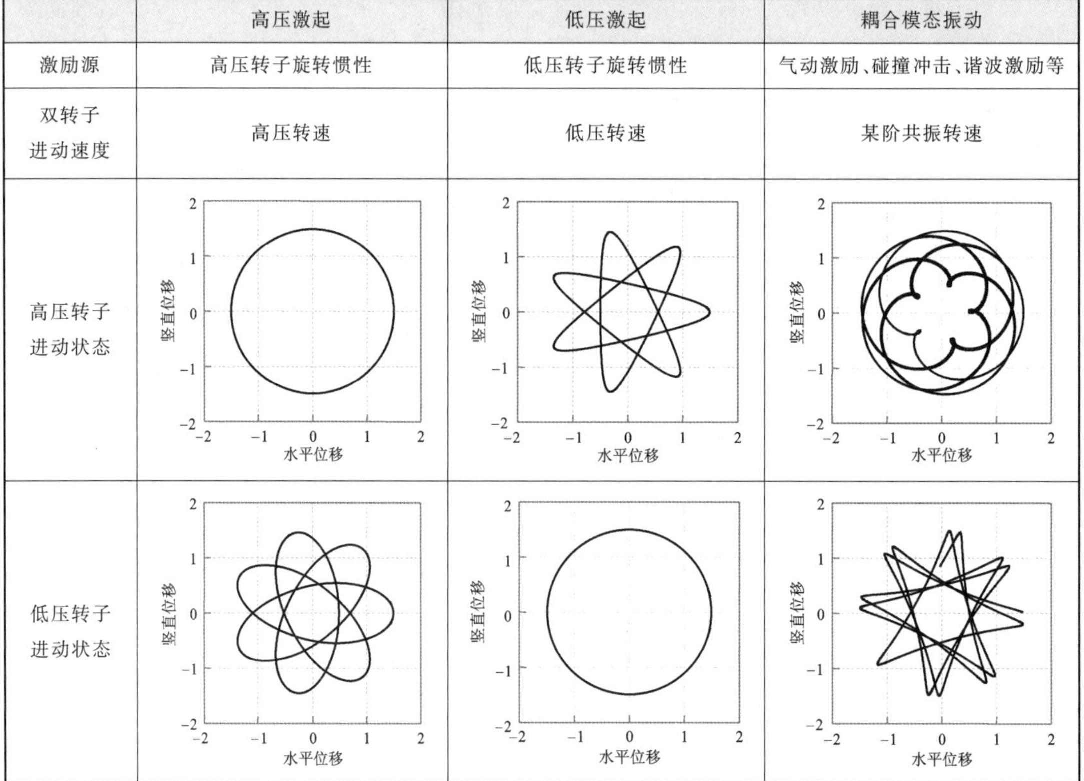

	高压激起	低压激起	耦合模态振动
激励源	高压转子旋转惯性	低压转子旋转惯性	气动激励、碰撞冲击、谐波激励等
双转子进动速度	高压转速	低压转速	某阶共振转速
高压转子进动状态			
低压转子进动状态			

当反向旋转的双转子系统处于高压激起或低压激起的涡动状态时，主激励转子做同步正进动，另一转子做反向涡动，其转轴内部的交变应力频率为高低压转速之和(f_1+f_2)，如图 7-11(a)所示；而当双转子系统处于耦合模态振动状态时，两个转子均做非协调涡动，进动频率为 f_n(假设其方向与高压转速相同)，高低压转子转轴内部均存在交变应力，高压转轴应力交变频率为 f_2-f_n，低压转轴应力交变频率为 f_1+f_n。转轴交变应力将通过支点动载荷传至静子机匣，导致整机动力响应中出现相应的组合频率成分，如图 7-11(a)、(b)所示。

转轴内的交变应力可通过以下方法进行分析与计算。

取轴向位置 x_i 处截面内一点 P(径向位置为 R，周向位置为 γ)，如图 7-12 所示。建立以转速 ω 旋转的相对坐标系 $O-x\xi\eta$，则点 P 弯曲正应力为

$$\sigma=R\left(\frac{M_\eta}{I_\eta}\cos\gamma-\frac{M_\xi}{I_\xi}\sin\gamma\right) \tag{7-1}$$

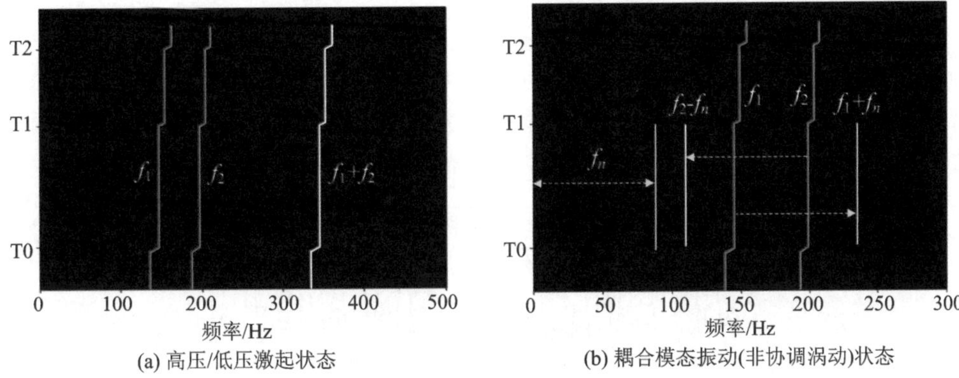

图 7-11　带中介轴承双转子系统动力响应的频域特征——组合频率

其中，M_ξ，M_η 为由转子弯曲变形产生的弯曲力矩在 ξ 和 η 向的分量，I_ξ，I_η 则为点 P 所在截面抗弯系数。对该截面而言，有 $I_\xi=I_\eta=I_i$，则该截面弯曲力矩有

$$\begin{cases} M_\eta = EI_i \dfrac{\partial^2 \xi(x_i,t)}{\partial x^2} \\ M_\xi = EI_i \dfrac{\partial^2 \eta(x_i,t)}{\partial x^2} \end{cases} \tag{7-2}$$

相对坐标系 $O-x\xi\eta$ 的坐标向固定坐标系 $O-xyz$ 转换的公式为

$$\begin{cases} \xi = y\cos\omega t + z\sin\omega t \\ \eta = -y\sin\omega t + z\cos\omega t \end{cases} \tag{7-3}$$

则点 P 弯曲正应力可写作

$$\sigma(R,\gamma,x_i,t)=ER\left[\frac{\partial^2 y(x_i,t)}{\partial x^2}\cos(\omega t-\gamma)+\frac{\partial^2 z(x_i,t)}{\partial x^2}\sin(\omega t-\gamma)\right] \tag{7-4}$$

式中，$y(x_i,t)$，$z(x_i,t)$ 是转子在 y，z 方向上的横向位移，是关于轴向位置和时间的函数，且其中的参量还包括涡动频率成分，现假设涡动频率为 Ω，式(7-4)可转化为

$$\sigma(R,\gamma,x_i,t)= ER\left[\frac{\partial^2 y(x_i)}{\partial x^2}\cos(\Omega t+\alpha)\cos(\omega t-\gamma)+\frac{\partial^2 z(x_i)}{\partial x^2}\sin(\Omega t+\alpha)\sin(\omega t-\gamma)\right] \tag{7-5}$$

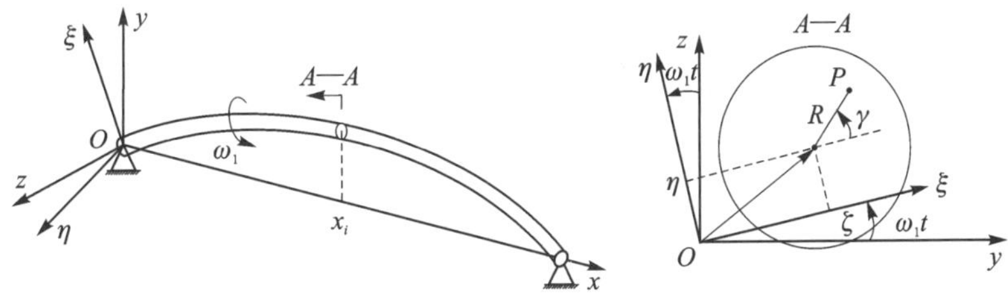

图 7-12　转子横截面和坐标系

进一步简化计算流程，令$\dfrac{\partial^2 y(x_i)}{\partial x^2}=\dfrac{\partial^2 z(x_i)}{\partial x^2}$，任意一点的交变应力可表示为

$$\sigma(R,\gamma,x_i,t)=ER\frac{\partial^2 y(x_i)}{\partial x^2}\cos\left[(\Omega-\omega)t+(\alpha-\gamma)\right] \tag{7-6}$$

根据上述推导过程可知，若转速频率为 f_1 的低压转子以模态频率 f_n 做反向涡动时，低压转轴内交变应力频率为 f_1+f_n，即产生了低压基频与模态频率的组合频率成分。低压转子转速频率 f_1、进动频率 f_n 及组合频率 f_1+f_n 间的相对关系示意图，如图 7-13 所示。

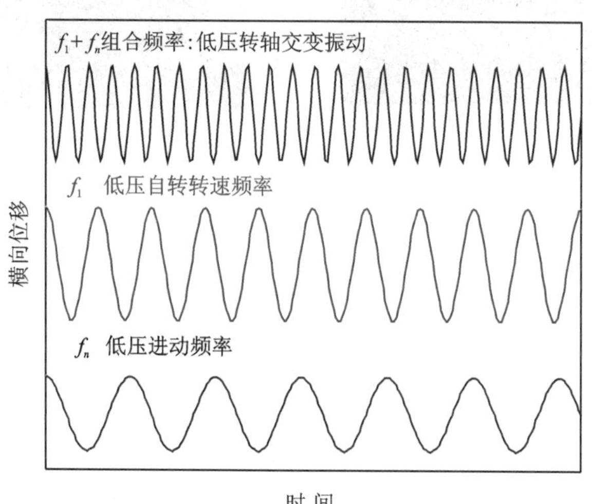

图 7-13 低压转子以 f_n 非协调涡动产生的组合频率示意图

7.2 共用支承-转子系统耦合振动

在先进多转子航空燃气轮机总体结构布局设计中，为了减少承力框架总数，缩短整机长度，减轻结构重量，提高推重比，除了在转子间设计中介轴承之外，常采用多支点共用承力框架。

相较于转子间中介轴承的设计，采用多支点共用承力框架可避免转子通过中介轴承直接传递交互激励，抑制其耦合振动。不过，同样出于减重的目的，航空燃气轮机承力框架结构多由板壳类构件组合而成，其刚度较弱，可能与转子系统发生模态耦合；转子通过共用承力框架传递交互激励，一定条件下可能发生耦合振动。

7.2.1 结构特征及力学模型

图 7-14 所示为典型共用支承-转子系统总体结构布局设计方案示意图。高压转子和低压转子分别采用 1-0-1、1-2-0 支承方案，共计 5 个支点（1# ～5# ）。承力框架结构有 3 个，分别是进气机匣承力框架（1# 支点）、中介机匣承力框架（2# 和 3# 支点共用）和涡轮级间承力框架（4# 和 5# 支点共用）。

为进一步分析共用支承-转子系统的子结构模态特性和相互间耦合模态特性，建立共用承力框架-双转子系统耦合振动模型，如图 7-15 所示。模型由子结构 L（低压转子）、子结构 H（高压转子）和子结构 S（级间共用承力框架）三部分构成。为了便于分析，仅考虑涡轮级间承力框架对耦合振动的影响。

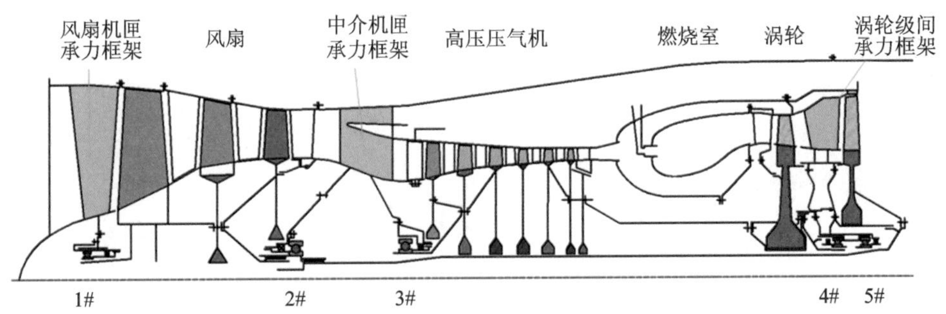

图 7-14　典型共用支承-转子总体结构布局设计方案示意图

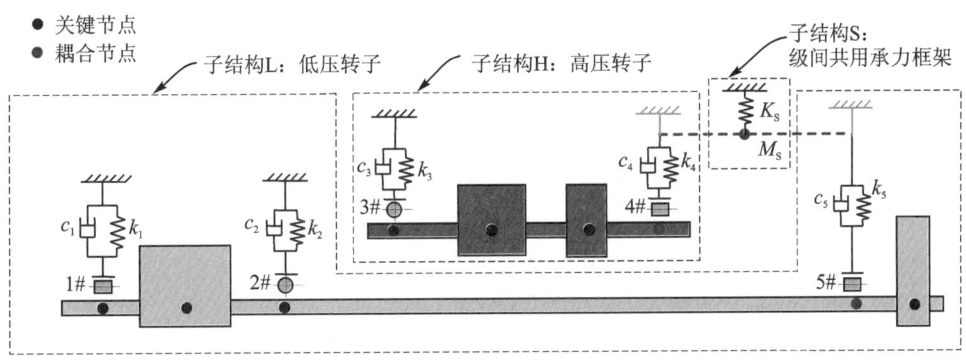

图 7-15　共用承力框架-双转子系统耦合振动模型

假设转子仅受不平衡激励，忽略高、低压转子与支承结构之间的交互影响，并设高、低压转子转动角速度分别为 ω_H 和 ω_L，则可采取有限元方法，根据 Lagrange 方程获得三个子结构 H、L、S 的动力学方程式(7-7)～式(7-9)：

$$\boldsymbol{M}_H\ddot{\boldsymbol{q}}_H + [\boldsymbol{C}_H - \omega_H\boldsymbol{G}_H]\dot{\boldsymbol{q}}_H + \boldsymbol{K}_H\boldsymbol{q}_H = \boldsymbol{Q}_H \tag{7-7}$$

$$\boldsymbol{M}_L\ddot{\boldsymbol{q}}_L + [\boldsymbol{C}_L - \omega_L\boldsymbol{G}_L]\dot{\boldsymbol{q}}_L + \boldsymbol{K}_L\boldsymbol{q}_L = \boldsymbol{Q}_L \tag{7-8}$$

$$\boldsymbol{M}_S\ddot{\boldsymbol{q}}_S + \boldsymbol{C}_S\dot{\boldsymbol{q}}_S + \boldsymbol{K}_S\boldsymbol{q}_S = \boldsymbol{0} \tag{7-9}$$

式中，$\boldsymbol{M}$、$\boldsymbol{C}$、$\boldsymbol{G}$、$\boldsymbol{K}$、$\boldsymbol{q}$ 和 $\boldsymbol{Q}$ 分别表示系统广义质量参数、阻尼、陀螺效应、刚度、广义自由度和不平衡激励。

然后，考虑支承结构与高、低压转子这三个子结构之间的交互影响——子结构之间通过连接节点(图 7-15 中蓝色粗虚线和相应节点)组合成共用支承-双转子系统，使得子结构之间的动力学特性存在耦合。结合式(7-7)～式(7-9)，获得共用支承结构-双转子系统动力学方程(忽略阻尼耦合)：

$$\begin{bmatrix} \boldsymbol{M}_H & & \\ & \boldsymbol{M}_L & \\ & & \boldsymbol{M}_S \end{bmatrix}\begin{bmatrix} \ddot{\boldsymbol{q}}_H \\ \ddot{\boldsymbol{q}}_L \\ \ddot{\boldsymbol{q}}_S \end{bmatrix} + \left\{\begin{bmatrix} \boldsymbol{C}_H & & \\ & \boldsymbol{C}_L & \\ & & \boldsymbol{C}_S \end{bmatrix} - \begin{bmatrix} \omega_H\boldsymbol{G}_H & & \\ & \omega_L\boldsymbol{G}_L & \\ & & \boldsymbol{0} \end{bmatrix}\right\}\begin{bmatrix} \dot{\boldsymbol{q}}_H \\ \dot{\boldsymbol{q}}_L \\ \dot{\boldsymbol{q}}_S \end{bmatrix} + \left\{\begin{bmatrix} \boldsymbol{K}_H & & \\ & \boldsymbol{K}_L & \\ & & \boldsymbol{K}_S \end{bmatrix} + \boldsymbol{K}_{cp}\right\}\begin{bmatrix} \boldsymbol{q}_H \\ \boldsymbol{q}_L \\ \boldsymbol{q}_S \end{bmatrix} = \begin{bmatrix} \boldsymbol{Q}_H \\ \boldsymbol{Q}_L \\ \boldsymbol{0} \end{bmatrix} \tag{7-10}$$

式中，$\boldsymbol{K}_{cp}$ 表示子结构之间的耦合刚度矩阵。设连接节点的自由度编号分别为 i_H、i_L、i_S，则 $\boldsymbol{K}_{cp}(i_H, i_S)=\boldsymbol{K}_{cp}(i_S, i_H)=-k_4$，$\boldsymbol{K}_{cp}(i_S, i_L)=\boldsymbol{K}_{cp}(i_L, i_S)=-k_5$，其中 (i_H, i_S) 表示第 i_H 行、第 i_S 列的元素，且其他元素为 0。$\boldsymbol{K}_{cp}$ 可写作：

$$
\boldsymbol{K}_{cp}=\begin{array}{c} \begin{array}{ccccccc} \cdots & i_H & \cdots & i_L & \cdots & i_S & \cdots \end{array} \\ \left[\begin{array}{ccc} k_4 & & -k_4 \\ & k_5 & -k_5 \\ -k_4 & -k_5 & k_4+k_5 \end{array}\right] \begin{array}{c} \vdots \\ i_H \\ \vdots \\ i_L \\ \vdots \\ i_S \\ \vdots \end{array} \end{array} \tag{7-11}
$$

从方程(7－10)中可以看出，子结构在相连节点之间发生相对位移，产生力的作用，从而交互影响，具体体现在两个方面：① 共用支承-转子系统具有耦合模态，且一些模态频率和振型与单一子结构自身模态特性不同；② 某一转子在激励作用下的动力响应可通过支承结构传递到另一个转子，进而影响转子进动。

7.2.2 耦合振动特性

共用支承-转子系统中，两个/多个转子通过共用承力框架交互影响，表现出复杂的耦合振动特性，表现为：各子结构模态发生耦合，系统出现耦合模态；某一转子可以通过共用承力框架激起其余转子的模态共振，使得共用支承-转子系统临界转速的求解变得困难；交互激励作用下转子处于非协调涡动状态。

将具体参数代入图 7－15 所示的共用支承-双转子系统耦合振动模型，以此为例对共用支承-转子系统耦合振动特性进行阐述。

1. 模态耦合

忽略转速及旋转状态下陀螺力矩效应的影响，共用支承-双转子系统在工作转速频率范围内的若干阶模态振型及应变能分布如表 7－2 所列。由表可知：共用支承-双转子系统不仅存在以子结构振动为主的模态，还包括子结构之间的耦合模态。

通过考察某阶模态应变能在子结构上的均匀或集中程度，进而判断其是否为耦合模态——第 3、4、6、7 阶模态应变能主要分布于低压转子系统上，第 2、5 阶模态应变能主要分布于高压转子系统上，这 6 阶模态均为以低压转子或高压转子振动为主的模态；第 1、8、9 阶模态中承力框架上应变能占比较高，这三阶模态均为双转子系统与共用承力框架间的耦合模态。

共用支承-双转子系统的第 8、9 阶模态分别为以共用承力框架俯仰振动为主、高压一阶弯曲振动为辅和以高压一阶弯曲振动为主、共用承力框架俯仰振动为辅的耦合模态，且二者模态频率相近。通过将相同参数代入式(7－7)与式(7－9)，计算分析高压转子系统与共用承力框架这两个子结构系统的模态，结果表明高压一弯模态与承力框架俯仰模态的模态频率十分接近，且模态振型中两个子结构在连接节点(4＃支点)处均有较大位移。这说明，当两个或多个

子结构系统的某几阶模态频率相近，且模态振型中子结构在连接节点均存在较大位移时，这几阶模态将可能发生相互耦合，引起共用支承-转子系统中耦合模态的出现。

表 7-2　共用支承-双转子系统模态振型及应变能分布

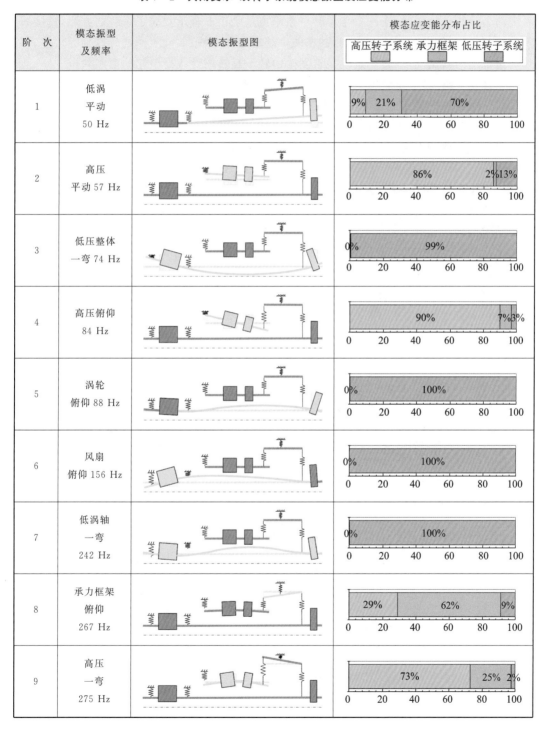

阶　次	模态振型及频率	模态振型图	模态应变能分布占比（高压转子系统　承力框架　低压转子系统）
1	低涡平动 50 Hz	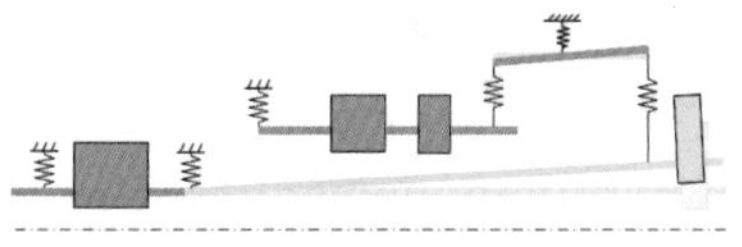	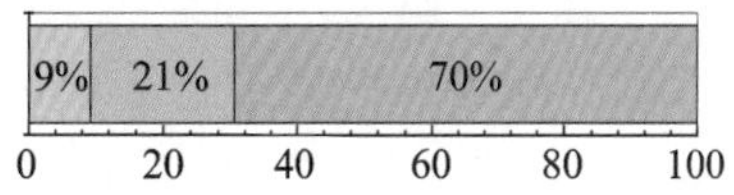 9%　21%　70%
2	高压平动 57 Hz	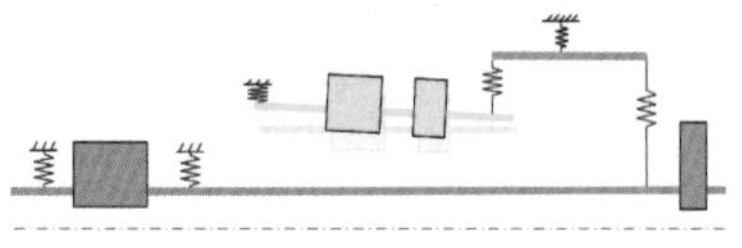	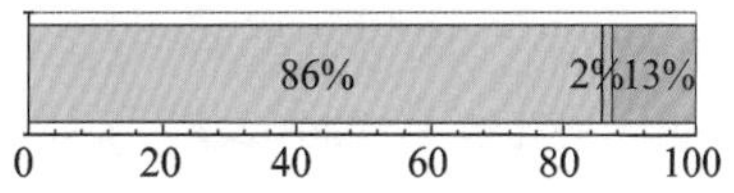 86%　2%　13%
3	低压整体一弯 74 Hz	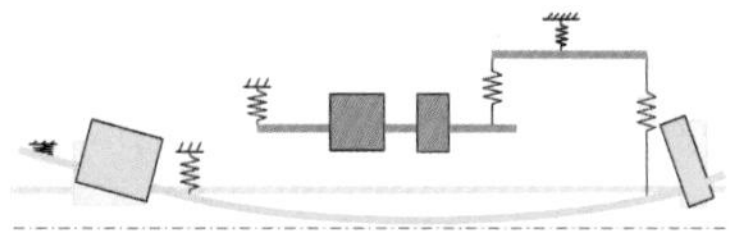	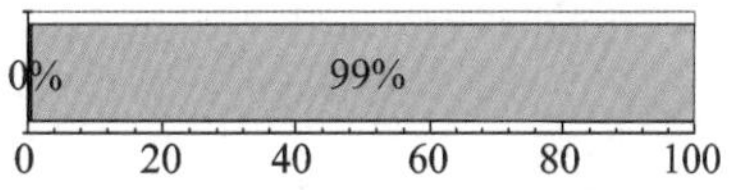 0%　99%
4	高压俯仰 84 Hz	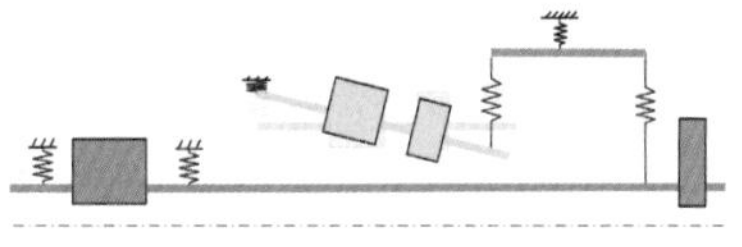	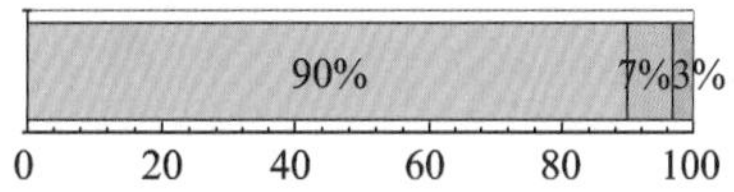 90%　7%　3%
5	涡轮俯仰 88 Hz	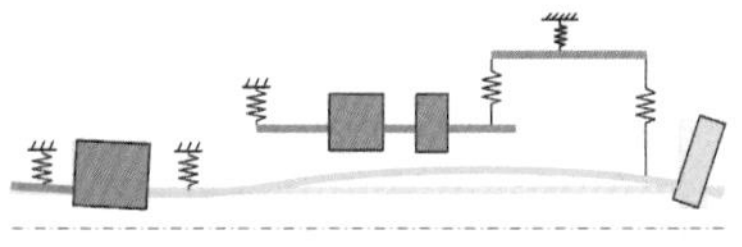	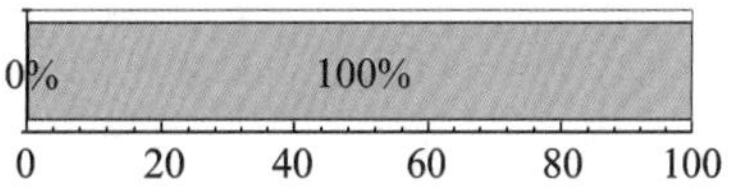 0%　100%
6	风扇俯仰 156 Hz	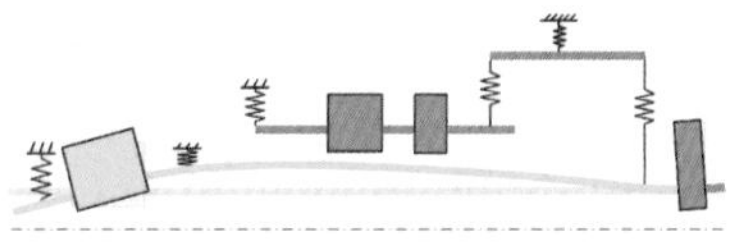	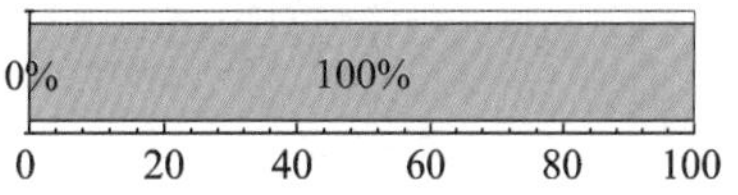 0%　100%
7	低涡轴一弯 242 Hz	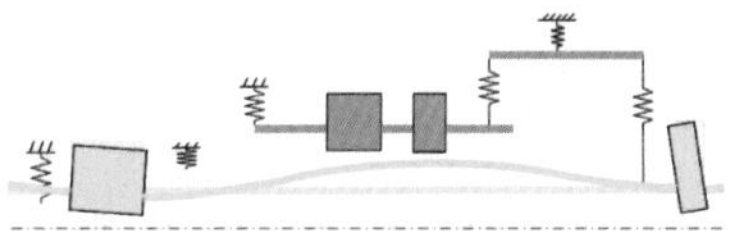	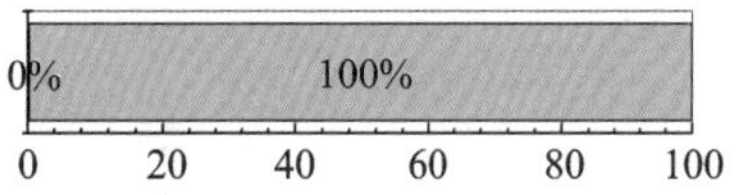 0%　100%
8	承力框架俯仰 267 Hz	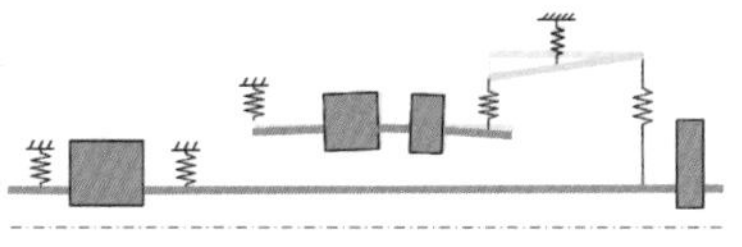	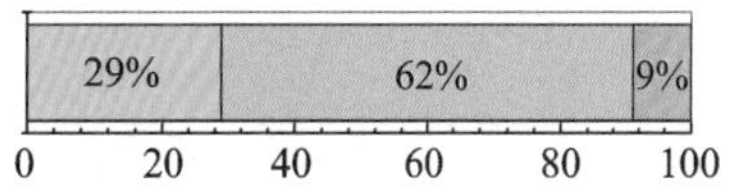 29%　62%　9%
9	高压一弯 275 Hz	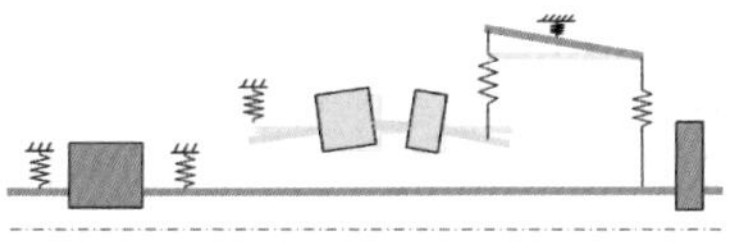	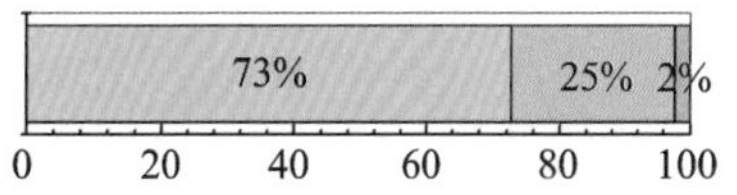 73%　25%　2%

2. Campbell 图

若考虑旋转状态下的陀螺力矩效应，共用支承-转子系统各阶模态共振转速同时受多个转子转速的影响，且不同阶次模态共振转速随转速的变化规律不同。因此，在开展共用支承-转子系统动力学特性分析时，无法参考单转子系统或是带中介轴承双转子系统的方法，直接通过绘制单/双转子系统共振转速分布图，并在图中绘制等转速线/共同工作线计算临界转速，判断工作转速范围内共用支承-转子系统是否发生由转子旋转惯性载荷引起的模态共振。

对于共用支承-转子系统的某一转子而言，其所受周期激励除了自身旋转惯性载荷之外，还包括从共用承力框架传递而来的周期激振力——通常与其余转子的转速频率相等。为便于计算，忽略共用承力框架引起耦合刚度项对各子结构系统动力特性的影响。在此基础上，分别绘制出各转子系统的单转子 Campbell 图，并在 Campbell 图中绘制等转速线以及其余转子的共同工作线(表示其余转子与该转子转速关系)，形成共用支承-转子系统的子结构系统 Campbell 图，图中，等转速线与共同工作线同各阶模态共振转速线的交点即为共用支承-转子系统的临界转速。通过对比临界转速点与工作转速范围的关系，判断工作转速范围内是否会发生由转子旋转惯性载荷引起的共用支承-转子系统模态共振。

图 7-16 所示为共用支承-双转子系统的高压转子系统 Campbell 图。图中，低压转子的共同工作转速线与高压转子系统第 2 阶模态共振转速线在工作转速区内交于点 a。其物理意义是，该转速状态下，低压转子旋转惯性载荷频率与高压转子系统第 2 阶模态共振转速相等，低压转子可能通过共用承力框架激起共用支承-双转子系统做以高压转子俯仰为主的模态共振。

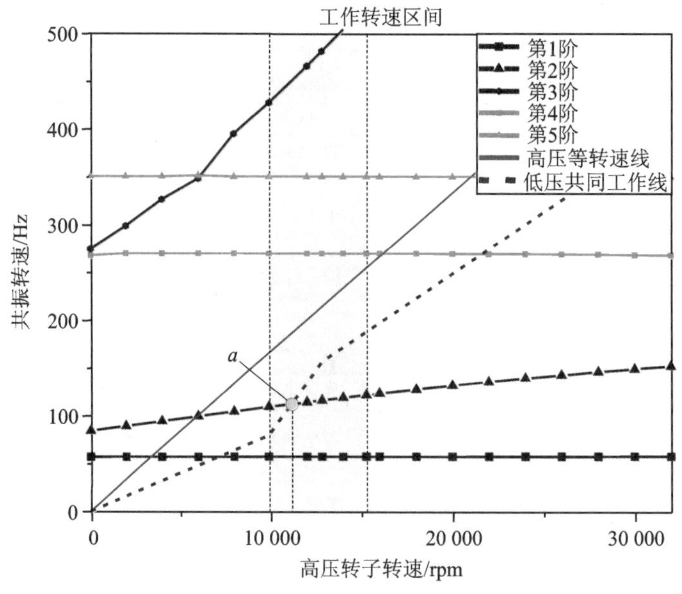

图 7-16 共用支承-转子系统的高压转子 Campbell 图

共用支承-双转子系统在点 a 的模态振型和应变能分布如图 7-17 所示。该阶模态是以高压转子俯仰为主的模态，应变能主要集中于 3#、4# 支点上，但此时共用支承处应变能占比达到了约 8%，表明共用承力框架内部发生了一定弯曲变形，其自身质量、刚度对高、低压转子系统动力特性的影响不可忽略，上述以共用支承-转子系统子结构 Campbell 图判断模态共振

是否发生的方法可能存在较大误差，实际工作过程低压转子旋转惯性载荷能否激起高压转子俯仰运动还须进一步通过响应分析确定。

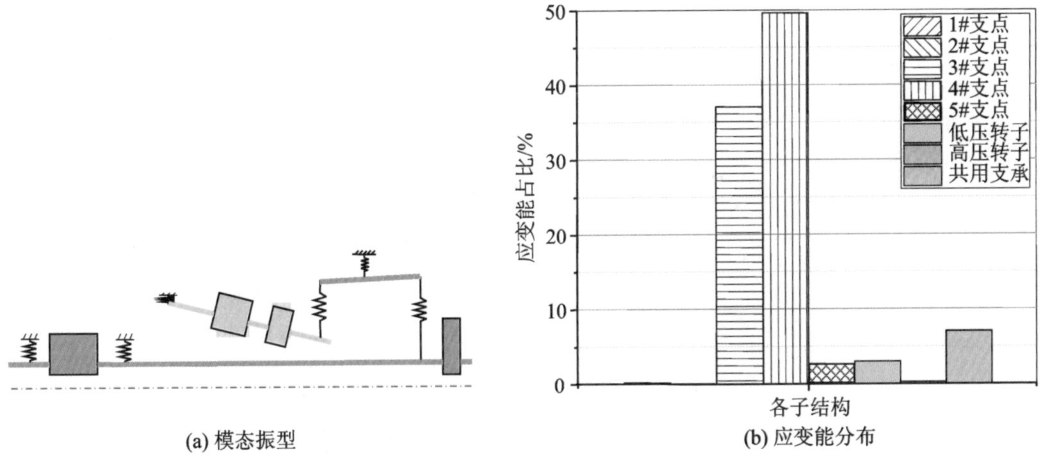

(a) 模态振型　　(b) 应变能分布

图 7－17　共用支承转子系统-高压转子第 2 阶模态振型和应变能分布

3. 交互激励响应

考虑高、低压转子不平衡，计算共用支承-双转子系统工作在图 7－16 中点 a 时的稳态响应，系统横向位移沿轴向分布(弹性线)如图 7－18 所示，说明该转速状态下高压转子做俯仰振动，低压转子则以低压涡轮平动为主。

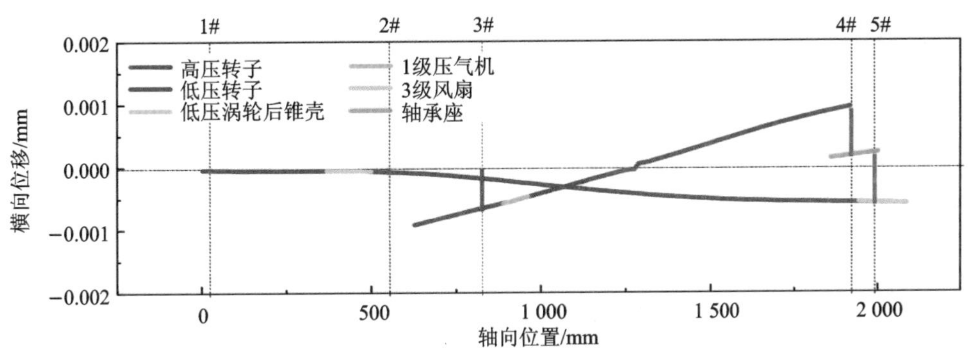

图 7－18　共用支承-转子系统稳态响应弹性线

高压转子 4＃支点、低压转子 5＃支点处的轴心轨迹与频率成分如图 7－19 和图 7－20 所示，可知，4＃支点动力响应的频率成分中第 2 阶模态共振转速频率成分(112 Hz)幅值很高，与高压转子自身转速频率成分(186 Hz)幅值的量级相当，故其轴心轨迹为典型的“花瓣型”，高压转子受由共用承力框架传递的低压转子转速频率激励，处于剧烈的共振状态，做非协调涡动。5＃支点响应频率成分主要为其自身转速频率成分(112 Hz)，高压转子频率成分(186 Hz)占比极小，低压转子近似做同步正进动，其轴心轨迹也为典型同步正进动时的圆轨迹。

4＃、5＃支点动载荷随时间变化的变化规律如图 7－21 所示，由图可知，由于系统处于低压激起的以高压转子俯仰振动为主的模态共振状态，且高压转子处于非协调涡动状态，其支点动载荷的幅值与变化范围相对较大。

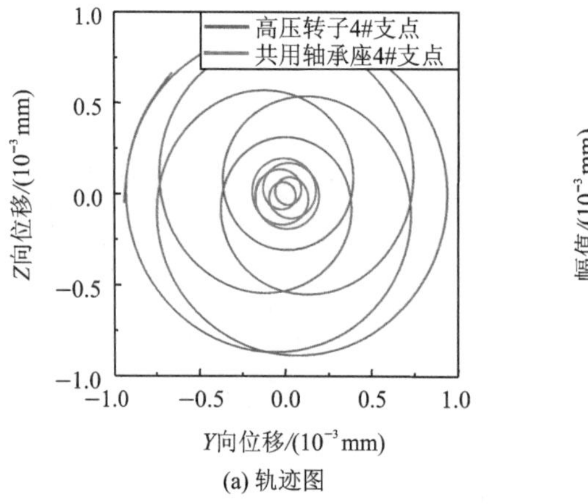

(a) 轨迹图

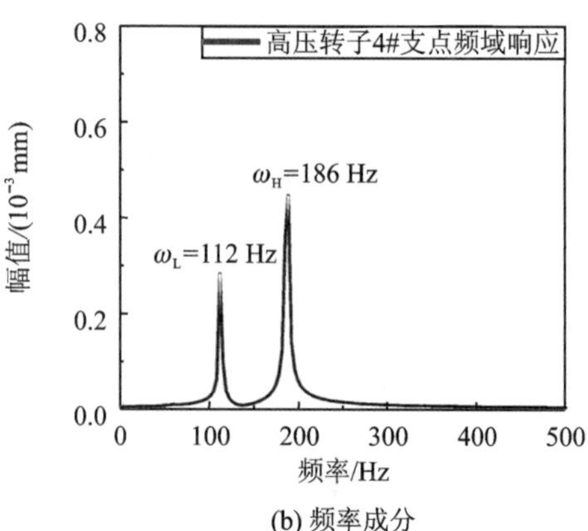

(b) 频率成分

图 7-19　4#支点轨迹和频率成分

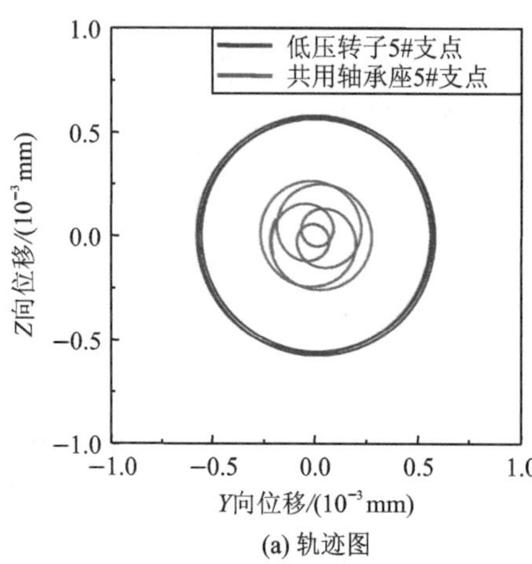

(a) 轨迹图

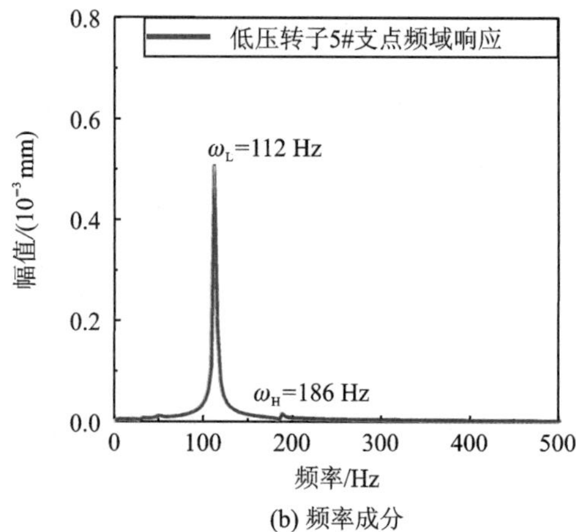

(b) 频率成分

图 7-20　5#支点轨迹和频率成分

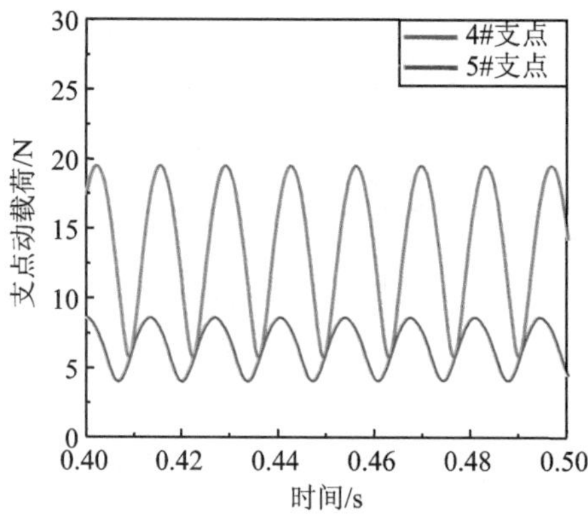

图 7-21　4#和 5#支点动载荷

上述分析表明，通过绘制共用支承-转子系统子结构 Campbell 图求解系统临界转速，进而判断工作转速范围内是否发生模态共振的方法具有较高精确度；由于共用承力框架能够传递转子间交互激励，在实际工作过程中某一转子旋转惯性载荷可能激起另一转子模态共振，使被激励转子处于非协调涡动状态，支点动载荷同时具有较大的幅值与变化范围。

7.3　浮动套齿连接转子系统动力学特性

燃气涡轮动力装置的功率输出一般采用动力涡轮与套齿连接功率输出轴组成的转子系统。在保证功率输出性能的基础上，尽量减小结构尺寸和重量，并采用较高的转子工作转速，因此，在转子结构几何构形和连接结构设计中，常采用浮动套齿连接结构以保证小尺寸下扭矩的可靠传递。在高转速工作过程中，套齿连接结构的非连续性及其刚度特性的非确定性将对转子系统动力学特性产生显著影响。

7.3.1　结构与力学特征非连续

浮动套齿连接功率输出转子系统通常为单转子动力装置，例如，常用作直升机辅助动力装置的美国太阳涡轮公司(Solar Turbines)研制的 T－62T 燃气涡轮发动机，其转子结构系统包括主轴-转子系统和恒星齿轮减速器，并前伸功率输出轴，如图 7－22 所示。主轴-转子系统由主轴、离心压气机、向心涡轮以及长螺栓等相关连接组件组成，采用两支点支承方案，压气机和涡轮处于悬臂状态。齿轮减速器由中心齿轮轴、三个周向均布的恒星齿轮和外部齿圈组成，用于向外传递主轴-转子的轴功率。中心齿轮轴后端与转子之间采用套齿配合传扭，前端与恒星齿轮啮合，齿圈与前端功率输出轴之间采用套齿配合，传递扭矩并输出轴功率。

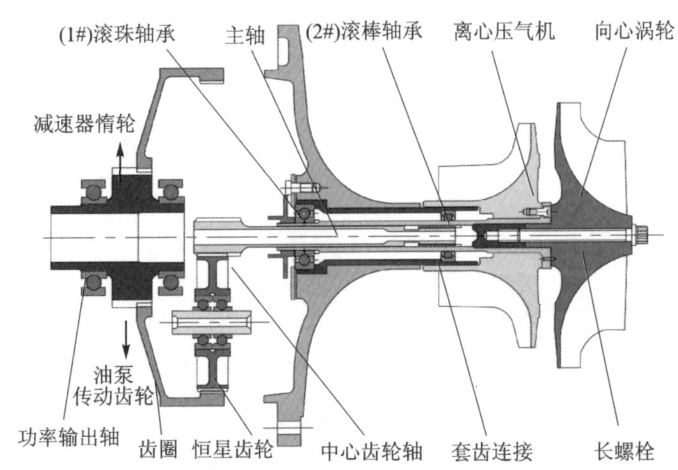

图 7－22　典型浮动套齿连接功率输出转子系统示意图

工作过程中，主轴-转子系统、齿轮减速器、功率输出轴共同组成齿轮传动-转子结构系统，向外输出轴功率。此外，输出轴齿轮上还外接减速器惰轮和油泵传动齿轮，用于起动时输入液压马达功率，或用于起动后带动燃油调节器及滑油泵等。

为提高功率、缩小结构尺寸及质量，功率输出动力装置具有结构紧凑、转速高的特点。为减小转子不同心、齿轮啮合激励等对转子系统动力学特性的影响，适应转子高转速运转的需求，主轴-转子系统与齿轮减速器系统之间的传扭套齿通常为浮动连接，其支承结构也常采用松动支承设计，即轴承游隙与装配间隙相对较大。这导致功率输出转子系统尺寸虽小，但在结构几何构形上十分复杂，其连接界面多，结构具有非连续性。

浮动套齿连接结构如图 7－23 所示。由于加工精度受限与使用过程中的磨损，实际的齿轮齿形往往存在一定误差，导致主轴-转子系统和齿轮减速器之间无法保证定心，为避免不同心引起的附加激励，浮动套齿通常采用较大的装配间隙。

由于齿轮齿面间的配合为线接触，而套齿连接刚度主要由输出扭矩载荷作用下内外套齿产生的接触应力所决定——扭矩载荷较小时，大装配间隙导致内外套齿难以保证良好接触，易发生碰撞冲击，套齿连接结构刚度特性随扭矩载荷大小而变化，表现出显著的非确定性。

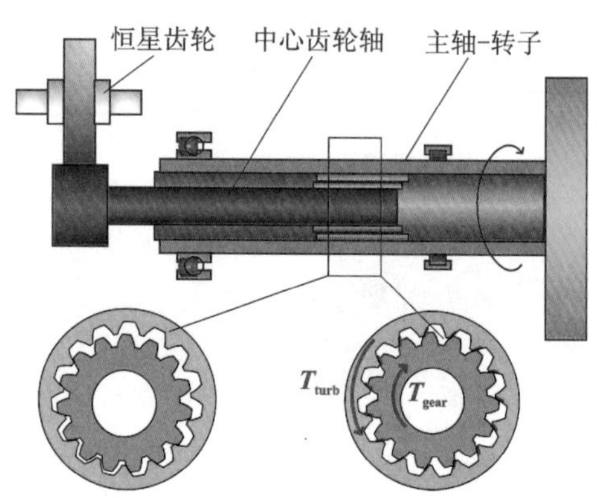

图 7－23　浮动套齿连接结构

辅助动力装置尺寸小、转速高。为减小轴承在高转速下的摩擦热，轴承须存在一定的游隙和装配间隙。辅助动力装置前支点为滚珠轴承，轴承外圈与基座之间为间隙配合；后支点为无内环滚棒轴承，滚子与转子间存在一定游隙，如图 7－24 所示。

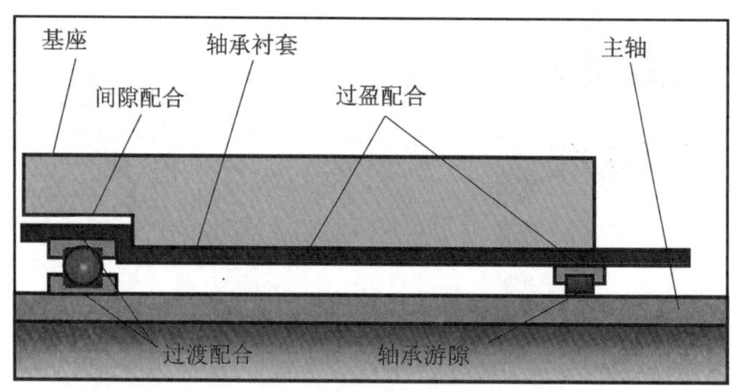

图 7－24　辅助动力装置支承结构示意图

若转子仅受自身旋转惯性载荷，转子作同步正进动，进动轨迹近似为圆形（横向位移幅值不变），转轴与滚子接触状态较好，轴承装配间隙对转子的支承刚度具有恒定的弱化效应。

然而，转子实际工作于复杂的振动环境中，其进动轨迹可能并非圆形（横向位移幅值随时间改变），而转轴与轴承之间的接触刚度随转子横向位移大小而改变，这使得转子的支承刚度可能发生刚度突变，甚至可能产生转子与支承之间的碰撞、冲击，进而导致不同工作状态下转子系统动力响应发生较大变化，引起非协调涡动。

7.3.2　力学模型

功率输出轴转子系统在盘轴连接结构、轴承支承结构、浮动套齿连接结构等处具有非连续性，其中，浮动套齿连接结构处的浮动间隙设计为功率输出转子系统所特有，不同工作状态和负荷下其约束刚度特性及相应转子系统动力学特性具有时变性。

1. 浮动套齿力学模型

浮动套齿连接结构内、外套齿横截面如图 7－25 所示。内外套齿间存在间隙、无预应力，套齿齿面接触状态由外载荷决定。套齿外载荷可分为扭矩载荷和横向载荷，扭矩载荷由输出功率决定，横向载荷由内、外套齿所连接转子产生的旋转惯性激励产生。

对于理想套齿啮合状态，当扭转载荷较大、横向载荷相对较小时，各键齿均为同侧接触，且周向各齿面载荷分布均匀，键齿接触稳定，外套齿中心定心性较好，内、外套齿间不会产生冲击激励。扭矩载荷为套齿连接提供预应力，当存在横向载荷时，各键齿接触界面的法向力、切向力在横向载荷方向上的投影，共同抵抗转子的横向位移趋势，如图 7－25(a)所示。当套齿扭矩载荷不断减小或横向载荷相对变大时，套齿接触界面滑移区增多，提供的有效约束力减小，套齿连接等效刚度不断降低，内、外套齿在横向载荷作用下相对位移不断增大，但二者始终保持摩擦接触状态。

当扭矩载荷降低或横向载荷相对增大至临界值时，内、外套齿接触面全部发生分离，外套齿发生刚体位移、形心偏移，仅两侧键齿受力，周向各齿面载荷分布极不均匀，如图 7－25(b)所示。套齿摩擦力约束作用失效，套齿仅靠法向压紧力承载而无法承受拉力，若受到动载荷影响，内、外套齿易发生分离、碰撞、冲击。

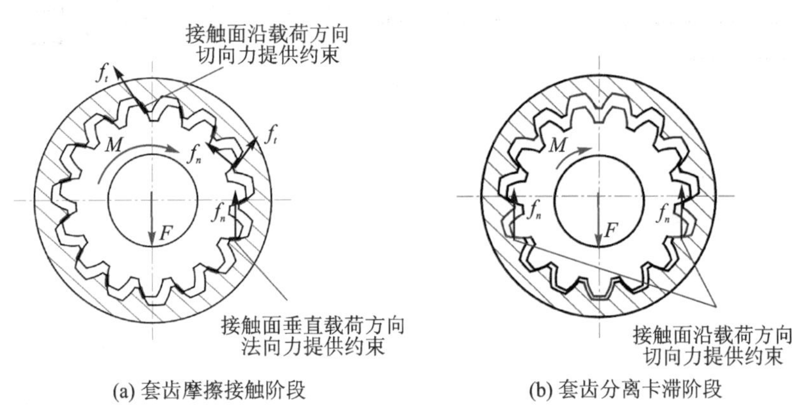

(a) 套齿摩擦接触阶段　　(b) 套齿分离卡滞阶段

图 7－25　套齿连接刚度变化机理示意图

套齿等效约束刚度特性反映了不同载荷状态下，转子在套齿连接结构处运动所受到的约束效果，是浮动套齿-转子系统约束边界条件，对转子系统动力学特性具有重要影响。

套齿连接结构具有一定的轴向长度，不同轴向位置处所受横向力可形成角向约束作用，因此，套齿等效约束刚度包括角向与横向这两个自由度上的刚度。一般而言，套齿等效约束刚度由套齿弯曲刚度、套齿接触刚度及内外套齿接触界面相对滑移量决定，其数值上为某横向载荷与该载荷下套齿弯曲变形、套齿接触界面变形、内外套齿相对滑移量之和在受载方向上投影的比值，即

$$\begin{cases} k_{\theta,\mathrm{sp}} = \dfrac{M}{\Delta\theta} = \dfrac{M}{\Delta\theta_b + \Delta\theta_{\mathrm{con}} + \Delta\theta_{\mathrm{slid}}} \\ k_{r,\mathrm{sp}} = \dfrac{F_r}{\Delta r} = \dfrac{F_r}{\Delta r_b + \Delta r_{\mathrm{con}} + \Delta r_{\mathrm{slid}}} \end{cases} \tag{7-12}$$

式中，$k_{\theta,\mathrm{sp}}$，$k_{r,\mathrm{sp}}$ 分别为套齿角向等效刚度、横向等效刚度；M，F_r 为套齿连接结构局部所受横向力、力矩；$\Delta\theta_b$，Δr_b 为套齿弯曲变形产生的套齿角向、横向位移；$\Delta\theta_{\mathrm{con}}$，$\Delta r_{\mathrm{con}}$ 为套齿接触界面位移产生的套齿角向、横向位移；$\Delta\theta_{\mathrm{slid}}$，$\Delta r_{\mathrm{slid}}$ 为套齿接触界面相对滑移产生的套齿角向、横向位移。

当内外套齿分离时，受载后 $\Delta\theta_{\mathrm{slid}}$，$\Delta r_{\mathrm{slid}} \to \infty$，套齿等效约束刚度为 0。

也可认为，套齿等效约束刚度 $k_{\theta,\mathrm{sp}}$，$k_{r,\mathrm{sp}}$ 为套齿弯曲刚度 $k_{\theta,b}$、$k_{r,b}$，套齿接触刚度 $k_{\theta,\mathrm{con}}$、$k_{r,\mathrm{con}}$，套齿滑移刚度 $k_{\theta,\mathrm{slid}}$、$k_{r,\mathrm{slid}}$ 的串联刚度相等，即

$$\begin{cases} \dfrac{1}{k_{\theta,\mathrm{sp}}} = \dfrac{1}{k_{\theta,b}} + \dfrac{1}{k_{\theta,\mathrm{con}}} + \dfrac{1}{k_{\theta,\mathrm{slid}}} \\ \dfrac{1}{k_{r,\mathrm{sp}}} = \dfrac{1}{k_{r,b}} + \dfrac{1}{k_{r,\mathrm{con}}} + \dfrac{1}{k_{r,\mathrm{slid}}} \end{cases} \tag{7-13}$$

将套齿提供的刚度等效为角向刚度弹簧、横向刚度弹簧所提供刚度，进而建立套齿连接结构力学模型，如图 7-26 所示。

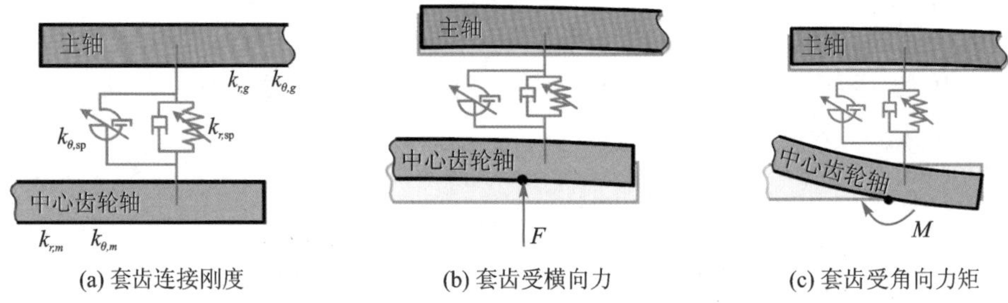

图 7-26 套齿连接结构力学模型示意图

扭矩载荷 T，横向载荷 M、F 变化，将导致套齿接触状态改变，从而显著影响套齿接触刚度 $k_{\theta,\mathrm{con}}$、$k_{r,\mathrm{con}}$，套齿滑移刚度 $k_{\theta,\mathrm{slid}}$、$k_{r,\mathrm{slid}}$，进而影响套齿等效约束刚度 $k_{\theta,\mathrm{sp}}$，$k_{r,\mathrm{sp}}$，即

$$\begin{cases} k_{\theta,\mathrm{sp}} = k_{\theta,\mathrm{sp}}(T,M) \\ k_{r,\mathrm{sp}} = k_{r,\mathrm{sp}}(T,F) \end{cases} \tag{7-14}$$

不同扭矩状态下套齿的“横向载荷-位移/等效刚度”关系如图 7-27 所示。以大扭矩载荷下的变形曲线为例，随横向载荷增大，套齿连接状态的变化共分为三个阶段。

第 1 阶段为套齿摩擦接触阶段，接触状态如图 7-25(a)所示。此时内、外套齿在扭矩载荷提供的正向接触应力的作用下，保持黏滞接触状态，套齿连接刚度由套齿接触摩擦力提供，随着横向载荷的增大，黏滞接触面积逐渐发生滑移、分离，套齿连接刚度逐渐减小。

第 2 阶段为套齿滑移位移阶段，当套齿接触界面在外载荷作用下全部发生分离，即摩擦力无法约束套齿相对变形时，套齿基本处于无约束状态，连接刚度接近 0。

第 3 阶段为套齿分离卡滞阶段，接触状态如图 7-25(b)所示。套齿突发刚体位移后，内、外套齿在几何约束作用下发生限位，套齿部分垂直于横向载荷的齿面接触卡滞。套齿连接刚度基本不随载荷发生变化，呈线性刚度特征，刚度大小由套齿弯曲刚度、接触齿数等因素决定。

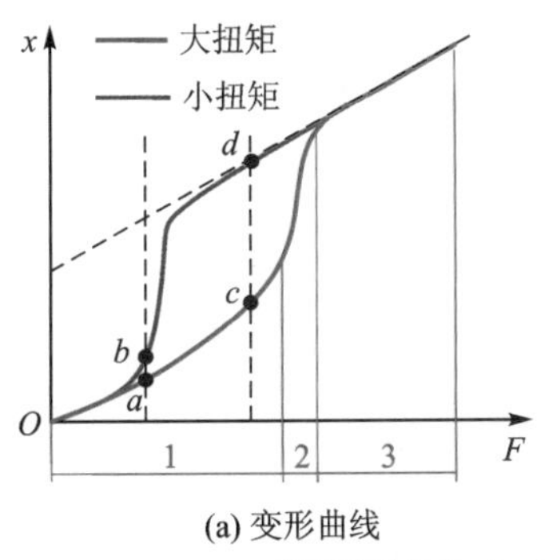

(a) 变形曲线

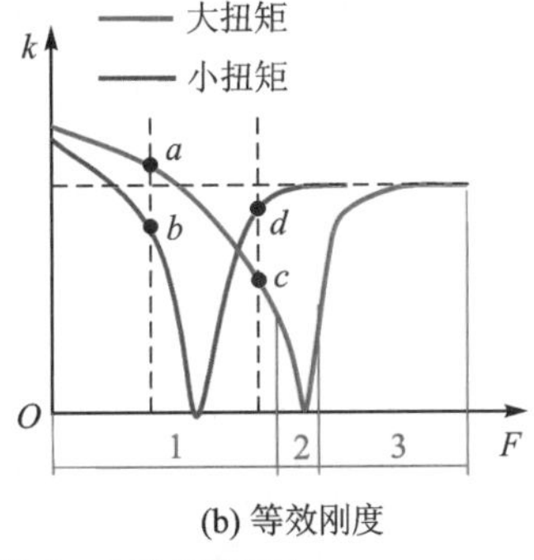

(b) 等效刚度

1—摩擦接触阶段；2—滑移位移阶段；3—分离卡滞阶段。

图 7－27 套齿连接变性与刚度时变特性曲线

扭矩载荷减小后，将使第 1 阶段、第 2 阶段缩短，即内外套齿全分离的阈值载荷降低，如图 7－27 所示。若转子系统在运行过程中，输出功率减小，扭矩载荷突降，则套齿连接结构接触状态的变化有两种可能：① 从 a 到 b，此时 a 和 b 均为摩擦接触阶段，套齿相对位移可连续变化，仅表现为连接刚度的减弱；② 从 c 到 d，c 为大扭矩载荷时的摩擦接触状态，d 为小扭矩载荷时的分离卡滞状态，套齿连接结构接触状态直接由 1 跨越至 3，使得套齿发生瞬态刚体位移，内外套齿产生冲击效应，且内外套齿稳定接触状态被打破，接触齿面仅能承受压应力，不能承受拉应力，即套齿卡滞状态下仅能承受单一方向载荷，内、外套齿可能不断发生分离、冲击、卡滞，套齿处产生复杂的碰撞冲击作用。

当套齿处于摩擦接触状态时，一定载荷范围内可认为连接刚度是线性的；而当套齿处于分离卡滞状态时，浮动套齿连接结构的大间隙结构特征凸显，齿面仅能受压不能受拉，外套齿可能在内套齿中发生反复碰撞冲击，如图 7－28(a)所示。外套齿在内套齿中进动的同时，随内套齿进动，内外套齿间接触作用力复杂。此时套齿动态连接刚度不能简单用图 7－27(b)中分离卡滞阶段的静刚度等效。

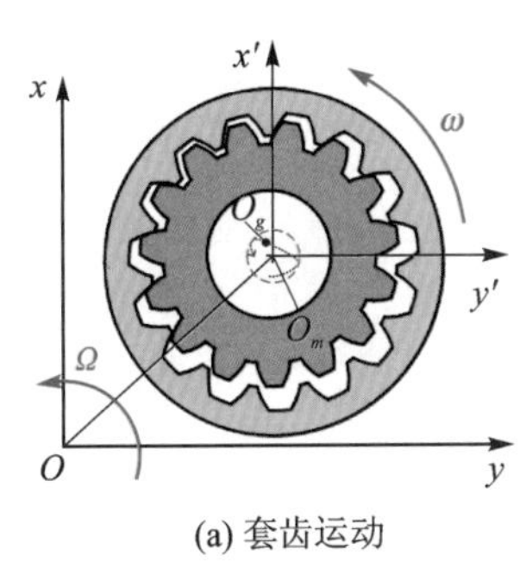

(a) 套齿运动

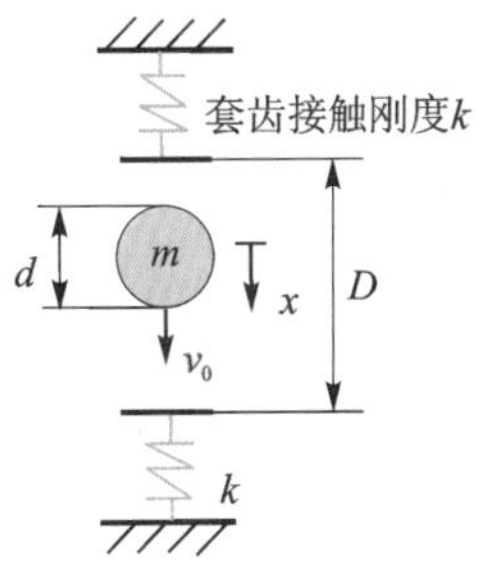

(b) 浮动套齿刚度等效模型

图 7－28 套齿分离卡滞阶段内外套齿运动特征

套齿分离卡滞阶段外套齿在内套齿中的进动并不是随机的，而是会稳定至某一频率，可认为是浮动套齿的模态频率，但这一频率与线性刚度约束下系统的模态频率略有不同——可将其类比为小球在两挡板间的回弹运动，如图 7－28(b)所示。若小球直接与上挡板相连，则系统变为线性的连续结构系统，设此连续系统运动为 L；由振动力学可知，该单自由度线性系统的模态频率为 $f_L=\sqrt{k/m}$。若考虑挡板与小球之间的间隙，则变为非连续结构系统，设其运动为 N，运动过程为，小球在与上挡板接触时所进行的运动为 L 循环的半程，与下挡板接触时

所进行的运动为 L 循环的另一半程，而当小球与挡板分离时，则进行匀速直线运动。由此可得此非连续系统运动周期为 $T_N=T_L+2t_{\text{uni}}=\sqrt{m/k}+2D/v_0$，运动频率为

$$f_N=\frac{1}{T_L+\dfrac{2D}{v_0}}<f_L \tag{7-15}$$

即为浮动套齿的“模态频率”。由此可见，浮动套齿连接转子系统这类非连续系统通常也存在自身固有的振动特征频率，与相应的连续结构系统模态频率有一定关联，只是结构的非连续性使系统振动特征频率相对连续系统模态频率有一定降低。

需要注意的是，由于浮动套齿的接触刚度 k 受扭矩载荷影响，具有时变特征；内、外套齿之间间隙 D 受齿形误差影响，与所设置的装配间隙有一定差异；运动速度 v_0 取决于转子涡动速度幅值，通常也非定值，因此，浮动套齿的模态频率并不固定，无法准确求解。

2. 转子系统力学模型

考虑浮动套齿连接结构时变刚度特性，即“大扭矩载荷时，浮动套齿连接刚度随扭矩载荷连续变化，在小扭矩载荷下，浮动套齿连接刚度突变且单向”的特性，建立浮动套齿转子结构系统力学模型，如图 7-29 所示。

转子 m 为两支点支承悬臂转子，转子 g 一端支承于固定机匣，另一端通过变刚度弹簧与转子 m 相连，变刚度弹簧的角向刚度 $k_{\theta,s}(T,M)$、横向刚度 $k_{r,s}(T,F)$ 均为扭矩载荷的函数，以表示浮动套齿连接结构时变刚度特性。

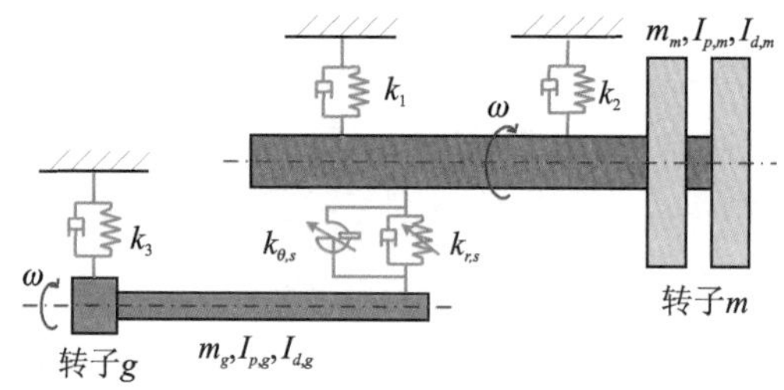

图 7-29 浮动套齿转子结构系统力学模型

转子 m 为大质量盘式转子，忽略转轴质量，轮盘质量、极转动惯量、直径转动惯量为 m_m，$I_{p,m}$，$I_{d,m}$，极转动惯量与直径转动惯量之比 $I_{p,m}/I_{d,m}\approx 2$；转子 g 为小质量细长转子，其整体质量、极转动惯量、直径转动惯量为 m_g，$I_{p,g}$，$I_{d,g}$，$I_{p,g}/I_{d,g}<1$。两转子同转速同向转动，转子 m 的质量远大于转子 g，即 $m_m \gg m_g$。

转子 m 的惯性、陀螺力矩效应远大于转子 g，因此，转子 g 对转子 m 模态特性的影响很小，但转子 g 涡动产生的旋转惯性载荷对转子 m 具有激励作用；转子 g 的后支点约束刚度为变刚度弹簧、转子 m 主轴、转子 m 支承刚度的串联，同时，小质量转子 g 随大质量转子 m 进动而进动，相当于转子 m 的运动在转子 g 后支点引起“基础位移运动”，即基础激励，影响转子 g 的运动。

7.3.3 转子运动调制

在浮动套齿转子系统中，由于主轴-转子与中心齿轮轴通过浮动套齿相连，一定条件下内、外套齿间发生碰撞冲击作用，转子发生运动调制现象。

1. 模态特性

浮动套齿转子系统的模态分为主轴-转子和中心齿轮轴各自的局部模态，即主轴-转子的低、高阶模态（转子俯仰模态、转子弯曲模态）和中心齿轮轴的低、高阶模态（中心齿轮轴俯仰模态、中心齿轮轴弯曲模态），如图 7－30 所示。主轴-转子极转动惯量和直径转动惯量之比大，其局部模态的共振转速受到陀螺力矩效应和支承刚度的共同影响。中心齿轮轴结构细长，陀螺力矩效应可忽略不计，其局部模态的共振转速则主要受套齿连接刚度的影响。

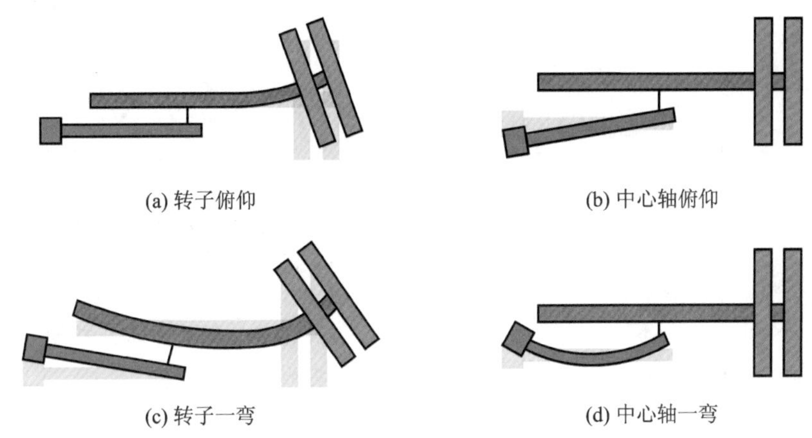

(a) 转子俯仰　(b) 中心轴俯仰

(c) 转子一弯　(d) 中心轴一弯

图 7－30　浮动套齿转子系统各阶模态振型

由于主轴-转子自身惯性、陀螺力矩效应远大于中心齿轮轴转子，这两个子结构在模态上的相互影响较小，为便于分析，通常分别对主轴-转子系统与中心齿轮轴开展模态特性分析。

主轴-转子系统共振转速分布如图 7－31 所示。由于转子悬臂支承，转子易发生角向倾斜，产生陀螺效应并对各阶模态的共振转速产生影响：第 1 阶模态振型为转子的整体俯仰，转子整体极转动惯量与直径转动惯量之比相对较小，陀螺效应相对较小，共振转速随转速增加的速率较小。第 2 阶模态振型中转子转轴发生弯曲，转子左端甩油盘和右端压气机、涡轮角向位移方向相反，压气机、涡轮陀螺效应强。随转速增大，转子弯曲模态的共振转速显著提高，在较大范围内与转速激励线无交点，即转子弯曲共振转速远高于工作转速。因此，转子在起动到最大工作状态的过程中，仅经过一阶转子俯仰临界转速。

中心齿轮轴结构细长，几乎无陀螺效应，其模态特性主要与套齿连接刚度有关，各阶模态的共振转速随套齿连接刚度的变化规律如图 7－32 所示。中心齿轮轴俯仰模态对套齿连接刚度十分敏感，减小中心齿轮轴连接刚度可显著降低中心齿轮轴俯仰共振转速，当套齿连接刚度足够大时，中心齿轮轴俯仰模态的共振转速趋于定值，即套齿固定约束对应的共振转速。中心齿轮轴质量小、尺寸小，弯曲共振转速高，在工作转速范围内无齿轮轴弯曲模态临界转速，下文也不再关注中心齿轮轴弯曲模态。

2. 调制频率特性

功率输出转子系统在多种载荷工况下转速变化小，工作转速范围窄，工作状态下主轴-转子系统模态特性较为稳定。然而，扭矩的变化将使套齿连接刚度特性发生突变——工作过程中，套齿扭矩负载降低至套齿滑移位移阶段时，套齿连接刚度极不稳定，中心齿轮轴模态特性具有较强的非确定性。同时，浮动套齿较大的装配间隙使得内、外套齿之间可能发生碰撞，主轴-转子与中心齿轮轴之间存在碰撞冲击效应，产生交互激励，并在转子的响应特性上反映出“调制”成分。

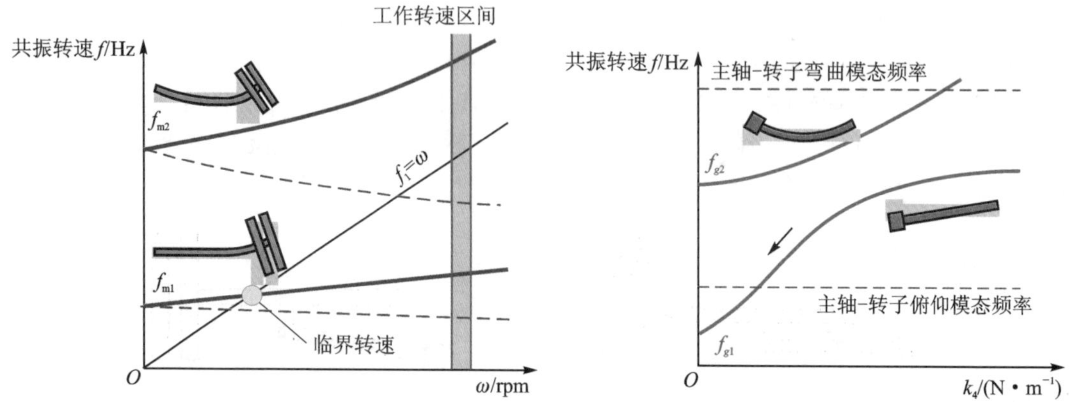

图 7-31 主轴-转子系统 Campbell 图　　图 7-32 中心齿轮轴模态共振转速随连接刚度变化

套齿连接刚度与功率输出状态相关，导致中心齿轮轴模态特性具有非确定性，其各阶模态的共振转速呈区间分布。不同转速对应转子不同工作状态，可按照套齿连接刚度状态将其分为 3 个转速阶段，相应的共振转速分布如图 7-33 所示。

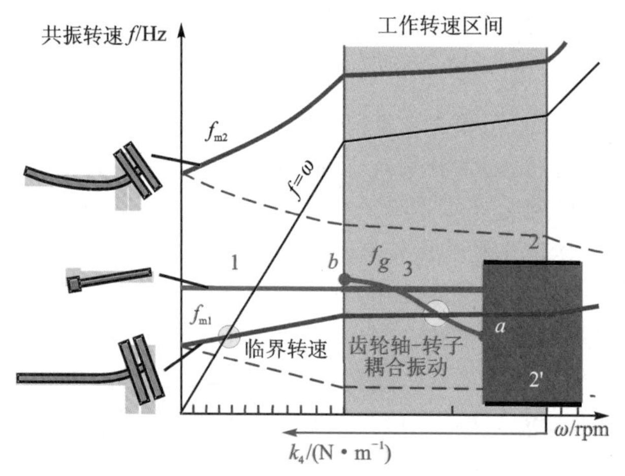

图 7-33 浮动套齿转子系统共振转速分布特性

阶段 1：起动时，主轴-转子从 0 转速由电机以一定功率带动至工作转速，假设期间功率不变，则套齿连接刚度不变，中心齿轮轴模态频率 f_g 不变。

阶段 2：动力装置起动后，电机脱开，中心齿轮轴无功率空转，此时套齿接触状态处于套齿分离卡滞阶段，由于内外套齿间隙较大，套齿连接刚度与中心齿轮轴俯仰共振转速 f_g 具有非确定性，位于在图 7-33 中 2—2′之间。

阶段 3：动力装置由空载至最大载荷时，输出功率不断提高，套齿接触状态变为摩擦接触状态，中心齿轮轴固有频率 f_g 由点 a 升高至点 b，如图 7-33 所示。卸载过程中，输出功率不断降低，套齿连接刚度降低，中心齿轮轴俯仰共振转速 f_g 由点 b 降低至点 a。

转子功率卸载时，扭矩载荷降低，套齿连接刚度降低，甚至在转子旋转惯性激励载荷作用下发生内外套齿分离，产生刚度突降，中心齿轮轴俯仰共振转速显著降低，并在内、外套齿碰撞引起的冲击激励下发生模态振动。

通常,中心齿轮轴质量小,旋转惯性激励较小,模态振动传递至主轴-转子的振动信号并不明显,对主轴-转子动力响应的影响较小。然而,若设计不当,中心齿轮轴俯仰共振转速可能降低至主轴-转子各阶模态的共振转速附近。例如,当中心齿轮轴俯仰共振转速降低至主轴-转子俯仰模态共振转速附近时,中心齿轮轴模态振动将激起主轴-转子系统发生模态共振,从而发生中心齿轮轴-转子耦合振动,如图 7-33 所示,并在测点振动信号中测得“转子间交互激励下的异常调制频率”。

异常调制频率的产生过程详细如下:中心齿轮轴与主轴-转子通过套齿连接,同时以同转速 ω 转动,并且中心齿轮轴在大质量转子对其基础位移激励作用下与其一起做同步正进动。由于功率突然卸载、套齿接触状态改变,因此中心齿轮轴与主轴间产生冲击激励,并以共振转速 f_g 振动,产生的激励频率激起主轴-转子俯仰模态共振。在此过程中,中心齿轮轴、主轴-转子以各自模态的共振转速 $\Omega_m=2\pi f_g=\Omega_g$ 进动的同时以相同转速 ω 转动,如图 7-34 所示。此时,主轴-转子与中心齿轮轴之间的冲击激励 F_s 大小与方向将同时包含转速频率与共振转速对应频率,主轴-转子所受冲击激励在某一方向上的分量可写为

$$
\begin{aligned}
F_{s,y}=&(F_1\cos(\omega t+\varphi_1)+F_g\cos(\Omega_g t+\varphi_g))\cdot\frac{1}{A_m}(A_1\cos(\omega t+\varphi_1')+A_g\cos(\Omega_g t+\varphi_g'))=\\
&\frac{1}{2A_m}[A_1F_1\cos(2\omega t+\varphi_1+\varphi_1')+A_gF_g\cos(2\Omega_g t+\varphi_g+\varphi_g')]+\\
&\frac{A_1F_1}{2A_m}\cos(\varphi_1-\varphi_1')+\frac{A_gF_g}{2A_m}\cos(\varphi_g-\varphi_g')+\\
&\frac{A_1F_g}{2A_m}\{\cos[(\omega+\Omega_g)t+\varphi_1+\varphi_g']+\cos[(\omega-\Omega_g)t+\varphi_1-\varphi_g']\}+\\
&\frac{A_gF_1}{2A_m}\{\cos[(\omega+\Omega_g)t+\varphi_1'+\varphi_g]+\cos[(\omega-\Omega_g)t+\varphi_1'-\varphi_g]\}
\end{aligned}
\tag{7-16}
$$

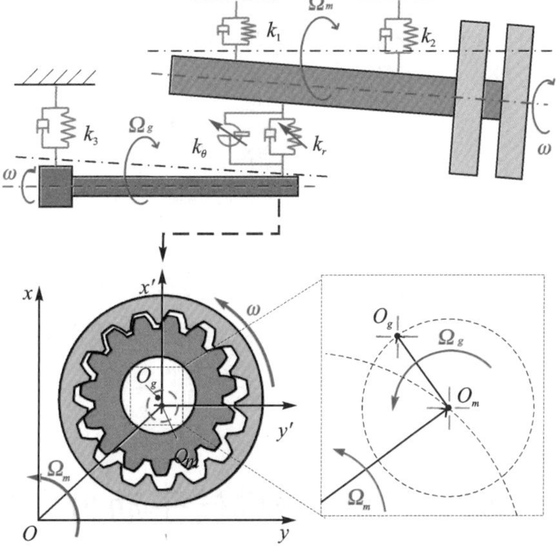

图 7-34　浮动套齿转子系统运动状态

冲击激励作用下，转子动力响应中包含转子转速频率成分 $f_1=\omega/(2\pi)$、共振转速成分 f_g 以及二者的调制频率成分 $f_1 \pm f_g$ 与二倍频成分 $2f_1$。

在实际应用中，一般而言，中心齿轮轴模态共振转速远离主轴-转子模态共振转速，则振动信号中异常振动频率幅值较低；而当中心齿轮轴模态共振转速靠近主轴-转子模态共振转速时，浮动套齿转子系统发生耦合振动，其频域信号如图 7-35 所示，除转子转速频率、各减速器齿轮转速激励频率及倍频成分外，还存在异常频率成分 f_g 与 $f_1 \pm f_g$，即为中心齿轮轴共振转速及其与转速频率的调制频率。

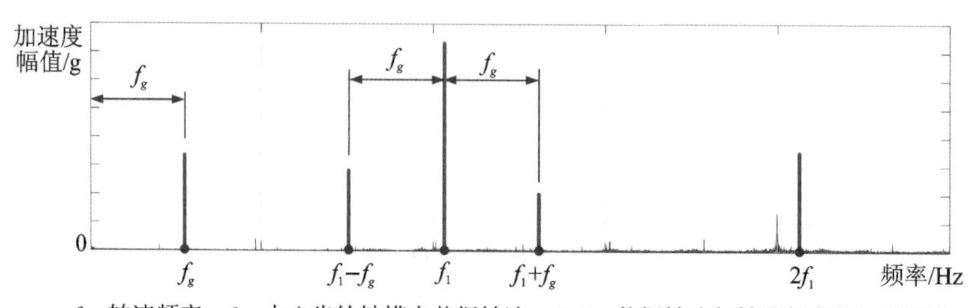

f_1—转速频率；f_g—中心齿轮轴模态共振转速；f_1+f_g—共振转速与转速频率的调制频率。

图 7-35　浮动套齿转子系统耦合振动响应频域信号

浮动套齿转子系统耦合振动状态下，转子作非协调涡动，连接结构界面接触状态交变，可能发生接触损伤，同时会对支承结构产生不利影响，可造成轴承损伤及支承结构疲劳损伤失效。

为避免浮动套齿转子系统耦合振动，需要进行模态特性优化设计。在 7.3.2 小节中已经介绍，中心齿轮轴模态特性主要受套齿连接刚度影响，而套齿连接刚度的影响因素较多，因此，按照套齿接触状态的不同，需要分别分析套齿摩擦接触阶段和套齿分离卡滞阶段中心齿轮轴的模态特性，并据此进行优化：

套齿摩擦接触阶段，套齿连接刚度主要由内外套齿接触摩擦力提供，主要受扭矩载荷、摩擦系数、接触面积等因素影响，此阶段套齿连接刚度相对较高，需要对套齿连接结构开展优化设计，保证其在进入套齿滑移阶段前的连接刚度及发生接触分离的载荷阈值，避免内外套齿过早分离。

套齿分离卡滞阶段，套齿连接刚度呈强非线性，内、外套齿存在较大间隙，易产生冲击激励，中心齿轮轴局部模态与套齿结构参数和输入系统的能量有关。重要的套齿结构参数包括：内外套齿配合间隙、套齿结构阻尼、中心齿轮轴质量惯性、套齿弯曲刚度、套齿接触齿数等，输入系统的能量主要包括转子系统旋转惯性激励。随转子系统损伤积累，不平衡量提高、套齿间隙变化，由旋转惯性激励输入转子系统的能量提高，中心齿轮轴模态特性可能发生变化。除了对套齿结构开展优化设计外，还需要控制转子组件不平衡的大小，并抑制工作过程中不平衡的增加。

7.4　转静件碰摩激励转子动力学特性

在航空燃气轮机设计中，为减小流动损失，提高叶轮机气动效率，须在主要工作状态使转静件间隙处于低水平。由于现代航空燃气轮机转子系统工作转速均位于多阶临界转速以上，

在运转过程中不可避免地会发生径向变形，当转静件变形不协调时，叶片叶尖与机匣可能发生剐蹭，使转子受到径向冲击与切向摩擦载荷和位移约束等作用，产生剧烈振动，甚至发生非协调涡动失稳、断轴等恶劣事故。

航空燃气轮机运行过程中，转子动力特性和支承结构动态约束特性随转速及工作状态产生较大变化，为满足轴承及支承结构强度设计要求，在初始装配和工作状态下轴承游隙和轴承安装结构中会存在一定间隙(即为“支承松动”设计，采用支承松动设计的支承又被称为松动支承)，使得支承结构力学特性具有非线性、非确定性，一定条件下可导致转子受到冲击产生非协调涡动，在转轴内部产生交变应力，进而导致转子轴系疲劳断裂或失稳，影响航空燃气轮机的安全性与可靠性。

无论是叶尖与机匣剐蹭还是支承松动，其力学本质是静子对转子产生附加约束及径向/周向冲击激励(可简称为“转静件碰摩”)所引起复杂的转子动力响应。这种激励与约束效应随转子响应幅值的变化具有突变、阶跃特征。基于数学中对非光滑的定义，可将这种由碰摩产生的激励与约束作用称为非光滑约束，含非光滑约束的转子称为非光滑约束转子。

7.4.1　非光滑约束转子力学模型

对转静件碰摩时转子受到的附加激励与约束作用力学过程进行分析，建立非光滑约束转子力学模型，并推导转子系统运动微分方程。

1. 转静件碰摩激励与约束

叶片与机匣剐蹭和支承松动使转子受到的附加激励与约束作用具有不同特点，下面分别对其开展分析。

典型高推重比涡扇发动机低压转子系统结构简图如图 7-36 所示。其中，风扇转子由前后两支点支承。受限于加工精度，若两支点处轴承外圈与轴承座之间的配合关系均为过盈配合，可能产生支承不同心，大质量的风扇转子将产生较大的旋转惯性载荷，使振动加大，因此，风扇前支点处轴承外圈与轴承座之间通常设计有装配间隙 δ_l。

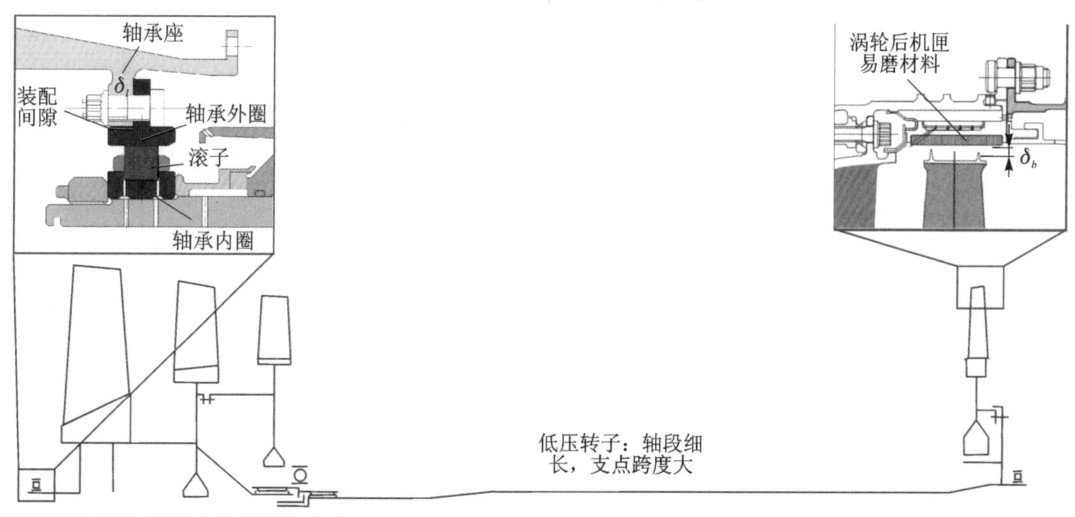

图 7-36　高推重比涡扇发动机低压转子结构简图

当转子在松动支承处的响应幅值较大(超过装配间隙 δ_l)时,轴承外圈会与轴承座接触,发生碰撞,转子受到径向冲击 F_n,转静件发生碰摩,如图 7-37(a)所示。由于轴承外圈与轴承座局部刚性良好,二者之间重复发生接触—分离,这种由支承松动激励引起的碰摩又被称为局部碰摩(或间歇碰摩)。

根据碰撞理论,碰撞前、后速度 $\boldsymbol{v}_-$ 和 $\boldsymbol{v}_+$ 满足以下关系:

$$\boldsymbol{v}_{n+}=-e^*\boldsymbol{v}_{n-},\qquad \boldsymbol{v}_{\tau+}=\boldsymbol{v}_{\tau-} \tag{7-17}$$

其中,e^* 为碰撞恢复系数,$\boldsymbol{v}_{n-}$、$\boldsymbol{v}_{n+}$ 和 $\boldsymbol{v}_{\tau-}$、$\boldsymbol{v}_{\tau+}$ 分别为碰撞前、后转子在松动支承处的法向与切向速度,碰撞时间为 0。

为便于分析,可假设碰撞时间为一非零极小值,则上述碰撞过程中转子受到的径向冲击可等效为附加径向约束与径向阻尼耗散作用。

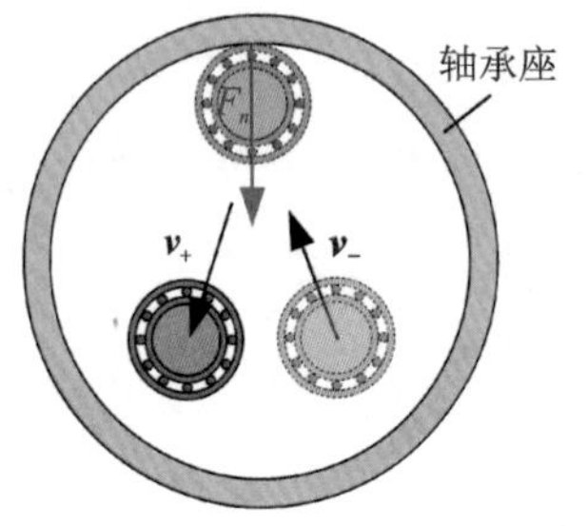

(a) 轴承外圈与轴承座之间的碰撞

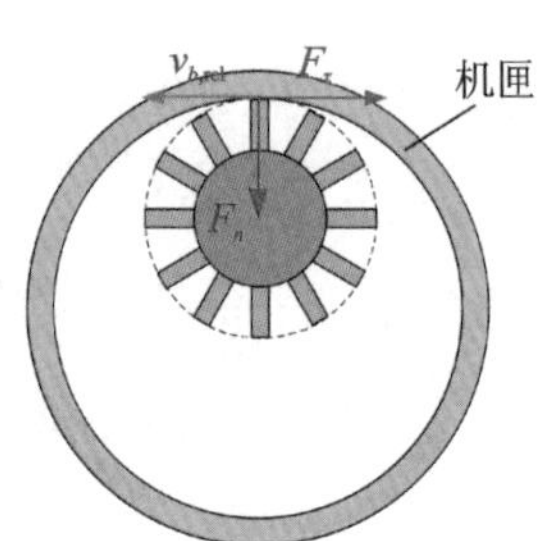

(b) 叶片与机匣之间的剐蹭

图 7-37 两种转静件碰摩的力学过程

在高推重比涡扇发动机低压转子系统中,低压涡轮轴细长,支点跨距极大,如图 7-36 所示。尽管采用了反 C 形结构,使得低压涡轮处具有良好的角向刚度,但其横向刚度较低,当受到横向过载或是较大的旋转惯性激励时可能产生较大的横向位移,进而导致低压涡轮叶片与机匣发生碰摩。

当转子的响应幅值超过叶尖间隙 δ_b 时,叶片与机匣发生剐蹭,根据图 7-36,低压涡轮叶片展弦比较大,刚度相对较低,而涡轮后机匣内壁采用易磨材料(通常为石墨块或蜂窝结构),刚度低,摩擦系数高,因此,叶片与机匣不会发生反复的接触-分离,而是持续的接触作用,这种持续的剐蹭性碰摩又被称为全周碰摩。此时,转子受到机匣持续、稳定的径向约束(表现为径向载荷 F_n),并由于叶片与机匣之间的相对滑动而受到切向摩擦(表现为摩擦力 $F_\tau=\mu_b F_n$,其中,摩擦系数 μ_b 主要取决于叶片与机匣内壁易磨材料属性),如图 7-37(b)所示。

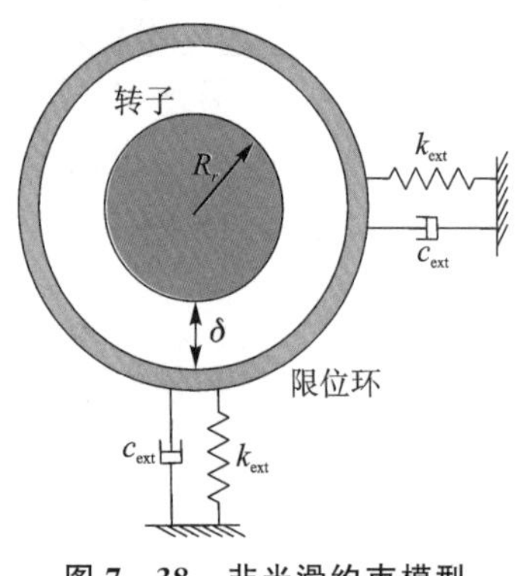

图 7-38 非光滑约束模型

综上,可建立适用于转静件碰摩的非光滑约束模型:如图 7-38 所示,假设转子与限位环之间存在间隙 δ,限位环对转子的约束具有非光滑特征。转子响应幅值小于间隙 δ 时,不受任何附加约束或激励作用;而当响应幅值 r 大于间隙 δ 时,转子受到附加径向约束、径向阻尼耗散与切向摩擦作用,分别表现为径向刚度 k_{ext}、径向阻尼 c_{ext} 与切向摩擦 μ——对于叶片与机匣的剐蹭,有 $c_{ext}=0$,对于支承松动,则有 $\mu=0$。

可列出转子与限位环之间作用力 F 在 y 向与 z 向分量的表达式，即

$$\begin{cases} F_y = H(R-\delta)\left[c_{\text{ext}}\dot{y} + k_{\text{ext}}\left(1-\dfrac{\delta}{R}\right)(y - \text{sign}(v_{\text{rel}})\mu z)\right] \\ F_z = H(R-\delta)\left[c_{\text{ext}}\dot{z} + k_{\text{ext}}\left(1-\dfrac{\delta}{R}\right)(z + \text{sign}(v_{\text{rel}})\mu y)\right] \end{cases} \tag{7-18}$$

其中，$R=\sqrt{y^2+z^2}$ 为转子响应幅值，$H(\cdot)$为 Heaviside 函数，sign($\cdot$)为符号函数，v_{rel} 为转子与限位环接触点处相对速度：

$$H(x)=\begin{cases} 0, & x \leqslant 0 \\ 1, & x > 0 \end{cases}, \qquad \text{sign}(x)=\begin{cases} -1, & x<0 \\ 0, & x=0 \\ 1, & x>0 \end{cases} \tag{7-19}$$

$$\text{sign}(v_{\text{rel}})=\begin{cases} -1, & \omega R_r + \dfrac{y\dot{z}-z\dot{y}}{R} < 0 \\ 0, & \omega R_r + \dfrac{y\dot{z}-z\dot{y}}{R} = 0 \\ 1, & \omega R_r + \dfrac{y\dot{z}-z\dot{y}}{R} > 0 \end{cases} \tag{7-20}$$

2. 运动微分方程

基于图 7-36 所示高推重比涡扇发动机低压转子系统结构特征，建立转子结构与力学特征等效的非光滑约束转子力学模型，如图 7-39 所示。设轮盘 2 与轮盘 4 分别具有一定的初始质心偏移（偏移量为 e_2 与 e_4，初相位为 $\varphi_{e,2}$ 与 $\varphi_{e,4}$）与初始惯性主轴倾斜（倾斜角为 τ_2 与 τ_4，初相位为 $\varphi_{\tau,2}$ 与 $\varphi_{\tau,4}$），其余参数见图 7-39。

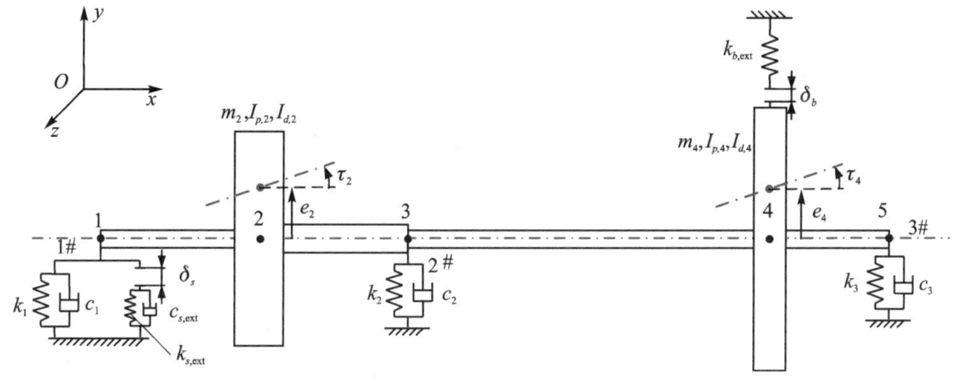

图 7-39　非光滑约束转子力学模型

用有限元素法推导该转子系统的运动微分方程，即

$$\boldsymbol{M}\ddot{\boldsymbol{q}} + (\boldsymbol{C}-\omega\boldsymbol{G})\dot{\boldsymbol{q}} + \boldsymbol{K}\boldsymbol{q} + \boldsymbol{g}(\boldsymbol{q},\dot{\boldsymbol{q}}) = \boldsymbol{Q} \tag{7-21}$$

其中，$\boldsymbol{M}$,$\boldsymbol{C}$,$\boldsymbol{G}$ 和 $\boldsymbol{K}$ 是质量、阻尼、陀螺与刚度矩阵；$\boldsymbol{q}$ 是系统的广义坐标，包括每个节点处的径向与角向位移；$\boldsymbol{g}(\boldsymbol{q},\dot{\boldsymbol{q}})$和 $\boldsymbol{Q}$ 分别是由转静件碰摩引起的非线性力与不平衡激励，其表达式如下：

$$\boldsymbol{q} = \{y_1, z_1, \theta_{y1}, \theta_{z1}, \cdots, y_5, z_5, \theta_{y5}, \theta_{z5}\}^{\mathrm{T}} = \{\boldsymbol{q}_1^{\mathrm{T}}, \boldsymbol{q}_2^{\mathrm{T}}, \boldsymbol{q}_3^{\mathrm{T}}, \boldsymbol{q}_4^{\mathrm{T}}, \boldsymbol{q}_5^{\mathrm{T}}\}^{\mathrm{T}} \tag{7-22}$$

$$
\begin{aligned}
\boldsymbol{g}(\boldsymbol{q},\dot{\boldsymbol{q}})=\Big\{&H(R_1-\delta_l)\left[c_{l,\text{ext}}\dot{y}_1+k_{l,\text{ext}}\left(1-\frac{\delta_l}{R_1}\right)y_1\right],\\
&H(R_1-\delta_l)\left[c_{l,\text{ext}}\dot{z}_1+k_{l,\text{ext}}\left(1-\frac{\delta_l}{R_1}\right)z_1\right],\cdots,\\
&H(R_4-\delta_b)k_{b,\text{ext}}\left(1-\frac{\delta_b}{R_4}\right)(y_4-\text{sign}(v_{b,\text{rel}})\mu_b z_4),\\
&H(R_4-\delta_b)k_{b,\text{ext}}\left(1-\frac{\delta_b}{R_4}\right)(z_4+\text{sign}(v_{b,\text{rel}})\mu_b y_4),\cdots,\Big\}^{\text{T}}
\end{aligned}
\tag{7-23}
$$

$$
\begin{aligned}
\boldsymbol{Q}=\Big\{&\cdots,m_2e_2\omega^2\cos(\omega t+\varphi_{e,2}),m_2e_2\omega^2\sin(\omega t+\varphi_{e,2}),\\
&-(I_{p,2}-I_{d,2})\omega^2\cos(\omega t+\varphi_{\tau,2}),-(I_{p,2}-I_{d,2})\omega^2\sin(\omega t+\varphi_{\tau,2}),\\
&\cdots,m_4e_4\omega^2\cos(\omega t+\varphi_{e,4}),m_4e_4\omega^2\sin(\omega t+\varphi_{e,4}),\\
&-(I_{p,4}-I_{d,4})\omega^2 cos(\omega t+\varphi_{\tau,4}),-(I_{p,4}-I_{d,4})\omega^2\sin(\omega t+\varphi_{\tau,4}),\cdots\Big\}^{\text{T}}
\end{aligned}
\tag{7-24}
$$

其中,$R_1=\sqrt{y_1^2+z_1^2}$,$R_4=\sqrt{y_4^2+z_4^2}$,$\text{sign}(v_{b,\text{rel}})$满足

$$
\text{sign}(v_{b,\text{rel}})=\begin{cases}-1, & \omega R_{\text{blade}}+\dfrac{(y_4\dot{z}_4-z_4\dot{y}_4)}{R_4}<0\\ 0, & \omega R_{\text{blade}}+\dfrac{(y_4\dot{z}_4-z_4\dot{y}_4)}{R_4}=0\\ 1, & \omega R_{\text{blade}}+\dfrac{(y_4\dot{z}_4-z_4\dot{y}_4)}{R_4}>0\end{cases}
\tag{7-25}
$$

式中,R_{blade} 为低压涡轮叶尖处的径向尺寸。

7.4.2 叶片与机匣剐蹭

叶片与机匣剐蹭时,转静件持续接触,转子受到持续的附加径向约束与切向摩擦作用,其刚度特性改变,转子模态特性发生变化——模态频率、模态振型改变,同时,切向摩擦会注入或耗散模态振动能量,模态稳定性(可以用模态阻尼 β 来表征,$\beta>0$ 时模态稳定,$\beta<0$ 时模态不稳定)改变,可能引起转子涡动失稳。又由于这种状态下转静件碰摩为全周碰摩,即转子涡动轨迹通常为圆轨迹,动力响应也以不平衡激励引起的强迫振动和模态振动为主,因此,叶片与机匣剐蹭激励对转子系统动力学特性的影响可以通过模态特性(包括模态频率与模态阻尼)的变化反映出来。

需要注意的是,由于非光滑约束转子系统具有强非线性特征,基于线性模态理论的传统分析方法不再适用,需要采用基于非线性模态理论的谐波平衡法,将非线性振动方程的位移和系统的非线性力展开为傅里叶级数形式,并通过相同阶次的谐波平衡,获得以位移的傅里叶系数为未知量的非线性代数方程组,即将非线性微分方程转化为非线性代数方程,而后通过数值迭代或优化方法进行求解,最终得到系统的解。

1. 非线性模态分析流程

忽略不平衡激励,将转子系统动力学方程写作

$$\boldsymbol{M}\ddot{\boldsymbol{q}}(t)+\boldsymbol{D}\dot{\boldsymbol{q}}(t)+\boldsymbol{K}\boldsymbol{q}(t)+\boldsymbol{g}(\boldsymbol{q}(t),\dot{\boldsymbol{q}}(t))=\boldsymbol{0} \tag{7-26}$$

式中，$\boldsymbol{D}=\boldsymbol{C}-\omega\boldsymbol{G}$。

设转子系统自由度数为 N，则该动力学方程有 N 个特征值，其中，第 i 个特征值为

$$\lambda_i=-\xi_i\omega_{i,0}+\mathrm{j}\omega_{i,0}\sqrt{1-\xi_i^2},\qquad i=1,2,\cdots,N \tag{7-27}$$

式中，$\omega_{i,0}$ 与 ξ_i 分别为第 i 阶特征频率和模态阻尼比。为了方便推导，令 $\beta_i=\xi_i\omega_{i,0}$，$\omega_i=\omega_{i,0}\sqrt{1-\xi_i^2}$，则 $\lambda_i=-\beta_i+\mathrm{j}\omega_i$。

非线性模态具有周期运动特性，可将其展开成傅里叶级数形式。设谐波系数总数为 l，将第 i 阶非线性模态运动表示如下：

$$\boldsymbol{q}_i(t)=\boldsymbol{A}_{i,0}+\sum_{k=1}^{l}\mathrm{e}^{-k\beta_i t}(\boldsymbol{A}_{i,k}\cos k\omega_i t+\boldsymbol{B}_{i,k}\sin k\omega_i t) \tag{7-28}$$

非线性力项为系统位移与速度的函数，因此也可以展开为傅里叶形式，即

$$\boldsymbol{g}(\boldsymbol{q}_i(t),\dot{\boldsymbol{q}}_i(t))=\boldsymbol{P}_{i,0}+\sum_{k=1}^{l}\mathrm{e}^{-k\beta_i t}(\boldsymbol{P}_{i,k}\cos k\omega_i t+\boldsymbol{Q}_{i,k}\sin k\omega_i t) \tag{7-29}$$

将式(7-27)～式(7-29)代入式(7-26)中，整理得到如下代数方程：

$$\begin{bmatrix}\boldsymbol{K} & & & & \\ & \boldsymbol{\Lambda}_{i,1} & & & \\ & & \ddots & & \\ & & & \boldsymbol{\Lambda}_{i,k} & \\ & & & & \ddots & \\ & & & & & \boldsymbol{\Lambda}_{i,l}\end{bmatrix}\begin{bmatrix}\boldsymbol{A}_0\\ \boldsymbol{Z}_{i,1}\\ \vdots\\ \boldsymbol{Z}_{i,k}\\ \vdots\\ \boldsymbol{Z}_{i,l}\end{bmatrix}+\begin{bmatrix}\boldsymbol{P}_{i,0}\\ \boldsymbol{\Theta}_{i,1}\\ \vdots\\ \boldsymbol{\Theta}_{i,k}\\ \vdots\\ \boldsymbol{\Theta}_{i,l}\end{bmatrix}=\boldsymbol{0} \tag{7-30}$$

其中，

$$\boldsymbol{\Lambda}_k=\begin{bmatrix}k^2(\beta_i^2-\omega_i^2)\boldsymbol{M}-k\beta_i\boldsymbol{D}+\boldsymbol{K} & k\omega_i\boldsymbol{D}-2k^2\beta_i\omega_i\boldsymbol{M}\\ 2k^2\beta_i\omega_i\boldsymbol{M}-k\omega_i\boldsymbol{D} & k^2(\beta_i^2-\omega_i^2)\boldsymbol{M}-k\beta_i\boldsymbol{D}+\boldsymbol{K}\end{bmatrix}$$

$$\boldsymbol{Z}_{i,k}=\begin{bmatrix}\boldsymbol{A}_{i,k}\\ \boldsymbol{B}_{i,k}\end{bmatrix},\qquad \boldsymbol{\Theta}_{i,k}=\begin{bmatrix}\boldsymbol{P}_{i,k}\\ \boldsymbol{Q}_{i,k}\end{bmatrix}$$

通常，$\mathrm{e}^{-k\beta_i t}$ 在一个周期内衰减较小，故在一个周期内可以忽略其影响，位移和非线性力表达式简化为

$$\begin{cases}\hat{\boldsymbol{q}}_i(t)=\boldsymbol{A}_{i,0}+\sum\limits_{k=1}^{l}(\boldsymbol{A}_{i,k}\cos k\omega_i t+\boldsymbol{B}_{i,k}\sin k\omega_i t)\\ \boldsymbol{g}(\hat{\boldsymbol{q}}_i(t),\dot{\hat{\boldsymbol{q}}}_i(t))=\boldsymbol{P}_{i,0}+\sum\limits_{k=1}^{l}(\boldsymbol{P}_{i,k}\cos k\omega_i t+\boldsymbol{Q}_{i,k}\sin k\omega_i t)\end{cases} \tag{7-31}$$

针对式(7-31)，可采用时频变换技术获得向量 $\boldsymbol{b}_i=[\boldsymbol{P}_{i,0}\quad \boldsymbol{\Theta}_{i,1}\quad \cdots\quad \boldsymbol{\Theta}_{i,l}]^{\mathrm{T}}$ 和 $\boldsymbol{Z}_i=[\boldsymbol{A}_{i,0}\quad \boldsymbol{Z}_{i,1}\quad \cdots\quad \boldsymbol{Z}_{i,l}]^{\mathrm{T}}$ 的关系：首先，根据位移的各项谐波系数，通过快速傅里叶逆变换确定位移的时域表达；而后根据时域中非线性外力与位移间的显式关系，获得时域中的非线性力；最后，根据非线性力时域曲线，通过快速傅里叶变换，便可以得到非线性外力项的各项谐波系数。

将式(7-30)记为如下非线性方程组形式：

$$\boldsymbol{H}_i(\boldsymbol{Z}_i,\omega_i,\beta_i)=\boldsymbol{\Lambda}_i(\omega_i,\beta_i)\boldsymbol{Z}_i+\boldsymbol{b}_i(\boldsymbol{Z}_i,\omega_i)=\boldsymbol{0} \tag{7-32}$$

其中

$$\boldsymbol{\Lambda}_i = \begin{bmatrix} \boldsymbol{K}_i & & & & & \\ & \boldsymbol{\Lambda}_{i,1} & & & & \\ & & \ddots & & & \\ & & & \boldsymbol{\Lambda}_{i,k} & & \\ & & & & \ddots & \\ & & & & & \boldsymbol{\Lambda}_{i,l} \end{bmatrix} \tag{7-33}$$

需要注意的是，不同于传统谐波平衡法，非线性代数方程组(7-32)中系统特征值 β_i 与 ω_i 也是未知量，故非线性代数方程的数量比未知数的数量少两个，非线性代数方程组为静不定方程组，无法求解。

可借鉴线性模态的归一化思想，建立非线性模态的归一化方法，如式(7-34)，即令系统某一自由度的一阶傅里叶系数等于某一给定的数值。

$$\boldsymbol{Z}_{i,1}^m = \begin{bmatrix} A_{i,1}^m \\ B_{i,1}^m \end{bmatrix} = \begin{bmatrix} a^* \\ b^* \end{bmatrix} \tag{7-34}$$

式中，$\boldsymbol{Z}_{i,1}^m$ 为非线性系统第 m 个自由度的第一阶傅里叶系数，$[a^* \quad b^*]^{\mathrm{T}}$ 为提前给定的数值——$[a^* \quad b^*]^{\mathrm{T}}$ 取不同值时，系统响应幅值或能量是不相同的，由于非线性模态的能量相关性，所求得的模态特征值和模态向量也是不相同的，故 $[a^* \quad b^*]^{\mathrm{T}}$ 需要根据我们所关心的能量范围合理选取。

将式(7-34)补充入原代数方程组中，则获得维数为 $(2l+1)N+2$ 的代数方程组：

$$\boldsymbol{F}(\boldsymbol{X}) = \begin{cases} \boldsymbol{\Lambda}_i(\omega_i,\beta_i)\boldsymbol{Z}_i + \boldsymbol{b}_i(\boldsymbol{Z}_i) \\ [A_{i,1}^m \quad B_{i,1}^m]^{\mathrm{T}} - [a^* \quad b^*]^{\mathrm{T}} \end{cases} = \boldsymbol{0} \tag{7-35}$$

其中，$\boldsymbol{X} = [\boldsymbol{Z}_i^{\mathrm{T}} \quad \beta_i \quad \omega_i]^{\mathrm{T}}$。

根据以上分析，对非线性系统非线性模态的求解转化为对形如式(7-35)的非线性代数方程组的求解。为提高计算速度，采用离散牛顿迭代法进行求解，迭代格式为

$$\boldsymbol{X}^{(k+1)} = \boldsymbol{X}^{(k)} - \boldsymbol{J}(\boldsymbol{X}^{(k)},\boldsymbol{h}^{(k)})^{-1}\boldsymbol{F}(\boldsymbol{X}^{(k)}), \qquad k=0,1,\cdots \tag{7-36}$$

其中，

$$\boldsymbol{h}^{(k)} = [h_1^{(k)},h_2^{(k)},\cdots,h_n^{(k)}]^{\mathrm{T}}, \quad h_j^{(k)} \neq 0, \quad j=1,2,\cdots,n \tag{7-37}$$

$$\boldsymbol{J}(\boldsymbol{X}^{(k)},\boldsymbol{h}^{(k)}) = \begin{bmatrix} \dfrac{f_1(\boldsymbol{X}^{(k)}+h_1^{(k)}\boldsymbol{e}_1)-f_1(\boldsymbol{X}^{(k)})}{h_1^{(k)}} & \cdots & \dfrac{f_1(\boldsymbol{X}^{(k)}+h_n^{(k)}\boldsymbol{e}_n)-f_1(\boldsymbol{X}^{(k)})}{h_n^{(k)}} \\ \vdots & \ddots & \vdots \\ \dfrac{f_n(\boldsymbol{X}^{(k)}+h_n^{(k)}\boldsymbol{e}_1)-f_n(\boldsymbol{X}^{(k)})}{h_n^{(k)}} & \cdots & \dfrac{f_n(\boldsymbol{X}^{(k)}+h_n^{(k)}\boldsymbol{e}_n)-f_n(\boldsymbol{X}^{(k)})}{h_n^{(k)}} \end{bmatrix} \tag{7-38}$$

其中，$\boldsymbol{e}_j$ 是第 j 个 n 维单位向量，$n=(2l+1)N+2$，为代数方程组维数。

需要注意的是，牛顿迭代法为局部收敛算法，初值的选取对于迭代过程的收敛极为重要。因此，对于第 i 阶非线性模态，应选取与非线性系统相对应的线性系统第 i 阶模态作为初值：ω_i 与 β_i 分别取线性系统第 i 阶模态的模态频率 $\omega_{i,n}$ 与模态阻尼 $\beta_{i,n}$，第一阶傅里叶系数 $\boldsymbol{Z}_{i,1}$ 取线性系统第 i 阶模态的模态振型 $\boldsymbol{\Phi}_i$，即

$$
\begin{cases}
\boldsymbol{\Phi}_i = \{\varphi_{i,1}, \varphi_{i,2}, \cdots \varphi_{i,(n-1)}, \varphi_{i,n}\}^{\mathrm{T}} \\
\boldsymbol{A}_{i,1} = \sqrt{\dfrac{a^{*2} + b^{*2}}{\varphi_{i,m}^2 + \varphi_{i,(m+1)}^2}} \{\varphi_{i,1}, \varphi_{i,2}, \cdots, \varphi_{i,m}, \varphi_{i,(m+1)}, \cdots, \varphi_{i,n-1}, \varphi_{i,n}\}^{\mathrm{T}} \\
\boldsymbol{B}_{i,1} = \sqrt{\dfrac{a^{*2} + b^{*2}}{\varphi_{i,m}^2 + \varphi_{i,(m+1)}^2}} \{-\varphi_{i,2}, \varphi_{i,1}, \cdots, -\varphi_{i,(m+1)}, \varphi_{i,m}, \cdots, -\varphi_{i,n}, \varphi_{i,(n-1)}\}^{\mathrm{T}} \\
\boldsymbol{Z}_{i,1} = \{\boldsymbol{A}_{i,1}^{\mathrm{T}}, \boldsymbol{B}_{i,1}^{\mathrm{T}}\}
\end{cases}
\tag{7-39}
$$

综上，给出支承松动柔性转子系统非线性模态计算流程：

① 选取归一化自由度 m（一般选为支承松动处横向位移的任一自由度），并根据实际分析需求，给定归一化数值 $[a^* \quad b^*]^{\mathrm{T}}$。

② 忽略非线性系统的非线性力 $\boldsymbol{g}(\boldsymbol{q}(t), \dot{\boldsymbol{q}}(t))$，得到与该非线性系统对应的线性系统。求解线性系统特征值和特征向量，以此作为非线性代数方程求解的初值 $\boldsymbol{X}^{(0)}$。

③ 基于式(7－36)进行迭代求解，直至收敛。非线性力的傅里叶系数采用时频变换技术获得，非线性方程组的 Jacobi 矩阵根据式(7－37)和式(7－38)确定。

在完成非线性模态求解后，其稳定性判据为

$$
\beta_i > 0 \tag{7-40}
$$

若模态阻尼 β_i 为正，则该阶非线性模态稳定，否则该非线性模态不稳定。

2. 模态特性

针对图 7－39 所示力学模型，忽略 1＃支点装配间隙 δ_l，选取特征参数如表 7－3 与表 7－4 所列，计算分析叶片与机匣剐蹭激励下转子系统的非线性模态特性。

表 7－3　转子力学模型计算参数

参　数	数　值
轮盘质量（m_{d2}，m_{d4}）/kg	150，120
轮盘转动惯量（J_{d2}，$J_{p2}J_{d4}$，J_{p4}）/（kg・m^2）	8，10，3，5.5
轴段长度（l_{12}，l_{23}，l_{34}，l_{45}）/mm	300，300，1 400，100
轴段弹性模量（E_{12}，E_{23}，E_{34}，E_{45}）/GPa	112，112，204，204
轴段密度（ρ_{12}，ρ_{23}，ρ_{34}，ρ_{45}）/（kg・m^{-3}）	4 680，4 680，8 240，8 240
泊松比	0.3
轴段外径（D_{12}，D_{23}，D_{34}，D_{45}）/mm	120，140，120，140
轴段内径（d_{12}，d_{23}，d_{34}，d_{45}）/mm	80，60，100，100
支承刚度（k_1，k_2，k_3）/（×10^7 N・m^{-1}）	1.5，3，1.5
支承阻尼（c_1，c_2，c_3）/（×10^3 N・s・m^{-1}）	1.5，2，1.5

表 7-4 叶片与机匣剐蹭特征参数

参　数	数　值
叶片与机匣剐蹭附加刚度 $k_{b,\mathrm{ext}}/(\times10^7\ \mathrm{N\cdot m^{-1}})$	2
叶片与机匣剐蹭摩擦系数 μ_b	0.2
叶尖间隙 δ_b/mm	1
叶片叶尖半径 R_b/mm	400

(1) 模态频率

叶片与机匣剐蹭时，转子所受的附加径向约束与切向摩擦作用取决于转子响应幅值大小，相应的，转子系统非线性模态特性(包括模态频率与模态阻尼)也与响应幅值密切相关。给定转子转速为 10 000 rpm，计算得到转子系统前四阶正、反进动模态频率随叶片处转子响应幅值的变化规律，如图 7-40 所示。

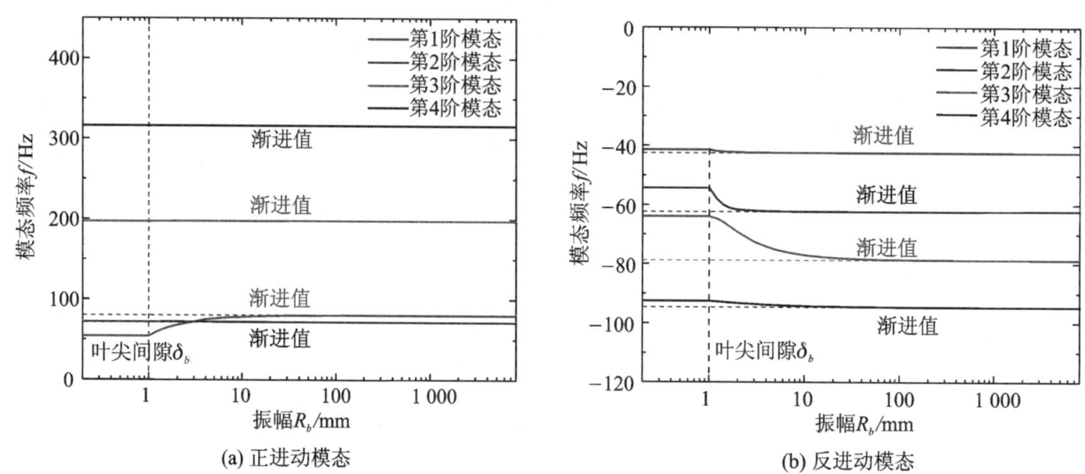

图 7-40 叶片与机匣剐蹭激励下转子系统非线性模态频率曲线

由图可知：

① 转子响应幅值 R_b 小于叶尖间隙 δ_b 时，叶片与机匣未接触。这时转子各阶模态频率随幅值增加不发生改变，始终等于不考虑碰摩所对应转子系统的模态频率。

② 转子响应幅值 R_b 大于叶尖间隙 δ_b 时，叶片与机匣接触并发生剐蹭，机匣为转子提供附加横向约束，转子系统等效刚度增加，转子各阶正、反进动模态频率均随幅值增加而增加(不同模态的增加速率不同)，但增加速率随着幅值增加而逐渐减小，最终模态频率趋于某一固定值。

(2) 模态阻尼

同样给定转子转速为 10 000 rpm，计算得到转子系统前四阶正、反进动模态阻尼随叶片处转子响应幅值的变化规律，如图 7-41 所示。

由图可知：

① 转子响应幅值 R_b 小于叶尖间隙 δ_b 时，叶片与机匣未接触，各阶模态的模态阻尼与不考虑碰摩所对应线性转子系统的模态阻尼相等。

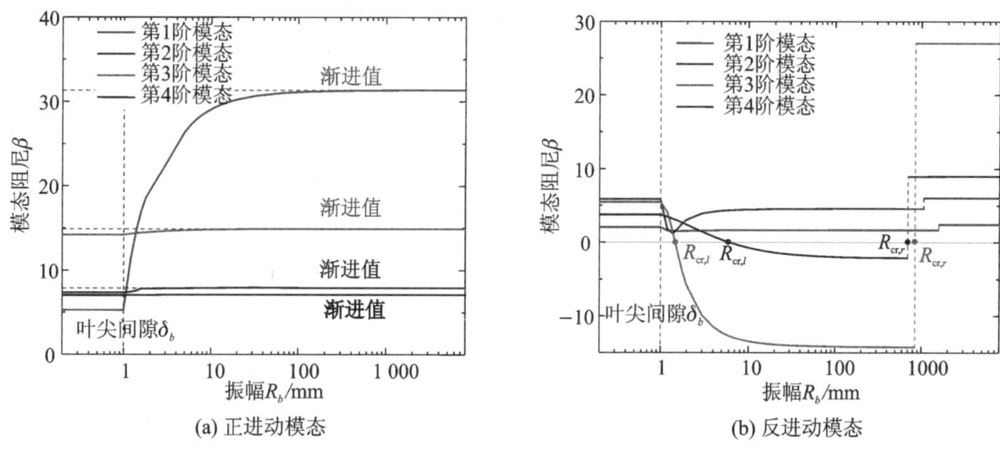

(a) 正进动模态　　(b) 反进动模态

图 7－41　叶片与机匣剐蹭激励下转子系统非线性模态阻尼曲线

② 当转子响应幅值 R_b 超过叶尖间隙 δ_b 时，叶片与机匣接触并发生剐蹭，转子在接触点受到机匣提供的切向摩擦耗散作用，正、反进动模态阻尼随幅值增加而发生改变，但其变化规律有所不同：各阶正进动模态阻尼随幅值增加而增加，最终趋于某一固定值。而反进动模态，幅值增加，模态阻尼先在切向摩擦耗散作用下降低，然后突增至某一较高的值（高于初始阻尼，即响应幅值 R_b 小于叶尖间隙 δ_b 时的模态阻尼），而后随幅值增加而缓慢增加，最终趋于某一固定值。

进一步，根据稳定性判据（式（7－40））判断各阶模态的稳定性：正进动模态与前两阶反进动模态的模态阻尼始终大于 0，是稳定的。而第 3、第 4 阶反进动模态存在一个幅值区间 $[R_{cr,l}, R_{cr,r}]$：当转子幅值低于区间下限 $R_{cr,l}$ 或高于上限 $R_{cr,r}$ 时，模态阻尼大于 0，该阶模态是稳定的；当转子幅值位于该幅值区间内时，模态阻尼小于 0，模态不稳定（可定义该幅值区间为模态失稳区间）。

转子正、反进动模态阻尼变化规律及模态稳定性可以从摩擦力做功角度进行解释。

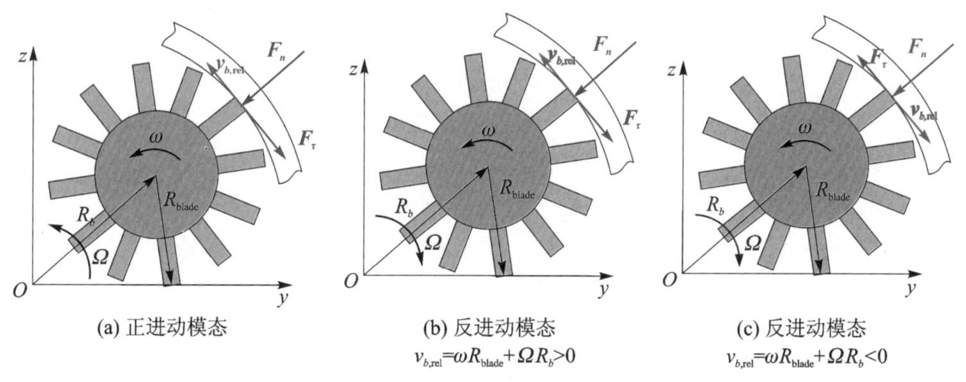

(a) 正进动模态　　(b) 反进动模态 $v_{b,\mathrm{rel}}=\omega R_{\mathrm{blade}}+\Omega R_b>0$　　(c) 反进动模态 $v_{b,\mathrm{rel}}=\omega R_{\mathrm{blade}}+\Omega R_b<0$

图 7－42　正、反进动模态下转子受到的摩擦力

首先，由于系统阻尼的存在，不考虑转静件碰摩的转子系统，其各阶模态阻尼始终大于 0。叶片与机匣接触点相对速度 $v_{b,\mathrm{rel}}=\omega R_{\mathrm{blade}}+\Omega R_b$，其方向取决于进动速度 Ω 方向和转子响应幅值 R_b 大小，即不同进动方向的模态或幅值大小不同时，其摩擦力方向也不同。

对于正进动模态，转子进动方向与自转方向相同，相对速度 $v_{b,\mathrm{rel}}=\omega R_{\mathrm{blade}}+\Omega R_b>0$ 对任意转子响应幅值 R_b 均成立，因此，摩擦力方向与转子自转和进动方向相反，如图 7-42(a)所示。摩擦力对正进动模态做负功，耗散转子系统的能量。随着幅值增加，径向载荷与摩擦力增大，摩擦力做功也增加，其模态阻尼增加。同时，由于摩擦力与转子系统其余阻尼共同耗散转子系统能量，转子模态振动幅值随时间是衰减的(最终衰减至 0)，故正进动模态始终稳定。

对于反进动模态，转子进动方向与自转方向相反，相对速度 $v_{b,\mathrm{rel}}=\omega R_{\mathrm{blade}}+\Omega R_b$ 的方向取决于转子幅值 R_b 大小：

① 当幅值 R_b 较小时，相对速度 $v_{b,\mathrm{rel}}>0$，摩擦力方向与转子进动方向相同，如图 7-42(b)所示。摩擦力对反进动模态做正功，增加转子系统的能量。随着幅值增加，摩擦力增加，摩擦力做功亦增加，其模态阻尼降低，但仍为正值。这时，在摩擦力与系统其余阻尼共同作用下，转子系统振动能量被耗散，转子模态振动幅值随时间是衰减的(最终衰减至 0)，反进动模态是稳定的。

② 对于第 3、第 4 阶反进动模态而言，当转子响应幅值 R_b 满足相对速度 $v_{b,\mathrm{rel}}>0$，存在一个临界幅值 $R_{\mathrm{cr},l}$ 使得摩擦力作用与系统阻尼耗散作用相平衡，模态阻尼为 0。幅值增加($R_b>R_{\mathrm{cr},l}$)，摩擦力输入能量高于转子系统其余阻尼耗散时，模态阻尼降为负值，此时转子反进动模态失稳，转子模态振动幅值随时间增加。至于第 1、第 2 阶反进动模态，相对速度 $v_{b,\mathrm{rel}}>0$ 时，摩擦力输入能量始终低于转子系统其余阻尼耗散，不存在临界幅值 $R_{\mathrm{cr},l}$，是稳定的。

③ 转子振幅 R_b 进一步增加至相对速度 $v_{b,\mathrm{rel}}<0\left(\text{有 } R_b>\dfrac{\omega R_{\mathrm{blade}}}{|\Omega|}\right)$，摩擦力方向改变，与转子进动方向相反，如图 7-42(c)所示。此时，摩擦力对反进动模态做负功，耗散转子系统的能量，则模态阻尼大于 $0\left(R_b>R_{\mathrm{cr},r}\text{，易知 } R_{\mathrm{cr},r}=\dfrac{\omega R_{\mathrm{blade}}}{|\Omega|}\right)$，并高于初始阻尼，并随着幅值增加而增加。这时摩擦力与转子系统其余阻尼共同耗散转子系统能量，转子模态振动幅值随时间衰减，反进动模态是稳定的。

需要注意的是，对于反进动模态而言，模态失稳区间($R_{\mathrm{cr},l}$，$R_{\mathrm{cr},r}$)范围的大小决定了模态的稳定性，范围越大，该阶模态越不稳定。对于转子系统而言，转子失稳区间 $[R_{\mathrm{cr},l},R_{\mathrm{cr},r}]$(指各阶模态失稳区间的并集，即 $[R_{\mathrm{cr},l},R_{\mathrm{cr},r}]=\bigcup_{i=1}^{\infty}[R_{\mathrm{cr},l,i},R_{\mathrm{cr},r,i}]$)范围大小则决定了该转子系统的稳定性。

基于上述模态特性分析，对叶片与机匣剐蹭激励下转子系统的动力响应给出预测：当转子受到外界周期激励时，初始时刻动力响应包含该周期激励下的强迫响应成分与各阶模态频率成分。其中，强迫响应成分是稳定的，其幅值恒定。由于各阶正进动模态与部分反进动模态(其模态阻尼始终大于 0)是稳定的，因此，响应中这些模态成分的振幅随时间衰减，最终衰减至 0。同时，可能存在一部分反进动模态(存在失稳区间 $[R_{\mathrm{cr},l},R_{\mathrm{cr},r}]$)，响应中这些模态成分的振幅随时间的变化趋势如下：若响应幅值 $R_b<R_{\mathrm{cr},l}$，则该模态稳定，响应幅值随时间衰减至 0；若响应幅值 $R_b>R_{\mathrm{cr},l}$，无论 R_b 与 $R_{\mathrm{cr},r}$ 的相对大小关系如何，该模态成分振幅都会增加或衰减至 $R_{\mathrm{cr},r}$，即使受到小扰动，也会回到 $R_{\mathrm{cr},r}$，即振幅稳定于 $R_{\mathrm{cr},r}=\dfrac{\omega R_{\mathrm{blade}}}{|\Omega|}$。

(3) 关键参数的影响

实际工程应用中，机匣内壁采用不同的易磨材料，叶片与机匣剐蹭时产生的附加刚度与摩

擦系数不同；支承结构的设计往往会因航空燃气轮机总体结构布局设计方案的不同而有所差异，这对支承阻尼有明显影响；转子系统具有多阶临界转速，则叶片与机匣之间的剐蹭可能发生于不同转速下。因此，这里以第四阶反进动模态（某些响应幅值下可能不稳定）为例，阐述上述关键特征参数对转子系统非线性模态频率、模态阻尼及振动稳定性的影响规律。

给定不同关键参数，可得第四阶反进动模态频率与模态阻尼曲线如图 7－43 和图 7－44 所示。

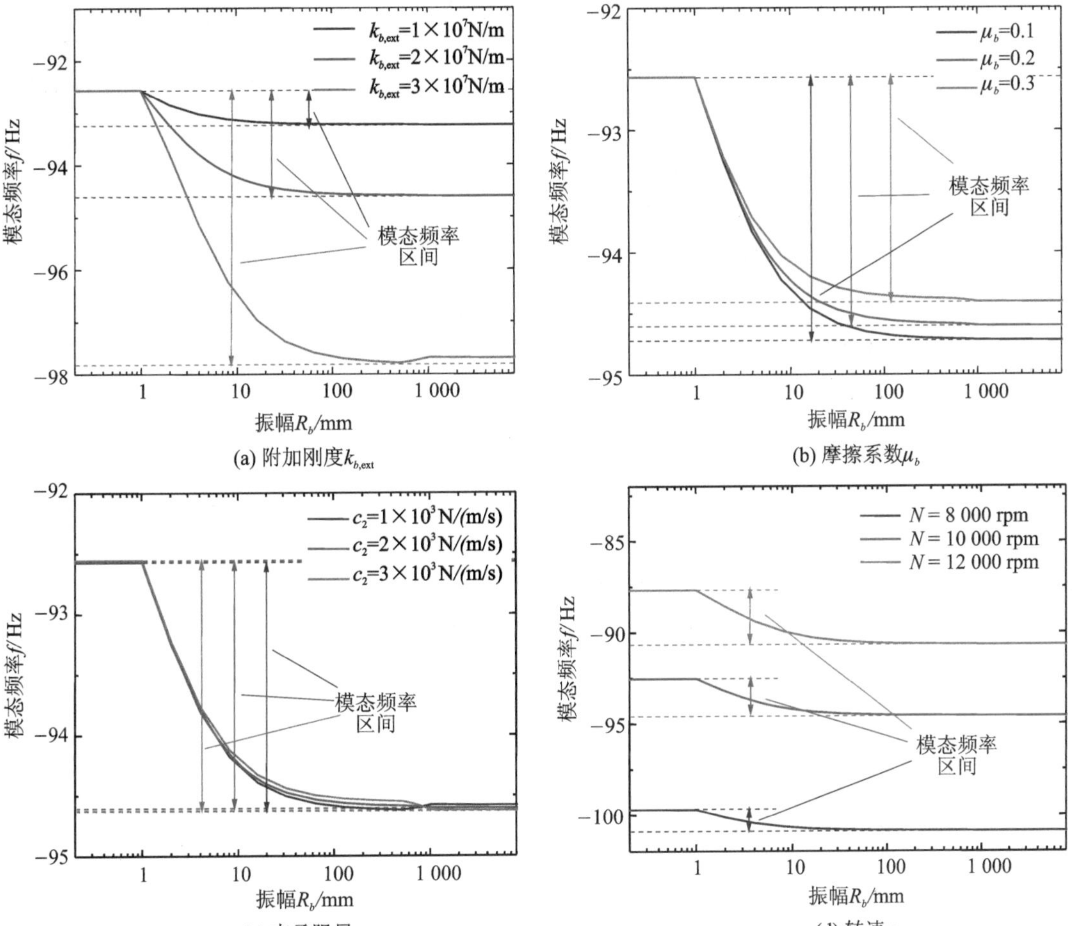

(a) 附加刚度$k_{b,ext}$

(b) 摩擦系数μ_b

(c) 支承阻尼c_2

(d) 转速ω

图 7－43　关键参数对转子系统反进动模态频率的影响

根据图 7－43 可知：

① 随着支承阻尼降低，模态频率略有降低，但变化很小，模态频率分布区间也基本不变。

② 附加刚度增加，转子受到的附加横向约束作用增强，系统等效刚度提高，模态频率及其分布区间范围大幅增加。

③ 摩擦系数在转子运动微分方程中表现为交叉刚度项，该交叉刚度项降低了转子受到的附加横向约束，因此，摩擦系数增加，近似为横向约束降低，附加刚度降低，模态频率减小，模态频率分布区间范围也有一定缩小。

④ 由于反进动模态中陀螺力矩效应削弱系统等效刚度，因此，转速提高，陀螺力矩效应增强，系统等效刚度降低，模态频率降低。与此同时，转子受到的附加横向约束作用近似不变，但

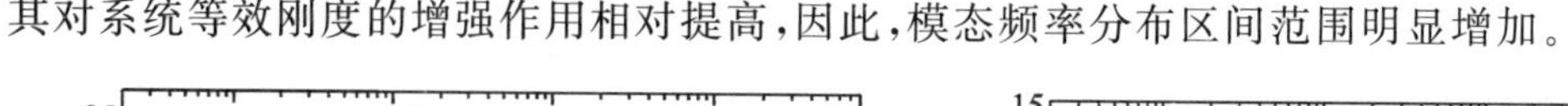
其对系统等效刚度的增强作用相对提高，因此，模态频率分布区间范围明显增加。

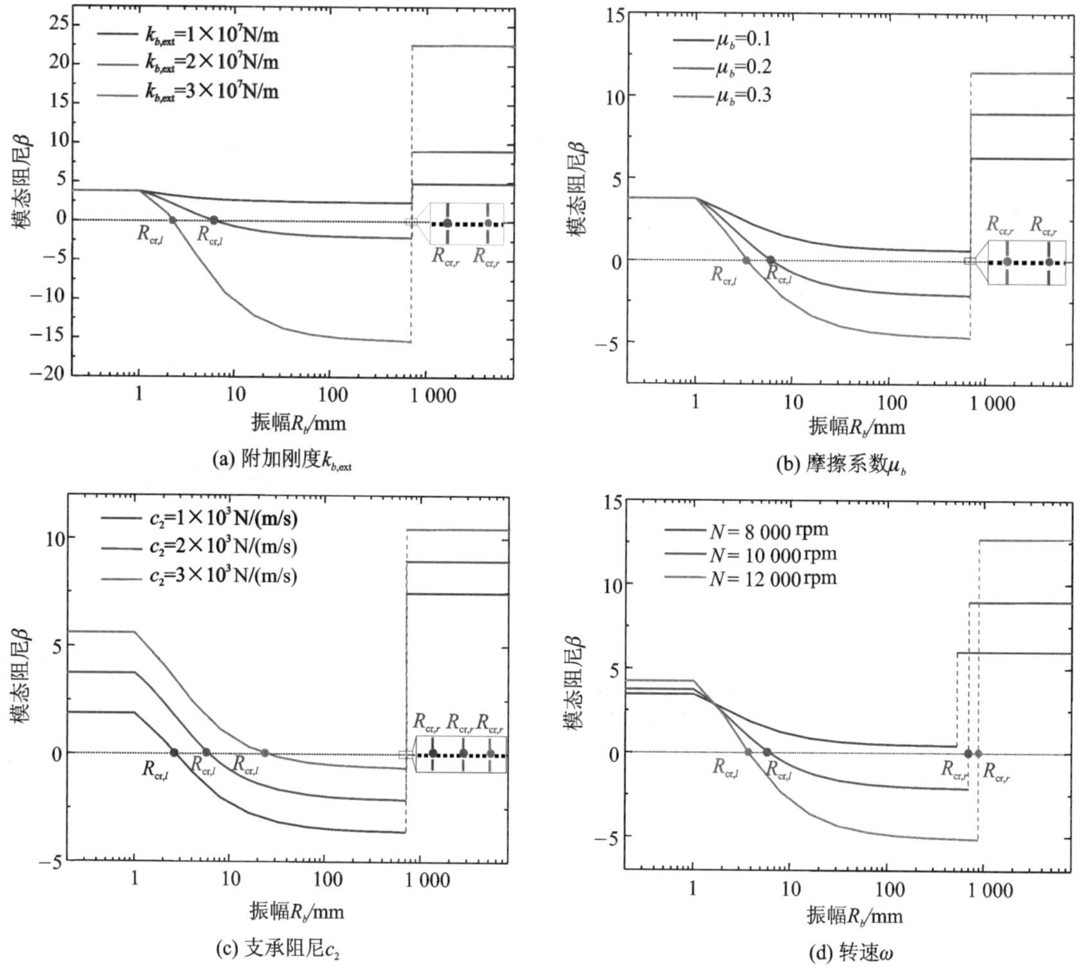

(a) 附加刚度$k_{b,\text{ext}}$

(b) 摩擦系数μ_b

(c) 支承阻尼c_2

(d) 转速ω

图 7-44　关键参数对转子系统反进动模态阻尼的影响

由图 7-44 可知：

① 随着附加刚度或摩擦系数的增加，模态阻尼值降低。同时，失稳区间下限 $R_{\text{cr},l}$ 明显降低，而区间上限 $R_{\text{cr},r}$ 基本不变，模态稳定性变差。其原因在于：摩擦系数或附加刚度的增加使得相同幅值下的摩擦力增大，做功能力增加，模态阻尼降低($R_b<R_{\text{cr},r}$)或增加($R_b>R_{\text{cr},r}$)。这时，摩擦力做功与系统阻尼耗散作用相平衡的幅值减小(即失稳区间下限 $R_{\text{cr},l}$ 明显降低)，而使叶片与机匣接触点相对速度 $v_{\text{rel}}=0$ 的幅值 $R_{\text{cr},r}=\dfrac{\omega R_{\text{blade}}}{|\Omega|}$ 随模态角频率 Ω 的改变而略有变化，但变化很小。

② 随着支承阻尼的增加，模态阻尼值增加。同时，失稳区间下限 $R_{\text{cr},l}$ 明显提高，区间上限 $R_{\text{cr},r}$ 基本不变，模态稳定性变好。其原因在于，摩擦力做功能力及其对模态阻尼的影响不变，而支承阻尼的增加使得系统阻尼耗散能力增强，摩擦力做功与系统阻尼耗散作用相平衡所需的振幅 $R_{\text{cr},l}$ 增加，区间上限 $R_{\text{cr},r}$ 随模态角频率 Ω 的改变而略有变化，但变化很小。

③ 转速增加，模态阻尼降低。同时，失稳区间上、下限有明显的增加与降低，范围增加，模

态稳定性变差。分析其原因：转速增加使得陀螺力矩效应及其对转子等效刚度的削弱作用增强。转子在叶片处的振幅一定时，受到来自机匣的摩擦力的做功能力不变，而其余轴向位置的振幅增加，系统阻尼耗散作用增强，模态阻尼降低（$R_b<R_{cr,r}$）或增加（$R_b>R_{cr,r}$）。这时，摩擦力做功与系统阻尼耗散作用相平衡所需的振幅 $R_{cr,l}$ 降低，使叶片与机匣接触点相对速度 $v_{rel}=0$ 的幅值 $R_{cr,r}=\dfrac{\omega R_{blade}}{|\Omega|}$ 随转速的增加和模态角频率 Ω 的降低而明显提高。

综上，叶片与机匣剐蹭激励下转子系统模态频率主要取决于附加横向约束，即机匣提供附加刚度 $k_{b,ext}$ 的大小，同时也受转速与切向摩擦的影响。而模态阻尼则受到附加横向约束、切向摩擦、支承阻尼与转速等多个因素影响：附加刚度与摩擦系数增加，摩擦力做功能力增强，模态阻尼降低（$R_b<R_{cr,r}$ 时）或增加（$R_b>R_{cr,r}$ 时），失稳区间范围增加，稳定性降低；随着支承阻尼增加，系统阻尼耗散作用增强，模态阻尼增加，失稳区间范围减小，稳定性提高；转速提高，转子等效弯曲刚度降低，系统阻尼耗散作用增强，模态阻尼降低（$R_b<R_{cr,r}$ 时）或增加（$R_b>R_{cr,r}$ 时），失稳区间范围增加，稳定性降低。

在工程实践中，机匣内壁应采用刚度较低、摩擦系数较小的易磨材料，通过采用在支承处增加挤压油膜阻尼器等措施适当提高系统阻尼，以降低叶片与机匣剐蹭对转子系统模态频率与模态阻尼的影响，提高转子系统振动稳定性。考虑到高转速下结构单元惯性主轴初始倾斜仍会引起较大的响应幅值与支点动载荷，在转子平衡过程中须尽可能降低各结构组件的惯性主轴倾斜，避免高转速时发生叶片与机匣的剐蹭。

3. 动力响应

非光滑约束转子系统模态特性随响应幅值的改变而有所不同，自然而然地，其动力响应也因响应幅值不同而有差异。由于响应幅值主要取决于不平衡激励，因此，给定不同不平衡激励，对比分析非光滑约束转子系统在不同响应幅值下的动力响应。

设转子转速为 10 000 rpm，各特征参数的选取与模态特性分析相同。分别给定不同的初始质心偏移，用数值积分的方法计算其转子轴心涡动轨迹和动力响应频谱，见表 7－5 与图 7－45。

当转子初始质心偏移较小，其响应幅值远小于叶尖间隙 δ_l 时，叶片未与机匣接触，转子系统为线性系统。初始时刻动力响应中出现的各阶模态频率成分幅值迅速衰减至 0，稳态下转子作稳定的同步正进动，如表 7－5(a)所列，其动力响应仅包含转速频率成分 ω，如图 7－45(a)所示。

当转子初始质心偏移较大，响应幅值超过叶尖间隙 δ_l 时，叶片与机匣发生剐蹭，响应中出现转子各阶模态频率成分：若响应幅值的最大值较小，小于转子失稳区间下限 $R_{cr,r}$，则各阶模态频率成分幅值随时间衰减至 0，稳态下转子作稳定的同步正进动，如表 7－5(b)所示，其动力响应仅包含转速频率成分 ω，如图 7－45(b)所示；若响应幅值较大，超过失稳区间下限 $R_{cr,r}$，则第三阶反进动模态频率成分幅值随时间迅速增加，最终增至失稳区间上限 $R_{cr,l}$，在此过程中，轴心轨迹呈“极限环”特征。由于反进动模态频率成分 p_{b3} 幅值远高于转速频率成分 ω 幅值，如图 7－45(c)所示，稳态下转子以第三阶反进动模态角频率 Ω_{b3} 做稳定的非协调涡动。

表 7-5　不同初始质心偏移下转子轴心轨迹

	非稳态	稳　态
(a) $(me)_4=$ 5×10^3 g · mm	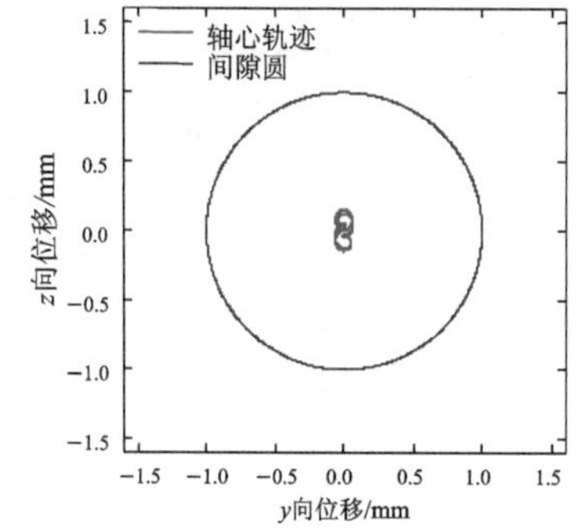 轴心轨迹 间隙圆 z向位移/mm y向位移/mm	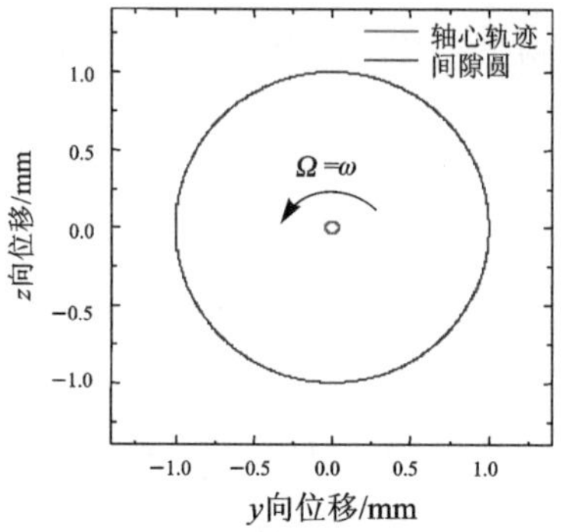 轴心轨迹 间隙圆 $\Omega=\omega$ z向位移/mm y向位移/mm
(b) $(me)_4=$ 4×10^4 g · mm	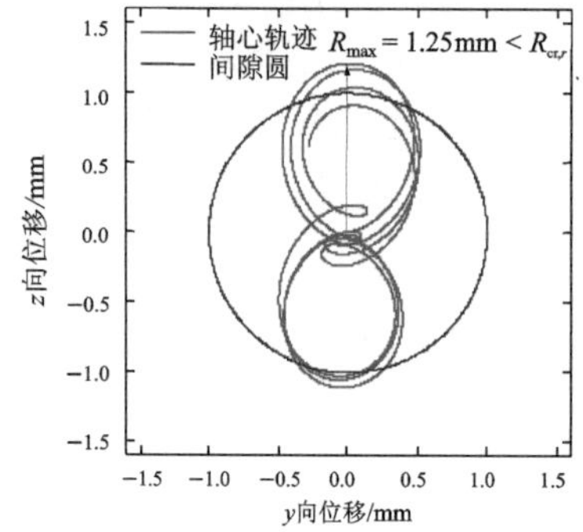 轴心轨迹 间隙圆 $R_{max}=1.25\text{mm}<R_{cr,r}$ z向位移/mm y向位移/mm	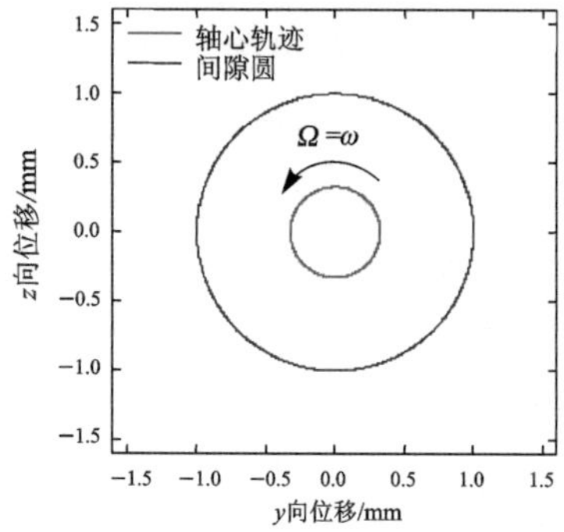 轴心轨迹 间隙圆 $\Omega=\omega$ z向位移/mm y向位移/mm
(c) $(me)_4=$ 7×10^4 g · mm	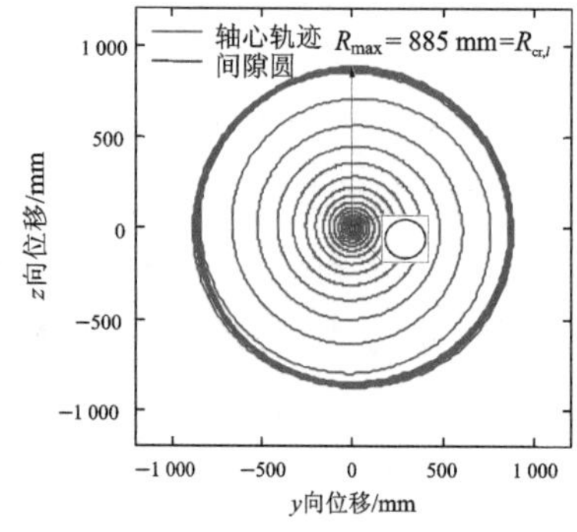 轴心轨迹 间隙圆 $R_{max}=885\text{ mm}=R_{cr,l}$ z向位移/mm y向位移/mm	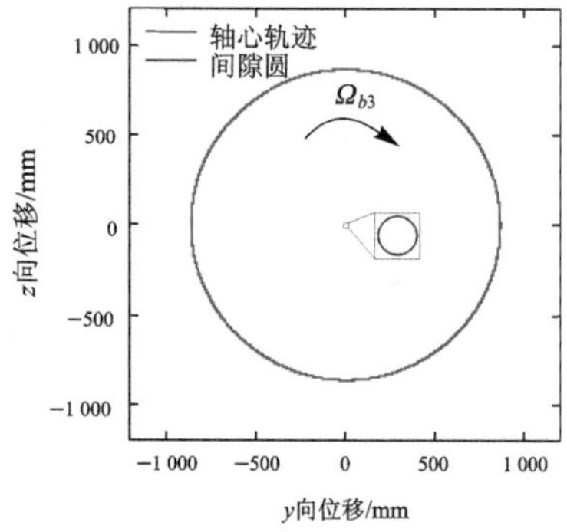 轴心轨迹 间隙圆 Ω_{b3} z向位移/mm y向位移/mm

综上，对于叶片与机匣剐蹭激励下的转子系统而言，当转子系统动力响应幅值较大，且幅值高于其失稳区间下限时，动力响应中部分反进动模态频率成分的幅值将持续增加，最终稳定在某一极大值，转子系统以反进动模态频率做稳定的非协调涡动，这与前文其模态特性的分析结果相吻合。这种运动状态下，转轴内产生较大的交变应力，支点动载荷也显著提高，会严重影响发动机的安全性、可靠性。

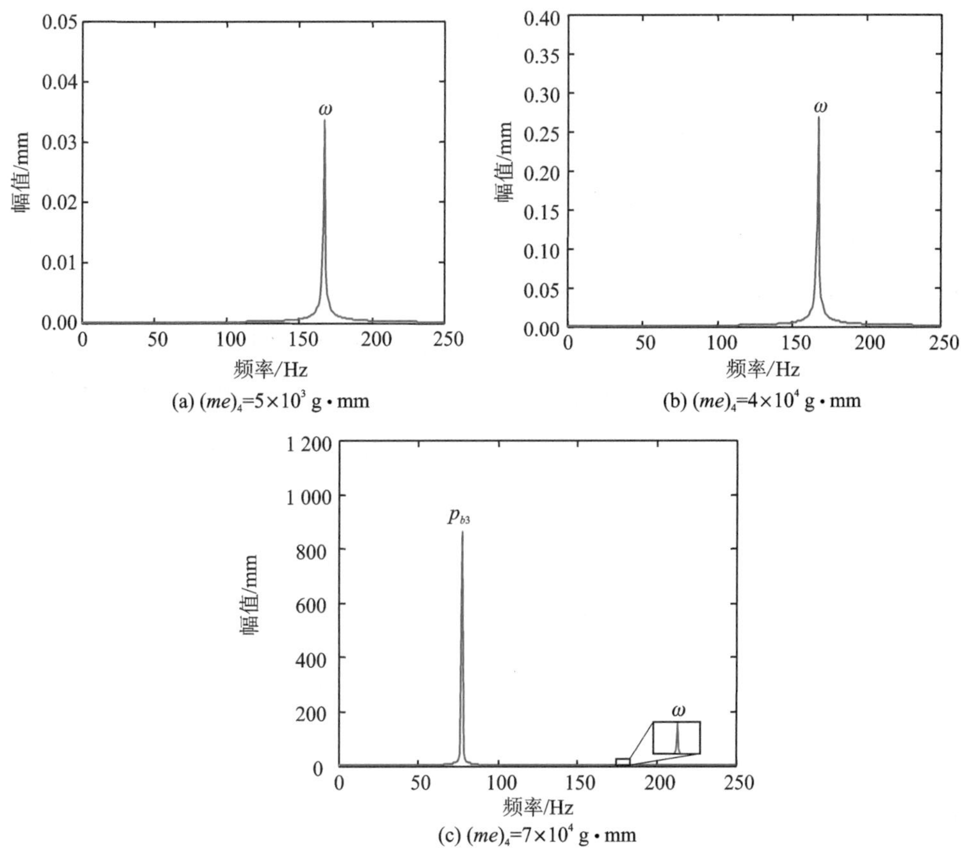

图 7-45　不同初始质心偏移下动力响应频谱(稳态)

7.4.3　支承松动

当转子在松动支承处的响应幅值较大，超过装配间隙 δ_l 时，轴承外圈会与轴承座重复发生接触-分离，转子不断受到冲击。为便于理解其力学过程，在轴承外圈与轴承座“接触-分离”过程中，转子受到的附加径向约束与径向阻尼耗散作用可等效为径向碰撞激励 $\boldsymbol{f}(\boldsymbol{q},\dot{\boldsymbol{q}})$，即式(7-21)等效于：

$$\boldsymbol{M}\ddot{\boldsymbol{q}}+(\boldsymbol{C}-\omega\boldsymbol{G})\dot{\boldsymbol{q}}+\boldsymbol{K}\boldsymbol{q}=\boldsymbol{Q}+\boldsymbol{f}(\boldsymbol{q},\dot{\boldsymbol{q}}) \tag{7-41}$$

其中

$$\boldsymbol{f}(\boldsymbol{q},\dot{\boldsymbol{q}})=-\boldsymbol{g}(\boldsymbol{q},\dot{\boldsymbol{q}})=\{F_y(t),F_z(t),0,0,\cdots\}^{\mathrm{T}} \tag{7-42}$$

式中，$F_y(t)$，$F_z(t)$为松动支承处碰撞激励 $F(t)$的 y，z 向分量。那么，支承松动对转子系统动力学特性的影响体现为该径向碰撞激励与不平衡激励共同作用下的复杂动力响应 $\boldsymbol{q}$。本小节将对支承松动时转子受到的径向碰撞激励展开分析，并以此为基础分析其动力响应。

1. 径向冲击激励

假设 t_0 时刻轴承外圈与轴承座的碰撞时间为 Δt，可将碰撞时转子受到的径向碰撞激励 $F(t)$写作

$$F(t)=\begin{cases}F_n\sin\dfrac{\pi}{\Delta t}(t-t_0), & t_0\leqslant t\leqslant t_0+\Delta t\\ 0, & \text{其他}\end{cases}\tag{7-43}$$

其中，F_n 表示碰撞激励的幅值，通常与碰撞时转子的法向速度 v_n 成正比，碰撞时间 Δt 则取决于轴承外圈与轴承座的材料属性。

先考虑最理想的情况：转子每自转一圈，轴承外环与轴承座碰撞 n 次（设 n 为整数）；每次碰撞时转子的法向速度大小相等，即碰撞激励幅值相等，碰撞之间的时间间隔相同。基于上述假设，在 $[0,T]$（T 为转子自转周期，有 $T=\dfrac{2\pi}{\omega}=\dfrac{1}{f}$）时间范围内的径向碰撞激励 $F(t)$ 如图 7-46 所示，并写作

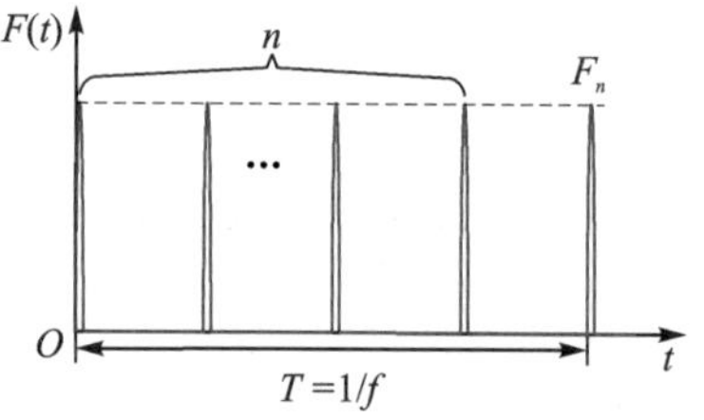

图 7-46　径向碰撞激励（自转一圈碰撞 n 次）

$$F(t)=\begin{cases}F_n\sin\dfrac{\pi}{\Delta t}\left(t-i\dfrac{T}{n}\right), & i\dfrac{T}{n}\leqslant t\leqslant i\dfrac{T}{n}+\Delta t,0\leqslant i\leqslant n-1\\ 0, & \text{其他}\end{cases}\tag{7-44}$$

进行傅里叶展开，将其表示为连续函数形式，有

$$F(t)=F_0+\sum_{k=1}^{\infty}F_k\cos(kn\omega t+\varphi_k)\tag{7-45}$$

其中

$$F_0=\frac{1}{T}F_n\frac{2n\Delta t}{\pi},\quad F_k=\frac{2}{T}F_n\frac{\dfrac{2\pi}{\Delta t}n}{\left(\dfrac{\pi}{\Delta t}\right)^2-(kn\omega)^2}\cos\varphi_k,\quad \varphi_k=\frac{1}{2}kn\omega\Delta t\tag{7-46}$$

设动力响应 $\boldsymbol{q}=\boldsymbol{q}_u+\boldsymbol{q}_l$，有

$$\begin{cases}\boldsymbol{M}\ddot{\boldsymbol{q}}_u+(\boldsymbol{C}-\omega\boldsymbol{G})\dot{\boldsymbol{q}}_u+\boldsymbol{K}\boldsymbol{q}_u=\boldsymbol{Q}\\ \boldsymbol{M}\ddot{\boldsymbol{q}}_l+(\boldsymbol{C}-\omega\boldsymbol{G})\dot{\boldsymbol{q}}_l+\boldsymbol{K}\boldsymbol{q}_l=\boldsymbol{f}(\boldsymbol{q}_l,\dot{\boldsymbol{q}}_l)\end{cases}\tag{7-47}$$

式中，$\boldsymbol{q}_u$，$\boldsymbol{q}_l$ 分别代表由不平衡激励 $\boldsymbol{Q}$ 与径向碰撞激励 $\boldsymbol{f}(\boldsymbol{q}_l,\dot{\boldsymbol{q}}_l)$ 引起的动力响应。为便于分析，假设 $\|\boldsymbol{q}_l\|\ll\|\boldsymbol{q}_u\|$，即动力响应主要由不平衡激励引起，以转速频率成分为主，由径向碰撞激励引起的动力响应 $\boldsymbol{q}_l$ 对 $\boldsymbol{q}_u$ 影响很小。

考虑到每次碰撞时的周向位置不同，其径向碰撞激励的方向也不同，即径向碰撞激励方向随时间改变——根据上述假设，动力响应以转速频率成分为主，则径向碰撞激励方向的变化频率与转速频率相等，可写出碰撞激励在两个方向的分量形式

$$\begin{cases}F_y(t)=F(t)\cos\omega t=F_0\cos\omega t+\displaystyle\sum_{k=1}^{\infty}F_k\cos(kn\omega t+\varphi_k)\cos\omega t=\\ \qquad F_0\cos\omega t+\dfrac{1}{2}\displaystyle\sum_{k=1}^{\infty}F_k\{\cos[(1-kn)\omega t-\varphi_k]+\cos[(1+kn)\omega t+\varphi_k]\}\\ F_z(t)=F(t)\sin\omega t=F_0\sin\omega t+\displaystyle\sum_{k=1}^{\infty}F_k\cos(kn\omega t+\varphi_k)\sin\omega t=\\ \qquad F_0\sin\omega t+\dfrac{1}{2}\displaystyle\sum_{k=1}^{\infty}F_k\{\sin[(1-kn)\omega t-\varphi_k]+\sin[(1+kn)\omega t+\varphi_k]\}\end{cases}\tag{7-48}$$

可知，当转子自转一圈，轴承外圈与轴承座碰撞次数 n 为确定的整数时，径向碰撞激励为包含转速频率成分及 $(1-kn)\omega$，$(1+kn)\omega$，$k=1,2,\cdots$ 等多种倍频成分的周期激励。

一般情况下，转子每自转一圈，轴承外圈与轴承座碰撞次数 n 并非整数，但存在整数 n_1，n_2 使得 $n=\dfrac{n_1}{n_2}$（表示自转 n_2 圈碰撞 n_1 次）。同样的，假设每次冲击时的碰撞激励幅值和碰撞时间间隔是相等的，则 $[0,T']$（T 为转子自转周期，有 $T'=n_2T$）时间范围内的径向碰撞激励 $F(t)$ 如图 7-47 所示，并写作

$$F(t)=\begin{cases}F_n\sin\dfrac{\pi}{\Delta t}\left(t-i\dfrac{T'}{n}\right), & i\dfrac{T'}{n_1}\leqslant t\leqslant i\dfrac{T'}{n_1}+\Delta t,\quad 0\leqslant i\leqslant n_1-1\\ 0, & 其他\end{cases}\tag{7-49}$$

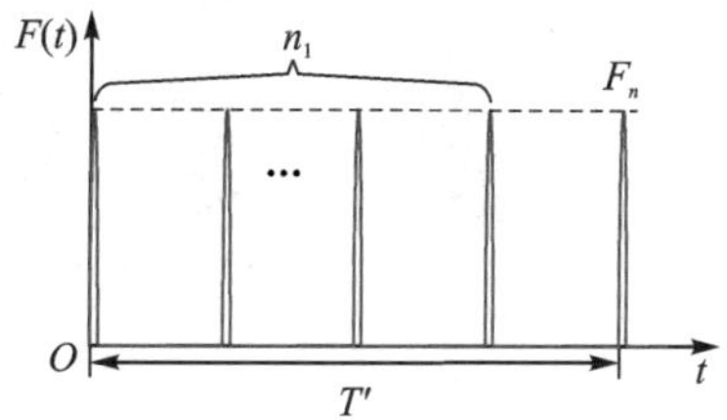

图 7-47　径向碰撞激励（自转 n_2 圈碰撞 n_1 次）

将其傅里叶展开为连续函数形式，有

$$F(t)=F_0+\sum_{k=1}^{\infty}F_k\cos(kn\omega t+\varphi_k)\tag{7-50}$$

其中

$$F_0=\frac{1}{T}F_n\frac{2n\Delta t}{\pi},\quad F_k=\frac{2}{T}F_n\frac{\dfrac{2\pi}{\Delta t}n}{\left(\dfrac{\pi}{\Delta t}\right)^2-(kn\omega)^2}\cos\varphi_k,\quad \varphi_k=\frac{1}{2}kn\omega\Delta t\tag{7-51}$$

同样假设 $\|\boldsymbol{q}_l\|\ll\|\boldsymbol{q}_u\|$，动力响应中以转速频率成分为主，并设 $p=n\omega$，则碰撞激励在两个方向的分量形式如下：

$$\begin{cases}F_y(t)=F(t)\cos\omega t=F_0\cos\omega t+\displaystyle\sum_{k=1}^{\infty}F_k\cos(kpt+\varphi_k)\cos\omega t=\\ \qquad F_0\cos\omega t+\dfrac{1}{2}\displaystyle\sum_{k=1}^{\infty}F_k\{\cos[(\omega-kp)t-\varphi_k]+\cos[(\omega+kp)t+\varphi_k]\}\\ F_z(t)=F(t)\sin\omega t=F_0\sin\omega t+\displaystyle\sum_{k=1}^{\infty}F_k\cos(kpt+\varphi_k)\sin\omega t=\\ \qquad F_0\sin\omega t+\dfrac{1}{2}\displaystyle\sum_{k=1}^{\infty}F_k\{\sin[(\omega-kp)t-\varphi_k]+\sin[(\omega+kp)t+\varphi_k]\}\end{cases}\tag{7-52}$$

因此，当轴承外圈与轴承座之间的碰撞具有周期特征（即碰撞频率恒定，可称为碰撞特征频率，设为 p）时，转子受到的径向碰撞激励为包含转速频率成分和多种转速频率与碰撞特征

频率组合频$(\omega - kp)$，$(\omega + kp)$ $(k=1,2,\cdots)$成分的周期激励。

2. 动力响应

实际情况下，轴承外圈与轴承座之间的接触-分离并非持续发生的(即时域上存在“碰撞区”与“非碰撞区”)，每次轴承外圈与轴承座碰撞时转子的法向速度不同，转子受到的碰撞激励幅值 F_n 不同，碰撞时间间隔也不相等，如图 7-48 所示，使得径向碰撞激励 $F(t)$无法写成类似式(7-44)或式(7-49)的形式。同时，动力响应中 $\boldsymbol{q}_u$，$\boldsymbol{q}_l$ 幅值的量级相近，可能相互影响。因此，上文求得的径向碰撞激励无法直接用于动力响应分析。

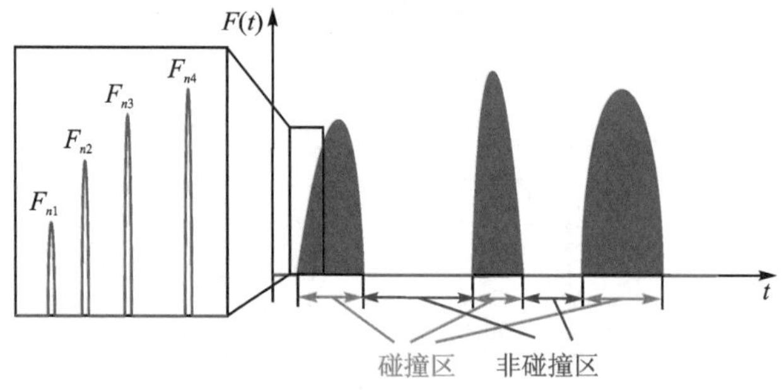

图 7-48　实际的径向碰撞激励

设

$$\boldsymbol{q} = \boldsymbol{q}_u + \boldsymbol{q}_l = \{y_1, z_1, \theta_{y1}, \theta_{z1}, \cdots\}^{\mathrm{T}} \tag{7-53}$$

式中，y_1，z_1 表示松动支承处横向位移在 y，z 向的分量，且有

$$\begin{cases} y_1 = A_u \cos \omega t + \sum_{k=1}^{\infty} A_k \cos(\omega_k t + \varphi_k) \\ z_1 = A_u \sin \omega t + \sum_{k=1}^{\infty} A_k \sin(\omega_k t + \varphi_k) \end{cases} \tag{7-54}$$

表示动力响应包括转速频率成分 ω 与其他多种由径向碰撞激励引起的频率成分 ω_k。

假设径向碰撞激励 $F(t)$的傅里叶展开式为

$$F(t) = \sum_{r=1}^{\infty} F_r \cos(p_r t + \beta_r) \tag{7-55}$$

其中，p_r 可称为碰撞激励的特征频率，各频率成分幅值 F_r 与转子法向速度 v_n 成正比，有

$$F_r = \chi_r v_n \tag{7-56}$$

而法向速度 v_n 与 y_1，z_1 之间的关系为

$$v_n = \frac{y_1 \dot{y}_1 + z_1 \dot{z}_1}{\sqrt{y_1^2 + z_1^2}} = \frac{y_1 \dot{y}_1 + z_1 \dot{z}_1}{\delta_l} \tag{7-57}$$

将式(7-54)、式(7-56)与式(7-57)代入式(7-55)，有

$$F(t) = \sum_{r=1}^{\infty} \chi_r v_n \cos(p_r t + \beta_r) = \frac{y_1 \dot{y}_1 + z_1 \dot{z}_1}{\delta_l} \sum_{r=1}^{\infty} \chi_r \cos(p_r t + \beta_r) =$$

$$\frac{1}{\delta_l} \left\{ \sum_{k=1}^{\infty} A_k A_u (\omega - \omega_k) \sin[(\omega_k - \omega) t + \varphi_k] \right\} \sum_{r=1}^{\infty} \chi_r \cos(p_r t + \beta_r) =$$

$$\left\{\sum_{k=1}^{\infty}V_k\sin[(\omega_k-\omega)t+\varphi_k]\right\}\sum_{r=1}^{\infty}\chi_r\cos(p_rt+\beta_r)=$$
$$\sum_{r=1}^{\infty}\sum_{k=1}^{\infty}V_k\chi_r\sin[(\omega_k-\omega)t+\varphi_k]\cos(p_rt+\beta_r)=$$
$$\frac{1}{2}\sum_{r=1}^{\infty}\sum_{k=1}^{\infty}V_k\chi_r\{\sin[(\omega_k+p_r-\omega)t+(\varphi_k+\beta_r)]+\sin[(\omega_k-p_r-\omega)t+(\varphi_k-\beta_r)]\}\tag{7-58}$$

其中，$V_k=\frac{1}{\delta_l}A_kA_u(\omega-\omega_k)$。考虑每次碰撞时转子横向位移周向位置随时间改变，径向碰撞激励 $F(t)$ 的分量形式为

$$\begin{aligned}F_y(t)=F(t)\frac{y_1}{\delta_l}=\frac{1}{\delta_l}\left[A_u\cos\omega t+\sum_{k=1}^{\infty}A_k\cos(\omega_kt+\varphi_k)\right]F(t)=\\
\sum_{r=1}^{\infty}\sum_{k=1}^{\infty}F_{k,r,u}\{\sin[(\omega_k+p_r)t+(\varphi_k+\beta_r)]+\\
\sin[(\omega_k-p_r)t+(\varphi_k-\beta_r)]+\\
\sin[(\omega_k+p_r-2\omega)t+(\varphi_k+\beta_r)]+\\
\sin[(\omega_k-p_r-2\omega)t+(\varphi_k-\beta_r)]\}+\\
\sum_{s=1}^{\infty}\sum_{r=1}^{\infty}\sum_{k=1}^{\infty}F_{k,r,s}\{\sin[(\omega_k+\omega_s+p_r-\omega)t+(\varphi_k+\varphi_s+\beta_r)]+\\
\sin[(\omega_k-\omega_s+p_r-\omega)t+(\varphi_k-\varphi_s+\beta_r)]+\\
\sin[(\omega_k+\omega_s-p_r-\omega)t+(\varphi_k+\varphi_s-\beta_r)]+\\
\sin[(\omega_k-\omega_s-p_r-\omega)t+(\varphi_k-\varphi_s-\beta_r)]\}\end{aligned}\tag{7-59}$$

$$\begin{aligned}F_z(t)=F(t)\frac{z_1}{\delta_l}=\frac{1}{\delta_l}\left[A_u\sin\omega t+\sum_{k=1}^{\infty}A_k\sin(\omega_kt+\varphi_k)\right]F(t)=\\
\sum_{r=1}^{\infty}\sum_{k=1}^{\infty}F_{k,r,u}\{\cos[(\omega_k+p_r-2\omega)t+(\varphi_k+\beta_r)]+\\
\cos[(\omega_k-p_r-2\omega)t+(\varphi_k-\beta_r)]-\\
\cos[(\omega_k+p_r)t+(\varphi_k+\beta_r)]-\cos[(\omega_k-p_r)t+(\varphi_k-\beta_r)]\}+\\
\sum_{s=1}^{\infty}\sum_{r=1}^{\infty}\sum_{k=1}^{\infty}F_{k,r,s}\{\cos[(\omega_k-\omega_s+p_r-\omega)t+(\varphi_k-\varphi_s+\beta_r)]+\\
\cos[(\omega_k-\omega_s-p_r-\omega)t+(\varphi_k-\varphi_s-\beta_r)]-\\
\cos[(\omega_k+\omega_s+p_r-\omega)t+(\varphi_k+\varphi_s+\beta_r)]-\\
\cos[(\omega_k+\omega_s-p_r-\omega)t+(\varphi_k+\varphi_s-\beta_r)]\}\end{aligned}\tag{7-60}$$

其中，$F_{k,r,u}=\frac{1}{4\delta_l}A_uV_k\chi_r$，$F_{k,r,s}=\frac{1}{4\delta_l}A_sV_k\chi_r$。可知，径向碰撞激励为包含多种频率成分、极为复杂的周期激励。

假设 $F(t)$ 以一种频率成分 p_1 为主（表达式(7-55)满足 $F_r\ll F_1$，$r=2,3,\cdots$），且仅考虑动力响应中转速频率成分 ω 与成分 ω_1 对径向碰撞激励的影响（式(7-54)中 $A_k\ll A_1$，$k=2,3,\cdots$），则有

$$
\begin{aligned}
F_y(t) \approx F_{1,1,u}\Big\{ & \cos\left[(2\omega-\omega_1+p_1)t-\left(\varphi_1-\beta_1-\frac{\pi}{2}\right)\right]+ \\
& \cos\left[(\omega_1+p_1)t+\left(\varphi_1+\beta_1-\frac{\pi}{2}\right)\right]+ \\
& \cos\left[(2\omega-\omega_1-p_1)t-\left(\varphi_1+\beta_1-\frac{\pi}{2}\right)\right]+ \\
& \cos\left[(\omega_1-p_1)t+\left(\varphi_1-\beta_1-\frac{\pi}{2}\right)\right]\Big\}+ \\
& F_{1,1,1}\Big\{\cos\left[(2\omega_1+p_1-\omega)t+\left(2\varphi_1+\beta_1-\frac{\pi}{2}\right)\right]+ \\
& \cos\left[(\omega-p_1)t-\left(\beta_1-\frac{\pi}{2}\right)\right]+ \\
& \cos\left[(2\omega_1-p_1-\omega)t+\left(2\varphi_1-\beta_1-\frac{\pi}{2}\right)\right]+ \\
& \cos\left[(p_1+\omega)t+\left(\beta_1+\frac{\pi}{2}\right)\right]\Big\}
\end{aligned} \tag{7-61}
$$

$$
\begin{aligned}
F_z(t) \approx F_{1,1,u}\Big\{ & \sin\left[(2\omega-\omega_1+p_1)t-\left(\varphi_1-\beta_1-\frac{\pi}{2}\right)\right]+ \\
& \sin\left[(\omega_1+p_1)t+\left(\varphi_1+\beta_1-\frac{\pi}{2}\right)\right]+ \\
& \sin\left[(2\omega-\omega_1-p_1)t-\left(\varphi_1+\beta_1-\frac{\pi}{2}\right)\right]+ \\
& \sin\left[(\omega_1-p_1)t+\left(\varphi_1-\beta_1-\frac{\pi}{2}\right)\right]\Big\}+ \\
& F_{1,1,1}\Big\{\sin\left[(2\omega_1+p_1-\omega)t+\left(2\varphi_1+\beta_1-\frac{\pi}{2}\right)\right]+ \\
& \sin\left[(\omega-p_1)t-\left(\beta_1-\frac{\pi}{2}\right)\right]+ \\
& \sin\left[(2\omega_1-p_1-\omega)t+\left(2\varphi_1-\beta_1-\frac{\pi}{2}\right)\right]+ \\
& \sin\left[(p_1+\omega)t+\left(\beta_1+\frac{\pi}{2}\right)\right]\Big\}
\end{aligned} \tag{7-62}
$$

径向碰撞激励包含 $2\omega-\omega_1\pm p_1$、$\omega_1\pm p_1$、$2\omega_1\pm p_1-\omega$ 与 $\omega\pm p_1$ 共 8 种频率成分，因此，动力响应中也应包含这 8 种频率成分，其中必定有一个频率成分为 ω_1，假设 $\omega+p_1=\omega_1$，则动力响应为

$$
\begin{cases}
y_1=A_u\cos\omega t+A_1\cos(\omega t+\varphi_1)+A_2\cos[(\omega+2p_1)t+\varphi_2]+ \\
\qquad A_3\cos[(\omega-2p_1)t+\varphi_3]+A_4\cos(\omega t+\varphi_4)+A_5\cos[(\omega+3p_1)t+\varphi_5]+ \\
\qquad A_6\cos[(\omega-p_1)t+\varphi_6]+A_7\cos[(\omega+p_1)t+\varphi_7]+A_8\cos[(\omega+p_1)t+\varphi_8] \\
z_1=A_u\sin\omega t+A_1\sin(\omega t+\varphi_1)+A_2\sin[(\omega+2p_1)t+\varphi_2]+ \\
\qquad A_3\sin[(\omega-2p_1)t+\varphi_3]+A_4\sin(\omega t+\varphi_4)+A_5\sin[(\omega+3p_1)t+\varphi_5]+ \\
\qquad A_6\sin[(\omega-p_1)t+\varphi_6]+A_7\sin[(\omega+p_1)t+\varphi_7]+A_8\sin[(\omega+p_1)t+\varphi_8]
\end{cases} \tag{7-63}
$$

上式表明，动力响应中包含 ω 及其与特征频率 p_1 的多个组合频成分。该结论同样适用于 $2\omega-\omega_1\pm p_1$、$2\omega_1\pm p_1-\omega$ 或 $\omega-p_1$ 与 ω_1 相等的情况，这里不予赘述。

显而易见的是，倘若考虑动力响应各个频率成分对径向碰撞激励的影响，并且径向碰撞激励包含 n 种特征频率成分 $p_1,p_2,\cdots,p_n$，则

$$F(t)=\sum_{r=1}^{n}F_r\cos(p_r t+\beta_r) \tag{7-64}$$

由于碰撞激励的方向受动力响应影响，故支承松动激励下转子系统动力响应由转速频率成分 ω 及其与碰撞激励特征频率 $p_1,p_2,\cdots,p_n$ 的多种组合频率成分($\omega\pm kp_r$)组成，即

$$\begin{cases}y_i=A_{u,i}\cos\omega t+\sum\limits_{r=1}^{n}\sum\limits_{k=-\infty}^{+\infty}A_{k,r,i}\cos[(\omega-kp_r)t+\varphi_{k,r,i}]\\ z_1=A_{u,i}\sin\omega t+\sum\limits_{r=1}^{n}\sum\limits_{k=-\infty}^{+\infty}A_{k,r,i}\sin[(\omega-kp_r)t+\varphi_{k,r,i}]\\ \theta_{yi}=\theta_{u,i}\cos\omega t+\sum\limits_{r=1}^{n}\sum\limits_{k=-\infty}^{+\infty}\theta_{k,r,i}\cos[(\omega-kp_r)t+\varphi_{k,r,i}]\\ \theta_{zi}=\theta_{u,i}\sin\omega t+\sum\limits_{r=1}^{n}\sum\limits_{k=-\infty}^{+\infty}\theta_{k,r,i}\sin[(\omega-kp_r)t+\varphi_{k,r,i}]\end{cases},\quad i=1,2,3,4,5 \tag{7-65}$$

接下来通过数值积分的方法开展仿真计算，对上述结论进行验证。针对如图 7-39 所示的力学模型，忽略涡轮叶尖间隙 δ_b，选取特征参数如表 7-3 与表 7-6 所列，设转子转速为 10 000 rpm，并给定不平衡量，计算分析支承松动激励下转子系统的动力响应。

表 7-6　支承松动特征参数

参　数	数　值
附加刚度 $k_{l,\text{ext}}/(10^9\ \text{N}\cdot\text{m}^{-1})$	8
附加阻尼 $c_{l,\text{ext}}/(10^3\ \text{N}\cdot\text{s}\cdot\text{m}^{-1})$	0
装配间隙 δ_l/mm	0.03

稳定状态下，转子在松动支承处的横向位移如图 7-49 所示，所受到的径向碰撞激励 $F(t)$ 如图 7-50 所示，轴心轨迹如图 7-51 所示。

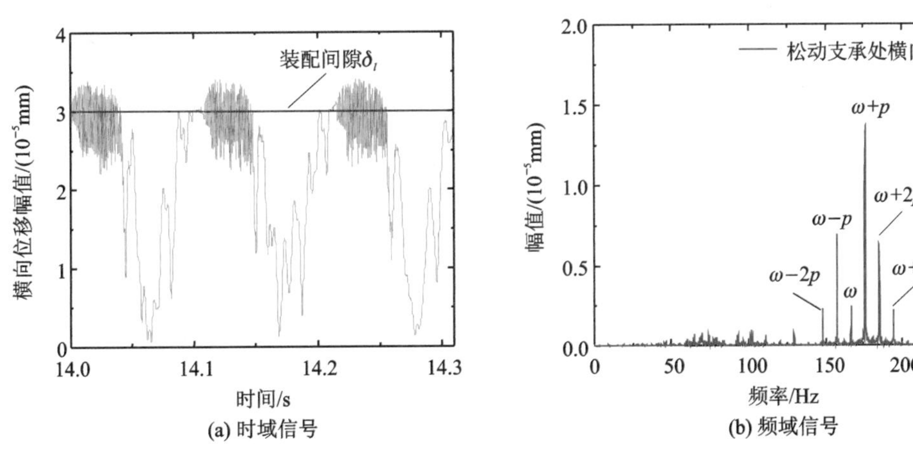

图 7-49　松动支承处横向位移

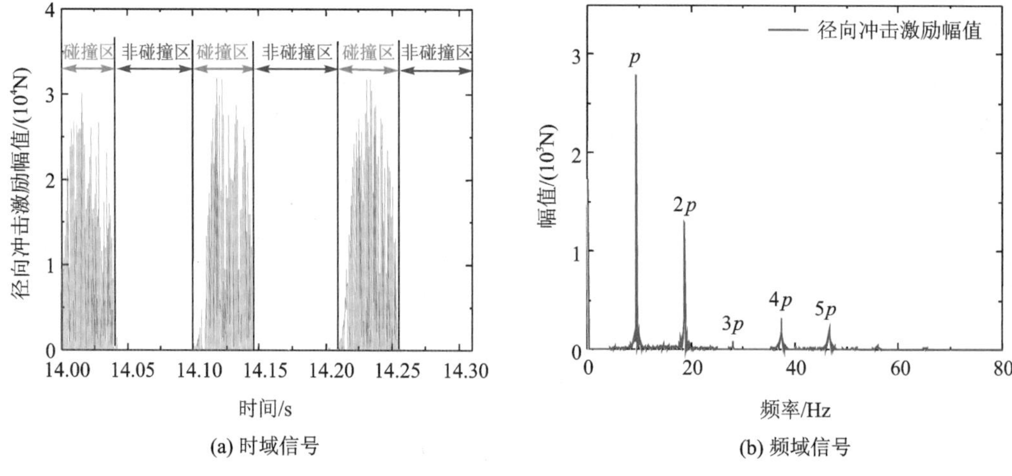

(a) 时域信号　　(b) 频域信号

图 7-50　径向碰撞激励 $F(t)$

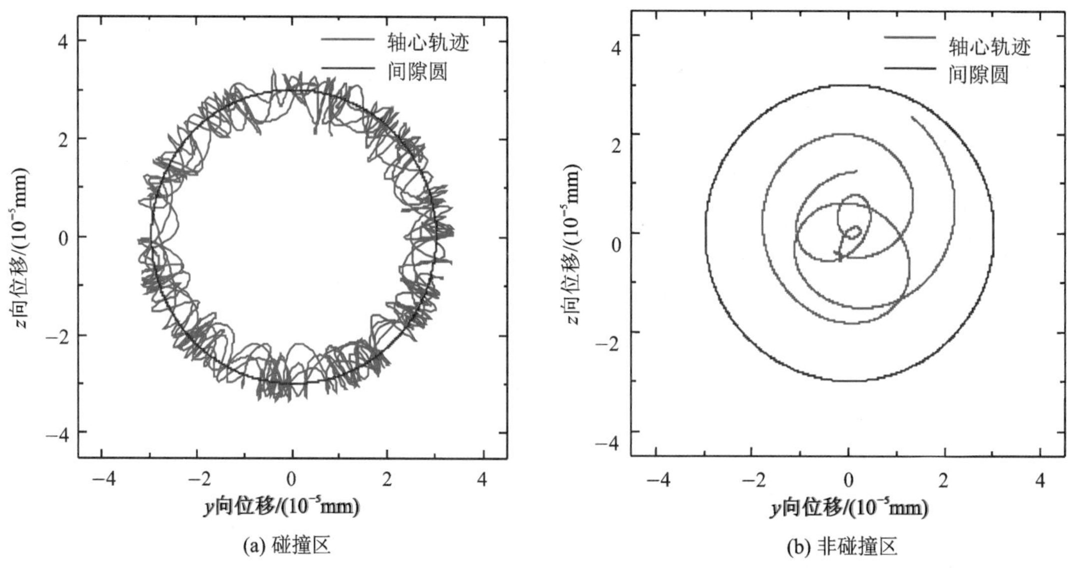

(a) 碰撞区　　(b) 非碰撞区

图 7-51　松动支承处转子轴心轨迹

可以看到,时间范围上存在明显的“碰撞区”与“非碰撞区”:“碰撞区”范围内,转子响应幅值较大,轴承外圈与轴承座不断发生接触-分离,如图 7-51(a)所示,产生了较为明显的径向碰撞激励;而在“非碰撞区”范围内,转子响应幅值较小,轴承外圈未与轴承座接触,如图 7-51(b)所示,径向碰撞激励为 0。

从全时域范围来看,由于“碰撞区”与“非碰撞区”交替出现,即径向碰撞激励交替产生,其“交替频率”为 p,因此,径向碰撞激励 $F(t)$由 $p,2p,3p,\cdots$等特征频率成分组成(见图 7-50(b)),使得转子系统动力响应由转速频率成分 ω 及其与碰撞激励特征频率 $p,2p,3p,\cdots$的多种组合频率成分 $\omega \pm kp, k=1,2,3,\cdots$组成。

7.5　螺桨转子颤振涡动

螺桨发动机在使用过程中“螺桨颤振涡动”问题是气动弹性力学的一个典型实例。

螺桨转子结构系统是一个弹性结构系统，在空气动力作用下会发生弹性变形。这种变形反过来又使空气动力随之改变，从而导致进一步的弹性变形，这样就构成了一种结构变形与空气动力交互作用的气动弹性现象。

气动弹性现象可以根据气动弹性力学的图解定义，并根据力的三角链图进行划分，如图 7－52 所示。三角链的每一条边代表特定力学领域的特定两个力之间的关系，而三角链的内部表示三种力共同作用产生的气动弹性动力学。如果不考虑惯性力的作用，气动弹性力学的特征在于结构的单向静变形，而考虑惯性力作用，气动弹性力学的特征是结构变形的振动特性。

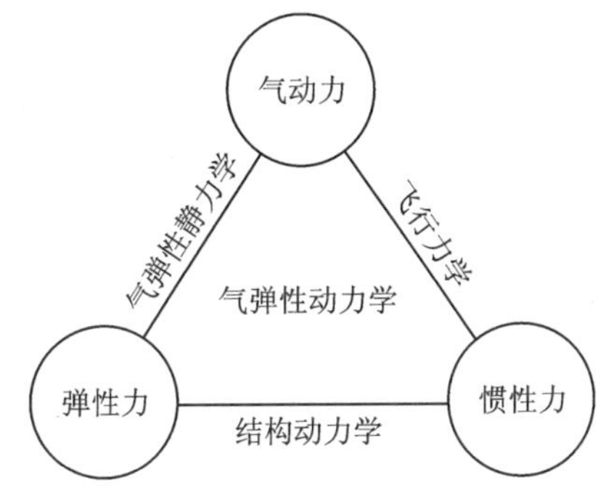

图 7－52　气动弹性力学中力的三角链

在工作过程中，由于作用在螺桨上的局部气动力与低刚度桨叶运动之间的交互影响，结构惯性力和弹性力相互作用而出现的振动现象即为螺桨发动机的颤振涡动现象（Whirl Flutter Phenomenon）。从运动的力学过程上来说，颤振涡动是气流对弹性结构体的激励响应，而从能量转换的角度来看，则是气动流动能量向结构体内的传递。

颤振涡动的力学本质问题是螺旋桨横向振动时，作用在桨叶上的气动力非对称分布，对转子系统运动所产生的振动能量注入。因此，颤振涡动可能会导致螺旋桨产生非稳态横向振动，甚至引起转子、机匣或整个机翼的结构失效。本节将从螺桨盘转子颤振涡动的力学过程出发，建立颤振涡动力学模型，并对螺桨盘转子的颤振涡动响应特性进行阐述。

7.5.1　颤振涡动力学模型

螺桨盘转子系统的颤振涡动也被称为陀螺转子颤振（Gyroscopic Flutter），是一种可能发生在柔性安装的发动机转子和螺旋桨系统中的气动弹性力学失稳现象。颤振涡动分析中考虑了大质量旋转结构件的影响，如螺旋桨、压气机和涡轮。这些大质量旋转结构件使得其组成的转子系统具有较高自由度，运动过程中会产生复杂的旋转惯性力和力矩。此外，螺旋桨还会诱发一种复杂的流场，干扰机舱和机翼。

颤振涡动可能会发生在涡轮螺旋桨飞机、直升机和倾转旋翼飞机中，这里主要阐述涡轮螺旋桨发动机转子系统的颤振涡动问题。由于螺旋桨桨叶的固有模态频率远高于发动机转子-支承结构系统的振动频率，故其一般的求解方法是基于螺旋桨为刚体的假设建立的，该假设适用于标准的涡轮螺旋桨飞机，如支线客机、多用途飞机和军用训练机等。需要说明的是，在大型涡轮螺旋桨发动机中，尤其是在重型多叶螺旋桨军用运输机中，还需要考虑螺旋桨桨叶变形的影响。

多数涡轮螺旋桨发动机，可假设螺旋桨为刚体，螺桨盘转子系统的自转角速度为 ω，且处于流速为 V_{∞} 的气流中，并将涡桨发动机柔性安装结构系统等效为两个刚度系数分别为 K_{Θ}，K_{Ψ} 的弹簧，建立螺桨盘转子系统力学模型，如图 7－53 所示。

建立 x,y,z 直角坐标系，该坐标系为绝对坐标系。为便于描述与分析，在绝对坐标系的基础上建立螺桨盘转子动坐标系，过程如下：

取绝对坐标系(x,y,z)为固定坐标系，将固定坐标系绕 y 轴旋转角度 Θ，得到$(\tilde{x},y,Z)$坐标系，再绕 Z 轴旋转角度 Ψ，得到(X,Y,Z)动坐标系，动坐标系的 Z 轴在固定坐标系 $x-z$ 平面内(垂直面)，如图 7-54 所示。螺桨盘转子系统的两个欧拉角为：俯仰角 Θ 和偏航角 Ψ，分别表示其绕 y 轴与 Z 轴的角度。转子系统的运动状态可以用俯仰角速度 $\dot{\Theta}$、偏航角速度 $\dot{\Psi}$ 和螺旋桨自转角速度 ω 三个角速度表示，或是表示为在 X,Y,Z 轴三个方向的角速度分量 $\omega_X,\omega_Y,\omega_Z$。

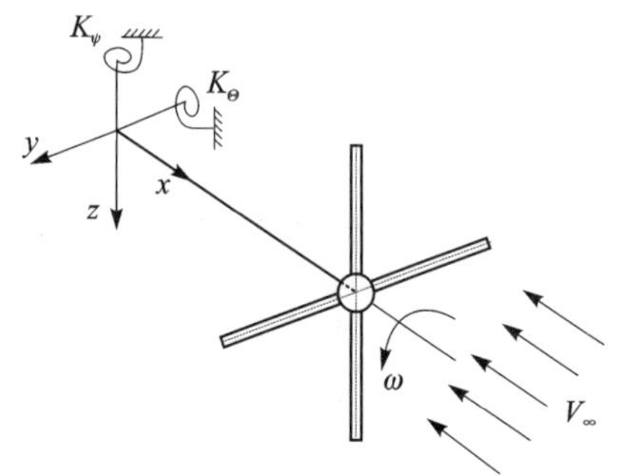

图 7-53　螺桨盘转子系统力学模型

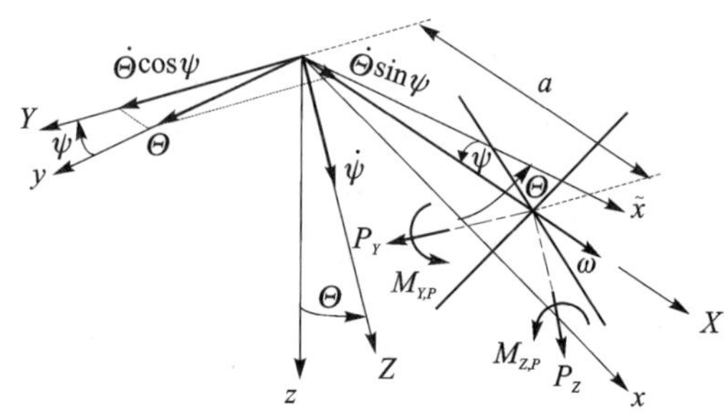

图 7-54　固定坐标系与动坐标系之间的位置关系

若不考虑螺旋桨旋转，转子系统具有两阶模态(俯仰模态——绕 y 轴振动，偏航模态——绕 z 轴振动)，其模态频率分别为 ω_Θ 和 ω_Ψ，模态振型如图 7-55 所示。任意状态下，转子系统的运动可分解为这两阶模态的模态振动。

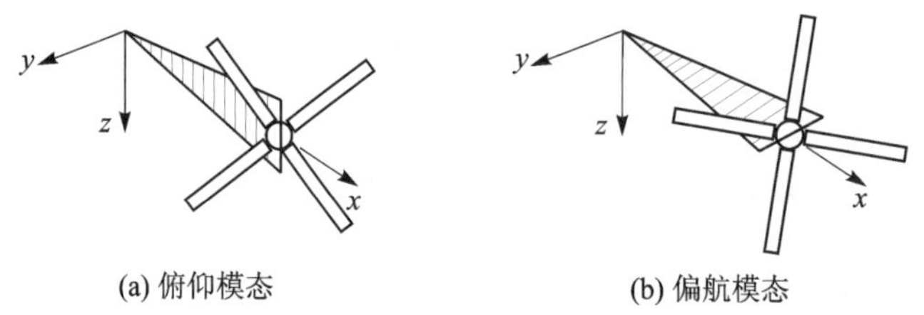

(a) 俯仰模态　　(b) 偏航模态

图 7-55　螺桨盘转子系统两阶正交模态振型(不考虑螺旋桨旋转)

若考虑螺旋桨旋转，当转子系统具有绕 y 轴或 z 轴方向的角速度分量 ω_Θ 与 ω_Ψ 时，将分别受到 z 轴或 y 轴方向的力矩，再加上陀螺效应的影响，上述俯仰、偏航这两阶相互独立的模态合并为转子的两阶进动模态——反进动模态(进动方向与转速方向相反)与正进动模态(进动方向与转速方向相同)，如图 7-56 所示，并且，在陀螺效应影响下，前者模态频率低于后者模态频率。此时，转子系统的运动包括角速度为 ω 的自转与角速度为 Ω 的进动这两种相互独立的运动(一般情况下，$\omega\neq\Omega$ 成立，转子做非协调涡动)，螺旋桨轴线的运动轨迹为椭圆或圆(取决于安装刚度是否对称)。

螺旋桨相对气流流速 V_∞ 与螺旋桨轴线平行。当涡轮螺桨盘转子不发生进动时(仅以角速度 ω 自转)，螺旋桨叶上的气动力如图 7-57 所示。螺旋桨两侧桨叶叶栅上的进气攻角相同，故作用在螺旋桨两侧桨叶上的推力大小和方向相同，而旋转阻力的大小相同，方向相反，产

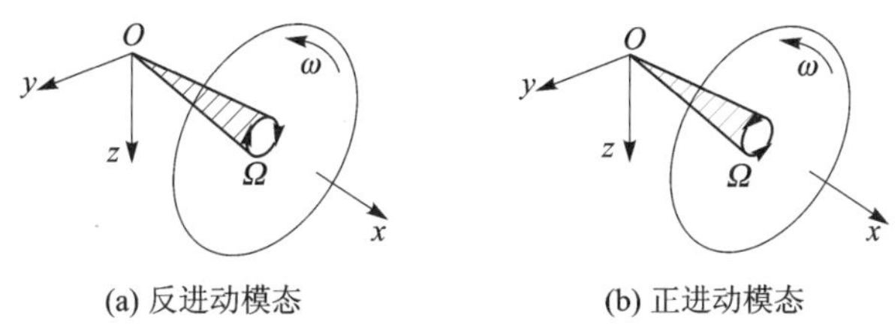

图 7－56　螺桨盘转子系统两阶模态振型(考虑螺旋桨旋转)

生旋转阻力矩。此时，各螺旋桨叶进气均匀，不会产生附加的(影响转子进动的)气动力和力矩，螺旋桨叶上的气动载荷主要为螺旋桨推力和螺旋桨扭矩，并且在一定范围内，作用在螺旋桨上的推力和旋转阻力随着进气攻角的增大而增大。

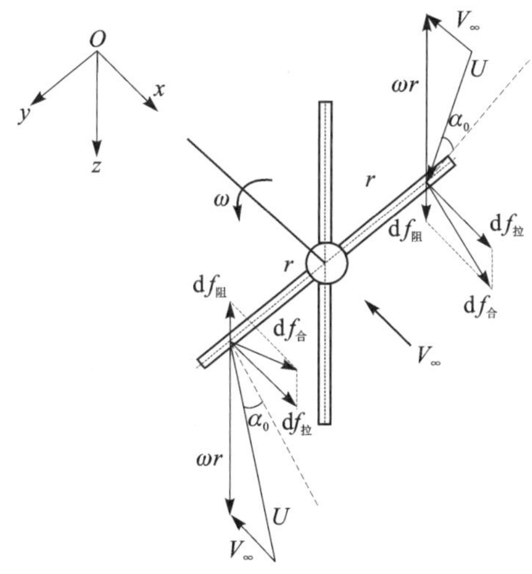

图 7－57　螺桨盘转子系统桨叶叶栅气动力(忽略螺桨盘转子的进动)

若考虑螺桨盘转子的进动，螺旋桨进气攻角发生变化，引起桨叶流场中出现非稳定气动力。当该非稳定气动力激起转子共振，并且随着气动力的增加，注入转子系统的能量大于该系统结构阻尼耗散的能量时，可能会导致螺桨转子系统发生颤振涡动失稳。颤振涡动失稳源于作用在螺旋桨叶上气动载荷的变化，而转子系统颤振涡动失稳的表现形式是转子进动半径的增加，这又会进一步影响螺旋桨叶上的气动载荷，故下面将介绍螺桨转子进动对气动载荷的影响，以此为基础阐述颤振涡动机理。

1. 螺桨盘转子进动对气动力的影响

将螺桨盘转子的进动向水平与垂直方向投影，即为俯仰振动与偏航振动。考虑到俯仰振动和偏航振动具有相同的特征，这里仅介绍俯仰振动对气动力的影响——包括螺桨盘的俯仰运动(指螺桨盘的整体角向位移，可表示为俯仰角 Θ)、螺桨盘的横向运动(指螺桨盘整体的横向位移，可表示为横向速度，即俯仰速度 $\dot{z}$)与螺桨盘的摆动(可表示为俯仰角速度 $\dot{\Theta}$)对气动力的影响。

(1) 螺桨盘俯仰运动

在螺旋桨上建立 x,y,z 直角坐标系。螺旋桨相对气流流速 V_∞ 的倾斜角为 Θ，将相对气

流速度 V_∞ 沿螺旋桨的轴线方向和螺旋桨盘所在平面(与螺旋桨轴线垂直的平面)分解,如图 7-58(a)所示。y 轴正方向螺旋桨的气流攻角增大,其桨叶推力和桨叶阻力也增大,而 y 轴负方向螺旋桨的气流攻角减小,其桨叶推力和桨叶阻力减小,如图 7-58(c),(d)所示。y 轴正方向的推力大于 y 轴负方向的推力,产生偏航力矩 $M_Z(\Theta)$,同时,沿垂直方向的分力 ΔH 使得产生了垂直方向的合力 $P_Z(\Theta)$(y 轴正方向的桨叶阻力大于 y 轴负方向的桨叶阻力),二者方向均沿 z 轴负方向,如图 7-58(b)所示。

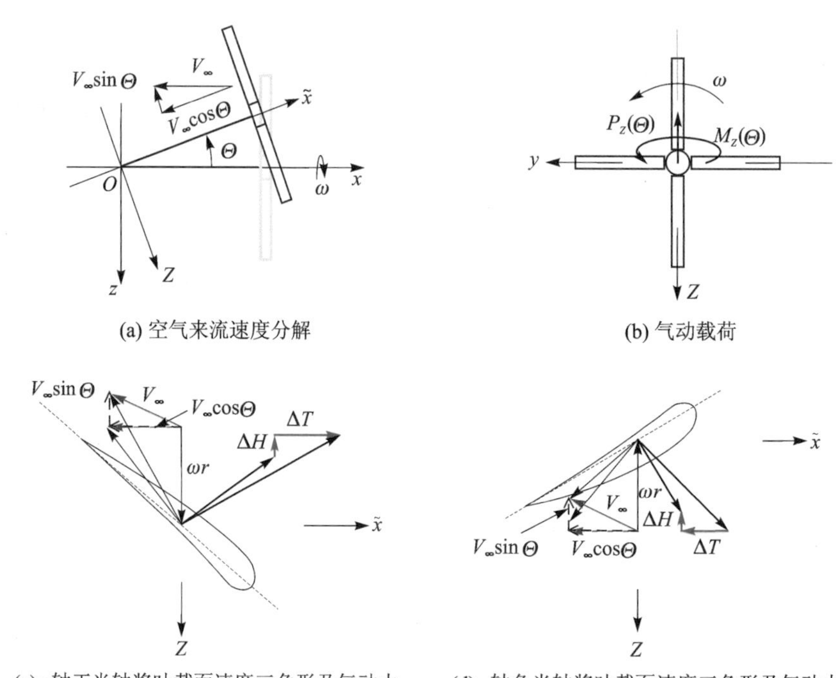

图 7-58　俯仰角 Θ 对气动力的影响

(2) 螺桨盘横向运动

螺桨盘的横向运动对气动力的影响如图 7-59 所示。由于螺桨盘具有横向运动速度(俯仰速度 $\dot{z}$),如图 7-59(a)所示,y 轴正方向螺旋桨的进气攻角减小,故 y 轴正方向螺旋桨桨叶上推力和阻力减小(见图 7-59(c)),而 y 轴负方向的螺旋桨桨叶恰好相反,其推力与阻力增大(见图 7-59(d))。螺桨盘左右推力的不对称会产生气动偏航力矩 $M_Z(\dot{z})$,而左右旋转阻力的不对称则会产生附加气动力 $P_Z(\dot{z})$,其方向均沿 z 轴正方向,如图 7-59(b)所示。

(3) 螺桨盘摆动

螺桨盘摆动对气动力的影响如图 7-60 所示。螺桨盘俯仰角速度 $\dot{\Theta}$ 会增大螺旋桨桨叶 z 轴负方向的进气攻角,其推力和阻力增大,而 z 轴正方向的螺旋桨桨叶则与此相反,如图 7-60(c)、(d)所示。螺桨盘上、下推力的不对称导致力矩 $M_Y(\dot{\Theta})$ 的产生,螺旋桨盘上、下阻力的不对称产生气动反作用力 $P_Y(\dot{\Theta})$,其方向均为 y 轴负方向。

综上,螺桨盘俯仰运动会产生沿 z 轴负方向的合力 $P_Z(\Theta)$ 与偏航力矩 $M_Z(\Theta)$,螺桨盘横向运动会产生沿 z 轴正方向的合力 $P_Z(\dot{z})$ 与偏航力矩 $M_Z(\dot{z})$,螺桨盘摆动则会产生沿 y 轴

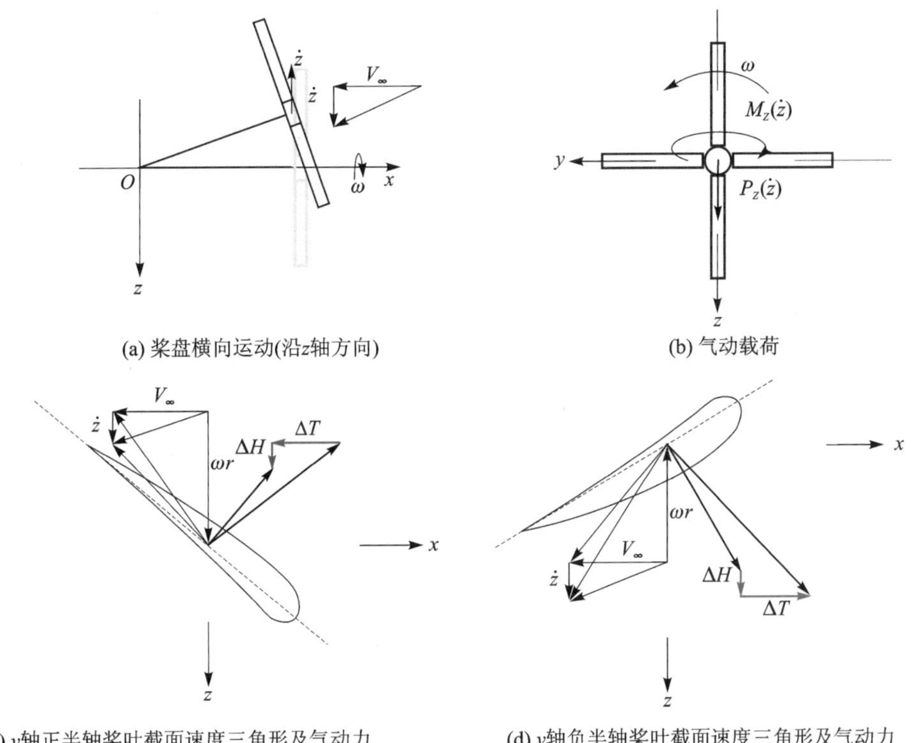

图 7－59　俯仰速度 $\dot{z}$ 对气动力的影响

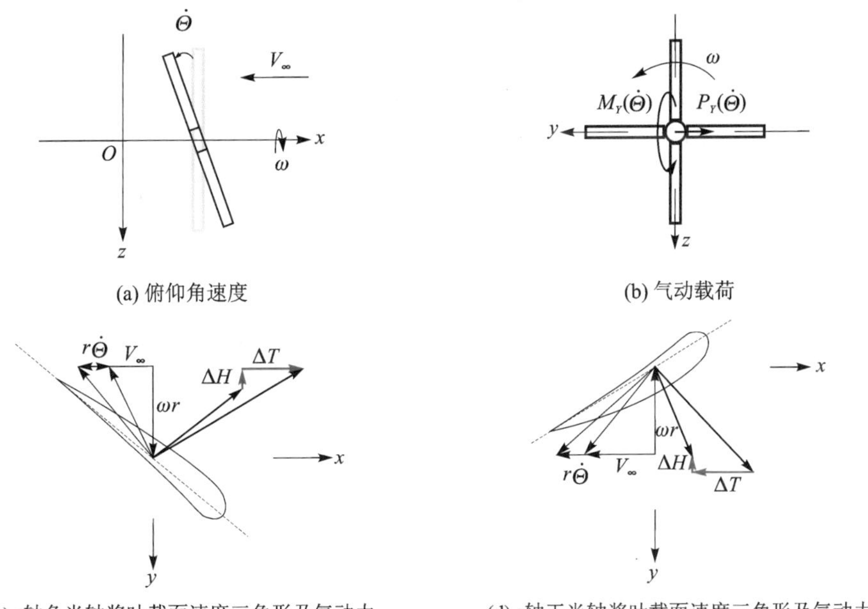

图 7－60　俯仰角速度 $\dot{\Theta}$ 对气动力的影响

负方向的合力 $P_Y(\dot{\Theta})$ 与力矩 $M_Y(\dot{\Theta})$。

2. 颤振涡动机理

考虑拉进式螺旋桨的结构特征，螺桨盘俯仰运动产生的合力 $P_Z(\Theta)$ 有使 Θ 增大的趋势，可能会导致系统的静态失稳——当螺桨盘转子具有一初始俯仰角 Θ_0 时，合力 $P_Z(\Theta)$ 会使俯仰角持续增大。然而，由于结构内部的弹性恢复力通常要比合力大得多，故在大多数情况下不会发生静态失稳现象，只有发动机的支承结构刚度非常低时才会出现。

由俯仰运动产生的偏航力矩 $M_Z(\Theta)$ 会引起螺桨盘转子的偏航振动并引起转子反向涡动（俯仰角 Θ 为正时偏航力矩降低偏航角 Ψ，为负时则相反，会激起反进动模态振动），在螺桨盘转子系统的运动微分方程中则表现为交叉刚度项，根据转子动力学的知识可知，其可能破坏转子运动稳定性，引起自激振动失稳。因此，若同时考虑螺桨盘转子的俯仰振动与偏航振动，由螺桨盘转子进动产生的气动力中对转子系统稳定性影响最大的是，由于其在垂直平面内俯仰产生的气动力 $P_Z(\Theta)$ 与偏航力矩 $M_Z(\Theta)$ 和在水平平面内因偏航而产生的气动力 $P_Y(\Theta)$ 与俯仰力矩 $M_Y(\Theta)$。

当螺桨盘转子由于受到扰动而发生小角度的偏斜（表现为俯仰角 Θ_0 与偏航角 Ψ_0）时，桨盘不再与气流的方向垂直，而是产生一个夹角，气流速度将在桨平面产生一个分量。此分量会使各个桨叶的进气攻角发生改变，作用在桨盘上的拉力和旋转阻尼力分布不均，结果产生一个使桨盘偏斜加重（俯仰角 Θ 与偏航角 Ψ 增大）的气动力和一个有助于维持转子系统反向涡动的气动力矩，转子系统发生颤振涡动。当系统阻尼耗散的能量小于上述气动力与气动力矩向系统注入的能量时，转子系统颤振涡动失稳。显而易见的是，颤振涡动是一种典型的自激振动。

3. 运动微分方程

在考虑陀螺效应影响的基础上，推导螺桨盘转子系统的运动微分方程。

在动坐标系中，假设螺桨盘转子沿 X 轴质量是对称分布的，且绕 Y 轴的转动惯量和绕 Z 轴的转动惯量相等，即 $J_Y=J_Z$，则该转子系统在该坐标系下的动能为

$$E_K=\frac{1}{2}J_X\omega_X^2+\frac{1}{2}(J_Y\omega_Y^2+J_Z\omega_Z^2) \tag{7-66}$$

在动坐标系(X,Y,Z)下的角速度为

$$\begin{aligned}\omega_X&=\Omega+\dot{\Theta}\sin\Psi\approx\omega+\dot{\Theta}\Psi\\ \omega_Y&=\dot{\Theta}\cos\Psi\approx\dot{\Theta}\\ \omega_Z&=\dot{\Psi}\end{aligned} \tag{7-67}$$

考虑到 $\dot{\Theta}^2\Psi^2\ll\omega^2$，将式(7-67)代入式(7-66)并化简可得动能为

$$E_K=\frac{1}{2}J_X\omega^2+J_X\omega\Psi\dot{\Theta}+\frac{1}{2}(J_Y\dot{\Theta}^2+J_Z\dot{\Psi}^2) \tag{7-68}$$

式中，$\frac{1}{2}J_X\omega^2$ 与 Θ、Ψ 相互独立，不会出现在拉格朗日方程中。转子系统弹性势能为

$$E_P=\frac{1}{2}K_\Theta\Theta^2+\frac{1}{2}K_\Psi\Psi^2 \tag{7-69}$$

假设该转子系统的阻尼力与位移幅值成正比，则此处的结构阻尼为

$$D=\frac{1}{2}\ \frac{K_{\Theta}\gamma_{\Theta}}{\Omega}\dot{\Theta}^{2}+\frac{1}{2}\ \frac{K_{\Psi}\gamma_{\Psi}}{\Psi}\dot{\Psi}^{2} \tag{7-70}$$

运用拉格朗日方程和式(7－68)～式(7－70)可以得该转子系统的运动微分方程：

$$J_{Y}\ddot{\Theta}+\frac{K_{\Theta}\gamma_{\Theta}}{\Omega}\dot{\Theta}+J_{X}\omega\dot{\Psi}+K_{\Theta}\Theta=Q_{\Theta}$$

$$J_{Z}\ddot{\Psi}+\frac{K_{\Psi}\gamma_{\Psi}}{\Omega}\dot{\Psi}-J_{X}\omega\dot{\Theta}+K_{\Psi}\Psi=Q_{\Psi} \tag{7-71}$$

其中，Q_{Θ}，Q_{Ψ} 分别是气动俯仰力矩和气动偏航力矩，可表示为

$$Q_{\Theta}=M_{Y,P}-aP_{Z}$$

$$Q_{\Psi}=M_{Z,P}+aP_{Y} \tag{7-72}$$

M_{Y}，M_{Z} 和 P_{Y}，P_{Z} 分别表示螺旋桨所受的气动力矩和力，其具体推导过程见 7.5.2 小节。考虑简谐振动，则有

$$[\Theta,\Psi]=[\bar{\Theta},\bar{\Psi}]\ \mathrm{e}^{\mathrm{j}\omega t} \tag{7-73}$$

整理可得该转子系统颤振涡动矩阵方程：

$$\left[-\omega^{2}\boldsymbol{M}+\mathrm{j}\omega\left(\boldsymbol{D}+\boldsymbol{G}+q_{\infty}F_{p}\frac{D_{P}^{2}}{V_{\infty}}\boldsymbol{D}^{A}\right)+(\boldsymbol{K}+q_{\infty}F_{p}D_{P}\boldsymbol{K}^{A})\right]\begin{vmatrix}\bar{\Theta}\\ \bar{\Psi}\end{vmatrix}=\boldsymbol{0} \tag{7-74}$$

其中，质量矩阵为

$$\boldsymbol{M}=\begin{bmatrix}J_{Y} & 0\\ 0 & J_{Z}\end{bmatrix} \tag{7-75}$$

结构阻尼矩阵为

$$\boldsymbol{D}=\begin{bmatrix}\dfrac{K_{\Theta}\gamma_{\Theta}}{\Omega} & 0\\ 0 & \dfrac{K_{\Theta}\gamma_{\Theta}}{\Omega}\end{bmatrix} \tag{7-76}$$

陀螺力矩矩阵为

$$\boldsymbol{G}=\begin{bmatrix}0 & J_{X}\omega\\ -J_{X}\omega & 0\end{bmatrix} \tag{7-77}$$

结构角向刚度矩阵为

$$\boldsymbol{K}=\begin{bmatrix}K_{\Theta} & 0\\ 0 & K_{\Psi}\end{bmatrix} \tag{7-78}$$

气动阻尼矩阵为

$$\boldsymbol{D}^{A}=\begin{bmatrix}-\dfrac{1}{2}c_{mq}-\dfrac{a^{2}}{D_{P}^{2}}c_{z\Theta} & \dfrac{1}{2}\ \dfrac{a}{D_{P}}c_{yq}-\dfrac{a}{D_{P}}c_{n\Theta}-\dfrac{a^{2}}{D_{P}^{2}}c_{y\Theta}\\ -\dfrac{1}{2}\ \dfrac{a}{D_{P}}c_{yq}+\dfrac{a}{D_{P}}c_{n\Theta}+\dfrac{a^{2}}{D_{P}^{2}}c_{y\Theta} & -\dfrac{1}{2}c_{mq}-\dfrac{a^{2}}{D_{P}^{2}}c_{z\Theta}\end{bmatrix} \tag{7-79}$$

气动刚度矩阵为

$$\boldsymbol{K}^{A}=\begin{bmatrix}\dfrac{a}{D_{P}}c_{z\Theta} & c_{n\Theta}+\dfrac{a}{D_{P}}c_{y\Theta}\\ -c_{n\Theta}-\dfrac{a}{D_{P}}c_{y\Theta} & \dfrac{a}{D_{P}}c_{z\Theta}\end{bmatrix} \tag{7-80}$$

其中，陀螺力矩矩阵、气动刚度矩阵和气动阻尼矩阵为颤振涡动矩阵方程中的交叉刚度项，由转子动力学的知识可得，交叉刚度项是导致转子系统发生颤振涡动失稳的必要条件。

假设颤振涡动矩阵方程的解为

$$\omega = u + \mathrm{j}v \tag{7-81}$$

式中，实部 u 与虚部 v 均为螺桨盘转子质量、支承刚度、结构阻尼、螺旋桨转速和相对气流速度的函数。

当虚部 v 为正值时，转子系统从气动力与气动力矩吸收的振动能量小于阻尼耗散的能量，其响应幅值会随时间减小，转子系统的运动稳定；当虚部 v 为负值时，转子系统从气流中吸收的振动能量大于阻尼耗散的能量，此时转子系统表现为负阻尼特性，其响应幅值随时间增大，发生颤振涡动失稳；当虚部 v 为 0 时，转子系统从气流中吸收的振动能量等于阻尼耗散的能量，动力响应表现为稳定的简谐运动。

考虑颤振涡动运动方程的特殊情况，当 $\omega=0$，即转子系统发生静态失稳时，此时的颤振涡动矩阵方程为

$$(\boldsymbol{K} + q_{\infty} F_P D_P \boldsymbol{K}^A) \begin{Bmatrix} \bar{\Theta} \\ \bar{\Psi} \end{Bmatrix} = \boldsymbol{0} \tag{7-82}$$

此时，转子系统处于气动力和弹性恢复力的平衡状态，如果气动力过大或材料刚度较小，超过材料承受的极限，会导致转子系统结构破坏。

7.5.2 螺旋桨气动载荷

螺桨盘转子的颤振涡动源于转子进动导致的桨盘偏斜，各桨叶的进气攻角及产生的气动载荷随之变化，进而产生使螺桨盘偏斜加重并能维持转子反向涡动的气动载荷。为便于对螺桨盘转子系统的颤振涡动定量分析，有必要对螺旋桨受到的气动载荷进行计算。

计算螺旋桨气动载荷的关键在于如何得到桨叶截面微段上的气动力。若已知各微段气动力，即可积分得到整个桨叶的气动载荷。在计算桨叶截面微段上的气动力时有两种方法：一是实际测量桨叶表面压力分布进而得到气动力；二是根据桨叶截面形状和进气攻角的大小应用升力曲线计算各微段气动力。本小节基于准稳态理论和小角度假设，介绍一种利用切片理论求解螺旋桨气动载荷的方法。

根据气动分析，影响螺旋桨气动载荷的三个重要因素为：① 螺旋桨俯仰和偏航的影响，桨叶的截面攻角 α_1；② 螺旋桨俯仰和偏航速度的影响，螺旋桨盘的扰动速度 $\dot{s}$；③ 螺旋桨俯仰和偏航角速度对空气来流速度的影响，螺旋桨桨盘外的扰动速度 $\dot{w}$。任意状态下的螺旋桨桨盘如图 7-61 所示。

对于图 7-61 中的 1 号桨叶，由于螺旋桨小角度的俯仰 Θ 和偏航 Ψ，桨叶的截面攻角的变化为

$$\alpha_1 = \Psi \sin \omega t - \Theta \cos \omega t \tag{7-83}$$

由于螺旋桨俯仰和偏航速度、角速度的影响，螺旋桨桨盘的扰动速度 $\dot{s}$ 和螺旋桨桨盘外的扰动速度 $\dot{w}$ 为

$$\begin{aligned} \dot{s} &= -\dot{y}_1 \sin \omega t + \dot{z}_1 \cos \omega t \\ \dot{w} &= -\dot{\Psi} r \cos \omega t + \Psi r\omega \sin \omega t - \dot{\Theta} r \sin \omega t - \Theta r\omega \cos \omega t \end{aligned} \tag{7-84}$$

1♯桨叶截面的非定常升力来自于 α_1，$\dot{s}$ 和 $\dot{w}$，如图 7－62 所示。其中，β 为螺旋桨未发生进动时的桨叶角（桨叶角是桨叶截面弦线与螺旋桨桨面的夹角），α_0 为螺旋桨未发生进动时桨叶截面的进气攻角（进气攻角是截面弦线与相对气流的夹角）。

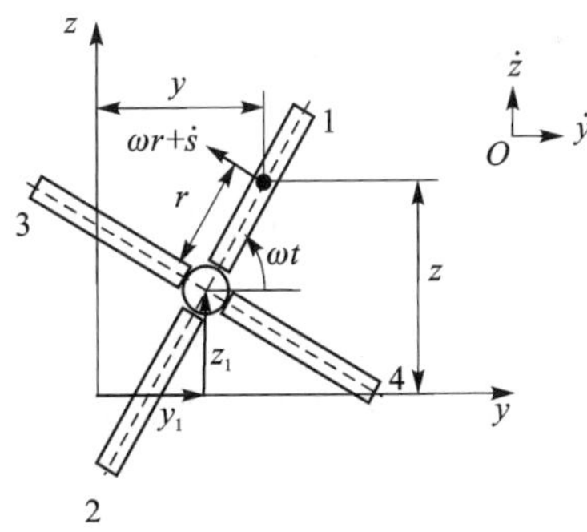

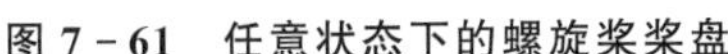
图 7－61　任意状态下的螺旋桨桨盘

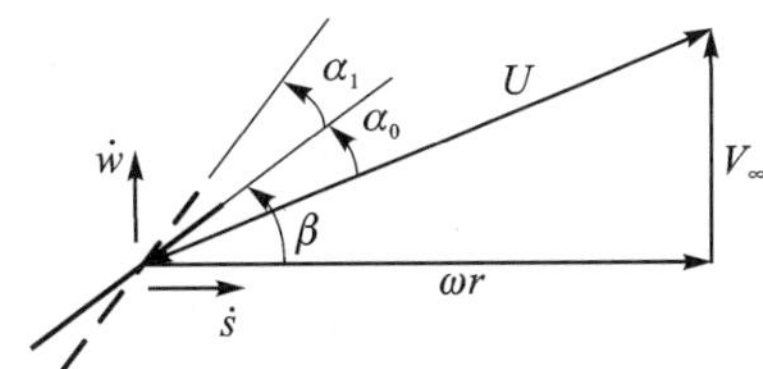

图 7－62　1♯桨叶截面速度三角形

扰动速度 $\dot{s}$ 和 $\dot{w}$ 垂直于速度 U 的分量，为

$$-\dot{w}\left(\frac{\omega r}{U}\right)+\dot{s}\left(\frac{V_\infty}{U}\right) \tag{7-85}$$

考虑扰动速度 $\dot{s}$、$\dot{w}$ 和桨叶截面攻角 α_1 的影响，1♯桨叶截面有效攻角为

$$\alpha_{\text{eff}}=\alpha_0+\alpha_1-\dot{w}\left(\frac{\omega r}{U^2}\right)+\dot{s}\left(\frac{V_\infty}{U^2}\right) \tag{7-86}$$

将扰动速度 $\dot{s}$ 和 $\dot{w}$ 沿着绝对速度 U 进行分解，可以得到桨叶截面的有效绝对速度为

$$U_{\text{eff}}=U+\dot{w}\left(\frac{V_\infty}{U}\right)+\dot{s}\left(\frac{\omega r}{U}\right) \tag{7-87}$$

根据桨叶截面的升力求解公式：

$$L=\frac{1}{2}a_0\rho c_0U_{\text{eff}}^2\alpha_{\text{eff}} \tag{7-88}$$

式中，a_0 为桨叶截面升力曲线斜率，C_0 为桨叶截面弦长，将有效攻角 α_{eff} 和有效绝对速度 U_{eff} 代入式(7－88)可得

$$L=\frac{1}{2}a_0\rho c_0U^2\left[\alpha_0+\alpha_1-\frac{\omega r}{U^2}\left(1-\frac{2V_\infty}{\omega r}\alpha_0\right)\dot{w}+\frac{V}{U^2}\left(1+\frac{2V_\infty}{\omega r}\alpha_0\right)\dot{s}\right] \tag{7-89}$$

式中，等号右边第一项表示定常升力，其他项表示非定常升力。由于这里重点关注螺旋桨进动引起的气动载荷，故设螺旋桨处于风车状态（螺旋桨不产生推力与气动阻力），即 $\alpha_0=0$。此时，桨叶截面升力为

$$L=\frac{1}{2}a_0\rho c_0U^2\left(\alpha_1-\frac{\omega r}{U^2}\dot{w}+\frac{V}{U^2}\dot{s}\right) \tag{7-90}$$

绝对速度 U 可以表示为：$U^2=r^2\omega^2+V_\infty^2$，将绝对速度 U、式(7－83)和式(7－84)代入式(7－90)中可得 1♯桨叶的截面升力为

$$L=-\frac{1}{2}a_0\rho c_0(V_\infty^2\Theta-V_\infty\dot{z}_1-\omega r^2\dot{\Psi})\cos\omega t+\frac{1}{2}a_0\rho c_0(V_\infty^2\Psi-V_\infty\dot{y}_1+\omega r^2\dot{\Theta})\sin\omega t \tag{7-91}$$

令 $f_1=\frac{1}{2}a_0\rho c_0(V_\infty^2\Theta-V_\infty\dot{z}_1-\omega r^2\dot{\Psi})$，$f_2=\frac{1}{2}a_0\rho c_0(V_\infty^2\Psi-V_\infty\dot{y}_1+\omega r^2\dot{\Theta})$，则式(7-91)可简化为

$$L_1=-f_1\cos\omega t+f_2\sin\omega t \tag{7-92}$$

其余3个螺旋桨桨叶的截面升力可由三角函数的性质和关系得到，即

$$\begin{aligned}L_2&=f_1\cos\omega t-f_2\sin\omega t=-L_1\\L_3&=f_1\sin\omega t+f_2\cos\omega t\\L_4&=-f_1\sin\omega t-f_2\cos\omega t=-L_3\end{aligned} \tag{7-93}$$

为了得到螺旋桨的非定常气动力和力矩，采用以下分量表示桨叶升力：① 沿 x 方向(拉力分量)；② 在与螺旋桨轴线垂直的 $y-z$ 平面上(阻力分量)。前者会产生气动力矩 ΔM_y 和 ΔM_z，而后者会产生气动力 ΔL_y 和 ΔL_z。由图7-62可以得到桨叶截面升力的拉力分量($L(\omega r/U)$)和阻力分量($L(V_\infty/U)$)，两个分量如图7-63所示。

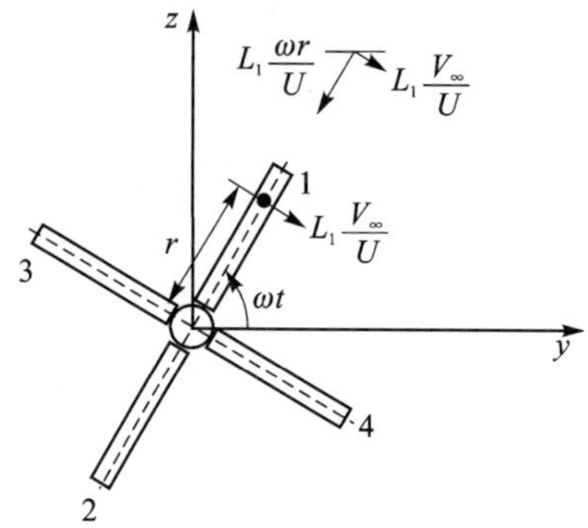

图7-63　1#桨叶截面微段升力分量

所有4个桨叶的气动力与力矩之和 ΔL_y，ΔL_z，ΔM_y 和 ΔM_z 可以表示为

$$\begin{cases}\Delta L_y=\dfrac{V_\infty}{U}(L_1\sin\omega t+L_3\cos\omega t-L_2\sin\omega t-L_4\cos\omega t)\\\Delta L_z=\dfrac{V_\infty}{U}(-L_1\cos\omega t+L_3\sin\omega t+L_2\cos\omega t-L_4\sin\omega t)\\\Delta M_y=\dfrac{\omega r}{U}r(-L_1\sin\omega t-L_3\cos\omega t+L_2\sin\omega t+L_4\cos\omega t)\\\Delta M_z=\dfrac{\omega r}{U}r(-L_1\cos\omega t+L_3\sin\omega t+L_2\cos\omega t-L_4\sin\omega t)\end{cases} \tag{7-94}$$

将式(7-93)代入式(7-94)可得

$$\begin{cases}\Delta L_y=2\dfrac{V_\infty}{U}(L_1\sin\omega t+L_3\cos\omega t)\\\Delta L_z=2\dfrac{V_\infty}{U}(-L_1\cos\omega t+L_3\sin\omega t)\\\Delta M_y=-2\dfrac{\omega r^2}{U}(L_1\sin\omega t+L_3\cos\omega t)=-\dfrac{\omega r^2}{V_\infty}\Delta L_y\\\Delta M_z=2\dfrac{\omega r^2}{U}(-L_1\cos\omega t+L_3\sin\omega t)=\dfrac{\omega r^2}{V_\infty}\Delta L_z\end{cases} \tag{7-95}$$

将式(7－92)和式(7－93)代入式(7－95)并化简，可得

$$\begin{cases} \Delta L_y = 2\dfrac{V_\infty}{U}(-f_1\cos\omega t\sin\omega t + f_2\sin^2\omega t + f_1\cos\omega t\sin\omega t + f_2\cos^2\omega t) = 2\dfrac{V_\infty}{U}f_2 \\ \Delta L_z = 2\dfrac{V_\infty}{U}(f_1\cos^2\omega t - f_2\sin\omega t\cos\omega t + f_1\sin^2\omega t + f_2\cos\omega t\sin\omega t) = 2\dfrac{V_\infty}{U}f_1 \\ \Delta M_y = -2\dfrac{\omega r^2}{U}f_2 \\ \Delta M_z = 2\dfrac{\omega r^2}{U}f_1 \end{cases} \tag{7-96}$$

又由于 $f_1 = \dfrac{1}{2}a_0\rho c_0(V_\infty^2\Theta - V_\infty\dot{z}_1 - \omega r^2\dot{\Psi})$，$f_2 = \dfrac{1}{2}a_0\rho c_0(V_\infty^2\Psi - V_\infty\dot{y}_1 + \omega r^2\dot{\Theta})$，将式(7－96)写为

$$\begin{aligned} \Delta L_y &= a_0\rho c_0\frac{V_\infty}{U}(V_\infty^2\Psi - V_\infty\dot{y}_1 + \omega r^2\dot{\Theta}) \\ \Delta L_z &= a_0\rho c_0\frac{V_\infty}{U}(V_\infty^2\Theta - V_\infty\dot{z}_1 - \omega r^2\dot{\Psi}) \\ \Delta M_y &= -a_0\rho c_0\frac{\omega r^2}{U}(V_\infty^2\Psi - V_\infty\dot{y}_1 + \omega r^2\dot{\Theta}) \\ \Delta M_z &= a_0\rho c_0\frac{\omega r^2}{U}(V_\infty^2\Theta - V_\infty\dot{z}_1 + \omega r^2\dot{\Psi}) \end{aligned} \tag{7-97}$$

将式(7－97)中桨叶截面的气动力和力矩进行积分，可以得到螺旋桨的总气动力和力矩。为便于表示，定义了几个积分基本公式，即

$$\begin{aligned} A_1 &= \int_0^1 \frac{c_0}{c_r}\frac{\mu^2}{\sqrt{\mu^2+\eta^2}}\mathrm{d}\eta \\ A_2 &= \int_0^1 \frac{c_0}{c_r}\frac{\mu\eta^2}{\sqrt{\mu^2+\eta^2}}\mathrm{d}\eta \\ A_3 &= \int_0^1 \frac{c_0}{c_r}\frac{\eta^4}{\sqrt{\mu^2+\eta^2}}\mathrm{d}\eta \end{aligned} \tag{7-98}$$

式中，c_r 是桨叶截面参考弦长，$\mu=(V_\infty/(\omega R))$是螺旋桨的进距比，$\eta=(r/R)$是桨叶的量纲为 1 的半径。式(7－98)的桨叶积分中的升力曲线斜率 $a_0=2\pi$，其仅依赖于螺旋桨桨叶弦长和进距比。等弦桨叶的积分值如图 7－64 所示。

螺旋桨的总气动力和力矩为

$$P_Y = q_\infty F_p\left(\frac{4\omega^2Rc_r}{V_\infty^2}\mu A_1\Psi - \frac{4\omega c_r}{V_\infty}A_1\frac{\dot{y}_1}{V_\infty} + \frac{4\omega R}{V_\infty}A_2\frac{\dot{\Theta}c_r}{V_\infty}\right)$$

$$P_Z = q_\infty F_p\left(\frac{4\omega^2Rc_r}{V_\infty^2}\mu A_1\Theta - \frac{4\omega c_r}{V_\infty}A_1\frac{\dot{z}_1}{V_\infty} - \frac{4\omega R}{V_\infty}A_2\frac{\dot{\Psi}c_r}{V_\infty}\right)$$

$$M_{Y,P} = q_\infty F_pD_p\left(-\frac{2\omega^2Rc_r}{V_\infty^2}\mu A_2\Psi + \frac{2\omega c_r}{V_\infty}A_2\frac{\dot{y}_1}{V_\infty} - \frac{2\omega R}{V_\infty}A_3\frac{\dot{\Theta}c_r}{V_\infty}\right)$$

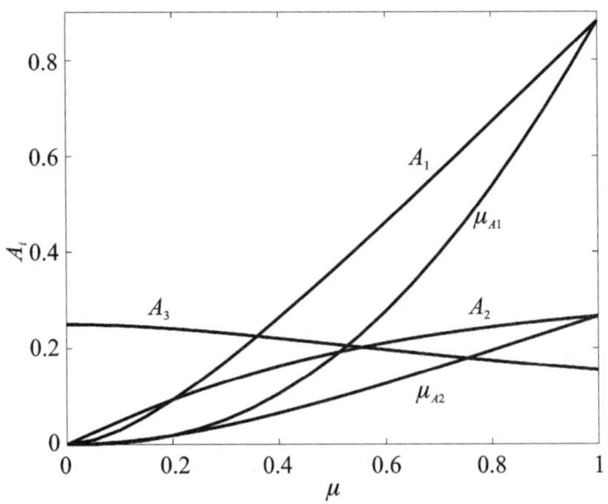

图 7-64　等弦桨叶的积分值

$$M_{Z,P}=q_{\infty}F_pD_p\left(\frac{2\omega^2Rc_r}{V_{\infty}^2}\mu A_2\Psi-\frac{2\omega c_r}{V_{\infty}}A_2\frac{\dot{z}_1}{V_{\infty}}-\frac{2\omega R}{V_{\infty}}A_3\frac{\dot{\Psi}c_r}{V_{\infty}}\right)\tag{7-99}$$

式中，F_P 是螺旋桨旋转面面积；D_P 是螺旋桨直径。为了方便表示螺桨盘转子上的气动力和力矩，定义螺桨气动导数如下：

$$c_{y\Theta}=\frac{\partial c_y}{\partial\Theta^*},\quad c_{y\Psi}=\frac{\partial c_y}{\partial\Psi^*},\quad c_{yq}=\frac{\partial c_y}{\partial\left(\frac{\dot{\Theta}R}{V_{\infty}}\right)^*},\quad c_{yr}=\frac{\partial c_y}{\partial\left(\frac{\dot{\Psi}R}{V_{\infty}}\right)^*}$$

$$c_{z\Theta}=\frac{\partial c_z}{\partial\Theta^*},\quad c_{z\Psi}=\frac{\partial c_z}{\partial\Psi^*},\quad c_{zq}=\frac{\partial c_z}{\partial\left(\frac{\dot{\Theta}R}{V_{\infty}}\right)^*},\quad c_{zr}=\frac{\partial c_z}{\partial\left(\frac{\dot{\Psi}R}{V_{\infty}}\right)^*}$$

$$c_{m\Theta}=\frac{\partial c_m}{\partial\Theta^*},\quad c_{y\Psi}=\frac{\partial c_m}{\partial\Psi^*},\quad c_{mq}=\frac{\partial c_m}{\partial\left(\frac{\dot{\Theta}R}{V_{\infty}}\right)^*},\quad c_{mr}=\frac{\partial c_m}{\partial\left(\frac{\dot{\Psi}R}{V_{\infty}}\right)^*}$$

$$c_{n\Theta}=\frac{\partial c_n}{\partial\Theta^*},\quad c_{n\Psi}=\frac{\partial c_n}{\partial\Psi^*},\quad c_{nq}=\frac{\partial c_n}{\partial\left(\frac{\dot{\Theta}R}{V_{\infty}}\right)^*},\quad c_{nr}=\frac{\partial c_n}{\partial\left(\frac{\dot{\Psi}R}{V_{\infty}}\right)^*}\tag{7-100}$$

这些导数可以通过试验确定，也可以根据解析方法计算得出。

根据准稳态理论，有效准稳态角 Θ^* 和 Ψ^* 为

$$\Theta^*=\Theta-\frac{\dot{z}}{V_{\infty}}=\Theta-\frac{a\dot{\Theta}}{V_{\infty}}$$

$$\Psi^*=\Psi-\frac{\dot{y}}{V_{\infty}}=\Psi-\frac{a\dot{\Psi}}{V_{\infty}}\tag{7-101}$$

利用桨叶积分公式可以得到求解由螺旋桨涡动引起气动载荷的基本方程(7-102)，不过该方法只局限于四桨叶螺旋桨和桨叶升力曲线斜率 $a_0=2\pi$ 的情况。

$$P_Y=q_{\infty}F_p\left(c_{y\Theta}\Theta^*+c_{y\Psi}\Psi^*+c_{yq}\frac{\dot{\Theta}^*R}{V_{\infty}}+c_{yr}\frac{\dot{\Psi}^*R}{V_{\infty}}\right)$$

$$P_Z = q_\infty F_p \left(c_{z\Theta}\Theta^* + c_{z\Psi}\Psi^* + c_{zq}\frac{\dot{\Theta}^* R}{V_\infty} + c_{zr}\frac{\dot{\Psi}^* R}{V_\infty} \right)$$

$$M_{Y,P} = q_\infty F_p D_p \left(c_{m\Theta}\Theta^* + c_{m\Psi}\Psi^* + c_{mq}\frac{\dot{\Theta}^* R}{V_\infty} + c_{mr}\frac{\dot{\Psi}^* R}{V_\infty} \right)$$

$$M_{Z,P} = q_\infty F_p D_p \left(c_{n\Theta}\Theta^* + c_{n\Psi}\Psi^* + c_{nq}\frac{\dot{\Theta}^* R}{V_\infty} + c_{nr}\frac{\dot{\Psi}^* R}{V_\infty} \right) \tag{7-102}$$

考虑气动导数的对称性，则有

$$c_{z\Psi} = c_{y\Theta},\quad c_{m\Psi} = -c_{n\Theta},\quad c_{mq} = c_{nr},\quad c_{zr} = c_{yq}$$

$$c_{z\Theta} = -c_{y\Psi},\quad c_{n\Psi} = c_{m\Theta},\quad c_{mr} = -c_{nq},\quad c_{yr} = -c_{zq} \tag{7-103}$$

忽略高阶小量，则可认为：

$$c_{mr} = -c_{nq} = 0,\quad c_{yr} = -c_{zq} = 0$$

若忽略空气动力的高阶小量（取 $\dot{\Theta}^* \approx \dot{\Theta}, \dot{\Psi}^* \approx \dot{\Psi}$），则可以得到螺旋桨无量纲气动力和力矩：

$$P_Y = q_\infty F_P \left(c_{y\Psi}\Psi^* + c_{y\Theta}\Theta^* + c_{yq}\frac{\dot{\Theta}R}{V_\infty} \right)$$

$$P_Z = q_\infty F_P \left(c_{z\Theta}\Theta^* + c_{z\Psi}\Psi^* + c_{zr}\frac{\dot{\Psi}R}{V_\infty} \right)$$

$$M_{Y,P} = q_\infty F_p D_P \left(c_{m\Psi}\Psi^* + c_{mq}\frac{\dot{\Theta}R}{V_\infty} \right)$$

$$M_{Z,P} = q_\infty F_p D_P \left(c_{n\Theta}\Theta^* + c_{nr}\frac{\dot{\Psi}R}{V_\infty} \right) \tag{7-104}$$

7.5.3　颤振涡动响应特性

以三叶螺桨转子为例，建立其力学模型，考虑螺桨的弯扭耦合模态振动及其气动载荷，阐述螺桨转子颤振涡动响应特性。

1. 计算模型

建立三叶螺桨发动机的转子结构模型，如图 7-65 所示。该模型由桨轴、桨叶、桨盘三部分组成，略去了调节桨叶进气攻角的桨叶桨盘连接结构。在计算中视桨叶为一个带预扭的变截面梁，考虑其弯曲扭转耦合振动——对于桨叶来说，其截面弯心与重心往往不重合，并且桨叶沿叶高方向是带预扭的，因此，桨叶具有弯扭耦合模态，可能发生弯扭耦合振动，各组件采用如下假设。

桨盘：根据其结构特征，视之为刚体，具有 x, y, α_x, α_y（分别为水平、垂直方向的横向、角向位移）4 个自由度。轴系、支承系统的影响则借轴头动刚度来描述，其数值由试验测得。

桨叶：桨叶视为沿径向具有预扭的变截面梁，按照经典梁理论处理——不计剪切变形及转动惯性的影响，认为桨叶各截面重心在变形前为一直线，且沿螺桨盘半径方向，桨叶弯心连线在变形前平行于重心连线。桨叶作弯扭耦合振动。假设所有的桨叶振动特性、气动特性完全相同，忽略气动力对桨叶本身振动的影响。

桨叶与桨盘连接结构：在计算动能时把此结构简化为在两端有集中质量的短梁，其质量与

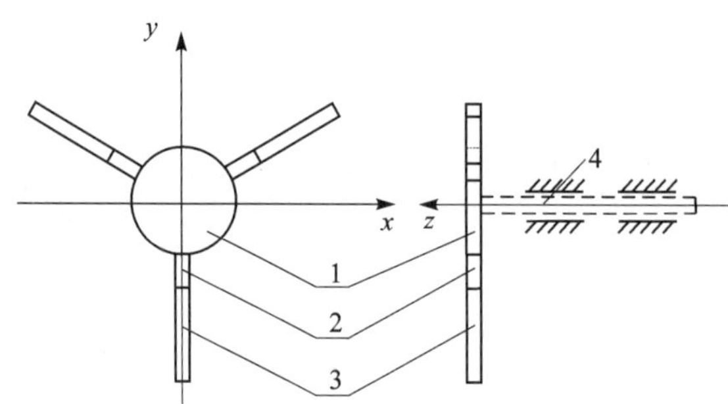

1—桨盘；2—连接结构；3—桨叶；4—桨轴。

图 7-65　三叶螺桨转子计算模型

转动惯量分别与盘和桨叶一起考虑。连接结构的刚度特性由刚度阵描述，因为是短梁，刚度阵里应该考虑剪切力。假设各连接结构具有相同的性质。

螺桨盘转子：具有不平衡量(表示为偏心距为 e_0)。在桨盘和桨轴连接处用1个阻尼阵和1个刚度阵来描述桨轴、转子支承系统、发动机短舱安装系统的动力特性，以便统一考虑支承系统和发动机短舱安装系统对螺桨盘转子颤振涡动的影响。轴头处的刚度阵和阻尼阵的量值可以根据实际结构估算，也可以由对实物或模型进行实际测量得到。

气动载荷：螺桨盘转子涡动过程中螺桨盘偏斜以及桨叶振动变形都将使桨叶各截面上的进气攻角发生变化，以致作用在整个转子系统上的气动力发生变化。气动载荷与螺桨盘及桨叶振动有关。该载荷可以根据桨叶截面型面的升力、阻力特性曲线或桨叶表面压力分布计算。

桨盘质量 $M_d=1.4$ kg，直径转动惯量 $I_d=6.9\ \text{kg}\cdot\text{cm}^2$，极转动惯量 $I_p=7.2\ \text{kg}\cdot\text{cm}^2$。3个桨叶直径为62.2 cm，桨叶材料密度 $\rho=0.002\ 78\ \text{kg/cm}^3$，弹性模量 $E=70$ GPa，剪切模量 $G=30$ GPa。桨叶翼型的升力曲线、阻力曲线的选取参考叶型数据库所给数据。

为了始终保证较高的效率，避免螺桨桨叶尖部的相对速度超声，飞行过程中实际螺桨发动机的转子转速在整个工作范围内是基本不变的。为了使进气攻角始终处于最佳状态，随着飞行速度的改变，桨盘-桨叶的连接结构会对桨叶的安装角进行调整。然而，由于计算模型中略去了连接结构的结构特征，无法调整桨叶安装角，在计算中每一个飞行速度都应有一个转速与之对应，以使气流的进气攻角始终处于最佳状态。取桨叶叶高0.75处的速度三角形进行计算分析，得到如表7-7所列的风速-安装角对转速的影响。

表 7-7　风速-安装角对转速的影响

rpm

$V/(\text{m}\cdot\text{s}^{-1})$	$\theta/(°)$		
	0	10	20
5	1 586	730	455
10	3 182	1 460	910
15	4 762	2 190	1 365
20	6 349	2 920	1 820
25	7 937	3 650	2 275

续表 7－7

$V/(\mathrm{m\cdot s^{-1}})$	$\theta/(°)$		
	0	10	20
30	9 510	4 380	2 730
35	11 095	5 110	3 185
40	12 580	5 840	3 640
45	14 260	6 570	4 095
50	15 850	7 300	4 550
55	17 430	8 030	5 005
60	19 020	8 760	5 460

2. 响应特性

给定安装刚度与转速，计算不同飞行速度下螺桨盘转子的盘心轨迹，如图 7－66 所示。

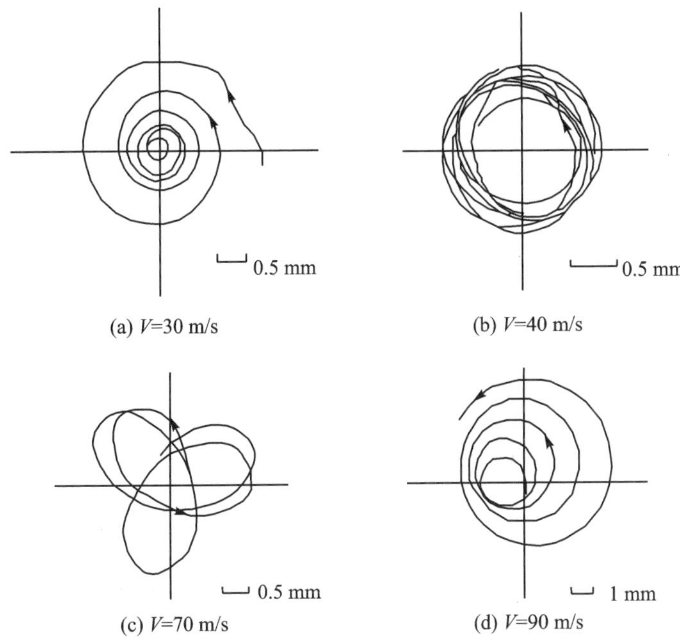

(a) V=30 m/s　(b) V=40 m/s

(c) V=70 m/s　(d) V=90 m/s

图 7－66　不同飞行速度下的盘心轨迹

从图 7－66 中可以看出：由于在飞行速度较低的情况下气动力较小，作用在转子系统上的外力主要是不平衡力，转子系统作同步正进动，所以盘心轨迹基本上是一个圆。随着飞行速度的不断增加，盘心轨迹变为一个稳定的花瓣形。这是因为飞行速度增大后，螺桨盘偏斜产生的使桨盘偏斜加重(俯仰角 Θ 与偏航角 Ψ 增大)的气动力和引起转子系统反向涡动的气动力矩增大，激起转子反进动模态振动，其频率与不平衡力频率不同，两者叠加形成图 7－66(c)所示的花瓣形轨迹，并且涡动速度明显减小。当飞行速度进一步增加时，盘心轨迹渐渐发散，如图 7－66(d)所示。

分析其原因，飞行速度的大小影响螺桨盘偏斜产生的气动力和气动力矩的大小：飞行速度较小时，上述气动力与气动力矩向系统注入的能量小于系统阻尼耗散的能量，转子系统反向涡动半径逐渐减小，处于稳定状态；而当飞行速度较大时，气动力与气动力矩向系统注入的能量大于系统阻尼耗散的能量，转子系统反向涡动半径不断增大，发生颤振涡动失稳，如图 7－67 所示。这说明，存在一个门槛值 V_{FL}，该飞行速度下螺桨转子系统恰好发生颤振涡动失稳。门槛值 V_{FL} 的大小反映了螺桨盘转子系统的稳定性，V_{FL} 越小，转子系统更容易发生颤振涡动失稳，其稳定性越差。

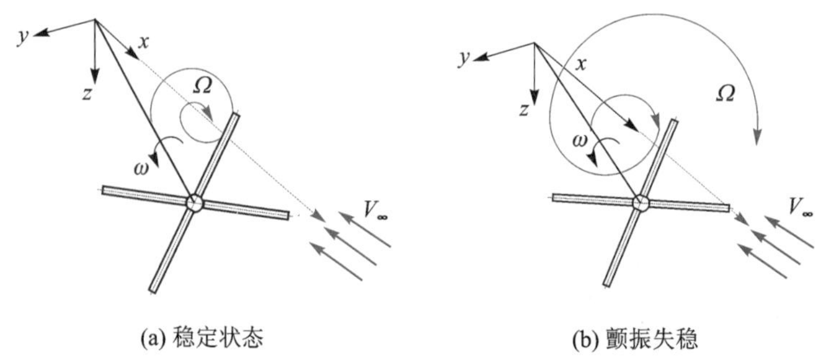

图 7－67　转子系统在反向涡动状态下的两种状态

3. 影响因素分析

在考虑桨叶自身振动的基础上，分析安装刚度、转子转速、转子不平衡力等多种因素对螺桨盘转子系统响应特性及稳定性的影响。

(1) 安装刚度

轴头动刚度阵不仅反映转子轴本身的刚度，同时也反映了安装节、发动机短舱、机翼等支承系统的振动特性对螺桨转子系统的影响，这里通过改变轴头动刚度阵，实现对安装结构刚度的调节。

给定飞行速度和转子转速情况下，转子盘心轨迹随轴头动刚度的变化如图 7－68 所示。

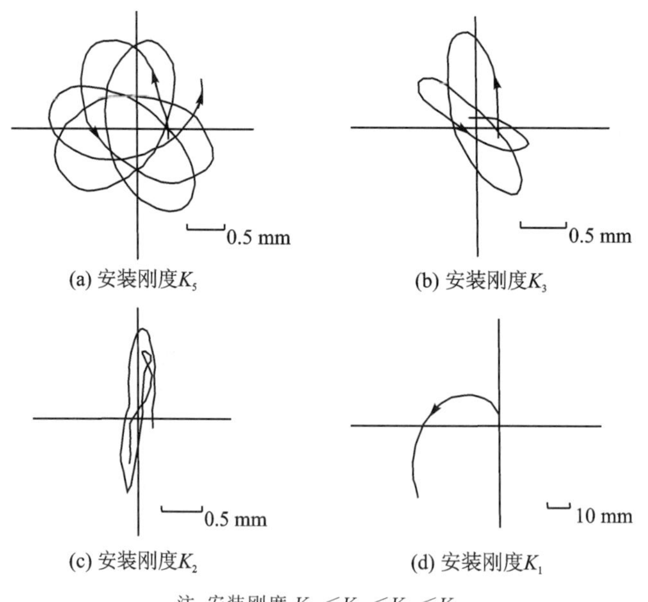

注：安装刚度 $K_1<K_2<K_3<K_5$

图 7－68　不同安装刚度下转子盘心轨迹(飞行速度 $V_\infty=60$ m/s)

由图可知，当安装刚度下降时，盘心轨迹由圆变为椭圆，最后逐渐发散。这是因为计算中所取的轴头刚度在垂直方向上的刚度较小，出现刚度不对称的现象，所以盘心轨迹是一个狭长的椭圆。此外，计算表明：轴头刚度阵中水平方向和垂直方向的刚度对系统的飞行速度门槛值影响不大，而轴头的扭转刚度对稳定边界影响较大。一般情况下，当安装刚度下降到一定时，飞行速度的门槛值变得很低，此时失稳是不可避免的。

在不同轴头刚度下螺桨盘转子系统的飞行速度门槛值 V_{FL} 见表 7－8、表 7－9 和图 7－69。

表 7－8　不同轴头刚度下飞行速度门槛值（考虑桨叶振动）

m/s

安装角/(°)	刚　度			
	K_1	K_2	K_3	K_5
10	28	32	47	71
20	58	62	73	88

表 7－9　不同轴头刚度下飞行速度门槛值（不考虑桨叶振动）

m/s

安装角/(°)	刚　度			
	K_1	K_2	K_3	K_5
10	31	38	52	76
20	63	67	78	93

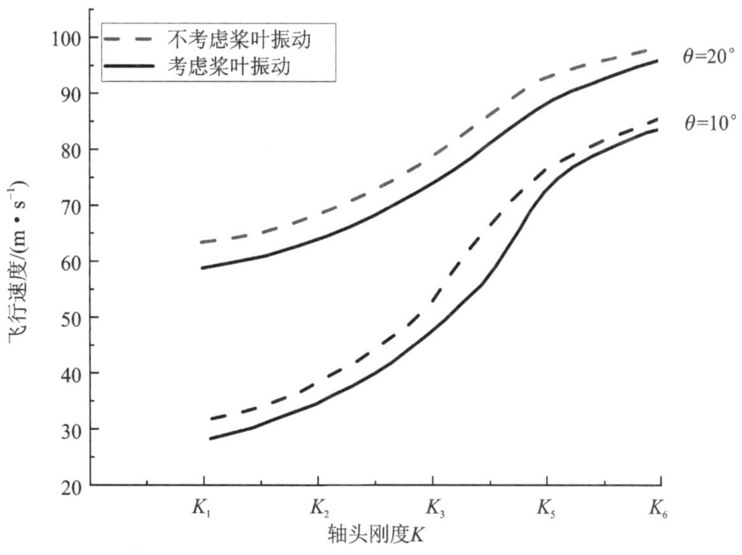

图 7－69　不同轴头刚度下涡桨转子系统飞行速度门槛值

图 7－69 中给出了在考虑桨叶振动和不考虑桨叶振动，即假设桨叶为刚体或具有弯扭耦合振动的弹性体两种情况下，轴头刚度对飞行速度门槛值的影响。结果表明：当考虑桨叶振动时，在一定的安装刚度和转速情况下，飞行速度门槛值略有下降，但数值不大。其原因在于，计

算模型中桨叶较小，其低阶模态主振型中扭转成分较小，而影响桨叶气动力的正是桨叶的扭转角，所以计算结果变化较小。但是对于真实螺旋桨而言，由于其截面质心、弯心相距较大，模态振型中扭转分量大，因此会对气动力产生一定影响。

(2) 转速影响

给定安装刚度情况下，转子转速对系统的颤振涡动的影响较为明确：一般情况下，当转速增加时，失稳边界下降，即发生颤振涡动的飞行速度门槛值下降。这是由于气动力的大小正比于气流相对速度，而转速的增加也使得气动力增大，从而降低了失稳边界。在一定安装刚度和飞行速度下，转子转速变化时的盘心轨迹如图 7-70 所示。

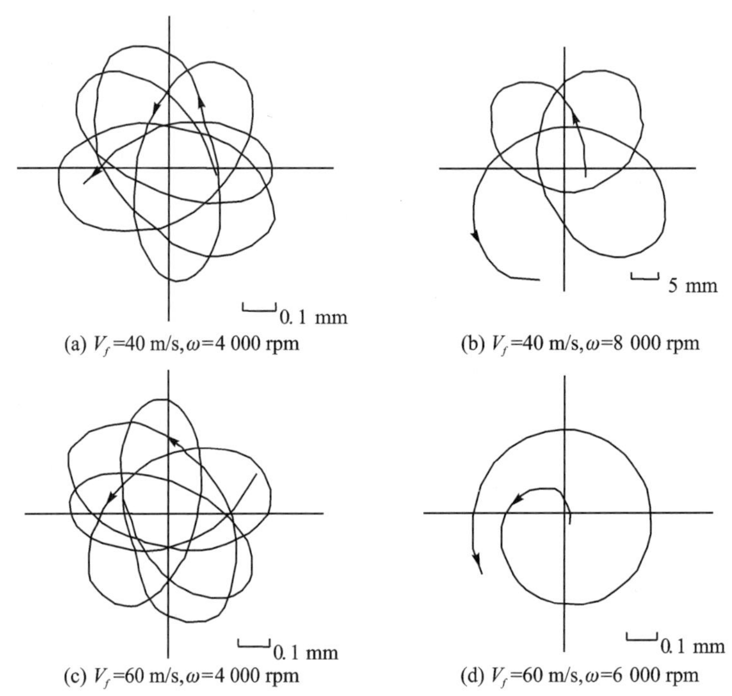

图 7-70 不同转速下转子盘心轨迹(安装刚度 K_5)

(3) 转子不平衡量

不平衡力对转子颤振涡动的影响，取决于安装刚度的大小，具体表现为：在正常安装刚度下，不平衡量的变化对使转子发生颤振涡动的飞行速度门槛值影响不大。在安装刚度较低时，可能使飞行速度门槛值略有下降；而当不平衡量增大时，可使盘心轨迹半径变大，在失稳时轨迹发散加快。

除此之外，阻尼大小对转子系统颤振涡动的影响，表现为，阻尼大小对失稳边界无明显影响，只是在盘心轨迹的形状大小上有所体现。

总之，颤振涡动关键影响因素分析表明：轴头动刚度对颤振涡动响应的影响最为显著。轴头动刚度增加时，螺桨转子系统发生颤振涡动的飞行速度门槛值也会增大，见表 7-10、表 7-11 和图 7-71。反之，飞行速度门槛值将会下降。特别是当安装刚度下降较大时，颤振涡动失稳几乎是不可避免的。所以当螺桨发动机安装系统结构部分损坏时，转子系统可能发生颤振涡动失稳，要特别注意。

表 7-10　不同转速下的飞行速度门槛值(安装刚度 K_1)

$V_{FL}/(m \cdot s^{-1})$	20	30	50
转速/rpm	8 000	5 000	3 000

表 7-11　不同转速下的飞行速度门槛值(安装刚度 K_5)

$V_{FL}/(m \cdot s^{-1})$	20	55	80
转速/rpm	8 000	5 000	3 000

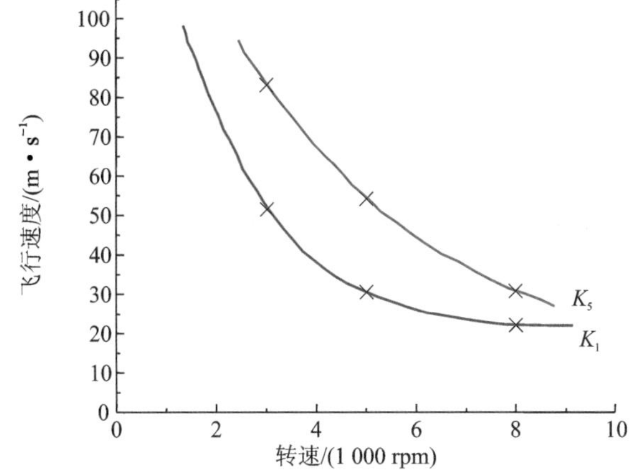

图 7-71　飞行速度-转速对失稳边界的影响

值得注意,在进行气动载荷激励下螺桨转子系统颤振涡动失稳仿真计算时,会出现盘心轨迹发散,这并不是发生颤振涡动失稳,而是由气动载荷与结构运动之间迭代计算时出现的误差、某些进气攻角下桨叶颤振、桨叶模态刚度不准、系统扰动以及瞬态响应求解时初值的影响等引起的数值计算失稳。这些原因引起的盘心轨迹发散与颤振涡动失稳有很大的区别,在计算中应该予以重视,以求得真正的颤振涡动失稳边界。

7.6　本章小结

本章介绍了航空燃气轮机转子系统在工作过程中,由转子间交互激励、非光滑激励和约束特征以及流致激励所引起的非协调涡动问题。

对于带有中介轴承的双转子系统,高低压转子在中介支点处存在的交互激励作用,在旋转惯性、碰摩、流体等激励载荷作用下,可使得转子系统处于非协调涡动状态,转轴弯曲处于交变状态(产生交变应力),连接界面间可能发生相对滑移损伤,或是引起较大支点动载荷,支承结构损伤失效。

共用支承-转子系统中具有复杂的耦合振动特征,表现为:共用承力框架结构多由板壳类构件组合而成,其刚度较弱,可能与转子之间发生模态耦合;两个/多个转子通过共用承力框架交互影响,在实际工作过程中某一转子旋转惯性载荷可能激起另一转子模态共振,处于非协调涡动状态,支点动载荷同时具有较大的幅值与变化范围。

对于采用浮动套齿连接转子-齿轮传动的结构系统，结构及力学特性的非连续性特征使得转子系统在不同工作状态下转子动力学特性表现出一定的非确定性。当动力输出功率变化时，套齿间接触状态改变，产生冲击激励，同时，功率输出齿轮轴共振转速与主轴转子共振转速靠近，二者之间发生耦合振动，使得共振转速与转速频率调制，在转子系统振动信号中则表现为共振转速成分的出现，以及转速基频两侧产生的调制频率成分。

航空燃气轮机转子系统的转静件碰摩情况主要表现在叶片与机匣间的剐蹭与支承结构松动。对于叶片与机匣剐蹭激励转子系统，动力响应幅值较大时转子处于非协调涡动状态，稳定时以某一极大半径做反向涡动。对于支承松动转子系统，转子在支承松动处可能受到径向碰撞激励，激励中含有 n 种特征频率成分，转子系统动力响应由转速频率 ω 与碰撞激励特征频率的组合频率($\omega \pm kp_r$)组成。

螺桨盘转子系统的颤振涡动源于转子进动导致的桨盘偏斜，各桨叶的进气攻角及产生的气动载荷随之变化，进而产生使螺桨盘偏斜加重并能维持转子反向涡动的气动载荷。多种因素对螺桨盘转子系统响应特性及稳定性产生影响，其中安装刚度与转速对临界飞行速度门槛值的影响最大，安装刚度增大或转速降低时，飞行速度门槛值增大，转子系统稳定性提高。

第 8 章　齿轮传动-转子系统结构与动力特性

随着航空燃气轮机结构效率的提高，转子结构特征参数对动力学特性的影响敏感度变强，同时整机结构布局趋于紧凑，结构件之间的相互作用不可忽略，转子与齿轮传动结构之间交互激励影响和模态耦合特征更加显著。

8.1　齿轮传动驱动风扇转子系统

随着航空燃气轮机高涵道比和噪声设计的需求，风扇与低压涡轮同轴旋转的常规高涵道比转子结构设计受到很大挑战。齿轮传动驱动风扇（GTF）转子系统引入星齿轮传动装置作为风扇转子和低压转子之间的减速装置，使低压涡轮转子在高速运转，同时驱动低转速风扇，这让风扇转子和低压转子均处于各自最佳工作转速下，提高了涵道比、降低耗油率，抑制了气动噪声，并且保证了转子系统动力学特性及安全性满足设计要求。

8.1.1　结构特征及力学模型

GTF 转子系统具有大跨度、多支点、质量/刚度分布极不均匀的结构特征。图 8-1 所示典型齿轮传动驱动风扇转子系统包含三大部件，分别为风扇转子、齿轮传动装置以及低压转子。

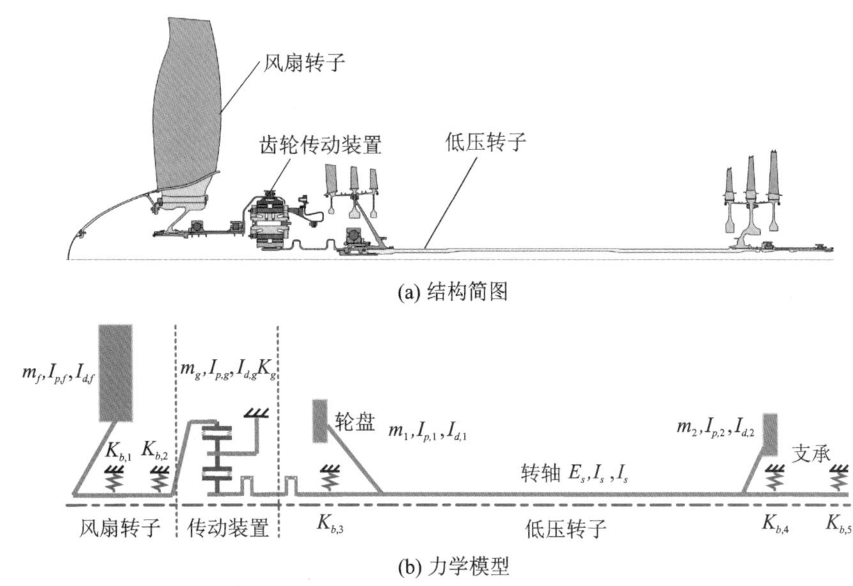

图 8-1　典型齿轮传动驱动风扇转子系统

减速传动装置的使用，使低压转子工作转速得以增加，以至靠近或超越弯曲振型临界转速。当转子发生弯曲变形，轮盘发生倾斜后，压气机和涡轮的气动效率势必下降，并且轮盘旋转惯性载荷可能会造成更大的支点动载荷，给轴承使用寿命带来不利影响。

此外，传动装置还给低压转子增加了质量约束和刚度约束，一方面，大质量惯性传动装置具有局部模态，可能与低压转子系统发生模态耦合；另一方面，传动装置若发生横向振动，势必通过二者之间的传动轴，给转子系统带来附加激励。

为进一步分析 GTF 转子系统的共振转速分布特性、耦合模态特性以及子结构交互激励特性，建立动力学模型，如图 8－1(b)所示，低压转子细长轴(E、I、L)两端安装轮盘(m、I_p、I_d)和支承结构(K)，转子一端又与传动装置(具有质量惯性和约束刚度)相连，最终驱动大质量轮盘(风扇)。

补充说明一点，典型星齿轮传动装置有两种，分别为恒星轮系和行星轮系，其结构示意图如图 8－2 所示。

恒星传动齿轮系中，功率输入轴连接太阳轮，太阳轮与恒星齿轮外啮合。恒星齿轮同时又与功率输出轴(风扇轴)的内齿环内啮合，向风扇转子输入轴功率。此时恒星齿轮作为中间齿轮，只发生自转。而在行星轮系中，外齿环固定在机匣上不旋转，中间齿轮在自转的同时，中间齿轮与保持架一起公转，并驱动风扇转子旋转。恒星轮系较行星轮系传动比略小，但工作时不会产生过大附加离心惯性载荷，适合航空燃气轮机高速转子系统。

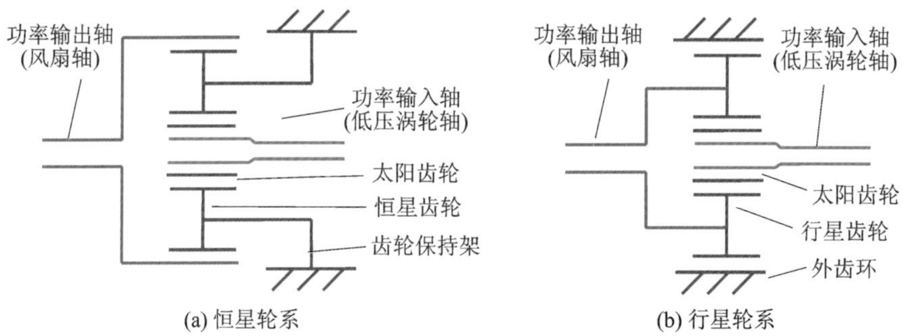

图 8－2　典型星齿轮传动系统

8.1.2　共振转速分布及耦合模态

以图 8－1(b)所示的 GTF 转子动力学模型为基础，首先分析核心子结构(低压转子系统)的共振转速分布及几何构形和支承特性优化设计思路。在此基础上，分析不同子结构间(低压转子系统、传动装置、风扇系统)的模态间耦合程度和共振转速分布特性。

1. 低压转子系统

航空燃气轮机低压转子系统均属于高速柔性转子系统，合理发挥转子陀螺力矩效应，对高速柔性转子系统的避开共振设计有着至关重要的作用。对于将工作转速设计在弯曲临界之上的柔性转子，应充分增强陀螺力矩效应，提高弯曲临界超过最大工作转速。对于工作转速设计在弯曲临界之下的柔性转子，应适当减小轮盘极转动惯量，控制轮盘角向变形，抑制其陀螺力矩效应，使弯曲临界低于工作转速。如图 8－3 所示，齿轮传动涡扇发动机低压转子的轮盘径向尺寸较小，有利于抑制其陀螺力矩效应。

对于 GTF 低压转子系统，在强度要求和叶片切线速度不大幅增加的要求下，转速的提高使压气机与涡轮的径向尺寸显著减小，轮盘质量、极转动惯量较小，又由于压气机和涡轮均采

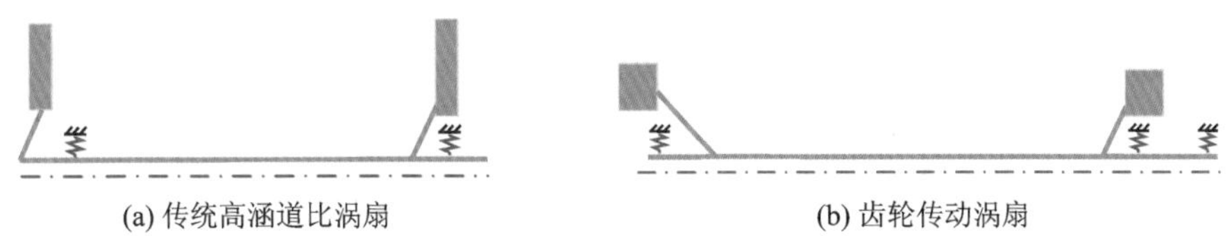

图 8-3　典型涡扇发动机低压转子系统转子系统结构特征示意

用非悬臂设计，所以低压转子系统陀螺效应相较于传统风扇—低压涡轮转子有所减小，进而导致转子系统弯曲共振转速降低，转子工作转速可超越弯曲临界转速。

图 8-4 所示为不同类型涡扇发动机低压转子系统的共振转速分布示意图，图中横纵坐标采用弯曲临界转速进行归一化处理。由图可知，GTF 发动机低压转子较其他涡扇发动机低压转子，弯曲共振转速线斜率更小，弯曲临界转速更低，转子工作转速区间位于弯曲临界转速之上。

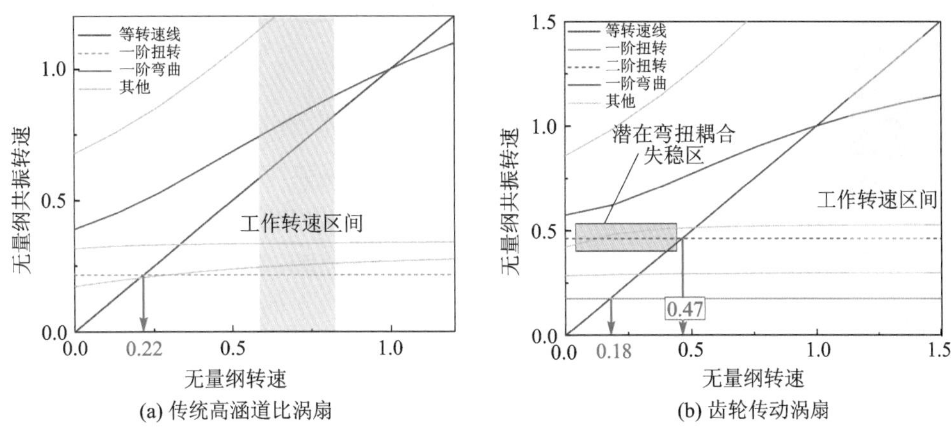

图 8-4　典型涡扇发动机低压转子系统共振转速分布示意图

此外，如图 8-4(b)所示，对于 GTF 低压转子而言，其扭转共振转速线与具有弯曲振型特征的共振转速线靠近甚至相交，易形成潜在弯扭耦合振动失稳区。这一问题来自于两方面的原因：一方面是上述所言的，具有弯曲振型特征的共振转速线降低；另一方面，齿轮传动装置的存在增加了新的扭转自由度，GTF 低压转子系统扭转模态频率提高、阶次增多。

因此，面对 GTF 低压转子的超弯曲临界工作特性以及潜在的弯扭耦合振动问题，应通过转子几何构形及支承约束特性设计，控制轮盘陀螺力矩效应，调整转子共振转速分布，扩大安全裕度，避免发生共振及潜在弯扭耦合振动。

例如，改变轮盘轴颈锥角可使其弯曲刚度改变，使轮盘在高速旋转状态下易(或不易)被陀螺力矩掰正，从而改变转子系统陀螺力矩效应强弱，使弯曲振型共振转速线及其临界转速降低(或升高)。相反，亦可通过在轴端使用双支点设计约束轮盘角向变形，并降低盘连接刚度，使轮盘尽快被陀螺力矩掰正，降低弯曲临界共振转速线斜率，为转子留出宽广的超临界工作区间。如图 8-5 所示，低压压气机前轴颈锥角较大，接近 90°时，轴颈弯曲刚度小，一弯共振转速线斜率更小，临界转速较低。

实际上陀螺力矩在减小柔性转子高速旋转时的支点动载荷也发挥着重要作用。如图 8-6 所示，在高转速状态下，轮盘较强的陀螺力矩通过锥壳作用在涡轮轴上，使轴端挠度变小，进而支点动载荷变小。

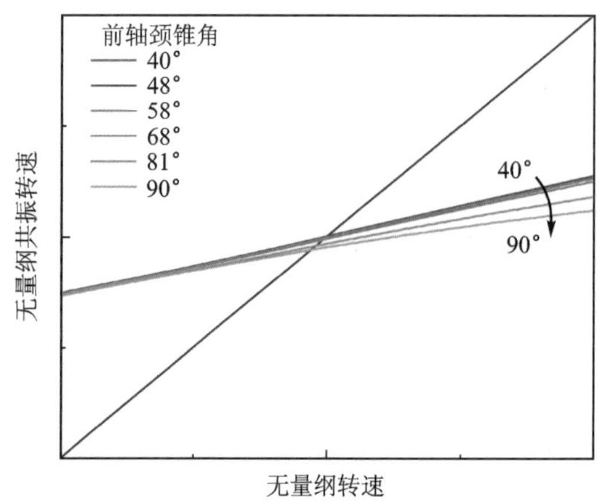

图 8-5 低压转子前轴颈锥角对弯曲共振转速分布的影响

(a) 低转速时　　(b) 高转速时

图 8-6 陀螺力矩作用下低压转子弯曲振型的变化

2. 齿轮传动驱动风扇转子系统

齿轮驱动风扇转子系统质量/刚度分布的极不均匀特征使其模态具有显著的局部特征。同时，具有大质量惯性的齿轮传动装置，作为低压转子的“支点”，也将对低压转子产生附加约束作用，使低压转子与齿轮传动装置间易发生模态耦合。如果齿轮传动装置和低压转子系统模态频率相近，那么二者会发生模态耦合。

如表 8-1 所列，典型齿轮驱动风扇转子系统前 7 阶横向振动模态中，以风扇转子振动为主的模态有 2 个，为第 1 和第 5 阶，分别对应风扇俯仰、风扇平动振型；以低压转子振动为主的模态有 4 个，分别为第 2、4、6、7 阶，分别对应低压涡轮局部俯仰振动、低压压气机局部俯仰振动、低压整体一弯、整体二弯等振型；传动装置具有 1 阶平动模态，对应第 3 阶。

表 8-1 齿轮驱动风扇转子系统模态振型及应变能分布

阶　次	模态振型及频率	模态振型图	模态应变能分布占比（风扇　传动装置　低压转子）
1	风扇 俯仰 18 Hz		89%　5%　6% 0　20　40　60　80　100
2	涡轮 平动 37 Hz		0%　100% 0　20　40　60　80　100

续表 8-1

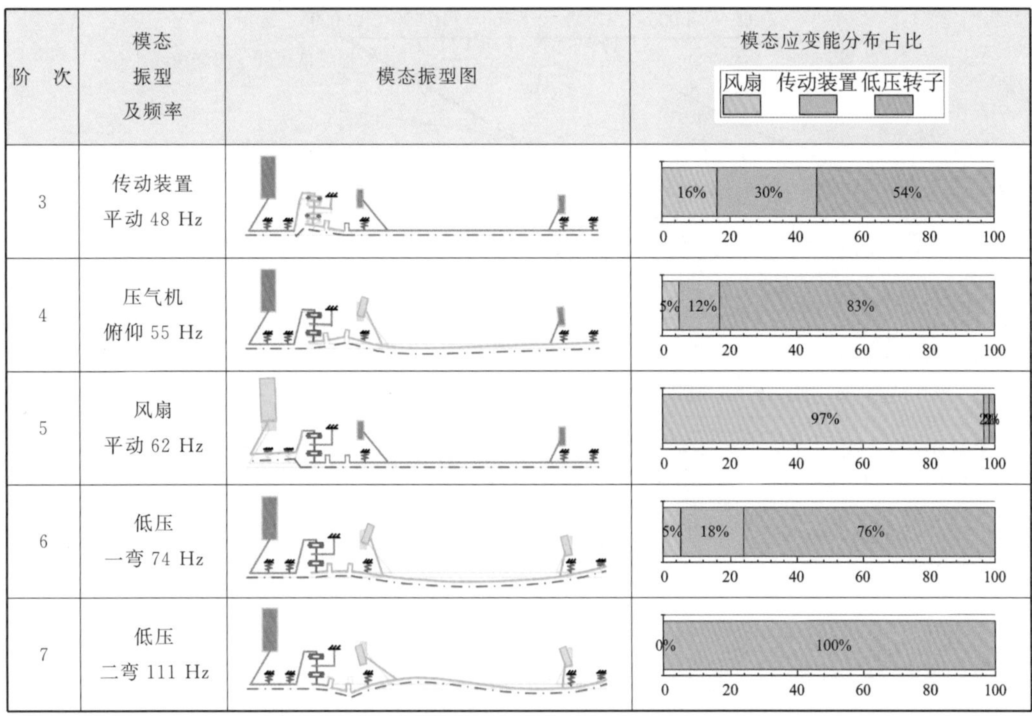

阶　次	模态振型及频率	模态振型图	模态应变能分布占比（风扇　传动装置　低压转子）
3	传动装置 平动 48 Hz		16%　30%　54%
4	压气机 俯仰 55 Hz		5%　12%　83%
5	风扇 平动 62 Hz		97%　2%1%
6	低压 一弯 74 Hz		5%　18%　76%
7	低压 二弯 111 Hz		0%　100%

由表 8-1 右侧的模态应变能分布图可知，风扇转子与低压涡轮转子的各阶模态具有显著局部特征，应变能常集中于单一部件；而传动装置平动、低压压气机俯仰、低压转子整体一弯模态，应变能在各部件有较均匀的分布，体现出显著的模态耦合特征。值得注意，低压整体一弯振动与低压压气机俯仰振动，与传动装置在模态上存在耦合，这正是大质量惯性齿轮传动装置对低压转子弯曲变形产生附加约束作用的重要体现。这种约束是相互的——对于传动装置平动模态，低压转子和风扇转子中亦有相当数量的应变能分布。

为避免齿轮传动驱动风扇转子系统模态耦合，应控制齿轮传动装置的局部模态频率和转子系统模态频率相互远离。由于传动装置质量较大，宜对其安装结构进行低刚度设计，使局部模态频率远低于转子模态频率。如图 8-7 所示，采用折返式安装结构可以降低安装刚度。

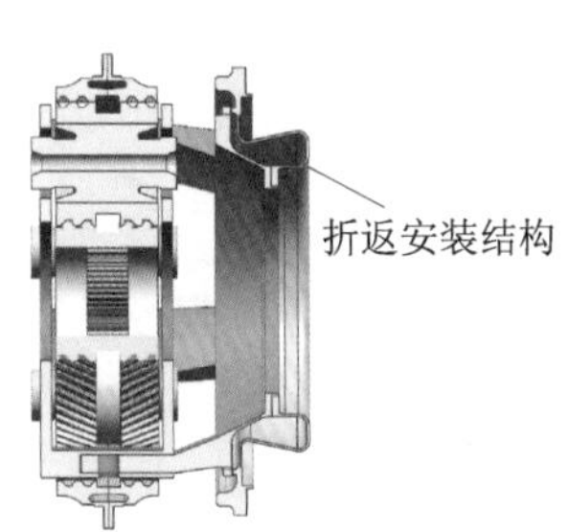

图 8-7　齿轮传动装置折返安装结构

上述模态分析中，未考虑转子高速旋转所产生的陀螺力矩效应，但实际中陀螺力矩效应对转子系统固有特性具有重要影响。其中，对于采用恒星轮系传动装置的 GTF 转子系统，风扇与低压转子转速不同且转向相反，其共振转速分布特性更具复杂性。图 8-8 所示为齿轮传动驱动风扇转子系统 Campbell 图。

对于处于高速旋转状态的 GTF 转子系统，除去要求转子自身避开共振和子结构间模态解耦外，还应考察子结构间的交互激励特性，即风扇、传动装置、低压转子间不相互激起共振的要求。

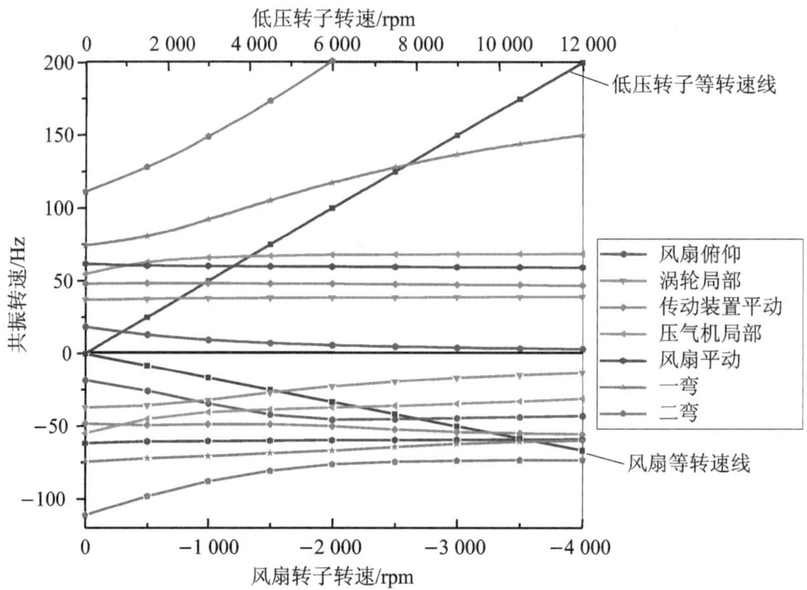

图 8-8　GTF 转子共振转速分布

8.1.3　子结构间交互激励及抑制

当转子系统某一子结构产生振动响应时，由于子结构间存在机械阻抗，另一子结构会受到激励发生振动乃至共振。例如，当风扇转子及齿轮传动装置振动频率靠近或与低压转子某阶模态频率相等时，可能引起低压转子共振状态下非协调反向涡动。抑制交互激励作用，核心在于降低子结构间机械阻抗。

降低传动装置和低压转子之间传动轴的刚度，可以有效降低二者之间的机械阻抗（如图 8-9 所示），进而能够抑制二者间的交互激励作用。

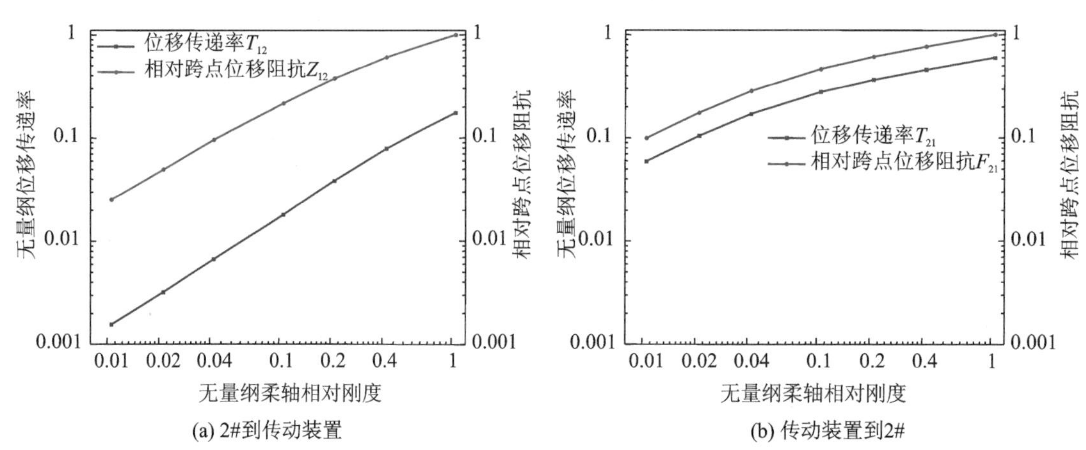

图 8-9　柔性传动轴刚对零频位移传递率和相对跨点位移阻抗的影响

以图 8-1 所示模型为例，计算对比柔性、刚性传动轴条件下，传动装置和低压转子的交互激励作用。

1. 外齿环(风扇)激励

图 8－10 所示为传动装置齿环在不平衡激励作用下，转子系统各处的谐响应。

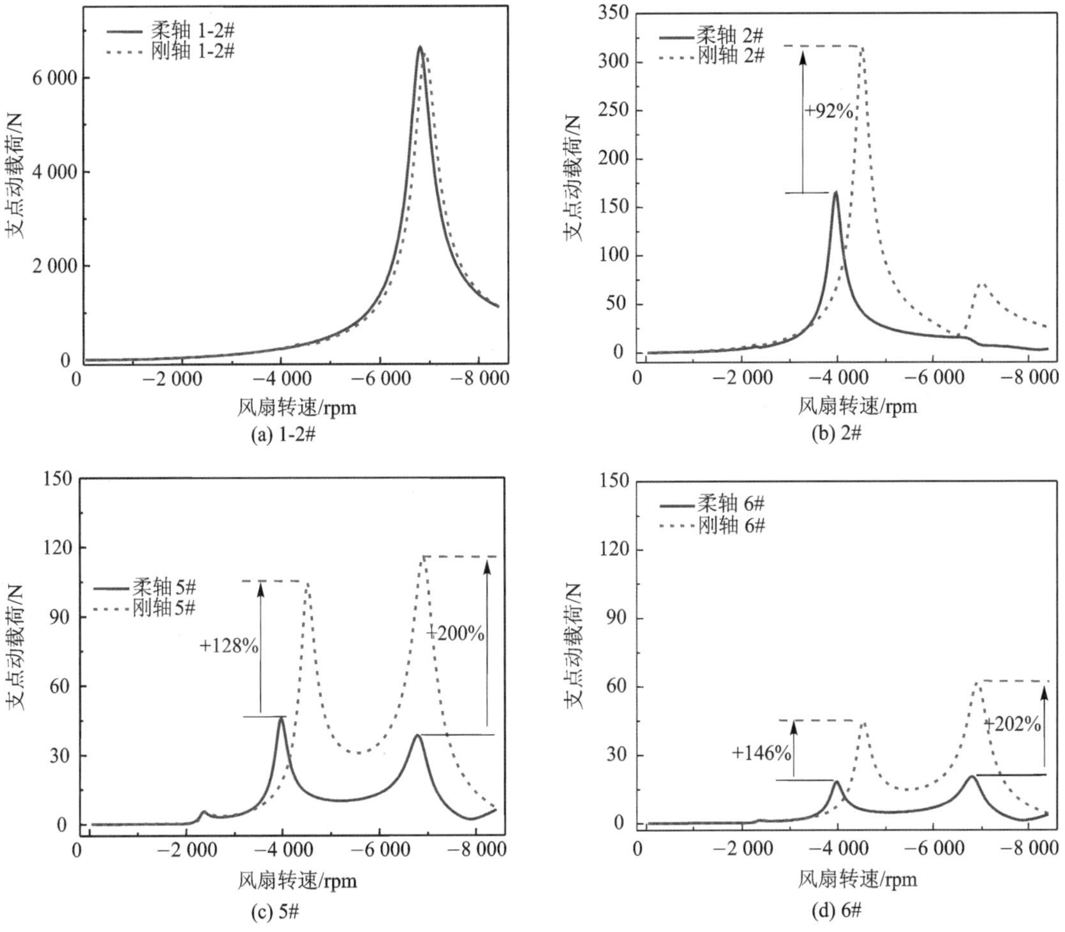

(a) 1-2#

(b) 2#

(c) 5#

(d) 6#

图 8－10　外齿环(风扇)激励下各支点动载荷

显然采用刚性传动轴能显著增加齿轮传动装置带给低压转子的附加激励作用，此时 2＃ 和 5＃ 支点动载荷明显大于使用柔性传动轴的转子，而且临界转速值要更大。根据图 8－10 所示，更具体的，刚轴相对柔轴的支点动载荷峰值增幅可达 90％～200％，这正是由于刚轴使系统刚性增大，使其约束前后两个结构单元位移协调的作用变强，来自传动装置的振动会传递给低压转子系统。

2. 低压转子激励

绘制低压压气机和涡轮在不平衡激励作用下，转子系统各处支点动载荷变化，如图 8－11 所示。

采用刚性传动轴会显著增加低压转子给齿轮传动装置带来的附加激励作用。如图 8－11(a) 所示，采用刚性传动轴后传动装置端(1－2＃)的各响应峰值，相对使用柔轴增加 29％～601％。但是，使用刚轴会使传动装置对低压转子的附加质量约束作用显现，这使得低压转子自身不平衡激励带来的低压振动幅值减小，如图 8－11(b)、(c)、(d)所示，2＃、5＃、6＃ 支承动载荷响应

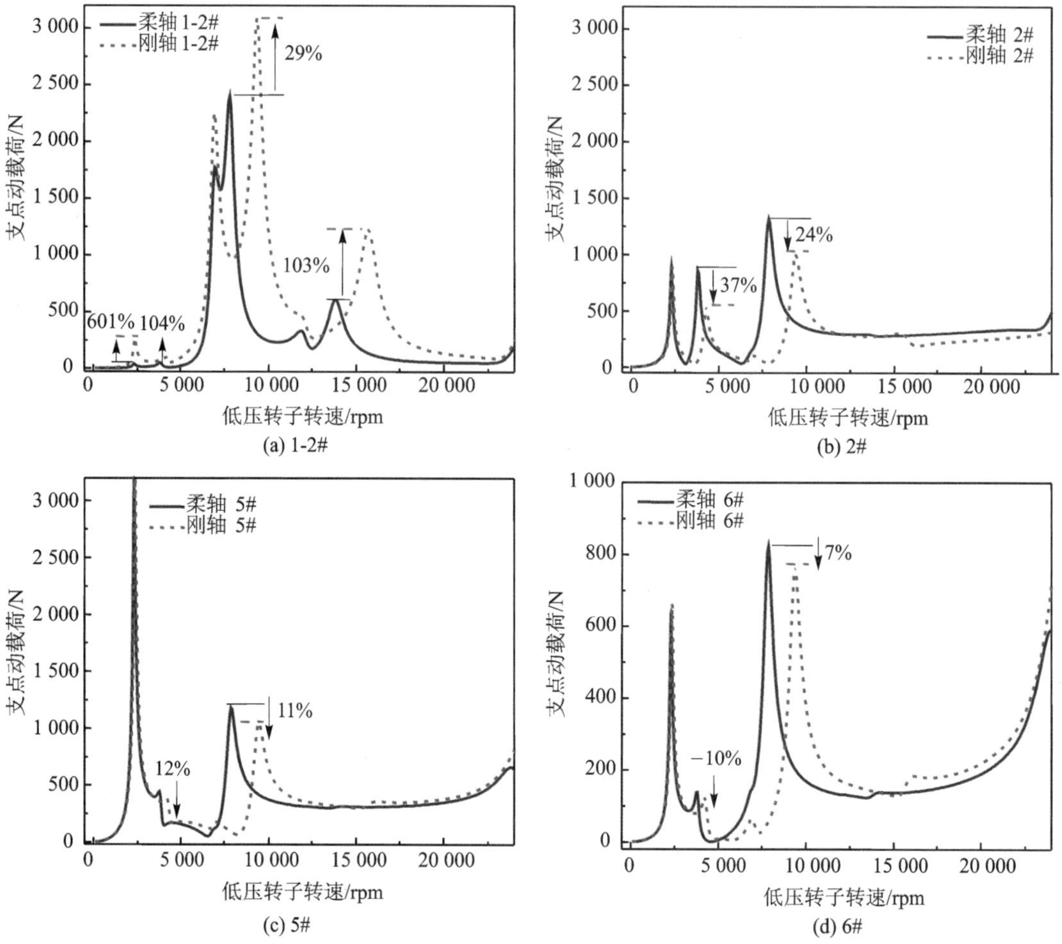

(a) 1-2#

(b) 2#

(c) 5#

(d) 6#

图 8-11 低压转子激励下各支点动载荷

峰值约降低 7%～24%。

总之,GTF 低压转子结构具有大跨度、多支点、质量分布不对称等特征,在高速旋转时,转子各组成结构单元之间还会发生耦合模态振动;对于由多个子结构单元组成的复杂转子系统,需要通过采用转子结构几何构形优化设计,充分发挥高转速压气机和涡轮结构的陀螺力矩效应,合理调整高速柔性转子系统共振转速分布,在工作转速范围内保持足够的避开共振安全裕度,尤其是避免耦合模态振动;由于齿轮传动装置具有大质量、低安装刚度的结构特征,在转子系统动力响应特性设计中,可以充分利用其"机械阻抗"特性,使转子各组成结构单元之间的交互激励作用及响应得到有效抑制。

8.2 中央传动齿轮-转子系统

中央传动齿轮是从航空燃气轮机主轴向外部附件传递轴功率的重要转子系统,也是转子系统中动力学设计及高周疲劳损伤控制的关键系统。图 8-12 所示为典型的中央传动齿轮-转子结构系统的结构示意图,其中,转子通过安装于前端的主动锥齿轮与从动锥齿轮相连接,

进而驱动传动轴转动、实现向外传输转子轴功率的功能。

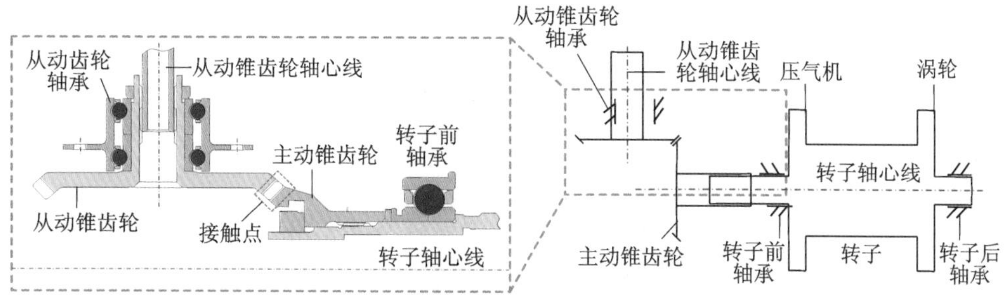

图 8－12　中央传动齿轮-转子结构系统

在轻质重载的要求下，齿轮传动机械结构和转子质量降低、导致结构系统刚度下降的同时，转子/齿轮转速和中央传动齿轮副的传递功率却在不断增加。因此，转子在驱动中央从动锥齿轮转动时，会不可避免地引起结构系统发生复杂振动，在实际使用中，发动机由于上述原因曾经屡次发生转子振动过大、中央从动齿轮断裂等故障，严重危害发动机的正常运行。

8.2.1　结构特征及力学模型

当转子在工作过程中产生横向位移(平动或俯仰)时，由于转子前端主动锥齿轮和从动锥齿轮之间相对位置发生改变，因此，中央传动齿轮副之间的接触会对转子的运动产生附加约束和附加激励，反之亦然。

考虑从动锥齿轮和转子系统接触啮合的交互影响，建立动力学模型，如图 8－13 所示。由于从动锥齿轮与转子的转动轴心线互相垂直，因此需要分别建立两者的局部参考坐标系。图中的 $O-xyz$ 为转子系统的局部直角坐标系，$O-x'y'z'$ 为从动锥齿轮系统的局部直角坐标系，轮盘 1、2、3、4 分别表示主动齿轮、压气机、涡轮和从动齿轮。特别的，1、4 之间的间隙弹簧

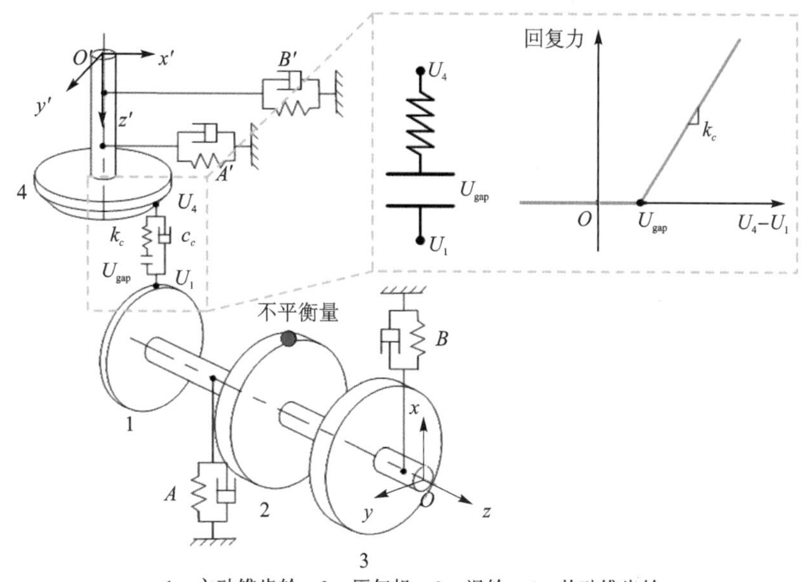

1—主动锥齿轮；2—压气机；3—涡轮；4—从动锥齿轮。

图 8－13　中央传动齿轮-转子结构系统动力学模型

用于模拟带有初始间隙的齿轮接触的非线性特征。

8.2.2 主轴转子系统响应特性

由于工作转速较高，中央传动齿轮副-转子结构系统的非连续性及其工作状态下两个结构的交互影响显著。对于转子系统，从动锥齿轮对其横向约束较敏感，且具有非确定性(刚度随工作状态变化)，其响应特性十分复杂。

由于受到从动锥齿轮的附加约束作用，转子的频域响应中除了包含转子的转速频率成分外，还包括其转速的倍频成分。图 8-14 所示为基于上述中央传动齿轮-转子系统动力学模型，计算得到转子在旋转状态下后轴承位置的振动频率成分。

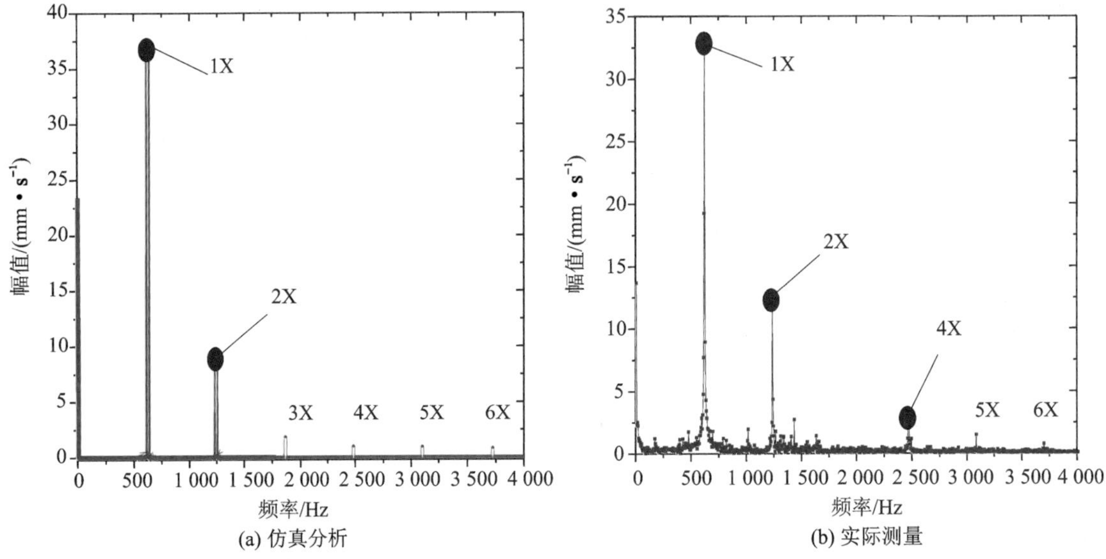

图 8-14 工作转速下转子后轴承位置动力响应特性

此外，由于受到来自齿面的持续约束作用，转子的轴心还存在稳定的横向偏移，这一结论，首先体现在图 8-14(a)中所示 0 频幅值不为 0，还体现在图 8-15 所示转子截面轴心轨迹整体偏离中心点。

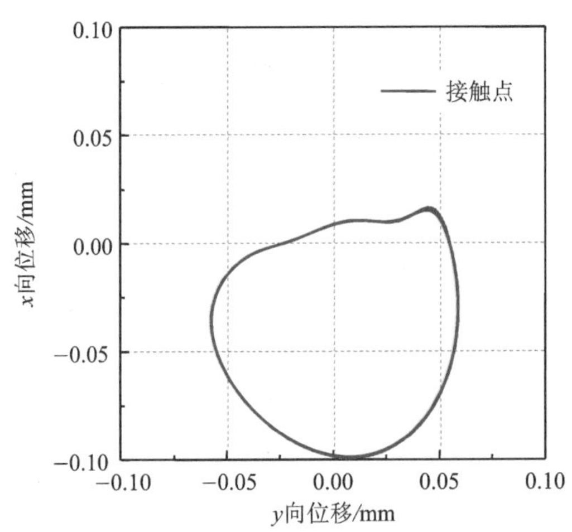

图 8-15 工作转速下转子接触点位置轴心轨迹

因此，由于从动锥齿轮产生的附加约束作用，转子的运动会产生转动基频和倍频成分的振动，需要在转子系统的振动特性分析中加以考虑。同时，转子的运动也会反过来对从动锥齿轮产生附加约束作用，在从动锥齿轮的振动特性分析中也须考虑。

8.2.3　从动锥齿轮振动特性

1. 复杂激励作用

在工作状态下，从动锥齿轮会考虑来自两方面的激励：① 与主动齿轮的齿面啮合所产生的高频激励；② 转子横向振动产生的低频激励。其中，齿轮副齿面接触造成的接触载荷频率 H_h 可以表述为从动锥齿轮工作转速 ω_g 与从动锥齿轮齿数 n_g 的乘积，即

$$H_h = \omega_g \cdot n_g \tag{8-1}$$

由于啮合激励频率较高、啮合时间较短（小于 1 ms），需要将该激励视为冲击载荷作用并考虑其振动能量的传播特性，因此将从动齿轮受到的齿面啮合激励载荷通过冲击函数表示，其对齿轮的激励如图 8-16(a)所示。

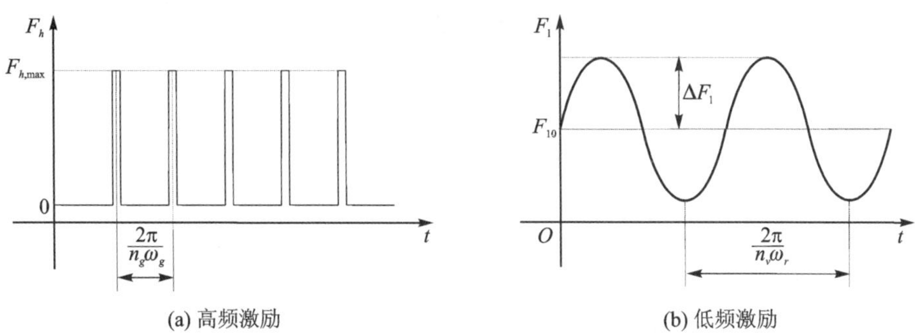

图 8-16　从动锥齿轮受到的激励作用

而根据上文分析可知，工作状态下由于转子变形会对从动锥齿轮产生低频激励作用，并且与转子的转动频率呈倍频关系，其激励可以表达为

$$H_l = \omega_r \cdot n_v \tag{8-2}$$

其中，$n_v = 1,2,3,\cdots$ 表示可能出现的转子系统振动频率相对转子转速的倍率。显然，该周期激励作用与转子的转动频率有关。而相比齿面啮合产生的高频激励作用，该旋转激励作用频率较低、幅值较大，因此对于从动锥齿轮产生的激励作用可以近似通过简谐函数表达，其具体形式如图 8-16(b)所示，图中 F_{l0} 为齿轮间啮合产生界面初始力，ΔF_l 为振动应力幅值。

2. 固有特性

图 8-17 所示为无附加约束条件下（$k_c = 0$）从动锥齿轮的固有模态振型及其对应的频率。显然，从动锥齿轮的固有模态频率相对转子转速频率较高。此外，在无约束条件下结构内的振动变形及其对应的振动应力在结构内呈轴对称分布。

当从动锥齿轮附加受到转子附加约束后，各阶模态频率会有不同程度地改变。表 8-2 给出了无附加约束和带有附加约束（$k_c = 5\times10^9$ N/m）时，从动锥齿轮的各阶固有模态频率。显然，齿面啮合产生的约束作用将显著改变结构的低阶模态固有特性，而当模态阶次增加、频率较高时，局部约束刚度对从齿轮固有特性的影响率逐渐降低，以至对于齿轮高阶模态频率的影响可以认为忽略不计。

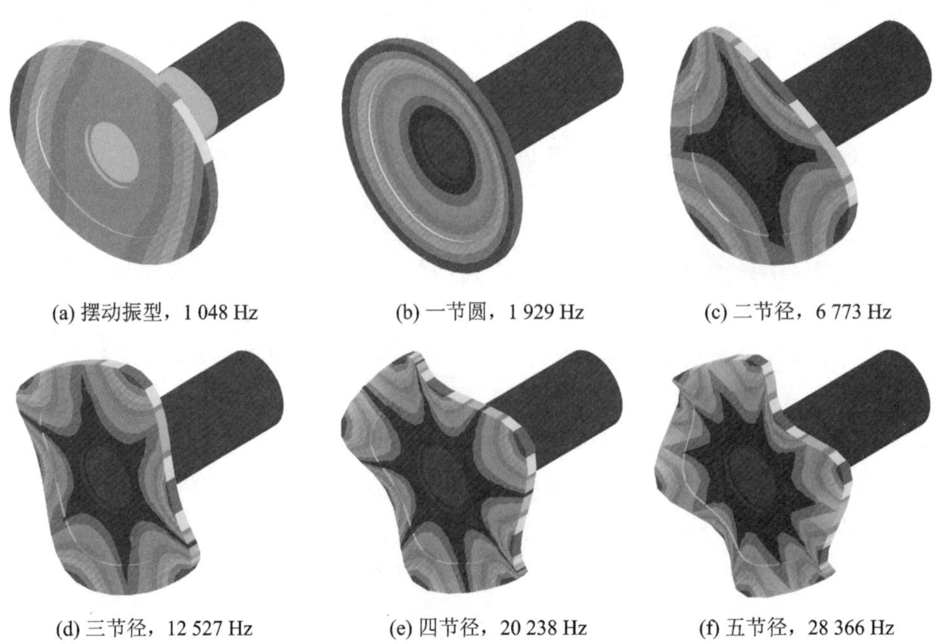

(a) 摆动振型，1 048 Hz
(b) 一节圆，1 929 Hz
(c) 二节径，6 773 Hz
(d) 三节径，12 527 Hz
(e) 四节径，20 238 Hz
(f) 五节径，28 366 Hz

图 8-17　从动锥齿轮固有模态特性(无附加约束)

表 8-2　附加约束对从动锥齿轮固有模态特性的影响

模态振型	频率/Hz		相对变化量/%
	无附加约束	附加约束	
摆动振型	1 048.0	1 286.2	22.73
一节圆	1 928.7	2 103.5	9.06
二节径	6 773.2	6 909.6	2.01
三节径	12 527.2	12 609.5	0.66
四节径	20 238.3	20 302.9	0.32
五节径	28 366.0	28 327.4	−0.14

3. 响应特性

从动锥齿轮结构受到的外界激励来源于齿面啮合产生的高频激励和转子转动产生的低频激励。这两个激振频率分别取决于从动锥齿轮的转动频率和转子的转动频率，因此，基于单激励源的 Campbell 图不能满足对齿轮-转子系统的共振状态分析。

图 8-18 所示为多源激励条件下从动锥齿轮的 Campbell 图。该图有两条横坐标，分别表示从动锥齿轮转速和转子转速。图中绘制了以齿轮转动频率为基频 n_g 的倍频激励 $K_g = n_g$ 和以转子转动频率为基频的倍频激励 $K_r = 1,2,3$，通过上述直线与从动锥齿轮各阶模态的共振频率线的相交情况，展示了工作状态下从动锥齿轮可能出现的共振点。此外，由于齿面附加约束刚度只对从动齿轮的低频振动模态影响较大，该图中只考虑了不同附加约束刚度 k_c 对从动锥齿轮低阶模态动频特性的影响，图中与之对应的是，摆动振型对应的共振转速随从动锥齿

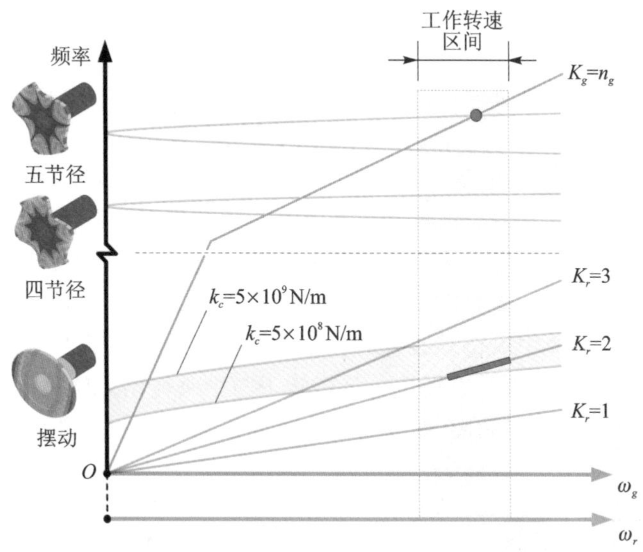

图 8-18　多源激励下从动锥齿轮 Campbell 图

轮的转速变化呈区间分布。

该图显示，由于转子转动频率 2 倍频的激励作用，从动锥齿轮会在工作转速区间内产生摆动振型，而由于齿面啮合激励的影响，从动锥齿轮还会同时存在五节径振型的模态振动。

此外，由于附加约束和工作转速的影响，从动锥齿轮内的低频振动应力分布并非呈轴对称分布。例如，转子转速 2 倍频激励作用下从动锥齿轮内部的低频振动最大应力连线并非轴对称，如图 8-19 所示。因此，在中央传动齿轮-转子结构系统中，高周疲劳故障往往是由转子旋转激励引起的低频振动和由齿面高速啮合引起的高频振动所共同作用引起的，故从动锥齿轮的高周疲劳故障现象与一般齿轮系中单纯由齿面啮合引起的齿轮高周疲劳故障现象不同：在一般齿轮系中，由于齿面啮合产生的高频激振力在结构中传播时会被快速耗散，因此其振动能量往往集中在接触点附近，致使高周疲劳故障现象表现为齿轮局部掉块；而在中央传动齿轮-转子系统中，在齿面啮合产生的高频激振力造成初始裂纹后，该裂纹会继续在低频振动模态引起的振动应力作用下沿辐板轴向扩展（路线如图 8-19 中的虚线、图 8-20 中的齿轮故障件荧光线所示），最终有可能会导致锥齿轮的整体开裂。

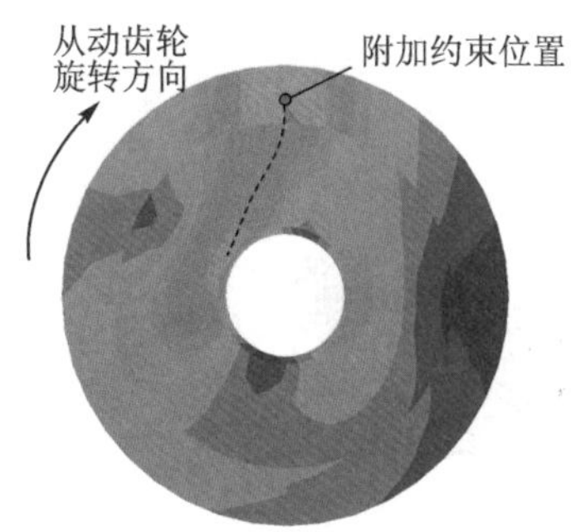

图 8-19　从动锥齿模态振动应力分布

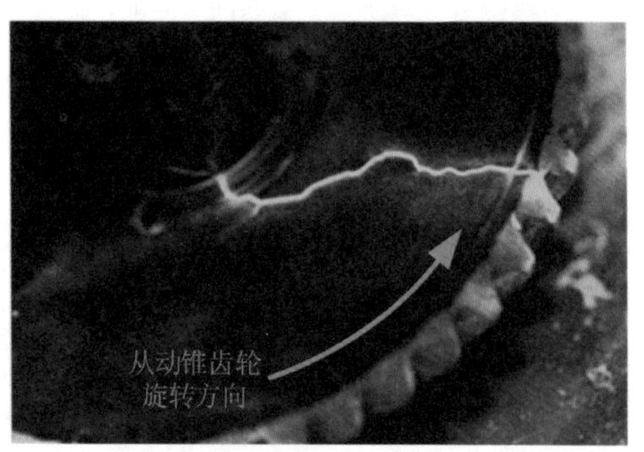

图 8-20　从动锥齿轮疲劳裂纹荧光检测

8.2.4 耦合振动抑制

基于上述分析，对中央传动齿轮-转子结构系统的振动特性和耦合振动抑制方法进行总结：

① 当航空燃气轮机主轴转子系统刚性强、质量大、横向振动小时，动力学特性与之差异极大的中央传动齿轮副的局部约束和激励作用往往可以忽略不计。随着发动机转子结构刚度不断降低、工作状态下位移加大，中央传动锥齿轮副的啮合刚度会产生冲击激励，导致转子系统出现转速倍频动力响应，因此，需要在中央传动齿轮—转子系统的动力学分析中对上述旋转激励作用加以考虑。为了避免中央传动装置对转子系统动力学特性的影响，在一些发动机传动转子系统设计中，采用浮动套齿过渡轴传递高压转子与中央传动齿轮副的扭矩，如图 8-21 所示，利用其自动定心特性及横向间隙，减小转子与齿轮副之间的交互激励。

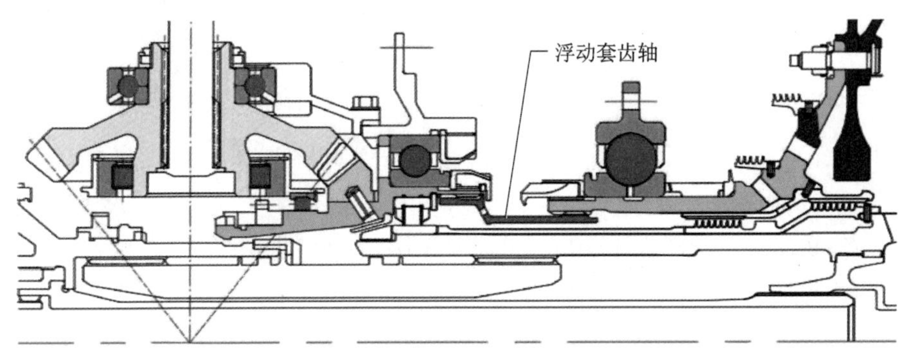

图 8-21 采用浮动套齿轴过渡中央传动齿轮副组件

② 如果发动机的高压转子转速低，中央传动齿轮结构模态频率相对较高，那么在齿轮的振动特性分析时，不需要考虑转子运动带来的旋转激励作用，而只考虑齿面高频啮合带来的模态振动和损伤。但是随着转子工作转速的不断提高，转子旋转激励会在从动锥齿轮中引发低频振动模态，影响从动锥齿轮的振动特性，严重时，还会与齿面啮合引起的高频振动模态共同作用，引起中央传动齿轮副的高周疲劳故障。因此，在一些中央传动装置中设计有阻尼结构，如图 8-22 所示齿轮辐板处设计有弹性涨圈干摩擦阻尼器，以提高齿轮在高频振动下的结构阻尼，防止结构振动过大而发生损伤。

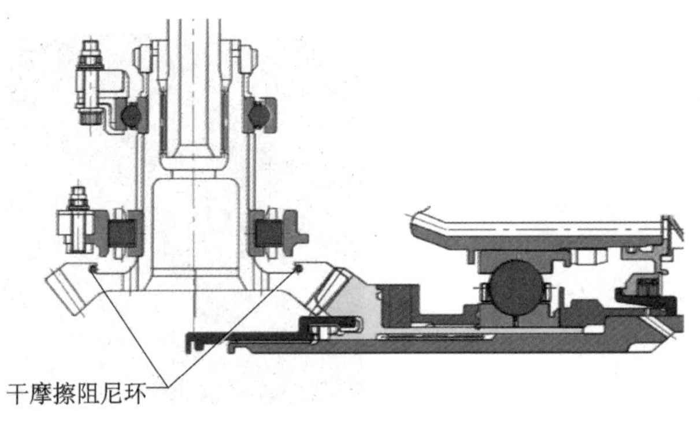

图 8-22 带有干摩擦阻尼环的传动齿轮

8.3　本章小结

本章对航空燃气轮机典型齿轮传动-转子结构系统的动力学特性进行了分析。

对于齿轮驱动风扇转子系统和中央传动齿轮-转子系统，其各转子系统之间难以避免模态耦合和交互激励，系统可能发生非协调涡动或模态振动。应合理优化结构几何构形和支承特性，避免系统存在耦合模态，抑制各转子间的交互激励作用，避开激起共振；设计阻尼结构也是防止结构发生振动损伤的措施。

第 9 章　轴承运动与转子动力特性

航空燃气轮机大多采用滚动轴承来约束转子位移和传递支点载荷，轴承与转子系统在结构与动力特性方面是相互影响的。一方面转子系统的动力特性决定了轴承的运动状态和受力状态，另一方面轴承由于滚动体与滚道接触的非连续特征可能引起的支承刚度非线性和非确定性，也会影响转子系统的动力响应及稳定性。因此，本章重点介绍轴承的结构特征、运动特征及其对转子动力特性的影响。

9.1　轴承结构及运动特征

滚动轴承具有摩擦系数低、起动力矩小、抗断油能力强、转速适应范围宽以及便于更换等优点，在航空燃气轮机主轴转子系统中得到广泛应用。按照能否承受轴向载荷可将其分为滚珠轴承和滚棒轴承两大类，前者主要为角接触球轴承，后者多为短圆柱滚子轴承，如图 9-1 所示。

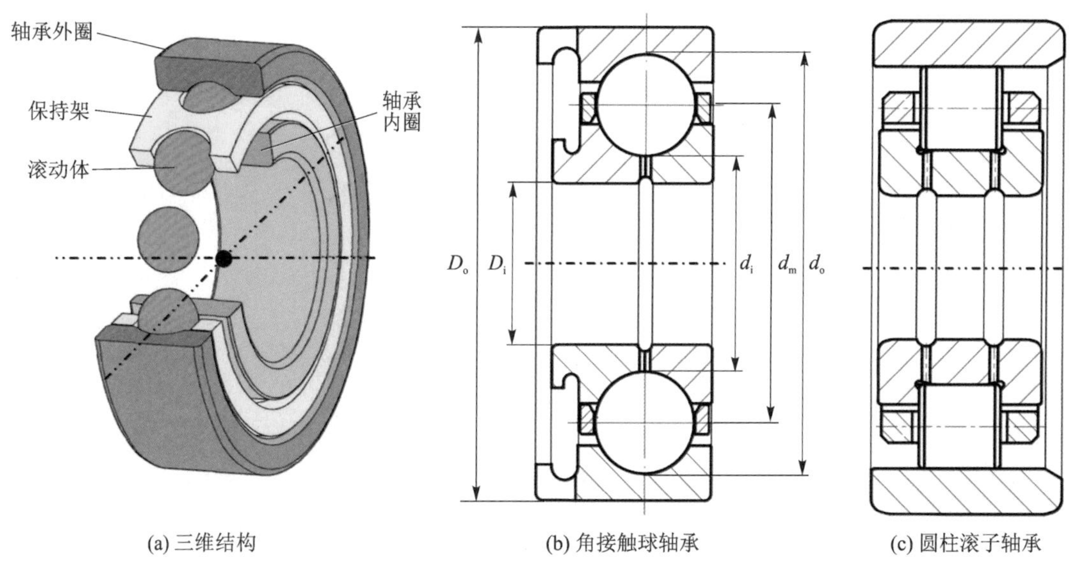

图 9-1　航空燃气轮机主轴轴承结构示意图

航空燃气轮机转子系统一般采用轴承座与轴承外圈固定、内圈过盈安装在转子轴颈上。在理想状态下，内圈随转子一同转动，带动滚动体和保持架稳态转动，并由外圈传递支点载荷，滚动体可在滚道内保持纯滚动。而在实际工作中，由于转速高、支点载荷大、环境温度条件恶劣等原因，轴承时常会出现外圈松动、滚动体打滑、保持架涡动等异常问题，这些与轴承的结构特征及其内部零件的运动学关系密切相关。

9.1.1　轴承结构

轴承虽然是较为简单的机械元件，但其内部零件的几何关系和配合状态十分复杂，不但与轴承的运动学关系和动力特性相关联，还会影响载荷、应力与变形分布以及刚度、摩擦、振动噪声和寿命等。

1. 结构组成

航空轴承一般使用标准件，由轴承内圈、外圈、滚动体和保持架组成，并且根据需要也可以设计为非标准件，如外圈加宽并带有安装边、外圈加宽并带有封严环等。

2. 几何特征

轴承的几何特征参数主要包括节圆直径、密合度、接触角、游隙、倾斜角等，明确这些特征参数的内涵是开展后续运动学和动力学研究工作的基础。

节圆直径 D_m 是表征轴承尺寸的常用参数，如图 9-1(b)所示，轴承节圆直径是内圈滚道直径 d_i 和外圈滚道直径 d_o 的平均值，即

$$D_m=(d_i+d_o)/2 \tag{9-1}$$

密合度 Φ 是表征滚珠轴承内部滚动体与滚道在接触位置密接程度的参数，如图 9-2 所示，在垂直于滚动方向的横截面内，密合度值等于滚动体的半径与滚道沟曲率半径的比值，分别有

$$\Phi_i=D_b/(2r_i), \qquad \Phi_e=D_b/(2r_e) \tag{9-2}$$

式中，D_b 为滚动体半径。下标 i 和 e 分别代表内、外滚道接触位置。r_i、r_e 为内、外圈滚道的沟曲率半径，一般大于滚动体半径，这也允许滚动体在滚道沟内轴向滚动，因此滚珠轴承可以承受一定的轴向载荷。设计中一般取密合度值在 0.95～0.97。

接触角是滚动体-滚道接触点连线 $\overline{AB}$ 与轴承径向平面 $y-y$ 之间的夹角 β。滚棒轴承的接触角始终为零；而滚珠轴承的接触角则与其承载状态相关，轴向载荷与径向载荷比值越大，接触点越偏离径向平面，轴承接触角越大。一般要求工作过程中轴承接触角变化相比装配时初始接触角偏差不超过 3°。

游隙定义为轴承外圈固定、内圈在规定载荷下沿径向或轴向的最大可移动量，按其移动方向相应地分为径向游隙 P_d 和轴向游隙 P_a，如图 9-3(a)所示。对于滚棒轴承，设计使用中需要规定并测量其径向游隙；而对于滚珠轴承，由于拆装困难无法测量游隙，但可通过检查接触角间接判断游隙是否处于合理范围内。滚珠轴承径向游隙 P_d 可按下式计算：

$$P_d=(d_i+d_o-2D_b)(1-\cos\beta) \tag{9-3}$$

由于存在径向游隙，轴承允许内、外圈发生一定相对倾斜，如图 9-3(b)所示。但倾斜角过大会带来附加应力和磨损，通常在轴承零件产生附加应力前，内圈轴线可相对外圈轴线倾斜的最大转角称为极限倾斜角。根据余弦定理可得到极限倾斜角 θ_{max} 和径向游隙之间的关系，即

$$\cos\theta_{max}=\frac{(d_o/2+r_i-D_b-P_d/2)^2+(d_o/2+r_o)^2-(r_o+r_i-D_b)^2}{2(d_o/2+r_i-D_b-P_d/2)(d_o/2+r_o)} \tag{9-4}$$

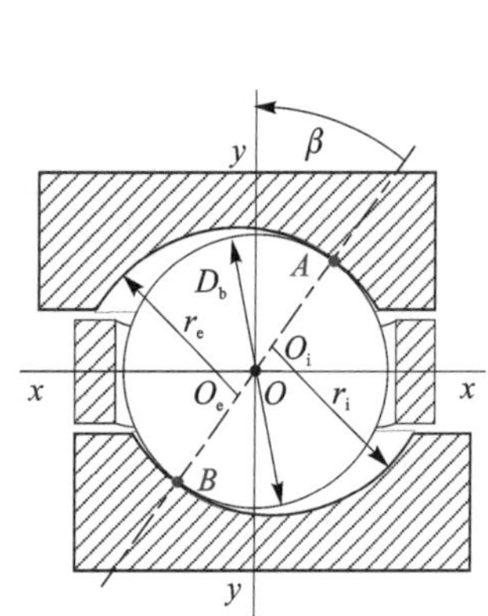

图 9-2　滚珠轴承的结构特征参数示意图

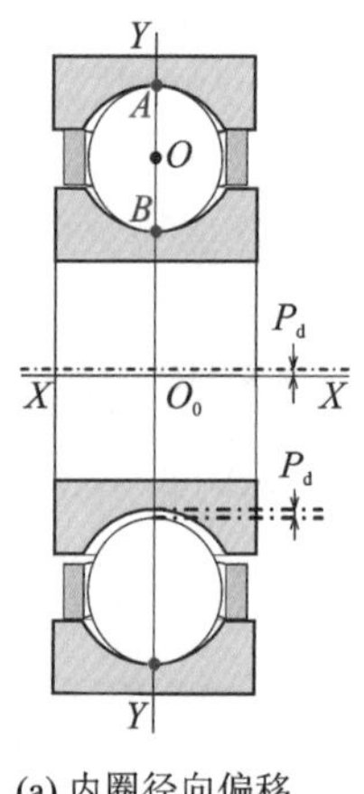

(a) 内圈径向偏移

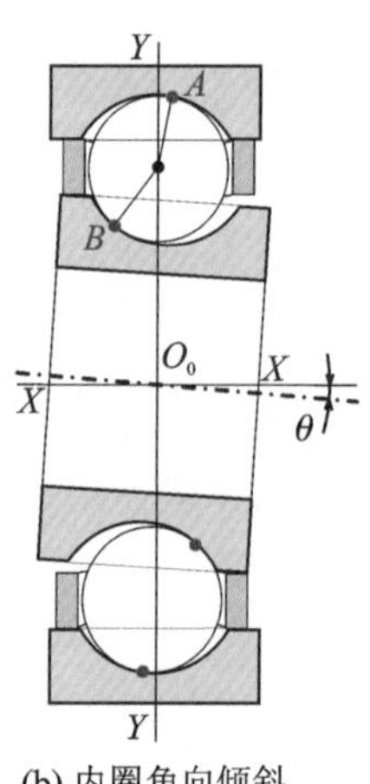

(b) 内圈角向倾斜

图 9-3　轴承径向游隙和倾斜角示意图

3. 配合特征

对于航空燃气轮机常用的外圈固定轴承，轴承配合的主要内容包括内圈-轴颈的装配、外圈-轴承座的装配以及保持架的引导方式。一般情况下，滚珠轴承在实际运转时的径向游隙应接近零；而滚棒轴承由于刚度相对较大，发生卡滞时的危险性更大，因此需要采用略大的径向游隙。但由于受到巨大的支点载荷作用、并处于多变的转速与温度环境下，工作时轴承元件无法保持理想的配合状态，因此需要合理设计装配方案以降低离心载荷和热载荷对轴承游隙的影响、以及对轴承使用寿命及可靠性的影响。此外，防止装配界面相对转动、避免元件打滑与偏斜也是轴承装配方案设计的重要目的。

内圈过盈装配：为保证内圈安装装配稳定，在结构强度和装配技术允许的条件下，一般会尽可能地增大内圈的装配过盈量。设过盈量为 I_{nf}，则内圈径向尺寸增大量 Δu_{Ii} 为

$$\Delta u_{Ii}=\frac{2I_{nf}(d_i/D_i)}{[(d_i/D_i)^2-1]\left\{\left[\dfrac{(d_i/D_i)^2+1}{(d_i/D_i)^2-1}+\nu_i\right]+\dfrac{E_i}{E_s}\left[\dfrac{(D_i/D_s)^2+1}{(D_i/D_s)^2-1}+\nu_s\right]\right\}} \tag{9-5}$$

其中，E_i、ν_i 分别为轴承内圈的材料弹性模量和泊松比，E_s、ν_s 为转子的材料弹性模量和泊松比，D_s 为转子空心轴颈的内径。由此导致的轴承径向游隙变化量 ΔP_{dI} 可表示为

$$\Delta P_{dI}=-\Delta u_{Ii} \tag{9-6}$$

考虑离心效应的影响，主要关注内圈高速旋转时发生的径向增大。设转子转速为 ω，则内圈在该转速下的径向增大量 Δu_{Ci} 为

$$\Delta u_{Ci}=(1-\nu_i)\rho_i d_i^3\omega^2/(32E_i) \tag{9-7}$$

其中，ρ_i 为轴承内圈材料密度。内圈离心变形带来的轴承径向游隙变化量 ΔP_{dC} 为

$$\Delta P_{dC}=-\Delta u_{Ci} \tag{9-8}$$

考虑温差效应的影响，主要关注轴承在冷态温度(常温 T_R)和发动机工作温度 T_W 的不同状态下各元件热变形的变化。轴承内圈滚道、外圈滚道和滚动体的直径膨胀量分别为

$$\Delta u_{Ti}=\alpha_i d_i(T_W-T_R),\quad \Delta u_{To}=\alpha_o d_o(T_W-T_R),\quad \Delta u_{Tb}=\alpha_b d_b(T_W-T_R) \tag{9-9}$$

其中，α_i、α_o、α_b 分别为内圈、外圈和滚动体的材料热膨胀系数。此外，轴承内圈与转子轴承配合位置的温差膨胀量 Δu_{TS} 以及外圈和轴承座配合位置的温差增长量 Δu_{TH} 分别为

$$\Delta u_{TS} = (\alpha_s - \alpha_i) D_i (T_W - T_R), \quad \Delta u_{TH} = (\alpha_o - \alpha_h) D_o (T_W - T_R) \tag{9-10}$$

其中，α_s、α_h 分别为转子轴颈和轴承座的材料热膨胀系数。元件热变形带来的轴承径向游隙变化量 ΔP_{dT} 可表示为

$$\Delta P_{dT} = \Delta u_{TH} + \Delta u_{To} - 2\Delta u_{Tb} - \Delta u_{Ti} - \Delta u_{TS} \tag{9-11}$$

在综合考虑装配效应、离心效应和温差效应的影响后，工作状态下轴承径向游隙的变化量 ΔP_d 可表示为

$$\Delta P_d = \Delta P_{dI} + \Delta P_{dC} + \Delta P_{dT} \tag{9-12}$$

由于内圈径向尺寸增大量与轴承径向游隙变化量为负相关，内圈径向装配将减小轴承游隙，并且离心效应和温差效应还会加剧该现象，因此，需要采用外圈间隙装配或增大游隙的方法来补偿工作载荷环境对轴承游隙的影响，这要求外圈采用相应的防转和防松设计，如防转销、锁紧垫片等。

外圈装配：为满足高温、高速运转时的结构变形协调关系，航空燃气轮机轴承外圈通常采用间隙配合的方式安装在轴承座内，装配间隙会导致轴承在轴承座内部发生进动，并伴有冲击效应，引起转子系统自激振动、谐波振动等问题。此外，为了简化结构还可使用带有安装边的外圈，如图 9－4(b)所示，这要求螺栓-法兰配合端面始终保持压紧状态，否则将严重影响轴承定心和支点角向刚度。

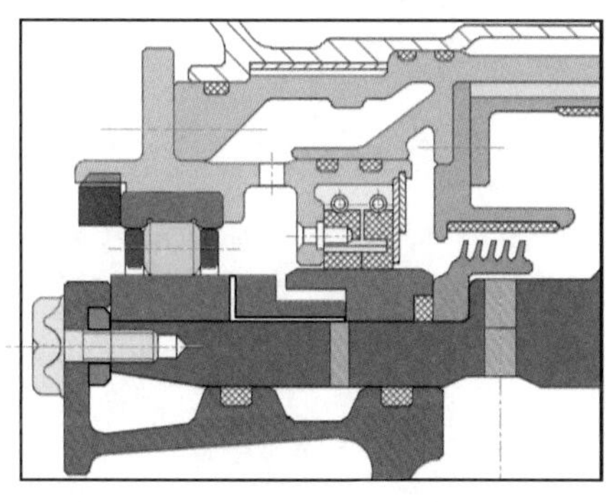

(a) 外圈安装在轴承座内

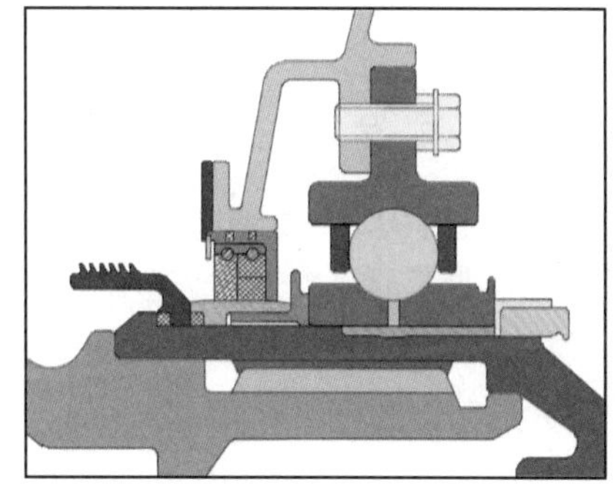

(b) 外圈自身带有安装边

图 9－4　轴承外圈不同安装方式的典型结构示意图

保持架引导方式：滚动轴承使用保持架分隔滚动体，为保证滚动体灵活转动，要求保持架兜孔尺寸略大于滚动体，为防止保持架径向窜动，需要对其进行可靠限位，否则一旦发生保持架的运动失稳，如偏斜、打滑或涡动等，将导致轴承寿命急剧下降。通过调整兜孔与滚动体的间隙值，可使保持架窜动至极限位置时与特定的轴承零件发生接触，保持架的引导则是通过与该零件接触限位、对其运动轨迹进行修正来实现的，故又可称为“保持架引导”。对于航空燃气轮机常用的外圈固定轴承，其保持架引导方式根据接触碰撞零件的不同可分为内圈引导、外圈引导和滚动体引导，如图 9－5 所示。

内圈引导的保持架安装在靠近内圈的位置，在轴承运转时保持架可能与内圈发生接触，从而修正保持架位置。由于内圈转速高于保持架，接触摩擦产生的拖动力会增加保持架对滚动体的驱动力矩，起到防止滚动体打滑的作用。

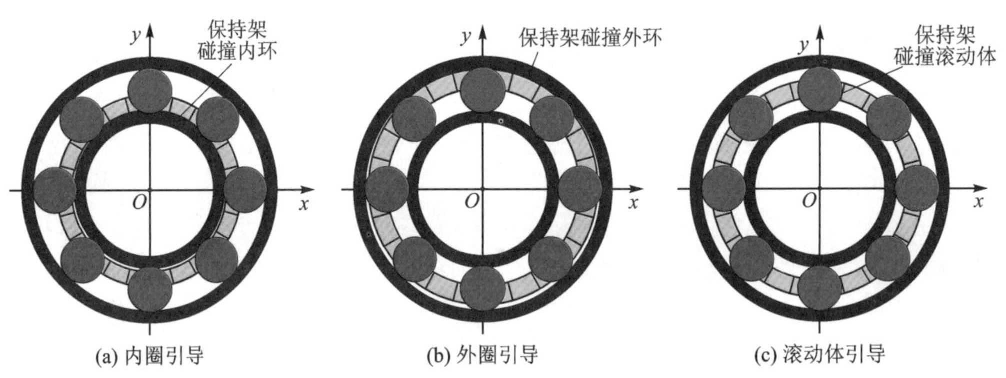

图 9-5　轴承保持架引导方式示意图

外圈引导的保持架安装在靠近外圈位置，通过与外圈接触修正自身位置，但外圈产生的拖动力与保持架转动方向相反，会阻碍保持架运转，并产生较严重的零件磨损。

保持架采用滚动体引导方式时，保持架与内、外圈的挡边表面均不接触，保持架位于轴承中部。但轴承高速运转时，离心效应会增强滚动体与保持架之间的压紧状态，提高接触位置的摩擦力，也会产生较为严重的磨损。

由此可知，对于航空发动机中经常使用的外圈固定滚动轴承，保持架一般采用内圈引导方式进行限位。而对于较为少见的内圈固定轴承或中介轴承，保持架引导方式的确定需要综合考虑润滑、磨损、加工制造等众多因素，设计时应结合不同引导方式对轴承运动关系的影响规律做出合理选择。

9.1.2　轴承运动

对于外圈固定轴承，内圈带动滚动体和保持架转动是轴承的基本运动学关系。但当转子转速过高发生弯曲变形或在气动力等作用下发生非协调涡动时，轴承可能出现零件剐蹭、滚动体打滑、保持架涡动等异常运动状态，将对转子产生附加激励并造成轴承自身损伤失效。

1. 运动关系

以外圈固定的滚棒轴承为例，内圈安装在转子轴颈上随之转动，在理想运转状态下轴承游隙为零，滚动体在滚道上做纯滚动，并推动保持架转动。设转子转速为 ω，滚动体自转转速为 ω_b，滚动体公转与保持架转速为 ω_c，根据纯滚动时接触点线速度相等可得轴承内部元件的基本运动学关系式为

$$\omega_b = \frac{\omega d_i}{2D_b},\quad \omega_c = \frac{\omega d_i}{d_i + D_b} \tag{9-13}$$

2. 滚动体打滑

航空燃气轮机轴承高速运转时，滚动体受离心力作用有脱离内圈的趋势，并且转子过临界后支点载荷下降，会造成轴承轻载或零载，内圈对滚动体的拖动力不足以克服滚动体-保持架组合体正常转动所受的阻力，导致滚动体在内圈滚道上发生滑动，即滚动体打滑。严重打滑会引起滑蹭，破坏滚道表面的光洁度，加速轴承磨损与损伤，影响发动机正常工作。

常用的轴承防打滑方法有减小轴承游隙或将保持架采用内圈引导等，以增加内圈的拖动力，但需要慎重考虑这些方法对轴承元件变形协调性的影响。此外，对于滚珠轴承，还可使用

增加轴向预紧载荷的方法来提高滚动体与滚道之间的接触压力，同样可以增加内圈对滚动体的拖动力。

3. 滚动体-滚道碰撞与剐蹭

当热变形不协调等因素导致轴承游隙过大时，滚动体-保持架组合体可以发生径向窜动或角向偏斜，造成滚动体与滚道之间碰撞和剐蹭及轴承元件磨损失效。

由于轴承存在径向游隙，转子运转时一旦受到外部扰动，滚动体会瞬时脱离滚道，如图 9-6 所示，其后滚动体撞击回滚道时会产生瞬态的冲击载荷对转子和支承结构产生附加激励，并再次对转子运转产生扰动，使滚动体脱离并撞击滚道。若在一定条件下，滚动体与滚道之间的碰撞运动可以持续存在，则轴承-转子系统将产生自激振动，改变转子的进动状态。这种碰撞效应主要激起的是转子模态振动，因此在轴承大游隙条件下，转子系统异常振动大多出现转子低阶模态共振转速成分。

轴承游隙过大导致滚动体剐蹭滚道，如图 9-7 所示，其主要原因为转子弯曲变形引起的轴承内圈和滚动体-保持架组合体角向偏斜，滚动体仅在两端局部位置与滚道压紧、接触压力大幅提高，造成接触区域剐蹭与磨损。为降低滚动体角向偏斜产生的剐蹭损伤，设计中通常对滚动体进行边缘修形，或直接使用全圆弧的凸型滚动体，其结构参见图 9-8。

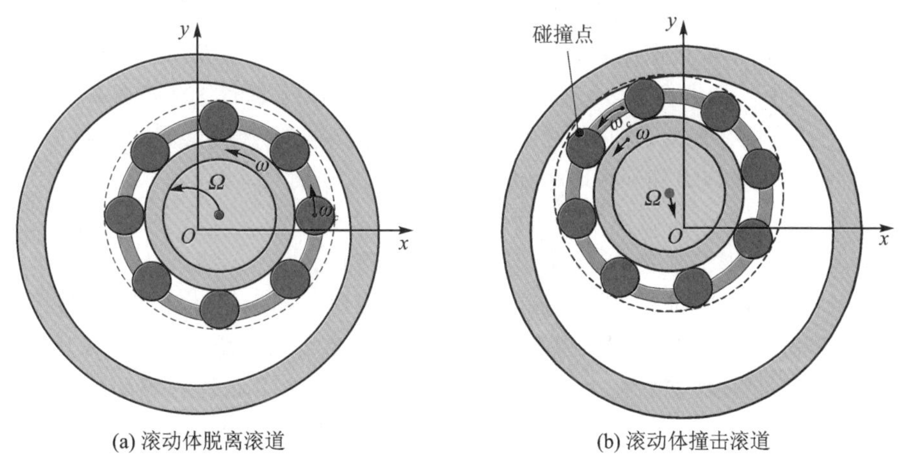

图 9-6　滚动体-滚道碰撞

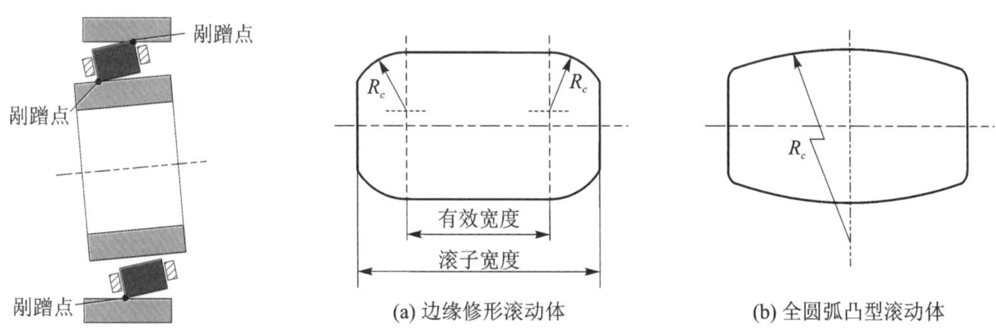

图 9-7　滚动体-滚道剐蹭

图 9-8　凸度滚动体设计结构示意图

4. 保持架涡动

轴承运转时滚动体推动保持架转动，理想状态下，保持架仅受到来自滚动体的切向推动力并进行自转，保持架质心与轴承中心重合。但当转子发生倾斜或非协调进动时，各个滚动体承载和变形分布不一致，保持架将受到来自滚动体的径向摩擦力，并产生环状平移运动，即发生涡动(见图 9-26)。稳态涡动时，保持架的质心轨迹基本呈圆形；如果保持架发生非协调涡动，其质心轨迹呈现多边形或不规则形状，质心移动速度变化也较大。保持架非协调涡动不但会加速轴承元件的损伤失效发展，还会产生附加激励作用，影响高速转子的运动轨迹，使保持件运动调制在转子运动中。

9.2 轴承约束刚度特性

轴承为转子系统提供位移约束，其内部元件变形也会影响支承刚度，进而影响转子系统的动力学特性。轴承约束刚度特性取决于元件间的接触刚度与轴承元件的结构刚度，既受元件材料和几何构形影响，也随转子运动状态和支点载荷的动态变化而改变。

9.2.1 滚动体-滚道接触刚度特征

确定承载和变形分布状态是滚动轴承动力学特性分析的前提条件之一，其理论基础是 Hertz 弹性接触理论。最早在 1881 年，Hertz 提出了弹性体压紧时接触位置应力和变形的计算公式，确立了弹性接触理论，该理论之后被广泛应用到滚动轴承接触问题分析中。Hertz 弹性接触理论在求解接触应力和变形时采用了如下假设：

① 接触面积远小于两接触体的表面积；

② 接触压力垂直于接触表面，接触区不存在切向摩擦；

③ 两接触体使用相同材料，均质、各向同性，并且接触变形不超过材料的弹性极限。

对于滚动轴承接触问题，上述假设基本成立，并且大量工程实践同样表明该理论在分析轴承接触问题时具有足够高的精度。因此，Hertz 弹性接触理论可以作为滚动轴承承载和变形特征计算分析的理论基础。

下面以滚珠轴承为例，介绍推导滚动轴承受力与变形的关系。如图 9-9 所示，轴承中某一滚动体处于径向承载状态，设在径向载荷 P_1 作用下轴承内圈产生的径向位移量为 δ，显然，内圈径向位移量 δ 是由滚动体与内圈滚道之间接触变形量 δ_{in} 和滚动体与外圈滚道之间接触变形量 δ_{out} 相加而成的。

基于 Hertz 弹性接触理论可计算得到滚动体与滚道之间的接触变形量，详细推导过程从略。滚动体与轴承内圈的接触变形量可按下式计算：

$$\delta_{in}=1.5\left(\frac{2K}{\pi\mu}\right)\sqrt[3]{\frac{1}{3}\left(\frac{1-\nu^{-2}}{E}P_1\right)^2\sum\rho_{in}} \tag{9-14}$$

式中，E、ν 分别为材料弹性模量和泊松比；$2K/(\pi\mu)$ 为 Hertz 接触系数；两接触体的曲率半径之和 $\sum\rho_{in}=\dfrac{4}{D_b}-\dfrac{2}{d_i}\pm\dfrac{2\cos\beta}{d_i\pm d_i(1-\cos\beta)}$。轴承外圈接触变形可按类似的公式计算。

在转子支点径向载荷作用下，轴承内每个滚动体的承载状态和径向接触力的大小不同。设支点载荷为 P，则其与单个滚动体所受最大径向力 P_1 之间的关系可按 Stribeck 公式确定：

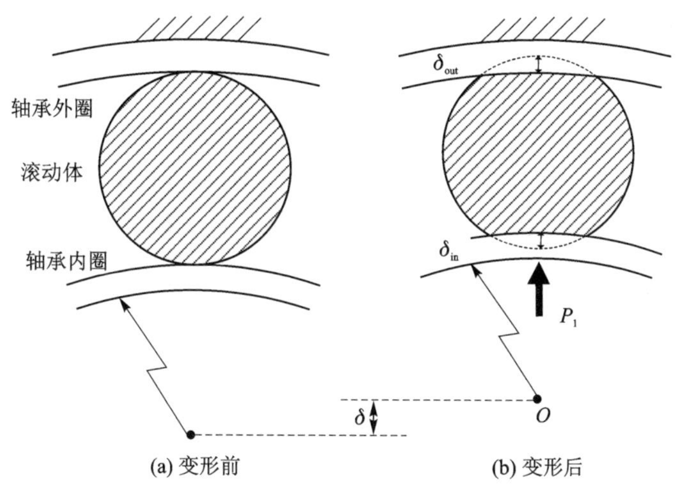

图 9-9　轴承内滚动体-滚道受力变形示意图

$$P_1 = 4.37P/z_1 \tag{9-15}$$

式中，z_1 为轴承中滚动体的数目。

设式(9-14)中 $E=210$ GPa，$\nu=0.3$，可得

$$\delta_{in} = 0.0059\left(\frac{2K}{\pi\mu}\right)_{in}\sqrt[3]{(bP)^2\sum\rho_{in}} \tag{9-16}$$

令

$$\begin{cases} a_1 = 0.0059\left(\frac{2K}{\pi\mu}\right)_{in}\sqrt[3]{\sum\rho_{in}}, \quad a_2 = 0.0059\left(\frac{2K}{\pi\mu}\right)_{out}\sqrt[3]{\sum\rho_{out}} \\ a = (a_1 + a_2)b^{2/3} \end{cases} \tag{9-17}$$

可得

$$\delta = \delta_{in} + \delta_{out} = a_1\sqrt[3]{(bP)^2} + a_2\sqrt[3]{(bP)^2} = a\sqrt[3]{P^2} \tag{9-18}$$

再令 $a_0 = a^{-3/2}$，代入式(9-18)可得

$$P = a_0\delta^{3/2} \tag{9-19}$$

上式为根据 Hertz 弹性接触理论推导滚动轴承承载-变形关系式。可以看出，轴承内径向载荷与径向变形之间存在非线性关系，即滚动轴承的接触刚度具有非线性特征。

9.2.2　滚珠轴承刚度特征

滚珠轴承可同时承受径向载荷和轴向载荷，在航空燃气轮机中具有广泛应用，本小节主要分析滚珠轴承的刚度与载荷之间的关系。对于外圈固定的滚珠轴承，当内圈受支点径向载荷作用时，各个滚珠的承载大小和接触变形量不尽相同。设轴承中受力最小和最大滚珠的接触变形量分别为 δ_ψ、δ_0，这里提出滚珠轴承的动力稳定性系数 ξ，表达式为

$$\xi = \delta_\psi/\delta_0 \tag{9-20}$$

高速轴承-转子系统运转时仅有部分滚动体处于承载状态，而其他滚动体脱离滚道，此时 $\xi=0$，转子系统振动响应将急剧增大。本节仅研究所有滚动体同时承载的情况，即

$$\xi > 0 \tag{9-21}$$

只有当作用在轴承上的径向载荷和轴向载荷之比满足一定条件时，不等式才能成立。对于接触角为 β 的滚珠轴承，为满足不等式(9-21)，应有

$$A \geqslant 1.67P \cdot \tan\beta \tag{9-22}$$

式中，A 为轴向载荷，P 为径向载荷。一般来说，滚珠轴承承受的径向载荷常主要来源于转子不平衡力引起的支点动载荷，轴向载荷多为气动轴向载荷或轴向预紧载荷，径向载荷对轴向载荷的影响较小。而动力学分析中主要考察轴承径向载荷的变化情况，轴向载荷大多作为影响参数出现，因此提出轴承轴向载荷系数 $(A/P)\cot\beta$ 的概念，使用无量纲参数表征轴向载荷的大小，则不等式(9-22)变为

$$(A/P)\cot\beta \geqslant 1.67 \tag{9-23}$$

现讨论滚珠轴承非线性刚度对其载荷分布和接触变形特征的影响。根据 Hertz 弹性接触理论等相关研究可以得到滚珠轴承内部变形分布的关系式为

$$\delta = \delta_0 x_r (1-\xi)/\cos\beta \tag{9-24}$$

式中，δ 为轴承内圈的径向偏移量，δ_0 为受力最大滚动体的接触变形量，x_r 为取决于轴向与径向载荷比值 A/P 的修正系数。根据试验结果可知，比值 A/P 在 1～10 变化时，修正系数 x_r 的值在 0.48～0.52 范围内变动。

受力最大滚动体上的接触变形量可按下式计算：

$$\delta_0 = a^* \left[Pk_\xi/(z_1\cos\beta)\right]^{2/3} \tag{9-25}$$

式中，z_1 为滚动轴承中的滚珠数目，$a^* = a_1 + a_2 = a/b^{2/3}$ 为表征轴承几何尺寸的系数；k_ξ 为轴承的柔度系数。将式(9-25)代入式(9-24)中可得到滚珠轴承在静止状态下内圈受载时径向偏移量的计算公式：

$$\delta = \frac{1-\xi}{\cos\beta} x_r a^* \left(\frac{Pk_\xi}{z_1\cos\beta}\right)^{2/3} \tag{9-26}$$

进一步地，考虑轴承运转时外圈上所承受的滚动体离心力 F，则上式变为

$$\delta = \frac{1-\xi}{\cos\beta} x_r \left[a_1\left(\frac{Pk_\xi}{z_1\cos\beta}\right)^{2/3} + a_2\left(\frac{Pk_\xi}{z_1\cos\beta} + F\right)^{2/3}\right] \tag{9-27}$$

即得到滚珠轴承中径向载荷与变形的关系式，可以看出两者之间并非简单的线性关系。需要注意的是，航空发动机中主轴承的实际运转状态更加复杂，存在滚珠部分承载、内外圈相对倾斜等情况，由此造成的轴承刚度非线性特征也更加复杂，而在本节仅讨论较为理想的情况。

为了分析滚珠轴承非线性刚度对其自身在工作过程中受力情况的影响，这里以使用滚珠轴承支承的刚性转子为对象开展讨论，假设转子做同步的平动进动、并且作用在轴承上的动载荷 P 仅来源于转子进动产生的离心力，即有

$$\Omega = \omega \tag{9-28}$$

$$P = m\omega^2 r \tag{9-29}$$

其中，ω、Ω 分别为转子自转与公转转速，m 为转子质量。

在平动状态下，刚性转子进动半径 r 等于轴承径向变形量 δ，故联立式(9-27)和式(9-29)有

$$\frac{P}{m\omega^2} = \frac{1-\xi}{\cos\beta} x_r \left[a_1\left(\frac{Pk_\xi}{z_1\cos\beta}\right)^{2/3} + a_2\left(\frac{Pk_\xi}{z_1\cos\beta} + F\right)^{2/3}\right] \tag{9-30}$$

式中，动力稳定系数 ξ 和柔度系数 k_ξ 均为轴承轴向载荷系数 $(A/P)\cot\beta$ 的函数，滚动体离心力 F 由转速决定，有

$$\xi = \xi\left[(A/P)\cot\beta\right], \quad k_\xi = k_\xi\left[(A/P)\cot\beta\right], \quad F = F(\omega) \tag{9-31}$$

因此，根据式(9－30)即可计算得到此时滚珠轴承所承受的径向载荷 P。

以接触角为 26°的 7208AC 型角接触球轴承为例，通过试验测试得到动力稳定系数 ξ、柔度系数 k_ξ 随轴向载荷系数 $(A/P)\cot\beta$ 变化的特性曲线，如图 9－10 所示。对曲线进行拟合得到的该型滚珠轴承力学特性的经验公式为

$$\begin{cases} 1/\xi \approx 0.927 + 2.688\left[(A/P)\cot\beta - 1\right] \\ k_\xi \approx 1.02\cdot(A/P)\cot\beta + 1.98 \end{cases}, \quad (A/P)\operatorname{ctg}\beta \geqslant 1.67 \tag{9-32}$$

取转子质量 $m=30$ kg，转速 $\omega=5\ 000$ rpm，按式(9－30)计算得到轴承所受载荷 P 随轴向载荷系数 $(A/P)\cot\beta$ 的变化曲线，如图 9－11 所示。

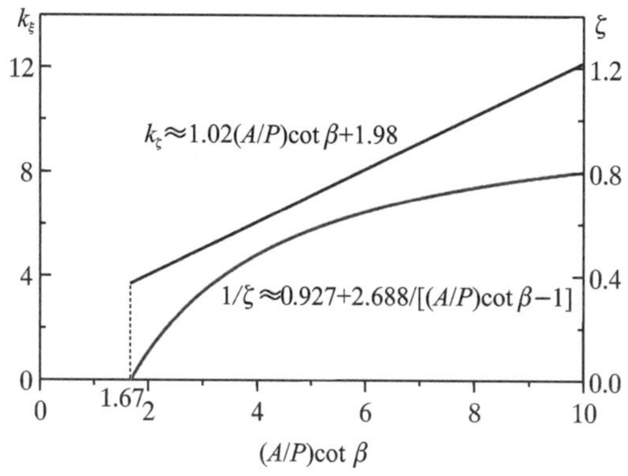

图 9－10　7208AC 型滚珠轴承特性曲线

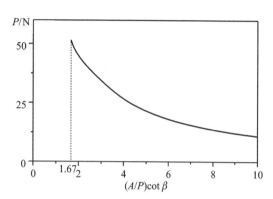

图 9－11　轴承径向载荷特性曲线

在这里的讨论中，尚未考虑转子不平衡量对轴承受力的影响，尽管如此，滚珠轴承在运转过程中仍存在较大的支点动载荷。这意味着，对于使用滚珠轴承支承的转子系统，即使将转子不平衡量控制到了极低的水平，但由于轴承存在非线性支承刚度，转子系统工作过程中同样会产生较大的支点动载荷，对轴承产生径向载荷作用。

此外，根据图 9－11 中的曲线可知，在相同转速下，轴承所受径向载荷随轴向负荷的增大而降低，这对于指导轴承安装和使用具有重要意义。由于滚动体和滚道之间存在径向游隙，故为消除由此产生的滚动体打滑、径向松动等不良影响可对轴承进行轴向预紧，设计中常以轴向载荷系数 $(A/P)\cot\beta$ 为设计参数来确定轴向预紧载荷的大小。根据上述结论可知，只有当轴向载荷系数较小时增大该系数可以显著降低滚珠轴承所受的径向载荷，当轴向载荷系数较大时，继续提高轴向预紧载荷对降低轴承载荷并无明显作用。

图 9－12 给出了轴向载荷和径向载荷对滚珠轴承径向刚度的影响规律，可知轴承的径向约束刚度均随轴向载荷、径向载荷载荷的增大而增大，并且受轴向载荷变化的影响更加显著。而航空燃气轮机转子系统承受巨大的气动负荷和旋转惯性载荷，在发动机的不同工作状态下主轴承所受的轴向和径向载荷差异较大，并且存在不可忽视的角向变形，这些都会使轴承表现出更加复杂的非线性刚度特征。

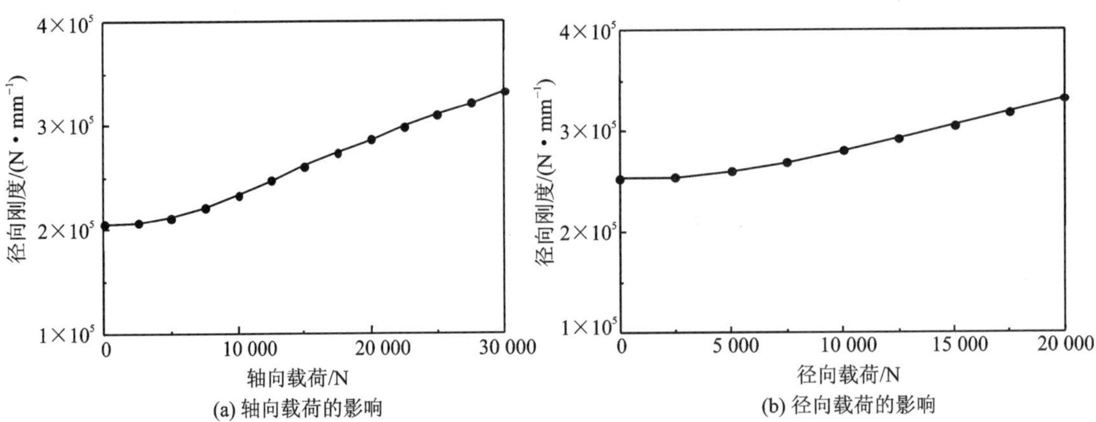

(a) 轴向载荷的影响
(b) 径向载荷的影响

图 9-12 支点载荷对滚珠轴承径向刚度的影响

9.2.3 滚棒轴承刚度特征

相比于滚珠轴承，滚棒轴承极限转速较低，但径向承载能力更强。航空燃气轮机转子系统中常采用滚棒轴承承受径向载荷，而滚珠轴承主要用作承受轴向载荷。本小节将讨论滚棒轴承内载荷与变形的关系，以及使用滚棒轴承支承的转子系统支点动载荷特征。

不同于滚珠轴承，滚棒轴承中滚动体与滚道发生线接触。在径向载荷作用下，受力最大滚动体与滚道之间的接触变形量 δ_1 与滚动体所受径向载荷 P_1 之间的关系可按下式确定：

$$\delta_1 = 61\times 10^{-7}\,\frac{P_1}{l_r}\left\{7.85 + \lg\left[l_r/\left(P_1\sum\rho\right)\right]\right\} \tag{9-33}$$

式中，l_r 为有效接触长度，通常取滚动体长度；$\sum\rho$ 为滚动体与滚道接触位置的曲率半径之和。内圈处曲率半径和 $\sum\rho_{\text{in}}$ 和外圈处曲率半径和 $\sum\rho_{\text{out}}$ 分别为

$$\sum\rho_{\text{in}} = 1/R_{\text{b}} + 1/R_{\text{in}},\quad \sum\rho_{\text{out}} = 1/R_{\text{b}} + 1/R_{\text{out}} \tag{9-34}$$

其中，R_{b} 为滚动体半径，R_{in}、R_{out} 分别是内、外滚道的半径。

滚棒轴承中，径向载荷为 P 与单个滚动体所受最大径向载荷 P_1 之间的关系可表示为

$$P_1 = 4.6P/z_1 \tag{9-35}$$

因此，可得到滚棒轴承在静止状态下内圈受载时的径向偏移量计算公式：

$$\delta = 61\times 10^{-7}\,\frac{4.6P}{z_1 l_r}\left(15.7 + \lg\frac{z_1 l_r}{4.6P\sum\rho_{\text{in}}} + \lg\frac{z_1 l_r}{4.6P\sum\rho_{\text{out}}}\right) \tag{9-36}$$

进一步地，考虑轴承运转时外圈上还须承受滚动体离心力 $F(\omega)$，则上式变为

$$\begin{aligned}\delta = {} & 61\times 10^{-7}\,\frac{4.6P}{z_1 l_r}\left(7.85 + \lg\frac{z_1 l_r}{4.6P\sum\rho_{\text{in}}}\right) + \\ & 61\times 10^{-7}\,\frac{1}{l_r}\left(\frac{4.6P}{z_1} + F\right)\left[7.85 + \lg\left(\frac{l_r}{\sum\rho_{\text{out}}}\,\frac{z_1}{4.6P + z_1 F(\omega)}\right)\right]\end{aligned} \tag{9-37}$$

即得到滚棒轴承中径向载荷与变形之间的关系式。显然，滚棒轴承刚度具有复杂的非线性特征。

现分析滚棒轴承非线性刚度对其受力状态的影响，同样假设转子做同步的平动进动，并且作用在轴承上的动载荷仅来源于转子进动产生的离心力，而不考虑转子不平衡的影响，则轴承所受的动载荷可按下式计算：

$$P=m\Omega^2 r=m\omega^2 r \tag{9-38}$$

在平动状态下，刚性转子进动半径 r 等于轴承径向变形量 δ，故联立式(9－37)和式(9－38)可以得到平衡转子中滚棒轴承在不同转速下所受到的径向载荷变化规律关系式：

$$\begin{aligned}\frac{P}{m\omega^2}=&61\times10^{-7}\ \frac{4.6P}{z_1 l_r}\left(7.85+\lg\frac{z_1 l_r}{4.6P\sum\rho_{\text{in}}}\right)+\\&61\times10^{-7}\ \frac{1}{l_r}\left(\frac{4.6P}{z_1}+F\right)\left[7.85+\lg\left(\frac{l_r}{\sum\rho_{\text{out}}}\ \frac{z_1}{4.6P+z_1F(\omega)}\right)\right]\end{aligned} \tag{9-39}$$

径向载荷在滚棒轴承中的分布状态主要受轴承游隙、载荷大小的影响，此外，转子弯曲导致轴承元件角向偏斜也会影响滚动体的承载状态。图 9－13 中给出了径向游隙、径向载荷和附加弯矩对滚动体承载状态的影响规律，可以发现，径向游隙过大和径向载荷增大均会导致脱离滚道的滚动体数目增加，而当内圈承受弯矩作用时，轴承两侧的滚动体都将处于边缘压紧状态，易造成局部磨损。

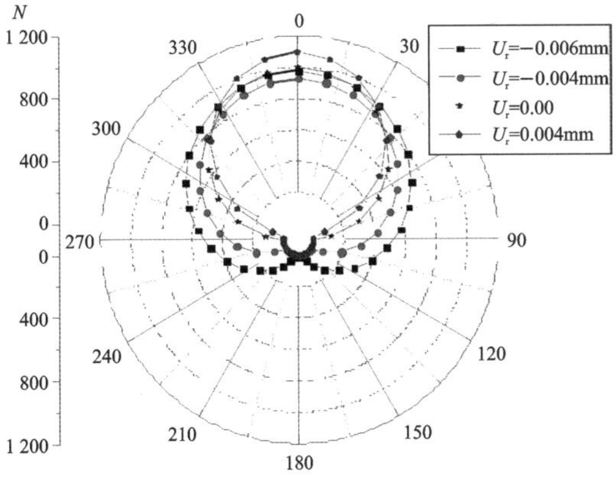

(a) 径向游隙影响

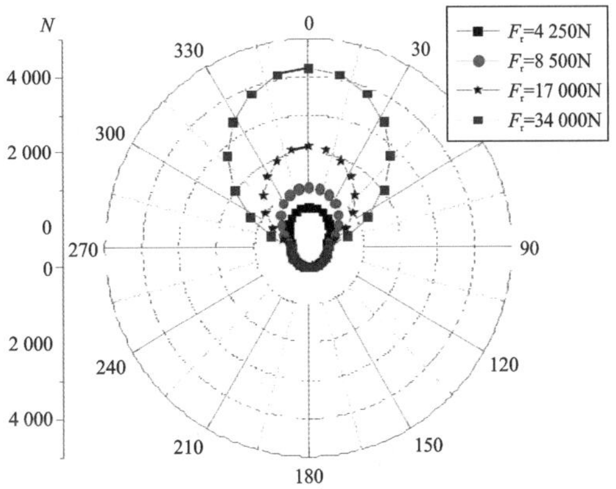

(b) 径向载荷影响

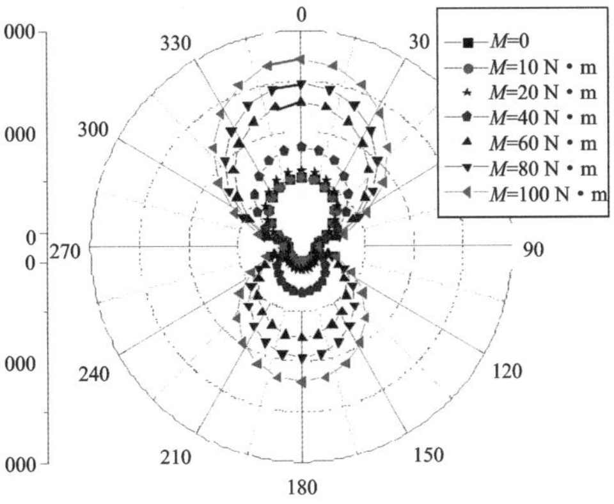

(c) 附加弯矩影响

图 9－13　滚棒轴承中滚动体承载状态分布变化规律

图 9-14 给出了径向游隙、径向载荷和附加弯矩对滚棒轴承径向刚度和角向接触刚度的影响曲线，可以发现径向载荷和附加弯矩增加会在一定程度上提高轴承刚度，但径向游隙增大会明显降低轴承的径向和角向刚度。

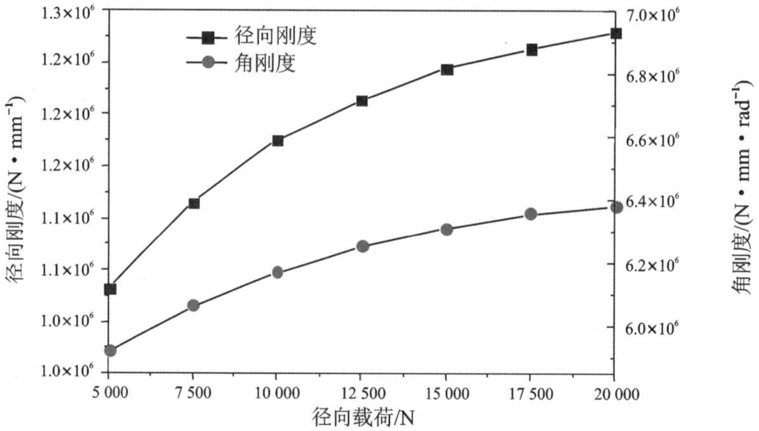

(a) 径向载荷的影响

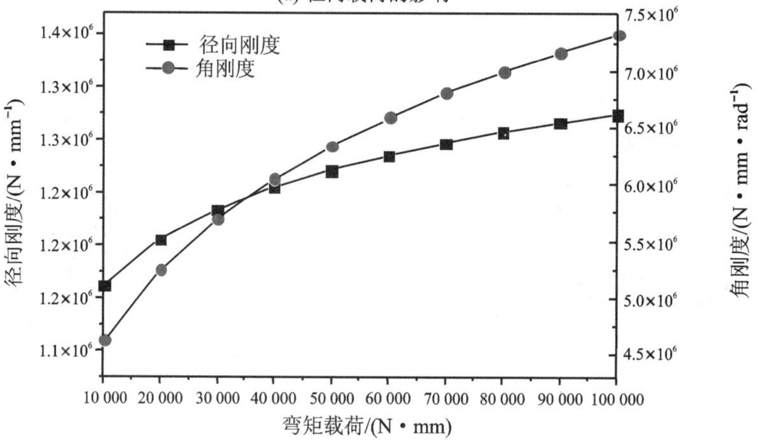

(b) 附加弯矩的影响

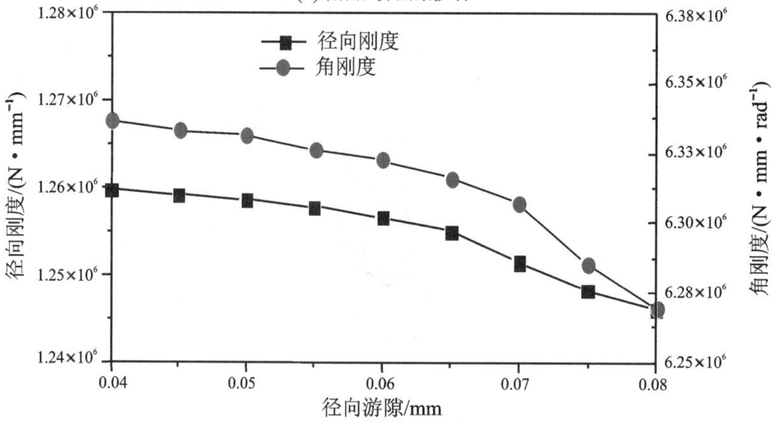

(c) 径向游隙的影响

图 9-14　滚棒轴承径向刚度与角向刚度的变化规律

9.3　轴承-转子系统动力学特性

研究表明：轴承支承约束作用对于高速转子系统的动力学特性具有不可忽视的影响，而轴承支承约束作用又受到转子运动状态及支点载荷响应影响，造成轴承-转子系统表现出复杂的动力学特性。本节建立滚动轴承支承转子系统的动力学模型，分析轴承非线性刚度对转子系统响应及稳定性的影响。

9.3.1　动力学模型

以使用滚动轴承支承的刚性转子为对象开展讨论，假设转子做同步的平动进动，并且考虑转子的不平衡量，即转子质心 O_3 偏离旋转中心线 O_2-O_2，如图 9-15 所示，将轴承处理为刚度等效的非线性弹簧单元。需要注意的是，航空发动机转子系统的结构形式及其在工作过程中的惯性载荷与运动状态更加复杂，并且其支承刚度还与支承结构的质量/刚度特征相关；这里讨论的仅是最简单的情况。

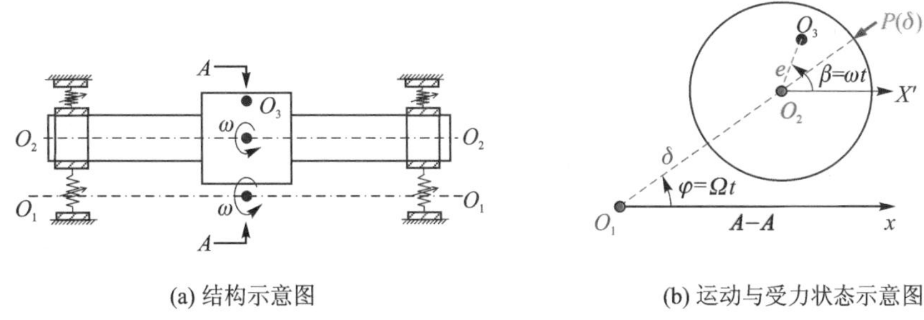

(a) 结构示意图　　(b) 运动与受力状态示意图

图 9-15　轴承-转子系统结构与运动/受力状态示意图

针对如图 9-15(a)所示的两端支承的绝对刚性转子系统，假定滚动轴承紧固安装在固定基础中，并且滚动体数目足够多、运转时不存在滚动体脱离滚道的情况。当转子以恒定转速 ω 绕转子轴心线 O_2-O_2 自转时，还会绕旋转中心线 O_1-O_1 发生进动。取转子质量为 $2m$、偏心距 $|O_2O_3|=e$，设转子进动角速度为 Ω、进动半径为 δ，转子支反力即轴承所承受的载荷为 $P(\delta)$。建立系统动力学模型的关键在于确定转子处于不同运动状态下滚动轴承的承载状态。

首先，当转子不发生进动时($\delta=0$)支反力为 0，而进动半径增大支反力随之增大，则支反力是进动半径的函数，并满足：

$$P(0)=0,\quad \mathrm{d}P/\mathrm{d}\delta>0\ (当\ \delta>0\ 时) \tag{9-40}$$

此外，假设当 $\delta>0$ 时支反力对进动半径的二阶导 $\mathrm{d}^2P/\mathrm{d}\delta^2$ 时连续的。

根据 9.2 节中对轴承约束刚度特性的分析可知，轴承变形与受力状态具有非线性关系，但无论是式(9-19)所确立的指数型关系，还是式(9-30)与式(9-39)所确立的分段非线性关系，都应满足式的条件。而当转子发生进动时($\delta\neq0$)，此时，轴承-转子系统的弹性势能可表示为

$$\Pi(\delta)=\int_0^{\delta}P(\bar{\delta})\,\mathrm{d}\bar{\delta} \tag{9-41}$$

上式在 $\delta=0$ 时具有严格极小值，而当 $\delta>0$ 时 $\Pi(0)>0$。

对于刚性转子系统，在任意时刻的运动状态都可以使用进动半径 $\delta(t)$、进动角 $\varphi(t)$、转动角 $\beta(t)$ 及其变化率 $\dot{\delta}(t)$、$\dot{\varphi}(t)$、$\dot{\beta}(t)$ 表出。

其中，$\beta(t)=\omega t$。因此，受力平衡的转子系统中动能 T 和拉格朗日函数 L 可分别按下式计算：

$$T=\frac{1}{2}m(\dot{\delta}^2+\delta^2\dot{\varphi}^2+e^2\omega^2)+me\omega\left[\delta\dot{\varphi}\cos(\omega t-\varphi)-\dot{\delta}\sin(\omega t-\varphi)\right] \tag{9-42}$$

$$L=T-\Pi(\delta) \tag{9-43}$$

并得到系统拉格朗日方程为

$$\begin{cases}\dfrac{\mathrm{d}}{\mathrm{d}t}\dfrac{\partial L}{\partial\dot{\varphi}}-\dfrac{\partial L}{\partial\varphi}=0\\ \dfrac{\mathrm{d}}{\mathrm{d}t}\dfrac{\partial L}{\partial\dot{\delta}}-\dfrac{\partial L}{\partial\delta}=0\end{cases} \tag{9-44}$$

最终建立滚动轴承支承的无阻尼转子系统的运动微分方程为

$$\begin{cases}2\dot{\delta}\dot{\varphi}+\delta\ddot{\varphi}-e\omega^2\sin(\omega t-\varphi)=0\\ m\ddot{\delta}-m\delta\dot{\varphi}^2-me\omega^2\cos(\omega t-\varphi)+P(\delta)=0\end{cases} \tag{9-45}$$

上式是按照保守系统能量守恒原理，推导得到的转子系统运动微分方程，因此，系统在任意时刻处于受力平衡状态，即在转子运转过程中所受载荷在横向处于平衡状态。

9.3.2 运动状态及稳定性分析

下面讨论滚动轴承-转子系统可能产生的不同运动状态及其稳定性。

1. 无阻尼情况

转子系统运动微分方程已在式(9-45)中给出，可将转子进动视为不平衡力作用下的强迫振动响应。分析转子系统运动状态的稳定性，同样建立其扰动方程，对方程式(9-45)中进动半径项 δ 进行泰勒展开，建立其一次近似方程：

$$\begin{cases}2\dot{\varphi}\lambda+\ddot{\varphi}=0\\ \lambda^2-\dot{\varphi}^2+\dot{p}(\delta_0)=0\end{cases},\quad \dot{p}(\delta_0)=\left.\frac{\partial P(\delta)}{m\partial\delta}\right|_{\delta=\delta_0} \tag{9-46}$$

求解得到特征根为 $\lambda=-\ddot{\varphi}/(2\dot{\varphi})$。根据 Liapunov 稳定性判据，如果保守系统的一次近似方程有一个或多个实部为正的特征根，则该系统运动状态不稳定。而当转子系统做花瓣形或椭圆形进动时，$-\ddot{\varphi}/(2\dot{\varphi})$ 项必然出现正值，不满足稳定性条件，因此，当且仅当进动的角加速度为零时，转子系统的运动状态可能是稳定的，由此可得：对于使用滚动轴承支承的转子系统，转子的进动状态若为非匀速圆周进动，则该运动状态必然不稳定，因此仅须分析转子匀速圆周进动状态的稳定性。

在匀速圆周进动过程中，$\dot{\delta}=0$ 且 $\ddot{\delta}=0$，代入式(9-45)得到新的运动微分方程：

$$\begin{cases}\delta\ddot{\varphi}-e\omega^2\sin(\omega t-\varphi)=0\\ -m\delta\dot{\varphi}^2-me\omega^2\cos(\omega t-\varphi)+P(\delta)=0\end{cases} \tag{9-47}$$

该方程存在两个解：

$$\begin{cases}\varphi_1=\omega t, & \delta_1=P(\delta_1)/(m\omega^2)-e\\ \varphi_2=\omega t-\pi, & \delta_2=P(\delta_1)/(m\omega^2)+e\end{cases} \tag{9-48}$$

这两组解分别对应转子系统自转角等于进动角和自转角超前进动角 180°的情况。取 $P(\delta)=a_0\delta^{\alpha}$，根据式(9－48)可绘制转子系统的幅频特性曲线，如图 9－16 所示。存在临界转速点 $\omega_K=\sqrt{a_0\alpha\delta_K^{\alpha-1}/m}$、$\delta_K=e\alpha/(\alpha-1)$，当转速 ω_A 小于 ω_K 时转子系统存在单一进动半径解 δ_A，当转速 ω_B 大于 ω_K 时转子系统存在三个进动半径解。

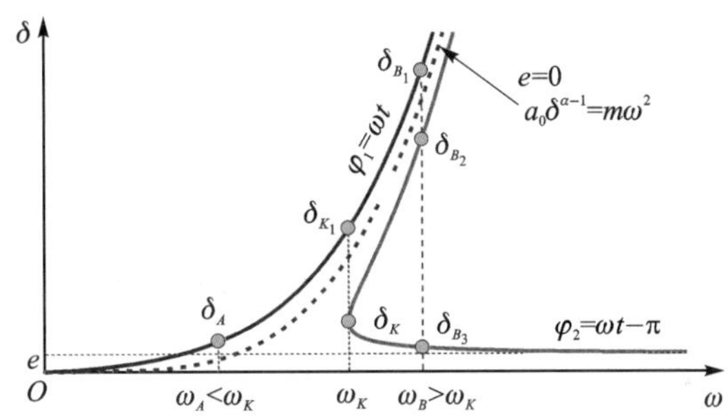

图 9－16　轴承-转子稳态转动的幅频特性曲线示意图

下面将讨论这几种运动状态的稳定性。

假设转子在运动过程中受到径向扰动 ε_1、周向扰动 ε_2，并有

$$\delta=\delta_0+\varepsilon_1,\qquad \varphi=\varphi_0+\varepsilon_2 \tag{9-49}$$

式中，δ_0 和 φ_0 满足式(9－47)。

将式(9－49)代入转子系统的动力学方程(9－45)得到扰动方程：

$$\begin{cases}2\dot{\varphi}_0\dot{\varepsilon}_1+\ddot{\varphi}_0\varepsilon_1+\delta_0\ddot{\varepsilon}_2+2\dot{\delta}_0\dot{\varepsilon}_2\pm e\omega^2\varepsilon_2=0\\ \ddot{\varepsilon}_1+[\dot{p}(\delta_0)-\dot{\varphi}_0^2]\varepsilon_1-2\delta_0\dot{\varphi}_0\dot{\varepsilon}_2=0\end{cases} \tag{9-50}$$

因为匀速圆周进动中有 $\ddot{\varphi}_0=0$，$\dot{\delta}_0=0$，因此可将扰动方程简化为

$$\begin{cases}2\dot{\varphi}_0\dot{\varepsilon}_1+\delta_0\ddot{\varepsilon}_2\pm e\omega^2\varepsilon_2=0\\ \ddot{\varepsilon}_1+\dot{p}(\delta_0)\varepsilon_1-2\delta_0\dot{\varphi}_0\dot{\varepsilon}_2=0\end{cases} \tag{9-51}$$

进一步地，建立扰动方程的特征方程：

$$\begin{vmatrix}2\dot{\varphi}_0\lambda & \delta_0\lambda^2\pm e\omega^2\\ \lambda^2+\dot{p}(\delta_0) & -2\delta_0\dot{\varphi}_0\lambda\end{vmatrix}=0 \tag{9-52}$$

上式±号中正号对应进动角等于自转角的情况，负号对应自转角超前进动角的情况。

根据稳定性理论：当扰动方程全部特征根的实部均为负时，运动状态渐近稳定；如果存在实部为正的特征根，则运动状态不稳定。

首先考虑进动角等于自转角的情况，对应图 9－16 中的点 A 和点 B_1。此时有

$$\dot{\varphi}_0=\omega,\qquad m\dot{\varphi}_0^2\delta_0+m\omega^2e=P(\delta_0) \tag{9-53}$$

特征方程为

$$\delta_0\lambda^4+[\dot{p}(\delta_0)\delta_0+e\omega^2+4\dot{\varphi}_0^2\delta_0]\lambda^2+e\omega^2\dot{p}(\delta_0)=0 \tag{9-54}$$

该方程的四个特征根为两对共轭的纯虚数，可知该运动状态稳定。

接下来，考虑自转角超前进动角的情况，对应图图 9－16 中的点 B_2 和点 B_3，此时有

$$\dot{\varphi}_0=\omega, \qquad m\dot{\varphi}_0^2\delta_0-m\omega^2 e=P(\delta_0) \tag{9-55}$$

特征方程为

$$\delta_0\lambda^4+[\dot{p}(\delta_0)\delta_0-e\omega^2+4\delta_0\dot{\varphi}_0^2]\lambda^2-e\omega^2\dot{p}(\delta_0)=0 \tag{9-56}$$

在上式中通常取 $P(\delta)=a_0\delta^\alpha$，$\alpha=3/2$，并进一步简化特征方程为

$$2\delta_0\lambda^4+(11\delta_0-5e)\lambda^2-2e(\delta_0-e)/\delta_0=0 \tag{9-57}$$

对于点 B_2，$\delta_0>3e$，特征方程存在正的实数解，因此对应的运动状态不稳定；对于点 B_3，$e<\delta_0<3e$，特征方程特征根为互异的纯虚数，因此对应的运动状态稳定。

对于使用滚动轴承支承的转子系统，当转子做匀速圆周进动时，并且进动半径和进动角满足式(9-48)的关系，转子即可保持该匀速圆周进动。但是，一旦受到外部扰动，转子系统仅在两种运动状态下可保持稳定：一是进动角等于自转角的情况(对应图 9-16 中的蓝色曲线)；二是自转角超前进动角 180°的部分情况(对应图 9-16 中红色曲线的下半段)。

需要注意，当转速 ω 超过临界转速 ω_K 后，转子存在两个稳定的进动状态，对应图 9-16 中点 B_1 和点 B_3。在 B_1 状态下，转子质心朝外，质心点 O_3 位于轴心点 O 到旋转中心点 O_2 的延长线上，如图 9-17(a)所示；B_3 状态下，转子质心朝内，质心点 O_3 位于轴心点 O 与旋转中心点 O_2 之间的连线上，如图 9-17(b)所示，因此，需要确定两种不同进动状态各自可能出现的条件。

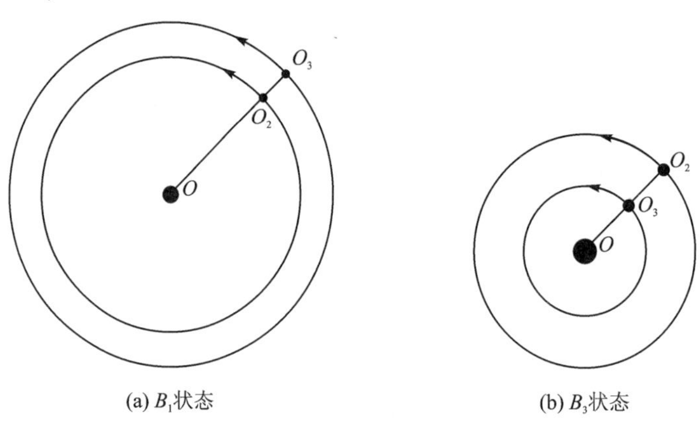

图 9-17　无阻尼转子两种稳态进动的质心位置分布示意图

对于无阻尼的轴承支承-转子系统，在准静态加速过程中，转子的进动半径随转速不断提高，如图 9-18(a)所示，始终保持质心向外的状态；而准静态减速过程中则会在通过临界转速时发生质心转向，进动半径发生突增，如图 9-18(b)所示。

例如，取转子质量为 $m=10$ kg，偏心距 $e=0.1$ mm，$P(\delta)=a_0\delta^{3/2}(a_0=100\ \mathrm{N/mm^{3/2}})$，可计算得到转子系统临界转速为 $\omega_K=286.6$ rad/s，两条幅频特性曲线中临界进动半径值分别为 $\delta_K=0.263\ 4$ mm，$\delta_{K_1}=0.854\ 1$ mm。现分别计算转子系统在加速和减速过临界时的轴心轨迹和进动半径变化情况，如图 9-19 和图 9-20 所示。在加速过临界时，转子系统的进动半径和转角差变化较小；而在减速过临界时，进动半径显著提高并且出现明显的质心转向，验证了转子系统在两种不同运动状态下的幅频特性曲线。

对于滚动轴承支承的转子系统，由于滚动轴承支承存在的非线性支承刚度特征，造成转子系统在准静态加速过程中进动半径随转速增加而不断提高，而并非发生类似线性支承刚度的

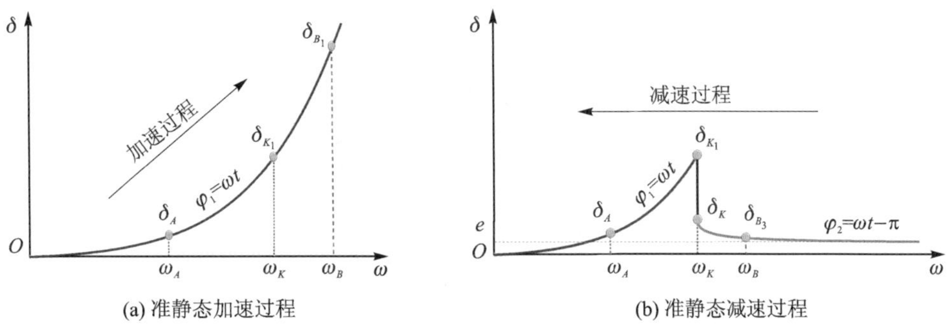

图 9-18　轴承支承-转子幅频特性曲线示意图

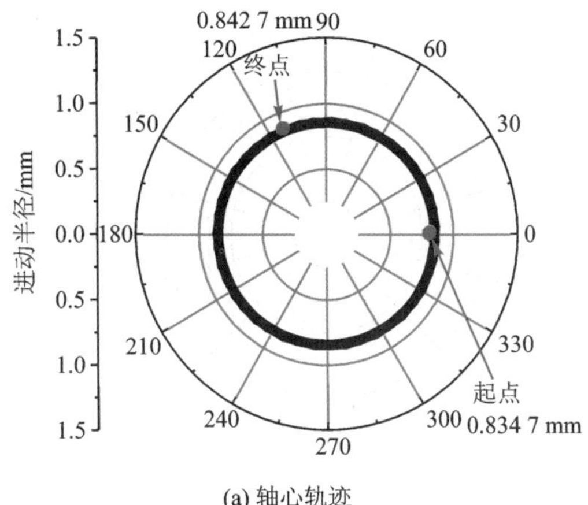

(a) 轴心轨迹

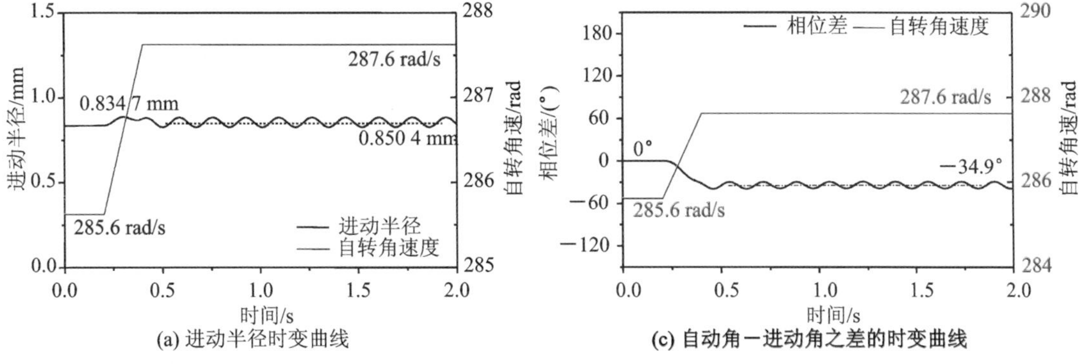

(a) 进动半径时变曲线　　(c) 自动角一进动角之差的时变曲线

图 9-19　轴承-转子系统加速过临界时响应

转子系统在过临界后出现的振幅突降和质心转向现象。尤其是在高速转子系统中，转子动力响应和支点动载荷将明显高于线性支承刚度的情况。此外，在转子减速通过临界转速后，进动半径发生突增，但并未保持恒定，而是发生周期变化，这与实际工作中转子系统通过临界后振动幅值降低的特征有所不同，其原因在于未考虑阻尼的影响。

2. 有阻尼情况

根据能量守恒原则，无阻尼转子系统在受到外界扰动后将不可能恢复为受扰前的状态，因此转子运动处于发散状态。而阻尼可以消耗扰动输入的能量，抑制转子运动轨迹，具体影响规

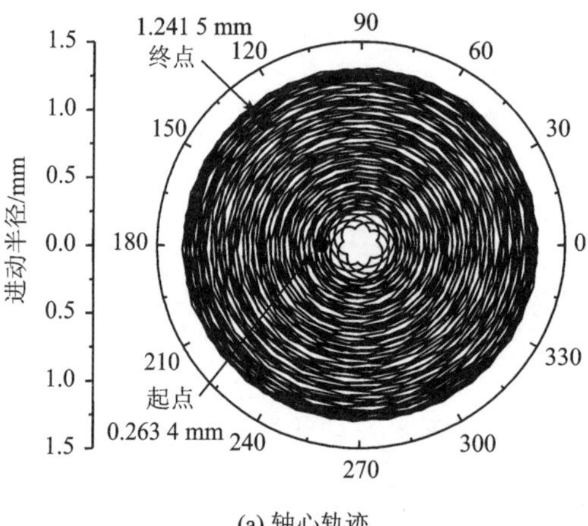

(a) 轴心轨迹

(b) 进动半径时变曲线

(c) 自转角-进动角之差的时变曲线

图 9-20 轴承-转子系统减速过临界时响应

律需要研究阻尼对转子系统运动状态稳定性的影响。这里主要研究两种阻尼模型：

① 阻尼力与转子轴心的径向速度成正比，即 $F_C=-\mu m\dot{\delta}$；

② 阻尼力和转子轴心运动速度成正比，即 $F_C=-\mu m v_{O_2}=-\mu m\sqrt{\dot{\delta}^2+\delta^2\dot{\varphi}^2}$。

对于第一种情况，建立有阻尼的轴承支承-转子系统的运动微分方程，即

$$\begin{cases}2\dot{\delta}\dot{\varphi}+\delta\ddot{\varphi}-e\omega^2\sin(\omega t-\varphi)=0\\ m\ddot{\delta}+m\mu\dot{\delta}-m\delta\dot{\varphi}^2-me\omega^2\cos(\omega t-\varphi)+P(\delta)=0\end{cases} \tag{9-58}$$

可以证明，运动轨迹为圆周进动时转子系统是稳定的，此时，$\dot{\delta}=0$，$\ddot{\delta}=0$，且 $\ddot{\varphi}=0$，得到有阻尼时转子系统稳态的运动微分方程与无阻尼的情况完全一致，参见式(9-47)，因此幅频特性曲线也将和图 9-16 所示的情况完全相同。此时讨论考虑阻尼力对运动状态稳定性的影响。

假设转子系统在运动过程中受到微小扰动，有 $\delta=\delta_0+\varepsilon_1$，$\varphi=\varphi_0+\varepsilon_2$，代入式(9-58)可分别得到转子系统的扰动方程和一次近似方程：

$$\begin{cases}2\dot{\varphi}_0\dot{\varepsilon}_1+\delta_0\ddot{\varepsilon}_2\pm e\omega^2\varepsilon_2=0\\ \ddot{\varepsilon}_1+\mu\dot{\varepsilon}_1+\dot{p}(\delta_0)\varepsilon_1-2\delta_0\dot{\varphi}_0\dot{\varepsilon}_2=0\end{cases} \tag{9-59}$$

$$\begin{vmatrix} 2\dot{\varphi}_0\lambda & \delta_0\lambda^2 \pm e\omega^2 \\ \lambda^2 + \mu\lambda + \dot{p}(\delta_0) & -2\delta_0\dot{\varphi}_0\lambda \end{vmatrix} = 0 \tag{9-60}$$

上式±号中正号对应进动角等于自转角的情况，负号对应自转角超前进动角的情况。根据稳定性理论，只有当扰动方程特征根的实部全部为负或仅存在纯虚数特征根时，保守系统运动状态稳定。

首先考虑进动角等于自转角的情况，即 $\varphi=\omega t$，如图 9-16 中的蓝线所示，此时有

$$\delta_0\lambda^4 + \mu\delta_0\lambda^3 + [\dot{p}(\delta_0)\delta_0 + e\omega^2 + 4\delta_0\dot{\varphi}_0^2]\lambda^2 + \mu e\omega^2\lambda + e\omega^2\dot{p}(\delta_0) = 0 \tag{9-61}$$

可以证明，上式特征根的实部全部为负数，因此该运动状态为渐近稳定，即当转子系统以该状态进行匀速圆周进动时，如果受扰外界扰动，可在一段时间后完全恢复为原状态。

此外考虑自转角超前进动角的情况($\varphi=\omega t-\pi$)，对应图 9-16 中红色曲线，此时有

$$\delta_0\lambda^4 + \mu\delta_0\lambda^3 + [\dot{p}(\delta_0)\delta_0 - e\omega^2 + 4\delta_0\dot{\varphi}_0^2]\lambda^2 + \mu e\omega^2\lambda - e\omega^2\dot{p}(\delta_0) = 0 \tag{9-62}$$

上式必然存在实部为正的特征根，因此该运动状态是不稳定的，这一点与无阻尼转子系统在 $\varphi=\omega t-\pi$ 的幅频曲线下半段为稳定进动段的情况有所不同。

由此可知，当阻尼力与径向进动速度成正比时，转子系统仅存在一条幅频曲线，即为图 9-16 中的蓝色曲线，该曲线上对应的进动状态均为渐近稳定的同步正进动状态，其进动半径和进动角速度之间的关系可按式(9-48)求得。如果对转子进行精密平衡($e\to 0$ 但 $e\neq 0$)，则进动半径最小值可按下式计算：

$$\delta_{\min} = (m\omega^2/a_0)^{1/(\alpha-1)} \tag{9-63}$$

进而得到滚动轴承所承受的支反力为

$$P(\delta_{\min}) = a_0\delta_{\min}^{\alpha} = m^{1/(\alpha-1)}a_0^{(2-\alpha)/(\alpha-1)}\omega^{2\alpha/(\alpha-1)} \tag{9-64}$$

取 $\alpha=3/2$ 时，支反力与转速 6 次方成正比($P=\bar{k}\omega^6$)，这表明无论如何降低转子不平衡量，支点载荷都会随着转速提高而急剧增大，最终导致滚动轴承破坏失效。但是这一结论与实际转子过临界后发生质心转向和支点载荷降低的规律相差较大，因此使用该阻尼模型建立的转子系统动力学模型并不合理。

对于第二种阻尼模型(常被称为黏滞阻尼)，即阻尼力与转子轴心的进动速度成正比，广义阻尼力分别等于 $\mu m\dot{\delta}$ 和 $\mu m\delta\dot{\varphi}$，建立有阻尼的轴承支承-转子系统运动微分方程，即

$$\begin{cases} 2\dot{\delta}\dot{\varphi} + \delta\ddot{\varphi} + \mu\delta\dot{\varphi} - e\omega^2\sin(\omega t-\varphi) = 0 \\ m\ddot{\delta} + m\mu\dot{\delta} - m\delta\dot{\varphi}^2 - me\omega^2\cos(\omega t-\varphi) + P(\delta) = 0 \end{cases} \tag{9-65}$$

不妨假设转子系统在运动过程中受到周向的微小扰动，即有 $\varphi=\varphi_0+\varepsilon$，代入上式可得到转子系统在 δ_0 和 φ_0 状态下的扰动方程和一次近似方程：

$$\begin{cases} 2\dot{\delta}_0\dot{\varepsilon} + \delta_0\ddot{\varepsilon} + \mu\delta_0\dot{\varepsilon} - e\omega^2\cos(\omega t-\varphi_0)\sin\varepsilon = 0 \\ -2m\delta_0\dot{\varepsilon} - me\omega^2\sin(\omega t-\varphi_0)\sin\varepsilon = 0 \end{cases} \tag{9-66}$$

$$\begin{cases} \delta_0\lambda^2 + (2\dot{\delta}_0 + \mu\delta_0)\lambda - e\omega^2\cos(\omega t-\varphi_0) = 0 \\ -2m\delta_0\lambda - me\omega^2\sin(\omega t-\varphi_0) = 0 \end{cases} \tag{9-67}$$

求解得到特征根为 $\lambda=-e\omega^2\sin(\omega t-\varphi_0)/(2\delta_0)$。根据 Liapunov 稳定性判据，当保守系统的一次近似方程存在实部为正的特征根时，系统运动状态不稳定。由此可知，转子系统稳态转动时必有 $\sin(\omega t-\varphi)\geqslant 0$，转子进动角 φ 始终滞后于自转角 ωt。

转子始终做匀速圆周进动，并且进动角速度等于转动角速度（$\dot{\varphi}=\omega$），是可能稳定的情况，根据式(9－65)可建立这一状态下的转子系统运动微分方程：

$$\mu\delta\dot{\varphi}-e\omega^2\sin(\omega t-\varphi)=0,\qquad -m\delta\dot{\varphi}^2-me\omega^2\cos(\omega t-\varphi)+P(\delta)=0 \quad (9-68)$$

将上述方程转化为另一种等价形式：

$$\delta^2\left[(a_0\delta^{\alpha-1}-m\omega^2)^2+\mu^2m^2\omega^2\right]=m^2\omega^4e^2,\qquad \frac{m\mu\omega}{a_0\delta^{\alpha-1}-m\omega^2}=\tan(\omega t-\varphi) \quad (9-69)$$

计算得到考虑黏滞阻力作用时，转子系统的幅频特性曲线和相频特性曲线，如图 9－21 和图 9－22 所示。此时，转子系统幅频曲线位于无阻尼情况的幅频曲线之内，并且阻尼力导致转子进动角将始终滞后于自转角，两者之间的相位差将随转速提高由 0 逐渐增大到 180°，最终出现自动定心线性。

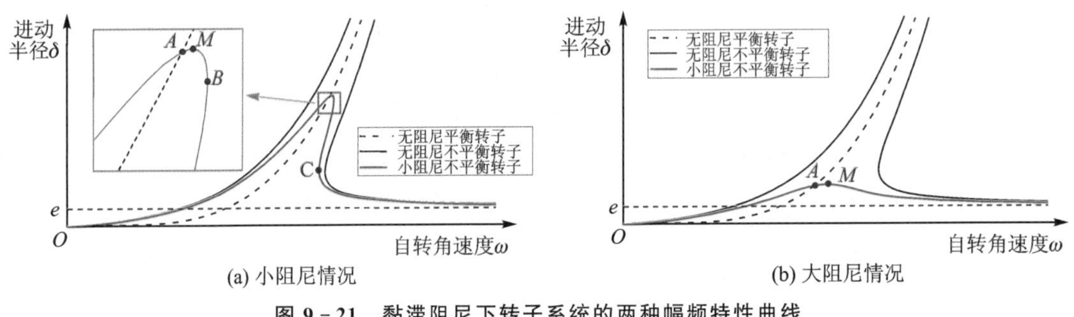

图 9－21　黏滞阻尼下转子系统的两种幅频特性曲线

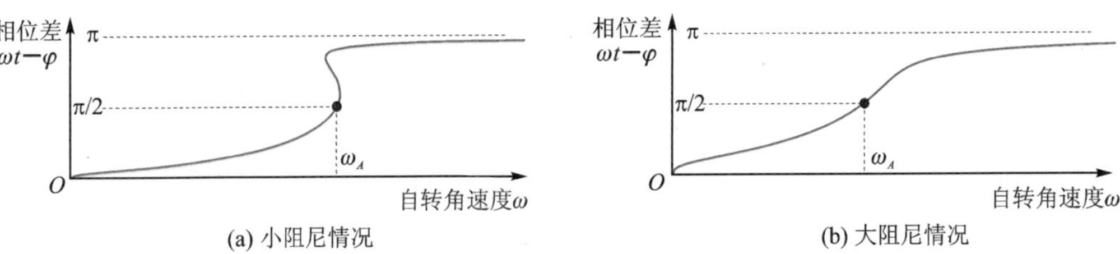

图 9－22　黏滞阻尼下转子系统的两种相频特性曲线

可以看出，在小阻尼情况下，转子系统幅频曲线的共振峰发生倾斜，对应区间内单个转速对应多个进动半径解（ω_B 到 ω_C 段）。为分析曲线上各点对应运动状态的稳定性，计算以下几个关键点对应的转速和进动半径值。

点 A 为幅频特性曲线与主干曲线的交点。主干曲线是无阻尼转子系统的幅频曲线，对应不平衡量为 0 的情况，点 A 坐标参见下式。转子系统在该状态下保持匀速圆周运动时，自转角始终超前进动角 90°。

$$\omega_A=\left(\frac{a_0e^{\alpha-2}}{m\mu^{\alpha-2}}\right)^{\frac{1}{3-\alpha}},\qquad \delta_A=\left(\frac{a_0e^2}{m\mu^2}\right)^{\frac{1}{3-\alpha}},\qquad \omega_At-\varphi_A=\frac{\pi}{2} \quad (9-70)$$

点 M 对应进动半径的极大值情况，进动半径对自转角速度的偏导为 0。因此，令方程式(9－68)中各项对 ω 求导，得到含偏导项 δ' 的方程式：

$$\left[\left(\frac{a_0}{m}\alpha\delta^{\alpha-1}-\omega^2\right)\left(\frac{a_0}{m}\delta^{\alpha-1}-\omega^2\right)+\mu^2\omega^2\right]\delta'-\mu^2\omega\delta-2\frac{a_0}{m}\omega e\delta^{\alpha-1}\cos(\omega t-\varphi)=0 \quad (9-71)$$

令偏导项 δ' 为 0，联立运动微分方程式(9-68)计算得到点 M 坐标，如式(9-72)所示。由于 $\cos(\omega_M t-\varphi_M)$ 为负数，因此在幅频曲线上点 M 始终位于点 A 右上方。此外，通过提高阻尼系数 μ 可以同时降低点 M 对应的自转转速和进动半径值，而减小偏心距 e 仅会降低进动半径，并不改变峰值点对应的转子转速。

$$\omega_M^2=\frac{2a_0^2\delta_M^{2\alpha-2}}{2a_0 m\delta_M^{\alpha-1}-m^2\mu^2},\quad \delta_M^{2-\alpha}=\frac{-2a_0 e\cos(\omega_M t-\varphi_M)}{m\mu^2},\quad \cos(\omega_M t-\varphi_M)=\frac{-m\mu^2\delta_M^{2-\alpha}}{2a_0 e} \tag{9-72}$$

幅频特性曲线在点 B、点 C 的切线均平行于 δ 轴，在这两点对应的转速范围内转子系统的进动半径存在多个解。为求解这两点坐标，令式(9-71)中偏导项 δ' 前的系数为 0，有

$$(\alpha a_0\delta^{\alpha-1}-m\omega^2)(a_0\delta^{\alpha-1}-m\omega^2)+\mu^2 m^2\omega^2=0 \tag{9-73}$$

上式为关于 $\delta^{\alpha-1}$ 的一元二次方程，解得

$$\delta_B^{\alpha-1}=\frac{(\alpha+1)-\sqrt{(\alpha-1)^2-4\alpha\mu^2/\omega^2}}{2\alpha a_0/(m\omega^2)},\qquad \delta_C^{\alpha-1}=\frac{(\alpha+1)+\sqrt{(\alpha-1)^2-4\alpha\mu^2/\omega^2}}{2\alpha a_0/(m\omega^2)} \tag{9-74}$$

将上面的公式代入运动微分方程(9-68)即可求解获得 B、C 两点对应的转速和进动半径。

随着阻尼系数 μ 值的增大，B、C 两点会不断接近，最终两点重合，形成如图 9-21(b)所示的单值幅频特性曲线。在这种情况下，分别有

$$\omega^2=\frac{4\alpha\mu^2}{(\alpha-1)^2},\qquad \delta^{\alpha-1}=\frac{(\alpha+1)m\omega^2}{2\alpha a_0} \tag{9-75}$$

将上式代入幅频特性曲线的方程式(9-69)，可得到令 B、C 点重合时临界阻尼系数值的计算公式：

$$\mu_0^4=\frac{a_0^2\alpha(\alpha-1)^3 e}{2m^2(\alpha+1)^{5/2}} \tag{9-76}$$

当阻尼系数大于 μ_0 时，特性曲线中每个转速频率 ω 都只对应单个进动半径值。

为研究黏滞阻尼情况下轴承-转子系统运动状态的稳定性，假设转子在运动过程中受到径向扰动 ε_1、周向扰动 ε_2，可分别建立系统扰动方程和一次近似方程：

$$\begin{cases}2\dot{\varphi}_0\dot{\varepsilon}_1+\mu\dot{\varphi}_0\varepsilon_1+\delta_0\ddot{\varepsilon}_2+\mu\delta_0\dot{\varepsilon}_2+e\omega^2\cos(\omega t-\varphi_0)\varepsilon_2=0\\ \ddot{\varepsilon}_1+\mu\dot{\varepsilon}_1-\dot{\varphi}_0^2\varepsilon_1+\dot{p}(\delta_0)\varepsilon_1-2\delta_0\dot{\varphi}_0\dot{\varepsilon}_2-e\omega^2\sin(\omega t-\varphi_0)\varepsilon_2=0\end{cases} \tag{9-77}$$

$$\begin{vmatrix}2\dot{\varphi}_0\lambda+\mu\dot{\varphi}_0 & \delta_0\lambda^2+\mu\delta_0\lambda+P(\delta)/m-\delta\dot{\varphi}^2\\ \lambda^2+\mu\lambda+\dot{p}(\delta_0)-\dot{\varphi}_0^2 & -2\delta_0\dot{\varphi}_0\lambda-\mu\delta_0\dot{\varphi}_0\end{vmatrix}=0 \tag{9-78}$$

展开上式得到关于 λ 的四阶特征方程：

$$\begin{aligned}&\lambda^4+2\mu\lambda^3+[2\dot{\varphi}_0^2+P(\delta)/(m\delta_0)+\dot{p}(\delta_0)+\mu^2]\lambda^2+\\&[P(\delta)/(m\delta_0)+\dot{p}(\delta_0)+2\dot{\varphi}_0^2]\mu\lambda+\\&[P(\delta)/(m\delta_0)-\dot{\varphi}_0^2][\dot{p}(\delta_0)-\dot{\varphi}_0^2]+\mu^2\dot{\varphi}_0^2=0\end{aligned} \tag{9-79}$$

根据 Hurwitz 稳定性判据，只有当特征方程的各阶行列式全部为正时系统才会稳定。由此可确定转子系统运动状态渐进稳定的必要条件为特征方程式(9-79)中常数项大于零，即

$$[P(\delta)/(m\delta_0)-\dot{\varphi}_0^2][\dot{p}(\delta_0)-\dot{\varphi}_0^2]+\mu^2\dot{\varphi}_0^2>0 \tag{9-80}$$

由此可以确定，随着黏滞阻尼系数变化，转子系统可维持稳态转动的转速区间同样发生变化。当阻尼较大时，每个转速下仅存在单个进动半径解，幅频特性曲线如图 9－21(b)所示，该曲线上所有的点均满足稳定性条件，都是渐近稳定的。而当阻尼较小时，部分转速区间存在多个进动半径解，幅频特性曲线如图 9－21(a)所示，仅在点 O 到点 B 和点 C 往后的曲线段可满足稳定性条件，而 BC 段曲线对应的运动状态是不稳定的。在这种情况下，转子系统在增速和减速过程中的动力学特性会有所差异，其幅频特性曲线如图 9－23 所示，在加速通过 ω_B 时转子系统的进动半径将发生突降，而减速通过 ω_c 时进动半径将突增。

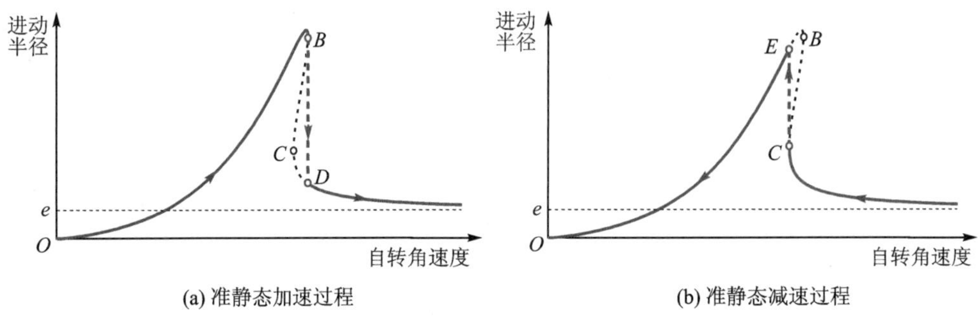

图 9－23　考虑黏滞阻尼时转子系统不同运动状态下的幅频特性曲线分支示意图

例如，取转子质量为 $m=10$ kg，偏心距 $e=0.1$ mm，$P(\delta)=a_0\delta^{3/2}$ ($a_0=100$ N/mm$^{3/2}$)，可计算得到转子系统的临界阻尼系数值为 $\mu_0=55.5$ s^{-1}。因此当阻尼系数小于 μ_0 时，转子系统的幅频曲线中发生共振峰值偏斜。取 $\mu=40$ s^{-1}，计算得到特征转速为 $\omega_C=279.9$ rad/s、$\omega_B=296.3$ rad/s。分别计算转子系统在加速和减速过临界时的轴心轨迹和进动半径变化情况，如图 9－24 和图 9－25 所示。

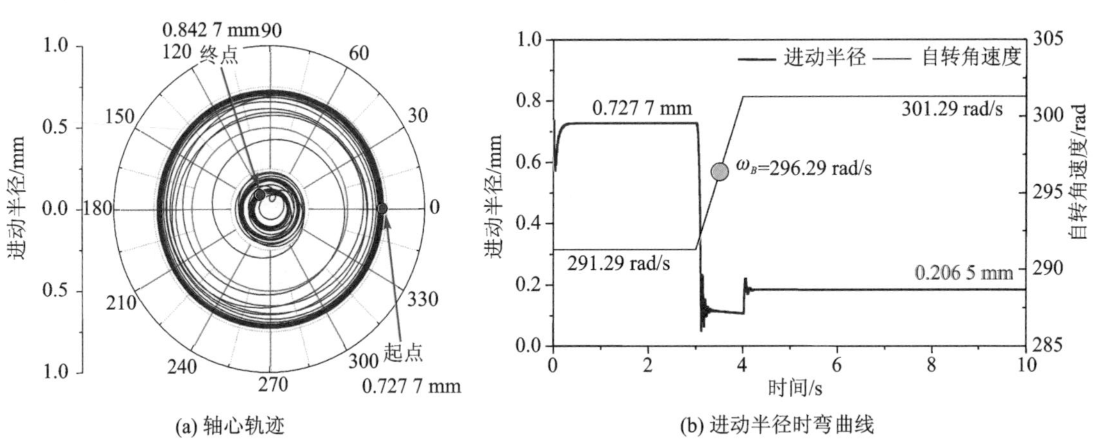

图 9－24　黏滞阻尼情况下轴承支承-转子加速过临界时的进动响应情况

在加速通过 ω_B 转速点或减速通过 ω_C 转速点时，转子系统进动半径会发生突变，经过一段时间后可恢复为匀速圆周进动状态，说明具有黏滞阻尼的转子系统运动状态具有渐进稳定的特点。

滚动轴承非线性刚度特征导致转子系统在同一转速下存在多种进动状态，转子惯性载荷和轴承的支承反力可保持平衡。但发生转速波动或受到外部扰动后，转子可能受力状态无法

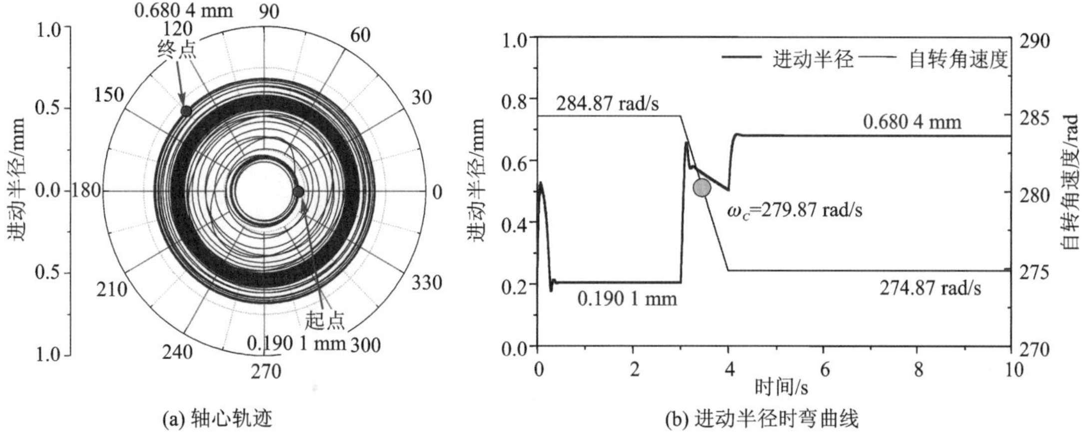

图 9-25　黏滞阻尼情况下轴承支承-转子减速过临界时的进动响应情况

再恢复到原有平衡位置，导致进动半径不断增大直至受力状态达到新的平衡点，或因变形过大发生破坏。由此产生的稳定性问题是轴承-转子系统动力学特性分析中的重要内容。本节基于赫兹接触理论推导得到滚动轴承内部载荷与变形的关系，建立了轴承-转子系统的动力学模型，讨论了转子系统中可能出现的各种运动状态及其稳定性，并进一步分析了阻尼条件对转子系统稳定运动的影响，可以获得以下主要结论：

① 对于仅受不平衡力作用的轴承-转子系统，转子系统稳定运转时其轴心轨迹应为圆形。

② 支承刚度非线性造成的幅频特性曲线倾斜是轴承-转子系统动力学特性的显著特征，在无阻尼情况下，幅频特性曲线是两条分段曲线，转子系统在加速过程中进动半径将持续增大，而在减速过程进动半径持续降低，并在经过失稳转速点时发生突增。

③ 黏滞阻尼有助于提高转子系统的稳定性，稳定类型均为渐进稳定，并且幅频特性曲线为连续曲线，在加速通过失稳转速点时进动半径将发生突降。

9.4　保持架对转子动力特性的影响

在轴承-转子系统动力特性分析中，大多不考虑保持架动态性能影响，但航空燃气轮机主轴承工作转速高，内部滚动元件离心效应远大于普通轴承，一旦保持架发生打滑或涡动，将产生严重的附加惯性激励，影响转子运动状态，造成转子系统异常振动，如振动信号中出现保持架转动频率与转速频率的调制频率等。而对于使用中介轴承的双转子系统，轴承元件运动关系及其旋转惯性载荷和振动响应特征将更加复杂。

9.4.1　保持架的运动状态

9.1 节介绍了保持架的基本运动特征，在理想状态下保持架仅发生自转，转动速度与转子转速之间的关系在式(9-13)中给出。实际情况下，由于加工和装配误差，保持架存在一定的偏心量，高速运转时离心效应会引起保持架的稳态涡动。此外，当转子弯曲变形导致轴承角向偏斜或受机动过载和横向冲击载荷时，保持架可能剐蹭其他元件，产生轨迹更为复杂的非协调涡动等。

1. 保持架打滑

轴承运转时滚动体推动保持架转动，一旦滚动体发生打滑，保持架的转动速度将低于纯滚动的状态。一般使用保持架打滑率定量描述保持架的打滑程度，即

$$S=\frac{\omega_c-\bar{\omega}_c}{\omega_c}\times 100\% \tag{9-81}$$

式中，ω_c 和 $\bar{\omega}_c$ 分别为在滚动体纯滚动状态下的保持架转速和发生打滑时的保持架实际转速。

保持架打滑与轴承的结构特征和承载状态都有密切关联。通常，轴承径向游隙和保持架兜孔孔隙越大、径向承载越小，保持架打滑率越大；此外，滚动体数目增加，滚动体与滚道之间的接触压力下降，也会提高保持架的打滑率。

2. 保持架稳态涡动

保持架完全平衡时仅做匀速自转，滚动体对保持架的切向推动力恒定。保持架存在偏心量时，高速旋转将产生不可忽略的径向旋转惯性载荷，即保持架不平衡力。该力使保持架旋转中心偏离轴承中心，发生进动，形成保持架稳态涡动。此时，保持架进动转速 Ω_c 与其自转转速 ω_c 相等，即

$$\Omega_c=\omega_c \tag{9-82}$$

在这种情况下，各滚动体作用在保持架上的推动力不再相同，除了驱动保持架自转外，还会产生附加的径向分力与保持架离心力平衡。这些径向力通过滚动体向外传递激起结构振动，激励频率与保持架涡动频率相等，因此振动信号中会出现保持架的自转频率。

3. 保持架非协调涡动

在保持架偏心量较小、稳态涡动半径不大的情况下，滚动体产生的附加径向分力尚可平衡保持架的离心力，保持架质心运动轨迹基本为圆形。如果高转速产生的离心效应过强，或转子受到强烈的外部激励导致轴承运动状态急剧变化，滚动体驱动力不足以平衡保持架的惯性载荷，保持架将无法保持稳定的涡动半径，并将与轴承其他元件发生接触碰撞，运动轨迹将更加复杂。

这种情况中保持架所产生的非协调涡动形式与其引导方式有较大关联。对于常见的外圈固定轴承，如果保持架采用内圈引导，保持架接触内圈后所受到的切向摩擦力将与转速方向相同，因此对保持架转动速度的影响相对较小。如果保持架使用外圈引导，接触摩擦力与保持架转动方向相反，并且由此产生的摩擦力更大，对保持架运动状态的影响更加剧烈，不但会影响保持架的进动转速，还会阻碍保持架自转，导致整个滚动体-保持架组合体的自转转速下降，甚至造成保持架反向涡动，其涡动频率大致等于其转动频率。但是由于接触摩擦会降低保持架的自转转速，导致保持架离心效应下降和涡动半径降低，保持架又会脱离外圈，因此这种反向涡动并不会长期存在，保持架与外圈处于时而接触、时而脱开的状态，保持架的进动转速在 $+\omega_c$ 和 $-\omega_c$ 之间切换。

9.4.2 保持架的附加激励与调制频率

具有良好平衡和稳定定心的保持架在轴承运转过程中随滚动体和内圈一起转动，不会发生相对偏移。如果保持架发生质心相对运动，即出现保持架涡动，滚动体和保持架之间除了切向推动力外还将产生径向的接触分力，并传入转子和支承结构，产生附加激励作用。保持架的

附加激励成分中，除了与进动同频的旋转惯性激励外，还存在保持架转速频率与转子转速频率相组合的调制频率激励成分。

当保持架以 Ω_c 的角速度发生涡动，各个滚动体与保持架之间的接触力不再相等，如图 9-26 所示，仅部分滚动体处于径向承载状态，并推动保持架转动，其他滚动体则脱离滚道，由保持架推动运转。承载滚动体对保持架的驱动力（F_1、F_2）方向垂直于保持架中心与接触点的连线；而保持架涡动将导致其中心与轴承中心分离，驱动力在轴承径向方向上存在分量，因此，内圈对滚动体的径向接触压力将提高，以平衡滚动体驱动力的径向分量。该接触压力与支点径向载荷产生的接触压力一同向外传递，进而形成保持架涡动产生的附加激励载荷。

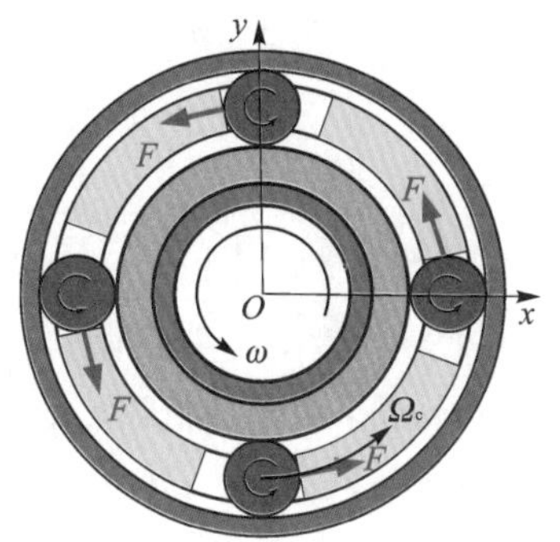

(a) 无附加激励，保持架受力平衡

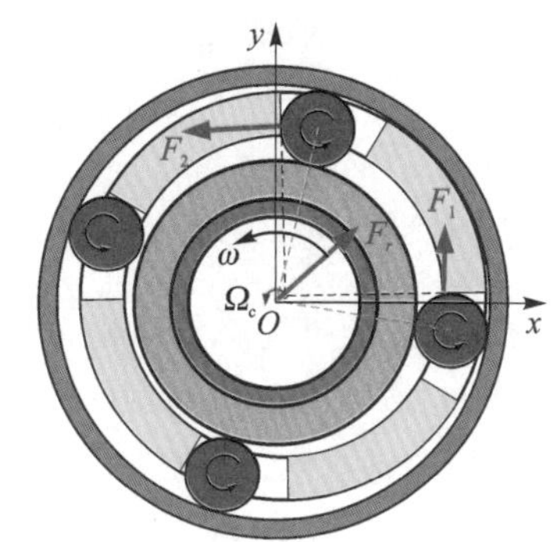

(b) 有附加激励，保持架将生产涡动

图 9-26　保持架附加激励的载荷分布示意图

附加激励来源于保持架涡动产生的旋转惯性激励载荷以及轴承滚动元件几何约束条件造成的接触压力重新分布，其大小受保持架涡动半径、涡动速度以及保持架中心相对转子不平衡力的相位角影响。附加激励载荷在绝对坐标系下的分量 F_{cx}、F_{cy} 可按下式求解：

$$\begin{cases} F_{cx} = q_c \Delta r_c \Omega_c^2 \cos\left[(\omega - \Omega_c)t + \varphi_c\right] \\ F_{cy} = q_c \Delta r_c \Omega_c^2 \sin\left[(\omega - \Omega_c)t + \varphi_c\right] \end{cases} \tag{9-83}$$

式中，q_c 为载荷系数，φ_c 为相对相位角的初始值。

可以看出，附加激励的频率为转子转速频率与保持架涡动频率之差。根据保持架运动学特征的分析结果，当保持架处于稳态涡动时，其涡动转速等于自转转速，因此附加激励的频率成分为 $\omega - \omega_c$；当保持架离心效应过强并与轴承外圈发生接触摩擦时，保持架处于正进动涡动和反进动涡动交替发生的非协调涡动状态，涡动转速中存在 $+\omega_c$ 和 $-\omega_c$ 两种成分，因此附加激励的频率等于转子转速与保持架自转转速的调制频率，即为 $\omega \pm \omega_c$。

在航空燃气轮机整机振动信号分析中，常出现轴承保持架与转子转速之间的调制频率，即转子基频（f）与保持架转速频率（f_c）相组合形成的 $f \pm f_c$ 项。其原因为轴承游隙或转子弯曲变形造成的轴承角向偏斜量过大，导致滚动体和保持架出现非协调涡动，产生附加激励作用。并由于存在打滑现象，振动信号中保持架的实际自转频率会低于理论频率值。这些异常频率成分的存在说明轴承的工作状态并不稳定，将加速轴承磨损和失效；如果异常频率接近转子-支承系统的模态振动频率，还会激起结构共振，造成承力构件裂纹和破坏。图 9-27 所示为航空燃气轮机用轴承保持架断裂破坏的典型示意图。

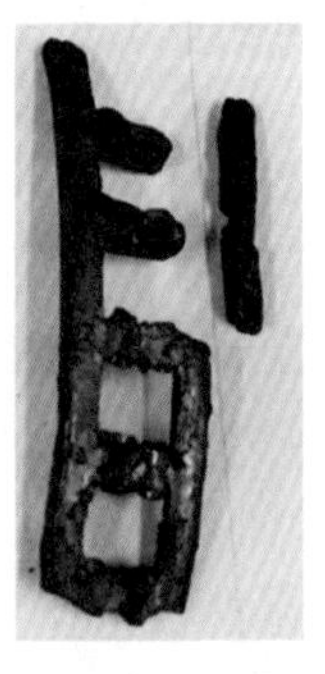

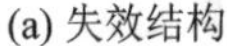

(a) 失效结构

(b) 原结构

图 9-27　轴承元件断裂破坏

9.4.3　中介轴承保持架对双转子运动的影响

现代高结构效率发动机为降低结构重量，在双转子系统中常采用中介轴承，即将高压涡轮支承在低压涡轮轴上，以减少一个承力框架，如图 9-28 所示。由于高低压转子均处于高转速工作状态，工作时中介轴承内外圈会随转子产生一定相对位移，尤其是角向位移，这使得中介轴承内外圈的同轴度发生变化，对轴承滚动体及保持架的运动产生影响。根据在中介轴承处角向位移程度的不同，在整机振动信号中，会出现高、低压转子与中介轴承保持架转动频率以及相互组合、调制频率成分。这表明在中介轴承处于非正常工作状态时，中介轴承滚动体及保持架可能产生损伤失效，下面对转子与轴承保持架之间交互激励产生机理及运动过程进行分析。

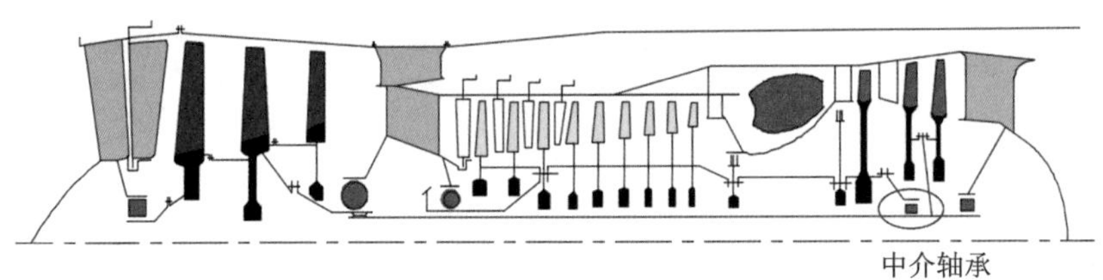

图 9-28　某型带有中介轴承的双转子发动机结构简图

1. 力学过程

中介轴承内圈一般过盈装配于低压涡轮前轴颈上，并通过内圈螺母轴向压紧，随低压转子一同自转；外圈通过拧紧螺母安装在轴承座内，并通过外圈防转凸台使其与高压转子一同自转，如图 9-29 所示。与图 9-1 相同，d_m 为中介轴承节圆直径，d_b 为滚动体直径，d_i 和 d_o 分别为外圈、内圈滚道直径。

滚动体在轴承内、外圈拖动力矩的合力矩作用下，同时进行自转与进动，并连续推动保持架自转。据滚动体与内外圈滚道的接触情况，可分为纯滚动与滑动两种状态，不同的接触状态将导致保持架频率发生变化。由于保持架对转子的作用力是通过滚动体传递的，且滚动体与保持架一起运动，后续分析将滚动体与保持架视作一个整体。其运动状态如图 9-30 所示。

对中介轴承进行运动学分析，得到保持架频率与滚动体自转频率计算公式，即

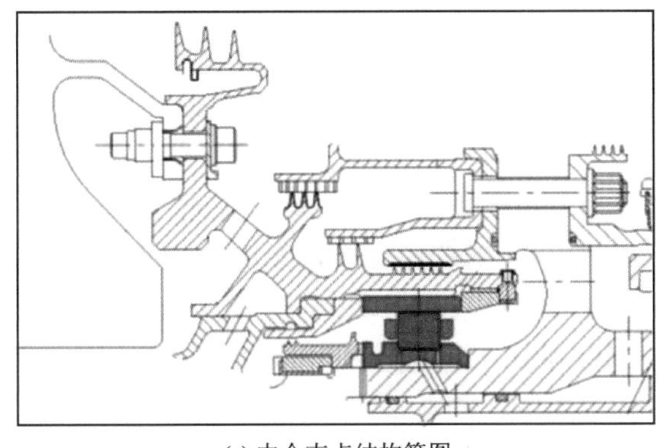

(a) 中介支点结构简图

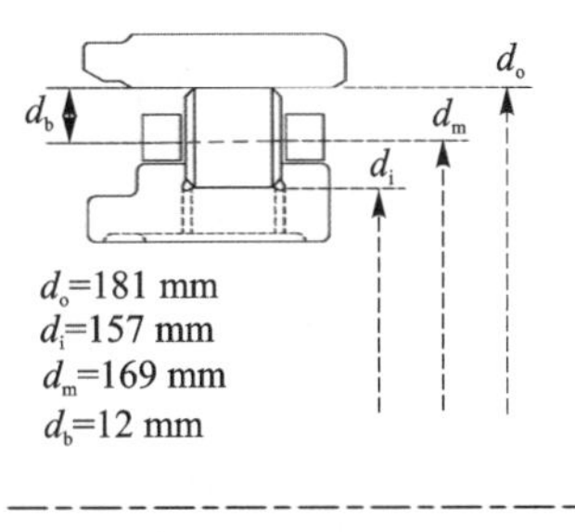

(b) 中介轴承结构尺寸

图 9-29　中介轴承组成及结构尺寸示意图

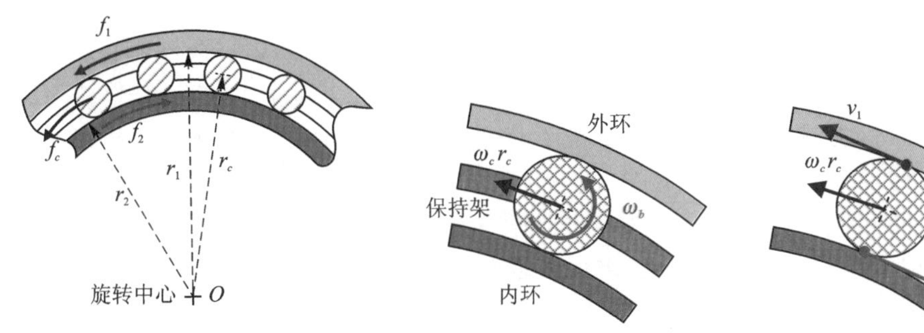

图 9-30　中介轴承保持架运动状态示意图

$$\omega_c = \frac{v_1 - v_2}{2r_c}, \quad \omega_b = \frac{v_2 + v_1}{2r_b} \tag{9-84}$$

$$f_c = \frac{v_1 - v_2}{4\pi r_c}, \quad f_b = \frac{v_2 + v_1}{4\pi r_b} \tag{9-85}$$

其中，f_c 为保持架频率，f_b 为滚动体自转频率，v_1 为滚动体与外圈接触点的线速度，v_2 为滚动体与内圈接触点的线速度。

在纯滚动状态下，内外圈接触点线速度 $\bar{v}_2$ 和 $\bar{v}_1$ 为

$$\bar{v}_1 = 2\pi f_1 r_1, \qquad \bar{v}_2 = 2\pi f_2 r_2 \tag{9-86}$$

因此，保持架频率与滚动体自转频率理论值为

$$\bar{f}_c = \frac{r_1}{2r_c} f_1 - \frac{r_2}{2r_c} f_2, \qquad \bar{f}_b = \frac{r_2}{2r_b} f_2 + \frac{r_1}{2r_b} f_1 \tag{9-87}$$

根据保持架频率和滚动体自转频率计算公式可知，频率值与转子转动方向、转速差及结构尺寸相关。在高低压转子对转情况下，当滚动体处于纯滚动（理论状态）时，滚动体自转频率很高，而保持架转动频率相对较低。如高、低转速分别为 9 000 rpm 和 12 000 rpm 时，滚动体自转频率为 2 500 Hz，保持架转动频率仅为 14 Hz。

2. 保持架频率

由于中介轴承保持架转速方向与高压转速方向相同，外圈滚道的拖动力 F_1 拖动滚动体-保持架组件转动，内圈滚道对滚动体的拖动力 F_2 则阻碍滚动体-保持架组件转动。理论状态

下，轴承滚动体发生纯滚动，保持架的运动是滚动体“推动”自转。实际工作过程中，由于轴承游隙和内外圈相对位置的变化，滚动体在内外滚道之间可能出现滑动（保持架加速）或是空转（保持架减速），滚动体受到的拖动力将偏离理论值，导致实际中介轴承保持架频率不同于理论值。

轴承外圈转速较高，离心效应产生的径向变形将提高轴承游隙，导致滚动体与滚道脱离，如图 9-28 所示。此时，如果保持架采用内圈引导，则有部分滚动体将脱离外圈滚道，来自外圈的拖动力下降，滚动体-保持架组合体的自转转速将低于理论值。如果保持架采用外圈引导，部分滚动体将会脱离内圈滚道，来自内圈的阻力下降，保持架实际转频将高于理论值。

除了离心效应引起的滚动体脱离滚道、滚动体压紧力下降引起保持架滑动外，转子弯曲变形造成轴承内、外圈相对偏斜同样会导致保持架转频偏离理论值，不同之处在于后者为滚道直接拖动保持架，由此产生的磨损情况更为严重。如果轴承外圈拖动保持架，保持架转频将会提高；内圈拖动保持架，保持架转速将降低。

3. 保持架频率与转速调制机理

保持架频率与高低压转速基频调制的力学模型如图 9-31 所示。滚动体-保持架组件的运动状态类似于“呼啦圈”；高低压转子一般工作于超临界运动状态，进动速度和转子转速相同，即为同步正进动，转子进动半径趋近于 0，转子成稳定自转状态。当滚动体-保持架与转子产生碰撞、摩擦作用时，保持架对超临界状态的转子的进动具有扰动作用，同时根据拖动力大小的不同，保持架进动速度也会发生变化。滚动体-保持架与转子处于相互影响的状态，但对转子的影响效果主要为进动状态的改变以及调制频率的出现，而对滚动体-保持架而言，作用效果主要体现为滚动体的磨损。

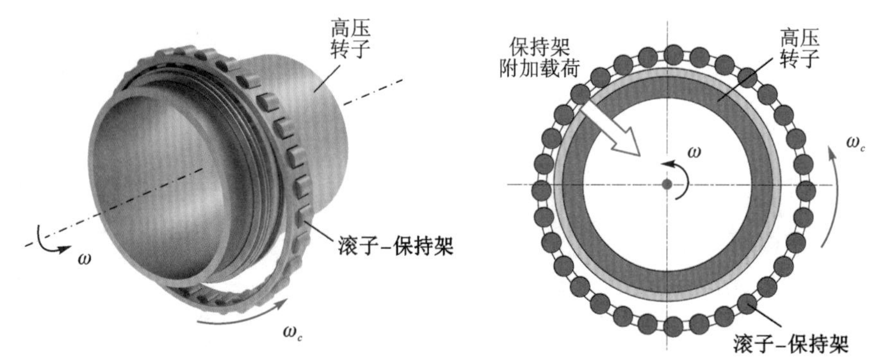

图 9-31　保持架滑动状态示意图(变形放大后)

轴承保持架频率与转子频率的调制机理：转子未受扰动时的运动方程如下：

$$\begin{cases} x = r\cos \omega t \\ y = r\sin \omega t \end{cases} \tag{9-88}$$

轴承内外圈发生倾斜或碰摩时，保持架/滚动体对转子产生附加载荷，改变转子进动，导致转子进动半径存在波动，可表示为 $\Delta r\cos \omega_c t$。

受保持架附加载荷影响后，运动方程变为

$$\begin{cases} x = (r + \Delta r\cos \omega_c t)\cos \omega t \\ y = (r + \Delta r\cos \omega_c t)\sin \omega t \end{cases} \tag{9-89}$$

再通过积化和差可变为如下形式：

$$\begin{cases} x = r\cos\omega t + \dfrac{\Delta r}{2}[\cos(\omega+\omega_c)t + \cos(\omega-\omega_c)t] \\ y = r\sin\omega t + \dfrac{\Delta r}{2}[\sin(\omega+\omega_c)t - \sin(\omega-\omega_c)t] \end{cases} \tag{9-90}$$

可以看到，保持架附加载荷对转子的作用使得其进动半径产生波动，在 x、y 两个方向上的运动方程中体现为存在双边调制频率 $\omega+\omega_c$ 和 $\omega-\omega_c$。

如图 9-32 所示，高压涡轮后轴颈在陀螺力矩作用下发生角向位移，轴承内部保持架与套圈发生局部碰摩，如图 9-33 所示，由此将产生附加的碰撞载荷并改变转子系统的进动状态。由于高、低压转子进动半径发生周期性变化，变化频率与保持架转频 f_c 相等，因此，高、低压转速基频与中介轴承保持架频率产生调制频率($f_1 \pm f_c$, $f_2 \pm f_c$)，在振动信号上形成两侧边频，甚至造成轴承结构的损伤破坏(见图 9-34)。

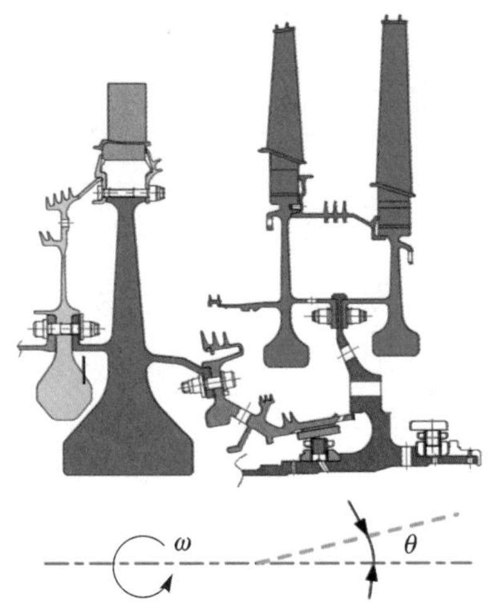

图 9-32　中介轴承内外圈偏摩的运动状态

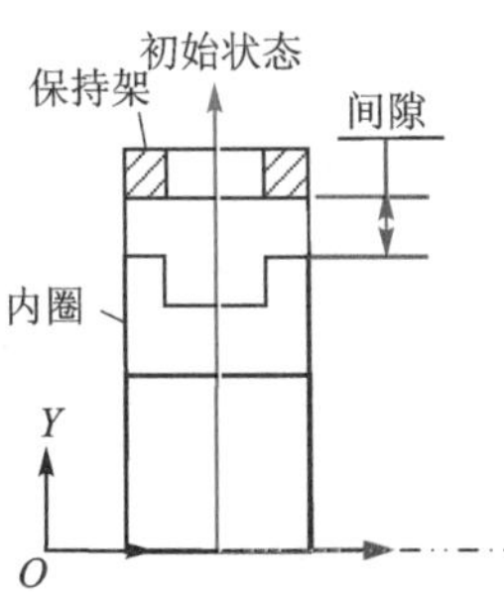

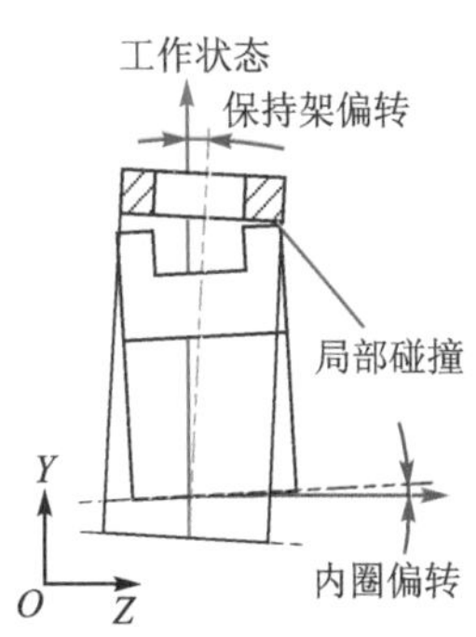

图 9-33　轴承内圈与保持架局部碰撞

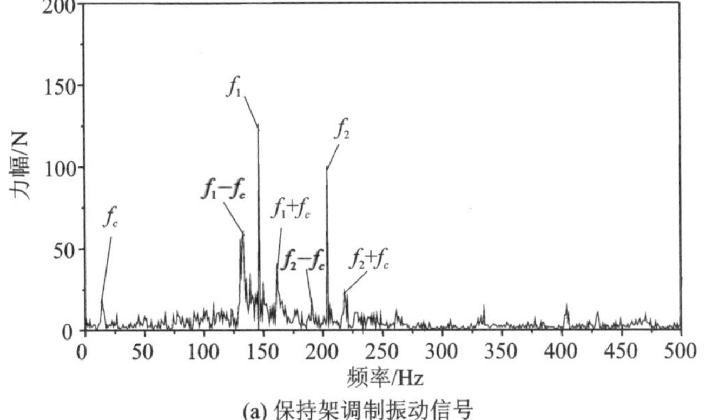

(a) 保持架调制振动信号

(b) 轴承元件结构损伤破坏

图 9-34　双转子系统中中介轴承保持架调制振动信号与结构损伤破坏

9.5 本章小结

本章分析了航空燃气轮机轴承-转子系统的动力学特性，根据结构与运动学关系确定了轴承的非线性约束刚度特性，并在此基础上开展了轴承-转子系统的动力学特性分析，判断不同阻尼条件下的转子运动状态稳定性。

针对高速轴承中保持架存在的非协调涡动和附加激励问题，阐述了保持架转动与转子转动之间的耦合运动过程以及由此产生频率调制的力学机理。对于常见的外圈固定轴承，轴承游隙过大易造成保持架涡动并产生调制频率振动成分。而中介轴承同时连接两个转子，内、外圈倾斜更容易造成保持架偏摩，并且保持架频率将与两个转子的转速频率发生调制，在转速基频两侧产生调制频率。

第 10 章　转子不平衡与装配控制技术

为了保证转子及整机在全转速范围内“不存在有害振动”，不仅需要通过转子结构及动力学设计降低转子振动对关键结构参数的敏感性，在制造和装配过程中，也需要对关键构/组件初始不平衡、同轴度及连接结构装配状态进行有效控制，以降低工作转速范围内转子旋转惯性，避免其对转子动力响应产生不利影响。

10.1　转子不平衡及定量描述

根据前面章节的描述，航空燃气轮机转子系统一般由压气机转子组件、涡轮转子组件以及相关连接鼓筒、锥壳等结构形式差别较大的结构单元，通过连接结构轴向组合组成，其中压气机转子组件和涡轮转子组件，由于质量较大，可视为质量单元，而其他构件则可以视为刚度单元。作为多结构单元的组合体，转子质心偏移和惯性主轴倾斜不仅与各结构单元的惯性主轴偏斜有关，还取决于结构单元之间的相对位置关系。当转子高速转动并发生弯曲变形时，结构单元之间出现相对位移(径向或角向)，使其相对于旋转中心轴的质量分布不对称性产生变化，相应的旋转惯性也会发生变化。

在旋转状态下，转子各个结构单元质量分布相对旋转轴线的不对称性所表现的力学特性，即为转子结构状态(Rotor Configuration State)。显然，对于具有界面连接的转子组件，其结构状态受到生产/装配过程中的初始不平衡和界面接触状态，以及转子工作过程中不同结构单元所处运动状态的影响。

航空燃气轮机转子系统中，由于不同结构单元运动状态随转速变化规律不同，因此当转子转速接近弯曲临界时，结构单元之间会产生相对变形，尤其是具有大转动惯量的轮盘等质量单元，其角向相对位置变化会显著影响转子质量分布及其转动所产生的旋转惯性载荷分布，使转子结构状态随工况变化具有“时变性”，因此其不平衡描述和控制方法与传统基于“恒态转子”假设的转子具有显著差异。

10.1.1　恒态转子

如果在工作转速范围内，工况变化(如工作转速或温度场改变)不会显著影响转子质量单元间的相互位置关系，即可称该转子为恒定状态转子，简称恒态转子(Constant Rotor State)。一般来说，当转子工作转速范围远低于其弯曲模态时，可以视为恒态转子。

恒态转子在工作转速范围内，工作过程中质量分布所产生的力学效果可通过转子的质心偏移和惯性主轴倾斜来完整表征(后文合称为惯性主轴偏斜)。而工程上为了方便描述和开展进一步的转子平衡，则往往用两个或多个平面内的不平衡量进行等效。对于质量分布确定的恒态转子，其质心偏移和惯性主轴倾斜恒定，但采用不同的测试截面和表示方法，所得不平衡结果可能会有很大差异，这种差异是数学描述和分析角度不同所产生的。

1. 不平衡描述

图 10-1 所示为恒态转子惯性主轴倾斜状态及其描述方法。在垂直于转子旋转轴的平面内建立随转子一起旋转的极坐标系，并将转子质心和惯性主轴投影至该平面内，则质心偏移的幅值 M_e 为转子质量与偏移距离 e 的乘积，单位为 g·mm，质心偏移相位角为转子质心-旋转惯性轴连线在极坐标系中的夹角 φ_e；惯性主轴倾斜的幅值为转子转动惯量与其倾斜角的乘积，单位为 g·mm^2，惯性主轴倾斜的相位角为惯性主轴投影在极坐标内的夹角 φ_I。因此转子质心偏移的完整表述为 $M_e\angle\varphi_e$，惯性主轴倾斜的完整表述则为 $I_\theta\angle\varphi_I$。

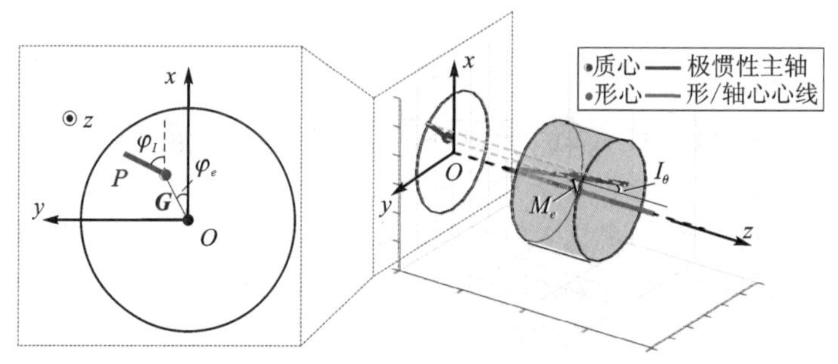

图 10-1　恒态转子惯性主轴偏斜示意图

根据转子质心偏移和惯性主轴倾斜幅值的大小及其所在平面的相对位置关系，可以将恒态转子的不平衡状态分为静不平衡、偶不平衡和动不平衡。其中：

静不平衡(Static Unbalance)，即转子惯性主轴仅平行偏离于转子轴线的不平衡状态，处于该状态下的转子仅有质心偏移，转子旋转时仅会受到旋转惯性力的作用。

偶不平衡(Couple Unbalance)，即旋转惯性轴与轴线在质心相交的不平衡状态，处于该状态下的转子仅有惯性主轴倾斜，转子旋转时仅会受到旋转惯性力矩的作用。

动不平衡(Dynamic Unbalance)，即转子旋转惯性轴相对于转子轴线处于任意位置的状态，处于该状态下的转子同时有质心偏移和惯性主轴倾斜，转子旋转时会同时受到旋转惯性力和力矩的作用。

对于质心偏移和惯性主轴倾斜确定的恒态转子，转子在旋转时会受到旋转惯性载荷，而在支点对转子运动的约束作用下，该旋转惯性载荷会外传并呈现为支点动载荷。基于此现象，工程上为了表征转子的不平衡状态，往往会在转子的一个或多个截面内虚构出特定大小和相位的不平衡量，当这些平面内的不平衡量在低速旋转时产生与真实转子相同的支点动载荷时，即可由这些不平衡量来等效转子的不平衡状态，而等效后，不平衡矢量组成的合成不平衡与转子质心偏移相同，同时不平衡矢量相对质心平面的合成矩不平衡与转子惯性主轴倾斜相同。

不平衡量是表征转子在特定横截面内质量分布相对其旋转中心不对称程度的物理量，单位为 g·mm。当转子旋转时，该平面不平衡量 M_e(g·mm)所产生的旋转惯性力幅值等效于在该平面内相距旋转中心单位距离的位置放置质量 M_e(g)。

不平衡相角是在位于转子横截面内并随转子一起旋转的极坐标系中，该平面内的不平衡量位于该坐标系中的极角。

不平衡矢量，即大小为不平衡量和方向为不平衡相角所构成的矢量。

合成不平衡(Resultent Unbalance)，沿转子分布的所有不平衡矢量的矢量和，单位为

g·mm(在工程应用中,一般称之为转子的静不平衡量)。

合成矩不平衡(Resultent Moment Unbalance),沿转子分布的所有不平衡矢量对合成不平衡平面的矩的矢量和,单位为 g·mm·mm。具体的计算公式为

$$\boldsymbol{P}_r=\sum_{k=1}^{K}(\boldsymbol{z}_k-\boldsymbol{z}_{U_r})\times\boldsymbol{U}_k \tag{10-1}$$

式中,$\boldsymbol{P}_r$ 为合成矩不平衡,单位为 g·mm^2;$\boldsymbol{U}_k$ 为第 k 个不平衡矢量,k 的取值范围为 1～K;$\boldsymbol{z}_k$ 为从一基准点到 $\boldsymbol{U}_k$ 平面的轴向位置的矢量;$\boldsymbol{z}_{U_r}$ 为从同一基准点到合成不平衡 $\boldsymbol{U}_r$ 的轴向位置的矢量。

需要注意,虽然合成矩不平衡与惯性主轴倾斜的单位相同,所产生的力学效果也互相等效,但是两者的内在物理意义却有本质区别:惯性主轴倾斜的单位中,g·mm^2 表示转子的转动惯量;而合成矩不平衡的单位中,g·mm 为转子某一平面的不平衡量,第二个长度单位 mm 则指的是该平面与合成不平衡平面之间的距离。

而基于该不平衡量等效方法,只需要在不平衡量横截面安装与不平衡量大小相同、方向相反的平衡质量块,通过平衡质量块在旋转过程中产生与转子自身不平衡大小相同、方向相反的旋转惯性载荷,即可降低转子向支点位置外传的旋转惯性载荷。

如图 10-2 所示,针对同一质量分布状态的恒态转子,在不同截面上对转子不平衡状态进行等效时,测量得到的转子不平衡量是不同的,所以采用多种不同的平衡质量块安装方法,均可平衡转子的支点动载荷,而通过合理选择平衡截面,能避免在转子上安装过重的平衡质量块,从而抑制平衡质量块对转子内部载荷分布的影响。就典型的双面动不平衡的情况来考虑,宜优选图(d)、(e)、(f)的表示方法。除此之外,由该图可知,对于具有一定轴向长度的转子,表示其不平衡需要至少两个平面,因此仅仅通过单个平面内的质心偏移(静不平衡量)来衡量转子的不平衡状态,一般仅适用于薄盘类转子。

需要特别强调:具有质量分布不对称特性的转子,其不平衡来自质量偏心和惯性主轴倾斜,而通过低速平衡机测得恒态转子在多个平面内的不平衡矢量,并非在该平面内真实存在偏离于结构单元旋转轴心线的质量,仅仅是工程上基于转子低速旋转时支点动载荷相等的原则,所提出的一种转子不平衡状态表征方法,只适用于低转速状态。

2. 平衡品质等级确定

针对恒态转子的不平衡,目前主要采用控制其质心偏移量(静不平衡量)的方式对转子进行平衡。

不平衡度(Specific Unbalance)e,即转子单位质量的静不平衡量。在数值上,不平衡度相当于质量偏心距。当转子有两个校正平面时,不平衡度有时是指一个平面的不平衡量除以根据转子的质量分布分配到该平面的转子质量。

平衡品质等级(Balance Quality Grade),为恒态转子许用剩余不平衡度 e_{per} 与转子最大工作角速度 Ω 的乘积,作为分级的量值,单位为 mm/s。例如,平衡品质等级量值 G 等于 6.3 mm/s,则平衡品质级别就确定为 G6.3 级。

根据国内外的经验和相似条件,已建立的平衡品质级别 G 满足了对典型机械类型的平衡品质要求,恒态转子平衡品质分级指南见表 10-1。其中,平衡品质级别彼此之间以系数 2.5 来划分。尤其是要求进行高精度的平衡时,有些情况可能需要较精细的分级,但细分级的系数不宜小于 1.6。

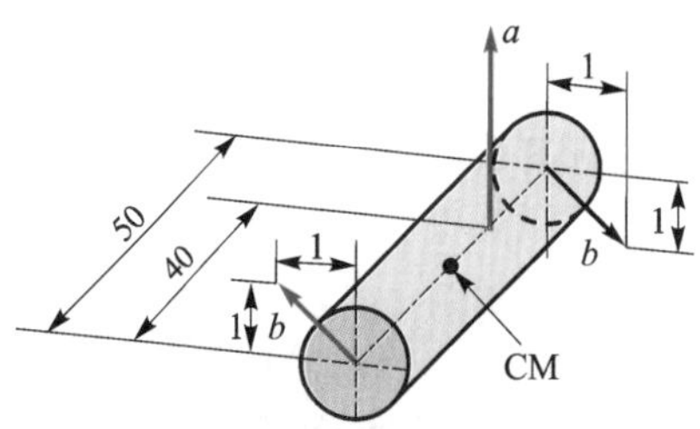

a—不平衡量为5 g·mm；
b—不平衡量为1.4 g·mm。

(a) 在任意平面和两端面表示转子的不平衡状态

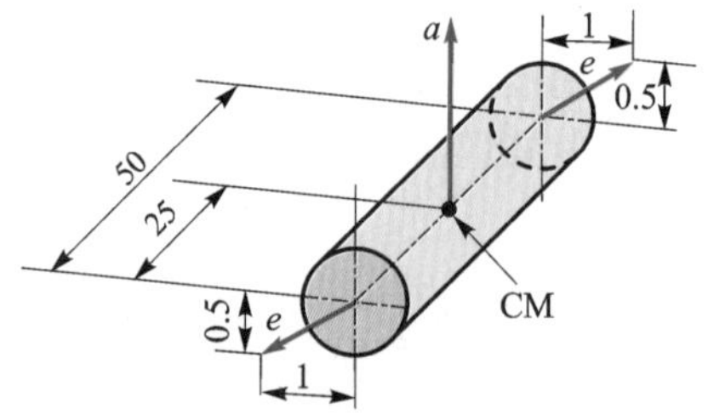

a—不平衡量为5 g·mm；
e—不平衡量为1.12 g·mm。

(b) 在质心平面和两端面表示转子的不平衡状态

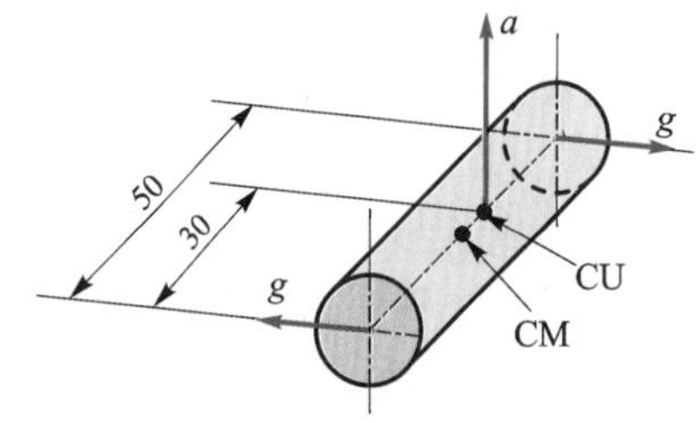

a—不平衡量为 5 g·mm；
g—不平衡量为1 g·mm。

(c) 当前不平衡量与两端面偶不平衡垂直时，端面所需安装的平衡质量块最小

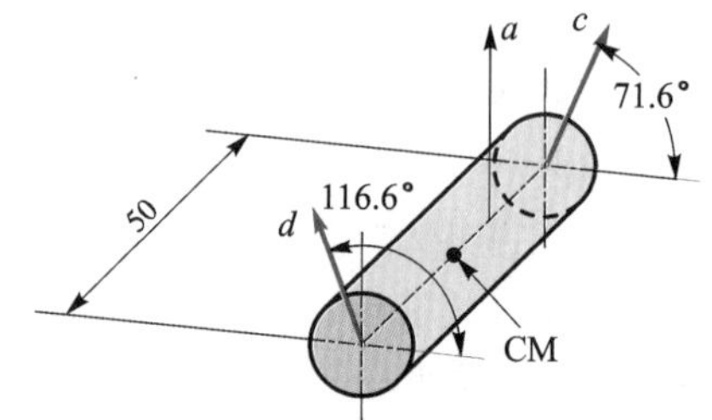

a—不平衡量为3.16 g·mm；
d—不平衡量为2.24 g·mm。

(d) 在两端面表示转子的不平衡状态

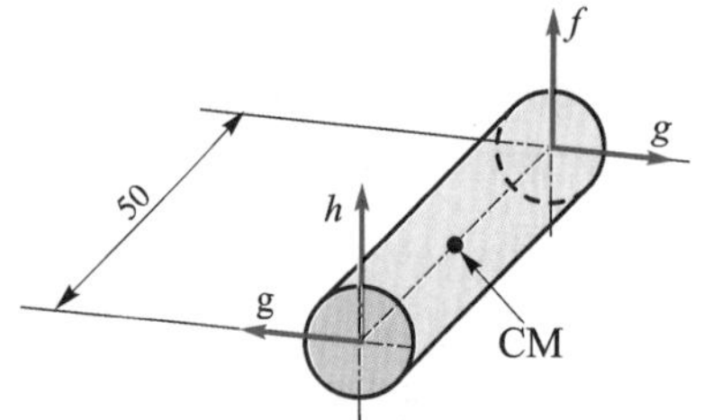

g—不平衡量为1 g·mm；
f—不平衡量为3 g·mm；
h—不平衡量为2 g·mm。

(e) 在两端面用互相成90°的不平衡分量表示转子的不平衡状态

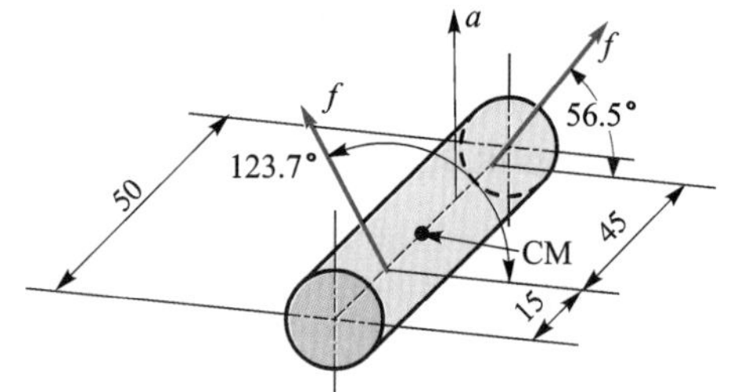

f—不平衡量为3 g·mm。

(f) 在转子任意两个平面表示转子的不平衡状态

图 10-2 恒态转子不平衡的不同表示方法

表 10-1 恒态转子平衡品质分级指南

机械类型	平衡品质级别 G	量值 $e_{per}\cdot\Omega$ /(mm·s^{-1})
汽车、卡车和机车用的往复式发动机整机	G100	100
汽车车轮、轮箍、车轮总成、传动轴、弹性安装的固有平衡的曲轴驱动装置	G40	40
农业机械 刚性安装的固有平衡的曲轴驱动装置 粉碎机等	G16	16

续表 10－1

机械类型	平衡品质级别 G	量值 $e_{per} \cdot \Omega$ /$(mm \cdot s^{-1})$
航空燃气轮机 通用旋转机械、透平增压机、水轮机	G6.3	6.3
压缩机 燃气轮机和蒸汽轮机 机床驱动装置	G2.5	2.5
声音、图像设备，磨床驱动装置	G1	1
陀螺仪，高精密系统的主轴和驱动件	G0.4	0.4

由该表可知，航空燃气轮机的推荐等级为 G6.3 级，燃气轮机和蒸汽轮机的推荐等级为 G2.5 级，但是对于先进航空燃气轮机(见表 10－2)，为了有效抑制转子动力响应，往往会要求其转子的平衡品质处于 G1～G2.5等级。

表 10－2　典型涡扇发动机转子平衡品质等级

转　子	质量 m /kg	许用剩余不平衡量 U_{per} /$(g \cdot mm)$	最大工作转速 Ω /$(rad \cdot s^{-1})$	许用剩余不平衡度 $e_{per}=\frac{U_{per}}{m}$ /$(g \cdot mm \cdot kg^{-1})$	平衡品质等级 $G=\frac{e_{per} \cdot \Omega}{1\ 000}$ $(mm \cdot s^{-1})$
多级风扇转子	160	200	1 000	1.25	1.25
低压涡轮转子	120	100	1 000	0.83	0.83
多级压气机转子	150	180	1 500	1.20	1.80
高压涡轮转子	160	100	1 500	0.63	0.95

当转子为恒态转子时，转子的许用剩余不平衡量 U_{per} 被定义为质心平面内的合成不平衡量总允差，表示为

$$U_{per}=1\ 000\frac{G\times m}{\Omega} \tag{10-2}$$

式中，U_{per} 为许用剩余不平衡量的数值，单位为 g · mm；G 为所选用的平衡品质级别的数值，单位为 mm/s；m 为转子质量数值，单位为 kg；Ω 为最大工作转速的角速度数值，单位为 rad/s。

需要注意，以上所指的不平衡要求都是基于恒态转子假设的，而考虑到部分先进航空燃气轮机转子在工作过程中会产生弯曲变形，不完全符合恒态转子假设，因此需要根据转子结构及装配工艺，对该类转子的平衡品质等级进行修正。

10.1.2　界面连接高速转子

基于第 6 章和第 8 章的分析可知，由于发动机总体布局设计限制和减重需求，转子在支承方案上尽量减小支点数目，转子自身刚度也相对较弱，在高转速工作状态下，界面连接转子结构会不可避免地产生弯曲变形，从而使不同结构单元之间产生一定的“相对角向位移”，即转子

结构在一定工作状态下不满足“恒态”转子的基本假设。

此类转子进行装配平衡时，需要分别针对其不同单元的结构特征，借鉴恒态转子，通过低速平衡控制高速界面连接转子系统的质量分布，从而优化其在高工作转速下的动力响应特性。

1. 不平衡控制原则

在工程应用中，对转子进行高速动平衡的难度较高，因此往往只对转子系统采用低速平衡，但是经过低速平衡后的转子真正工作于高速旋转状态时，转子弯曲变形会使其平衡状态发生变化，而根据结构单元的不同特点，具体表现为：① 对于大质量惯性结构单元，如轮盘等，当转子发生弯曲变形时，各结构单元惯性主轴相对于旋转轴心线的偏斜程度会发生变化，导致转子内旋转惯性力矩分布改变；② 对于轴向尺寸较长的结构单元，如鼓筒、轴颈等，如果惯性主轴与形心轴之间存在偏斜，在转速升高的过程中，结构单元的自转轴心线会由形心轴转向惯性主轴，使转子在高转速下产生“附加旋转惯性力矩”。

在上述转子平衡状态变化过程中，随着转子内旋转惯性力矩幅值的增加和分布状态的改变，一方面，旋转惯性载荷会作用于连接结构，使其接触界面产生摩损或滑移；另一方面，当各结构单元产生的旋转惯性载荷无法互相平衡时，旋转惯性载荷会最终作用于支点、产生支点动载荷，特别是对于大质量惯性结构单元，其惯性主轴倾斜在旋转状态下所产生的旋转惯性力矩需要依靠结构单元附近支点位置产生的横向力平衡，由此使该支点受到较大的支点动载荷作用。

因此，需要通过合理的装配和低速平衡，控制转子系统在全转速范围内不平衡量分布，尤其是避免结构单元惯性主轴倾斜及其可能引起的转子弯曲变形。而对具有界面连接高速转子结构特征的航空燃气轮机转子进行低速平衡时，其基本要求为：

① 采用低速平衡对非恒态转子进行平衡时，需要对其各结构单元的不平衡量和相角进行必要控制，以保证转子在最终高速工作环境时能正常运行，同时在装配过程中须记录各个结构单元不平衡量沿轴向分布的信息，用于定量评估转子质量不对称性沿轴向的分布状态；

② 对于转子中结构质量/转动惯量较大的构件，须在装配之前单独平衡，待转子组件装配后再对组件整体进行平衡；

③ 在低速平衡机上对非恒态转子进行平衡、控制其静不平衡量满足许用要求，只是参考恒态转子不平衡控制原则而提出的近似方法，而实际只有通过控制转子初始不平衡量的大小和分布才能够起到足够的平衡作用；

④ 对于初始不平衡矢量轴向分布未知的转子，一般不可选用低速平衡方法，然而由于转子初始不平衡量的大小能由单构件预平衡来得到控制，所以在此种情况下，转子初始不平衡量可以被用来度量转子不平衡矢量的轴向分布。

2. 装配/平衡方法

对于不同结构特征的结构单元可以采用不同的低速平衡方法。

① 单面平衡方法。对于部分轴向尺寸较小的结构单元，仅通过单个横向平面内的不平衡矢量便可以有效表征其不平衡状态，因此可以对该类结构单元在此平面上进行不平衡校正，保证构件剩余的合成不平衡量在规定范围之内。对航空燃气轮机的薄盘类构件进行平衡时可以采用此方法。

② 双面平衡方法。对于部分轴向尺寸较大的结构单元，只有通过至少两个平面内的不平

衡矢量才能够表征其不平衡状态，因此需要在至少两个横向平面内安装平衡质量块以对结构单元进行校正，保证转子剩余的合成不平衡量在规定范围之内。如高压转子鼓筒轴等，可以采用低速双面平衡，以保证在所有工作转速下满足平衡要求。

③ 装配前单构件平衡。对转子的每个构件（包括轴类构件）在装配之前依据设计要求分别单独进行低速平衡。

④ 构件同轴度控制。转子不平衡除了来源于各单构件自身的不平衡量外，也来源于在装配过程中各构件之间的配合状态，一旦构件间形位公差不佳，便会导致惯性主轴的倾斜、产生较大的不平衡量。尤其对具有“薄盘”特征的涡轮叶盘结构，在装配中需要对连接结构接触状态和同轴度进行严格控制。如图 10-3 所示，需要在安装构件前对安装基准以及构件自身的同轴度进行严格的控制，并在安装后对构件相对转子旋转轴心线的不同轴度进行检测。

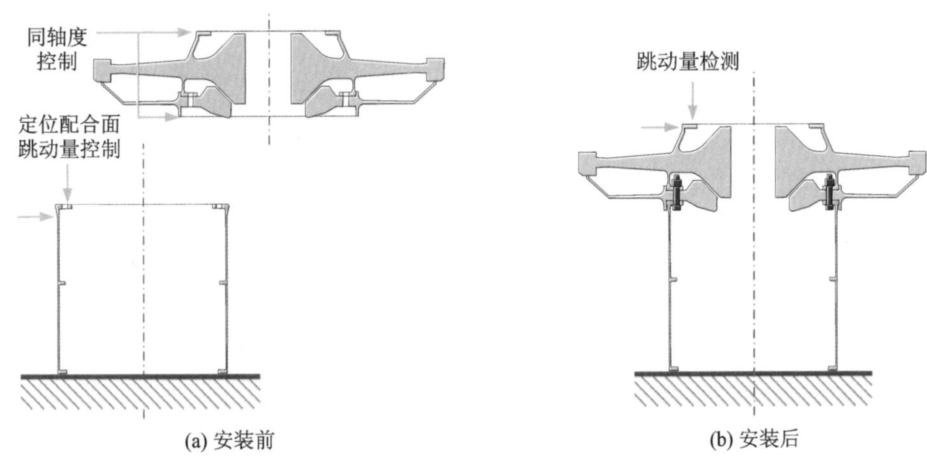

图 10-3　单构件装配过程中对形位公差的控制

⑤ 控制初始不平衡量后平衡。即便转子由已做过单独平衡的各单构件组装而成，其初始不平衡状态仍可能较差，从而影响转子最终的平衡效果。在组装完成后的转子初始不平衡量满足设计要求的条件下，才允许在低速下做后续平衡。例如航空燃气轮机高压转子，要求对压气机转子和涡轮转子的初始不平衡量进行控制，在满足控制要求的条件下再进行上述转子组件的平衡。

⑥ 在装配过程中采用分级平衡。首先平衡与轴承配合的构件，随后每堆叠上一个构件就对组件进行一次跳动检查和转子平衡。采用此方法的关键在于需要保证后续加装构件的过程不会改变已平衡转子部件的平衡状态。

此外，在航空燃气轮机的转子中，叶片、螺栓等构件采用同心安装的方式，在安装叶片/螺栓前需要首先测量基座转子的初始不平衡，在该初始不平衡满足要求的基础上，再依照叶片和螺栓的质量或质量矩来确定零件周向安装位置。

10.2　转子不平衡设计要求

航空燃气轮机中的高压转子一般弯曲刚度较大，高压转子工作转速常位于弯曲临界转速之下。但随着对转子轻质高结构效率要求的提高，此类转子长径比和最大工作转速逐渐提高，在工作转速范围内转子会不可避免地产生一定的弯曲变形，从而影响转子系统振动响应特性，尤其是支点动载荷。

参考航空燃气轮机设计标准和实际工作经验，并考虑在加工、装配过程中的实际操作，可将航空燃气轮机的转子平衡控制分为初始不平衡量控制和许用剩余不平衡量控制两部分。其中，初始不平衡量是指转子装配过程中，平衡前转子上存在的不平衡量；剩余不平衡量是指通过平衡工艺调整后的转子不平衡量。而许用剩余不平衡量是指恒态转子在平衡后对某平面(参考平面、测量平面或校正平面)规定的不平衡量的最大值，只有低于该值时，转子不平衡的状态才被认为是合格的。

其中，根据现代航空燃气轮机整机振动特点及其对结构可靠性的影响，转子许用剩余不平衡量的平衡等级一般选择为 G1～G2.5 等级。而对于转子构件的初始不平衡量的控制可按照推荐平衡品质等级确定的许用剩余不平衡量的 3～5 倍。

10.2.1 质心偏移

通过确定典型涡扇发动机不同结构单元的许用剩余不平衡量，实现对其质心偏移的控制。根据 10.1.1 小节中关于平衡允差的确定公式，分别选择平衡品质等级 G1、G1.6、G2.5，计算典型涡扇发动机高低压转子发生质心偏移时的许用剩余不平衡量 U_{per} 和许用剩余不平衡度 e_{per}，如表 10-3 所列。

表 10-3　典型涡扇发动机许用剩余不平衡量计算

转　子	质量 m/kg	最大工作转速 Ω /(rad·s^{-1})	许用剩余不平衡量/(g·mm) $U_{per}=1\,000\dfrac{G\times m}{\Omega}$					
			G1		G1.6		G2.5	
			U_{per}	e_{per}	U_{per}	e_{per}	U_{per}	e_{per}
高压压气机转子	150	1 500	100	0.67	160	1.07	250	1.67
高压涡轮转子	160	1 500	107	0.67	171	1.07	268	1.67

进行低速平衡的转子，往往需要将转子的平衡允差分配到两个允差平面内。

如图 10-4 所示，转子许用剩余不平衡量 U_{per} 按质心到另一侧允差平衡的距离进行分配。在支承平面 A、B 上，按如下公式进行分配：

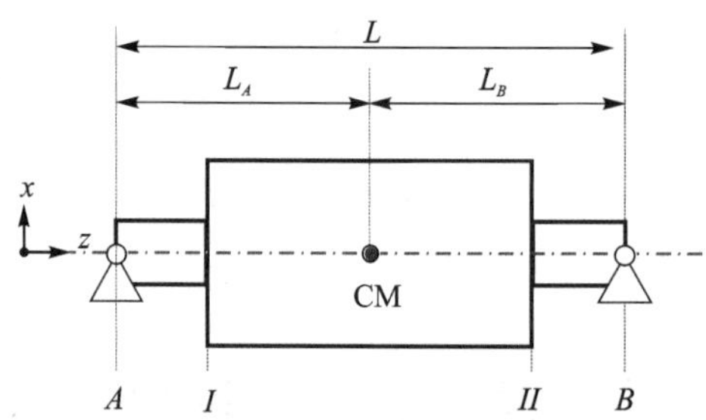

A,B—支承平面；*I*, *II*—校正平面；CM—转子质心。

图 10-4　内质心转子结构特征参数

$$
\begin{cases}
U_{\text{per},A} = \dfrac{U_{\text{per}} \times L_B}{L} \\
U_{\text{per},B} = \dfrac{U_{\text{per}} \times L_A}{L}
\end{cases}
\tag{10-3}
$$

由上式可以看出，许用剩余不平衡量 U_{per} 向两个允差平面的分配主要取决于质心的位置。如果质心位于允差平面的中心，则两个允差平面平分许用剩余不平衡量 U_{per}。但是对于轮盘偏置转子，转子质心靠近某一支承平面，对该支承平面计算出的允差值会相对较大，接近于 U_{per} 的值，而远离质心的另一个支承平面的允差值就变得很小，接近于零。为了避免极端允差状态，需要对两个允差平面进行限定：较大的允差值不宜大于 $0.7U_{\text{per}}$，较小的允差值不宜小于 $0.3U_{\text{per}}$。

按照上述要求，对典型涡扇发动机高压转子的许用剩余不平衡量进行分配，其结果如表 10－4 所列。

表 10－4　典型涡扇发动机高压转子许用剩余不平衡量分配

转　子	平衡品质等级 G	许用剩余不平衡度 e_{per}/μm	许用剩余不平衡量 U_{per}/(g·mm)	支承平面至质心的距离/mm			许用剩余不平衡量 /(g·mm)	
				L	L_A	L_B	$U_{\text{per},A}$	$U_{\text{per},B}$
高压压气机转子	G1	0.67	100	800	320	480	60	40
	G1.6	1.07	160				96	64
	G2.5	1.67	250				150	100
高压涡轮转子	G1	0.67	107	250	110	140	60	47
	G1.6	1.07	171				96	75
	G2.5	1.67	268				150	118
高压转子	G1	0.67	230	1050	680	370	81	149
	G1.6	1.07	368				130	238
	G2.5	1.67	275				97	178

10.2.2　惯性主轴倾斜

对于惯性主轴与形心轴不重合的转子系统，在低转速工作时，转子绕自身形心轴自转，当工作转速逐渐升高，转子惯性主轴相对于旋转中心轴（这时为形心轴）偏斜所产生的惯性力矩会使转轴发生弯曲变形。在一定转速时，旋转惯性载荷会使转子旋转中心轴由形心轴转向惯性主轴，类似于“超临界时的质心转向”，而由此转轴产生的弯曲变形会作用于转子系统，使支点动载荷增加。

因此，对于高速转子系统，除了需要控制转子质量偏心，还需要控制转子结构惯性主轴相对形心轴的倾斜，保证转子在高转速区具有良好的动力响应特性。

图 10－5 所示为具有惯性主轴偏斜转子在旋转过程中产生的旋转惯性载荷及其对支点动载荷的影响，假设质心偏移在 xOz 平面的投影为 e_x，惯性主轴倾斜角在 xOz 平面内的投影为 θ_x，则此时转子支承位置（A、B）受力 F_A 和 F_B 可以表达为

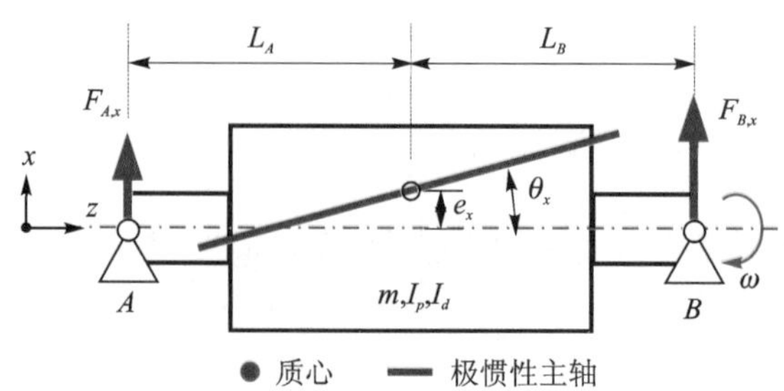

图 10-5 惯性主轴偏斜转子受力分析(xOz 平面)

$$\begin{cases} F_{A,x}=\dfrac{L_B}{L_A+L_B}me_x\omega^2-\dfrac{1}{L_A+L_B}(I_d-I_p)\theta_x\omega^2=F_{Ae,x}+F_{A\theta,x} \\ F_{B,x}=\dfrac{L_A}{L_A+L_B}me_x\omega^2+\dfrac{1}{L_A+L_B}(I_d-I_p)\theta_x\omega^2=F_{Be,x}+F_{B\theta,x} \end{cases} \tag{10-4}$$

式中,$F_{Ae,x}$ 和 $F_{Be,x}$ 为质心偏移产生的旋转惯性载荷分别在支点 A 和支点 B 位置产生的支反力幅值,而 $F_{A\theta,x}$ 和 $F_{B\theta,x}$ 则为惯性主轴倾斜产生的旋转惯性载荷分别在支点 A 和支点 B 位置产生的支反力,并且可以化简为

$$\begin{pmatrix} F_{A,x} \\ F_{B,x} \end{pmatrix}=\omega^2\begin{bmatrix} \dfrac{L_B}{L_A+L_B}m & -\dfrac{1}{L_A+L_B}(I_d-I_p) \\ \dfrac{L_A}{L_A+L_B}m & \dfrac{1}{L_A+L_B}(I_d-I_p) \end{bmatrix}\begin{pmatrix} e_x \\ \theta_x \end{pmatrix} \tag{10-5}$$

因此,可以通过转子在旋转状态下支点平面内的受力状态获得其质心偏移和惯性主轴倾斜情况,即

$$\begin{pmatrix} e_x \\ \theta_x \end{pmatrix}=\frac{1}{\omega^2}\begin{bmatrix} \dfrac{L_B}{L_A+L_B}m & -\dfrac{1}{L_A+L_B}(I_d-I_p) \\ \dfrac{L_A}{L_A+L_B}m & \dfrac{1}{L_A+L_B}(I_d-I_p) \end{bmatrix}^{-1}\begin{pmatrix} F_{A,x} \\ F_{B,x} \end{pmatrix} \tag{10-6}$$

类似的,可以得到质心偏移量和惯性主轴倾斜角在 yOz 平面内的投影

$$\begin{pmatrix} e_y \\ \theta_y \end{pmatrix}=\frac{1}{\omega^2}\begin{bmatrix} \dfrac{L_B}{L_A+L_B}m & -\dfrac{1}{L_A+L_B}(I_d-I_p) \\ \dfrac{L_A}{L_A+L_B}m & \dfrac{1}{L_A+L_B}(I_d-I_p) \end{bmatrix}^{-1}\begin{pmatrix} F_{A,y} \\ F_{B,y} \end{pmatrix} \tag{10-7}$$

并且有

$$\begin{cases} e^2=e_x^2+e_y^2, & \varphi_e=\arctan(e_y/e_x) \\ \theta^2=\theta_x^2+\theta_y^2, & \varphi_\theta=\arctan(\theta_y/\theta_x) \end{cases} \tag{10-8}$$

式中,e,θ 分别为质心偏移和惯性主轴倾斜的幅值,而 φ_e 和 φ_θ 则为质心偏移和惯性主轴倾斜的相位。

从上面的推导可知,可以采用支点动载荷中惯性主轴倾斜引起的载荷幅值和由质心偏移引起的载荷幅值之比作为限制惯性主轴倾斜的定量评估标准。并且根据惯性主轴倾斜和质心偏移往往位于不同平面内的特点,通过控制前后支点平面不平衡量的相位差间接控制惯性主轴倾斜。

如图 10－6 所示，支点位置的载荷为转子质心偏移产生的旋转惯性载荷 F_e 和转子惯性主轴倾斜产生的旋转惯性载荷 F_θ 的矢量和，两者之间的相对幅值比 R_s（后文称之为惯性主轴倾斜相对系数）为

$$R_s=\frac{F_\theta}{F_e}=\frac{1}{L_A+L_B}\cdot\frac{(I_d-I_p)\theta}{me} \tag{10-9}$$

该参数 R_s 表征了由于惯性主轴倾斜在支点位置产生的支点动载荷幅值和由于质心偏移造成的支点动载荷的比值（见图 10－6）。显然，该相对系数越小，说明惯性主轴倾斜量导致的支点动载荷分量越小。

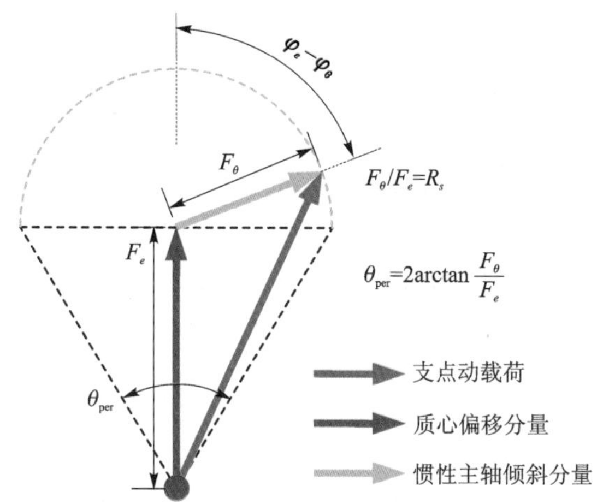

图 10－6　质心偏移和惯性主轴倾斜对支点动载荷幅值/相位的影响

同时，由于惯性主轴倾斜平面与质心偏移平面之间往往存在夹角，导致支点动载荷中的质心偏移分量和惯性主轴分量之间存在一定的角度差 $\varphi_e-\varphi_\theta$，并使支承位置的支点动载荷的相位发生偏移，该偏移在 $|\varphi_\theta-\varphi_e|=\pi/2$ 时达到最大，为

$$\theta_{\text{per}}=2\arctan\frac{F_\theta}{F_e}=2\arctan R_s \tag{10-10}$$

因此，如图 10－7 所示，在转子平衡过程中，可以通过控制支点平面内不平衡量幅值来抑制转子的不平衡量，通过控制校正平面上不平衡量的相位则可以有效抑制结构单元的惯性主轴倾斜（即不平衡量应位于红色区域内）。其中，剩余不平衡量幅值 $U_{\text{per},A}$ 和 $U_{\text{per},B}$ 的值如表 10－4 所列，而 θ_{per} 与惯性主轴倾斜相对系数 R_s 的对应关系如表 10－5 所列。可以假定，当惯性主轴倾斜引起的支点动载荷低于质心偏移引起的支点动载荷一个量级时（$R_s\leqslant0.1$），结构单元惯性主轴倾斜不会在高转速状态下造成转子的振动问题，因此 θ_{per} 应小于 11.4°。应该注意到，上述对于不平衡量相位的分布要求不会随测量平面的改变而改变。

表 10－5　剩余不平衡量分布区间角度允差

相对系数 R_s	0.25	0.1	0.05
θ_{per}/(°)	28.0	11.4	5.7

因此，按照 G1 等级以及相对系数 $R_s\leqslant0.1$，并基于控制质心偏移中对许用剩余不平衡的要求（见表 10－3 和表 10－4），将典型涡扇发动机各转子支承平面的许用剩余不平衡量转换到

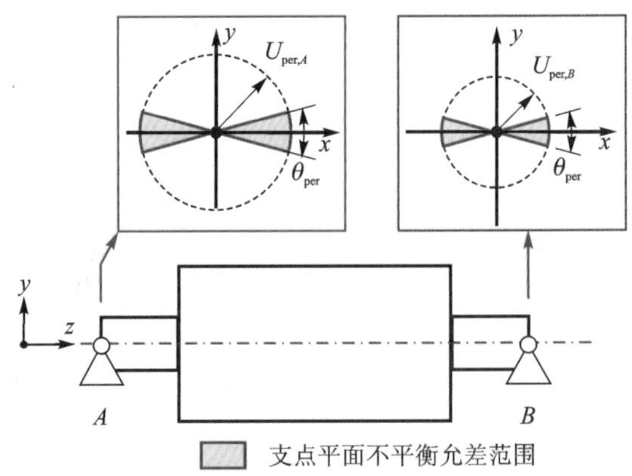

图 10-7　基于不平衡量与惯性主轴倾斜控制的转子不平衡设计要求

校正平面上，可以得到如表 10-6 所列的典型涡扇发动机各结构单元在校正平面内的平衡允差。

表 10-6　典型涡扇发动机高压转子校正平面平衡允差(G1)

转　子	前修正面 $U_{per,A}$ /(g·mm)	后修正面 $U_{per,B}$ /(g·mm)	相位/(°)
高压压气机转子	60	40	−11.4～11.4 或 168.6～191.4
高压涡轮转子	60	47	
高压转子	81	149	

10.2.3　连接螺栓松脱力矩

界面连接转子结构系统在高转速工作过程时，旋转惯性力矩的作用会引起转子内部弯曲应力，并对连接结构界面接触状态产生影响，其最直接的表现为高转速工作后法兰-螺栓连接结构的螺栓松脱力矩发生变化。换言之，螺栓松脱力矩可以有效反映连接结构界面接触状态的变化及其对转子旋转惯性载荷的影响。

图 10-8 所示为典型法兰-螺栓连接转子在初始装配状态下连接结构的受力状态。由该图可知，在初始装配状态下，由于螺栓预紧力的轴向压紧作用以及止口圆柱面的过盈配合，止

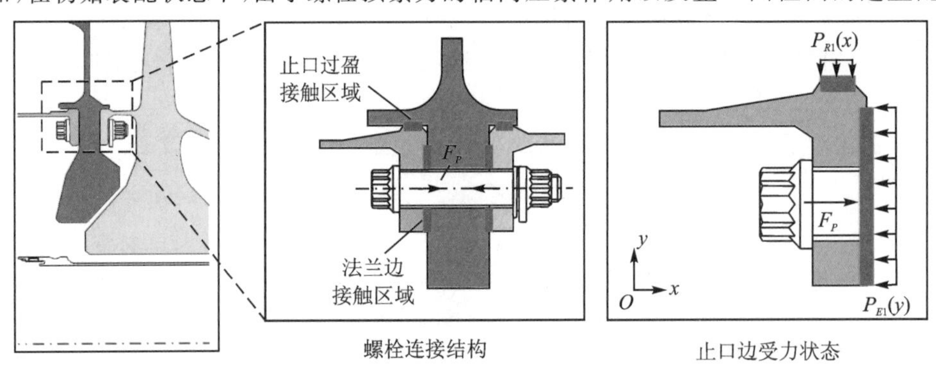

图 10-8　法兰-螺栓连接结构初始装配状态受力示意图

口边主要受到来自螺栓的轴向压紧力 F_P、来自端面的接触应力 $P_{E1}(y)$以及来自定心圆柱面的接触应力 $P_{R1}(x)$。

当连接结构承受工作载荷时，法兰变形及其受力状态如图 10－9 所示。由该图可知，在轴向拉力 F_a 和离心载荷 F_e 的作用下，连接结构圆柱定心面发生轴向相对滑动，其滑移方向及止口边圆柱面所受摩擦力 F_{f1} 的方向如图所示，而法兰边轴向变形会使螺栓受轴向拉伸变形，带来螺栓内剩余预紧力 F_P'的增加。除此之外，外载荷作用下，界面接触应力分布 $P_{E1}(y)$和 $P_{R1}(x)$也会发生改变。

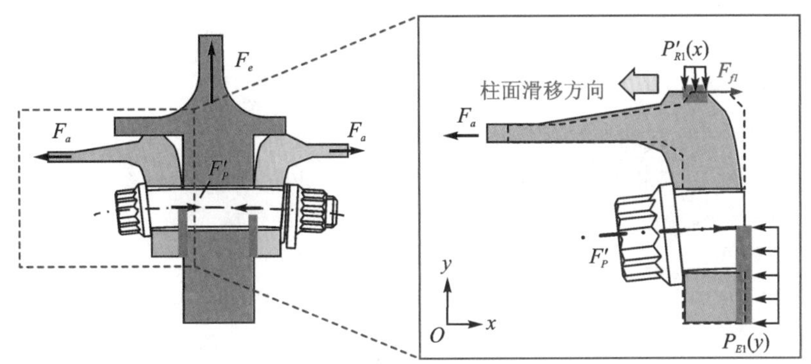

图 10－9　法兰-螺栓连接结构受工作载荷作用时的承载与变形

图 10－10 所示为法兰-螺栓连接结构在卸载工作载荷后法兰变形及受力状态示意图。由该图可知，在卸载过程中，已经产生弯曲变形的止口边会具有弹性恢复的趋势，由此使圆柱定心面产生相对滑移的趋势(滑移方向及其产生摩擦力 F_{f1} 的方向与连接结构受工作载荷时相反)，但是由于该弹性恢复力不足，在界面产生的摩擦力 F_{f1} 的作用下，止口边的变形无法完全恢复至初始装配状态。因此，该不可恢复变形会提高螺栓预紧力，使得螺栓松脱力矩变大。

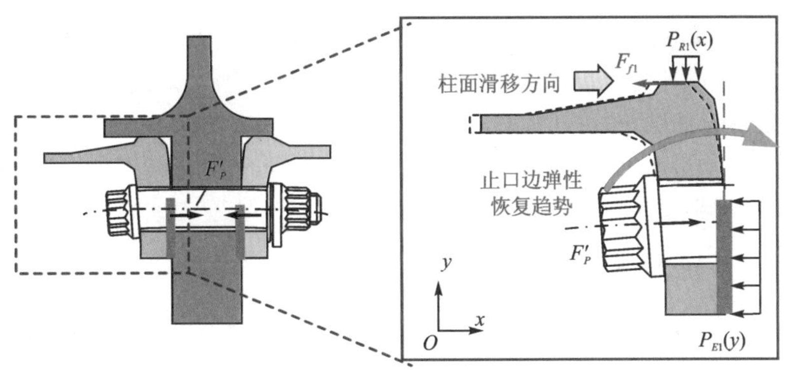

图 10－10　法兰-螺栓连接结构卸载状态受力示意图

如图 10－11 所示，以预紧力为衡量标准来描述连接结构承受不同拉力外载荷下及卸载之后的力学特性。由该图可知，如果拉力外载荷过大，工作载荷卸载后，法兰边存在明显的残余变形，并由此造成螺栓预紧力和松脱力矩的增大。除此之外，由于连接结构会受到弯曲力矩的影响，导致螺栓受力沿周向分布呈现“上拉下压”的趋势，造成螺栓松脱力矩的变化沿周向分布不同。

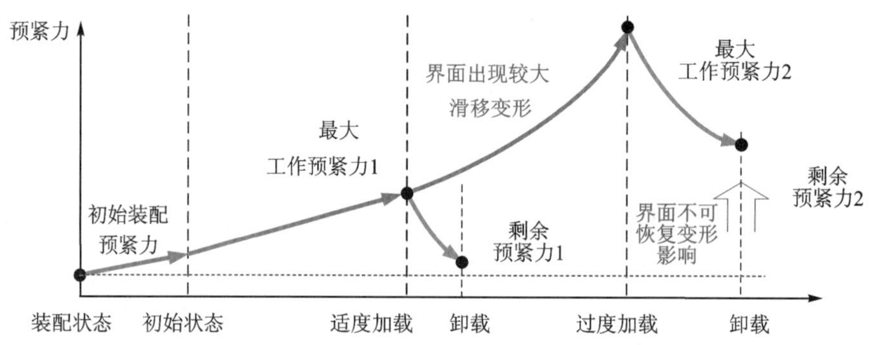

图 10-11 加载全过程预紧力变化曲线

因此,通过测量并控制螺栓松脱力矩的增大幅值以及周向分布均匀性,同样可以控制转子的装配状态及其对转子不平衡产生的不利影响。其中,定义松脱力矩增大系数 $R_{b,\mathrm{el}}$ 和松脱力矩不均匀系数 $R_{b,\mathrm{ue}}$ 为

$$\begin{cases} R_{b,\mathrm{el}} = \dfrac{\sum T_{b,i}/n - T_{b,0}}{T_{b,0}} \times 100\% \\ R_{b,\mathrm{ue}} = \dfrac{\max T_{b,i} - \min T_{b,i}}{\max T_{b,i}} \times 100\% \end{cases} \tag{10-11}$$

式中,$T_{b,i}$ 为第 i 个螺栓的松脱力矩,$T_{b,0}$ 为螺栓的装配拧紧力矩,n 为螺栓数。根据工程经验,当松脱力矩增大系数 $R_{b,\mathrm{el}} \leqslant 50\%$,松脱力矩不均匀系数 $R_{b,\mathrm{ue}} \leqslant 15\%$ 时,表明转子装配良好。

10.3 转子同轴度控制技术

转子同轴度具体定义为转子支承面或者连接界面的几何圆心相对于转子轴线的几何偏差,表征转子组件被测几何要素相对于转子轴线的不同心情况。该参数影响转子不平衡量,以及整机振动及转静子间隙,是发动机装配过程中必须控制的关键参数之一。在设计图纸中,转子同轴度一般用跳动量给出,包含了被测圆面的形状偏差和同轴度两部分偏差。同时,同轴度和跳动并不一致,同轴度偏差的标准圆形,其跳动是同轴度偏差的两倍。

10.3.1 转子同轴度计算模型

转子同轴度是一种几何偏差,来自于结构尺寸、构件制造公差和构件组装过程引入的误差。其中,转子结构形式和尺寸主要影响转子组装时偏差的传递和累积,不同结构对于偏差的放大或者收敛作用不同;制造公差主要影响转子构件连接后的组装状态;装配工艺过程决定了构件连接的相对位置关系。

航空燃气轮机转子结构主要由轮盘及连接鼓筒通过界面连接组成,根据转子结构特征以圆柱体为结构单元来分析转子同轴度误差的模型。

单级轮盘结构可以通过半径和高度表达,制造装配公差则体现为连接止口跳动量,如图 10-12 所示。首先定义第一级盘轴配合止口柱面跳动 $\boldsymbol{\delta}_1$ 和端面跳动 $\boldsymbol{\Delta}_1$。同理,可以得到各级盘轴对应的 $\boldsymbol{\delta}_i$ 和 $\boldsymbol{\Delta}_i$,其中,i 为构件序号。

其次，确定第一个轮盘的柱面跳动 $\boldsymbol{\delta}_1$ 对相邻第二个轮盘的 $\boldsymbol{\delta}_{12}$ 的影响。在刚体假设条件下，通过结构力学的传递分析可知，第一个盘轴通过配合，将连接止口的柱面跳动等值传递到其他盘轴，影响程度就是 $\boldsymbol{\delta}_1$，即

$$\boldsymbol{\delta}_{12}=\boldsymbol{\delta}_1 \tag{10-12}$$

同样，第一个盘轴的端面跳动 $\boldsymbol{\Delta}_1$ 对于后续安装构件同轴度的影响为

$$\boldsymbol{\delta}_{1\Delta}=-2\times(H_{1n}-H_1)\times\frac{\boldsymbol{\Delta}_1}{D_1} \tag{10-13}$$

式中，$\boldsymbol{\delta}_{1\Delta}$ 为下方构件 1 端面跳动所造成的上方构件同轴度变化；H_{1n} 为从构件 1 到上方 n 个构件的累计高度；H_1 为构件 1 的高度；D_1 为构件 1 的连接面直径。

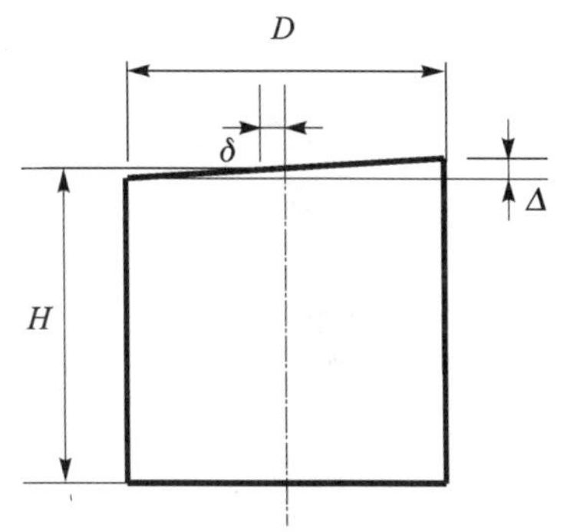

图 10-12　圆柱体结构柱面跳动和端面跳动

对于由 n 个构件组成的转子，构件组装后组件同轴度为

$$\boldsymbol{\delta}=\sum_{i=1}^{n}(\boldsymbol{\delta}_i+\boldsymbol{\delta}_{i\Delta})=\sum_{i=1}^{n}\left(\boldsymbol{\delta}_i-2\times(H_{1n}-H_{1i})\times\frac{\boldsymbol{\Delta}_i}{D_i}\right) \tag{10-14}$$

式中，$\boldsymbol{\delta}_{i\Delta}$ 为构件 i 端面跳动所造成的上方构件同轴度变化；H_{1i} 为从构件 1 到构件 i 的累计高度；D_i 为构件 i 连接面直径。

从式(10-14)可以看出，转子同轴度由五种因素决定，分别是构件连接面直径、构件高度、连接面柱跳、连接面端跳和构件之间安装相位。其中，直径、高度、跳动由设计和制造确定，并且在装配过程中可以控制的是安装相位。

10.3.2　测量误差与控制技术

转子同轴度计算模型给出了转子同轴度误差的传递原理，基于其传递原理可以利用不同的方法来设计测量和控制系统，进而建立装配工艺。由于转子同轴度误差传递过程是矢量的累积过程，并且矢量传递是基于第一个构件所建立的基准轴系，因此，测量工艺也需要遵循同样的过程和基准坐标系。

1. 测量和控制指标确定

转子堆叠优化装配的目标是指导转子组装同轴度最优装配，使之满足设计要求。假设某高压压气机转子组装后的柱跳(同轴度)要求是≤0.06 mm。依据测试精度为设计要求的 1/10～1/4 的基本原则，测试精度要求可以选取 0.006～0.015 mm 内的某个值作为设计目标，用于指导设计方案的制定和具体细节指标的确定。

2. 测量工艺设计

从同轴度误差传递模型可知，测量工艺设计主要就是跳动数据的测量和计算过程。其中，所需要测量的数据包括基准止口端跳和柱跳，以及连接止口端跳和柱跳这四项(测量基准止口数据是为了确定基准坐标系，以将各个单件的连接止口数据转换至同一坐标下)，并且应当实现四种参数的同时测量。转子装配过程所涉及的各方面工作及相互关系如图 10-13 所示。

测量工艺过程就是将上述装配控制过程进行工程可实现化设计。通过选用适当的位移传感器、圆光栅、可调节平台、工装卡具就可以完成测量工艺设计。

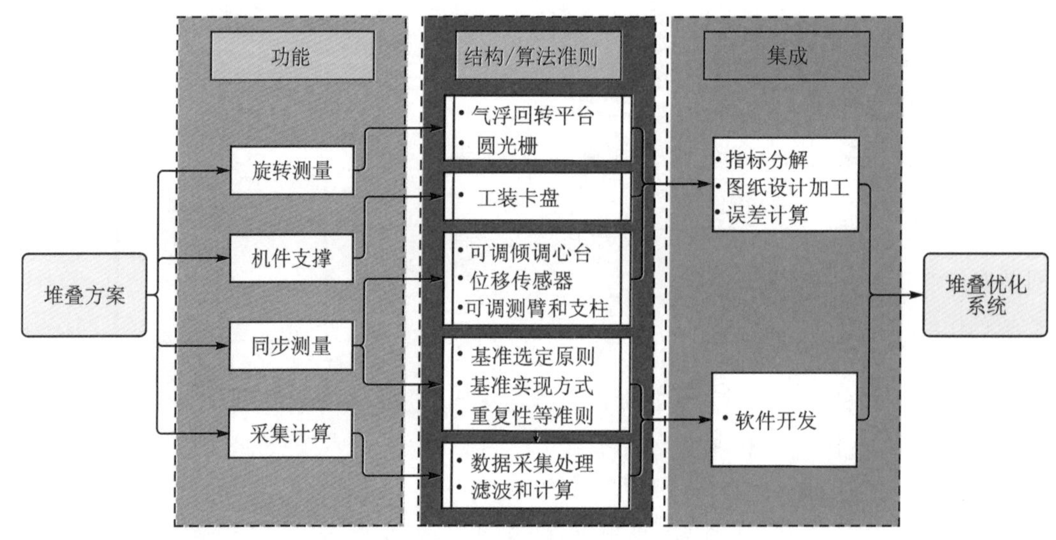

图 10-13　堆叠优化工艺设计方案

3. 控制目标的实现

对于转子同轴度控制，采用完全互换法、选配法、修配法、调整法等典型的装配方法，均可实现控制目标。但是这些方法效率不高，并且可能引入新的不稳定因素，尤其是对于处于研制阶段的航空燃气轮机转子系统，更希望在既定软硬件资源条件下进行装配优化控制。

转子堆叠优化是一种典型的装配过程控制技术，通过对关键参数寻优得到转子各结构组件同轴度的最佳装配组合方式。采用优化算法对各单级盘轴部件的几何特征值进行装配角度的优化，以考虑惯性主轴特征的转子不平衡量和 Δ 值优化后合成矢量最小为目标，确定目标函数 $\min f(\Delta_i, \theta_i)$，计算得到一组优化后的角度解 θ_i，使得优化装配后的转子同轴度最优且不平衡量最小，实现堆叠优化的目标。

对于堆叠优化控制转子装配的同轴度的效果，可通过仿真和试验数据统计分析进行验证。转子装配过程中所产生的分散性主要来自各构件间连接结构的接触状态，可通过对连接止口组装后的端跳和柱跳以及螺栓拧紧/松脱力矩的分布的实测数据进行分析评估。

图 10-14 所示为采用堆叠优化和随机装配的仿真结果对比。由该图可知，当转子按照堆

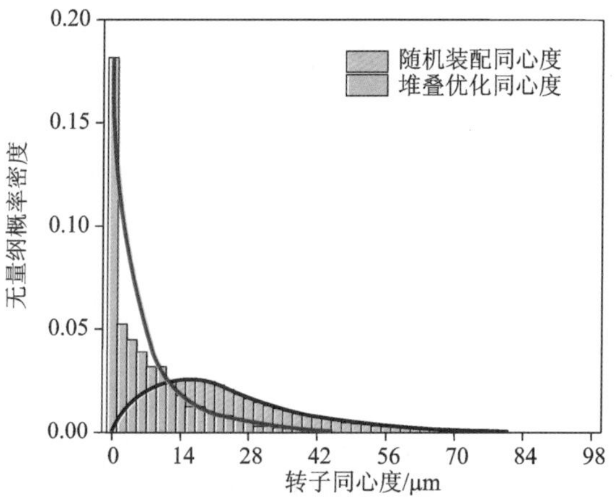

图 10-14　不同装配方式同轴度对比

叠优化方法组装时，同轴度分布在 0～28 μm 的设计值目标区间，满足设计要求且可以实现同轴度最优化，主要影响因素是连接螺栓等引入的随机误差；而当采用随机装配时，转子同轴度基本分布在 0～56 μm，部分随机装配可以满足设计值 0～25 μm 的要求，但绝大部分存在超差情况，需要重新分解装配。

10.4　转子不平衡控制技术

转子不平衡是整机振动的主要激励源。从转子平衡的角度上看，转子分为刚性（恒态）转子和柔性（非恒态）转子两类，不同种类的转子平衡优化的方法也不同，这里以双转子航空燃气轮发动机的高压转子为背景介绍其平衡技术。

对于工作转速较低、自身刚度较高的转子，其满足“恒态转子”假设，所以只要控制剩余不平衡量低于“许用值”，便可以有效抑制转子系统的工作不平衡量。但是航空燃气轮机转子系统一般工作在超临界的高转速状态，存在一定的弯曲变形，并会改变结构单元之间的相对角向位置关系，破坏低速平衡后的转子质量分布，造成转子在超临界下不平衡变化。因此，在低速平衡的过程中，除了需要按照传统平衡方法控制结构单元的质心偏移外，还需要根据不同结构单元的结构形式，控制其惯性主轴倾斜。

基于上述原因，发动机转子及其结构单元的低速平衡目标需要包括两方面内容：一是转子质心偏移所带来旋转惯性力（离心力）在规定范围之内；二是转子质量分布不对称所带来的旋转惯性力矩（陀螺力矩）在规定范围内。而在具体的平衡工艺中，针对单盘构件，由于其轴向尺寸较短，故可以通过单个平面内的不平衡量反映不平衡状态，采用“单面平衡”控制质心偏移；针对多盘组件、鼓筒轴、锥壳轴等轴向尺寸较大的构件，需要至少两个平面内的不平衡量反映其不平衡状态，采用“双面平衡”以控制形心轴与惯性主轴的偏斜。

10.4.1　转子不平衡计算模型

转子不平衡的来源是转子质心相对于旋转轴的偏差。一般来说，航空燃气轮机转子是由多个构件组成的，因此转子不平衡是由各结构单元自身质量分布相对形心轴的不对称性和各构件形心轴相对转子旋转中心轴的不对称性共同组成的。

为了降低模型的复杂程度，将组成转子的刚体构件进行适当简化，可以用两个集中质量点来等效描述其质量分布特征。这就意味着刚体构件的形状没有变化，但是其质量集中到两个横截面上。如图 10－15(a)所示，一个总质量为 M 的转子，用两个不同轴向截面的集中质量

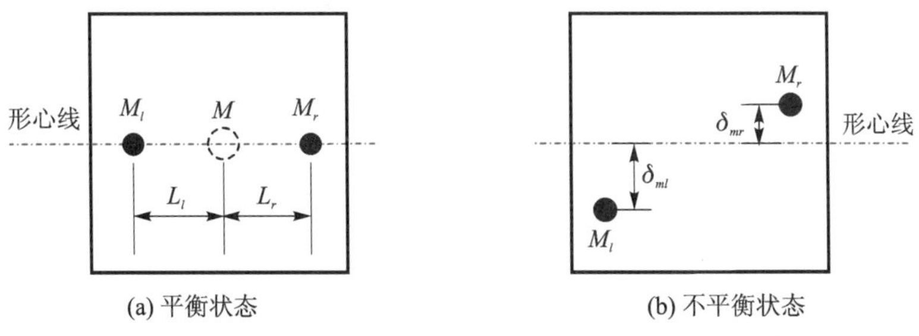

图 10－15　刚性体不平衡量等效关系示意图

M_l 和 M_r 来等效，等效关系由式(10-15)和式(10-16)定义，即

$$M_l + M_r = M \tag{10-15}$$

$$M_l \times L_l + M_r \times L_r = 0 \tag{10-16}$$

可解得 M_l 和 M_r 为

$$M_l = \frac{L_r}{L_l + L_r} M \tag{10-17}$$

$$M_r = \frac{L_l}{L_l + L_r} M \tag{10-18}$$

而当该刚体构件的质量分布相对其形心线发生偏离时，产生的不平衡效果可以通过集中质量 M_l 和 M_r 的横向偏移 δ_{ml} 和 δ_{mr} 等效表征(见图 10-15(b))，该方法即常规的转子不平衡量的表达方式，可以等效恒态转子任意的不平衡状态。

图 10-16 所示为结构单元不同轴对转子不平衡的影响。由该图可知，对于由多个结构单元组成的转子来说，转子总的不平衡量并不等于各结构不平衡量的简单叠加，这是由于转子在安装后才最终确定了转子旋转中心轴(即两端轴承支承处圆心连线)，而转子装配不恰当会导致转子组成构件不同轴，使构件的质心和惯性主轴进一步偏离转子的旋转中心轴，从而带来更大的转子不平衡。

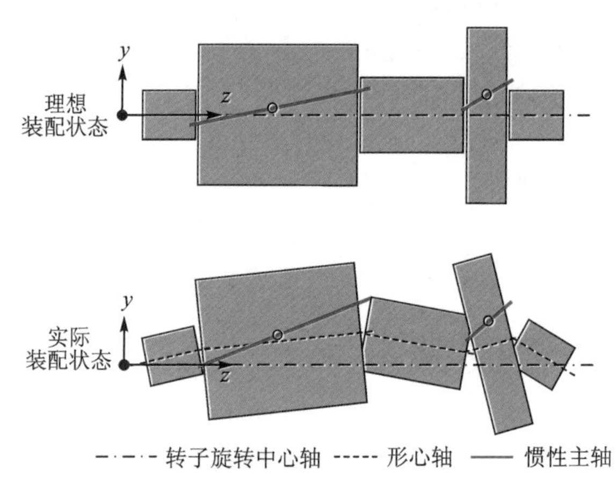

图 10-16　结构单元不同轴对转子不平衡的影响

而为了计算转子装配后的初始不平衡量，建立如图 10-17 所示的转子不平衡量计算模型。在该模型中，各构件采用两截面集中质量的方式简化其质量分布，并令构件左侧安装界面作为构件的基准。显然，构件两侧安装界面之间存在同轴度和端面倾斜度，同时两个集中质量截面内质心存在偏差。多个构件装配后，转子初始不平衡量计算方法如下：

首先，以左侧支承为组件基准，在此坐标系下计算右侧支承的同轴度公式为

$$\boldsymbol{\delta}'_{02} = \sum_{i=1}^{n} (\boldsymbol{\delta}_i - (L_{ln} - L_{1i}) \times \boldsymbol{\theta}_i) \tag{10-19}$$

式中，$\boldsymbol{\delta}'_{02}$ 为以左侧支承为基准测量得到的右侧支承的同轴度；$\boldsymbol{\delta}_i$ 为各构件以左侧连接面为基准测量得到的右侧连接面的同轴度；$\boldsymbol{\theta}_i$ 为各构件以左侧连接面为基准测量得到的右侧连接面的端面偏斜角度；L_{1i} 为从左侧第一个构件开始到第 i 个构件的累计长度。

由于后续要计算各构件基准的位置，因此在左侧支承为基准的坐标系下，需要计算出各连

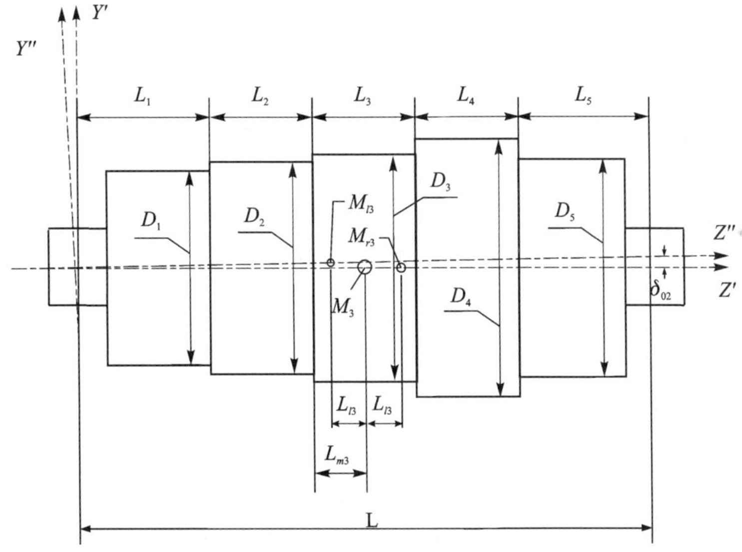

图 10－17　刚性转子初始不平衡量计算示意图

接面的同轴度和端面倾斜度，计算公式为

$$\boldsymbol{\delta}'_{sj}=\sum_{i=1}^{j}(\boldsymbol{\delta}_i-(L_{lj}-L_{li})\times\boldsymbol{\theta}_i) \tag{10-20}$$

$$\boldsymbol{\theta}'_{sj}=\sum_{i=1}^{j}\boldsymbol{\theta}_i \tag{10-21}$$

式中，$\boldsymbol{\delta}'_{sj}$为第 j 个截面的同轴度；$\boldsymbol{\theta}'_{sj}$为第 j 个截面的端面倾斜度；L_{lj} 为从左侧第一个构件到第 j 个构件的累计长度；L_{li} 为从左侧第一个构件到第 i 个构件的累计长度。

随后，基准坐标系转换为两侧支承圆心连线为 Z 轴的基准坐标系，计算新坐标系下各连接面的同轴度和端面倾斜度。这一变换比较简单，新坐标系相当于原坐标系向右侧支承偏心方向的反向旋转特定的角度，这个特定的角度恰好可以保证右侧支承圆心落在 Z 轴上。此时各连接面的同轴度计算公式为

$$\boldsymbol{\delta}''_{sj}=\boldsymbol{\delta}'_{sj}-\frac{L_{lj}}{L_{ln}}\boldsymbol{\delta}'_{02} \tag{10-22}$$

式中，$\boldsymbol{\delta}''_{sj}$为旋转轴坐标系下，第 j 个截面的同轴度。进一步简化可得

$$\boldsymbol{\delta}''_{sj}=\frac{L_{ln}-L_{lj}}{L_{ln}}\sum_{i=1}^{j}(\boldsymbol{\delta}_i+L_{li}\times\boldsymbol{\theta}_i)-\frac{L_{lj}}{L_{ln}}\sum_{i=j+1}^{n}(\boldsymbol{\delta}_i-(L_{ln}-L_{li})\times\boldsymbol{\theta}_i) \tag{10-23}$$

各连接面的端面倾斜度计算公式为

$$\boldsymbol{\theta}''_{sj}=\sum_{i=1}^{j}\boldsymbol{\theta}_i-\frac{\boldsymbol{\delta}'_{02}}{L_{ln}} \tag{10-24}$$

式中，$\boldsymbol{\theta}''_{sj}$为旋转轴坐标系下，第 j 个截面的端面倾斜度。该式表明，端面倾斜度具有累积效应，随着构件数量的增加，构件和连接结构的端面不同轴对转子不平衡产生的影响呈级数增长。而在此坐标系下，各构件的不平衡量计算公式为

$$\boldsymbol{U}''_{li}=\frac{L_{ri}}{L_{li}+L_{ri}}M_i\times(\boldsymbol{\delta}_{mli}+\boldsymbol{\delta}''_{si}-(L_{mi}-L_{li})\times\boldsymbol{\theta}''_{si}) \tag{10-25}$$

$$\boldsymbol{U}''_{ri}=\frac{L_{li}}{L_{li}+L_{ri}}M_i\times(\boldsymbol{\delta}_{mri}+\boldsymbol{\delta}''_{si}-(L_{mi}+L_{ri})\times\boldsymbol{\theta}''_{si}) \tag{10-26}$$

式中，$\boldsymbol{U}''_{li}$为旋转轴坐标系下，第 i 个构件左侧动不平衡量；$\boldsymbol{U}''_{ri}$为旋转轴坐标系下，第 i 个构件右侧动不平衡量；M_i 为第 i 个构件的总质量；$\boldsymbol{\delta}_{mli}$ 为第 i 个构件自身基准坐标系下，左侧集中质量截面质心偏差；$\boldsymbol{\delta}_{mri}$ 为第 i 个构件自身基准坐标系下，右侧集中质量截面质心偏差；L_{mi} 为第 i 个构件质心截面与左侧连接面之间的距离；L_{li} 为第 i 个构件质心截面与左侧集中质量截面之间的距离；L_{ri} 为第 i 个构件质心截面与右侧集中质量截面之间的距离。

整个转子的静不平衡量等于各构件质心偏移量的矢量和，即

$$\boldsymbol{U}''_s=\sum_{i=1}^{n}(\boldsymbol{U}''_{li}+\boldsymbol{U}''_{ri})=\sum_{i=1}^{n}\left(M_i\times\left(\underbrace{\frac{L_{li}\times\boldsymbol{\delta}_{mri}+L_{ri}\times\boldsymbol{\delta}_{mli}}{L_{li}+L_{ri}}}_{①}+\underbrace{\boldsymbol{\delta}''_{si}}_{②}\underbrace{-L_{mi}\times\boldsymbol{\theta}''_{si}}_{③}\right)\right) \tag{10-27}$$

式中，$\boldsymbol{U}''_s$为旋转坐标系下的转子静不平衡量。

从转子组件静不平衡量公式可以看出，式中③代表组件状态下构件质心相对于旋转轴的偏差，其中第一项和组合状态无关，由构件状态的参数所决定；第二和第三项与装配状态有关，相当于组合后构件基准的变化所导致的不平衡量的变化。

以左侧支承平面为参考，转子的偶不平衡量计算式为

$$\boldsymbol{U}''_c=\sum_{i=1}^{n}(\boldsymbol{U}''_{li}\times(L_{li}+L_{li})+\boldsymbol{U}''_{ri}\times(L_{li}+L_{ri})) \tag{10-28}$$

式中，$\boldsymbol{U}''_c$为旋转坐标系下，转子的偶不平衡量。

显然，从转子静不平衡量和偶不平衡量的计算公式来看，各构件在转子结构中的静不平衡量和偶不平衡量由两部分组成，一部分是构件自身质量相对其形心轴的不对称，另一部分是装配后构件质量相对转子支点连线的不对称，该部分不平衡量具有积累效应，会随着构件的增多对转子不平衡的影响呈级数增长。

如图 10-18 所示，以典型转子系统存在结构质心偏移和惯性主轴倾斜为例，分析在不同工作转速下转子位移即动力响应变化规律。

转子结构的静不平衡量（质心偏移）和偶不平衡量（惯性主轴倾斜）对转子动力响应的影响具有不同的特征。当工作转速位于亚临界状态时，转子主要是在质心偏移的旋转惯性力（离心力）作用下发生横向位移，并且旋转惯性力及其引起的横向位移幅值会随着工作转速的提高而迅速提高。随着转速进一步提高，在临界转速处转子发生质心转向，此后质心偏移及其引起的旋转惯性力会随着工作转速的提高而降低。但是，转子主惯性轴倾斜引起的旋转惯性力矩（陀螺力矩）却会继续随着工作转速的提高而迅速提高，具有使转子惯性主轴靠着旋转轴心线的趋势，即“掰正”转子。该状态下，转子惯性主轴倾斜所产生的旋转惯性力矩会作用在整个转子内部，并且会外传作用于转子前后支点，表现为支点动载荷随转速的持续增大。

根据上述分析可知：① 在转速较低时，转子及其构件的不平衡对转子系统的旋转惯性激励载荷主要来源于质心偏移（静不平衡）引起的旋转惯性力（离心力）；② 在转速较高时，转子发生质心转向，质心偏移对转子动力响应的影响随着转子的增加而降低，此时对转子的旋转激励主要来源于构件惯性主轴倾斜（偶不平衡）所引起的旋转惯性力矩（陀螺力矩）。

因此，对于工作在高转速下的航空燃气轮机转子而言，除了要控制转子及其构件的质心偏

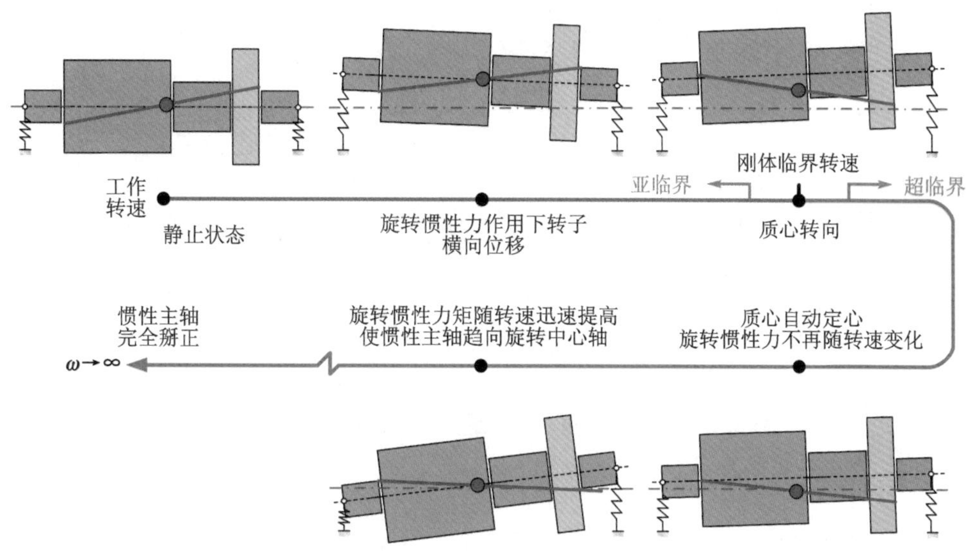

图 10－18　质心偏移和惯性主轴倾斜对转子动力响应影响

移外，还需要控制转子及其构件的惯性主轴倾斜，以抑制工作状态下转子支点动载荷。具体地说，在装配过程中需要控制两个方面：① 对构件自身的惯性主轴倾斜进行控制，使惯性主轴相对形心轴的倾斜角在设计要求范围内；② 构件两侧配合面同轴度控制和构件之间连接结构同轴度控制，使各个构件形心轴相对转子旋转中心轴的倾斜角在设计要求范围内。

10.4.2　转子平衡测量误差及其控制

一般使用平衡机对转子不平衡进行测量。对于大型航空燃气轮机转子而言，其低速平衡使用硬支承卧式动平衡机，如图 10－19 所示。这种平衡机通过感受转子旋转时对两个已知刚度支架的振动来计算转子的动不平衡量。

图 10－19　卧式动平衡机

使用平衡机测量转子不平衡量时，对测试误差的分析是平衡的关键技术。这里以典型航

空燃气轮机压气机转子为例，将平衡测试误差分解为五部分(见图 10－20)，即平衡机测试误差、活动连接件误差、平衡机安装误差、工装安装误差以及工装转位误差。

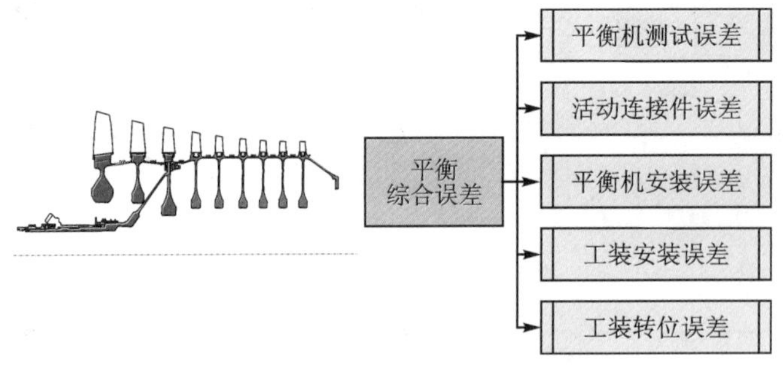

图 10－20　测试误差分解示意图

1．平衡机测试误差

将转子反复旋转并记录不平衡量，将其他因素所带来的误差视为系统误差，只有平衡机误差是随机误差，统计分析将 95％置信区间作为平衡机误差限。

如图 10－21 所示，最终静、偶不平衡量的误差限分别为 28.1 g·m 和 6 313 g·mm^2。

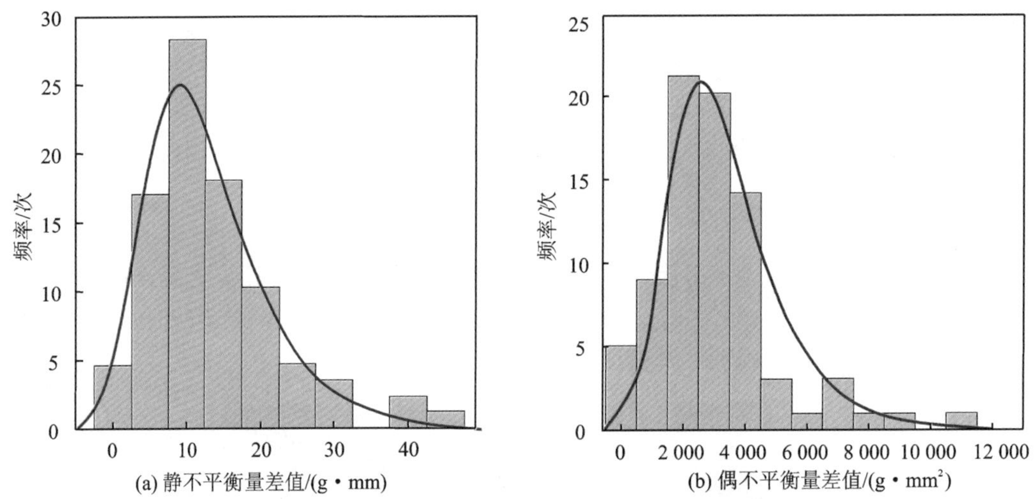

图 10－21　平衡机误差试验数据统计结果

2．活动连接件误差

航空燃气轮机转子结构中有大量的活动连接件，如叶片与轮盘榫连接结构，为了准确估算连接结构导致的误差分布特征，需要分离误差及分布特征。

例如，选取带叶片的压气机轮盘转子进行连续开车试验。这样试验数据中只包含平衡机误差和叶片榫连接结构引入的误差，如图 10－22 所示，分离出平衡机误差后，叶片榫连接所引入的静、偶不平衡量的误差限分别为 90.1 g·mm 和 12 192 g·mm^2。

3．平衡机安装误差

为了分离平衡机反复安装所产生的误差，进行平衡机反复安装试验。使用不带叶片的压气机轮盘转子，反复将平衡试验转子组件的联轴节与平衡机断开，并吊起后重新连接到平衡机

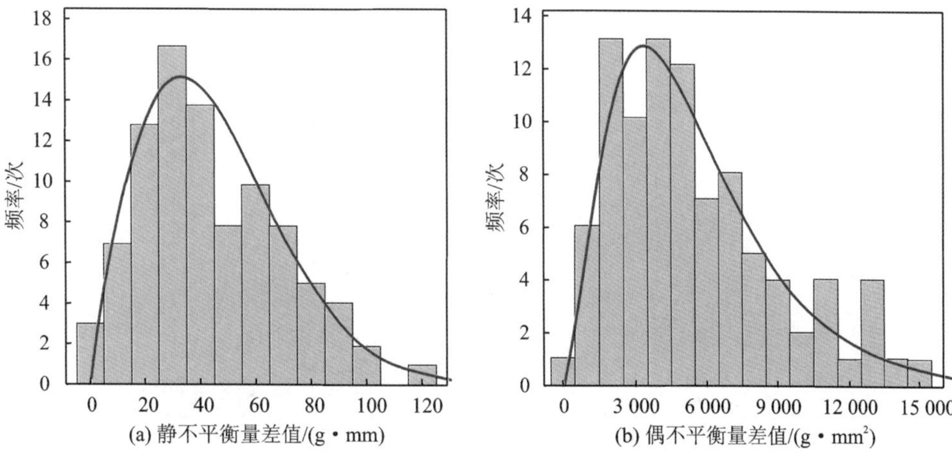

图 10-22　叶片榫连接引入误差试验数据统计结果

上，进行不平衡量测试试验，得到统一试验转子组件在平衡机上反复装配导致的静、偶不平衡量分布特性，如图 10-23 所示，误差限分别为 129 g·mm 和 37 844 g·mm^2。

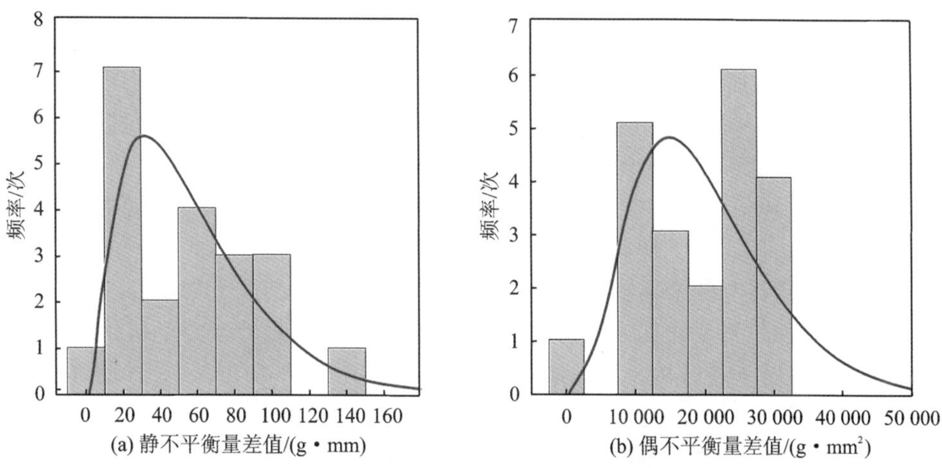

图 10-23　平衡机安装误差试验数据统计结果

4. 工装安装及转位误差

工装安装和转位所产生的误差分离试验比较困难，由于装配过程长，中间控制环节较多，容易引起数据失真。根据工程经验，可以使用转位倍数来衡量工装装配以及工装转位的误差大小。试验统计数据结果如图 10-24 所示，两个截面的转位倍数误差限分别为 7.64 倍和 7.41 倍。

总之，对于多级压气机转子结构组件，平衡设备和测量系统形成的平衡综合误差为 242 g·mm。其中主要的误差来源是平衡机安装所引入的误差。

10.4.3　转子初始不平衡控制

经过低速平衡的航空燃气轮机转子系统在高速旋转过程中，结构单元初始不平衡导致的旋转惯性载荷会对转子变形产生影响，从而破坏低速平衡的效果、造成工作状态下转子动力响应过大。

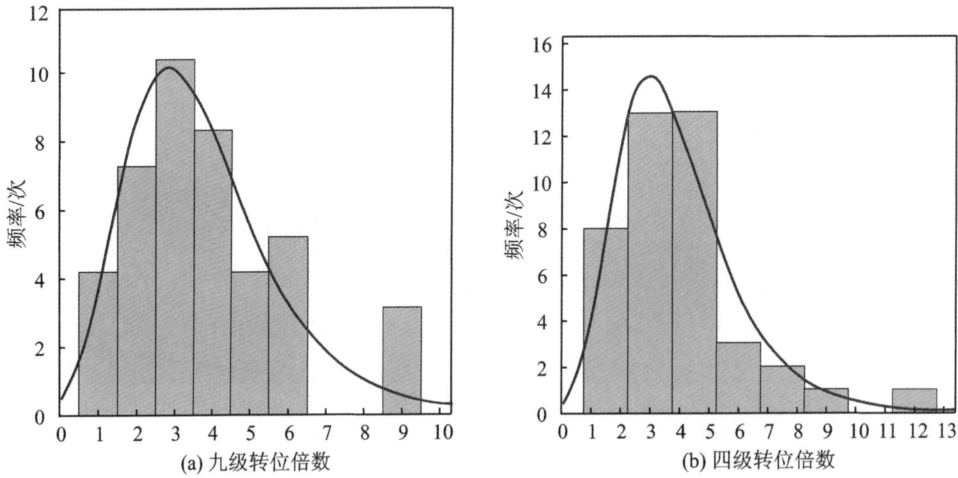

图 10－24　工装安装以及工装转位误差试验数据统计结果

如图 10－25(a)所示，若初始不平衡量过大，则转子在平衡过程中需要安装较大的平衡质量块用以平衡转子的初始不平衡量，但是工作状态下转子的弯曲变形会打破该不平衡结果，释放出较大的不平衡量，对整机振动产生较大隐患。

而如图 10－25(b)所示，通过严格控制转子的初始不平衡，可以有效防止转子在高转速下发生过大的弯曲变形，从而尽可能减小剩余不平衡量与工作不平衡量之间区别，使转子在高速旋转时依然具有较好的不平衡量分布状态。

显然，除了通过转子系统平衡工艺控制转子系统剩余不平衡量外，还需要通过构件平衡工艺和恰当的装配方法控制转子初始不平衡量。

转子初始不平衡量有两个重要影响因素，一个是构件自身基准下的质心/惯性主轴偏差，另一个是装配中构件位置变化引入的质心/惯性主轴偏差。因此对于转子初始不平衡量的控制，一方面需要针对转子各结构单元的结构特征决定采用何种平衡方法，并控制其自身不平衡

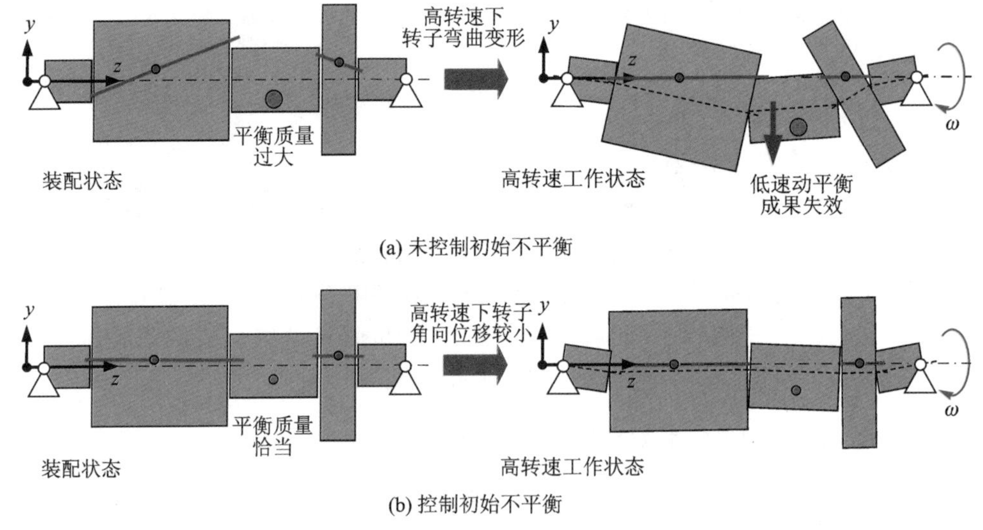

图 10－25　转子初始不平衡对工作不平衡的影响

量；另一方面需要针对转子装配过程，优化其装配工艺，如针对结构单元安装相位通过穷举法或者遗传优化算法计算获得最优的角度组合。

1. 轮盘初始不平衡

对于转子中的轮盘类结构单元，其轴向尺寸相对较小，通过单平衡面的静不平衡即可有效抑制其质心偏移，使之满足

$$U_{d,0} \leqslant 5U_{\mathrm{per}} \tag{10-29}$$

其中，$U_{d,0}$ 为构件静不平衡量，而 U_{per} 则为该构件的许用剩余静不平衡量。但是该质量单元的不平衡除了来自质心偏移外，还受到惯性主轴倾斜的影响，所以还需要通过控制轮缘相对其旋转中心的端跳以控制该大质量惯性轮盘的倾斜。

图 10－26 所示为待测量的关键跳动量，通过测量图中的跳动量可以评估轮盘的倾斜程度。其中，涡轮盘的旋转中心轴由轮盘前后定心圆柱面的中心确定，所以可以将轮盘的倾斜角矢量表示为

$$\boldsymbol{\theta}_d = \boldsymbol{F}_e / d_e - (\boldsymbol{D}_2 - \boldsymbol{D}_1) / H_{12} \tag{10-30}$$

式中，$\boldsymbol{F}_e / d_e$ 表示涡轮轮缘位置的端面跳动，$(\boldsymbol{D}_2 - \boldsymbol{D}_1)/H_{12}$ 则表示由于前后定心圆柱面不同心而导致的旋转轴心线变化。

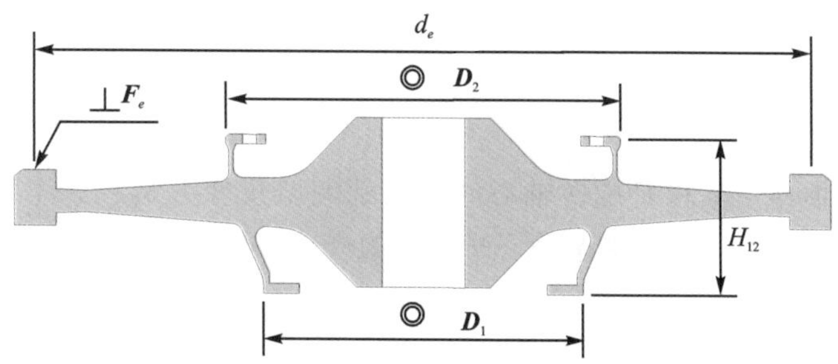

图 10－26　轮盘关键跳动量测量

而根据式(10－9)，该轮盘倾斜角矢量 $\boldsymbol{\theta}_d$ 需要满足

$$|\boldsymbol{\theta}_d| \leqslant R_s \cdot \frac{L_A + L_B}{I_d - I_p} \cdot U_{\mathrm{per}} \tag{10-31}$$

其中，U_{per} 即该轮盘的许用剩余不平衡量，参数 L_A 和 L_B 则分别为转子系统中轮盘质心到前支点和后支点的距离(见图 10－27)。

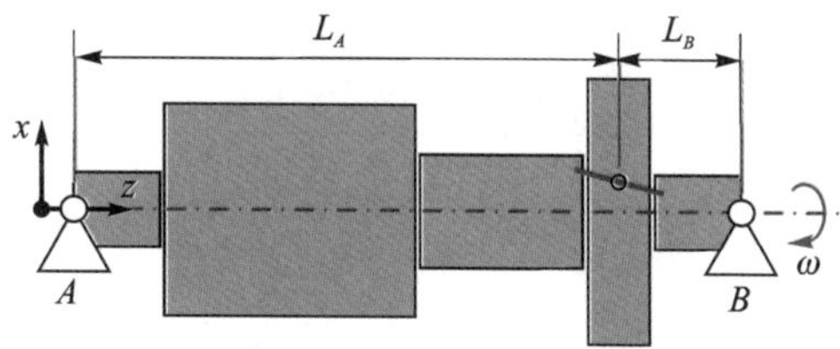

图 10－27　轮盘类构件在转子中的相对位置

轮盘类构件质量惯性较大，很难通过在两个平衡面添加平衡质量或对轮盘去料的方式调整构件的惯性主轴倾斜，因此，若轮盘的 $\boldsymbol{\theta}_d$ 不满足上述要求，则不能继续使用该构件进行装配，需要重新调整前后定心圆柱面的同轴度。

2. 锥壳/柱壳初始不平衡

如前/后轴颈锥壳结构和鼓筒轴结构均为具有一定轴向尺寸的“低弯曲刚度”结构单元，在工作过程中对转子旋转轴心线的影响巨大，在低转速区域转子一般绕几何中心线旋转，在高转速区域转子会发生惯性主轴转向，即转子围绕惯性主轴旋转。因此，初始不平衡控制中，主要需要控制惯性主轴与形心轴的重合度。

在实际操作中可以对锥壳和柱壳采用“双平衡面的动平衡”，通过测量两个校正平衡面内的初始不平衡量，获得构件主惯性轴的倾斜角大小。如图 10-28 所示，在两个校正平面内测量得到构件在平衡前的不平衡量 U_l、U_r 及其相位 φ_l、φ_r，即可以表征构件的初始不平衡。而根据理论力学中对刚体结构转动惯量张量的定义，可得

$$\boldsymbol{I}=\begin{pmatrix} M_lL_l^2+M_rL_r^2 & 0 & -L_lU_l\cos\varphi_l+L_rU_r\cos\varphi_r \\ 0 & M_lL_l^2+M_rL_r^2 & -L_lU_l\sin\varphi_l+L_rU_r\sin\varphi_r \\ -L_lU_l\cos\varphi_l+L_rU_r\cos\varphi_r & -L_lU_l\sin\varphi_l+L_rU_r\sin\varphi_r & I_p \end{pmatrix} \tag{10-32}$$

因此，易知惯性主轴在 xOz 平面内的夹角 $\theta_{I,x}$ 和在 yOz 平面内的夹角 $\theta_{I,y}$ 分别为

$$\begin{cases} \theta_{I,x}=\dfrac{-L_lU_l\cos\varphi_l+L_rU_r\cos\varphi_r}{M_lL_l^2+M_rL_r^2} \\ \theta_{I,y}=\dfrac{-L_lU_l\sin\varphi_l+L_rU_r\sin\varphi_r}{M_lL_l^2+M_rL_r^2} \end{cases} \tag{10-33}$$

并且可以得到惯性主轴相对旋转轴心线的初始倾斜角度为 $\theta_I=\sqrt{\theta_{I,x}^2+\theta_{I,y}^2}$。类比构件初始静不平衡应当小于 5 倍许用剩余静不平衡量的规定，只有当该初始倾斜角满足

$$\theta_I\leqslant R_s\cdot\frac{L_A+L_B}{I_d-I_p}\cdot 5U_{\text{per}} \tag{10-34}$$

方可对构件进行进一步的双面动平衡。式中，L_A 和 L_B 则分别为转子系统中锥壳/柱壳构件质心到前支点和后支点的距离。

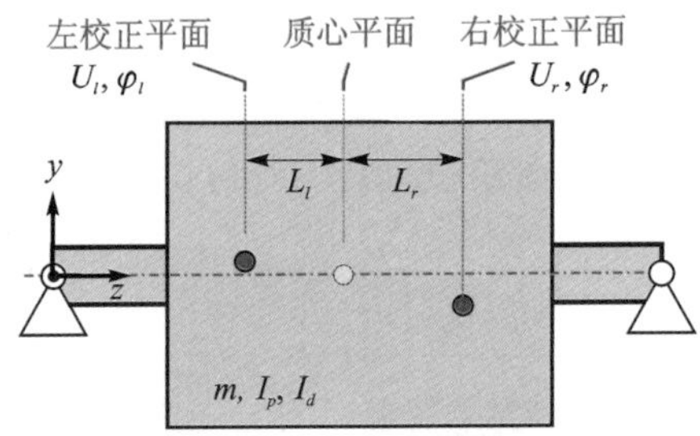

图 10-28　构件初始不平衡状态

10.5　支承同心度控制技术

航空燃气轮机整机振动的分散性主要来自于装配过程。其中，支点之间的支承同心度就是在装配过程中形成的，虽然不会直接影响转子的不平衡特性，但是对转子在旋转惯性激励载荷下的动力响应特性具有重要影响。

支承同心度一般指转子支点之间的支承截面圆心的不同心程度，同心度误差即为圆心偏差程度，影响转子和静子轴线之间的相对位置，不仅会造成转子初始变形及旋转轴心线的变化，也会影响转子和静子之间间隙，造成转静子碰摩和性能衰减等不利影响。

10.5.1　支承同心度计算模型

支承同心度定义中一个关键要素是定义基准坐标系，根据支点数量的不同，定义基准坐标系的方法存在差别。图 10－29 示意了两种情况的同轴度定义。对于两支点情况，基准坐标系往往使用某一个支点轴承座外环安装柱面的中心作为原点，轴承轴向止动的端面作为 $X-Y$ 面，以此确立基准坐标系。测量时往往使用柱面跳动数据进行圆心的最小二乘拟合来确定圆心与测量基准轴线的径向偏差，使用端面跳动数据进行倾斜度的最小二乘拟合来确定 $X-Y$ 平面与测量基准面的角向倾斜，利用上述两项数据就可以在测量基准坐标系下建立被测件的基准坐标系了。

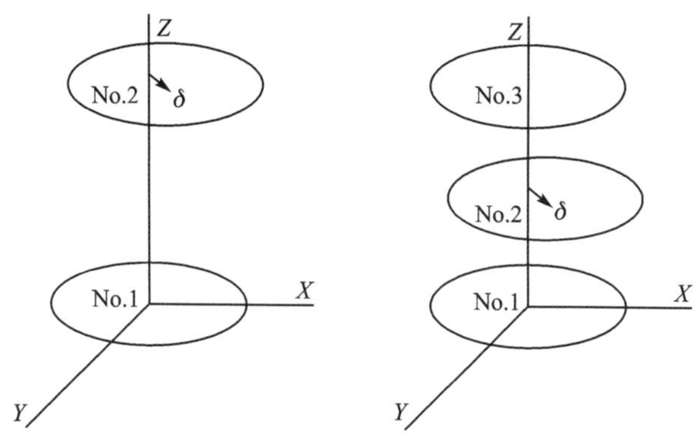

图 10－29　支承同心度示意图

对于三支点情况，基准坐标系往往使用任意两个支点轴承外圈安装柱面中心连线作为 Z 轴，然后使用其中一个中心点做一个与 Z 轴垂直的平面作为 $X-Y$ 面，从而确定基准坐标系。测量中使用两个支点的柱面圆心确定空间的直线定义为 Z 轴，然后用一个点定义一个 $X-Y$ 面，从而定义被测件的基准坐标系。

支承不同心定义中另一个关键要素就是被测支点与基准坐标系的偏差。两支点和三支点两种情况下，这一偏差都可以定义为被测截面上被测支点中心与 Z 轴之间的偏差。

同轴度(矢量)一般用符号 $\boldsymbol{\delta}$ 表示，柱面全跳动(矢量)用 $\boldsymbol{\Delta}$ 表示。对于一个柱面而言，其同轴度是柱面全跳动的二分之一，前提是柱面的形状误差为零。端面偏斜角度用 $\boldsymbol{\theta}$ 表示，偏斜角度与端面全跳动的关系为 $\boldsymbol{\Delta}=D\times\boldsymbol{\theta}$。

支承同心度是一种几何偏差，它受支承组成构件的几何偏差、构件之间安装关系和装配连接时的变形的影响。由于装配连接时的变形需要根据实际结构情况进行分析，而且其影响较小，本文忽略了这一影响因素。在该假设下，支承同心度主要受组成构件几何偏差和构件之间安装关系两类因素的影响。

1. 两支点同轴度

采用圆柱模型分析双支点支承同心度，如图 10－30 所示，简化了机匣、轴承座的其他几何特征，将其用圆柱体模拟代替，保留偏差传递路径上的尺寸和偏差特征，即圆柱体的上柱面分别代表了连接界面(轴承座与轴承的连接面也是一种连接界面),圆柱体的高度代表了两个连接界面之间的距离,每个圆柱体两个连接界面之间的同轴度偏差用 $\boldsymbol{\delta}$ 表示,两个连接界面之间的倾斜度用 $\boldsymbol{\theta}$ 表示。很显然这两个偏差参数都是矢量。假设每个圆柱体都是刚体,圆柱体之间也都是刚性连接。

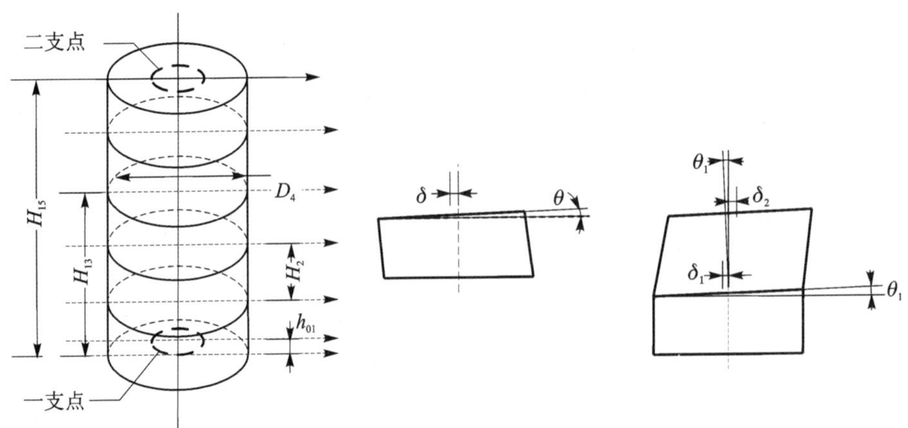

图 10-30　两支点支承同心度计算模型示意

图 10-30 中有 n 个圆柱构件,构件连接截面一次定义为 1,2,3,…,n,为了计算方便,第 n 个截面为二支点截面,一支点在构件 1 中定义为 01 截面。

首先,确定组件的基准坐标系,定义最下方的构件基准作为组件的基准。

其次,计算两个圆柱叠加的偏差公式为

$$\boldsymbol{\delta}_{12}=\boldsymbol{\delta}_1+\boldsymbol{\delta}'_2-H_2\times\sin\boldsymbol{\theta}_1 \tag{10-35}$$

式中,$\boldsymbol{\delta}_{12}$ 为构件 1、2 组合后的组件同轴度;$\boldsymbol{\delta}_1$ 为构件 1 两个连接界面之间的同轴度;$\boldsymbol{\theta}_1$ 为构件 1 两个连接界面之间的偏斜角度;$\boldsymbol{\delta}'_2$ 为考虑了安装相位后的构件 2 两个连接界面之间的同轴度;H_2 为构件 2 两个连接界面之间的高度。

由于 $\boldsymbol{\theta}_1$ 一般很小,所以式(10-35)可化简为

$$\boldsymbol{\delta}_{12}=\boldsymbol{\delta}_1+\boldsymbol{\delta}'_2-H_2\times\boldsymbol{\theta}_1 \tag{10-36}$$

组件的偏斜角度计算公式为

$$\boldsymbol{\theta}_{12}=\boldsymbol{\theta}_1+\boldsymbol{\theta}'_2 \tag{10-37}$$

式中,$\boldsymbol{\theta}_{12}$ 为构件 1、2 组合后的组件偏斜角度;$\boldsymbol{\theta}_1$ 为构件 1 两个连接界面之间的偏斜角度;$\boldsymbol{\theta}'_2$ 为考虑了安装相位后的构件 2 两个连接界面之间的偏斜角度。

而多个圆柱叠加的偏差的计算公式为

$$\boldsymbol{\delta}_{1n}=\boldsymbol{\delta}_{1(n-1)}+\boldsymbol{\delta}'_n-H_n\times\boldsymbol{\theta}_{1(n-1)} \tag{10-38}$$

式中,$\boldsymbol{\delta}_{1n}$ 为构件 1 到构件 n 组合后的组件同轴度;$\boldsymbol{\delta}_{1(n-1)}$ 为构件 1 到构件 $n-1$ 组合后的组件同轴度;$\boldsymbol{\theta}_{1(n-1)}$ 为构件 1 到构件 $n-1$ 组合后的组件偏斜角度;$\boldsymbol{\delta}'_n$ 为考虑了安装相位后的构件 n 两个连接界面之间的同轴度;H_n 为构件 n 两个连接界面之间的高度。

其中,组件的偏斜角度计算公式为

$$\boldsymbol{\theta}_{1n}=\sum_{i=1}^{n}\boldsymbol{\theta}'_i \tag{10-39}$$

式中,$\boldsymbol{\theta}_{1n}$ 为 n 个构件组合后的组件偏斜角度;$\boldsymbol{\theta}'_i$ 为考虑了安装相位后的构件 i 两个连接界面

之间的偏斜角度。

进一步，可将式(10－38)变换为

$$\boldsymbol{\delta}_{1n}=\sum_{i=1}^{n}(\boldsymbol{\delta}'_i-(H_{1n}-H_{1i})\times\boldsymbol{\theta}'_i) \tag{10-40}$$

式中，$\boldsymbol{\delta}'_i$为考虑了安装相位后的构件 i 两个连接界面之间的同轴度；H_{1n} 为构件 1 到构件 n 组合后的总高度；H_{1i} 为构件 1 到构件 i 组合后的总高度。

在上述公式中特别需要注意的是，第 i 个构件所具有的同轴度偏差 δ_i 已被转换至绝对坐标系内(即式(10－40)中的 δ'_i)，其具体取值取决于多个构件堆叠的相对转位角。

随后，进行基准转换。最下方构件基准往往不是支承基准，需要进行坐标变换，将组件基准坐标变换到支点基准上。对式(10－40)进行坐标变换，有

$$\boldsymbol{\delta}''_{1n}=\boldsymbol{\delta}_{1n}-\boldsymbol{\delta}_{01}+(H_{01}-h_{01})\times\boldsymbol{\theta}_{01} \tag{10-41}$$

式中，$\boldsymbol{\delta}''_{1n}$ 为基准转换到支点基准后的组件同轴度；$\boldsymbol{\delta}_{01}$ 为原始基准下一支点同轴度；$\boldsymbol{\theta}_{01}$ 为原始基准下一支点端面偏斜角度；h_{01} 为原始基准下一支点高度。

联立式(10－40)和式(10－41)得到

$$\boldsymbol{\delta}''_{1n}=\sum_{i=1}^{n}\boldsymbol{\delta}'_i-\sum_{i=1}^{n-1}(H_{1n}-H_{1i})\times\boldsymbol{\theta}'_i-\boldsymbol{\delta}_{01}+(H_{01}-h_{01})\times\boldsymbol{\theta}_{01} \tag{10-42}$$

从式(10－42)可以看出，双支点组件的同轴度主要由两部分组成，一部分是构件自身两个连接界面之间的同轴度，另一部分是构件两侧端面之间的偏斜角度。其中构件自身同轴度对组件同轴度影响是等比例影响，即每个构件对组件的影响是相同程度的；构件自身偏斜角度的影响是变比例影响，不同构件的影响比例不同，距离计算目标截面越远的连接界面偏斜角度影响越大。这一特点为后续的组件同轴度控制提供了调整的方向。

2. 三支点同轴度

三支点支承同心度的计算模型如图 10－31 所示，共有 n 个圆柱构件，其连接截面依次定义为 1,2,3,…,n，为了计算方便，第 n 个截面为 No. 3 支点截面，一支点在构件 1 中定义为 01 截面，二支点在构件 m 上，所在截面为 02 截面。

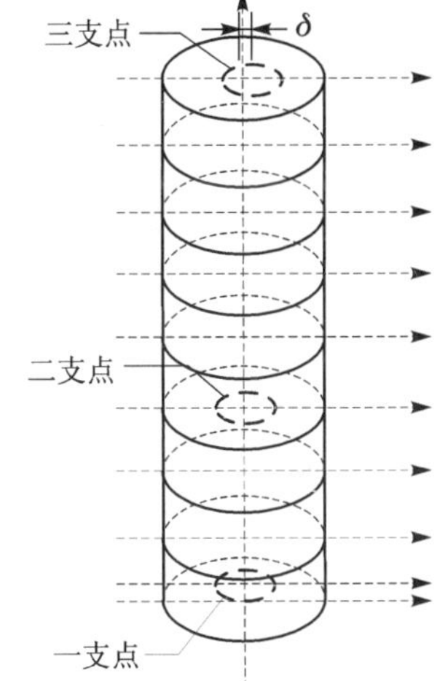

图 10－31　三支点支承同心度计算模型示意

首先，临时使用最下方的构件基准作为组件的基准，按两支点同轴度计算方法计算各支点的同轴度。

其次，从基准截面开始，构件 1 到构件 m 的组合同轴度和端面偏斜角度分别为 $\boldsymbol{\delta}_{1m}$ 和 $\boldsymbol{\theta}_{1m}$，临时基准下二支点的同轴度计算公式为

$$\boldsymbol{\delta}_{02}=\boldsymbol{\delta}_{1m}+\boldsymbol{\delta}'_{02}-h_{m02}\times\boldsymbol{\theta}_{1m} \tag{10-43}$$

式中，$\boldsymbol{\delta}'_{02}$ 为考虑了安装相位后的二支点对于构件基准的同轴度；h_{m02} 为二支点到截面 m 的高度。

临时基准下二支点的同轴度计算公式为

$$\boldsymbol{\delta}_{03}=\boldsymbol{\delta}_{1m}-h_{mn}\times\boldsymbol{\theta}_{1m}+\sum_{i=m+1}^{n}(\boldsymbol{\delta}'_i-(H_{mn}-H_{mi})\times\boldsymbol{\theta}'_i) \tag{10-44}$$

式中，H_{mn} 为截面 m 到截面 n 之间的高度；H_{mi} 为截面 m 到截面 i 之间的高度。

进一步，联立式(10－43)和式(10－44)将 $\boldsymbol{\delta}_{1m}$ 项消去，得

$$\boldsymbol{\delta}_{03}=\boldsymbol{\delta}_{02}-(h_{m02}-h_{mn})\times\boldsymbol{\theta}_{1m}-\boldsymbol{\delta}'_{02}+\sum_{i=m+1}^{n}(\boldsymbol{\delta}'_i-(H_{mn}-H_{mi})\times\boldsymbol{\theta}'_i) \tag{10-45}$$

并简化表示为

$$\boldsymbol{\delta}_{03}=\boldsymbol{\delta}_{02}+\boldsymbol{\delta}_t \tag{10-46}$$

其中

$$\boldsymbol{\delta}_t=-(h_{m02}-h_{mn})\times\boldsymbol{\theta}_{1m}-\boldsymbol{\delta}'_{02}+\sum_{i=m+1}^{n}(\boldsymbol{\delta}'_i-(H_{mn}-H_{mi})\times\boldsymbol{\theta}'_i)$$

随后,将基准坐标系转换为一支点/二支点的连线为 Z 轴、$X-Y$ 截面经过一支点的坐标系统,此时三支点同轴度为

$$\boldsymbol{\delta}''_{03}=\boldsymbol{\delta}_{03}-\boldsymbol{\delta}_{01}+\frac{h_{03}-h_{01}}{h_{02}-h_{01}}\times(\boldsymbol{\delta}_{02}-\boldsymbol{\delta}_{01}) \tag{10-47}$$

式中,$\boldsymbol{\delta}''_{03}$ 为三支点相对于新基准系统的同轴度;$\boldsymbol{\delta}_{01}$ 为临时基准坐标下的一支点的同轴度;h_{01} 为临时基准下的一支点的高度;h_{02} 为临时基准下二支点的高度;h_{03} 为临时基准下三支点的高度。

将式(10-45)代入式(10-47)并进行简化,可得

$$\boldsymbol{\delta}''_{03}=\left(1+\frac{h_{03}-h_{01}}{h_{02}-h_{01}}\right)\times(\boldsymbol{\delta}_{02}-\boldsymbol{\delta}_{01})+\boldsymbol{\delta}_t \tag{10-48}$$

从式(10-48)可以看出,三支点静子支承同心度由两大因素决定。一是确定基准的两个支点之间的同轴度,二是二支点以上构件的同轴度和倾斜角度所造成的组件同轴度。根据双支点同轴度影响分析,三支点支承同心度仍然需要注意构件两侧端面偏斜角度的影响,尤其是底层构件的偏斜角度,其影响系数较大。

10.5.2 测量误差及其控制技术

静子组件的支承同心度或者构件两侧端面的同轴度/偏斜角度均是通过测量柱面跳动或者端面跳动而间接计算得到的。对于第三代航空燃气轮机,这些跳动往往小于 0.1 mm,这给跳动的准确测量带来很大的挑战。由于测量系统的精度需要小于被测对象标称值的 10%~25%,即测量精度是被测对象标称值的 1/10~1/4,因此高精度的跳动测量是静子支承同心度测试与控制的基础。

静子支承同心度的测试主要依靠高精度测试转台,其测试原理是通过工装定位或调整定位的方法,使被测件的基准与高精度转台的测量基准之间的误差远小于测试误差。因此可将测试基准视为构件基准,基于此测量被测件的同心度或者端面偏斜角度,其原理图如图 10-32 所示(转子组件的同轴度也可以通过该测试转台测量,因此出于简化表达的目的,后文仅统一通过“同心度”代指)。

基于以上测试原理,在测试过程中的主要测试难点是将测试系统基准与被测件基准重合一致的问题。对于这一问题,一般采用两种途径解决:一是采用高精度定位工装,使得两个基准之间差异远小于测试误差;二是采用基准修正的办法,就是在测量工件的被测要素的同时测量工件基准,然后修正工件的三维空间位置,计算相对于工件基准的被测参数。

采用高精度定位工装时,高精度定位工装与转台之间需要严格找正,以保证定位工装与测试系统基准(气浮转台回转轴线)之间的误差小于测试系统测试误差的四分之一。

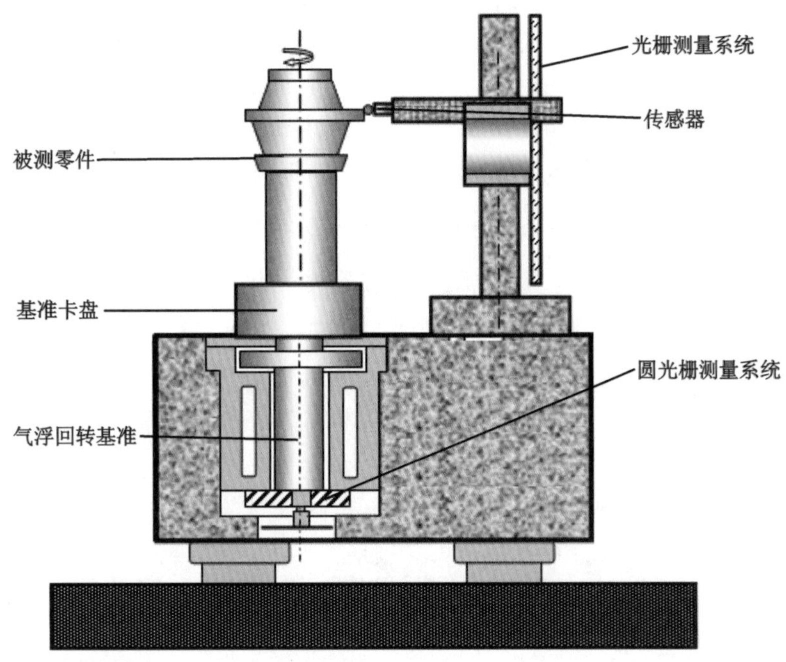

图 10－32　构件同轴度/同心度测试原理

采用基准修正办法时，需要测量测试系统的基准与工件基准之间的差异，并且要从测试结果中予以修正。测试系统基准与工件基准有两方面的差异，一是安装界面的同心度，另一个是安装界面偏斜角度。这两项误差对被测件同心度的测试误差的影响为

$$\Delta\boldsymbol{\delta}=\boldsymbol{\delta}_0-\frac{H_{bc}}{D_0}\times\boldsymbol{\Delta}_0 \tag{10-49}$$

式中，$\Delta\boldsymbol{\delta}$ 为工装安装界面误差所造成的同心度测量误差；$\boldsymbol{\delta}_0$ 为工装安装界面与测试基准之间的同心度；$\boldsymbol{\Delta}_0$ 为工装安装界面与测试基准之间的端面倾斜跳动；H_{bc} 为从工装安装界面到被测几何要素之间的高度；D_0 为工装安装界面直径。

进一步，得到修后正的测试结果为

$$\boldsymbol{\delta}'=\boldsymbol{\delta}-\boldsymbol{\delta}_0+\frac{H_{bc}}{D_0}\times\boldsymbol{\Delta}_0 \tag{10-50}$$

式中，$\boldsymbol{\delta}'$为修正后的工件同心度；$\boldsymbol{\delta}$ 为直接测量的工件同心度。

为了提高静子的支承同心度，可以采取两方面措施：一个是基于选配法原理，选择合适的构件，使得最终的静子支承同心度满足设计要求甚至更好；另一个是基于修配法，选择对静子支承同心度影响最大的安装界面，对其进行适当修理，使得最终的静子同轴度符合设计要求。此外，从设计的角度重新分配特征参数所允许的容差，也是控制静子同轴度的方法之一，但是该方法属于结构设计优化范畴的内容，此处不做赘述。

选配法一般用于发动机批产阶段，此时生产构件足够多，可选择的范围较大。在发动机总装前，集件的过程中，可以使用静子同心度计算模型计算配套静子构件的同心度。对于静子同心度超标的构件组，可以找出其中对同心度影响较大的构件，同时可以计算出来替换的构件的

同心度数值范围。以此为依据，在其他配套构件组中进行置换匹配，这样不仅能保证此构件组的静子同心度合格，而且还能保证被替换的构件组同心度合格。

修配法一般用于发动机数量较少的情况，科研阶段或者小批生产阶段，此时构件数量较少，选配困难。修配法首先要根据发动机结构特点，生成此发动机的静子同心度计算公式，然后对可改变的构件偏差变量进行偏微分计算，筛选出偏微分系数最大的变量（对支承同心度变化最敏感的变量），然后对其进行修理，以优化整体的静子同心度。

10.5.3 支承同心度控制示例

本节将主要针对支承同心度控制方法中的选配法，基于蒙特卡洛仿真分析，对该控制方法加以验证。

以双支点支承为例，各构件的参数如表 10 - 7 所列。假设同心度和端面倾斜参数的大小均符合正态分布，参数的相位符合均匀分布，而且允许偏差为正态分布两倍标准差。由于正态分布的范围是 $-\infty \sim +\infty$，这里定义正值参数相位角在 0～180°范围内，负值参数相位角在 180°～360°范围内。按此规则生成 10 000 组符合上述分布的构件参数，计算支承组件的支承同心度，结果见表 10 - 7 和图 10 - 33。

表 10 - 7　双支点支承模型基本参数

构件序号	高度/mm	连接面直径/mm	同轴度允许偏差/mm	端面倾斜允许偏差/mm
1	200	800	0.02	0.03
2	200	800	0.02	0.03
3	200	800	0.02	0.03
4	200	800	0.02	0.03
5	150	100	0.02	0.03
一支点	120	100	0.02	0.03

如果设计要求静子支承同心度小于 0.3 mm，可以统计出来仿真结果中有 7.41%的组合是不合格的，需要进行调整。

图 10 - 34 所示为通过选配法进行初步调整后的结果，统计后发现只有 2.29%的不合格，选配法使原来不合格组合中 69%的组合处于合格范围。

从仿真计算结果来看，通过选配法可以大大提升组件支承同心度的合格率，或者说可以更好地控制组件支承同心度的容差，证实选配法对控制组件容差有着巨大的作用。

除了选配法外，修配法的操作如下：首先根据确定的集合要素，可以写出组件支承同心度的公式为

$$\boldsymbol{\delta}''_{15}=\sum_{i=1}^{5}\boldsymbol{\delta}'_i-\boldsymbol{\delta}_{01}+\sum_{i=1}^{5}\left(2\times(H_{15}-H_{1i})\times\frac{\boldsymbol{\Delta}'_{1i}}{D_i}\right)+(H_{15}-h_{01})\times\frac{\boldsymbol{\Delta}'_{01}}{D_{01}} \qquad (10-51)$$

从上式可以看出，构件的同心度前系数均为 1，各构件之间的贡献度是一致的，但是代表了构件连接界面倾斜的端面跳动则不一样，各构件端面跳动对组件支承同心度的影响系数不同，越是连接界面距离测量支承面远的或者连接界面直径越小的，其影响系数越大。

基于式(10 - 51)，选择影响系数最大的连接界面端面作为修配的对象。将支承同心度超

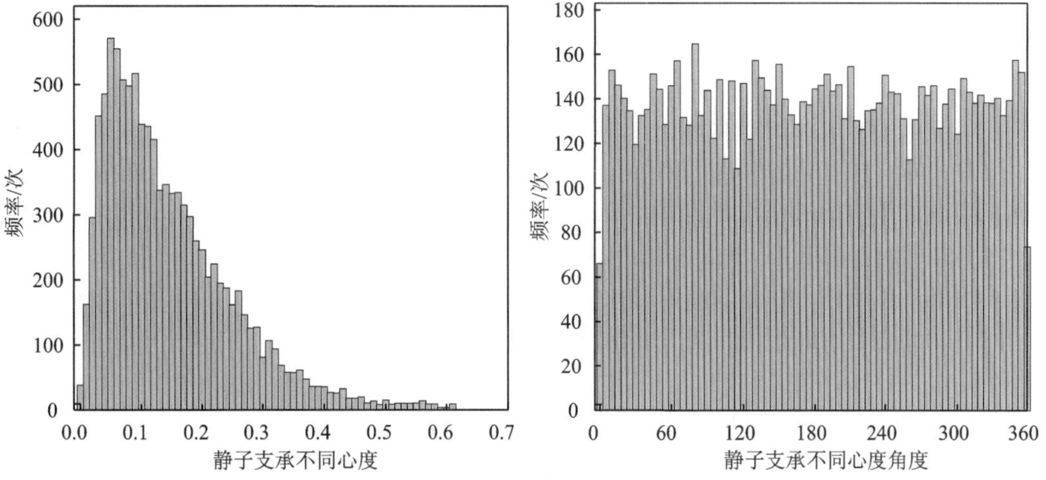

图 10－33　静子支承同心度仿真计算结果

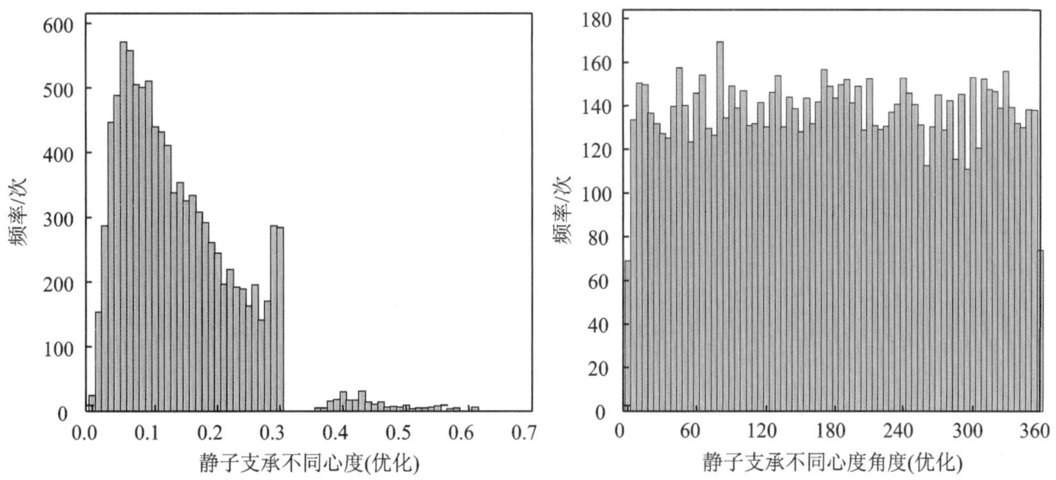

图 10－34　选配法后静子支承同心度分布图

差量值转换为该界面的倾斜修配量，通过修配也可以控制组件的支承同心度合格。

静子支承同心度是较为重要的整机动力学参数，它分为双支点支承和三支点支承两种情况，主要受组成构件的同轴度和连接面倾斜度的影响。通过选配法或者修配法，调整构件同轴度和连接面倾斜度的组合，可以对支承同心度展开优化。两种优化方法中，选配法一般用于批量生产，可以在一定范围内选择更好的构件，使其组合件的支承同心度容差更小；修配法一般用于科研或者小批生产阶段，通过构件高精度的修理，使组件的支承同心度得到控制。两种方法对支承同心度的控制效果都是比较好的，实际应用中应综合考虑其他生产要素再做决策。

10.6　本章小结

基于转子质量分布在不同工作转速下体现出的力学特性，转子可分为恒态转子和非恒态转子。航空燃气轮机转子系统由于工作转速高、环境温度变化大，在工作状态下各构件之间会不可避免地发生相对位移，整体上已经无法再视为恒态转子。因此，在不平衡控制上需要采取分步平衡的方法，即对转子局部构/组件按照恒态转子进行平衡，转子整体则采用同轴度、不平衡量分布综合平衡的方法。

在转子不平衡量控制方面，除了控制转子及其结构单元的质量偏心外，对于高速转子系统还需要对关键结构单元的惯性主轴倾斜进行必要控制。此外，对于界面连接转子系统，轮盘与轴连接界面接触状态的变化对旋转惯性具有重要影响。

在具体的发动机装配-平衡过程中，静子支承同心度、转子同轴度和转子初始不平衡量对转子结构单元的惯性主轴偏斜影响较大，通过装配和平衡控制上述参数可以优化转子在高速旋转时的质量分布及其产生的旋转惯性，最终抑制整机振动。

参考文献

[1] 洪杰，马艳红. 航空燃气涡轮发动机结构与设计[M]. 北京：科学出版社，2021.

[2] 洪杰，马艳红，李超. 航空燃气轮机转子动力学特性与安全性设计[M]. 北京：北京航空航天大学出版社，2021.

[3] 刘永泉，洪杰，马艳红. 航空燃气涡轮发动机振动抑制容差设计[M]. 北京：北京航空航天大学出版社，2020.

[4] 洪杰，马艳红，张大义. 航空燃气轮机总体结构设计与动力学分析[M]. 北京：北京航空航天大学出版社，2014.

[5] 陈光，洪杰，马艳红. 航空燃气涡轮发动机结构[M]. 北京：北京航空航天大学出版社，2010.

[6] Л Д 朗道. 力学[M]. 李俊峰，鞠国兴，译. 北京：高等教育出版社，2007.

[7] 周衍柏. 理论力学教程[M]. 北京：高等教育出版社，2018.

[8] 谢传峰，王琪. 理论力学[M]. 北京：高等教育出版社，2015.

[9] 单辉祖. 材料力学[M]. 北京：高等教育出版社，2001.

[10] 顾家柳. 转子动力学[M]. 北京：国防工业出版社，1985.

[11] 张文. 转子动力学理论基础[M]. 北京：科学出版社，1990.

[12] YUKIO I，TOSHIO Y. Linear and nonlinear rotor dynamics：a modern treatment with applications[M]. USA：John Wiley Sons，2013.

[13] MUSZYNSKA A. Rotordynamics[M]. USA：CRC Press，2005.

[14] GB/T 9239. 1—2006. 机械振动 恒态(刚性)转子平衡品质要求 第 1 部分：规范与平衡允差的检验[S]. 北京：中国标准出版社，2006.

[15] HONG J，LI T R，ZHENG H Q，et al. Applications of structural efficiency assessment method on structural-mechanical characteristics integrated design in aero-engines[J]. Chinese Journal of Aeronautics，2020，33(04)：1260-1271.

[16] YU P C，MA Y H，WANG C，et al. Evaluation parameters and calculation of structural efficiency on whole aero-engine[J]. Aerospace Power，2016，31(7)：1744，53.

[17] PENG G，LI C，ZHENG H Q，et al，Quantitative analysis method of whole aero-engine structural design based on structural efficiency[C]. Proceedings of the 10th IFToMM International Conference on Rotor Dynamics，IFToMM 2018，MMS 63，3-17.

[18] LIU Y，LIU H，WANG N. Effects of typical machining errors on the nonlinear dynamic characteristics of rod-fastened rotor bearing system[J]. Journal of Vibration and Acoustics，2017，139(1)：011004.

[19] LIU Y，LIU H，FAN B W. Nonlinear dynamic properties of disk-bolt rotor with interfacial cutting faults on assembly surfaces[J]. Journal of Vibration and Control，2018，24(19)：4369-4382.

[20] 章健，马艳红，王永锋，等. 航空燃气轮机承力结构系统阻尼减振设计方法[J]. 航空动力学报，2019，34(11)：2440-2447.

[21] LI C, LEI B L, MA Y H, et al. Research on damping vibration reduction design method of aeroengine supporting structure system[C]//ASME Turbo Expo 2020, 2020, London, England, ASME 2020-14784.

[22] 唐云冰. 航空燃气轮机高速滚动轴承力学特性研究[D]. 南京:南京航空航天大学,2005.

[23] 郑华强,彭刚,马艳红,等. 航空燃气轮机结构力学性能定量分析方法[J]. 推进技术,2018,39(3):645-652.

[24] 马艳红,曹冲,李鑫,等. 航空燃气轮机承力系统结构效率评估方法[J]. 航空动力学报,2016,31(02):274-281.

[25] 洪杰,宋制宏,王东,等. 高速转子系统支承结构及力学特性设计方法[J]. 航空动力学报,2019,34(05):961-970.

[26] 马艳红,陈璐璐,张大义,等. 航空燃气轮机转子系统结构效率评估参数及计算方法[J]. 航空动力学报,2013,28(07):1598-1606.

[27] 彭刚,朱彬,张大义,等. 高涵道比涡扇发动机结构与力学性能定量评估[J]. 航空动力学报,2017,32(07):1728-1735.

[28] 刘继兴,张大义,郑华强,等. 不同推力级高涵道比涡扇发动机结构与力学特征定量评估[J]. 推进技术,2018,39(5):1077-1084.

[29] 张大义,刘烨辉,洪杰,等. 航空燃气轮机整机动力学模型建立与振动特性分析[J]. 推进技术,2015(5).

[30] 洪杰,王华,肖大为. 转子支承动刚度对转子动力特性的影响分析[J]. 航空燃气轮机,2008,34(1):23-27.

[31] 洪杰,邓吟,张大义. 弹性环式挤压油膜阻尼器动力设计方法[J]. 北京航空航天大学学报,2006(06):649-653.

[32] 马艳红,陆宏伟,朱海雄,等. 弹性环金属橡胶支承结构刚度设计与试验验证[J]. 航空学报,2013,34(06):1301-1308.

[33] JEFFCOTT H. H. The lateral vibration of loaded shafts in the neighbourhood of a whirling speed——the effect of want of balance[J]. the London, Edinburgh, and Dublin Philosophical Magazine and Journal of Science, 1919, 37(219):304-314.

[34] SMITH D. M. The motion of a rotor carried by a flexible shaft in flexible bearings[J]. Proc. Roy. Soc., 1933, 142:92-118.

[35] SHIAU T N, LEE E K. The residual shaft bow effect on dynamic response of a simply supported rotor with disk skew and mass unbalances[J]. Journal of Vibration Acoustics Stress and Reliability in Design, 1989, 111(2), 170:10.1115/1.3269838.

[36] BENSON R C. The steady-state response of a cantilevered rotor with skew and mass unbalances[J]. Journal of Vibration Acoustics Stress and Reliability in Design, 1983, 105(4), 456:10.1115/1.3269128.

[37] DEN H J P. Mechanical vibration[M]. New York: McGraw-Hill Book Company, Inc. 1940:317-323.

[38] TIMOSHENKO S P. Vibration problems in engineering[M]. New York: D. Van Nostrand Co, Inc. 1955:290-299.

[39] CARNEGIE W. Rotary inertia and gyroscopic effects in overhung shaft systems[J]. Bull. Mech. Eng. Educ. ,1964,3:191.

[40] 洪杰,栗天壤,倪耀宇,等.复杂转子系统支点动载荷模型及其优化设计[J] .北京航空航天大学学报,2019,45(05):847-854.

[41] 洪杰,杨哲夫,吕春光,等.高速柔性转子系统动力特性稳健设计方法[J].北京航空航天大学学报,2019,45(5):855-862.

[42] 李超,金福艺,王东.转子结构布局及其力学特性优化分析[J].航空动力学报,2019,34(2).

[43] 张大义,刘烨辉,梁智超,等.航空燃气轮机双转子系统临界转速求解方法[J].推进技术,2015,36(02):292-298.

[44] MOLLMANN D E. Dual rotor vibration monitoring:U. S. Patent 8,313,279[P]. 2012-11-20.

[45] LIU S G, MA Y H, ZHANG D Y, et al. Studies on dynamic characteristics of the joint in the aero-engine rotor system[J]. Mechanical Systems&Signal Processing. 2012. 29(5):120-136.

[46] LIU Y,LIU H,FAN B. Numerical analysis on the static-dynamic coupling influences of parallelism flaw in disc-rod rotor ball bearing system[J]. Proceedings of the Institution of Mechanical Engineers, Part K: Journal of Multi-body Dynamics, 2018, 232(1): 103-112.

[47] MA Y H, HONG J, JIE H. Vibration suppression of additional unbalance caused by the non-continuous characteristics of a typical aero-engine rotor[C]//International Conference on Rotor Dynamics. Springer,Cham,2018:34-48.

[48] FILIMONIKHIN G B ,NEVDAKHA Y A . Balancing a rotor with two coupled perfectly rigid bodies[J]. International Applied Mechanics,2002,38(3):377-386.

[49] YU H ,SUN B ,MA Y H ,et al. The dynamic load of inter-shaft bearing and its transmission characteristic of complex rotor system[C]//ASME Turbo Expo 2018:Turbomachinery TechnicalConference and Exposition. 2018.

[50] 夏巍.具有中介轴承的航空燃气轮机转子动力学响应分析[D].武汉:华中科技大学,2015.

[51] GUSKOV M,SINOU J J,THOUVEREZ F,et al. Experimental and numerical investigations of a dual-shaft test rig with intershaft bearing[J]. International Journal of Rotating Machinery,2014,2007(2):308-321.

[52] AMES N M,LAUFFER J P,JEW M D,et al. Handbook on dynamics of jointed structures[M]. Sandia National Laboratories,2009.

[53] 洪杰,徐翕如,苏志敏,等.高速转子连接结构刚度损失及振动特性[J].北京航空航天大学学报,2019,45(01):21-28.

[54] 高腾,荆建平,梅庆,等.花键连接转子系统稳定性研究[J].噪声与振动控制,2016,36(02):40-45.

[55] TANG Q,LI C,SHE H,et al. Nonlinear response analysis of bolted joined cylindrical-

cylindrical shell with general boundary condition[J]. Journal of Sound and Vibration, 2019,443:788-803.

[56] TANG Q,LI C,SHE H,et al. Vibration analysis of bolted joined cylindrical-cylindrical shell structure under general connection condition[J]. Applied Acoustics, 2018, 140: 236-247.

[57] Zhao Y Q,QIN K H,FULEI C. Analytical model of bolted disk-drum joints and its application to dynamic analysis of jointed rotor[J]. Proceedings of the Institution of Mechanical Engineers,Part C:Journal of Mechanical Engineering Science. 2013:228(4): 646-663.

[58] ZHAO Y Q,QIN K H,Fu L C. Bolt loosening at rotating joint interface and its influence on rotor dynamics[J]. Engineering Failure Analysis. 2016. 59:456-466.

[59] SCHWINGSHACKL C W,MAIO D D,SEVER I,et al. Modeling and validation of the nonlinear dynamic behavior of bolted flange joints[J]. Journal of Engineering for Gas Turbines&Power. 2013. 135(12):385-399.

[60] SCHWINGSHACKL C W,PETROV E P. Modeling of flange joints for the nonlinear dynamic analysis of gas turbine engine casings[J]. Journal of Engineering for Gas Turbines&Power. 2012. 134(12):122504.

[61] LIU Y,YUAN Q,ZHOU Z. Contact status analysis of rod-fastened rotors with hirth coupling in gas turbines[C]//Turbo Expo:Power for Land,Sea,and Air. American Society of Mechanical Engineers,2015,56765:V07AT30A003.

[62] LIU X,YUAN Q,LIU Y,et al. Analysis of the stiffness of hirth couplings in rod-fastened rotors based on experimental modal parameter identification[C]//ASME Turbo Expo 2014:Turbine Technical Conference and Exposition. American Society of Mechanical Engineers Digital Collection,2014.

[63] WANG C,ZHNAG D,ZHU X,et al. Study on the stiffness loss and the dynamic influence on rotor system of the bolted flange joint[C]//ASME turbo expo 2014: turbine technical conference and exposition. American Society of Mechanical Engineers Digital Collection,2014.

[64] ZHANG Q,LI W,LIANG Z,et al. Study on the stiffness loss and its affecting factors of the spline joint used in rotor systems[C]//ASME Turbo Expo 2014:Turbine Technical Conference and Exposition. American Society of Mechanical Engineers Digital Collection,2014.

[65] 马艳红,倪耀宇,陈雪骑,等. 长拉杆-止口连接弯曲刚度损失及对转子系统振动响应影响[J]. 航空学报,2021,42(3):303-313.

[66] 王存. 非连续转子连接结构的动力学模型及区间分析方法[D]. 北京:北京航空航天大学,2018.

[67] HYLTON P D. Minimizing dynamic response of counter-rotating engines through optimized node placement[C]//Asme Turbo Expo:Power for Land,Sea&Air. 2010.

[68] 王杰,左彦飞,江志农,等. 带中介轴承的双转子系统振动耦合作用评估[J]. 航空学报,

2021,42(6):401-412.

[69] MA Y,SHI C,SUN B,et al. Method of coupled vibration control for dual rotor system with inter-shaft bearing[C]//ASME Turbo Expo 2021: Turbomachinery Technical Conference and Exposition. 2021.

[70] MA Y,CUN W,ZHANG D,et al. Experimental study on the dynamic characteristics of spline joint in rotor system[C]//Proceedings of the 9th IFToMM International Conference on Rotor Dynamics. Springer,Cham,2015:1561-1570.

[71] HONG J,TALBOT D,KAHRAMAN A. A stiffness formulation for spline joints[J]. Journal of MechanicalDesign,2016,138(4):043301.

[72] MEDINA S,OLVER A V. Regimes of contact in spline couplings[J]. Journal of Tribology. 2001,124:351-357.

[73] 霍启新,郑甲红,薛向珍,等. 考虑齿形的航空渐开线花键副动态啮合力的分析[J]. 科学技术与工程,2019,19(15):111-117.

[74] 于平超,马艳红,张大义,等. 具有局部非线性刚度的复杂转子系统动力学模型及振动特性分析[J]. 推进技术,2016,37(12):2343-2351.

[75] HONG J,DAI Q Y,WU F Y,et al. Dynamic characteristics analysis of flexible rotor system with pedestal looseness[C]//ASME Turbo Expo 2021:Turbomachinery Technical Conference and Exposition. 2021.

[76] Čečrdle,Jiří. Whirl flutter of turboprop aircraft structures[M]. United Kingdom: ELSEVIER,2015.

[77] 顾家柳,洪杰,李上福. 螺桨转子的颤振涡动[J]. 航空学报,1992(08):362-369.

[78] SEWALL J L. An analytical trend study of propeller whirl instability[M]. National Aeronautics and Space Administration,1962.

[79] 宋兆泓,陈光,张景武. 航空燃气轮机典型故障分析[M]. 北京:北京航空航天大学出版社,1993.

[80] DATZ J,KARIMI M,MARBURG S. Effect of uncertainty in the balancing weights on the vibration response of a high-speed rotor[J]. Journal of Vibration and Acoustics, 2021,143(6):1-12.

[81] HONG J,CHEN X,WANG Y,et al. Optimization of dynamics of non-continuous rotor based on model of rotor stiffness[J]. Mechanical Systems and Signal Processing,2019, 131:166-182.

[82] 陈雪骑. 界面损伤演化机理及其对转子振动特性影响研究[D]. 北京:北京航空航天大学,2021.

[83] IBRAHIM R A. Recent advances in nonlinear passive vibration isolators[J]. Journal of Sound and Vibration,2008,314(3-5):371-452.

[84] CARRELLA A,BRENNAN M J,WATERS T P. Static analysis of a passive vibration isolator with quasi-zero-stiffness characteristic[J]. Journal of Sound and Vibration, 2007,301(3-5):678-689.

[85] 章健,张大义,王永锋,等. 共用支承-转子结构系统振动耦合特性分析[J]. 北京航空航天

大学学报,2019,45(9):1902-1910.

[86] 雷冰龙,李超,洪杰,等.共用支承-转子系统耦合振动分析及试验[J].航空动力学报,2020,35(11):2293-2305.

[87] 侯明曦,李锦花,张茂强,等.GTF发动机行星齿轮传动系统设计技术研究[J].航空燃气轮机,2014,40(2):61-64.

[88] 李杰.齿轮传动涡轮风扇(GTF)发动机先进技术综述[J].航空燃气轮机,2009,35(4):54-57.

[89] 颜文忠,廖鑫,曹冲,等.齿轮传动涡扇发动机低压转子结构与动力学分析[J].航空动力学报,2015,30(12):2863-2869.

[90] CHEN X,HONG J,WANG Y,et al. Fatigue failure analysis of the central-driven bevel gear in a turboshaft engine arising from multi-source excitation[J]. Engineering Failure Analysis,2021,119:104811.

[91] LI G,LI F,WANG Y,et al. Fault diagnosis for a multistage planetary gear set using model-based simulation and experimental investigation[J]. Shock and Vibration,2016,1:9263298.

[92] MA H,ZENG J,FENG R,et al. Review on dynamics of cracked gear systems[J]. Engineering Failure Analysis,2015,55:224-245.

[93] 陈雪骑,马艳红,王永锋,等.复杂激励下涡轴发动机中央从动锥齿轮故障机理[J].航空动力学报,2020,35(6):1222-1227.

[94] 林基恕.航空燃气轮机设计手册(第12册):传动及润滑系统[M].北京:航空工业出版社,2001.

[95] 克利宗 A C.转子动力学弹性支承[M].董师予,译.北京:科学出版社,1987.

[96] 万长森.滚动轴承的分析方法[M].北京:机械工业出版社,1987.

[97] Gupta P K.滚动轴承动力学分析[M].张捷之,译.武汉:湖北科学技术出版社,1990.

[98] HARRIS T A,KOTZALAS M N.滚动轴承分析[M].罗继伟,马伟,译.北京:机械工业出版社,2010.

[99] YU H,SUN B,MA Y H,et al. The dynamic load of inter-shaft bearing and its transmission characteristic of complex rotor system[C]//ASME Turbo Expo 2018: Turbomachinery Technical Conference and Exposition. 2018.

[100] 刘永泉,肖森,洪杰,等.三支点柔性转子系统支承不同心激励特征及振动响应分析[J].航空学报,2017,38(3):184-193.

[101] 洪杰,于欢,肖森,等.高速柔性转子系统非线性振动响应特征分析[J].北京航空航天大学学报,2018,44(4):653-661.

[102] 于欢,马艳红,肖森,等.高速柔性转子支承松动力学特征及动力特性[J].北京航空航天大学学报,2017,43(8):1677-1683.

[103] 颜文忠,SHAPOSHNIKOV K,张大义,等.基础振动对转子系统动力特性影响的试验研究[J].推进技术,2016,37(11):2157-2164.

[104] 洪杰,管晓乐.某航空燃气轮机中介轴承保持架稳态/动态应力影响因素分析[C]//中国振动工程学会.中国振动工程学会,2016.

[105] 张振波,马艳红,李骏,等.航空燃气轮机支承不同心转子系统力学模型研究[J].工程力学,2014(7):208-214,228.

[106] 马艳红,何天元,张大义,等.支承刚度非线性转子系统的不平衡响应[J].航空动力学报,2014,29(7):1527-1534.

[107] WANG G,MA Y,LI T,et al. Modelling of misaligned rotor system in aero-engines and interval method investigation[C]//ASME 2013 International Mechanical Engineering Congress and Exposition,2013.

[108] 张振波,马艳红,李骏,等.带有支承不同心转子系统的动力响应[J].航空动力学报,2012,27(10):2321-2328.

[109] 苗学问,牛枞,杨云,等.航空燃气轮机主轴承使用状态寿命预测模型[J]. Transactions of Nanjing University of Aeronautics&Astronautics,2012(02):73-80.

[110] 苗学问,王大伟,洪杰.滚动轴承寿命理论的发展[J].轴承,2008(3):47-52.

[111] 洪杰,苗学问,王大伟,等.航空燃气轮机滚子轴承载荷分布分析及寿命计算[J].轴承,2008(4):1-4,12.

[112] 马艳红,王永锋,公平,等.航空燃气轮机主轴承接触应力精确仿真计算方法[J].航空动力学报,2017,32(8):2000-2008.

[113] XIAO S,WU F Y,MA Y H,et al. Investigation on the excitation characteristics and dynamic response of the multi-support flexible rotor with misalignment[C]//ASME Turbo Expo 2017:Turbomachinery Technical Conference and Exposition. 2017.

[114] 刘永泉,肖森,洪杰,等.三支点柔性转子系统支承不同心激励特征及振动响应分析[J].航空学报,2017,38(03):184-193.

[115] 刘文涛,张旭,王守仁,等.保持架组合引导对滚动轴承减振作用研究[J].振动与冲击,2020,39(21):24-33.

[116] 陈光.航空发动机轴承的滑蹭损伤与防止措施[J].燃气涡轮试验与研究,2004,17(3):58-62.